2022년 8월 4일 시행에 따른

토지수용 및 보상금 절차의 이해

(법령·판례·질의회신·재결례)

편저 : 안 재 길

법률정보센터

>> 일러두기 <<

※ 유권해석
- 국토교통부 등 소관부처의 유권해석 : 토지정책과
- 한국감정평가사협회 질의회신 : 감정평가기준팀, 공공지원팀, 기획팀
- 중앙토지수용위원회 : 중토위

※ 참고문헌
- 국토교통부 토지정책과, 2015.01.01.~10.20.까지의 유권해석
- 국토교통부 중앙토지수용위원회, 「토지수용 업무편람」, 2016.
- 국토교통부, 「사례를 통한 수용·보상의 이해 (질의회신(2008~2016)
- 한국토지주택공사, 「보상실무편람」, 한국토지주택공사, 2016.
- 한국감정평가협회·한국감정원, 「감정평가 실무기준 해설서(Ⅰ,Ⅱ)」, 2014.
- 한국감정평가협회, 「감정평가 관련 판례 및 질의회신(Ⅰ,Ⅱ)」, 2016.
- 최근 대법원 판례, 헌법재판소 결정, 법제처 법령해석

목 차

제1장 토지수용법상 보상금의 증감

I. 토지수용법상 보상금의 증감에 관한 소송의 구조

1. 현행 토지수용법의 태도 ·· 1

   가. 토지수용법 제75조의2 제2항의 신설 및 그 입법취지 ··················· 1

   나. 보상금의 증감에 관한 소송의 구조 ·· 1

   다. 보상금의 증감에 관한 소송의 성질 ·· 2

      (1) 당사자소송인지 여부 ·· 2

      (2) 실무상 청구취지의 형식 ·· 2

   라. 소의 제기와 소장 ·· 2

   마. 소송절차안내와 답변서의 제출 ·· 3

   바. 감정신청 ·· 3

      (1) 재결보상금의 공제 ·· 3

II. 공익사법상 보상금의 증감에 관한 소송의 성질

1. 공익사법의 규정 및 그 입법취지 ·· 4

   가. 행정소송의 대상에 관해 ·· 4

   나. 보상금의 증감에 관한 소송에 관해 ·· 4

      (1) 원고적격 ·· 5

      (2) 피고적격 ·· 5

2. 잔여지 수용청구 의의 ·· 5

3. 잔여지수용의 성격 ·· 6

   가. 판례 ·· 7

      (1) 대법원 판결 ·· 7

        (2) 하급심 판결 ··· 8

4. 토지수용법에 따른 보상액 산정에 있어서 인근유사토지의 정상거래가격의
   의미 및 요건 ·· 8

    가. 인근유사토지의 정상거래가격의 의미 ··· 8
    나. 인근유사토지 ··· 8
    다. 정상거래가격 ··· 11
        (1) 정상거래가격의 요건 ··· 11
        (2) 관련 대법원 판례 ·· 11
            (가) 개발이익 포함, 투기적 거래라고 단정할 없다고 한 판결 ············ 11
            (나) 개발이익 포함, 투기적 거래 등을 이유로 정상거래가격임을 부인한 판결 ········ 12
        (3) 개발이익이 포함되어 있는 경우 개발이익을 공제하여 참작할 수 있는지 여부 ······ 14
            (가) 대법원 판례의 태도 ·· 14

5. 인근유사토지의 정상거래가격의 보정률 산정방법 ································· 15

    가. 보정률 산정방법 ··· 15
    ▶ 인근유사토지의 거래사례의 경우 ·· 15
    ▶ 보상선례의 경우 ·· 15

6. 인근유사토지의 정상거래가격에 관한 당사자주장에 대한 법원의 판단
   요부 및 입증책임 ·· 15

    가. 당사자의 주장에 대한 법원의 판단요부 ··· 15
    나. 입증책임 ·· 15

Ⅲ. 수용재결에 따른 보상금공탁

1. 의의 ·· 16

2. 보상금 공탁의 요건 ·· 16

    가. 공탁사유 ··· 16
        (1) 보상금을 받을 자가 그 수령을 거부하거나 보상금을 수령할 수 없을 때 ············· 16
        (2) 기업자의 과실없이 보상금을 받을 자를 알 수 없을 때 ······················· 16

                (가) 절대적 불확지 공탁이 인정되는 경우 ·· 17
                (나) 상대적 불확지공탁이 인정되는 경우 ·· 17
            (3) 기업자가 관할토지수용위원회가 재결한 보상금액에 대하여 불복이 있을 때 ········· 17
            (4) 압류 또는 가압류에 의하여 보상금의 지불이 금지되었을 때 ···················· 17
        나. 보상금 공탁의 성질 ·· 17
        다. 공탁금의 회수 ·· 18
    3. 보상금의 피공탁자 ·· 18
        가. 토지수용법 제45조 제3항은 사업인정의 고시가 있은 후 소유권 등의 변동이
            있는 경우에는 그 소유권 등을 승계한 자에게 손실보상을 하거나 공탁을
            하도록 규정하고 있다. ·· 18
        나. 재결서의 피수용자 ·· 18
    4. 공탁의 하자와 수용재결의 실효 ·· 18
        가. 수용보상금을 지급하거나 공탁하지 않은 경우 ·· 18
        나. 수용보상금의 공탁이 무효인 경우 ·· 19

Ⅳ. 토지보상

1. 토지보상 ·· 19
    가. 토지에 관한 보상금 ·· 19
    나. 표준지 선정 ·· 19
        (1) 표준지의 의미 ·· 19
        (2) 표준지 선정기준 ·· 19
            (가) 토지보상평가지침 ·· 20
        (3) 공법상 제한을 받는 토지에 대한 평가 ·· 20
            (가) 용도지역·지구의 변경 ·· 20
2. 토지정착물에대한 보상 ·· 22
3. 잔여지에 관한 보상 ·· 24
    가. 잔여지 수용청구 ·· 24

4 목 차

  (1) 잔여지 수용청구 요건 ··· 25
  (2) 잔여지 수용청구의 당사자와 시기 ····································· 25
4. 지장물에 대한 손실보상 ·· 25
 가. 건축물 ··· 26
  (1) 건축물의 일부를 수용하는 경우 ······································ 26
  (가) 잔여 건축물의 사용이 현저히 곤란한 경우 ······················ 26

| 토지보상법 제75조의2 제2항 (잔여 건축물의 손실에 대한 보상 등) | ··········· 26

   (나) 잔여 건축물을 사용할 수 있는 경우 ··························· 27

| 토지보상법 제75조의2 제1항 (잔여 건축물의 손실에 대한 보상 등) | ··········· 27

   (다) 보상방법 ·· 27

| 토지보상법 시행규칙 제35조 (잔여 건축물에 대한 평가) | ······················· 27

 나. 기타 지장물 ·· 27
  (1) 공작물 ··· 27

| 토지보상법 시행규칙 제33조 (건축물의 평가) | ·································· 27
| 토지보상법 시행규칙 제34조 (건축물에 관한 소유권외의 권리 등의 평가) | ········ 28
| 토지보상법 시행규칙 제35조 (잔여 건축물에 대한 평가) | ······················· 28
| 토지보상법 시행규칙 제36조 (공작물 등의 평가) | ······························ 28

  (2) 입목(수목) ··· 29

| 토지보상법 시행규칙 제37조 (과수 등의 평가) | ·································· 29
| 토지보상법 시행규칙 제38조 (묘목의 평가) | ···································· 29
| 토지보상법 시행규칙 제39조 (입목 등의 평가) | ·································· 30

  (3) 농작물 ··· 31

| 토지보상법 제75조의2 제2항 (잔여 건축물의 손실에 대한 보상 등) | ··········· 31
| 토지보상법 시행규칙 제41조 (농작물의 평가) | ··································· 31

  (4) 토지에 속한 흙·돌·모래 또는 자갈 ································ 31

| 토지보상법 제75조 제3항 (건축물등 물건에 대한 보상) | ······················· 31

  (5) 분묘 ··· 32

| 토지보상법 제75조 제4항 (건축물등 물건에 대한 보상) | ········· 32

| 토지보상법 시행규칙 제42조 (분묘에 대한 보상액의 산정) | ········· 32

| 장사 등에 관한 법률 제2조 제16호 (정의) | ········· 32

5. 영업보상과 폐업보상 ········· 33

가. 영업보상 ········· 33

| 토지보상법 제77조 (영업의 손실 등에 대한 보상) | ········· 33

| 토지보상법 시행규칙 제45조 (영업손실의 보상대상인 영업) | ········· 34

| 토지보상법 시행규칙 제46조 (영업의 폐지에 대한 손실의 평가 등) | ········· 34

| 토지보상법 시행규칙 제47조 (영업의 휴업 등에 대한 손실의 평가) | ········· 35

나. 영업손실보상의 대상이 되는 영업 ········· 36

| 토지보상법 시행규칙 제45조 (영업손실의 보상대상인 영업) | ········· 36

| 토지보상법 시행규칙 제52조 (허가등을 받지 아니한 영업의 손실보상에 관한 특례) | ········· 36

다. 폐업보상 ········· 36

(1) 폐업보상의 대상 ········· 36

| 토지보상법 시행규칙 제46조 제2항 (영업의 폐지에 대한 손실의 평가 등) | ········· 36

(2) 폐업보상금의 산출방법 ········· 37

| 토지보상법 시행규칙 제46조 제2항 (영업의 폐지에 대한 손실의 평가 등) | ········· 37

6. 휴업보상 ········· 40

가. 영업장소 이전 및 휴업 관련 보상 ········· 40

(1) 영업장소 이전에 따른 보상액 ········· 40

| 토지보상법 시행규칙 제47조(영업의 휴업 등에 대한 손실의 평가) | ········· 40

(2) 영업장소 일부 편입 및 영업규모 축소에 따른 보상액 ········· 40

| 토지보상법 시행규칙 제47조 제3항 (영업의 휴업 등에 대한 손실의 평가) | ········· 40

나. 공익사업시행지구 밖의 영업손실에 대한 보상 ········· 41

| 토지보상법 제73조 제2항 (잔여지의 손실과 공사비 보상) | ········· 41

| 토지보상법 제79조 제5항 (그 밖의 토지에 관한 비용보상 등) | ········· 41

| 토지보상법 시행규칙 제64조 제1항 (공익사업시행지구밖의 영업손실에 대한 보상) | ·············· 41

7. 영농보상 ·· 42

가. 영농보상의 대상 ·· 42

| 농지법 제2조 제1호 (가)목 (정의) | ··· 42
| 농지법 시행령 제2조 제3항 제2호 (가)목 (농지의 범위) | ······························· 42

8. 주거이전비보상 ··· 45

가. 주거이전비 ··· 45

| 토지보상법 제78조 제5항 (이주대책의 수립 등) | ·· 45
| 토지보상법 시행규칙 제54조 (주거이전비의 보상) | ··· 45

9. 이사비 ·· 48

| 토지보상법 시행규칙 제55조 제2항 (동산의 이전비 보상 등) | ····························· 48

[별표] 이사비 기준 ·· 49

10. 이주대책과 생활대책 ··· 50

| 토지보상법 제78조 제1항 (이주대책의 수립 등) | ·· 50

가. 이주대책 ··· 50

| 토지보상법 시행령 제40조 제2항, 제5항 제1호, 제2호 제3호 (이주대책의 수립) | ········ 50
| 토지보상법 시행규칙 제53조 제1항 (이주정착금 등) | ······································· 51

나. 이주대책의 내용 ·· 51

| 토지보상법 제78조 제4항 (이주대책의 수립 등) | ·· 51
| 토지보상법 시행령 제41조의2 제2항 (생활기본시설의 범위 등) | ······················ 51

다. 이주정착금의 지급 ·· 52

| 토지보상법 시행령 제41조 (이주정착금의 지급) | ·· 52
| 토지보상법 시행규칙 제53조 제2항 (이주정착금 등) | ······································· 52

제2절 총 칙

1. 토지보상법의 적용 ·· 53

| 토지보상법 제1조 (목적) | ··· 53

    사례 1 공유재산의 효율적인 사용·관리를 위해 사유지를 매수하는 경우는 「토지보상법」
          적용대상이 아니다. ··· 53
    사례 2 도시계획시설인 시외버스터미널을 폐쇄하고 시로 매입요청을 한 경우 「토지보상법」에
          의한 손실보상 기준을 적용할 수 없다 ··· 53
    사례 3 시장정비사업시행자는 시장정비구역 내 토지를 수용할 수 있다 ······················· 54
    ▌판례 1 ▌ 소유권확인 ··· 54
    ▌판례 2 ▌ 소유권확인 ··· 55
    ▌판례 3 ▌ 부당이득금 ··· 55
    ▌판례 4 ▌ 소유권보존등기말소 ··· 55
    ▌판례 5 ▌ 소유권확인등 ··· 56

2. 공익사업 ··· 56

| 토지보상법 제4조 (공익사업) | ··· 56

3. 적용대상 ··· 57

| 토지보상법 제3조 (적용 대상) | ··· 57
| 토지보상법 제19조 (토지등의 수용 또는 사용) | ··· 57

    사례 1 바다에 포락된 토지는 보상대상이 아니다 ··· 57
    사례 2 공부상과 실측면적이 상이한 경우 실측면적으로 보상한다 ··································· 58
    ▌판례 1 ▌ 헌법상 보장된 재산권의 의미 ··· 58
    ▌판례 2 ▌ 문화적, 학술적 가치는 손실보상의 대상이 아니다. ·································· 58
    ▌판례 3 ▌ 지하수에 대한 이용권이 수용대상인 "물의 사용에 관한 권리"에
              해당하지 않는다. ·· 59
    ▌판례 4 ▌ "흙·돌·모래 또는 자갈이 별도로 보상대상이 되는 경우"의 의미 ············ 59
    ▌판례 5 ▌ 수용의 목적물은 사업을 위해 필요한 최소한도에 그쳐야 한다. ················ 59
    ▌판례 6 ▌ 보존공물도 수용할 수 있다. ··· 60
    ▌판례 7 ▌ 소유권확인등 ··· 60

8 목 차

┃판례 8┃ 하천법 제50조에 의한 하천수 사용권은 공익사업을 위한 토지 등의 취득 및
　　　　　보상에 관한 법률 제76조 제1항이 손실보상의 대상으로 규정하고 있는 '물의
　　　　　사용에 관한 권리'에 해당한다. ··· 60
┃재결례 1┃ 기부채납 및 양여 합의각서가 체결되었다는 사유만으로 국유지를 수용 또는
　　　　　　사용할 수 없는 것은 아니다 ·· 62
┃재결례 2┃ 품질기준에 부합하지 않는 등의 사유로 순환골재 및 건설폐기물은 손실보상
　　　　　　대상이 아니라고 한 사례 ··· 63

4. 당사자 ··· 63

| 토지보상법 제2조 (정의) | ··· 63

사례 1 등기부상 전세권 설정등기 등을 하지 않은 전·월세 거주자 및 임차 영업자도
　　　　관계인으로 볼 수 있다 ··· 64
사례 2 가처분권자는 「토지보상법」상 관계인이 아니다 ··· 64
사례 3 등기부상 전세권 설정등기 등을 하지 않은 전·월세 거주자 및 임차 영업자도
　　　　관계인으로 볼 수 있다. ·· 65
사례 4 가처분권자는 「토지보상법」상 관계인이 아니다. ··· 65
┃재결례 1┃ 매매대금 일부 또는 전부만 수수되고 소유권이전등기가 경료되지 아니한
　　　　　　자를 소유자로 보아 보상할 수 없다 ··· 66
┃판례 1┃ "기타 토지에 정착한 물건에 대한 소유권 그 밖의 권리를 가진 관계인"의 범위 ····· 66
┃판례 2┃ 수용재결 전에 토지를 매수하여 대금을 완납한 자는 관계인에 해당한다. ········ 66
┃판례 3┃ 기타 토지에 정착한 물건에 대한 소유권 그 밖의 권리를 가진 관계인'의 범위 ······ 67
┃판례 4┃ 사업시행자 甲이 수용하여 보상까지 마친 乙 소유의 지장물을
　　　　　사업시행자 丙이 다시 수용한 경우, 丙에 대한 지장물의
　　　　　보상청구권은 乙이 아니라 甲에게 있다. ··· 67

5. 권리·의무 등의 승계 ··· 68

| 토지보상법 제5조 (권리·의무 등의 승계) | ··· 68

사례 1 영업보상대상인 영업을 사업인정고시일 이후 적법하게 승계한 경우라면 영업보상이다 ········ 68

6. 기간의 계산방법, 통지 및 송달 ··· 69

| 토지보상법 제6조 (기간의 계산방법 등) | ··· 69
| 토지보상법 시행령 제3조 (통지) | ·· 69

| 토지보상법 시행령 제4조 (송달) | ·· 69
| 토지보상법 시행규칙 제3조 (송달) | ·· 69

▎판례 1 ▎ 소유권확인 ··· 69
▎판례 2 ▎ 소유권이전등기 ·· 70
▎판례 3 ▎ 소유권보존등기말소등 ··· 71
▎판례 4 ▎ 소유권보존등기말소 ··· 72

가. 송달 ··· 72

| 우편법 시행규칙 제25조 (선택적 우편역무의 종류 및 이용조건 등) | ····················· 72
| 민사소송법 제176조 (송달기관) | ·· 72

▎판례 1 ▎ 보통우편의 방법으로 발송되었다는 사실만으로는 그 우편물이 상당기간 내에
         도달하였다고 추정할 수 없다. ··· 73
▎판례 2 ▎ 주소, 거소 기타 송달할 장소를 알 수 없을 때의 의미 ·· 73

제2장 협의취득

I. 공익사업의 준비 ·· 74

| 토지보상법 제9조 (사업 준비를 위한 출입의 허가 등) | ··· 74
| 토지보상법 제10조 (출입의 통지) | ··· 74
| 토지보상법 제11조 (토지점유자의 인용의무) | ··· 74
| 토지보상법 제12조 (장해물 제거등) | ··· 75
| 토지보상법 제13조 (증표 등의 휴대) | ··· 75
| 토지보상법 시행령 제6조의2 (손실보상 재결의 신청) | ······································ 75

사례 1 사업지역 선정을 위한 후보지역의 현장 확인행위는 공익사업의 준비에 해당한다 ············· 76

▎판례 1 ▎ 사업의 준비과정에서 손실을 입은 자가 행정소송을 청구하는 경우
         토지수용위원회의재결절차를 거쳐야 한다. ··· 76
▎판례 2 ▎ 소유권말소등기 ·· 76

2. 토지조서 및 물건조서의 작성 ··· 77

| 토지보상법 제14조 (토지조서 및 물건조서의 작성) | ·· 77
| 토지보상법 시행령 제7조 (토지조서 및 물건조서 등의 작성) | ···································· 78
| 토지보상법 시행규칙 제5조 (토지조서 및 물건조서의 서식) | ······································ 78

사례 1 토지조서 등에 서명을 받는 것을 누락하였다면 해당 사항을 보완하여 사업인정
  등의 진행이 가능하다 ··· 79
사례 2 공부면적과 실제면적이 다를 경우 실제면적을 기준으로 산정한다 ·················· 79

▎판례 1 ▎ 무허가 건축물에 대한 보상을 하는 경우 지적측량을 하여야 한다. ············ 80
▎판례 2 ▎ 토지수용재결처분취소등 ··· 80
▎판례 3 ▎ 무허가 건축물에 대한 보상을 하는 경우 지적측량을 하여야 한다. ············ 80

3. 보상계획공고 및 열람 ·· 81

| 토지보상법 제15조 (보상계획의 열람 등) | ··· 81

사례 1 일간신문에 공고하여야 할 "토지조서 및 물건조서의 내용 ······························ 82
사례 2 토지소유자 및 관계인이 20인 이하인 경우에는 보상계획 공고를 생략하고 통지 및
  열람의 절차를 거친 후 협의보상할 수 있다 ·· 82
▎판례 1 ▎ 당사자에 대한 고지 및 의견제출 등의 적법 요건 ··································· 83

4. 보상협의회의 설치 ·· 83

| 토지보상법 제82조 (보상협의회) | ··· 83
| 토지보상법 시행령 제44조 (임의적 보상협의회의 설치·구성 및 운영 등) | ··················· 83
| 토지보상법 시행령 제44조의2 (의무적 보상협의회의 설치·구성 및 운영 등) | ············· 84

사례 1 필수적으로 보상협의회를 설치하여야 하는 공익사업인지 여부를 판단하는 면적은
  해당 공익사업지구 면적을 기준으로 한다 ·· 85
▎재결례▎ 사업시행자에게 보상협의회 설치의무가 있음에도 이를 설치하지 않고
  신청한 수용재결은 부적법하여 각하대상이다. ·· 85

5. 보상평가 ·· 86

| 토지보상법 제68조 (보상액의 산정) | ··· 86

| 토지보상법 시행령 제28조 (시·도지사와 토지소유자의 감정평가법인등 추천) | ·················· 86
| 토지보상법 시행규칙 제16조 (보상평가의 의뢰 및 평가 등) | ······················· 87
| 토지보상법 시행규칙 제17조 (재평가 등) | ·· 88
| 토지보상법 시행규칙 제18조 (평가방법 적용의 원칙) | ···································· 89

사례 1 감정평가사는 제시된 목록을 기준으로 보상평가 함이 원칙이다 ················· 89
사례 2 보상평가 후 1년이 경과할 때까지 보상계약이 체결되지 않는 경우에는 재평가하여
다시 협의한 후 재결신청함이 원칙이다 ·· 90
사례 3 보상평가를 위한 감정평가업자(감정평가법인 등) 추천은 토지소유자 대표가 할 수
없고, 사업시행자의 추천 권한을 토지소유자에게 위임할 수 없다 ························ 90
사례 4 시·도지사의 추천을 받아 선정한 감정평가업자(감정평가법인 등)가 평가를 진행 중에
법인의 지사가 폐쇄되고 담당 평가사는 다른 법인으로 이직한 경우 당해 감정평가업
자가 이를 완료하면 될 것으로 보며, 부득이 한 사유로 해당 업자가 평가를 못한다면
다른 감정평가업자를 추천받아 진행할 수 있다 ··· 91
사례 5 「토지보상법」에 따른 감정평가업자(감정평가법인 등) 추천은 사업지구 면적이 아닌
보상을 하여야 하는 토지면적을 기준으로 하여야 한다 ·· 92
▎판례 1 ▎ 보상평가 시 가치산정요인의 기술 정도 ··· 92
▎판례 2 ▎ 보상액 산정방법을 규정한 「토지보상법 시행규칙」은 법규적 효력을 가진다. ········· 92

6. 보상액의 산정 ··· 93

| 토지보상법 제68조 (보상액의 산정) | ··· 93
| 토지보상법 시행규칙 제16조 (보상평가의 의뢰 및 평가 등) | ······················· 93

▶ 통계자료를 기준으로 산정하는 손실보상금> ··· 93
▎판례 1 ▎ 「"토지보상법"」에 따른 손실보상기준에 의하지 않고 손실보상금을 정할 수 있다. ·· 93
▎판례 2 ▎ 성실한 협의의 요건 ·· 94
▎판례 3 ▎ 관계인에게 협의에 대한 통지를 하도록 규정한 취지는 관계인의 권리를
보호하기 위함이다. ·· 94
▎판례 4 ▎ 협의기간 만료 전에 작성된 협의경위서도 유효하다. ································ 95

사례 1 협의자체를 거부하는 경우에도 「토지보상법」 제28조의 "협의를 할 수
없을 때"에 해당한다. ··· 95
▎판례 5 ▎ 진정한 소유자의 동의를 받지 아니한 채 등기명의자의 동의만을 받은
협의성립확인신청의 수리처분은 위법하다. ·· 95
▎재결례 1▎ 지토위에서 화해권고 소위원회 개최 이후 사업시행자의 협의 노력이 부족
하다는 사유로 수용재결신청을 기각 재결한 것에 대하여 중토위에서 취소
재결한 재결례 ··· 96

7. 협의 ········ 97

| 토지보상법 제16조 (협의) | ········ 97
| 토지보상법 시행령 제8조 (협의의 절차 및 방법 등) | ········ 97

- **판례 1** 「토지보상법」에 따른 손실보상기준에 의하지 않고 손실보상금을 정할 수 있다. ····· 98
- **판례 2** 성실한 협의의 요건 ········ 98
- **판례 3** 관계인에게 협의에 대한 통지를·하도록 규정한 취지는 관계인의 권리를 보호하기 위함이다. ········ 99
- **판례 4** 협의기간 만료 전에 작성된 협의경위서도 유효하다. ········ 99

8. 계약의 체결 ········ 99

| 토지보상법 제17조 (계약의 체결) | ········ 99

- **판례 1** 손실보상금에 관한 당사자 간 합의가 성립한 경우, 그 합의 내용이 「토지보상법」상 손실보상기준에 맞지 않는다는 이유로 추가로 손실보상금을 청구할 수는 없다. ········ 100
- **판례 2** 협의취득에서도 채무불이행이나 매매대금 과부족금에 대한 지급의무를 약정할 수 있다. ········ 100
- **판례 3** 잘못된 감정평가기준을 적용한 경우 과부족금액을 상대방에게 청구할 수 있다. ··· 100
- **판례 4** 용도지역을 오인한 감정평가서에 기초한 협의계약은 취소할 수 있다. ········ 101
- **판례 5** 협의취득에서의 매도인은 채무불이행으로 인한 손해배상책임과 하자담보책임을 경합적으로 부담한다. ········ 101
- **판례 6** 소유권이전등기말소 ········ 102
- **판례 7** 잘못된 감정평가기준을 적용한 경우 과부족금액을 상대방에게 청구할 수 있다. ··· 102
- **판례 8** 수용재결이 있은 후에도 토지소유자와 사업시행자가 협의하여 계약체결을 할 수 있다. ········ 103

제3장 수용취득

1. 토지 등의 수용 또는 사용 ········ 104

| 토지보상법 제19조 (토지등의 수용 또는 사용) | ········ 104

- **판례 1** 토지수용법 제5조(「토지보상법」 제19조제2항)의 입법취지 ········ 104

| 판례 2 | 보존공물도 수용할 수 있다. ··· 104
| 판례 3 | 요존국유림(행정재산)에 대한 사용재결은 위법하다. ··························· 105
| 재결례 1 | 기부채납 및 양여 합의각서가 체결되었다는 사유만으로 국유지를 수용
또는 사용 할 수 없는 것은 아니다 ·· 105
| 재결례 2 | 행정재산에 대하여 사업시행자가 수용재결을 신청한 재결례 ············· 105

2. 수용 또는 사용의 절차 ·· 106

가. 사업인정 ·· 106

| 토지보상법 제19조 (토지등의 수용 또는 사용) | ·································· 106
| 토지보상법 제20조 (사업인정) | ··· 106
| 토지보상법 제21조 (협의 및 의견청취 등) | ·· 106
| 토지보상법 제22조 (사업인정의 고시) | ··· 107
| 토지보상법 제23조 (사업인정의 실효) | ··· 107
| 토지보상법 제24조 (사업의 폐지 및 변경) | ······································· 107
| 토지보상법 제24조의2 (사업의 완료) | ··· 108
| 토지보상법 제25조 (토지등의 보전) | ··· 108
| 토지보상법 제27조 (토지 및 물건에 관한 조사권 등) | ························· 108
| 토지보상법 시행령 제10조 (사업인정의 신청) | ··································· 109
| 토지보상법 시행령 제11조 (의견청취 등) | ·· 110
| 토지보상법 시행규칙 제8조 (사업인정신청서의 서식 등) | ···················· 110

(1) 사업인정의 요건 등 ·· 111

**사례 1 종전의 공익사업의 부지 중 미보상토지의 소유권 취득만을 목적으로 하는
사업인정은 불가능하다** ·· 111

| 판례 1 | 헌법 제23조제3항의 '공공필요'는 공익성과 필요성으로 구성된다. ·············· 112
| 판례 2 | 공익성의 입증책임은 사업시행자에게 있다. ··· 112
| 판례 3 | 사업시행자가 해당 공익사업을 수행할 의사와 능력이 있는지 여부도
사업인정의 한 요건이다. ·· 113
| 판례 4 | 이미 실행된 공익사업의 유지를 위한 사업인정도 가능하다. ················ 113
| 판례 5 | 부당이득금반환 ··· 114
| 판례 6 | 소유권확인 ··· 114
| 판례 7 | 광업권설정등록불수리처분취소 ·· 114
| 판례 8 | 점유토지반환및손해배상·소유권이전등기 ·· 114

        (2) 사업인정의 고시 등 ·· 116
사례 1 사업인정의 고시에서 지장물에 대한 고시는 필요하지 않다 ···················· 116
사례 2 사업인정 고시 후 토지소유자가 변경된 경우에도 변경고시를 할 필요는 없다 ······ 116
┃판례 1┃ 사업인정 절차의 일부를 누락한 것은 사업인정의 취소사유에 해당하나
         사업인정 자체를 무효로 할 중대하고 명백한 하자는 아니다. ················· 117
┃판례 2┃ 사업인정 시 토지세목 고시가 누락되었다면 사업인정의 취소사유에 해당한다. ····· 117
        (3) 사업인정의 실효 등 ··· 117
┃판례 1┃ 사업시행기간이 경과된 후의 실시계획변경인가의 효력 ······················· 117
        (4) 사업인정 의제제도 ··· 118
┃판례 1┃ 사업인정 의제제도는 헌법 제23조제3항에 위반되지 않는다. ················ 118
        (5) 토지의 보전의무 등 ··· 118
사례 1 사업인정고시 이후 통상적인 영업행위를 위하여 물건을 부가·증치 한
       경우는 보상대상이다 ·· 118
┃판례 1┃ 건축허가를 받았으나 건축행위에 착수하지 않은 상태에서 사업인정고시가
         된 경우, 건축물을 건축하려는 자는「토지보상법」제25조에서 정한 허가를
         따로 받아야 한다. ··· 119
        (6) 행정쟁송 등 ·· 119
┃판례 1┃ 재결단계에서 사업인정의 하자를 주장할 수 없다. ······························ 119

나. 협의 등 ··· 119

┃ 토지보상법 제26조 (협의 등 절차의 준용) ┃ ··· 119
┃ 토지보상법 제29조 (협의 성립의 확인) ┃ ··· 120

사례 1 사업인정고시 전에 협의가 성립된 토지는 협의성립의 확인을 신청을 할 수 없다 ········· 120
사례 2 협의성립 확인에 의한 원시취득으로 되는 시점은 수용의 시기이다 ··············· 121
사례 3 관련 법령에 의한 무상귀속 무상양여의 경우는 협의성립의 확인 대상이 아니다 ········· 121
사례 4 협의성립 확인에 의한 원시취득으로 되는 시점은 수용의 시기이다. ············· 122

┃판례 1┃ 토지조서 및 물건조서의 작성상의 하자의 효과 등 ···························· 122
┃판례 2┃「토지보상법」제26조제2항의 협의 등 절차의 생략 규정은
         재산권을 침해하지 않는다. ·· 122
┃판례 3┃ 사업인정 후 협의취득의 법적 성질 ·· 122

다. 재결 ··· 123

  (1) 재결 신청 ·· 123

| 토지보상법 제28조 (재결의 신청) | ·· 123
| 토지보상법 시행령 제12조 (재결의 신청) | ·· 123

 ▌판례 1 ▌ 통지 등의 절차를 제대로 거치지 않고 이루어진 수용재결은 위법하다. ················ 124
 ▶ 중앙토지수용위원회의 일반적인 재결절차 ··· 124

  (2) 재결신청의 청구 ··· 125

| 토지보상법 제30조 (재결 신청의 청구) | ·· 125
| 토지보상법 제31조 (열람) | ·· 125
| 토지보상법 제32조 (심리) | ·· 125
| 토지보상법 시행령 제14조 (재결 신청의 청구 등) | ································· 125
| 토지보상법 시행령 제15조 (재결신청서의 열람 등) | ······························· 125

 사례 1 협의절차가 진행되지 않은 상태에서는 토지소유자 등은 재결신청 청구를 할 수 없다 ········ 126
 사례 2 토지소유지 등이 보상대상 여부에 대하여 재결신청의 청구를 한 경우 사업시행자는
     보상액에 대한 협의를 하지 않고 재결신청을 할 수 있다 ································ 127
 사례 3 지연가산금은 관할 토지수용위원회에 재결 신청되었을 때를 기준으로 한다 ··············· 127
 사례 4 재결실효 후 다시 재결신청을 하는 경우 지연가산금 산정은 ································· 128

◇ 주문기재례

1. 수용재결 ·· 128
 가. 인용하는 경우 ··· 128
 나. 각하 또는 기각하는 경우 ··· 128
2. 손실보상재결 : 토지·지장물 취득을 전제로 하지 않는 손실보상청구 ············· 129
 가. 주문의 형식 ··· 129
  (1) 각하할 경우 ·· 129
  (2) 인용할 경우 ·· 130
  (3) 기각할 경우 ·· 130
3. 이의재결 ·· 131
 가. 주문의 형식 ··· 131

　　　　(1) 각하하는 경우 ·· 131
　　　　(2) 인용하는 경우 ·· 131
　　　　(3) 기각하는 경우 ·· 132

▎재결례 1 ▎ 재결보상금의 일부(지연가산금)을 수용 개시일까지 지급하거나 공탁하지
　　　　　　아니하였을 때에는 재결은 실효된다. ··· 132
▎재결례 2 ▎ 사업시행자가 예산 확보를 이유로 협의절차를 진행하지 아니한 경우 '협의가
　　　　　　성립되지 아니하였을 때'에 해당하며 소유자의 재결신청청구는 적법하다 ·········· 133
▎재결례 3 ▎ 법률대리인이 제출한 청구서의 첨부서류에는 위임인의 주소와 주민번호,
　　　　　　인적사항 등이 기재되어 있고, 날인도 되어 있어 위임의 의사도 분명히
　　　　　　하다고 볼 수 있다면 재결신청청구는 적법하다 ··· 133
▎재결례 4 ▎ 재결보상금의 일부(지연가산금)을 수용 개시일까지 지급하거나 공탁하지
　　　　　　아니하였을 때에는 재결은 실효된다 ·· 134

▎판례 1 ▎ 사업인정고시 후 상당한 기간이 경과하도록 협의기간을 통지하지 아니한
　　　　　경우 토지소유자는 재결신청의 청구를 할 수 있다. ··· 134
▎판례 2 ▎ 보상대상에 포함여부도 재결신청의 청구 대상이다. ··· 135
▎판례 3 ▎ 재결신청청구의 형식 및 상대방 ··· 135
▎판례 4 ▎ 협의기간이 종료하기 전에 토지소유자 및 관계인이 재결신청의 청구를
　　　　　하였으나 사업시행자가 협의기간을 연장한 경우에도 60일 기간의 기산
　　　　　시기는 당초의 협의기간 만료일이 된다. ·· 136
▎판례 5 ▎ 지연가산금에 대한 불복은 수용보상금의 증액에 관한 소에 의하여야 한다. ········ 136
▎판례 6 ▎ 소유권보존등기말소 ·· 137
▎판례 7 ▎ 소유권보존등기말소 ·· 137
▎판례 8 ▎ 소유권보존등기말소등 ·· 137
▎판례 9 ▎ 소유권이전등기등 ·· 137
▎판례 10 ▎ 재결실효 후 다시 재결신청을 하는 경우에는 재결실효일부터 60일이 내에
　　　　　 하지 않으면 재결지연가산금이 부과된다. ·· 138
▎판례 11 ▎ 공익사업을 위한 토지 등의 취득 및 보상에 관한 법률 제87조의
　　　　　 '보상금'에는 같은 법 제30조 제3항에 따른 지연가산금도 포함된다. ················· 139
▎판례 12 ▎ 도시정비법 상의 지연배상금과 「토지보상법」 상의 지연가산금은
　　　　　 동시에 행사할 수 없다. ·· 139

　　(3) 화해의 권고 ·· 141

▎ 토지보상법 제33조 (화해의 권고) ▎ ··· 141

▎판례 1 ▎ 화해의 권고는 임의적 절차이다. ··· 141

(4) 재결 ··· 141

| 토지보상법 제34조 (재결) | ··· 141
| 토지보상법 제35조 (재결기간) | ·· 141
| 토지보상법 제36조 (재결의 경정) | ·· 142
| 토지보상법 제37조 (재결의 유탈) | ·· 142

사례 1 「토지보상법」제35조에서 규정한 '심리를 개시한 날'은? ······················ 142
사례 2 토지수용위원회가 경정재결을 할 수 있는 기간에는 제한이 없다 ············ 142

▎판례 1 ▎ 사업인정 자체를 무의미하게 하여 사업의 시행을 불가능하게 하는 재결은
행할 수 없다. ··· 143
▎판례 2 ▎ 재결에서 토지조서에 표시된 이용상황대로 보상하는 것은 아니다. ········· 143
▎판례 3 ▎ 상당한 기간이 경과된 송달도 유효하다. ·· 143

(5) 도시정비사업과 관련한 재결신청 ·· 143

▎판례 1 ▎「도시정비법」상 현금청산금액에 관한 협의불성립 시「토지보상법」상
협의절차 없이 곧바로 재결신청을 청구할 수 있다. ··· 143
▎판례 2 ▎「도시정비법」상 현금청산대상자인 토지등소유자에 대하여는「토지보상법」상
협의 및 그 사전절차를 정한 제 규정은 준용될 여지가 없다. ······························· 144

라. 보상금의 지급 또는 공탁 ··· 145

| 토지보상법 제40조 (보상금의 지급 또는 공탁) | ··· 145
| 토지보상법 시행령 제20조 (보상금의 공탁) | ··· 145
| 토지보상법 시행령 제21조 (권리를 승계한 자의 보상금 수령) | ····················· 145

사례 1 토지수용위원회 재결 후 소송을 하려는 경우 이의를 유보하고 수령할 수 있다. ············ 145
사례 1 수용의 개시일까지 관할 토지수용위원회가 재결한 보상금을 공탁하지 아니하였을
때에는 공탁을 하지 아니한 범위 내에서 개인별로 재결효력이 상실한다. ············ 146

▎판례 1 ▎ 보상금 수령을 거절할 것이 명백한 경우, 현실제공 없이 바로
보상금을 공탁할 수 있다. ··· 146
▎판례 2 ▎ 국세체납처분에 의한 압류가 있는 경우에는 공탁할 수 없다. ················· 147
▎판례 3 ▎ 채권압류 및 전부명령이 있는 경우에는 공탁할 수 없다. ························ 147
▎판례 4 ▎ 수용대상토지가 압류되어 있는 경우는 공탁할 수 없다. ·························· 147
▎판례 5 ▎ 조건부 공탁은 무효이다. ··· 148
▎판례 6 ▎ 토지수용법 제61조제2항제4호(「토지보상법」제40조제2항제4호)에 따른

┃ 판례 7 ┃ 공탁의 성격은 집행공탁이다. ·· 148
┃ 판례 7 ┃ 공탁서 정정의 허용 범위 ·· 148
┃ 판례 8 ┃ 토지소유자 등이 공탁금 수령을 거절하는 경우에도 사업시행자는
공탁금을 회수할 수 없다. ·· 148
┃ 판례 9 ┃ 이의유보 없이 보상금을 수령하였다면 재결에 승복한 것으로 본다. ·················· 149
┃ 판례 10 ┃ 이의재결의 보상금을 이의유보 없이 수령하였다면 행정소송을 재기 중이라
하여 이의유보의 의사표시가 있었다고 볼 수 없다. ··· 149
┃ 판례 11 ┃ 재결이 실효되면 재결신청도 효력을 상실한다. ·· 149
┃ 판례 12 ┃ 수용재결이 실효된 후 다시 수용재결을 신청하는 경우 보상계획의 열람
등의 절차를 다시 거쳐야 하는 것은 아니다. ··· 150
┃ 판례 13 ┃ 전부금 ··· 150
┃ 판례 14 ┃ 수용재결이 실효된 후 다시 수용재결을 신청하는 경우 보상계획의 열람
등의 절차를 다시 거쳐야 하는 것은 아니다. ··· 151
┃ 판례 15 ┃ 진정한 소유자가 아닌 자를 하천 편입 당시 소유자로 보아 손실보상금을
지급한 경우에는 과실이 없더라도 손실보상금 지급의무를 면하지 않지만,
진정한 소유자가 손실보상대상자임을 전제로 하여 손실보상청구권이 자신
에게 있는 것과 같은 외관을 가진 자에게 손실보상금을 지급하였고,
지급에 과실이 없다면 손실보상금 지급의무를 면한다. ···································· 151

3. 재결의 효과 ··· 152

┃ 토지보상법 제43조 (토지 또는 물건의 인도 등) ┃ ·· 152
┃ 토지보상법 제44조 (인도 또는 이전의 대행) ┃ ·· 152
┃ 토지보상법 제45조 (권리의 취득·소멸 및 제한) ┃ ··· 152
┃ 토지보상법 제46조 (위험부담) ┃ ··· 152
┃ 토지보상법 제47조 (담보물권과 보상금) ┃ ·· 152
┃ 토지보상법 제48조 (반환 및 원상회복의 의무) ┃ ··· 152

사례 1 재결보상금 지급이후 수용개시일전 사이에 소유권이 제3자에게 이전된 경우
수용등기의 방법 ·· 153
사례 2 사업시행자가 수용개시일까지 보상금을 지급 또는 공탁한 경우에는 보상금 증액에
관한 행정소송 진행시에도 행정대집행을 신청할 수 있다 ································ 153
사례 3 물건조사 및 보상계획공고 후 화제로 소실된 건축물 등은 보상대상이 아니다 ············ 154
┃ 재결례 1 ┃ 사업지구에 편입된 토지상의 송전선 관련 구분지상권을 존속시키기로
결정한 재결례 ·· 154
┃ 재결례 2 ┃ 사업인정고시일 이전에 수용재결과 무관하게 화재로 전소된 영업장의
경우 영업보상 대상이 아니다. ·· 154

| 판례 1 | 수용에 의한 토지취득은 원시취득이다. ·· 155
| 판례 2 | 재결로 취득한 토지에 폐기물 매립 등의 하자가 있는 경우에도
토지소유자는 매도인의 하자담보책임을 부담하지 않는다. ·················· 155
| 판례 3 | 지장물을 이전하지 않은 토지소유자 등은 토지의 점유·사용에 따른 차임
상당의 부당이득 반환의무가 있다. ··· 156
| 판례 4 | 협의취득 시 건축물소유자가 약정한 철거의무의 강제적 이행을
대집행의 방법으로 실현할 수 없다. ··· 156
| 판례 5 | 부당이득금 ··· 156
| 판례 6 | 손해배상(기) ··· 157

4. 재결의 불복 ·· 157

가. 이의신청 ··· 157

| 토지보상법 제83조 (이의의 신청) | ··· 157
| 토지보상법 제84조 (이의신청에 대한 재결) | ··· 157
| 토지보상법 제86조 (이의신청에 대한 재결의 효력) | ······························ 157
| 토지보상법 시행령 제45조 (이의의 신청) | ··· 158
| 토지보상법 시행령 제46조 (이의신청에 대한 재결서의 송달) | ·············· 158
| 토지보상법 시행령 제47조 (재결확정증명서) | ·· 158

사례 1 실효된 재결에 대한 이의신청은 무의미하므로 지방토지수용위원회에서 반려 등
필요한 조치를 하여야 한다 ·· 158
사례 2 이의재결금액과 행정소송의 판결금액이 다른 경우의 보상금지급 ·············· 159
| 재결례 | 이의신청 기간을 도과한 이의신청은 요건미비로 각하대상이다. ········· 159
| 판례 1 | 이의신청의 청구기간을 1월로 규정한 토지수용법 제73조제2항
(「토지보상법」 제83조 제3항)은 헌법에 위반되지 않는다. ···················· 160
| 판례 2 | 실효된 수용재결에 대한 이의신청은 쟁송의 이익이 없어 부적법하다. ·········· 160
| 판례 3 | 공유자중 1인인 원고가 한 이의신청의 효력 ····································· 160
| 판례 4 | 이의재결에서 증액된 보상금을 지급 또는 공탁하지 아니하였다 하더라도
그 때문에 이의재결 자체가 당연히 실효되는 것은 아니다. ················ 160
| 판례 5 | 사업시행자가 재결에 불복하여 이의신청을 거쳐 행정소송을 제기하는 경우
이의재결에서 증액된 보상금을 공탁하여야 할 시기 ··························· 161
| 판례 6 | 토지수용재결처분취소 ··· 161
| 판례 7 | 이의재결 후 소유자 등이 사업시행자를 상대로 보상금증액소송을 제기한 경우
'그 밖의 사유로 이의신청에 대한 재결이 확정'된 것으로 보아야 함 ·············· 161

| 판례 8 | 도시정비법에 따른 이전고시 효력이 발생한 후에는 수용재결이나 이의재결의 취소 또는 무효확인을 구할 법률상 이익이 없다. ········· 162

나. 행정소송 ········· 162

| 토지보상법 제85조 (행정소송의 제기) | ········· 162
| 토지보상법 제86조 (이의신청에 대한 재결의 효력) | ········· 163
| 토지보상법 제87조 (법정이율에 따른 가산지급) | ········· 163
| 토지보상법 제88조 (처분효력의 부정지) | ········· 163
| 토지보상법 제89조 (대집행) | ········· 163
| 토지보상법 제90조 (강제징수) | ········· 163

사례 1 사업시행자가 수용개시일까지 보상금을 지급 또는 공탁한 경우에는 보상금 증액에 관한 행정소송 진행시에도 행정대집행을 신청할 수 있다. ········· 163

| 판례 1 | 잔여지 가치감소 등으로 인한 손실보상의 경우에도 재결절차를 거쳐 행정소송을 제기하여야 한다. ········· 164
| 판례 2 | 「토지보상법」 제85조제1항이 정한 60일의 제소기간은 헌법에 반하지 않는다. ····· 164
| 판례 3 | 보상금 증액청구의 소송에서 이의재결에서 정한 손실보상금액보다 정당한 손실보상 금액이 더 많다는 점은 원고가 입증하여야 한다. ········· 164
| 판례 4 | 행정소송의 대상이 된 물건 중 일부 항목에 관한 보상액이 과소하고 다른 항목의 보상액은 과다한 경우, 그 항목 상호간의 유용이 허용된다. ········· 165
| 판례 5 | 수용재결에 불복하여 이의신청을 거친 후 취소소송을 제기하는 경우 피고적격 및 소송대상 ········· 165
| 판례 6 | 사업인정의 하자를 이유로 수용재결처분의 취소를 구할 수 없다. ········· 165
| 판례 7 | 재결이 확정되면 민사소송으로 보상금의 반환을 다툴 수 없다. ········· 166

5. 사용의 특별절차 ········· 166

가. 천재지변 시의 토지의 사용 ········· 166

| 토지보상법 제38조 (천재지변 시의 토지의 사용) | ········· 166
| 토지보상법 시행령 제18조 (사용의 허가와 통지) | ········· 166

나. 시급한 토지 사용에 대한 허가 ········· 166

| 토지보상법 제39조 (시급한 토지 사용에 대한 허가) | ········· 166
| 토지보상법 시행령 제19조 (담보의 제공) | ········· 167

제4장   토지수용위원회

1. 개요 ··· 168

| 토지보상법 제49조 (설치) | ··· 168
| 토지보상법 제54조 (위원의 결격사유) | ·· 168
| 토지보상법 제55조 (임기) | ··· 168
| 토지보상법 제56조 (신분 보장) | ·· 168
| 토지보상법 제57조 (위원의 제척・기피・회피) | ·· 168
| 토지보상법 제57조의2 (벌칙 적용에서 공무원 의제) | ······································ 168

| 판례 1 | 토지수용위원회의 업무가 재판청구권을 침해하는 것은 아니다. ················ 169
| 판례 2 | 수용재결을 토지수용위원회가 관장한다고 하여 이를 적법절차원칙에
           위배된다고 할 수 없다. ·· 169
| 판례 3 | 위원의 제척 규정을 위반한 처분은 무효이다. ·· 170
| 판례 4 | 소유권이전등기절차이행 ·· 170
| 판례 5 | 부당이득금반환 ·· 171
| 판례 6 | 소유권이전등기말소 ·· 171
| 판례 7 | 소유권이전등기 ·· 171
| 판례 8 | 부동산소유권이전등기 ·· 172
| 판례 9 | 소유권보존등기말소 ·· 172
| 판례 10 | 건물철거 ·· 172
| 판례 11 | 시효취득으로인한토지소유권확인등 ·· 173
| 판례 12 | 소유권이전등기 ·· 173
| 판례 13 | 가건물철거등 ·· 173
| 판례 14 | 소유권보존등기 ·· 173
| 판례 15 | 소유권이전등기 ·· 174

2. 조직 및 관할 ··· 174

| 토지보상법 제21조 (협의 및 의견청취 등) | ·· 174
| 토지보상법 제51조 (관할) | ··· 175
| 토지보상법 제52조 (중앙토지수용위원회) | ·· 175
| 토지보상법 제53조 (지방토지수용위원회) | ·· 175

| 사례 1 국가 또는 시·도가 사업시행자인 사업의 수용재결 관할은 중앙토지수용위원회이다 ············ 176
| 사례 2 비관리청 도로공사의 경우 수용재결 관할은 지방토지수용위원회로 보아야 한다 ················ 176
┃ 재결례 ┃ 국토교통부장관 외의 자가 지정한 산업단지의 토지 등에 대한 재결은
    지방토지수용위원회가 관장한다. ·· 177

3. 심리조사 ··· 179

┃ 토지보상법 제58조 (심리조사상의 권한) ┃ ··· 179
┃ 토지보상법 제35조 (재결기간) ┃ ·· 179

┃ 판례 1 ┃ 토지소유자 등의 심리 참가에 제한을 둔 것이 적법절차원칙에
    위배되지 않는다. ··· 179

4. 재결사항 ··· 179

┃ 토지보상법 제50조 (재결사항) ┃ ·· 179

┃ 재결례 1 ┃ 편입 토지를 제외시켜 달라는 주장에 대한 기각 재결례 ················ 180
┃ 재결례 2 ┃ 주거이전비도 재결사항에 해당한다. ··· 180
┃ 판례 1 ┃ 사업인정 자체를 무의미하게 하여 사업의 시행을 불가능하게 하는
    재결은 행할 수 없다. ·· 181
┃ 판례 2 ┃ 관할 토지수용위원회가 토지에 관하여 사용재결을 하는 경우에는 재결서에
    사용할 토지의 위치와 면적, 권리자, 손실보상액, 사용 개시일 외에도
    사용방법, 사용기간을 구체적으로 특정하여야 한다. ······························· 181

5. 수용 또는 사용 외의 재결 ··· 182

가. 토지보상법 ··· 182

▶ 토지보상법상의 보상재결 ··· 182

┃ 재결례 1 ┃ 재결실효에 따른 손실보상 청구를 기각한 사례 ····························· 184
┃ 재결례 2 ┃ 사업폐지에 따른 손실보상 청구를 기각한 사례 ····························· 185
┃ 판례 1 ┃ 사업폐지 등으로 손실을 입게 된 자는 재결절차를 거쳐 토지보상법
    제83조 내지 제85조에 따라 권리구제를 받을 수 있다. ························ 186

나. 개발이익 환수에 관한 법률 ·· 186

제5장 재결기준

Ⅰ. 손실보상의 원칙 ··· 187

　가. 사업시행자보상의 원칙 ··· 187

　　| 토지보상법 제61조 (사업시행자 보상) | ·· 187

　　사례 1 미지급용지의 손실보상의 주체는 새로운 사업시행자이다 ················· 187
　　　▌판례 1 ▌ 부당이득금반환 ··· 187
　　　▌판례 2 ▌ 부당이득금반환등및소유권이전등기 ··· 188
　　　▌판례 3 ▌ 소유권확인등 ··· 188
　　　▌판례 4 ▌ 부당이득금반환 ··· 189

　나. 사전보상의 원칙 ··· 189

　　| 토지보상법 제62조 (사전보상) | ·· 189
　　| 토지보상법 시행규칙 제63조 (공익사업시행지구밖의 어업의 피해에 대한 보상) | ········· 189

　　　▌판례 1 ▌ 토지소유자 등에게 보상금을 지급하지 아니하고 미리 공사에 착수하여
　　　　　　　손해가 발생하였다면 사업시행자는 손해배상책임을 진다. ················· 190

　다. 현금보상의 원칙 ··· 190

　　| 토지보상법 제63조 (현금보상 등) | ·· 190
　　| 토지보상법 시행령 제25조 (채권을 발행할 수 있는 사업시행자) | ············· 192
　　| 토지보상법 시행령 제26조 (부재부동산 소유자의 토지) | ························· 193
　　| 토지보상법 시행령 제27조 (채권보상의 기준이 되는 보상금액 등) | ········· 193
　　| 토지보상법 시행령 제27조의2 (토지투기가 우려되는 지역에서의 채권보상) | ········ 193

　라. 개인별 보상의 원칙 ··· 194

　　| 토지보상법 제64조 (개인별 보상) | ·· 194

　　　▌판례 1 ▌ 행정소송의 대상이 된 물건 중 일부 항목에 관한 보상액이 과소하고 다른
　　　　　　　항목의 보상액은 과다한 경우, 그 항목 상호간의 유용이 허용된다. ············· 194

마. 일괄보상의 원칙 ·· 195

| 토지보상법 제65조 (일괄보상) | ··· 195

사례 1 동일인 소유 토지 전체가 도시계획시설로 결정되었으나, 일부에 대하여만
실시계획인가를 받은 경우 잔여토지에 대해서는 일괄보상할 수 없다 ··················· 195

바. 사업시행이익과 상계금지의 원칙 ·· 195

| 토지보상법 제66조 (사업시행 이익과의 상계금지) | ··· 195

▎판례 1 ▎ 잔여지가 공익사업에 따라 설치되는 도로에 접하게 되는 이익을 참작하여
잔여지 손실보상액을 산정할 것은 아니다. ··· 196

사. 시가보상의 원칙 ·· 196

| 토지보상법 제67조 (보상액의 가격시점 등) | ··· 196

사례 1 협의취득을 위한 보상평가의 기준시점은 '가격조사를 완료한 일자'가 아니라
'보상계약이 체결될 것으로 예상되는 시점'으로 보는 것이 타당하다 ····················· 196

▎판례 1 ▎ 재결평가 시 기준시점은 수용의 개시일이 아니라 수용재결일이다. ················· 197

아. 해당 공익사업으로 인한 가치변동 배제의 원칙 ·· 197

| 토지보상법 제67조 (보상액의 가격시점 등) | ··· 197

사례 1 토지를 적법하게 형질변경한 경우에는 기준시점에서의 현실적인 이용상황을 기준으로
보상액을 산정하여야 한다 ··· 197

▎판례 1 ▎ 개발이익을 배제한 손실보상액의 산정은 정당보상의 원칙에 반하지 않는다. ········ 198
▎판례 2 ▎ 다른 공익사업으로 인한 개발이익은 보상액에 포함되어야 한다. ····················· 198
▎판례 3 ▎ 해당 공익사업으로 인하여 지가가 상승하지 않았다면 이를 고려하여야 한다. ······· 198
▎판례 4 ▎ 해당 공익사업으로 토지가 분할된 경우 이를 감안하지 않고 보상평가한다. ·········· 199

2. 취득하는 토지의 보상 ··· 199

가. 일반적 기준 ·· 199

  (1) 공시지가 기준 ··· 199

| 토지보상법 제70조 (취득하는 토지의 보상) | ··· 199

| 토지보상법 시행규칙 제22조 (취득하는 토지의 평가) | ········· 199

▌판례 1 ▌ 개별공시지가가 토지보상액 산정의 기준이 될 수 있는지 여부 ········· 200
▌판례 2 ▌ 품등비교에 있어서 유사거래사례와 보상선례 ········· 200
▌판례 3 ▌ 토지수용재결처분취소 ········· 200
▌판례 4 ▌ 토지수용재결처분취소 ········· 201
▌판례 5 ▌ 토지수용재결처분취소 ········· 202
▌판례 6 ▌ 손해배상(기) ········· 202
▌판례 7 ▌ 토지수용재결처분취소 ········· 203
▌판례 8 ▌ 토지수용재결처분취소등 ········· 203
▌판례 9 ▌ 토지수용재결처분취소 ········· 203
▌판례 10 ▌ 토지수용이의재결처분취소등 ········· 203
▌판례 11 ▌ 토지수용재결처분취소 ········· 204
▌판례 12 ▌ 손해배상(기) ········· 205
▌판례 13 ▌ 부당이득금반환 ········· 206
▌판례 14 ▌ 비교표준지의 선정기준 ········· 207

    (가) 비교표준지의 선정 ········· 209

| 토지보상법 시행규칙 제22조 (취득하는 토지의 평가) | ········· 209

사례 1 토지특성에 오류가 있는 표준지는 비교표준지로 선정하지 않는다 ········· 210

▌판례 1 ▌ 비교표준지의 선정기준 ········· 210
▌판례 2 ▌ 공시기준일 이후에 용도변경 등이 이루어진 표준지도 비교표준지로
         선정할 수 있다. ········· 210

    (나) 적용공시지가의 선택 ········· 211

| 토지보상법 제70조 (취득하는 토지의 보상) | ········· 211
| 토지보상법 시행령 제38조의2 (공시지가) | ········· 211

사례 1 「토지보상법」제70조제5항의 공고일 또는 고시일의 의미 ········· 212
사례 2 '공익사업지구 안에 표준지가 없는 경우'의 의미 ········· 212

▌판례 1 ▌ 기준시점 이후를 공시기준일로 하는 공시지가를 소급적용하여
         보상액을 산정할 수는 없다. ········· 213
▌판례 2 ▌ 이의재결에서의 보상평가의 기준이 되는 연도별 공시지가 ········· 213

　　　　(다) 시점수정 ·· 221

| 토지보상법 제70조 (취득하는 토지의 보상) | ·· 221
| 토지보상법 시행령 제37조 (지가변동률) | ··· 221

사례 1「토지보상법 시행령」제37조제3항제2호 및 제3호에서의 지가변동률은 해당
　　　　시·군·구 또는 시·도의 평균 지가변동률을 의미한다 ·· 222
사례 2 관리지역 세분화에 따른 지가변동률 적용방법 ·· 223

▎판례 1 ▎ 개발제한구역 내 토지 보상평가 시 지가변동률 적용기준2) ··························· 223
▎판례 2 ▎ 토지보상평가시 도매물가상승률을 필요적으로 참작하여야 하는 것은 아니다. ······ 223
▎판례 3 ▎ 토지수용재결처분취소등 ··· 224
▎판례 4 ▎ 토지수용재결처분취소 ·· 224
▎판례 5 ▎ 토지수용재결처분취소등 ··· 225
▎판례 6 ▎ 토지수용재결처분취소등 ··· 225
▎판례 7 ▎ 토지수용재결처분취소 ·· 225

　　　　(라) 지역요인과 개별요인의 비교 ·· 226

| 토지보상법 제70조 (취득하는 토지의 보상) | ·· 226
| 감칙 제14조 (토지의 감정평가) | ··· 226

▎판례 1 ▎ 감정평가서에 기재하여야 할 가치형성요인의 기술 방법 ··························· 227
▎판례 2 ▎ 개별요인 비교에 관하여 아무런 이유 설시를 하지 아니한
　　　　　감정평가는 위법하다. ··· 227
▎판례 3 ▎ 지역요인의 비교수치로 토지가격비준표상의 비준율을 그대로
　　　　　적용할 수 없다. ·· 227
▎판례 4 ▎ 품등비교 시 현실적인 이용상황에 따른 비교수치 외에 공부상 지목에
　　　　　따른 비교수치를 중복적용 할 수 없다. ··· 227

　　　　(마) 그 밖의 요인 보정 ··· 228

| 토지보상법 제70조 (취득하는 토지의 보상) | ·· 228
| 감칙 제14조 (토지의 감정평가) | ··· 228

▎판례 1 ▎ 그 밖의 요인 보정의 제도적 의의 ··· 229
▎판례 2 ▎ '인근 유사토지의 정상거래가격'의 의미 ·· 230
▎판례 3 ▎ 해당 공익사업으로 인한 개발이익이 포함된 보상사례도 개발이익을
　　　　　배제할 수 있다면 참작할 수 있다. ·· 230

| 판례 4 | 해당 공익사업에 대한 보상사례는 그 밖의 요인으로 참작할 수 없다. ·················· 231
| 판례 5 | 단순한 호가시세나 담보평가선례는 보상평가에 참작할 수 없다. ····················· 231

(2) 현실적인 이용상황 기준 ··· 231

| 토지보상법 제70조 (취득하는 토지의 보상) | ······································· 231
| 토지보상법 시행령 제38조 (일시적인 이용상황) | ······································· 231

사례 1 현실적인 이용상황의 판단기준 ··· 232
| 재결례 1 | 현실적인 이용상황은 보상평가의 기준시점에서 판단한다. ······················ 232
| 재결례 2 | 현실적인 이용상황은 관계 증거에 의하여 객관적으로 확정되어야 한다. ········ 233
| 재결례 3 | 농가주택 신축용으로 용도증명서(변경하고자 하는 지목 : 대지)를 발급받은
토지가 수용재결일('18.6.14) 이후인 '18.6.27.'전'에서'대'로 지목변경된
경우'대'로 인정하여 보상한 사례 ··· 233
| 재결례 4 | 공부상 지목인 '임야'인 토지를 현실이용상황인 '전'으로 보상한 사례 ········· 234
| 판례 1 | 토지의 형질변경에는 형질변경허가에 관한 준공검사를 받거나 토지의
지목을 변경할 것을 필요로 하지 않는다. ··· 235
| 판례 2 | 현실적인 이용상황은 보상평가의 기준시점에서 판단한다. ························ 235
| 판례 3 | 현실적인 이용상황은 주관적 의도가 아니라 관계 증거에 의하여
객관적으로 확정되어야 한다. ··· 235
| 판례 4 | 기준시점 당시 채석지의 이용상황은 잡종지이나 가까운 장래에 산림복구가
예정되어 있는 경우 현실적인 이용상황은 임야로 보아야 한다. ················· 236
| 판례 5 | 불법형질변경은 일시적 이용에 불과하다. ·· 236
| 판례 6 | 소유권확인등 ·· 236
| 판례 7 | 소유권보존등기말소등 ··· 237
| 판례 8 | 소유권보존등기말소 ·· 237
| 판례 9 | 소유권보존등기말소 ·· 237
| 판례 10 | 토지소유권이전등기 ··· 238
| 판례 11 | 소유권이전등기 ·· 239
| 판례 12 | 소유권이전등기말소 ··· 240
| 판례 13 | 소유권보존등기말소등 ·· 240
| 판례 14 | 토지소유권이전등기말소등 ··· 240
| 판례 15 | 소유권이전등기말소 ··· 241
| 판례 16 | 토지수용재결처분취소등 ·· 241

(3) 일반적인 이용방법에 의한 객관적 상황 기준 ·· 242

| 토지보상법 제70조 (취득하는 토지의 보상) | ·· 242

▎판례 1 ▎ 온천으로의 개발가능성이라는 장래의 동향을 지나치게 평가한 것은
　　　　　객관성과 합리성을 결한 것이다. ·· 242
▎판례 2 ▎ 토지를 매입한 의도나 장래의 이용계획 등은 토지소유자의 주관적인
　　　　　사정에 불과하다. ··· 242

(4) 개별필지 기준 ·· 243

| 토지보상법 제64조 (개인별 보상) | ·· 243
| 토지보상법 시행규칙 제20조 (구분평가 등) | ·· 243

사례 1 소유자가 다른 일단지 토지의 보상평가방법 ··· 243
사례 2 개발단계에 있는 토지의 일단지 인정시기 ··· 243

▎재결례 ▎ 농경지의 일단지 판단기준 ··· 245
▎판례 1 ▎ 일단지로 이용되고 있는지의 여부는 주관적 의도가 아니라 관계 증거에
　　　　　의하여 객관적으로 판단하여야 한다. ·· 245
▎판례 2 ▎ 구분소유적 공유관계에 있는 토지의 보상평가방법 ······························· 245
▎판례 3 ▎ 일괄평가에서 '용도상 불가분 관계'의 의미와 구분지상권이 설정된
　　　　　토지에 대한 평가 ··· 246

(5) 나지상정기준 ·· 247

| 토지보상법 제22조 (사업인정의 고시) | ·· 247
| 토지보상법 제29조 (협의 성립의 확인) | ·· 247

▎판례 1 ▎ 건축물 등이 있는 토지는 그 건축물 등이 없는 상태를
　　　　　상정하여 보상평가한다. ··· 247

나. 공법상 제한을 받는 토지 ·· 248

| 토지보상법 시행규칙 제23조 (공법상 제한을 받는 토지의 평가) | ································ 248

▎재결례 1 ▎ 도시계획시설(근린공원)로 지정된 토지에 대한 선하지 및 철탑부지의
　　　　　　사용료를 산정할 때 공법상 제한 없는 상태대로 평가한다. ············· 248
▎판례 1 ▎ 국립공원 지정의 성격 ··· 249

| 판례 2 | 토지수용이의재결처분취소 ··· 249
| 판례 3 | 자연공원법에 의한 '자연공원 지정' 및 '공원용도지구계획에 따른 용도지구
지정'은 원칙적으로 공익사업을 위한 토지 등의 취득 및 보상에 관한 법률
시행규칙 제23조 제1항 본문에서 정한 '일반적 계획제한'에 해당한다. ············· 249

(1) 용도지역 등이 변경된 토지 ··· 251

| 토지보상법 제23조 (사업인정의 실효) | ·· 251
| 개발제한구역법 제12조 (개발제한구역에서의 행위제한) | ································· 251

사례 1 개발제한구역 해제대상이 아닌 지역을 해당 공익사업을 위하여 해제대상에 포함
시킨 경우는 해당 공익사업을 직접 목적으로 한 용도지역 등의 변경에 해당된다 ············· 253
사례 2 해당 공익사업으로 인한 용도지역 등의 변경 여부의 판단기준 ························· 253

| 판례 1 | 특정 공익사업의 시행을 위한 용도지역 등의 지정·변경은 해당 공익사업을
직접 목적으로 하는 제한으로 본다. ·· 254
| 판례 2 | 해당 공익사업의 시행을 직접 목적으로 한 용도지역의 변경 ······················· 254

다. 무허가건축물 등의 부지 ·· 254

| 토지보상법 시행규칙 제24조 (무허가건축물 등의 부지 또는 불법형질변경된 토지의 평가) | 254
| 부칙 <건설교통부령 제344호, 2002. 12. 31> | ··· 255
| 부칙 <국토해양부령 제427호, 2012. 1. 2> | ·· 255
| 부칙 <국토교통부령 제5호, 2013. 4. 25> | ··· 255

| 재결례 1 | 불법으로 용도변경한 건축물의 부지는 용도변경할 당시의 이용상황을
기준으로 평가한다. ··· 255
| 재결례 2 | 공원 결정·고시일과 같은 날짜에 용도지역 조정(주거지역 → 자연녹지지역)이
있었던 사정 등의 경우, 공원사업의 시행을 직접 목적으로 하여 용도지역
또는 용도지구 등을 변경한 토지에 해당한다고 본 사례 ························· 256
| 재결례 3 | 보전녹지 지역내 무허가 건축물의 대지인정 인용 사례 ···························· 257
| 재결례 4 | 1989. 1. 24. 이전 무허가건축물이 일부 편입되는 경우 부지면적 재결례 ········ 257
| 판례 1 | '관계법령에 따른 허가 또는 신고'에 건축물의 사용승인은 포함되지 않는다. ········ 258
| 판례 2 | 불법형질변경토지라는 사실에 관한 증명책임은 사업시행자에게 있다. ········· 258
| 판례 3 | 무허가건축물 등의 부지의 범위 ·· 259

┃ 판례 4 ┃ 개별요인 비교 시 현실이용상황 외에 지목을 중복 적용하는 것은
허용되지 않는다. ·· 259

라. 불법형질변경 토지 ·· 259

| 토지보상법 시행규칙 제24조 (무허가건축물 등의 부지 또는 불법형질변경된 토지의 평가) | ······ 259

사례 1「지목이 '임야'이나 '농지'로 이용 중인 토지에 대한 보상기준」변경 알림 ························· 260
사례 2 타법에 따라 산지전용허가를 받은 것으로 의제된 산지에는「산지관리법」부칙 제2조에
따른 불법전용산지에 관한 임시특례 규정을 적용할 수 없다 ··· 260

┃ 재결례 1 ┃ 불법형질변경토지의 입증책임 관련 재결례 ··· 261
┃ 재결례 2 ┃ 불법형질변경토지의 입증책임 관련 재결례 ··· 261
┃ 재결례 3 ┃ 1966년 항공사진상 농지로 개간되어 있다면 사업시행자가 1962. 1. 20.
이후에 개간된 것으로서 허가 등이 없이 개간된 것이라는 점을 증명해야 한다. ····· 262
┃ 판례 1 ┃ '토지의 형질변경'에는 지중의 형상을 사실상 변경시키는 것도 포함된다. ············· 262
┃ 판례 2 ┃ 준공검사를 득하지 않았거나 지목변경을 하지 않았다고 하여 불법형질변경
토지로 볼 수 없다. ··· 263
┃ 판례 3 ┃ '경작을 위한 토지의 형질변경'의 의미 ··· 264
┃ 판례 4 ┃ 불법형질변경토지라는 사실에 관한 증명책임은 사업시행자에게 있다. ················· 264
┃ 판례 5 ┃ 공익사업시행지구에 편입된 때의 의미 ·· 265
┃ 판례 6 ┃ 토지보상법 시행규칙 제24조(구 공특법 제6조제6항)의 입법 취지 ······················· 265
┃ 판례 7 ┃ 예정지구의 지정·고시 이후에 공사에 착수하여 공사가 진척된 토지의
현실적인 이용 상황의 판단 ·· 266
┃ 판례 8 ┃ 불법형질변경 토지는 일시적 이용상황에 불과하다. ·· 266
┃ 판례 9 ┃ 가까운 장래에 복구가 예정되어 있는 경우 현재의 이용상황은 일시적인
이용상황에 해당된다. ··· 266

마. 미지급용지 ··· 267

| 토지보상법 시행규칙 제25조 (미지급용지의 평가) | ··· 267

사례 1 미지급용지의 보상주체는 새로운 공익사업의 사업시행자이다. ······································ 267

┃ 재결례 ┃ 미지급용지로 인정되기 위한 요건 ··· 268
┃ 판례 1 ┃ 미지급용지로 인정되기 위한 요건 ··· 268
┃ 판례 2 ┃ 인근지역의 현실적인 이용상황이 변경된 경우 미지급용지의 이용상황의 판단 ······· 269
┃ 판례 3 ┃ 종전 공익사업의 시행으로 현실적 이용상황이 변경됨으로써 토지가격이
상승한 경우에는 미지급용지의 평가규정을 적용하지 않고 현황을 기준으로
보상평가한다. ·· 270

| 판례 4 | 미불용지에 대한 지방자치단체의 시효취득이 성립되지 아니한다. ·················· 270
| 판례 5 | 사업시행자가 토지의 취득절차에 관한 서류를 제출하지 못하였다고 하여
자주점유의 추정이 번복된다고 할 수 없다. ·· 270

바. 도로부지 ··· 271

| 토지보상법 시행규칙 제26조 (도로 및 구거부지의 평가) | ························· 271
| 도로법 제96조 (법령 위반자 등에 대한 처분) | ··· 271
| 도로법 제97조 (공익을 위한 처분) | ··· 271
| 도로법 제98조 (도로관리청에 대한 명령) | ··· 272
| 도로법 제99조 (공용부담으로 인한 손실보상) | ··· 272

| 판례 1 | 인근토지의 의미 ··· 272
| 판례 2 | 법인세등부과처분취소 ·· 273
| 판례 3 | 토지수용이의재결처분취소등 ·· 273
| 판례 4 | 부당이득금반환 ·· 274
| 판례 5 | 토지수용재결처분취소등 ·· 274

(1) 사실상의 사도부지 ··· 275

| 토지보상법 시행규칙 제26조 (도로 및 구거부지의 평가) | ························· 275

[별표] 사실상 사도(토지보상법 시행규칙 제26조 제2항 제2호) 체크리스트 ············· 276
사례 1 영내 도로는 사실상의 사도에 해당되지 않는다(2011.2.15. 토지정책과-726)(유권해석) ········ 276
| 재결례 1 | 사실상의 사도로 볼 수 없다고 판단한 재결례 ························· 277
| 재결례 2 | 사실상의 사도로 볼 수 없다고 판단한 재결례 ························· 277
| 재결례 3 | 사실상의 사도로 보아야 한다고 판단한 재결례 ······················· 277
| 재결례 4 | 사실상의 사도로 볼 수 없다고 판단한 재결례 ························· 278

| 판례 1 | '자기 토지의 편익을 위하여 스스로 개설한 도로'의 판단기준 ················· 279
| 판례 2 | '도로개설 당시의 토지소유자가 자기 토지의 편익을 위하여 스스로
설치한 도로' 및 '토지소유자가 그 의사에 의하여 타인의 통행을
제한할 수 없는 도로'로 보기 위한 요건 ·· 279
| 판례 3 | '타인의 통행을 제한할 수 없는 도로'의 판단기준 ······························· 279
| 판례 4 | '토지소유자가 그 의사에 의하여 타인의 통행을 제한할 수 없는
도로'로 보기 위한 요건 ··· 280
| 판례 5 | 사실상 도로로 사용되고 있는 토지의 사용수익권 포기 여부의 판단기준 ············· 281
| 판례 6 | 새마을도로는 배타적 사용·수익권을 포기한 것으로 본다. ···················· 281

(2) 공도부지 ··· 282

| 토지보상법 시행규칙 제26조 (도로 및 구거부지의 평가) | ································ 282

　　(3) 예정공도부지 ·· 282

| 재결례 1 | 토지소유자가 도시계획시설도로로 결정된 후부터 도로로 사용한 토지는
　　　　　　예정공도이므로 정상평가한다. ·· 282
| 재결례 2 | 자기 토지의 편익을 위하여 스스로 설치한 도로라고 하더라도 예정공도에
　　　　　　해당되면 사실상의 사도로 볼 수 없다. ·· 283
| 판례 1 | 토지소유자가 도시계획도로 입안내용에 따라 스스로 도로로 제공한
　　　　　토지는 예정공도가 아니라 사실상의 사도에 해당된다. ·· 284

사. 구거 및 도수로부지 ·· 285

| 토지보상법 시행규칙 제26조 (도로 및 구거부지의 평가) | ································ 285

| 판례 1 | 인근 토지의 1/3 이내로 감액하여 보상평가하는 구거의 의미 ······················ 286
| 판례 2 | 도수로에서 '인공적인 수로'의 의미 ··· 286
| 판례 3 | 구거부지와 도수로부지의 구분기준 ··· 286

아. 하천 ·· 287

| 하천편입토지보상법 제3조 (보상청구권의 소멸시효) | ··· 287
| 하천편입토지보상법 제7조 (공익사업 구간에 위치한 토지 등에 대한 보상의 특례) | ····· 287

자. 「하천편입토지 보상 등에 관한 특별조치법」 ·· 287

| 하천편입토지 보상 등에 관한 특별조치법 제2조 (적용대상) | ··································· 287
| 하천편입토지 보상 등에 관한 특별조치법 제3조 (보상청구권의 소멸시효) | ··············· 287

　　(1) 관련 판례 ·· 288

　　　　(가) 준용·2급지방하천 관련 ··· 288

| 판례 1 | 부당이득금 ·· 288
| 판례 2 | 토지수용이의재결처분취소 ·· 288
| 판례 3 | 손실보상금재결처분취소 ·· 289
| 판례 4 | 손실보상재결처분취소 ·· 289

차. 하천법 부칙(1984.12.31.) 제2조제1항의 적용 범위 및 쟁송방법 ·········· 290
┃판례 1┃ 재결신청기각처분취소등 ······································· 290
┃판례 1┃ 보상금 ··· 291

카. 하천법 부칙(1989.12.30.) 제2조제1항 및 '법률 제3782호 하천법 중 개정법률 부칙 제2조의 규정에 의한 보상청구권의 소멸시효가 만료된 하천구역 편입토지 보상에 관한 특별조치법' 제2조 제1항에서 정하고 있는 손실보상청구권의 법적 성질과 그 쟁송 절차 ·································· 293
┃판례 1┃ 보상청구권확인 ·· 293

타. 구 하천법 제74조제3항 소정의 관할토지수용위원회의 재결에 대해 직접 행정소송 제기 가부 ···································· 295
┃판례 1┃ 토지수용재결처분취소 ·· 295

파. 하천법 제2조제1항제2호 (다)목 소정의 제외지에 해당하기 위한 요건 ·········· 295
┃판례 1┃ 손실보상금재결처분취소 ·· 295

하. 하천구역의 결정방법 및 그 해당 여부에 대한 심리방법 ·········· 296
┃판례 1┃ 부당이득금반환 ·· 296

거. 하천법 제74조제3항 소정의 관할토지수용위원회의 재결에 대한 행정소송의 제기와 전심절차의 이행여부 ······································· 297
┃판례 1┃ 손실보상재결처분취소 ·· 297
┃재결례 1┃ 손실보상재결신청에 대한 기각 재결 사례 ··············· 297
┃재결례 2┃ 손실보상재결신청에 대한 인용 재결 사례 ··············· 298

너. 소유권 외의 권리의 목적이 되고 있는 토지 ···················· 299
┃ 토지보상법 시행규칙 제29조 (소유권외의 권리의 목적이 되고 있는 토지의 평가) ┃ ········ 299

더. 기타 토지 ·· 300
사례 1 대지권의 목적인 토지의 취득방법 ························· 300
사례 2 대지권의 목적인 대지에 관하여 수용이 이루어진 경우는 대지권은 대지권이 아닌것으로 된다 ·· 300
사례 3 대지권의 목적인 토지의 일부분에 대하여 수용에 의한 소유권이전등기를 하는 방법 제정 ······································· 300
┃판례 1┃ 전유부분과 대지사용권의 일체성에 반하는 대지의 처분행위는 그 효력이 없다. ··· 301
┃재결례 1┃ 등록사항정정대상 토지(지적불부합토지)에 대한 수용재결신청을 인용한 사례 ··· 301

┃ 재결례 2 ┃ 등록사항정정대상토지에 대한 사용재결 재결례 ·· 301

    (1) 지적불부합토지 ·· 302

┃ 판례 1 ┃ 지적불부합으로 인하여 위치와 경계가 특정되지 아니한 토지의
                일부분을 임의로 지분을 정하여 수용한 재결은 위법하다. ······················ 302

    (2) 대지면적이 기재되지 않은 적법한 건축물의 부지 ·· 302

┃ 재결례 ┃ 대지면적 산정 재결례 ·· 303

    (3) 개간비 ··· 303

| 토지보상법 시행규칙 제27조 (개간비의 평가 등) | ··· 303

사례 1 개간지의 점용허가기간이 경과한 후 허가 없이 점유한 경우에는 개간비
    보상대상이 아니다 ·· 303

러. 도시개발법상 보상재결 ··· 306

| 도시개발법 제38조 (장애물 등의 이전과 제거) | ·· 306
| 도시개발법 제64조 (타인 토지의 출입) | ·· 306
| 도시개발법 제65조 (손실보상) | ··· 306

머. 도시정비법상 보상재결 ··· 306

| 도시정비법 제61조 (임시거주시설・임시상가의 설치 등) | ·· 306
| 도시정비법 제62조 (임시거주시설 임시상가의 설치 등에 따른 손실보상) | ················· 307
| 도시정비법 제63조 (토지 등의 수용 또는 사용) | ··· 307

3. 사용하는 토지의 보상 ··· 307

가. 일반적 기준 ·· 307

| 토지보상법 제71조 (사용하는 토지의 보상 등) | ·· 307
| 토지보상법 시행규칙 제30조 (토지의 사용에 대한 평가) | ·· 307

나. 지하・지상공간의 일부사용 ··· 307

| 토지보상법 시행규칙 제31조 (토지의 지하・지상공간의 사용에 대한 평가) | ··············· 307
| 전기사업법 제90조의2 (토지의 지상 등의 사용에 대한 손실보상) | ··························· 308
| 전기사업법 시행령 제50조 (손실보상의 산정기준) | ·· 308

● **철도건설을 위한 지하부분 토지사용 보상기준** ● ··· 309

　제1조 (목적) ··· 309
　제2조 (정의) ··· 309
　제3조 (보상대상 지역의 분류) ··· 309
　제4조 (한계심도) ·· 310
　제5조 (보상대상 범위) ··· 310
　제6조 (최유효 건물층수의 결정) ··· 310
　제7조 (건축가능 층수) ··· 310
　제8조 (입체이용저해율의 산정) ·· 310
　제9조 (준용) ··· 311
　제10조 (재검토기한) ·· 311

4. 잔여지 등의 보상 ·· 312

가. 잔여지 보상 ··· 312

| 토지보상법 제73조 (잔여지의 손실과 공사비 보상) | ··· 312

사례 1 잔여지 가치하락 및 공사비 보상의 기준시점은 잔여지 보상에 대한 협의성립 당시 또는
　　　 재결 당시이다 ·· 312
사례 2 공사완료일이란 사업인정고시에서 정한 해당 사업의 완료일을 의미한다 ············· 313
사례 3 사업인정에서 정한 사업기간 이전에 실제 공사가 완료된 경우에는 그 날을
　　　 '공사완료일'로 볼 수 있다 ·· 313

┃ 판례 1 ┃ 잔여지의 가치하락에 대한 보상은 일단의 토지 전체를 기준으로 한다. ············· 314
┃ 판례 2 ┃ 잔여지의 가치가 감소하였다는 점은 토지소유자가 증명하여야 한다. ··············· 314
┃ 판례 3 ┃ 잔여지 손실에는 사업손실도 포함된다. ·· 315
┃ 판례 4 ┃ 접도구역의 지정으로 인한 가치의 하락은 잔여지 손실보상의
　　　　　대상에 해당하지 않는다. ·· 315
┃ 판례 5 ┃ 선하지에 대해서도 잔여지 가치하락 보상이 인정된다. ·· 316
┃ 판례 6 ┃ 공익사업으로 잔여 영업시설의 운영에 일정한 지장이 초래되는 경우에도
　　　　　잔여시설에 시설을 새로 설치하거나 잔여 영업시설을 보수할 필요가 있는
　　　　　경우에 포함된다. ··· 316

나. 잔여지의 매수 ··· 317

| 토지보상법 제74조 (잔여지 등의 매수 및 수용 청구) | ··· 317
| 토지보상법 시행규칙 제32조 (잔여지의 손실 등에 대한 평가) | ·· 317

● 잔여지 확대보상 판단 참고기준 ● ·· 318
  (1) 대지 ·· 318
  (2) 잡종지 ·· 318
  (3) 전·답·과수원 ·· 318
  (4) 임야 ·· 319
  (5) 기타의 토지 ·· 319

사례 1 공유토지인 잔여지의 매수대상 여부는 잔여지 전체를 기준으로 판단한다 ············· 319
  ❙재결례 1❙ 종래의 목적으로 사용하는 것이 현저히 곤란하다고 볼 수
               없다고 판단한 사례 ·· 320
  ❙재결례 2❙ '종래의 목적에 사용하는 것이 현저히 곤란하게 된 때'의 판단 ················· 320
  ❙재결례 3❙ '종래의 목적에 사용하는 것이 현저히 곤란하게 된 때'의 판단 ················· 321
  ❙재결례 4❙ 잔여지 면적이 큼에도 접도구역 지정으로 인하여 종래의 목적으로
               사용하는 것이 현저히 곤란하다고 보아 잔여지 매수청구를 인용한 사례 ············ 322
  ❙재결례 5❙ '종래의 목적에 사용하는 것이 현저히 곤란하게 된 때'의 판단 ················· 323
  ❙재결례 6❙ '종래의 목적에 사용하는 것이 현저히 곤란하게 된 때'의 판단 ················· 323
  ❙재결례 7❙ '종래의 목적에 사용하는 것이 현저히 곤란하게 된 때'의 판단 ················· 324
  ❙재결례 8❙ '종래의 목적에 사용하는 것이 현저히 곤란하게 된 때'의 판단 ················· 325
  ❙재결례 9❙ '종래의 목적에 사용하는 것이 현저히 곤란하게 된 때'의 판단 ················· 325
  ❙재결례 10❙ '종래의 목적에 사용하는 것이 현저히 곤란하게 된 때'의 판단 ··············· 325
  ❙재결례 11❙ 주유소 진출입로가 사업구역에 편입되어 차량진입이 어려운 경우에는
                종래의 목적대로 사용하는 것이 현저히 곤란한 경우에 포함된다. ················· 326
  ❙재결례 12❙ 평지부분이 사업구역에 편입되어 경사지만 남은 잔여지는 종래의 목적대로
                사용하는 것이 현저히 곤란한 경우에 포함된다. ····································· 327
  ❙재결례 13❙ 주택의 대문, 담장, 마당이 사업구역에 편입되어 교통사고 등의 위험이
                높다는 사정만으로 잔여지를 수용할 수 없다. ··· 327
  ❙재결례 14❙ 원래 도로로 이용되었던 토지의 일부가 사업구역에 편입된 후에도
                도로로 사용되고 있다면 종래의 목적대로 사용하는 것이 현저히
                곤란하다고 볼 수 없다. ··· 328
  ❙판례 1❙ '종래의 목적에 사용하는 것이 현저히 곤란하게 된 때'의 의미 ····················· 328
  ❙판례 2❙ 잔여지가 공유인 경우 각 공유자가 소유지분에 대하여 개별로 잔여지
            수용청구를 할 수 있다. ··· 328

다. 공사비 보상 ·· 329

❙토지보상법 제79조 (그 밖의 토지에 관한 비용보상 등)❙ ······································· 329
❙토지보상법 제80조 (손실보상의 협의·재결)❙ ··· 329

5. 물건의 보상 ·· 330

가. 일반적 기준 ·· 330

| 토지보상법 제75조 (건축물등 물건에 대한 보상) | ································· 330

사례 1 관계법령이 변경되어 현행 허가기준에 맞춘 시설설치비용은 이전비에 포함되나
시설개선비는 제외된다 ··· 330

　(1) 이전 가능성의 판단 ··· 331

사례 1 계약서상에 이전불가능 조항이 있다고 하여 이를 기준으로 이전가능 여부를
판단할 수 없다 ··· 331

▎재결례 1▎ 지장물을 이전할 토지와 장소가 없다는 사유로 물건의 가액으로
보상할 수 없다. ·· 331

▎판례 1▎ 이전 가능성은 기술적인 관점이 아니라 경제적인 관점에서 판단하여야 한다. ······ 332

　(2) 지장물인 건축물 등을 가액으로 보상한 경우 소유권 취득 여부 ························· 332

사례 1 건축물등의 이전비를 물건의 가액으로 보상한 경우 소유권이 사업시행자에게
귀속되는지 여부 ·· 332

사례 2 지장물을 이전재결한 경우에는 물건의 가액으로 보상하였다고 해도 사업시행자가
임의로 처분할 수 없다 ··· 333

▎판례 1▎ 이전비가 가액을 초과하여 가액으로 보상한 경우 사업시행자는 지장물의
소유권을 취득하는 것은 아니나, 지장물 소유자도 사업시행자의 지장물
제거를 수인하여야 한다. ··· 333

　(3) 보상대상 ··· 334

사례 1 관계법령에서 보상을 제한하고 있거나 공익사업과 관계없이 철거 등의 절차가 진행
중인 경우가 아니라면, 사업인정고시일 이전부터 무단으로 국공유지를 점유하여 설치한
지장물도 보상대상이다 ··· 334

사례 2 사업설명회 개최 이후 사업인정고시일 이전에 설치된 무허가 지장물도 보상대상이다 ········ 334

사례 3 관계법령에서 보상에 관하여 제한을 둔 경우 또는 공익사업과 관련 없이 이전·철거
등의 조치가 진행되고 있는 경우 등은 보상대상이 아니다ㅣ ························· 335

사례 4 사업인정고시일 이후에 통상적인 방법에 따라 영농하기 위해 설치한
비닐하우스는 보상대상이다 ··· 335

사례 5 실효된 종전 사업인정고시 이후 허가를 받지 않고 설치된 지장물도 보상대상이다 ············· 336

사례 6 하천점용허가 없이 설치된 지장물 및 원상회복 명령을 하였으나 철거되지 않은
지장물도 원칙적으로 보상대상이다 ··· 336

사례 7 점용허가 취소 등의 경우 원상복구 의무 및 보상제한의 부관이 붙은 경우 보상 여부 ······· 337

┃ 판례 1 ┃ 무허가건축물이라 하더라도 사업인정고시일 이전에 건축되었다면
　　　　　 보상대상이 된다. ··· 337
┃ 판례 2 ┃ 사업인정고시일 전에 설치된 지장물이라도 보상만을 목적으로 한
　　　　　 경우에는 보상대상이 아니다. ·· 338
┃ 판례 3 ┃ 가설건축물을 보상 없이 원상회복시키는 것은 위헌이 아니다. ················ 339
┃ 판례 4 ┃ 보상대상에서 제외되는 위법건축물 ·· 339
┃ 판례 5 ┃ 지장물은 토지사용권 유무를 보상대상요건으로 하지 않는다. ················ 339

　　　(4) 건축물 등의 보상평가방법 ·· 340

**사례 1 영업시설 이전비가 물건의 가액을 넘는 경우에는 물건의 가액으로 보상하여야
　　　　하고 매각손실액으로 보상할 수 없다** ··· 340

┃ 판례 1 ┃ 토지보상법 시행규칙 제18조의 적용 범위 ······································· 340

나. 건축물 ·· 340

| 토지보상법 시행규칙 제33조 (건축물의 평가) | ··· 340

사례 1 시유지상에 소재한 주거용 건축물도 거래사례비교법으로 보상평가할 수 있다 ······· 341
사례 2 무허가 주거용 건축물도 거래사례비교법으로 보상평가 할 수 있다 ·············· 342

다. 잔여 건축물 ·· 343

| 토지보상법 제75조의2 (잔여 건축물의 손실에 대한 보상 등) | ··························· 343
| 토지보상법 시행규칙 제35조 (잔여 건축물에 대한 평가) | ································· 343

사례 1 잔여건축물은 소유자의 청구 없이 수용할 수 없다 ································· 344
┃ 판례 1 ┃ 건축물의 잔여 부분을 보수하여 종래의 목적대로 사용할 수 있고 사용이
　　　　　 현저히 곤란하지 아니한 경우에 한하여 보수비로 보상할 수 있다. ············ 344
┃ 판례 2 ┃ 건축물의 잔여부분에 대한 보수비는 잔여부분에 대한 보상이 아니라
　　　　　 편입부분의 보상에 해당된다. ··· 345

라. 주거용 건축물의 보상 특례 ·· 346

| 토지보상법 시행규칙 제58조 (주거용 건축물등의 보상에 대한 특례) | ·················· 346

사례 1 해당 주거용 건축물에 거주하지 않은 소유자는 재편입 가산금의 보상대상자가 아니다 ········ 347
사례 2 재편입 가산금은 보상대상자가 동일하여야 한다 ··································· 347

마. 공작물 등 ·· 347

| 토지보상법 제75조 (건축물등 물건에 대한 보상) | ······································· 347
| 토지보상법 시행규칙 제36조 (공작물 등의 평가) | ····································· 347

사례 1 관리되지 않는 뽕나무 및 자작나무는 보상대상이 아니다 ······················ 348

바. 수목 ·· 348

| 토지보상법 제75조 (건축물등 물건에 대한 보상) | ······································· 348
| 토지보상법 시행규칙 제40조 (수목의 수량 산정방법) | ································· 348

┃판례 1 ┃ 대량 수목의 이식비는 규모의 경제원리에 따라 감액이 가능하다. ············· 349
┃판례 2 ┃ 이식비가 취득비를 초과하는지 여부의 판단기준 ·· 349

　(1) 과수 등 ·· 349

| 토지보상법 시행규칙 제37조 (과수 등의 평가) | ··· 349

　(2) 묘목 ·· 353

| 토지보상법 시행규칙 제38조 (묘목의 평가) | ··· 353

사례 1 가식비는 정상적인 이식과정의 일부가 제외된 비용을 의미한다 ··············· 354

　(3) 입목 등 ·· 354

| 토지보상법 시행규칙 제39조 (입목 등의 평가) | ··· 354

사례 1 관리되지 않는 뽕나무 및 자작나무는 보상대상이 아니다 ······················ 355
┃재결례 ┃ 법령에 따라 굴취 후 이동행위가 금지되는 수목의 경우는 가액으로 보상한다. ····· 355
┃판례 1 ┃ 집달관의 공시문을 붙인 팻말의 설치가 입목에 대한 명인방법으로서
　　　　　유효하다고 본 사례 ·· 356

사. 농작물 ·· 356

| 토지보상법 시행규칙 제41조 (농작물의 평가) | ·· 356

사례 1 수확기 이전에 토지를 사용하는 경우는 농업손실보상과 별도로
　　　농작물보상을 하여야 한다 ··· 357

아. 토지에 속한 흙·돌·모래 또는 자갈 등 ··· 357

| 토지보상법 제75조 (건축물등 물건에 대한 보상) | ································· 357

▎재결례 ▎ '흙·돌·모래 또는 자갈이 당해 토지와 별도로 취득 또는 사용의
대상이 되는 경우'가 아니라고 한 사례 ······································· 358
▎판례 1 ▎ '흙·돌·모래 또는 자갈이 당해 토지와 별도로 취득 또는 사용의
대상이 되는 경우'의 의미 ·· 358
▎판례 2 ▎ 양질의 점토가 함유된 토지라는 사정은 개별요인으로 참작하여야 한다. ········· 359

자. 분묘 ·· 359

| 토지보상법 시행규칙 제42조 (분묘에 대한 보상액의 산정) | ··············· 359

▎판례 1 ▎ 분묘기지권의 성질 ·· 359

6. 권리의 보상 ·· 360

가. 광업권 ·· 360

| 토지보상법 제76조 (권리의 보상) | ·· 360
| 토지보상법 시행규칙 제43조 (광업권의 평가) | ································· 360
| 광업법 시행령 제30조 (손실의 산정기준 등) | ··································· 360

사례 1 일단의 광구 중 일부 필지에만 채광계획인가 또는 생산실적이 있는 경우에는 현재
생산실적을 기준으로 보상한다 ··· 361
▎재결례 1▎ 채굴제한구역의 광업권은 보상대상이 아니다. ·· 361
▎재결례 2▎ 채굴제한구역의 광업권은 보상대상이 아니다. ·· 362
▎판례 1 ▎ 특정시설물에 따른 채굴제한은 공공복리를 위하여 광업권에 당연히
따르는 최소한도의 제한으로써 특별한 재산상의 희생을 강요하는
것이라고는 할 수 없다. ·· 363

나. 어업권 ·· 364

| 토지보상법 시행규칙 제44조 (어업권의 평가 등) | ··································· 364
| 토지보상법 시행규칙 제63조 (공익사업시행지구밖의 어업의 피해에 대한 보상) | ········· 364

▎재결례 ▎ 「내수면어업법」에 따른 신고어업은 어업권의 보상평가방법이 준용되지 않는다. ··· 365

┃ 판례 1 ┃ 공익사업의 시행으로 인한 보상청구를 포기한다는 부관이 어업권등록원부에
　　　　　기재된 경우는 보상대상에서 제외된다. ··· 366
┃ 판례 2 ┃ 허가어업 또는 신고어업의 경우 유효기간이 지나면 그 권리는 소멸한다. ········· 366

다. 토지에 관한 소유권 외의 권리 ··· 366

| 토지보상법 시행규칙 제28조 (토지에 관한 소유권외의 권리의 평가) | ················· 366

┃ 판례 1 ┃ 지상권 설정시 지료에 관한 약정이 없는 경우에는 지료의
　　　　　지급을 청구할 수 없다. ··· 366
┃ 판례 2 ┃ 저당권과 함께 취득한 지상권의 효용 ··· 367
┃ 판례 3 ┃ 분묘기지권의 효력이 미치는 범위 ··· 367

라. 건축물에 관한 소유권 외의 권리 ·· 367

| 토지보상법 시행규칙 제34조 (건축물에 관한 소유권외의 권리 등의 평가) | ············· 367

7. 영업 등의 보상 ··· 368

가. 영업 ·· 368

| 토지보상법 제77조 (영업의 손실 등에 대한 보상) | ··· 368
| 토지보상법 시행규칙 제46조 (영업의 폐지에 대한 손실의 평가 등) | ······················ 368

┃ 판례 1 ┃ 폐업보상 해당 여부를 판단하는 기준 ·· 368
　(1) 보상대상 영업 ··· 369

| 토지보상법 시행규칙 제45조 (영업손실의 보상대상인 영업) | ································ 369

사례 1 '사업인정고시일 등'은 보상계획공고일과 사업인정고시일 중 빠른 날이다 ········· 369
┃ 재결례 1 ┃ '적법한 장소'의 판단 관련 재결례 ·· 370
┃ 재결례 2 ┃ 불법형질토지에서 행하는 영업은 영업보상 대상이 아니다. ······························ 370
┃ 재결례 3 ┃ 개발제한구역 내 비닐하우스에서 소유자가 사업자등록을 하고 생화,
　　　　　　분화 소매업을 한 경우, 영업보상 대상이 아니라고 한 사례 ························ 371
┃ 재결례 4 ┃ 무허가건축물 등에서 행하는 영업은 영업보상 대상이 아니다. ······················· 371
┃ 재결례 5 ┃ 사업자등록여부는 영업손실보상대상의 요건이 아니다. ································· 372
┃ 재결례 6 ┃ 주택에서 하는 과외교습도 영업보상 대상에 해당한다. ································ 372
┃ 재결례 7 ┃ 포장마차 보관소는 영업손실보상의 대상이다. ·· 372
┃ 재결례 8 ┃ 굿, 점을 치는 무속영업은 영업손실 보상 대상이다. ··································· 373

┃ 재결례 9 ┃ 태양광발전시설의 일부편입도 영업손실 보상 대상이다. ·· 373
┃ 판례 1 ┃ 영업보상의 대상은 사업인정고시일 등을 기준으로 판단한다. ······························ 373
┃ 판례 2 ┃ 인적·물적시설의 판단기준 ·· 374
┃ 판례 3 ┃ 계속성의 판단기준 ·· 374
┃ 판례 4 ┃ 무허가건축물 등에서의 영업에 대한 보상제한의 예외
         (영업손실보상거부처분취소) ·· 375

    (2) 영업의 폐지 ·· 376

┃ 토지보상법 시행규칙 제46조 (영업의 폐지에 대한 손실의 평가 등) ┃ ······························· 376

┃ 재결례 1 ┃ 폐업보상 요청을 기각한 사례 ··· 376
┃ 재결례 2 ┃ 부대시설 편입에 따른 폐업보상은 불가하다. ·· 377
┃ 재결례 3 ┃ 영업시설의 일부가 편입되는 경우 폐업보상의 대상은 아니나
           휴업보상의 대상은 될 수 있다. ·· 378
┃ 판례 1 ┃ 영업보상에 있어 인접하고 있는 시·군 또는 구의 의미 ··· 378
┃ 판례 2 ┃ 영업장소를 이전하는 것이 현저히 곤란하다고 시장 등이 객관적인
         사실에 근거하여 인정하는 기준 ·· 378
┃ 판례 3 ┃ 영업을 하기 위하여 투자한 비용이나 그 영업을 통하여 얻을 것으로
         기대되는 이익은 보상대상이 아니다. ·· 379
┃ 판례 4 ┃ 영업이익은 최근 3년 이전기간의 영업실적만을 기초로 산정하여야 한다. ············ 379
┃ 판례 5 ┃ 영업이익의 산정방법 ·· 379
┃ 판례 6 ┃ 영업용 고정자산의 매각손실액의 의미 및 산정 방법 ·· 380

    (3) 영업의 휴업 ·· 380

┃ 토지보상법 시행규칙 제47조 (영업의 휴업 등에 대한 손실의 평가) ┃ ······························· 380

┃ 재결례 1 ┃ 양어장에 대한 휴업기간을 2년으로 하여 달라는
           소유자의 주장을 기각한 사례 ·· 381
┃ 판례 1 ┃ 휴업기간을 3개월(현행 4개월) 이내로 한다는 취지 ··· 382
┃ 판례 2 ┃ 토지수용이의재결처분취소 ··· 382
┃ 판례 3 ┃ 재결처분취소및손실보상금 ··· 383
┃ 판례 4 ┃ 토지수용재결처분취소등 ··· 383

    (4) 무허가영업 등의 보상 특례 ··· 384

┃ 토지보상법 시행규칙 제52조 (허가등을 받지 아니한 영업의 손실보상에 관한 특례) ┃ ············ 384

나. 농업 ··· 384

| 토지보상법 제77조 (영업의 손실 등에 대한 보상) | ··· 384

사례 1 농업손실보상은 기대이익 또는 일실손실에 대한 보전과 생활보상의 성격을 가진다 ············ 384
　| 판례 1 | 협의불성립 시 영농보상의 수령권자 ··· 385
　(1) 영농손실 ·· 385
　　(가) 영농손실액의 산정 ·· 385

| 토지보상법 시행규칙 제48조 (농업의 손실에 대한 보상) | ··· 385
| 농작물실제소득인정기준 제2조 (용어의 정의) | ··· 386
| 농작물실제소득인정기준 제3조 (실제소득의 산정방법) | ··· 386
| 농작물실제소득인정기준 제4조 (농작물 총수입의 입증자료) | ······································· 386
| 농작물실제소득인정기준 제5조 (소득률의 적용기준) | ··· 387
| 농작물실제소득인정기준 제6조 (실제소득금액 산정특례) | ··· 387

사례 1 실제소득이 농가평균소득보다 적은 경우에는 농가평균소득으로 보상한다 ················· 388
사례 2 영업보상 대상인지 농업손실보상 대상인지 여부는 사업시행자가 결정한다 ··············· 388
사례 3 농지의 지력을 이용하지 않는 버섯재배사 부지의 영농보상 여부 ······························· 389
　| 판례 1 | 농작물실제소득인정기준에서 규정한 서류 이외의 증명방법으로도
　　　　　　농작물 총수입을 인정할 수 있다. ··· 389
　| 판례 2 | 화분에 난을 재배하는 경우는 농경지의 지력을 이용한 재배가
　　　　　　아니므로 농업손실보상 대상이 아니다. ··· 389
　　(나) 농지 ··· 390

| 토지보상법 시행규칙 제48조 (농업의 손실에 대한 보상) | ··· 390
| 농지법 제2조 (정의) | ··· 390
| 농지법 시행령 제2조 (농지의 범위) | ··· 391
| 농지법 시행령 제3조 (농업인의 범위) | ··· 391

사례 1 농지법상 농지로 이용 중인 토지는 원칙적으로 농업손실보 상대상이나 지목이
　　　　'임야'인 토지를 농지로 이용하는 것이 사회적으로 용인될 수 없는 경우에는
　　　　농업 손실보상 대상에서 제외된다 ·· 392
사례 2 장기간 경작하고 있지 않은 농지는 농업손실보상 대상이 아니다 ······························· 392
사례 3 공익사업과 관련 없이 임대차계약 만료된 경우에는 농업손실보상 대상이 아니다 ········· 393

사례 4 잔여 계약기간이 2년 미만이라는 것은 농업손실보상에서 고려대상이 아니다 ·············· 393
사례 5 사업시행자가 일방적으로 경작을 하도록 한 경우 및 토지취득 후 상당기간이 지나
       경작을 허용한 경우에도 농업손실보상 대상인지 여부 ·· 394
　　　(다) 보상금의 지급방법 ··· 394

| 토지보상법 시행규칙 제48조 (농업의 손실에 대한 보상) | ·· 394

▎판례 1 ▎ 영농보상은 농경지의 수용으로 인하여 장래에 영농을 계속하지 못하게
         되는 실제경작자의 특별한 희생을 보상하기 위한 것이다. ··· 395
▎판례 2 ▎ 실제 경작자는 해당지역에 거주하여야 하는 것은 아니다. ·· 395

　　　(3) 농기구 ··· 396

사례 1 "농지의 3분의 2이상에 해당하는 면적"에는 임차하여 경작한 농지도 포함된다 ············ 396
사례 2 '농기구를 이용하여 해당 지역에서 영농을 계속 할 수 없게 된 경우'에는 농업폐지의
       경우뿐만 아니라 종전의 농업형태를 계속하기 어려운 경우도 포함된다 ······················ 396

다. 축산업 ··· 397

| 토지보상법 시행규칙 제49조 (축산업의 손실에 대한 평가) | ·· 397
| 축산법 제2조 (정의) | ·· 397
| 축산법 제22조 (축산업의 허가 등) | ··· 398
| 축산법 시행령 제13조 (허가를 받아야 하는 가축사육업) | ·· 399
| 축산법 시행령 제14조의3 (등록대상에서 제외되는 가축사육업) | ·· 400
| 축산법 시행규칙 제27조의4 (등록대상에서 제외되는 가축사육업) | ··· 400

사례 1 토지보상법 시행규칙 제45조 내지 제47조 규정에 해당하고 토지보상법 시행규칙
       제49조제2항 각 호의 어느 하나에 해당하는 경우가 축산 보상 대상이 된다 ··············· 400
사례 2 축산업 보상은 '허가등을 받지 아니한 영업의 손실보상에 관한 특례'가
       적용되지 않는다 ··· 401
사례 3 가축의 이전비가 물건의 가액을 초과하면 물건의 가액으로 보상한다 ··············· 401
▎재결례▎ 축산업 폐업보상 요청을 기각한 사례 ··· 402
▎판례 1 ▎ 축산보상대상여부 판단기준 ··· 403

라. 휴직 또는 실직보상 ··· 403

| 토지보상법 제77조 (영업의 손실 등에 대한 보상) | ··· 403
| 토지보상법 시행규칙 제51조 (휴직 또는 실직보상) | ··· 403

| 근로기준법 제2조 (정의) | ··· 403

| 근로기준법 시행령 제6조 (통상임금) | ··· 403

사례 1 사업장이 영업보상대상이 아니어도 휴직 또는 실직보상이 가능하다 ················ 404
사례 2 공익사업에 따른 휴직 등 보상은 소득세가 원천징수된 자에 한하여 보상한다 ········ 404

▌재결례▌ 휴업보상을 받은 영업주의 자진폐업으로 피고용인들이 실직을 한
　　　　　경우에 피고용인들은 휴직보상을 받을 수 없다. ························· 405

마. 사업폐지 등에 대한 보상 ·· 405

| 토지보상법 시행규칙 제57조 (사업폐지 등에 대한 보상) | ······························· 405

▌재결례▌ 사업폐지 등으로 인한 손실보상은 재결대상이다. ································ 405

8. 이주대책 등 ·· 406

가. 이주대책 ··· 406

| 토지보상법 제78조 (이주대책의 수립 등) | ··· 406
| 토지보상법 시행령 제41조의2 (생활기본시설의 범위 등) | ································ 407
| 토지보상법 시행령 제40조 (이주대책의 수립·실시) | ······································ 407

사례 1 이주정착지에 이주를 희망하는 자가 10호 이상인 경우에도 부득이한 사유가 있다면
　　　　이주대책을 수립하지 않을 수 있다 ·· 409
사례 2 이주대책 수립완료 시기는 이주대책대상자에게 통지한 때이다 ······················· 409

▌재결례▌ 관리사를 적법한 허가 등 없이 임의로 증축 또는 개축하여 주거용으로
　　　　　사용하고 있는 경우 이주대책대상자가 아니다. ···························· 410
▌판례 1▌ 사업시행자는 이주대책의 수립에 대해 재량을 가진다. ···························· 410
▌판례 2▌ 이주대책으로 관련 법령에 따라 주택 등을 특별공급한 경우에도
　　　　　생활기본시설 비용은 사업시행자가 부담하여야 한다. ························· 411
▌판례 3▌ 세입자를 이주대책 대상자에서 제외했다고 하여 세입자의 재산권이나,
　　　　　평등권을 침해 한 것은 아니다. ··· 411
▌판례 4▌ 허가나 신고를 하지 않고 주거용을 용도변경한 건축물의 소유자는
　　　　　이주대책대상자에 포함되지 않는다. ·· 411
▌판례 5▌ 사용승인을 받지 않은 주거용 건축물이라 하여 이주대책 대상에서
　　　　　제외한 것을 위법하다. ·· 412
▌판례 6▌ 사업시행자는 이주대책대상자의 범위를 확대할 수 있으나, 확대된
　　　　　이주대책대상자에게 생활기본시설을 설치하여 줄 의무는 없다. ·············· 412

| 판례 7 | 사업시행자가 이주대책대상자에서 제외시키는 거부조치를 한 경우에는 항고소송으로 다툴 수 있음 ·· 413
| 판례 8 | 사업시행자가 생활기본시설 설치비용을 이주대책대상자에게 전가한 경우는 부당이득으로 반환하여야 한다. ······································· 413
| 판례 9 | 생활기본시설 설치비용에는 사업지구 밖에 설치하는 도로에 관한 부담금 등 비용은 포함되지 않는다. ·· 413
| 판례 10 | 생활기본시설로서의 도로에는 주택단지 안의 도로를 당해 주택단지 밖에 있는 동종의 도로에 연결시키는 도로 모두가 포함된다. ·········· 414

나. 이주정착금 ··· 415

| 토지보상법 시행령 제41조 (이주정착금의 지급) | ······································· 415
| 토지보상법 시행규칙 제53조 (이주정착금 등) | ·· 415

사례 1 이주대책대상자가 이축허가를 받아 이전하는 경우에도 이주정착금을 지급하여야 한다 ········ 416

| 판례 1 | 이주정착금 지급대상자도 이주대책대상자의 요건을 구비하여야 한다. ················ 416

다. 주거이전비 ··· 416

| 토지보상법 시행규칙 제54조 (주거이전비의 보상) | ······································ 416

사례 1 주거이전비도 재결사항이다 ··· 417
사례 2 「통계에 의한 손실보상금 산정기준 적용지침」 알림 ······································ 418
사례 3 공익사업에 따른 협의 또는 재결 당시를 기준으로 거주요건 등을 만족한다면 그에 따라 보상하여야 한다 ·· 418
사례 4 부친의 소유의 집에 자녀가 거주할 경우, 해당 자녀가 주거용 건축물의 세입자로 볼 근거가 없다면 건축물 소유자의 가구원으로 보상이 가능하다 ······················ 419
사례 5 질병으로 인한 요양 등의 경우 계속 거주하지 않았으나 예외적으로 대상자에 포함하는 것이고, 실제 거주하지 아니한 자는 주거이전비 보상대상에 해당하지 아니한다 ······· 419

| 재결례 1 | 주거용 건축물이 사업지구에 일부 편입된 경우라도 철거 및 보수공사로 장기간 주거지로 사용할 수 없는 경우에는 주거이전비 및 이사비 지급대상이 된다. ··· 420
| 재결례 2 | 무허가건축물 등에 입주한 세입자의 주거이전비 보상 요건 ··············· 421
| 재결례 3 | 자기 소유 주택을 매도 후 세입자로 계속 거주해 온 경우에는 실비변상적 보상으로서 주거이전비를 지급함이 타당하다는 사례 ······························· 421
| 재결례 4 | 무허가건축물 등에 입주한 세입자의 주거이전비 보상 요건 ··············· 422
| 판례 1 | 세입자에 대한 주거이전비는 사회보장적인 차원의 성격도 있다. ·············· 422

| 판례 2 | 도시정비법상의 주거용건축물의 소유자에 대한 주거이전비는 정비계획에
관한 공람 공고일부터 거주한 소유자를 대상으로 한다. ·· 423
| 판례 3 | '관계 법령에 의한 고시 등'에는 사업지역 지정 고시를 하기 전의 관계
법령에 의한 공람공고일도 포함된다. ··· 423
| 판례 4 | 세입자에 대한 주거이전비는 계속 거주를 요건으로 하지 않는다. ····················· 424
| 판례 5 | '무허가건축물 등에 입주한 세입자'의 의미 ·· 424

라. 이사비 등 ·· 426

| 토지보상법 시행규칙 제55조 (동산의 이전비 보상 등) | ·· 426

사례 1 영업과 주거를 다른 건축물에서 하는 경우 중복되지 않는 범위에서 주거이전비,
이사비, 영업보상, 동산이전비 등을 보상할 수 있다 ··· 427
사례 2 인테리어는 건축물에 포함하여 보상평가함이 원칙이다 ·· 427
| 판례 1 | 재개발사업에 있어서도 주거용 건축물의 현금청산자에게는
주거이전비와 이사비를 지급하여야 한다. ··· 428

9. 환매 ·· 428

| 토지보상법 제91조 (환매권) | ·· 428

사례 1 사업인정 전 협의로 취득한 토지도 「토지보상법」에 따른 환매대상이다 ················· 429
사례 2 공익사업에 따른 환매관련 '수용의 개시일'은 재결서에 기재된 수용
개시일을 의미한다 ·· 429
| 판례 1 | 취득한 토지가 필요 없게 되었는지 여부는 사업시행자의 주관적 의사가
아니라 객관적·합리적으로 판단하여야 한다. ·· 429
| 판례 2 | 취득일로부터 5년 이내에 취득한 토지의 전부를 당해 사업에 이용하지
아니한 때 환매권을 인정한 취지 ·· 430
| 판례 3 | 소유권이전등기 ·· 430

가. 공익사업의 변환 ··· 431

| 토지보상법 제91조 (환매권) | ·· 431
| 토지보상법 시행령 제49조 (공익사업의 변경 통지) | ··· 431

사례 3 A사업에 편입되어 협의 매도한 토지가 B사업에 편입된 경우 소위 환매권
유보에 해당할 수 있다 ··· 432

48 목 차

┃ 판례 1 ┃ 변경된 공익사업의 시행자가 국가 등에 해당되어야 공익사업의
　　　　　　변환이 인정되는 것은 아니다. ··· 432

나. 환매금액 ··· 433

| 토지보상법 제91조 (환매권) | ·· 433
| 토지보상법 시행령 제48조 (환매금액의 협의요건) | ··································· 433

┃ 판례 1 ┃ '보상금에 상당하는 금액'의 의미 ··· 433
┃ 판례 2 ┃ 환매금액에 대해 개별 법률에서 달리 규정하고 있다고 하여 평등의
　　　　　　원칙에 위반되지 않는다. ··· 433
┃ 판례 3 ┃ 지가가 현저히 변경된 경우의 환매금액 ··· 433
┃ 판례 4 ┃ '인근 유사토지의 지가변동률'의 의미 및 지가변동률을 산정하기 위한
　　　　　　인근 유사토지의 선정 방법 ·· 434
┃ 판례 5 ┃ 시·군·구 단위의 지목별 평균지가변동률을 '인근 유사토지의
　　　　　　지가변동률'로 볼 수 없다. ·· 435
┃ 판례 6 ┃ 환매권의 존부 및 환매금액 증감에 관한 소송은 민사소송이다. ········· 435

10. 공익사업시행지구 밖의 토지 등의 보상 ·· 435

가. 일반적 기준 ··· 435

| 토지보상법 제79조 (그 밖의 토지에 관한 비용보상 등) | ····························· 435
| 토지보상법 제73조 제2항 (잔여지의 손실과 공사비 보상) | ························· 436
| 토지보상법 제80조 (손실보상의 협의·재결) | ·· 436
| 토지보상법 시행령 제41조의4 (그 밖의 토지에 관한 손실의 보상계획 공고) | ··· 436
| 토지보상법 시행령 제42조 (손실보상 또는 비용보상 재결의 신청 등) | ········ 436

┃ 재결례 ┃ 공익사업시행지구 밖의 보상에 관한 규정을 유추적용 할 수 있는 요건 ········ 436
┃ 판례 1 ┃ 간접보상에 관한 규정은 유추적용 할 수 있다. ································· 437
┃ 판례 2 ┃ 손해배상(기) ·· 438

나. 공익사업시행지구 밖의 대지 등에 대한 보상 ··· 439

| 토지보상법 시행규칙 제59조 (공익사업시행지구밖의 대지 등에 대한 보상) | ······ 439

┃ 판례 1 ┃ '경작이 불가능하게 되는 경우'의 의미 ··· 439

다. 공익사업시행지구 밖의 건축물에 대한 보상 ·· 440

| 토지보상법 시행규칙 제60조 (공익사업시행지구밖의 건축물에 대한 보상) | ·········· 440

▎재결례 ▎ 공익사업시행지구 밖의 건축물이 보상대상이 되기 위해서는 본래의
기능을 다할 수 없게 되어야 한다. ·· 440

라. 소수잔존자에 대한 보상 ·· 441

| 토지보상법 시행규칙 제61조 (소수잔존자에 대한 보상) | ································ 441

마. 공익사업시행지구 밖의 공작물 등에 대한 보상 ··································· 441

| 토지보상법 시행규칙 제62조 (공익사업시행지구밖의 공작물등에 대한 보상) | ········· 441

▎재결례 1 ▎ 축사는 사업구역에 포함되었으나 부대시설(퇴비사, 톱밥발효장, 분뇨처리시설)은
포함되지 않은 경우 부대시설도 보상대상이 된다. ·························· 441
▎재결례 2 ▎ 사업지구 밖에 위치하고 있는 영업시설(세차기 및 셀프세차장비)에
대하여 손실보상을 인정한 사례 ·· 442

바. 공익사업시행지구 밖의 어업의 피해에 대한 보상 ······························· 442

| 토지보상법 시행규칙 제63조 (공익사업시행지구밖의 어업의 피해에 대한 보상) | ······· 442

사례 1 공익사업시행지구 밖의 인근 어업의 피해에 대한 보상규정의 적용 ············ 443
▎판례 1 ▎ 사업인정고시일등 이후에 어업의 허가 등을 받은 자는 그 이후의
공공사업 시행으로 특별한 손실을 입게 되었다고 볼 수 없다. ·············· 444

사. 공익사업시행지구 밖의 영업손실에 대한 보상 ··································· 445

| 토지보상법 시행규칙 제64조 (공익사업시행지구밖의 영업손실에 대한 보상) | ········· 445

▎판례 1 ▎ '배후지 상실'의 의미 ·· 445

아. 공익사업시행지구 밖의 농업의 손실에 대한 보상 ······························· 445

| 토지보상법 시행규칙 제65조 (공익사업시행지구밖의 농업의 손실에 대한 보상) | ······ 445

50 목 차

제6장 관련 서식 및 규정

[서식 1] 사업인정(의제)사업 의견청취 요청서 작성요령 ··· 446
   [별지 1] 사업구역 내 설치될 시설물 목록 ··· 451
   [별지 2] 첨부서류 목록 ··· 452
[서식 2] 수용재결신청서 작성요령 ··· 453
   [별지 1] 재결신청서 검토 양식 ··· 456
   [별지 2] 재결정보시스템(LTIS) 토지 및 물건 내역 입력 방법 ················· 459
   ❖ 재결신청 등의 수수료 ··· 461
[서식 3] 토지조서 (토지보상법 시행규칙 별지 제4호서식 2016. 6. 14.) ··············· 462
[서식 4] 물건조서(토지보상법 시행규칙 별지 제5호 서식 개정 2016. 6. 14.) ····· 465
[서식 5] 협의경위서 (토지보상법 시행규칙 별지 제7호서식 개정 2016. 6. 14.) ····· 468
   <보상계획 (보상협의요청서) 통지 현황표> ·· 470
[서식 6] 사업계획서 ··· 471
   ❖ 사업예정지 및 사업계획을 표시한 도면 ··· 472
   ❖ 채권보상지급에 해당함을 증명하는 서류 ··· 472
   ❖ 사업인정관계 서류 ··· 474
   ❖ 사업시행자제시액조서 ··· 475
   [양식 1] 사업시행자제시액조서(토지) ·· 477
   [양식 2] 사업시행자제시액조서(지장물) ·· 478
   ❖ 감정평가서사본 ··· 479
   ❖ 기타 심리에 필요한 자료 ··· 479
   ▶ 재결신청 시 기타 유의사항 ··· 480
   ▶ 재결신청서의 편철방법 ··· 480
[서식 7] 협의성립확인서 작성요령 (토지보상법 시행규칙 별지 제14호서식 개정 2016. 6. 14.) ···· 481

● 중앙토지수용위원회 운영규정 ··· 484

| 제1조 (목적) ··· 484
| 제2조 (업무) ··· 484
| 제2조의2 (직무윤리 사전진단 등) ··· 485
| 제3조 (회의의 소집) ··· 485
| 제4조 (의결정족수) ··· 485
| 제5조 (직무대행) ··· 485
| 제6조 (회의참석 범위) ··· 486
| 제7조 (회의의 비공개) ··· 486
| 제8조 (유회) ··· 486

제8조의2 (서면의결) ·· 486
제8조의3 (교차심의) ·· 486
제9조 (간사 및 서기) ·· 486
제10조 (안건의 작성과 설명) ·· 487
제11조 (현지조사) ·· 487
제12조 (회의록) ··· 487
제13조 (소위원회) ·· 487
제13조의2 (평가자문회의 운영) ·· 487
제13조의3 (전문자문단 운영) ·· 488
제14조 (문서처리) ·· 489
제15조 (심리기준) ·· 489
제16조 (위원의 수당 및 여비) ·· 490
제17조 (보칙) ··· 490

[별표 1] <개정 2017. 10. 1.> ·· 491
[별표 2] <개정 2017. 10. 1.> ·· 492
[별지 제1호 서식] 위원위촉 사전진단서 <신설 2017. 10. 1.> ························· 494

제1장 토지수용법상 보상금의 증감

제1절 이의재결에 대한 행정소송

Ⅰ. 토지수용법상 보상금의 증감에 관한 소송의 구조

1. 현행 토지수용법의 태도

가. 토지수용법 제75조의2 제2항의 신설 및 그 입법취지

토지수용법은 1990. 4. 7. 법률 제4231호로 개정되어 제75조의2 제2항으로 "제1항의 규정에 의하여 제기하고자 하는 행정소송이 보상금의 증감에 관한 소송인 때에는, 당해 소송을 제기하는 자가 토지소유자 또는 관계인인 경우에는 재결청외에 기업자를, 기업자인 경우에는 재결청외에 토지소유자 또는 관계인을 각각 피고로 한다.'라고 규정이 신설되었는바, 이는 종래 중앙토지수용위원회의 이의재결에 대한 행정소송 중 특히 보상금을 다투는 소송에 있어서, 법원은 이의재결에서 정한 보상액 산정방법과 기준이 잘못된 경우에 그 정당보상액을 심리확정하지 아니한 채 그냥 이의재결을 취소하고, 이에 따라 중앙토지수용위원회는 다시 보상금에 대한 이의재결을 하며, 이에 불복이 있는 토지소유자 등이 또 다시 행정소송을 제기함으로써 비용과 시간이 많이 소요되고, 경우에 따라서는 토지수용에 관한 분쟁이 끝없이 공전되는 등 여러 가지 문제점이 있어, 보상금에 관한 다툼에 대하여는 재결청 외에 보상당사자(피수용자와 기업자, 이하 서술의 편의상 피수용자인 토지소유자가 원고가 되고 기업자가 피고가 되는 경우를 주로 상정하기로 한다)도 소송당사자가 되도록 하는 한편 법원은 적법한 손실보상금 산정방법에 따라 정당보상금을 산출한 다음 기업자에게 그 지급을 명함으로써 분쟁을 조속히 종결시키고자 함이 그 취지이다.

나. 보상금의 증감에 관한 소송의 구조

위 규정이 신설됨에 따라 이의재결을 다투는 소송 중 보상금의 증감에 관한 소송은 수용자체의 위법을 다투는 소송과는 다른 구조 즉, 보상금에 불복이 있는 자가 재결청 외에 토지소유자 또는 기업자도 공동피고로 하는 소송구조로 바뀌게 되었다.
이러한 보상금의 증감에 관한 소송의 구조에 관하여 대법원판례는(대법원 1991. 5. 28. 선고 90누8787 판결, 대법원 1991. 11. 26. 선고 91누285 판결, 대법원 1992. 4. 14. 선고 91누1615 판결, 대법원 1993. 5. 25. 선고 92누15772 판결, 대법원 1994. 6. 24. 선고 93누21972 판결, 대법원 1997. 11. 28. 선고 96누2255 판결 등 확립된 판례이다) 보상금의 증감에 관한 소송은 재결청 외에 기업자를 공동피고로 하여야 하는 필요적 공동소송이고, 따라서 토지소유자와 재결청 및 기업자 사이에 승패가 합일적으로 확정되어야 하며 이는 법원에서 정당한 손실보상액을 심리하는 것을 전제로 한다면서, 이른바 필요적 공동소송설을 취하고 있고, 실무도 이에 따르고 있다.

다. 보상금의 증감에 관한 소송의 성질

(1) 당사자소송인지 여부

보상금의 증감소송에 대하여 대법원은 "토지수용법에 의한 수용절차에 있어서의 보상액의 증감에 관한 행정소송은 토지수용법 제25조 제1항의 규정에 의한 협의절차와 이에 이은 수용재결 및 이의재결이 있은 후 그 이의재결에 대하여 불복이 있을 때에 재결청 외에 기업자를 공동피고로 하여 그 이의재결의 취소 및 보상액의 증액지급을 구하는 소"라고 하면서, "토지수용법 제75조의2 제1항에 의한 소송과 함께 기업자를 상대로 공법상의 법률관계에 관한 청구로서 이의재결에서 정한 보상금이 증액변경될 것을 전제로 증액될 보상금과 이의재결에서 정한 보상금의 차액의 지급을 구하는 것도 적법하다. 또한 "토지수용법 제75조의2 제2항의 규정은 그 제1항에 의하여 이의재결에 불복하는 행정소송을 제기하는 경우, 그것이 보상금 증감에 관한 소송인 때에는 이의재결에서 정한 보상금이 증액변경될 것을 전제로 하여 기업자를 상대로 보상금의 지급을 구하는 공법상의 당사자소송을 규정한 것으로 볼 것이다."라고 판시하고 있는바, 이에 비추어 보면 대법원은 재결청에 대한 부분은 항고소송, 기업자에 대한 부분은 당사자소송의 성질을 지니는 것으로서 보상금의 증감에 관한 소송은 위 항고소송과 당사자소송이 결합된 것이다.

(2) 실무상 청구취지의 형식

실무는 판례의 견해에 따라 원고의 청구를 받아들일 경우 다음과 같은 형식의 청구취지를 내고 있다.

① 원고가 토지소유자 등인 경우

"피고 중앙토지수용위원회가 ○○○○. ○○. ○○. 원고에 대하여 한 #(부동산)의 수용에 관한 이의재결에서 원고의 이의신청을 기각한 부분 가운데 금 ○○○원에 해당하는 부분을 취소한다.

피고 (사업시행자)는 원고에게 금 ○○○원 및 이에 대한 지연손해금을 지급하라."

② 원고가 사업시행자인 경우

"피고 중앙토지수용위원회가 ○○○○. ○○. ○○. 피고 (토지소유자)에 대하여 한 #(부동산)의 수용에 관한 이의재결에서 피고 (토지소유자)의 이의신청을 인용한 부분 가운데 금 ○○○원에 해당하는 부분을 취소한다.

원고(사업시행자)의 피고(토지소유자)에 대한 손실보상금 채무는 금 △△△원을 초과하여서는 존재하지 아니함을 확인한다."

라. 소의 제기와 소장

보상금 증감소송의 경우 이의재결을 거친 때에는 제소기간이 이의재결서를 송달받은 날로부터 60일로 되어 있다.

보상금 증감소송은 그 처분서인 '수용재결서'가 가장 기본적인 서증이고, 특히 원고에게 송달된 수용재결서에는 별지로 '보상금내역서'가 붙어 있고 수용 목적물과 보상금액을 파악할 수 있다.

우선 청구취지로는 증액을 구하는 금액을 특정하여야 하는데, 일부청구임을 명시하여 재결보상금의 5%~10% 정도의 일정한 금액을 원금으로 하고 이에 대한 수용개시일 다음날부터의 법정지연손해금을 구하는 것이 무난하다.

청구원인을 구성할 때는 공익사업의 내용, 재결의 경위와 보상금, 재결서를 송달받은 날 보상금을 증액하여야 하는 사정을 기재하고, 재결의 기초가 된 감정서를 미리 입수한 경우라면 그 중 위법하거나 부당한 부분을 구체적으로 주장할 수 있다.

소장에 첨부할 서증으로는 송부서와 '보상금내역서'가 붙은 수용재결서, 이의재결을 거친 경우 이의재결서, 공탁통지서, 부동산에 관한 공부, 지적도나 지번을 표시한 정밀지도, 토지이용계획확인서, 건물 등 지장물이 전부 또는 일부 수용된 경우 현장사진과 도면, 항공사진이나 위성사진 등이 있으며, 원고가 법인인 경우나 피고가 공사, 정비사업조합 등의 법인인 경우에는 법인등기부등본도 제출한다.

보상금 감액소송의 경우, 사업시행자는 재결보사금 중 불복하는 금액을 공탁하여야 하고(토지보상법 제40조 제2항 제3호, 제4항, 제85조 제1항) 이는 소송요건이므로, 반드시 공탁서를 서증으로 제출하여야 한다.

마. 소송절차안내와 답변서의 제출

소송절차안내문을 함께 송달하는데, 답변서 작성 시 유의사항으로 ① 원고가 이의신청기간이나 제소기간을 도과하는 등 이 사건 소에 각하사유가 있을 때에는 이를 지적할 것, ② 재결의 경위(수용재결·이의재결일, 그 내용 등)와 사업시행 및 재결의 근거법령(법률, 시행령, 시행규칙 또는 조례, 지침 등)을 명시할 것, ③ 원고가 주장하는 재결의 위법사용 대하여 구체적이고 개별적인 답변을 할 것 등을 안내하고, 답변서를 제출하면서 수용재결 및 이의재결의 각 재결서와 각 2개 감정기관의 감정평가서, 사업인정에 관한 관보, 지적도, 현황측량성과도, 토지조서, 물건조서, 조사보고서 및 원고와의 보상협의관련 서류, 그 외 답변서 내용을 뒷받침하는 증거서류를 반드시 제출하도록 안내하는 내용이다.

바. 감정신청

원고로서는 적절한 감정(촉탁) 신청서를 작성·제출하여 감정인으로 하여금 법령에 따라 정당한 보상금액을 산출하도록 하는 것이 갖아 중요하고 효과적인 증명방법이다.
손실보상가격의 평가기준일은 수용재결일이다(토지보상법 제67조 제1항)

(1) 재결보상금의 공제

수용재결만 거쳐 행정소송을 제기한 경우 사업시행자는 수용개시일까지 보상금을 지급 또는 공탁하여야 하고(토지보상법 제40조), 보상금을 지급 또는 공탁하지 아니하는 경우 재결의 효력이 상실된다(토지보상법 제42조 제1항).

그러나 이의재결에서 증액된 보상금에 대하여는 토지보상법 제84조 제2항에서 사업시행자가 재결서 정본을 받은 날부터 30일 이내에 증액된 보상금을 지급 또는 공탁하도록 하고 있다.

II. 공익사법상 보상금의 증감에 관한 소송의 성질

1. 공익사법의 규정 및 그 입법취지

가. 행정소송의 대상에 관해

공익사업법 제85조 제1항 본문은 "사업시행자·토지소유자 또는 관계인은 제34조의 규정에 의한 재결에 대하여 불복이 있는 때에는 재결서를 받은 날부터 60일 이내에, 이의신청을 거친때에는 이의신청에 대한 재결서를 받은 날부터 30일 이내에 각각 행정소송을 제기할 수 있다."고 규정하여, 이의재결을 거치지 않고도 재결을 다투는 행정소송을 제기할 수 있도록 하였다. 이는 피보상자의 신속한 권리구제 및 쟁송의 조속한 분쟁확정을 위하여 재결이후 이의신청을 거치지 아니하고도 행정소송을 가능하게 하고, 재결주의를 취한 것인지 아닌지에 관한 종래의 논의를 불식시키기 위한 것이 그 입법취지라고 한다.

따라서, 공익사업법은 토지수용법과 달리 재결주의가 아닌 원처분주의를 취한 것으로 보아야 할 것이므로, 재결청의 수용재결(원처분)에 대해 불복이 있을 경우에는 이의재결을 거쳤는지 여하에 상관없이 재결청을 상대로 수용재결의 취소를 구하여야 하고(원처분주의), 이의재결의 취소를 구할 수는 없을 것이다. 다만, 이의재결 자체의 고유한 위법이 있을 경우에는 중앙토지수용위원회를 상대로 이의재결의 취소를 구할 수 있을 것이다.

나. 보상금의 증감에 관한 소송에 관해

공익사업법 제85조 제2항은 "제1항의 규정에 따라 제기하고자 하는 행정소송이 보상금의 증감에 관한 소송인 경우 당해 소송을 제기하는 자가 토지소유자 또는 관계인인 때에는 사업시행자를, 사업시행자인 때에는 토지소유자 또는 관계인을 각각 피고로 한다.

공익사업을 위한 토지 등의 취득 및 보상에 관한 법률 제85조 제1항 전문의 문언 내용과 같은 법 제83조, 제85조가 중앙토지수용위원회에 대한 이의신청을 임의적 절차로 규정하고 있는 점, 행정소송법 제19조 단서가 행정심판에 대한 재결은 재결 자체에 고유한 위법이 있음을 이유로 하는 경우에 한하여 취소소송의 대상으로 삼을 수 있도록 규정하고 있는 점 등을 종합하여 보면, 수용재결에 불복하여 취소소송을 제기하는 때에는 이의신청을 거친 경우에도 수용재결을 한 중앙토지수용위원회 또는 지방토지수용위원회를 피고로 하여 수용재결의 취소를 구하여야 하고, 다만 이의신청에 대한 재결 자체에 고유한 위법이 있음을 이유로 하는 경우에는 그 이의재결을 한 중앙토지수용위원회를 피고로 하여 이의재결의 취소를 구할 수 있다(대법원 2010. 1. 28. 선고 2008두1504 판결).

한편, 공익사업법 부칙 제3조는 "이 법 시행 당시 종전의 토지수용법령 및 공공용지의취득 및손실보상에관한특례법령에 의하여 행하여진 처분·절차 그 밖의 행위는 이 법의 규정에 의하여 행하여진 것으로 본다."고 규정하는 한편, 부칙 제8조는 "계속중인 소송의 피고적격에 관한 경과조치"라는 제목하에 "이 법 시행 당시 법원에 계속중인 보상금 증감에 관한 소송사건의 피고적격에 있어서는 제85조 제2항의 규정에 불구하고 종전의 토지수용법의 규정에 의한다."고 규정하고 있으므로, 공익사업법의 시행일인 2003. 1. 1. 이후에 제기된 보상금의 증감에 관한 소송부터 보상당사자만을 피고로 하여야 하고 그 이전에 이미 소가 제기되었다면 재결청을 그대로 피고로 유지하여야 한다.

(1) 원고적격

보상금 증액소송을 제기할 수 있는 자는 토지소유자 또는 관계인이다. 토지소유자는 공익사업에 필요한 토지의 소유자를 말하고, 관계인이라 함은 사업시행자가 취득 또는 사용할 토지에 관하여 지상권·지역권·전세권·저당권·사용대차 또는 임대차에 의한 권리 기타 토지에 관한 소유권 외의 권리를 가진 자 또는 그 토지에 있는 물건에 관하여 소유권 그 밖의 권리를 가진 자를 말한다. 사업인정의 고시가 있은 후에 기존의 권리를 승계한 자는 관계인으로 본다(공익사업법 제2조 제4호, 제5호. 이하 특별한 경우가 아닌 한 '소유자'라고만 한다).

(2) 피고적격

행정소송법은 제39조에서 "당사자소송은 국가·공공단체 그 밖의 권리주체를 피고로 한다."라고 규정하고 있음에 비하여, 공익사업법 제85조 제2항은 "제1항의 규정에 따라 제기하고자 하는 행정소송이 보상금의 증감에 관한 소송인 경우 당해 소송을 제기하는 자가 토지소유자 또는 관계인인 때에는 사업시행자를, 사업시행자인 때에는 토지소유자 또는 관계인을 각각 피고로 한다."라고 규정하고 있다.

그런데 사업인정의 근거가 되는 법률에 시장·군수·구청장을 사업시행자로 규정하고 있는 경우가 많은데다가, 사업인정에 관한 고시를 하면서 시장·군수·구청장 또는 국가사업의 경우 ○○지방국토관리청장 등 행정청을 사업시행자로 지정하고, 나아가 재결에서도 사업시행자를 그와 같이 표시하기 때문에 시장·군수·구청장 또는 ○○지방국토관리청장 등 행정청을 피고로 지정하여 오는 경우가 있다.

그리고, 보상금의 증가에 관한 소송의 원고청구 인용판결 청구취지
① 원고가 토지소유자 등인 경우
  "피고는 원고에게 금 ○○○원 및 이에 대한 재연손해금을 지급하라." 또는
  "피고의 (피수용자에 대한) #(부동산)의 수용에 관한 손실보상금채무는 금 ○○○원 임을 확인한다."
② 원고가 사업시행자인 경우
  ㉠ 사업시행자가 보상금 전액을 아직 지급하지 않은 경우
    "원고의 피고에 대한 #(부동산)의 수용에 관한 손실보상금채무는 금 ○○○원 을 초과하여서는 존재하지 아니함을 확인한다."
  ㉡ 사업시행자가 보상금 전액을 지급한 경우
    "피고는 원고에게 금 ○○○원 및 이에 대한 지연손해금을 지급하라."

2. 잔여지 수용청구 의의

공익사업법 제74조 제1항은 "동일한 소유자에게 속하는 일단의 토지의 일부가 협의에 의하

여 매수되거나 수용됨으로 인하여 잔여지를 종래의 목적에 사용하는 것이 현저히 곤란할 때에는 해당 토지소유자는 사업시행자에게 잔여지를 매수하여 줄 것을 청구할 수 있으며, 사업인정 이후에는 관할 토지수용위원회에 수용을 청구할 수 있다. 이 경우 수용의 청구는 매수에 관한 협의가 성립되지 아니한 경우에만 할 수 있으며, 그 사업의 공사완료일까지 하여야 한다."라고 규정하고 있다.

3. 잔여지수용의 성격

공용수용을 할 수 있는 목적물의 범위는 당해 공익사업을 위하여 필요한 범위 안에 그쳐야 하나, 경우에 따라서 특정한 공익사업을 위하여 필요한 범위 또는 정도를 넘는 수용이 인정되는 예가 있는데, 이것이 확장수용과 지대수용 제도이고, 잔여지수용은 확장수용의 한 예로서 전부수용이라고도 한다.

대법원은 종래 토지수용법 소정의 잔여지매수청구에 대하여 그 요건을 엄격하게 해석함으로써 사실상 잔여지매수청구를 받아들이지 아니하였으나 대법원 2005. 1. 28. 선고 2002두4679 판결은 토지수용법 제48조 제1항에서 동일한 토지소유자에게 속하는 일단의 토지의 일부가 협의매수되거나 수용됨으로 인하여 잔여지를 종래의 목적에 사용하는 것이 현저히 곤란한 때에는 당해 토지소유자는 기업자에게 일단의 토지의 전부를 매수청구하거나 관할 토지수용위원회에 일단 토지의 전부의 수용을 청구할 수 있다고 규정하고 있는바, 여기에서 '종래의 목적'이라 함은 수용재결 당시에 당해 잔여지가 현실적으로 사용되고 있는 구체적인 용도를 의미하고, '사용하는 것이 현저히 곤란한 때'라고 함은 물리적으로 사용하는 것이 곤란하게 된 경우는 물론 사회적, 경제적으로 사용하는 것이 곤란한 경우, 즉 절대적으로 이용 불가능한 경우만이 아니라 이용은 가능하나 많은 비용이 소용되는 경우를 포함한다고 할 것이라고 하여 잔여지 매수청구를 받아들였다.

판례는 토지소유자가 사업시행자로부터 공익사업법 제73조에 따른 잔여지 가격감소 등으로 인한 손실보상을 받기 위해서는 공익사업법 제34조, 제50조 등에 규정된 재결절차를 거친 다음 그 재결에 대하여 불복이 있는 때에 비로소 공익사업법 제83조 내지 제85조에 따라 권리구제를 받을 수 있을 뿐, 이러한 재결절차를 거치지 않은 채 곧바로 사업시행자를 상대로 손실보상을 청구하는 것은 허용되지 않는다고 하고(대법원 2008. 7. 10. 선고 2006두19495 판결), 공익사업법 제74조 제1항에 규정되어 있는 잔여지 수용청구권은 손실보상의 일환으로 토지소유자에게 부여되는 권리로서 그 요건을 구비한 때에는 잔여지를 수용하는 토지수용위원회의 재결이 없더라도 그 청구에 의하여 수용의 효과가 발생하는 형성권적 성질을 가지므로, 잔여지 수용청구를 받아들이지 않은 토지수용위원회의 재결에 대하여 토지소유자가 불복하여 제기하는 소송은 위 법 제85조 제2항에 규정되어 있는 '보상금의 증감에 관한 소송'에 해당하여 사업시행자를 피고로 하여야 한다고 한다(대법원 2010. 8. 19. 선고 2008두822 판결).

잔여지 손실보상청구소송의 경우에는 권리의 존재와 범위에 관한 행정청의 판단이 일정 정도 필요하여 항고소송에 조금 더 가까운 실질을 가지고 있고, 이와 같이 보상액을 정함에 있어서 일정 부분 행정청의 판단이 필요한 이상 재결을 거치도록 하는 것이 절차의 효율적인 운영이라는 측면에서도 합리적이고, 토지소유자에게 특별히 불리하다고 보기도 어렵기 때문이다.

가. 판례

(1) 대법원 판결

(가) 2000. 2. 8. 선고 97누15845 판결

산림복구가 예정되어 있는 일단의 채석지 중 일부가 고속국도의 용지로 수용됨으로써 잔여지가 신설국도의 접도구역에 포함된 사유만으로는 잔여지를 종래의 목적인 임야로 사용하는 것이 현저히 곤란하게 되었다고 할 수 없다. 위 판결은 원래 '임야'이던 토지를 채석허가에 기한 작업에 의하여 평탄화됨으로써 수용재결 당시에는 그 현실이용상황이 잡종지인 상태가 되었으나, 수용재결일로부터 약 7개월 후로 정하여진 채석허가기간이 만료되면 훼손된 채석지에 대한 산림복구가 법령상 예정되어 있어, 가까운 장래에 산림으로 원상회복될 수밖에 없으므로 이러한 이용상황은 일시적인 것에 불과하다 하여, 종래에 사용하던 목적을 잡종지가 아닌 '임야'로 본 판결이다.

(나) 1997. 2. 14. 선고 96누8680 판결

수용대상 토지와 잔여지가 숙박업 영업을 위한 '여관건물의 부지'로 사용되다가 그 일부가 수용되고, 수용대상 토지가 도시계획법상 주거지역으로 지정되어 기존 여관 이외의 숙박시설의 설치가 금지되어 있으므로 종전에 해오던 숙박업을 할 수 없게 되었다 하여 폐업보상을 구하다가 청구취지 및 원인을 변경하여 잔여지 가치하락분에 대한 손실보상을 구하는 사건에서, 잔여지를 종전의 목적인 '상업용'으로 사용하는 것이 현저히 곤란하다고 보여지지 아니한다는 표현을 하고 있다. 위 판결을 인용하여, 잔여지를 '종래의 목적'에 사용하는 것이 현저히 곤란한 때에 해당하는지 여부는 그 토지의 현실적, 구체적 용도만을 기준으로 판단할 것이 아니라 그 토지의 공부상 지목과 현황, 용도지역 등을 종합하여 판단하여야 한다는 하급심판결이 있다.

(다) 1992. 11. 27. 선고 91누10688 판결

잔여지가 수용토지와 마찬가지로 수용 당시 모두 그 지목이 답으로 되어 있으면서 '농경지'로 사용되던 토지로서 수용으로 인하여 종래 사용되던 현황인 '농경지'로서의 사용이 현저히 곤란하게 되었다고 할 수 없고, 원고가 수용토지상에 아파트를 건축하여 잔여지를 그 진입도로로 사용하려고 하였던 것은 그 승인신청이 이미 반려되어 수용 당시에 현실로 이용되고 있던 용도라고 할 수 없을 뿐만 아니라 잔여지가 이미 도시계획상 도로부지로 고시된 곳으로서 도시계획법에 의하여 건축이 제한되어 있고, 원고 또한 이를 도로로 사용하려고 한 것이므로, 잔여지는 수용으로 인하여 종래 목적에 사용하는 것이 현저히 곤란하게 되었다고 할 수 없다.

(라) 1990. 12. 26. 선고 90누1076 판결

공부상 지목이 대지인 토지상에 주택 신축을 준비 중 그 일부분에 대하여 토지수용으로 인하여 나머지 토지의 일부 지상에는 주택을 건축할 수 없게 되었다면 비록 그 부분의 현실적

이용상황이 전이라고 하더라도 종래의 목적에 사용하는 것이 현저히 곤란한 때에 해당한다고 판시하고 있는바, 이는 예정된 목적을 실현하기 위하여 공사에 착수하는 등으로 예정의 의사가 객관적으로 명확하다고 보아 수용 당시 종래의 사용목적을 전이 아닌 대지로 본 취지로 보인다.

(2) 하급심 판결

(가) 부산고등법원 1998. 9. 3. 선고 97구11393 판결(확정)

토지수용법 제48조 제1항, 제49조, 제51조 등이 수용되는 토지뿐만 아니라 그 지상 건물 및 영업상의 손실에 대하여도 보상하도록 규정하고 있는 점에 비추어 보면, 같은 법 제48조 제1항의 소정의 잔여지를 '종래의 목적'에 사용하는 것이 현저히 곤란한 때인지의 여부는 그 토지의 현실적, 구체적 용법만을 기준으로 판단할 것이 아니라 그 토지의 공부상 지목과 현황, 용도지역 등을 종합하여 일반적으로 판단하여야 할 것인바, 수용되고 남은 잔여지만으로는 이를 종래의 용도인 자동차정비공장으로 사용하는 것은 어렵다고 볼 것이나, 당초 위 각 토지상에는 자동차정비공장뿐만 아니라 창고, 주택, 점포, 사무실, 기숙사 등도 건립되어 있었던 사실, 위 토지는 도시계획상 일반상업지역에 속하고, 위 토지상에 주택이나 상가, 사무실 등의 용도로 사용될 수 있는 건물을 건축하는 데는 아무런 장애가 없는 사실, 수용토지는 180.2㎡에 불과한데 비하여 잔여지는 508㎡에 이르는 사실 등을 종합하여 보면, 잔여지를 종래의 목적에 사용하는 것이 현저히 곤란한 때에 해당한다고 보기 어렵다.

4. 토지수용법에 따른 보상액 산정에 있어서 인근유사토지의 정상거래가격의 의미 및 요건

가. 인근유사토지의 정상거래가격의 의미

토지수용과 관련된 관계 법령에서 인근유사토지의 정상거래가격의 개념을 정의한 규정은 보이지 않고, 대법원 판례는, 토지수용의 손실보상액을 산정함에 있어서 참작할 수 있는 인근유사토지의 정상거래가격이란 그 토지가 수용대상토지의 인근지역에 위치하고 용도지역, 지목, 등급, 지적, 형태, 이용상황, 법령상의 제한 등 자연적·사회적 조건이 수용대상 토지와 동일하거나 유사한 토지에 관하여 통상의 거래에서 성립된 가격으로서 개발이익이 포함되지 아니하고, 투기적인 거래에서 형성된 것이 아닌 가격을 말한다고 판시하고 있는데, 이는 기준지가 시대의 판결이나 공시지가 시대의 판결에서 모두 마찬가지이다.

나. 인근유사토지

(1) '인근유사토지의 요건'라 함은 수용대상 토지의 인근지역에 위치하고 용도지역, 지목, 등급, 지적, 형태, 이용상황, 법령상의 제한 등 자연적·사회적 조건이 수용대상토지와 동일하거나 유사한 토지를 말한다.
(2) 관련 대법원 판례

① 거래사례가 있는 인근 토지들은 그 거래당시 공부상의 지목이 모두 대지이고, 그 용도지역이 노변상가지역인데 반하여 수용대상토지는 공부상의 지목이 전, 답 및 과수원으로서 이 사건 택지개발사업의 시행결과 장차 상업지역으로 발전될 가능성이 있는 토지들이므로 위 거래사례토지들을 유사토지라고 할 수 없다(대법원 1990. 10. 12. 선고 90누2475 판결).
② 수용대상토지는 공부상 지목이 대지이나 실제 용도는 공장부지이고 자연녹지지역에 속하며 그 주변은 공장지대와 농경지대가 혼재하고 있고 상가 및 주택지와의 연계 발전이 용이한 지역인 반면, 거래사례토지들은 공부상 및 실제 지목이 대지이고 주거지역에 속하며 주변은 주택지이거나 상가와 주택이 혼재하는 곳이라면 이러한 거래사례토지들을 수용대상토지의 인근사유토지라고 할 수 없다(대법원 1991. 1. 15. 선고 90누4730 판결)
③ [수용대상토지가 공부상 지목이 대지이고 실제로는 주택 및 공장의 건부지로 사용되었으며, 도시계획상 자연녹지지역, 택지개발예정지구에 속하고, 동서쪽은 임야로써 원거리에 기존주택 및 상가가 형성되어 있고 남북으로는 아파트가 건립중인 반면, 거래사례토지는 기존주택가 내에 위치하고 이용상황은 건부지인 사안에서] 거래사례토지는 수용대상토지와 공부상 지목이 동일하고 거리가 근접해 있다는 점을 제외하면 이용상황이나 용도지역, 공법상 제한 등이 달라 유사성이 있다고 할 수 없다(대법원 1991. 2. 8. 선고 90누6767 판결)
④ 수용대상토지는 부정형의 토지임에 반하여 거래사례지는 가로 및 획지조건이 좋고 그 면적도 수용대상토지보다 2.6내지 45배의 넓은 장방형의 토지이고, 한편 거래사례는 1985. 4. 1. 택지개발사업지구에 편입되었음에 반하여 수용대상토지는 1987. 6. 16.에야 위 택지개발예정지구로 추가지정되었으며, 피고가 위 거래사례지를 이 사건 택지개발사업을 위하여 1986. 5. 23. 취득하였다가 구획정리 등 택지개발사업을 시행한 다음 이를 공개경쟁 입찰을 통하여 소외 회사에게 용도를 버스터미널부지로 제한하여 매도한 경우, 위 거래사례토지는 수용대상토지와 그 크기, 형태, 용도, 가로 및 획지조건 등이 다르고, 이에 위 매매에는 개발이익이 포함되어 있다는 점을 덧붙여 이를 참작하지 않았다고 하여 그 평가가 부적절한 것이라고 할 수 없다고 한 판결(대법원 1991. 5. 24. 선고 90누10094 판결)
⑤ 수용대상토지는 용도지역이 자연녹지지역이고 농경지대에 소재하며, 용도는 답(잡종지)이고, 가로조건은 맹지이며, 형태는 부정형인데, 거래사례토지는 용도지역이 주거지역이고 주택지대에 소재하며, 용도는 주거용이고, 소로에 접하여 있고, 형태는 장방형에 유사한 사안에서 거래시점이 수용재결일로부터 8개월이 지난 것으로서 거기에 개발이익까지 포함되어 있다는 점을 덧붙여 이를 근거로 하여 인근유사토지의 정상거래가격을 산정하는 것은 적절하다고 할 수 없다고 한 판결(대법원 1991. 9. 24. 선고 91누2038 판결)
⑥ [이의재결의 기초가 된 감정평가서에서 인근유사토지의 거래사례로 들고 있는 토지에 관하여 1983. 1. 7.부터 시행자에게 수용되기 전까지 물권변동의 등기가 경료되지 않은 사안에서] 토지에 관한 모든 물권변동의 과정이 반드시 등기된다고 할 수 없을 뿐 아

니라 위 거래사례는 인근유사토지의 정상가격참작을 위한 자료에 불과하므로 그 거래사실이 등기된 바 없다고 하여 이를 허위로 조사한 것이라고 단정할 수는 없다(대법원 1991. 10. 22. 선고 90누6323 판결).

⑦ 수용대상토지와 동일사업지구 내에 있는 토지가 아니라는 사유만으로 인근유사토지가 될 수 없는 것은 아니다(대법원 1992. 8. 18. 선고 91누2380 판결).

⑧ 수용대상토지들은 용도지역이 일반주거지역이고 지목 및 현실이용상황이 '전'임에 반하여 거래사례로 들고 있는 토지 중 일부는 상업지역이고 지목 및 현실이용상황이 대지이며, 일부는 자연녹지지역이고, 나머지는 그 지목은 전이나 현실이용상황은 대지로서 위 거래사례의 토지 모두 수용대상토지와 용도지역이나 지목 내지 현실이용상황이 상이할 뿐아니라, 위 거래사례에는 개발이익이 포함된 것이라는 판단을 덧붙여 위 거래사례는 인근유사토지의 정상거래가격을 인정할 만한 사례라고 볼 수 없다고 한 판결(대법원 1992. 10. 23. 선고 91누8562 판결).

⑨ 수용대상토지는 공부상의 지목이 '전'이고 수용당시에는 장기간 잡종지상태로 방치되고 있었음에 반하여 거래사례토지는 그 지목과 현황이 다같이 '대'일뿐 아니라, 매매대금에 개발이익이 포함되어 있다는 판단을 덧붙여 위 거래사례토지의 매매대금을 가지고 인근유사토지의 정상거래가격이라고 보기 어렵다고 한 판결(대법원 1993. 1. 26. 선고 92누8743 판결).

⑩ 거래사례토지는 수용대상토지로부터 500미터 떨어져 있고, 그 지목은 대지로서 수용대상토지의 지목과 동일하나, 그 용도지역은 주거지역이고, 매매당시 점포 및 주택부지로 사용되었고, 주위환경은 주택, 점포, 국민학교 등이고, 면적은 43평임에 비하여, 수용대상토지는 용도지역이 자연녹지지역이고, 수용당시 일부는 일시 전, 다른일부는 주거용건부지로 사용되었고, 주위환경은 구릉지대에 야산, 잡종지 등이 혼재하여 있었으며, 면적이 355평이므로, 이러한 거래사례토지는 인근유사토지에 해당하지 않는다(대법원 1993. 2. 23. 선고 92누2370 판결).

⑪ 거래사례토지는 용도지역이 자연녹지지역, 그 형태는 삼각형, 지적이 93평방미터인데 비하여 수용대상토지는 용도지역이 생산녹지지역, 그 형태는 직사각형에 가까운 사다리꼴, 지적은 2,545평방미터로서 서로 다른 점이 많고, 양자간의 거리도 상당히 떨어져 있으며, 아울러 그 거래가격 자체도 개발이익과 투기적 요소가 가미되었다는 점을 덧붙여 이를 정상거래사례로 볼 수 없다고 한 판결(대법원 1993. 2. 26. 선고 92누5751 판결).

⑫ 수용대상토지와 인근유사토지의 도시계획상 용도지역이 다르더라도 현실적인 이용상황 등 자연적, 사회적 조건이 동일하거나 유사한 경우에는 인근유사토지의 정상거래가격을 참작할 수 있다(대법원 1993. 6. 22. 선고 92누19521 판결).

⑬ 개발제한구역 내에 소재하는 토지에 대한 보상액을 평가함에 있어서는 개발제한구역 지정이라는 공법상의 제한이 있는 상태대로 평가하여야 하는데, 개발제한구역 내외에 소재하는 토지는 법령상의 제한의 점에서 서로 현저히 달라서 자연적, 사회적 조건이 동일 또는 유사한 토지라고는 볼 수 없으므로 개발제한구역 내에 소재하는 토지의 수용보상금을 산정함에 있어서 개발제한구역 외에 소재하는 인근 토지의 실제거래가격

을 인근유사토지의 정상거래가격으로 받아들일 수 없다(대법원 1993. 10. 12. 선고 93누 12527 판결).
⑭ 용도지역·지목·현실이용상황 등이 수용대상토지들과 동일하고 인근에 위치하여 자연적, 사회적 조건이 동일 내지 유사한 토지라면, 동일 개발사업지구에 위치한 토지가 아니라는 이유만으로 유사토지가 되지 못한다고 단정할 수 없다(대법원 1994. 10. 14. 선고 94누2664 판결).

다. 정상거래가격

(1) 정상거래가격의 요건

(가) 인근유사토지의 '정상거래가격'이란 통상의 거래에서 성립된 가격으로서 개발이익이 포함되지 아니하고, 투기적인 거래에서 형성된 것이 아닌 가격을 말한다. 따라서, 개발이익이 포함되어 있거나 투기적인 거래에서 형성된 가격은 원칙적으로 유사거래사례에서 제외함이 상당하다.

(나) 그런데, 아래에서 살펴볼 바와 같이 대법원 판례는 대체로, 평가의 기준시점인 수용대상토지에 대한 수용재결시기와 거래사례토지에 대한 거래시기를 비교하여 개발이익이 포함되었는지를 판단하고 있는 것과 당해 사업에 대한 사업인정의 고시시기와 거래사례토지에 대한 거래시기를 비교하여 개발이익이 포함되었는지를 판단하고 있는 것의 두 가지로 나뉘는 것 같다.

(2) 관련 대법원 판례

(가) 개발이익 포함, 투기적 거래라고 단정할 없다고 한 판결

① 서울특별시가 취락구조사업을 위하여 매수하는 토지가격이라고 하여 투기적인 거래 또는 개발이익이 포함된 비정상적인 거래로 형성된 가격이라고 단정할 수는 없다(대법원 1990. 2. 13. 선고 89누4734 판결).
② 원심감정평가인이 평가기준시점이 되는 원재결 이후에 체결된 매매계약에 나타난 인근유사토지의 거래가격을 참작 반영하였다고 하더라도 그 가격이 토지의 투기적인 거래에서 형성된 것이거나 또는 개발이익이 포함된 것이 아닌 정상거래가격인 이상 이를 그릇된 감정평가로 볼 수 없다(대법원 1990. 3. 23. 선고 89누2424 판결).
③ 이 사건 택지개발사업승인신고시 몇 개월 후에 매매가 이루어졌다는 사정만으로 그 거래가격에 반드시 개발이익이 포함되어 있다고 단정할 수도 없다(대법원 92. 12. 8. 선고 92누7788 판결).
④ 감정평가업자나 감정인이 토지의 수용에 따른 손실보상액을 산정하기 위하여 감정평가함에 있어서 그 평가의 기준시점이 되는 수용재결일 이후에 매매계약이 체결되거나 손실보상이 된 사례들에 나타난 인근유사토지의 거래가격이나 손실보상가격을 참작하더라도, 그 가격이 투기적인 거래에서 형성된 것이 아니고 개발이익이 포함되지도 아니한 정상적인 거래가격인거나 보상가격인 이상, 그 감정평가가 잘못된 것이라고 볼 수는 없다(대법원 1993. 6. 22. 선고 92누19521 판결).

(나) 개발이익 포함, 투기적 거래 등을 이유로 정상거래가격임을 부인한 판결

① [평가대상토지의 인근에 있는 인천 만수동 71-4 대지 및 건물이 수용재결일 직전인 1985. 4. 20. 매매된 거래사례를 인근유사토지의 정상거래가격으로 인정한 원심에 대하여] 평가대상토지를 포함한 인천 만수동 일원 지역은 위 인근유사토지의 매매가 있기 전인 1984. 4. 11. 이미 택지개발예정지구로 지정되었고 이어 1985. 1. 9. 택지개발계획 및 택지개발사업계획 승인고시가 되어 있어 위 매매사례토지도 이에 영향을 받아 위의 매매당시에는 그 지가가 상당히 상승되었을 것임을 능히 추측할 수 있으므로 위 인근유사토지의 매매가격을 위 택지개발사업으로 인한 개발이익이 포함되지 아니한 통상적인 정상거래가격으로 단정하기 어렵다(대법원 1987. 12. 8. 선고 87누128 판결).

② 거래시기도 수용재결시로부터 4개월 또는 7개월 후라면 개발이익이 포함되지 않은 통상의 거래가격이라고 보기는 어렵고(대법원 1991. 1. 15. 선고 90누4730 판결), 거래시점이 수용재결일로부터 8개월이 지난 것이라면 이를 함부로 참작할 것이 아니며(대법원 1991. 9. 24. 선고 91누2038 판결), 거래사례가 수용재결일로부터 1년 6개월 가량이나 경과하여 이루어진 것으로서 인근유사토지의 거래가격이 아니다(대법원 1993. 5. 25. 선고 92누8729판결).

③ 매매사례지가 공주시 승격 및 충남도청이 공주시로 유치되면 공주시 입지조건상 가장 발전이 예상되는 곳이 금흥동 일대일 것이라는 기대심리, 즉 투기요인이 포함되어 있는 가격이므로 위 매매사례를 인근유사토지의 정상거래가격으로서 참작할 수 없다(대법원 1991. 3. 27. 선고 88누11681 판결).

④ (거래사례토지가 수용대상토지와 그 크기, 형태, 용도, 가로 및 획지조건 등이 다르다는 점도 아울러 판시하면서) 거래사례지는 1985. 4. 1. 택지개발사업지구에 편입되었음에 반하여 수용대상토지는 1987. 6. 16.에야 위 택지개발예정지구로 추가지정되었으며, 피고가 위 거래사례지를 이 사건 택지개발사업을 위하여 1986. 5. 23. 취득하였다가 구획정리 등 택지개발사업을 시행한 다음 이를 공개경쟁 입찰을 통하여 소외 회사에게 용도를 버스터미널 부지로 제한하여 매도한 경우, 위 매매는 구획정리 등에 의한 개발사업이 시행된 후에 그 개발사업지구내의 토지의 일부를 버스터미널 용지라는 특정용도로 지정하여 한 거래로서 위 매매가액에는 택지개발사업에 의한 개발이익이 포함되었다(대법원 1991. 5. 24. 선고 90누10094 판결).

⑤ (수용대상토지들과 거래사례토지들이 그 용도지역이나 지목 내지 현실이용상황이 상이할 뿐 아니라) 위 3건의 거래사례는 모두 수용재결일 이후에 매매가 이루어진 것이고 특히 일부는 수용재결일보다 약 8개월이나 뒤의 것으로서 감정서에 의하더라도 그 매매대금은 이 사건 택지개발사업으로 인한 개발이익에 부응한 것이라 하고 있어서 이에는 개발이익이 포함된 것이라고 보아야 할 것이므로, 결국 위 3건의 거래사례는 인근유사토지의 정상거래가격을 인정할 만한 사례라고 볼 수 없다(대법원 1992. 10. 23. 선고 91누8562 판결).

⑥ (수용대상토지와 거래사례토지의 지목, 현황이 다를 뿐만 아니라) 거래사례토지는 지목 및 현황이 대지로서 택지개발사업지구 바로 옆에 소재하면서 사업지구에서 제척된 토지로서 향후 상업용으로 이용될 수 있어 그 매매대금에는 사업시행으로 인한 개발이익이 적지 않게 포함되어 있음을 알 수 있으므로 위 거래사례토지의 매매대금을 가지고 인근유사토지의 정

상거래가격이라고 보기 어렵다(대법원 1993. 1. 26. 선고 92누8743 판결).
⑦ 대덕연구단지조성사업의 실시계획이 1985. 11. 11. 승인고시되었는데, 인근토지의 거래사례 일시가 그 이후인 1986. 3.과 1986. 4.이라면, 개발이익이 포함되어 있다고 봄이 상당하다(대법원 1993. 3. 9. 선고 92누16577 판결).
⑧ [수용대상토지와 거래사례토지는 모두 1973. 9. 6. 재개발구역으로 지정되었다가 1976. 4. 7. 그 사업계획결정에 의하여 수용대상토지는 제6재개발지구로, 거래사례토지는 제12재개발지구로 각 지구지정을 받았으며, 제6재개발지구에 대해서는 1988. 11. 28. 재개발사업시행인가를 받아 그 사업시행에 착수하였고, 제12재개발지구에 대해서는 1983. 1. 3. 재개발사업시행인가를 받아 사업시행에 착수한 사안에서 원심이 위 거래사례는 개발이익이 포함되지 아니하였다고 단정하기 어렵다고 본 것에 대하여] ㉠ 위 거래사례는 제6재개발지구에 대한 사업시행이 인가된 1988. 11. 28. 이후에 이루어진 인근에 있는 토지에 관한 것이어서 여기에는 위 사업에 따른 개발이익이 포함되지 아니하였다고 단정하기 어려워 인근유사토지의 정상거래사례로 삼기에 부적절하고, ㉡ 인근유사토지의 거래사례가격에 개발이익이 포함되어 있다는 이유로 이를 배제함에 있어서는 당해 사업으로 인한 개발이익이 포함된 거래사례만을 배제하여야 하고, 재개발사업을 사업시행지구별로 분할시행하는 경우에 각 지구별 사업은 각각 독립된 별개의 사업으로 볼 수 있으나, 원심은 제12지구 재개발사업을 당해 사업인 제6지구 재개발사업과 동일한 사업으로 보았거나 또는 그와 다른 사업으로 보면서도 그 다른 사업의 시행으로 인한 개발이익이 포함된 거래사례도 배제되어야 한다는 취지의 판단을 한 것이 아니라, 당해 사업인 제6지구 재개발사업으로 인한 개발이익이 인근에 있는 위 거래사례토지에 반영된 것으로 보아 이를 배제한다는 취지의 판단을 한 것으로 볼 수 있다(대법원 1994. 1. 25. 선고 93누11524 판결).
⑨ 수용대상토지와 인근유사토지이기는 하나, 거래사례토지는 이 사건 개발사업인 택지개발사업지구 바로 옆에 위치한 토지로서, 그 거래일시가 택지개발사업계획승인 등이 있은 뒤임을 알 수 있어 그 거래 가격에는 이 사건 개발사업으로 인한 개발이익이 적지 않게 포함되어 있음을 알 수 있어, 위 거래사례토지의 가격을 참작할 수 없다(대법원 1994. 10. 14. 선고 94누2664 판결).
⑩ [원심이 수용대상토지와 같은 리인 경남 함안군 칠서면 계내리 소재 토지가 매도된 사례를 정상적인 거래로서 인근유사토지의 정상적인 가격 수준의 범위 안에서 이루어진 것으로 보이며, 수용재결일로부터 위 매매거래일까지의 사이에 함안군 지역 답의 평균지가가 인근지역 답의 평균지가나 경남지역 답의 평균지가에 비하여 크게 하락하고 있는 점 등에 비추어 위 매매가격에는 칠서지방공업단지의 개발로 말미암은 개발이익이 포함되지 아니한 것으로 보인다는 이유로 인근유사토지의 정상거래가격으로 참작한 것에 대하여] 함안군 지역의 지가하락률이 인근 다른 지역에 비하여 가장 크다고 하여도 이러한 사유만으로 위 거래사례에 있어서의 매매가격에 개발이익이 포함되어 있지 아니한 것으로 단정할 수 없고, 오히려 위 거래대상토지는 위 공업지역의 바로 옆에 인접하여 있고 그 거래가 이 사건 수용재결일로부터 무려 11개월 여가 경과한 이후에야 이루어진 것으로 이 사건 공업단지개발사업으로 인한 개발이익을 포함한 가격으로 형성되었을 가능성을 배제할 수 없다

(대법원 1998. 3. 27. 선고 96누16001 판결).

(3) 개발이익이 포함되어 있는 경우 개발이익을 공제하여 참작할 수 있는지 여부

(가) 대법원 판례의 태도

① 긍정설의 입장에 선 판례

원심이 적정한 보상액을 평가한 것이라고 인정한 원심감정인 감정평가내용에 의하면 위 감정인은 이 사건 택지개발사업계획이 승인고시된 이후의 거래사례인 창동 663의 5대 123 평방미터의 매매사례 가격을 참작하였고 따라서 동 거래가격에는 이 사건 택지개발사업으로 인한 개발이익이 포함되었을 개연성이 있으나, 위 감정인은 위 거래사례 가격과 표준지 기준지가를 대비한 다음 그밖에 거래동향, 수용대상토지를 포함한 주변지역의 군사시설보호구역의 해제, 수도권 확충개발, 서울 의정부간 도로의 확장, 지하철 4호선의 개통, 인근 상계동지역의 개발등을 함께 참작하고 또한 이 사건 택지개발사업으로 인한 개발이익을 배제하여 기준지가에 대한 보정률을 1.3으로 정하여 보상평가에 반영하였다고 하고 있으므로 위와 같은 평가방법은 적정한 평가라 할 것이다(대법원 1992. 1. 17. 선고 91누1127 판결).

② 부정설의 입장에 선 판례

㉠ 어느 거래사례가 인근유사토지의 정상거래가격이 아닌 이상 그 가격에서 개발이익과 그 동안의 지가변동률을 공제하고 지역요인과 개별요인의 비교치를 산출, 적용하여서 산정하였다고 하여도 이와 같은 여러 요인의 비교치의 객관적이라고 적정한 산출이 담보된다고 할 수 없으므로 이를 근거로 하여 인근유사토지의 정상거래가격을 산정하는 것은 적절하다고 할 수 없다(대법원 1991. 9. 24. 선고 91누2038 판결).

㉡ 감정평가를 하면서 거래사례토지에 대한 매매대금에는 개발이익이 포함되어 있고 그 중 50%를 공제한 금액이 정상거래가격으로 추정된다고 하면서 위 추정한 가격을 기초로 하여 정상거래가격 참작비율을 산출해 낸 다음 이를 기준지가를 기준으로 하여 산출한 가액에 곱하여 수용대상토지에 대한 보상액을 산정하고 있으나 매매대금 중 개발이익이 차지하는 비율이 50%가 된다고 함에 있어서는 아무런 근거를 제시하지 않고 있어 그 개발이익공제방법이 수긍할 만한 합리적이고도 객관적인 근거에 바탕을 둔 것인지 알 수 없게 되어 있어 위 감정평가결과를 함부로 채용할 수 없다(대법원 1993. 1. 26. 선고 92누8743 판결).

㉢ [감정인이 인근유사토지의 정상거래사례로 참작한 매매에 있어서의 매매대금은 매매사례 토지들의 면적이 작은 점, 인근 지가수준 등을 종합 고려하여 볼 때 재개발사업의 원활한 진행 등으로 인하여 약 60% 정도 고가로 거래된 것으로 사료된다. 하여, 그 금액에 사정보정률 60%를 적용하고, 지가변동률을 공제하며 지역요인과 개별요인의 비교치를 산정·적용하여 금액을 산출한 뒤 이를 보상액 산정에 참작한 사안에서] 감정평가서 자체에 의하더라도 위 매매대금액은 통상적인 거래가격이 아니라 재개발사업의 원활한 진행을 위하여 통상의 거래가격보다 현저히 고가로 정해진 금액임을 알 수 있으므로 위와 매매사례는 인근유사토지의 정상거래사례로 삼기에 부적절하고, 그 거

래사례에 대하여 통상의 거래가격보다 고가로 평가된 부분과 지가변동률을 공제하고, 지역요인과 개별요인의 비교치를 산출·적용하여 보정한 가격을 산출하였다 하더라도, 그와 같은 여러 요인의 비교치의 객관적이고도 적정한 산출이 담보된다고 할 수 없으므로 역시 마찬가지로 보아야 한다(대법원 1998. 1. 23. 선고 97누17711 판결).

5. 인근유사토지의 정상거래가격의 보정률 산정방법

가. 보정률 산정방법

인근유사토지의 정상거래가격이나 보상선례 등을 기타요인으로 보정하여 참작하는 경우, 그와 같은 보정을 구체적으로 어떠한 방법에 의할 것인가 하는 문제가 있다.

문헌상 인근유사토지의 정상거래가격이나 보상선례를 참작하는 방법, 구체적으로는 인근유사토지의 정상거래가격이나 보상선례에 관한 기타요인보정률을 산정하는 방법에 대하여는 다음과 같은 두 가지 견해가 있는 것 같다.

〈인근유사토지의 거래사례의 경우〉

```
(거래사례기준 대상토지가격) 보상선례×지가변동률×지역요인×개별요인
─────────────────────────────────────────────────────────── = 보정률
(공시지가기준 대상토지가격) 공시지가×지가변동률×지역요인×개별요인
```

〈보상선례의 경우〉

```
(보상선례기준 대상토지가격) 보상선례×지가변동률×지역요인×개별요인
─────────────────────────────────────────────────────────── = 보정률
(공시지가기준 대상토지가격) 공시지가×지가변동률×지역요인×개별요인
```

6. 인근유사토지의 정상거래가격에 관한 당사자주장에 대한 법원의 판단 요부 및 입증책임

가. 당사자의 주장에 대한 법원의 판단요부

실무상 당사자, 특히 원고가 이의재결에서의 보상액을 다투면서 이의재결에서의 감정평가가 인근유사토지의 정상거래가격을 반영하지 않고 있다는 주장을 하는 경우가 많다.

이 때에 당사자가 정당한 보상액산정의 사유로서 인근유사토지의 정상거래가격에 관련된 주장·입증을 하고 있는 경우에는 그것이 과연 인근유사토지의 정상거래가격에 해당하는지, 또한 그것을 참작함으로써 보상액산정 결과에 영향을 미치는 것인지 여부를 심리하여 판단하여야 한다.(대법원 1993. 2. 23. 선고 92누2370 판결)

나. 입증책임

인근유사토지의 정상거래사례에 해당한다고 볼 수 있는 거래사례가 있고 그것을 참작함으

로써 보상액 산정에 영향을 미친다고 하는 점은 이를 주장하는 자에게 입증책임이 있다.(대법원 1994. 1. 25. 선고 93누11524 판결 등)

Ⅲ. 수용재결에 따른 보상금공탁

1. 의의

토지수용절차에 있어서 기업자는 수용시기까지 관할 토지수용위원회가 재결한 보상금을 지급하여야 하고, 만일 위 시기까지 보상금을 지급하지 아니할 경우 수용재결은 효력을 상실하게 된다(토지수용법 제61조, 제65조 참조). 그런데 기업자가 책임질 수 없는 사유로 인하여 보상금의 지급을 하지 못하는 경우에 그로 말미암아 재결이 효력이 상실되는 것은 부당하므로, 토지수용법은 제61조 제2항에서 기업자의 수용보상금의 공탁에 관하여 규정하고, 위 공탁으로서 손실보상금지급책임을 면할 수 있도록 하고 있다. 한편 토지수용을 위해서는 수용재결에서 정한 보상금의 공탁이 반드시 필요하나, 이의재결에서 증액된 보상금의 공탁은 그러하지 아니한다(대법원 1992. 3. 10. 선고 91누8081호 판결).

2. 보상금 공탁의 요건

가. 공탁사유

공탁사유는 토지수용법 제61조 제2항에서 규정하고 있는 다음과 같은 4가지의 사유이다. 법문은 "공탁할 수 있다."고 규정하고 있으나 1호, 2호, 4호에 해당하는 경우 기업자의 공탁은 의무적이다.

(1) 보상금을 받을 자가 그 수령을 거부하거나 보상금을 수령할 수 없을 때(제1호)

보상금을 수령할 자가 보상금의 수령을 거절하거나 거절할 것이 명백하다고 인정되는 경우 기업자는 현실제공을 하지 않고 바로 보상금을 공탁할 수 있다.(대법원 1995. 6. 13. 선고 94누9085 판결) 토지소유자의 주민등록상의 현주소를 알 수 없는 경우 수령불능을 사유로 공탁할 수 있다.

토지소유자가 그 소유의 토지에 대한 수영재결이 있기 전에 등기부상 주소를 실제거주지로 변경 등기하였음에도 불구하고 기업자가 토지소유자의 주소가 불명하다 하여 수용재결에서 정한 수용보상금을 토지소유자 앞으로 공탁한 경우, 그 공탁은 요건이 흠결된 것이어서 무효라고 할 것이다.(대법원 1996. 9. 20. 선고 95다17373 판결)

(2) 기업자의 과실없이 보상금을 받을 자를 알 수 없을 때(제2호)

채권자불확지공탁으로서, 여기에는 절대적 불확지공탁(보상금을 받을 자가 누구인지 전혀 알 수 없는 경우)과 상대적 불확지공탁(수인 중 누가 보상금을 수령할 진정한 권리자인지 알 수 없는 경우)이 모두 포함된다.

(가) 절대적 불확지 공탁이 인정되는 경우

① 수용대상토지가 미등기이고 대장상 소유자란이 공란으로 되어 있어 소유자를 확정할 수 없는 경우(대법원 1995. 6. 30. 선고 95다13159 판결)
② 대장상 성명은 기재되어 있으나 주소의 기재가 없는 경우(1992. 10. 21. 법정 제1826호 질의회답)
③ 등기부의 일부인 공동인명부와 토지대장상의 공유자연명부가 멸실된 경우(1993. 3. 27. 등기 제725호 질의회답)
④ 피수용자가 사망하였으나 그 상속인 전부 또는 일부를 알 수 없는 경우

(나) 상대적 불확지공탁이 인정되는 경우

① 수용대상토지에 대하여 소유권등기말소청구권을 피보전권리로 하는 처분금지가처분등기 또는 예고등기가 경료되어 있는 경우
② 수용대상토지에 대한 등기부가 2개 개설되어 있고 그 소유명의인이 각각 다른 경우(1992. 10. 21. 법정 제1826호 질의회답)
③ 압류 및 전부명령이 제3채무자인 기업자에게 송달되었으나 수용시기까지 그 전부명령의 확정여부를 기업자가 과실없이 알 수 없는 경우

(3) 기업자가 관할토지수용위원회가 재결한 보상금액에 대하여 불복이 있을 때(제3호)

이 경우 기업자는 보상금을 받을 자에게 자기의 예정금액을 지급하고 재결에 의한 보상금액과의 차액을 공탁하여야 한다(토지수용법 제61조 제3항).

(4) 압류 또는 가압류에 의하여 보상금의 지불이 금지되었을 때(제4호)

보상금지급청구권에 대하여 압류 또는 가압류, 담보권자의 물상대위권 행사에 의한 압류 또는 처분금지가처분이 있는 경우에 위 규정에 의하여 공탁할 수 있다. 그러나 수용대상토지가 압류되어 있다고 하더라도 그 토지의 수용에 따른 보상금청구권이 압류되어 있지 아니한 이상 보상금을 받을 자는 여전히 토지소유자라 할 것이므로 이는 위 공탁사유에 해당되지 않는다.(대법원 1993. 8. 24. 선고 92누8548 판결) 또한 국세체납처분에 의한 압류가 있거나 압류채권자가 추심 또는 전부명령을 받아 확정된 경우 등 압류된 채권의 추심이 가능한 경우에는 위 조항은 적용되지 않는 것이 원칙이다. 그와 같은 경우 기업자는 체납처분권자나 추심 또는 전부채권자에게 변제하면 된다.

판례도 위 규정은 손실보상금청구권이 피수용자에게 귀속되어 있음을 전제로 하여 다만 압류 또는 가압류 등에 의하여 기업자가 피수용자에게 직접 손실보상금을 지급 할 수 없을 때에 적용되는 것일 뿐, 나아가 손실보상금의 귀속주체가 변경된 경우 즉, 손실보상금청구권에 대한 전부명령이 이루어진 경우에까지 적용되는 것은 아니라고 한다.(대법원 2000. 6. 23. 선고 98다31899 판결)

나. 보상금 공탁의 성질

위 제1호 내지 제3호의 사유에 의한 공탁은 기업자가 토지의 수용에 따라 토지소유자에 대하여 부담하게 되는 보상금의 지급의무를 이행하기 위한 것으로서 민법 제487조에 의한 변제

공탁의 성질을 가진다고 할 것이다.

다. 공탁금의 회수

기업자가 공탁물을 회수하면 공탁이 없었던 것이 되고 재결이 그 효력을 상실하므로, 기업자가 토지수용의 재결이 있은 후 토지보상금을 공탁하였다면 그 수용재결이 당연무효이거나 소송 등에 의하여 취소되지 않은 한 기업자는 민법에 의한 공탁과는 달리 그 공탁금에 대한 회수청구를 할 수 없다.(대법원 1998. 9. 22. 선고 98다12812 판결)

3. 보상금의 피공탁자

가. 토지수용법 제45조 제3항은 사업인정의 고시가 있은 후 소유권 등의 변동이 있는 경우에는 그 소유권 등을 승계한 자에게 손실보상을 하거나 공탁을 하도록 규정하고 있다.

토지수용에 의하여 기업자는 수용의 시기에 그 소유권을 취득하고, 종전 소유자의 소유권은 소멸하게 되는 것인바, 토지수용보상금은 그와 같이 소유권을 상실한 토지소유자의 손실을 보상하는 것인바, 소유권 소멸시점인 수용의 시기에 있어서의 토지소유자가 이를 취득하여야 한다. 따라서 그 보상금을 공탁하는 경우에도 공탁 당시의 토지소유자가 채권자이므로 그를 피공탁자로 하여 공탁하여야 한다.

그리하여 재결 이후 소유자의 변동이 없는 경우에는 재결서상의 피수용자를, 재결 이후에 소유자의 변동이 있거나 소유자의 변동 없이 보상금청구권의 주체가 변경된 경우에는 그 승계인을 각 피공탁자로 하여 공탁하여야 한다.(민법주해 제XI권, 271쪽 참조)

나. 재결서의 피수용자

기업자로서는 등기부상의 형식적인 소유자를 피수용자로 하면 족하고 그 소유권이전등기가 후에 원인무효로 판명되거나 경매 등에 의한 물권변동이 있어 소유자가 다른 것으로 판명되더라도 그 재결은 아무런 하자가 없다고 보아야 한다. 판례도 "기업자가 과실 없이 진정한 토지소유자를 알지 못하여 형식상의 권리자인 등기부상 소유명의자를 그 피수용자로 확정하더라도 적법하고, 그 수용의 효과로서 수용 목적물의 소유자가 누구임을 막론하고 이미 가졌던 소유권이 소멸함과 동시에 기업자는 완전하고 확실하게 그 권리를 원시취득한다.(대법원 1995. 12. 22. 선고 94다40765 판결: 1993. 11. 12. 선고 93다34756 판결 등 참조. 대법원 1971. 5. 24. 선고 70다1459 판결)

4. 공탁의 하자와 수용재결의 실효

가. 수용보상금을 지급하거나 공탁하지 않은 경우

토지수용법 제65조는 "기업자가 수용 또는 사용의 시기까지 관할 토지수용위원회가 재결한 보상금을 지불 또는 공탁하지 아니하였을 때에는 당해 재결은 그 효력을 상실한다."고 규정하고 있으므로, 기업자가 수용시기까지 보상금 전액을 지급 또는 공탁하지 아니하였다면 당해 재결은 실효되어 무효로 된다.(대법원 1995. 9. 15. 선고 93다48458 판결: 1990. 6. 12. 선고 89다카24346 판결 등)

나. 수용보상금의 공탁이 무효인 경우

기업자가 일단 수용보상금을 공탁하였다고 하더라도 그 공탁이 무효라면 토지수용법 제65조 소정의 '기업자가 수용의 시기까지 보상금을 지불 또는 공탁하지 아니하였을 때'에 해당하므로, 그 수용재결은 효력을 상실하게 되고,(대법원 1996. 9. 20. 선고 95다17373 판결 등) 위와 같이 실효된 수용재결을 유효한 것으로 보고서 한 이의재결도 위법하여 당연무효로 된다.(대법원 1993. 8. 24. 선고 92누9548 판결)

Ⅳ. 토지보상

1. 토지보상

가. 토지에 관한 보상금

토지보상법 제70조 제1항은 "협의나 재결에 의하여 취득하는 토지에 대하여는 부동산 가격공시에 관한 법률에 따른 공시지가를 기준으로 하여 보상하되, 자가변동률, 생산자물가상승률(한국은행법 제86조에 따라 한국은행이 조사·발표하는 생산자물가지수에 따라 산정된 비율을 말한다)과 그 밖에 그 토지의 위치·형상·환경·이용상황 등을 고려하여 평가한 적정가격으로 보상하여야 한다."라고 규정하고 있다.

이를 공식으로 나타내 보면 다음과 같다.

> 보상금 = 표준지의 공시지가 ×시점수정(지가변동률 또는 도매물가상승률) × 지역요인 비교치 × 개별요인(가로조건, 접근조건, 환경조건, 확지조건, 행정적조건, 기타조건) 비교치 × 기타요인 보정치

나. 표준지 선정

(1) 표준지의 의미

토지보상법 제70조 제6항은 "취득하는 토지와 이에 관한 소유권 외의 권리에 대한 구체적인 보상액 산정 및 평가방법은 투자비용, 예상수익 및 거래가격 등을 고려하여 국토교통부령으로 정한다."라고 규정하고 있고, 토지보상법 시행규칙 제22조 제1항은 표준지의 공시지가를 기준으로 한다.

(2) 표준지 선정기준

국토의 계획 및 이용에 관한 법률 (이하 '국토계획법'이라 한다)에서는 국토의 용도를 도시지역, 관리지역, 농림지역, 자연환경보전지역으로 나누고(제6조), 도시지역의 용도지역을 주거

지역, 상업지역, 공업지역, 녹지지역으로, 관리지역의 용도지역을 보전관리지역, 생산관리지역, 계획관리지역으로 각 세분하고 있다(제36조 제1항 제1호, 제2호).

(가) 토지보상평가지침

한국감정평가업협회가 정한 토지보상평가지침 제9조 제1항은 비교표준지의 선정기준으로, ① 용도지역·지구·구역 등 공법상 제한이 같거나 비슷할 것, ② 이용상황이 같거나 비슷할 것, ③ 주변환경 등이 같거나 비슷할 것, ④ 인근지역에 위치하여 지리적으로 가능한 한 가까이 있을 것을 규정하고 있고, 이는 토지보상법 시행규칙 제22조 제3항에서 규정한 내용과 거의 일치한다.

(3) 공법상 제한을 받는 토지에 대한 평가

토지보상법 시행규칙 제23조 제1항은 공법상 제한을 받는 토지에 대하여는 제한받는 상태대로 평가한다.

(가) 용도지역·지구의 변경

토지보상법 시행규칙 제23조 제2항은 "당해 공익사업의 시행을 직접 목적으로 하여 용도지역 또는 용도지구 등이 변경된 토지에 대하여는 변경되기 전의 용도지역 또는 용도지구 등을 기준으로 평가한다.

가. 취득하는 토지의 보상 (공익사업을위한토지등의취득및보상에관한법률 제70조)

① 협의나 재결에 의하여 취득하는 토지에 대하여는 「부동산 가격공시에 관한 법률」에 따른 공시지가를 기준으로 하여 보상하되, 그 공시기준일부터 가격시점까지의 관계 법령에 따른 그 토지의 이용계획, 해당 공익사업으로 인한 지가의 영향을 받지 아니하는 지역의 대통령령으로 정하는 지가변동률, 생산자물가상승률(「한국은행법」 제86조에 따라 한국은행이 조사·발표하는 생산자물가지수에 따라 산정된 비율을 말한다)과 그 밖에 그 토지의 위치·형상·환경·이용상황 등을 고려하여 평가한 적정가격으로 보상하여야 한다. <개정 2016. 1. 19.>
② 토지에 대한 보상액은 가격시점에서의 현실적인 이용상황과 일반적인 이용방법에 의한 객관적 상황을 고려하여 산정하되, 일시적인 이용상황과 토지소유자나 관계인이 갖는 주관적 가치 및 특별한 용도에 사용할 것을 전제로 한 경우 등은 고려하지 아니한다.
③ 사업인정 전 협의에 의한 취득의 경우에 제1항에 따른 공시지가는 해당 토지의 가격시점 당시 공시된 공시지가 중 가격시점과 가장 가까운 시점에 공시된 공시지가로 한다.
④ 사업인정 후의 취득의 경우에 제1항에 따른 공시지가는 사업인정고시일 전의 시점을 공시기준일로 하는 공시지가로서, 해당 토지에 관한 협의의 성립 또는 재결 당시 공시된 공시지가 중 그 사업인정고시일과 가장 가까운 시점에 공시된 공시지가로 한다.
⑤ 제3항 및 제4항에도 불구하고 공익사업의 계획 또는 시행이 공고되거나 고시됨으로 인하여 취득하여야 할 토지의 가격이 변동되었다고 인정되는 경우에는 제1항에 따른 공시지가는 해당 공고일 또는 고시일 전의 시점을 공시기준일로 하는 공시지가로서 그 토지의 가격시점 당시 공시된 공시지가 중 그 공익사업의 공고일 또는 고시일과 가장 가까운 시점에 공시된 공시지가로

한다.
⑥ 취득하는 토지와 이에 관한 소유권 외의 권리에 대한 구체적인 보상액 산정 및 평가방법은 투자비용, 예상수익 및 거래가격 등을 고려하여 국토교통부령으로 정한다. <개정 2013. 3. 23.>
[전문개정 2011. 8. 4.]

나. 보상액의 가격시점 등 (공익사업을위한토지등의취득및보상에관한법률 제67조)

① 보상액의 산정은 협의에 의한 경우에는 협의 성립 당시의 가격을, 재결에 의한 경우에는 수용 또는 사용의 재결 당시의 가격을 기준으로 한다.
② 보상액을 산정할 경우에 해당 공익사업으로 인하여 토지등의 가격이 변동되었을 때에는 이를 고려하지 아니한다.

다. 협의의 절차 및 방법 등 (공익사업을위한토지등의취득및보상에관한법률 시행령 제8조)

① 사업시행자는 법 제16조에 따른 협의를 하려는 경우에는 국토교통부령으로 정하는 보상협의요청서에 다음 각 호의 사항을 적어 토지소유자 및 관계인에게 통지하여야 한다. 다만, 토지소유자 및 관계인을 알 수 없거나 그 주소·거소 또는 그 밖에 통지할 장소를 알 수 없을 때에는 제2항에 따른 공고로 통지를 갈음할 수 있다.
 1. 협의기간·협의장소 및 협의방법
 2. 보상의 시기·방법·절차 및 금액
 3. 계약체결에 필요한 구비서류
② 제1항 각 호 외의 부분 단서에 따른 공고는 사업시행자가 공고할 서류를 토지등의 소재지를 관할하는 시장(행정시의 시장을 포함한다)·군수 또는 구청장(자치구가 아닌 구의 구청장을 포함한다)에게 송부하여 해당 시(행정시를 포함한다)·군 또는 구(자치구가 아닌 구를 포함한다)의 게시판 및 홈페이지와 사업시행자의 홈페이지에 14일 이상 게시하는 방법으로 한다. <개정 2016. 1. 6.>
③ 제1항제1호에 따른 협의기간은 특별한 사유가 없으면 30일 이상으로 하여야 한다.
④ 법 제17조에 따라 체결되는 계약의 내용에는 계약의 해지 또는 변경에 관한 사항과 이에 따르는 보상액의 환수 및 원상복구 등에 관한 사항이 포함되어야 한다.
⑤ 사업시행자는 제1항제1호에 따른 협의기간에 협의가 성립되지 아니한 경우에는 국토교통부령으로 정하는 협의경위서에 다음 각 호의 사항을 적어 토지소유자 및 관계인의 서명 또는 날인을 받아야 한다. 다만, 사업시행자는 토지소유자 및 관계인이 정당한 사유 없이 서명 또는 날인을 거부하거나 토지소유자 및 관계인을 알 수 없거나 그 주소·거소, 그 밖에 통지할 장소를 알 수 없는 등의 사유로 서명 또는 날인을 받을 수 없는 경우에는 서명 또는 날인을 받지 아니하되, 해당 협의경위서에 그 사유를 기재하여야 한다.
 1. 협의의 일시·장소 및 방법
 2. 대상 토지의 소재지·지번·지목 및 면적과 토지에 있는 물건의 종류·구조 및 수량
 3. 토지소유자 및 관계인의 성명 또는 명칭 및 주소
 4. 토지소유자 및 관계인의 구체적인 주장내용과 이에 대한 사업시행자의 의견
 5. 그 밖에 협의와 관련된 사항 [전문개정 2013. 5. 28.]

라. 평가방법 적용의 원칙 (공익사업을위한토지등의취득및보상에관한법률 시행규칙 제18조)

① 대상물건의 평가는 이 규칙에서 정하는 방법에 의하되, 그 방법으로 구한 가격 또는 사용료(이하 "가격등"이라 한다)를 다른 방법으로 구한 가격등과 비교하여 그 합리성을 검토하여야 한다.
② 이 규칙에서 정하는 방법으로 평가하는 경우 평가가 크게 부적정하게 될 요인이 있는 경우에는 적정하다고 판단되는 다른 방법으로 평가할 수 있다. 이 경우 보상평가서에 그 사유를 기재하여야 한다.
③ 이 규칙에서 정하지 아니한 대상물건에 대하여는 이 규칙의 취지와 감정평가의 일반이론에 의하여 객관적으로 판단·평가하여야 한다.

마. 보상계획의 열람 등 (공익사업을위한토지등의취득및보상에관한법률 제15조)

① 사업시행자는 제14조에 따라 토지조서와 물건조서를 작성하였을 때에는 공익사업의 개요, 토지조서 및 물건조서의 내용과 보상의 시기·방법 및 절차 등이 포함된 보상계획을 전국을 보급지역으로 하는 일간신문에 공고하고, 토지소유자 및 관계인에게 각각 통지하여야 하며, 제2항 단서에 따라 열람을 의뢰하는 사업시행자를 제외하고는 특별자치도지사, 시장·군수 또는 구청장에게도 통지하여야 한다. 다만, 토지소유자와 관계인이 20인 이하인 경우에는 공고를 생략할 수 있다.
② 사업시행자는 제1항에 따른 공고나 통지를 하였을 때에는 그 내용을 14일 이상 일반인이 열람할 수 있도록 하여야 한다. 다만, 사업지역이 둘 이상의 시·군 또는 구에 걸쳐 있거나 사업시행자가 행정청이 아닌 경우에는 해당 특별자치도지사, 시장·군수 또는 구청장에게도 그 사본을 송부하여 열람을 의뢰하여야 한다.
③ 제1항에 따라 공고되거나 통지된 토지조서 및 물건조서의 내용에 대하여 이의(異議)가 있는 토지소유자 또는 관계인은 제2항에 따른 열람기간 이내에 사업시행자에게 서면으로 이의를 제기할 수 있다. 다만, 사업시행자가 고의 또는 과실로 토지소유자 또는 관계인에게 보상계획을 통지하지 아니한 경우 해당 토지소유자 또는 관계인은 제16조에 따른 협의가 완료되기 전까지 서면으로 이의를 제기할 수 있다. <개정 2018. 12. 31.>
④ 사업시행자는 해당 토지조서 및 물건조서에 제3항에 따라 제기된 이의를 부기(附記)하고 그 이의가 이유 있다고 인정할 때에는 적절한 조치를 하여야 한다. [전문개정 2011. 8. 4.]

바. 보상금

표준지의 공시지가 x 시점수정(지가변동률 또는 도매물가상승률) x 지역요인비교치 x 개별요인(가로조건, 접근조건, 환경조건, 획지조건, 행정적조건, 기타조건)비교치 x 기타요인 보정치

2. 토지정착물에대한 보상

가. 건축물등 물건에 대한 보상 (공익사업을위한토지등의취득및보상에관한법률 제75조)

① 건축물·입목·공작물과 그 밖에 토지에 정착한 물건(이하 "건축물등"이라 한다)에 대하여는 이전에 필요한 비용(이하 "이전비"라 한다)으로 보상하여야 한다. 다만, 다음 각 호의 어느 하나에

해당하는 경우에는 해당 물건의 가격으로 보상하여야 한다.
1. 건축물등을 이전하기 어렵거나 그 이전으로 인하여 건축물등을 종래의 목적대로 사용할 수 없게 된 경우
2. 건축물등의 이전비가 그 물건의 가격을 넘는 경우
3. 사업시행자가 공익사업에 직접 사용할 목적으로 취득하는 경우

② 농작물에 대한 손실은 그 종류와 성장의 정도 등을 종합적으로 고려하여 보상하여야 한다.
③ 토지에 속한 흙·돌·모래 또는 자갈(흙·돌·모래 또는 자갈이 해당 토지와 별도로 취득 또는 사용의 대상이 되는 경우만 해당한다)에 대하여는 거래가격 등을 고려하여 평가한 적정가격으로 보상하여야 한다.
④ 분묘에 대하여는 이장(移葬)에 드는 비용 등을 산정하여 보상하여야 한다.
⑤ 사업시행자는 사업예정지에 있는 건축물등이 제1항제1호 또는 제2호에 해당하는 경우에는 관할 토지수용위원회에 그 물건의 수용 재결을 신청할 수 있다.
⑥ 제1항부터 제4항까지의 규정에 따른 물건 및 그 밖의 물건에 대한 보상액의 구체적인 산정 및 평가방법과 보상기준은 국토교통부령으로 정한다. <개정 2013.3.23.>

[전문개정 2011.8.4.]

나. 건축물의 평가 (공익사업을위한토지등의취득및보상에관한법률 시행규칙 제33조)

① 건축물(담장 및 우물 등의 부대시설을 포함한다. 이하 같다)에 대하여는 그 구조·이용상태·면적·내구연한·유용성 및 이전가능성 그 밖에 가격형성에 관련되는 제요인을 종합적으로 고려하여 평가한다.
② 건축물의 가격은 원가법으로 평가한다. 다만, 주거용 건축물에 있어서는 거래사례비교법에 의하여 평가한 금액(공익사업의 시행에 따라 이주대책을 수립·실시하거나 주택입주권 등을 당해 건축물의 소유자에게 주는 경우 또는 개발제한구역안에서 이전이 허용되는 경우에 있어서의 당해 사유로 인한 가격상승분은 제외하고 평가한 금액을 말한다)이 원가법에 의하여 평가한 금액보다 큰 경우와 「집합건물의 소유 및 관리에 관한 법률」에 의한 구분소유권의 대상이 되는 건물의 가격은 거래사례비교법으로 평가한다. <개정 2005. 2. 5.>
③ 건축물의 사용료는 임대사례비교법으로 평가한다. 다만, 임대사례비교법으로 평가하는 것이 적정하지 아니한 경우에는 적산법으로 평가할 수 있다.
④ 물건의 가격으로 보상한 건축물의 철거비용은 사업시행자가 부담한다. 다만, 건축물의 소유자가 당해 건축물의 구성부분을 사용 또는 처분할 목적으로 철거하는 경우에는 건축물의 소유자가 부담한다.

다. 무허가건축물의 부지

무허가건축물의 경우 공익사업법 시행규칙 부칙<2002. 12. 31.> 제5조에 "1989년 1월 24일 당시의 무허가건축물등에 대하여는 제24조, 제54조 제1항 단서, 제54조 제2항 단서, 제58조 제1항 단서 및 제58조 제2항 단서의 규정에 불구하고 이 규칙에서 정한 보상을 함에 있어 이를 적법한 건축물로 본다."라는 예외규정을 두고 있다.
이는 「공공용지의 취득 및 손실보상에 관한 특례법 시행규칙」이 1989. 1. 14. 개정되면서 비로소 무허가건물 등의 부지는 당해 토지에 무허가건물 등이 건축 될 당시의 이용상황을 상정하여 평

라. 불법으로 형질변경한 토지

토지의 형질변경이라 함은 절토, 성토, 정지, 포장 등의 방법으로 토지의 형상을 변경하는 행위와 공유수면의 매립(단, 경작을 위한 토지의 형질변경은 제외)을 말한다(국토의계획및이용에관한법률 시행령 제51조 제1항 제3호).

헌법재판소는 공시지가를 기준으로 보상액을 산정하도록 한 토지수용법 및 지가공시및토지등의평가에관한법률이 헌법에 위반되지 않는다고 하고(헌법재판소 1995. 4. 20. 93헌바20 등 결정, 1999. 12. 23. 98헌바13·49, 99헌바25 결정), 대법원은 공시지가란 건설부장관이 지가공시및토지등의평가에관한법률 제4조의 규정에 의하여 토지이용상황이나 주변 환경 기타 자연적, 사회적 조건이 일반적으로 유사하다고 인정되는 일단의 토지 중에서 선정한 표준지에 대하여 매년 공시기준일 현재의 적정가격을 공시한 것을 가리키는 것이고, 이와 달리 관계행정기관이 건설부장관으로부터 제공받은 토지가격비준표를 적용하여 산정하는이른바 개별공시지가는 토지수용보상액 산정기준이 되지 아니하며(대법원 1993. 6. 8. 선고 92누18931 판결, 1994. 10. 14. 선고 94누2664 판결), 따라서 보상액을 산정한 결과 그 보상액이 당해 토지의 개별공시지가를 기준으로 하여 산정한 지가보다 저렴하게 되었다는 사정만으로 그 보상액 산정이 잘못되어 위법한 것이라고 할 수는 없다고 한다(대법원 1993. 6. 8. 선고 92누18931 판결, 1994. 5. 24. 선고 93누24018 판결, 1994. 10. 14. 선고 94누2664 판결, 1997. 12. 12. 선고 97누13382 판결, 2001. 3. 27. 선고 99두7968 판결).

3. 잔여지에 관한 보상

가. 잔여지 수용청구

토지보상법 제74조 제1항은 "동일한 소유자에게 속하는 일단의 토지의 일부가 협의에 의하여 매수되거나 수용됨으로 인하여 잔여지를 종래의 목적에 사용하는 것이 현저히 곤란할 때에는 해당 토지소유자는 사업시행자에게 잔여지를 매수하여 줄 것을 청구할 수 있으며, 사업인정 이후에는 관할 토지수용위원회에 수용을 청구할 수 있다.

관련판례

▶ 대법원 1999. 5. 14. 선고 97누4623 판결

(1) 잔여지 수용청구 요건

수용으로 인하여 잔여지를 종래의 목적에 사용하는 것이 현저히 곤란한지가 기준이 된다.

> **관련판례**
>
> ▶ 대법원 2005. 1. 28. 선고 2002두4679 판결
> ▶ 대법원 2000. 2. 8. 선고 97누15845 판결
> ▶ 대법원 2005. 1. 28. 선고 2002두4679 판결
> ▶ 대법원 1990. 12. 26. 선고 90누1076 판결
> ▶ 대법원 1994. 11. 8. 선고 93누21682 판결
> ▶ 대법원 1992. 11. 27. 선고 91누10688 판결
> ▶ 대법원 1991. 8. 27. 선고 90누7081 판결

(2) 잔여지 수용청구의 당사자와 시기

잔여지 수용청구권자는 수용재결 당시의 소유자이다.

잔여지가 공유인 경우에도 각 공유자는 그 소유지분에 대하여 각각 따로 잔여지 수용청구를 할 수 있다.

> **관련판례**
>
> ▶ 대법원 2001. 6. 1. 2001다16333 판결
> ▶ 대법원 2010. 8. 19. 선고 2008두822 판결
> ▶ 대법원 2001. 9. 4. 선고 99두11080 판결
> ▶ 대법원 2018. 6. 15. 선고 2018두35681 판결
> ▶ 대법원 2012. 11. 29. 선고 2011두22587 판결
> ▶ 대법원 2008. 7. 10. 선고 2006두19495 판결

4. 지장물에 대한 손실보상

토지보상법 시행규칙 제20조는 "취득할 토지에 건축물·입목·공작물 그 밖에 토지에 정착한 물건(이하 '건축물등'이라 한다)이 있는 경우에는 토지와 그 건축물등을 각각 평가하여야 한다

토지보상법 제75조 제1항 본문은 "건축물·입목·공작물 기타 토지에 정착한 물건(이하 '건축물등'이라 한다)에 대하여는 이전에 필요한 비용(이하 '이전비'라 한다)으로 보상하여야 한다.

관련판례

- 대법원 2021. 5. 7. 선고 2018다256313 판결
- 대법원 2019. 4. 11. 선고 2018다277419 판결
- 대법원 2014. 12. 24. 선고 2012두17681 판결
- 대법원 2012. 9. 13. 선고 2011다83929 판결
- 대법원 2013. 2. 15. 선고 2012두22096 판결

가. 건축물

건축물에 대하여는 그 구조·이용상태·면적·내구연한·유용성 및 이전가능성 그 밖에 가격형성에 관련되는 제 요인을 종합적으로 고려하여 평가한다(토지보상법 시행규칙 제33조 제1항)

건축물의 가격은 원가법으로 평가하는 것이 원칙이다(토지보상법 시행규칙 제33조 제2항 본문)

관련판례

- 대법원 2000. 3. 10. 선고 99두10896 판결
- 대법원 2004. 10. 15. 선고 2003다14355 판결
- 대법원 2001. 4. 13. 선고 2000두6411 판결

(1) 건축물의 일부를 수용하는 경우

관련판례

- 대법원 2015. 11. 12. 선고 2015두2963 판결

(가) 잔여 건축물의 사용이 현저히 곤란한 경우

| 토지보상법 제75조의2 제2항 (잔여 건축물의 손실에 대한 보상 등) |

② 동일한 소유자에게 속하는 일단의 건축물의 일부가 협의에 의하여 매수되거나 수용됨으로 인하여 잔여 건축물을 종래의 목적에 사용하는 것이 현저히 곤란할 때에는 그 건축물소유자는 사업시행자에게 잔여 건축물을 매수하여 줄 것을 청구할 수 있으며, 사업인정 이후에는 관할 토지수용위원회에 수용을 청구할 수 있다. 이 경우 수용 청구는 매수에 관한 협의가 성립되지 아니한 경우에만 하되, 사업완료일까지 하여야 한다. <개정 2021. 8. 10.>

(나) 잔여 건축물을 사용할 수 있는 경우

토지보상법 제75조의2 제1항은 건축물의 일부가 취득되거나 사용됨으로 인하여 잔여 건축물의 가격이 감소하거나 그 밖의 손실이 있을 때에는 그 손실을 보상하여야 한다

> **| 토지보상법 제75조의2 제1항 (잔여 건축물의 손실에 대한 보상 등) |**
>
> ① 사업시행자는 동일한 소유자에게 속하는 일단의 건축물의 일부가 취득되거나 사용됨으로 인하여 잔여 건축물의 가격이 감소하거나 그 밖의 손실이 있을 때에는 국토교통부령으로 정하는 바에 따라 그 손실을 보상하여야 한다. 다만, 잔여 건축물의 가격 감소분과 보수비(건축물의 나머지 부분을 종래의 목적대로 사용할 수 있도록 그 유용성을 동일하게 유지하는 데에 일반적으로 필요하다고 볼 수 있는 공사에 사용되는 비용을 말한다. 다만, 「건축법」 등 관계 법령에 따라 요구되는 시설 개선에 필요한 비용은 포함하지 아니한다)를 합한 금액이 잔여 건축물의 가격보다 큰 경우에는 사업시행자는 그 잔여 건축물을 매수할 수 있다. <개정 2013. 3. 23.>

(다) 보상방법

> **| 토지보상법 시행규칙 제35조 (잔여 건축물에 대한 평가) |**
>
> ① 동일한 건축물소유자에 속하는 일단의 건축물의 일부가 취득 또는 사용됨으로 인하여 잔여 건축물의 가격이 감소된 경우의 잔여 건축물의 손실은 공익사업시행지구에 편입되기 전의 잔여 건축물의 가격(해당 건축물이 공익사업시행지구에 편입됨으로 인하여 잔여 건축물의 가격이 변동된 경우에는 변동되기 전의 가격을 말한다)에서 공익사업시행지구에 편입된 후의 잔여 건축물의 가격을 뺀 금액으로 평가한다.
> ② 동일한 건축물소유자에 속하는 일단의 건축물의 일부가 취득 또는 사용됨으로 인하여 잔여 건축물에 보수가 필요한 경우의 보수비는 건축물의 잔여부분을 종래의 목적대로 사용할 수 있도록 그 유용성을 동일하게 유지하는데 통상 필요하다고 볼 수 있는 공사에 사용되는 비용(「건축법」 등 관계법령에 의하여 요구되는 시설의 개선에 필요한 비용은 포함하지 아니한다)으로 평가한다.
> [전문개정 2008. 4. 18.]

나. 기타 지장물

(1) 공작물

> **| 토지보상법 시행규칙 제33조 (건축물의 평가) |**
>
> ① 건축물(담장 및 우물 등의 부대시설을 포함한다. 이하 같다)에 대하여는 그 구조·이용상태·면적·내구연한·유용성 및 이전가능성 그 밖에 가격형성에 관련되는 제요인을 종합적으로 고려하여 평가한다.
> ② 건축물의 가격은 원가법으로 평가한다. 다만, 주거용 건축물에 있어서는 거래사례비교법에 의하여 평가한 금액(공익사업의 시행에 따라 이주대책을 수립·실시하거나 주택입주권 등을 당해 건축물

의 소유자에게 주는 경우 또는 개발제한구역안에서 이전이 허용되는 경우에 있어서의 당해 사유로 인한 가격상승분은 제외하고 평가한 금액을 말한다)이 원가법에 의하여 평가한 금액보다 큰 경우와 「집합건물의 소유 및 관리에 관한 법률」에 의한 구분소유권의 대상이 되는 건물의 가격은 거래사례비교법으로 평가한다. <개정 2005. 2. 5.>

③ 건축물의 사용료는 임대사례비교법으로 평가한다. 다만, 임대사례비교법으로 평가하는 것이 적정하지 아니한 경우에는 적산법으로 평가할 수 있다.

④ 물건의 가격으로 보상한 건축물의 철거비용은 사업시행자가 부담한다. 다만, 건축물의 소유자가 당해 건축물의 구성부분을 사용 또는 처분할 목적으로 철거하는 경우에는 건축물의 소유자가 부담한다.

| 토지보상법 시행규칙 제34조 (건축물에 관한 소유권외의 권리 등의 평가) |

제28조 및 제29조의 규정은 법 제75조제1항 단서의 규정에 의하여 물건의 가격으로 보상하여야 하는 건축물에 관한 소유권외의 권리의 평가 및 소유권외의 권리의 목적이 되고 있는 건축물의 평가에 관하여 각각 이를 준용한다. 이 경우 제29조중 "제22조 내지 제27조"는 "제33조제1항·제2항 및 제4항"으로 본다.

| 토지보상법 시행규칙 제35조 (잔여 건축물에 대한 평가) |

① 동일한 건축물소유자에 속하는 일단의 건축물의 일부가 취득 또는 사용됨으로 인하여 잔여 건축물의 가격이 감소된 경우의 잔여 건축물의 손실은 공익사업시행지구에 편입되기 전의 잔여 건축물의 가격(해당 건축물이 공익사업시행지구에 편입됨으로 인하여 잔여 건축물의 가격이 변동된 경우에는 변동되기 전의 가격을 말한다)에서 공익사업시행지구에 편입된 후의 잔여 건축물의 가격을 뺀 금액으로 평가한다.

② 동일한 건축물소유자에 속하는 일단의 건축물의 일부가 취득 또는 사용됨으로 인하여 잔여 건축물에 보수가 필요한 경우의 보수비는 건축물의 잔여부분을 종래의 목적대로 사용할 수 있도록 그 유용성을 동일하게 유지하는데 통상 필요하다고 볼 수 있는 공사에 사용되는 비용(「건축법」 등 관계법령에 의하여 요구되는 시설의 개선에 필요한 비용은 포함하지 아니한다)으로 평가한다.

[전문개정 2008. 4. 18.]

| 토지보상법 시행규칙 제36조 (공작물 등의 평가) |

① 제33조 내지 제35조의 규정은 공작물 그 밖의 시설(이하 "공작물등"이라 한다)의 평가에 관하여 이를 준용한다.

② 다음 각호의 1에 해당하는 공작물등은 이를 별도의 가치가 있는 것으로 평가하여서는 아니된다.
   1. 공작물등의 용도가 폐지되었거나 기능이 상실되어 경제적 가치가 없는 경우
   2. 공작물등의 가치가 보상이 되는 다른 토지등의 가치에 충분히 반영되어 토지등의 가격이 증가한 경우
   3. 사업시행자가 공익사업에 편입되는 공작물등에 대한 대체시설을 하는 경우

관련판례

▶ 대법원 2012. 9. 13. 선고 2011다83929 판결

(2) 입목(수목)

토지보상법 시행규칙 제37조 내지 제39조

| **토지보상법 시행규칙 제37조 (과수 등의 평가)** |

① 과수 그 밖에 수익이 나는 나무(이하 이 조에서 "수익수"라 한다) 또는 관상수(묘목을 제외한다. 이하 이 조에서 같다)에 대하여는 수종·규격·수령·수량·식수면적·관리상태·수익성·이식가능성 및 이식의 난이도 그 밖에 가격형성에 관련되는 제요인을 종합적으로 고려하여 평가한다.
② 지장물인 과수에 대하여는 다음 각 호의 구분에 따라 평가한다. 이 경우 이식가능성·이식적기·고손율(枯損率) 및 감수율(減收率)에 관하여는 별표 2의 기준을 참작해야 한다. <개정 2021. 8. 27.>
　1. 이식이 가능한 과수
　　가. 결실기에 있는 과수
　　　(1) 계절적으로 이식적기인 경우 : 이전비와 이식함으로써 예상되는 고손율·감수율을 고려하여 정한 고손액 및 감수액의 합계액
　　　(2) 계절적으로 이식적기가 아닌 경우 : 이전비와 (1)의 고손액의 2배 이내의 금액 및 감수액의 합계액
　　나. 결실기에 이르지 아니한 과수
　　　(1) 계절적으로 이식적기인 경우 : 이전비와 가목(1)의 고손액의 합계액
　　　(2) 계절적으로 이식적기가 아닌 경우 : 이전비와 가목(1)의 고손액의 2배 이내의 금액의 합계액
　2. 이식이 불가능한 과수
　　가. 거래사례가 있는 경우 : 거래사례비교법에 의하여 평가한 금액
　　나. 거래사례가 없는 경우
　　　(1) 결실기에 있는 과수 : 식재상황·수세(樹勢)·잔존수확가능연수 및 수익성 등을 고려하여 평가한 금액
　　　(2) 결실기에 이르지 아니한 과수 : 가격시점까지 소요된 비용을 현재의 가격으로 평가한 금액(이하 "현가액"이라 한다)
③ 법 제75조제1항 단서의 규정에 의하여 물건의 가격으로 보상하는 과수에 대하여는 제2항제2호 가목 및 나목의 예에 따라 평가한다.
④ 제2항 및 제3항의 규정은 과수외의 수익수 및 관상수에 대한 평가에 관하여 이를 준용하되, 관상수의 경우에는 감수액을 고려하지 아니한다. 이 경우 고손율은 당해 수익수 및 관상수 총수의 10퍼센트 이하의 범위안에서 정하되, 이식적기가 아닌 경우에는 20퍼센트까지로 할 수 있다.
⑤ 이식이 불가능한 수익수 또는 관상수의 벌채비용은 사업시행자가 부담한다. 다만, 수목의 소유자가 당해 수목을 처분할 목적으로 벌채하는 경우에는 수목의 소유자가 부담한다.

| **토지보상법 시행규칙 제38조 (묘목의 평가)** |

① 묘목에 대하여는 상품화 가능여부, 이식에 따른 고손율, 성장정도 및 관리상태 등을 종합적으로 고려하여 평가한다.
② 상품화할 수 있는 묘목은 손실이 없는 것으로 본다. 다만 매각손실액(일시에 매각함으로 인하여 가격이 하락함에 따른 손실을 말한다. 이하 같다)이 있는 경우에는 그 손실을 평가하여 보상하여야 하며, 이 경우 보상액은 제3항의 규정에 따라 평가한 금액을 초과하지 못한다.

③ 시기적으로 상품화가 곤란하거나 상품화를 할 수 있는 시기에 이르지 않은 묘목에 대하여는 이전비와 고손율을 고려한 고손액의 합계액으로 평가한다. 이 경우 이전비는 임시로 옮겨 심는데 필요한 비용으로 평가하며, 고손율은 1퍼센트 이하의 범위안에서 정하되 주위의 환경 또는 계절적 사정 등 특별한 사유가 있는 경우에는 2퍼센트까지로 할 수 있다. <개정 2021. 8. 27.>
④ 파종 또는 발아중에 있는 묘목에 대하여는 가격시점까지 소요된 비용의 현가액으로 평가한다.
⑤ 법 제75조제1항 단서의 규정에 의하여 물건의 가격으로 보상하는 묘목에 대하여는 거래사례가 있는 경우에는 거래사례비교법에 의하여 평가하고, 거래사례가 없는 경우에는 가격시점까지 소요된 비용의 현가액으로 평가한다.

┃ 토지보상법 시행규칙 제39조 (입목 등의 평가) ┃

① 입목(죽목을 포함한다. 이하 이 조에서 같다)에 대하여는 벌기령(「산림자원의 조성 및 관리에 관한 법률 시행규칙」 별표 3에 따른 기준벌기령을 말한다. 이하 이 조에서 같다)·수종·주수·면적 및 수익성 그 밖에 가격형성에 관련되는 제요인을 종합적으로 고려하여 평가한다. <개정 2005. 2. 5., 2007. 4. 12.>
② 지장물인 조림된 용재림(用材林: 재목을 이용할 목적으로 가꾸는 나무숲을 말한다) 중 벌기령에 달한 용재림은 손실이 없는 것으로 본다. 다만, 용재림을 일시에 벌채하게 되어 벌채 및 반출에 통상 소요되는 비용이 증가하거나 목재의 가격이 하락하는 경우에는 그 손실을 평가하여 보상해야 한다. <개정 2021. 8. 27.>
③ 지장물인 조림된 용재림중 벌기령에 달하지 아니한 용재림에 대하여는 다음 각호에 구분에 따라 평가한다.
  1. 당해 용재림의 목재가 인근시장에서 거래되는 경우 : 거래가격에서 벌채비용과 운반비를 뺀 금액. 이 경우 벌기령에 달하지 아니한 상태에서의 매각에 따른 손실액이 있는 경우에는 이를 포함한다.
  2. 당해 용재림의 목재가 인근시장에서 거래되지 않는 경우 : 가격시점까지 소요된 비용의 현가액. 이 경우 보상액은 당해 용재림의 예상총수입의 현가액에서 장래 투하비용의 현가액을 뺀 금액을 초과하지 못한다.
④ 제2항 및 제3항에서 "조림된 용재림"이라 함은 「산림자원의 조성 및 관리에 관한 법률」 제13조에 따른 산림경영계획인가를 받아 시업하였거나 산림의 생산요소를 기업적으로 경영·관리하는 산림으로서 「입목에 관한 법률」 제8조에 따라 등록된 입목의 집단 또는 이에 준하는 산림을 말한다. <개정 2005. 2. 5., 2007. 4. 12.>
⑤ 제2항 및 제3항의 규정을 적용함에 있어서 벌기령의 10분의 9 이상을 경과하였거나 그 입목의 성장 및 관리상태가 양호하여 벌기령에 달한 입목과 유사한 입목의 경우에는 벌기령에 달한 것으로 본다.
⑥ 제3항의 규정에 의한 입목의 벌채비용은 사업시행자가 부담한다.
⑦ 제2항·제3항 및 제6항의 규정은 자연림으로서 수종·수령·면적·주수·입목도·관리상태·성장정도 및 수익성 등이 조림된 용재림과 유사한 자연림의 평가에 관하여 이를 준용한다.
⑧ 제3항 및 제6항의 규정은 사업시행자가 취득하는 입목의 평가에 관하여 이를 준용한다.

> **관련판례**
>
> ▶ 대법원 1991. 1. 29. 선고 90누3775 판결
> ▶ 대법원 1991. 10. 22. 선고 90누10117 판결
> ▶ 대법원 2002. 6. 14. 선고 2000두3450 판결
> ▶ 대법원 1990. 2. 23. 선고 89누7146 판결
> ▶ 대법원 2003. 11. 27. 선고 2003두3888 판결
> ▶ 대법원 2015. 10. 29. 선고 2015두2444 판결

(3) 농작물

| 토지보상법 제75조의2 제2항 (잔여 건축물의 손실에 대한 보상 등) |

② 동일한 소유자에게 속하는 일단의 건축물의 일부가 협의에 의하여 매수되거나 수용됨으로 인하여 잔여 건축물을 종래의 목적에 사용하는 것이 현저히 곤란할 때에는 그 건축물소유자는 사업시행자에게 잔여 건축물을 매수하여 줄 것을 청구할 수 있으며, 사업인정 이후에는 관할 토지수용위원회에 수용을 청구할 수 있다. 이 경우 수용 청구는 매수에 관한 협의가 성립되지 아니한 경우에만 하되, 사업완료일까지 하여야 한다. <개정 2021. 8. 10.>

| 토지보상법 시행규칙 제41조 (농작물의 평가) |

① 농작물을 수확하기 전에 토지를 사용하는 경우의 농작물의 손실은 농작물의 종류 및 성숙도 등을 종합적으로 고려하여 다음 각호의 구분에 따라 평가한다.
  1. 파종중 또는 발아기에 있거나 묘포에 있는 농작물 : 가격시점까지 소요된 비용의 현가액
  2. 제1호의 농작물외의 농작물 : 예상총수입의 현가액에서 장래 투하비용의 현가액을 뺀 금액. 이 경우 보상당시에 상품화가 가능한 풋고추·들깻잎 또는 호박 등의 농작물이 있는 경우에는 그 금액을 뺀다.
② 제1항제2호에서 "예상총수입"이라 함은 당해 농작물의 최근 3년간(풍흉작이 현저한 연도를 제외한다)의 평균총수입을 말한다.

(4) 토지에 속한 흙·돌·모래 또는 자갈

흙·돌·모래 또는 자갈이 해당 토지와 별도로 취득 또는 사용의 대상이 되는 경우에는 거래가격 등을 고려하여 적정가격으로 보상하여야 한다(토지보상법 제75조 제3항).

| 토지보상법 제75조 제3항 (건축물등 물건에 대한 보상) |

③ 토지에 속한 흙·돌·모래 또는 자갈(흙·돌·모래 또는 자갈이 해당 토지와 별도로 취득 또는 사용의 대상이 되는 경우만 해당한다)에 대하여는 거래가격 등을 고려하여 평가한 적정가격으로 보상하여야 한다.

> **관련판례**
> ▶ 대법원 2014. 4. 24. 선고 2012두16534 판결

(5) 분묘

| 토지보상법 제75조 제4항 (건축물등 물건에 대한 보상) |

④ 분묘에 대하여는 이장(移葬)에 드는 비용 등을 산정하여 보상하여야 한다.

| 토지보상법 시행규칙 제42조 (분묘에 대한 보상액의 산정) |

① 「장사 등에 관한 법률」 제2조제16호에 따른 연고자(이하 이 조에서 "연고자"라 한다)가 있는 분묘에 대한 보상액은 다음 각 호의 합계액으로 산정한다. 다만, 사업시행자가 직접 산정하기 어려운 경우에는 감정평가법인등에게 평가를 의뢰할 수 있다. <개정 2005. 2. 5., 2007. 4. 12., 2008. 4. 18., 2012. 1. 2., 2021. 8. 27., 2022. 1. 21.>
  1. 분묘이전비 : 4분판 1매·마포 24미터 및 전지 5권의 가격, 제례비, 임금 5인분(합장인 경우에는 사체 1구당 각각의 비용의 50퍼센트를 가산한다) 및 운구차량비
  2. 석물이전비 : 상석 및 비석 등의 이전실비(좌향이 표시되어 있거나 그 밖의 사유로 이전사용이 불가능한 경우에는 제작·운반비를 말한다)
  3. 잡비 : 제1호 및 제2호에 의하여 산정한 금액의 30퍼센트에 해당하는 금액
  4. 이전보조비 : 100만원
② 제1항제1호의 규정에 의한 운구차량비는 「여객자동차 운수사업법 시행령」 제3조제2호 나목의 특수여객자동차운송사업에 적용되는 운임·요금중 당해 지역에 적용되는 운임·요금을 기준으로 산정한다. <개정 2005. 2. 5.>
③ 연고자가 없는 분묘에 대한 보상액은 제1항제1호 내지 제3호의 규정에 의하여 산정한 금액의 50퍼센트 이하의 범위안에서 산정한다.

| 장사 등에 관한 법률 제2조 제16호 (정의) |

이 법에서 사용하는 용어의 뜻은 다음과 같다. <개정 2015. 1. 28., 2015. 12. 29.>
  16. "연고자"란 사망한 자와 다음 각 목의 관계에 있는 자를 말하며, 연고자의 권리·의무는 다음 각 목의 순서로 행사한다. 다만, 순위가 같은 자녀 또는 직계비속이 2명 이상이면 최근친(最近親)의 연장자가 우선 순위를 갖는다.
      가. 배우자
      나. 자녀
      다. 부모
      라. 자녀 외의 직계비속
      마. 부모 외의 직계존속
      바. 형제·자매
      사. 사망하기 전에 치료·보호 또는 관리하고 있었던 행정기관 또는 치료·보호기관의 장으로서 대통령령으로 정하는 사람
      아. 가목부터 사목까지에 해당하지 아니하는 자로서 시신이나 유골을 사실상 관리하는 자

제1장 토지수용법상 보상금의 증감   33

> **관련판례**
> ▶ 대법원 1994. 10. 11. 선고 94누1746 판결
> ▶ 대법원 2000. 9. 26. 선고 99다14006 판결
> ▶ 대법원 2009. 5. 14. 선고 2009다1092 판결
> ▶ 부산고등법원 2009. 8. 28. 선고 2009누454 판결
> ▶ 대법원 1992. 3. 13. 선고 91다30491 판결
> ▶ 대법원 2007. 6. 28. 선고 2005다44114 판결
> ▶ 대법원 2010. 9. 30. 선고 2007다74775 판결

가. 일반론

공익사업법 시행규칙 제20조는 "취득할 건축물·입목·공작물 그 밖에 토지에 정착한 물건 (이하 '건축물등'이라 한다.)이 있는 경우에는 토지와 그 건축물등을 각각 평가하여야 한다. 다만, 건축물등이 토지와 함께 거래되는 사례나 관행이 있는 경우에는 그 건축물등과 토지를 일괄하여 평가하여야 하며, 이 경우 보상평가서에 그 내용을 기재하여야 한다."라고 규정한다.

공익사업법 제75조 제1항 본문은 "건축물·입목·공작물 기타 토지에 정착한 물건(이하 '건축물등'이라 한다.)에 대하여는 이전에 필요한 비용(이하 '이전비'라고 한다.)으로 보상하여야 한다.

나. 건축물

(1) 평가의 방법

건축물에 대하여는 그 구조·이용상태·면적·내구연한·유용성 및 이전가능성 그 밖에 가격형성에 관련되는 제 요인을 종합적으로 고려하여 평가한다(공익사업법 시행규칙 제33조 제1항).

건축물의 가격은 원가법으로 평가하는 것이 원칙이다(공익사업법 시행규칙 제33조 제2항 본문).

(2) 무허가 건축물

건축물에 관하여 공익사업법 제75조나 동 시행규칙 제33조가 건축허가의 유무에 따른 구분을 두고 있지 않고 있으므로 사업인정 고시 이전에 지어 공공사업용지의 토지에 정착한 지장물인 건축물은 통상 적법한 건축허가를 받았는지에 관계없이 손실보상의 대상이 된다.

5. 영업보상과 폐업보상

가. 영업보상

| 토지보상법 제77조 (영업의 손실 등에 대한 보상) |

① 영업을 폐업하거나 휴업함에 따른 영업손실에 대하여는 영업이익과 시설의 이전비용 등을 고려하여 보상하여야 한다. <개정 2020. 6. 9.>

② 농업의 손실에 대하여는 농지의 단위면적당 소득 등을 고려하여 실제 경작자에게 보상하여야 한다. 다만, 농지소유자가 해당 지역에 거주하는 농민인 경우에는 농지소유자와 실제 경작자가 협의하는 바에 따라 보상할 수 있다.
③ 휴직하거나 실직하는 근로자의 임금손실에 대하여는 「근로기준법」에 따른 평균임금 등을 고려하여 보상하여야 한다.
④ 제1항부터 제3항까지의 규정에 따른 보상액의 구체적인 산정 및 평가 방법과 보상기준, 제2항에 따른 실제 경작자 인정기준에 관한 사항은 국토교통부령으로 정한다. <개정 2013. 3. 23.>
[전문개정 2011. 8. 4.]

| 토지보상법 시행규칙 제45조 (영업손실의 보상대상인 영업) |

법 제77조제1항에 따라 영업손실을 보상하여야 하는 영업은 다음 각 호 모두에 해당하는 영업으로 한다. <개정 2007. 4. 12., 2009. 11. 13., 2015. 4. 28.>
1. 사업인정고시일등 전부터 적법한 장소(무허가건축물등, 불법형질변경토지, 그 밖에 다른 법령에서 물건을 쌓아놓는 행위가 금지되는 장소가 아닌 곳을 말한다)에서 인적·물적시설을 갖추고 계속적으로 행하고 있는 영업. 다만, 무허가건축물등에서 임차인이 영업하는 경우에는 그 임차인이 사업인정고시일등 1년 이전부터 「부가가치세법」 제8조에 따른 사업자등록을 하고 행하고 있는 영업을 말한다.
2. 영업을 행함에 있어서 관계법령에 의한 허가등을 필요로 하는 경우에는 사업인정고시일등 전에 허가등을 받아 그 내용대로 행하고 있는 영업

| 토지보상법 시행규칙 제46조 (영업의 폐지에 대한 손실의 평가 등) |

① 공익사업의 시행으로 인하여 영업을 폐지하는 경우의 영업손실은 2년간의 영업이익(개인영업인 경우에는 소득을 말한다. 이하 같다)에 영업용 고정자산·원재료·제품 및 상품 등의 매각손실액을 더한 금액으로 평가한다.
② 제1항에 따른 영업의 폐지는 다음 각 호의 어느 하나에 해당하는 경우로 한다. <개정 2007. 4. 12., 2008. 4. 18.>
1. 영업장소 또는 배후지(당해 영업의 고객이 소재하는 지역을 말한다. 이하 같다)의 특수성으로 인하여 당해 영업소가 소재하고 있는 시·군·구(자치구를 말한다. 이하 같다) 또는 인접하고 있는 시·군·구의 지역안의 다른 장소에 이전하여서는 당해 영업을 할 수 없는 경우
2. 당해 영업소가 소재하고 있는 시·군·구 또는 인접하고 있는 시·군·구의 지역안의 다른 장소에서는 당해 영업의 허가등을 받을 수 없는 경우
3. 도축장 등 악취 등이 심하여 인근주민에게 혐오감을 주는 영업시설로서 해당 영업소가 소재하고 있는 시·군·구 또는 인접하고 있는 시·군·구의 지역안의 다른 장소로 이전하는 것이 현저히 곤란하다고 특별자치도지사·시장·군수 또는 구청장(자치구의 구청장을 말한다)이 객관적인 사실에 근거하여 인정하는 경우
③ 제1항에 따른 영업이익은 해당 영업의 최근 3년간(특별한 사정으로 인하여 정상적인 영업이 이루어지지 않은 연도를 제외한다)의 평균 영업이익을 기준으로 하여 이를 평가하되, 공익사업의 계획 또는 시행이 공고 또는 고시됨으로 인하여 영업이익이 감소된 경우에는 해당 공고 또는 고시일전 3년간의 평균 영업이익을 기준으로 평가한다. 이 경우 개인영업으로서 최근 3년간의 평균 영업이익이 다음 산식에 의하여 산정한 연간 영업이익에 미달하는 경우에는 그 연간 영업이익을 최근 3년간의 평균 영업이익으로 본다. <개정 2005. 2. 5., 2008. 4. 18., 2021. 8. 27.>
연간 영업이익 =「통계법」제3조제3호에 따른 통계작성기관이 같은 법 제18조에 따른 승인을

받아 작성·공표한 제조부문 보통인부의 임금단가×25(일)× 12(월)
④ 제2항에 불구하고 사업시행자는 영업자가 영업의 폐지 후 2년 이내에 해당 영업소가 소재하고 있는 시·군·구 또는 인접하고 있는 시·군·구의 지역 안에서 동일한 영업을 하는 경우에는 영업의 폐지에 대한 보상금을 환수하고 제47조에 따른 영업의 휴업 등에 대한 손실을 보상하여야 한다. <신설 2007. 4. 12.>
⑤ 제45조제1호 단서에 따른 임차인의 영업에 대한 보상액 중 영업용 고정자산·원재료·제품 및 상품 등의 매각손실액을 제외한 금액은 제1항에 불구하고 1천만원을 초과하지 못한다. <신설 2007. 4. 12., 2008. 4. 18.> [제목개정 2007. 4. 12.]

| 토지보상법 시행규칙 제47조 (영업의 휴업 등에 대한 손실의 평가) |

① 공익사업의 시행으로 인하여 영업장소를 이전하여야 하는 경우의 영업손실은 휴업기간에 해당하는 영업이익과 영업장소 이전 후 발생하는 영업이익감소액에 다음 각호의 비용을 합한 금액으로 평가한다. <개정 2014. 10. 22.>
  1. 휴업기간중의 영업용 자산에 대한 감가상각비·유지관리비와 휴업기간중에도 정상적으로 근무하여야 하는 최소인원에 대한 인건비 등 고정적 비용
  2. 영업시설·원재료·제품 및 상품의 이전에 소요되는 비용 및 그 이전에 따른 감손상당액
  3. 이전광고비 및 개업비 등 영업장소를 이전함으로 인하여 소요되는 부대비용
② 제1항의 규정에 의한 휴업기간은 4개월 이내로 한다. 다만, 다음 각 호의 어느 하나에 해당하는 경우에는 실제 휴업기간으로 하되, 그 휴업기간은 2년을 초과할 수 없다. <개정 2014. 10. 22.>
  1. 당해 공익사업을 위한 영업의 금지 또는 제한으로 인하여 4개월 이상의 기간동안 영업을 할 수 없는 경우
  2. 영업시설의 규모가 크거나 이전에 고도의 정밀성을 요구하는 등 당해 영업의 고유한 특수성으로 인하여 4개월 이내에 다른 장소로 이전하는 것이 어렵다고 객관적으로 인정되는 경우
③ 공익사업에 영업시설의 일부가 편입됨으로 인하여 잔여시설에 그 시설을 새로이 설치하거나 잔여시설을 보수하지 아니하고는 그 영업을 계속할 수 없는 경우의 영업손실 및 영업규모의 축소에 따른 영업손실은 다음 각 호에 해당하는 금액을 더한 금액으로 평가한다. 이 경우 보상액은 제1항에 따른 평가액을 초과하지 못한다. <개정 2007. 4. 12.>
  1. 해당 시설의 설치 등에 소요되는 기간의 영업이익
  2. 해당 시설의 설치 등에 통상 소요되는 비용
  3. 영업규모의 축소에 따른 영업용 고정자산·원재료·제품 및 상품 등의 매각손실액
④ 영업을 휴업하지 아니하고 임시영업소를 설치하여 영업을 계속하는 경우의 영업손실은 임시영업소의 설치비용으로 평가한다. 이 경우 보상액은 제1항의 규정에 의한 평가액을 초과하지 못한다.
⑤ 제46조제3항 전단은 이 조에 따른 영업이익의 평가에 관하여 이를 준용한다. 이 경우 개인영업으로서 휴업기간에 해당하는 영업이익이 「통계법」 제3조제3호에 따른 통계작성기관이 조사·발표하는 가계조사통계의 도시근로자가구 월평균 가계지출비를 기준으로 산정한 3인 가구의 휴업기간동안의 가계지출비(휴업기간이 4개월을 초과하는 경우에는 4개월분의 가계지출비를 기준으로 한다)에 미달하는 경우에는 그 가계지출비를 휴업기간에 해당하는 영업이익으로 본다. <개정 2007. 4. 12., 2008. 4. 18., 2014. 10. 22.>
⑥ 제45조제1호 단서에 따른 임차인의 영업에 대한 보상액 중 제1항제2호의 비용을 제외한 금액은 제1항에 불구하고 1천만원을 초과하지 못한다. <신설 2007. 4. 12., 2008. 4. 18.>
⑦ 제1항 각 호 외의 부분에서 영업장소 이전 후 발생하는 영업이익 감소액은 제1항 각 호 외의 부

분의 휴업기간에 해당하는 영업이익(제5항 후단에 따른 개인영업의 경우에는 가계지출비를 말한다)의 100분의 20으로 하되, 그 금액은 1천만원을 초과하지 못한다. <신설 2014. 10. 22.>

나. 영업손실보상의 대상이 되는 영업

| 토지보상법 시행규칙 제45조 (영업손실의 보상대상인 영업) |

법 제77조제1항에 따라 영업손실을 보상하여야 하는 영업은 다음 각 호 모두에 해당하는 영업으로 한다. <개정 2007. 4. 12., 2009. 11. 13., 2015. 4. 28.>
1. 사업인정고시일등 전부터 적법한 장소(무허가건축물등, 불법형질변경토지, 그 밖에 다른 법령에서 물건을 쌓아놓는 행위가 금지되는 장소가 아닌 곳을 말한다)에서 인적·물적시설을 갖추고 계속적으로 행하고 있는 영업. 다만, 무허가건축물등에서 임차인이 영업하는 경우에는 그 임차인이 사업인정고시일등 1년 이전부터 「부가가치세법」 제8조에 따른 사업자등록을 하고 행하고 있는 영업을 말한다.
2. 영업을 행함에 있어서 관계법령에 의한 허가등을 필요로 하는 경우에는 사업인정고시일등 전에 허가등을 받아 그 내용대로 행하고 있는 영업

| 토지보상법 시행규칙 제52조 (허가등을 받지 아니한 영업의 손실보상에 관한 특례) |

사업인정고시일등 전부터 허가등을 받아야 행할 수 있는 영업을 허가등이 없이 행하여 온 자가 공익사업의 시행으로 인하여 제45조제1호 본문에 따른 적법한 장소에서 영업을 계속할 수 없게 된 경우에는 제45조제2호에 불구하고 「통계법」 제3조제3호에 따른 통계작성기관이 조사·발표하는 가계조사통계의 도시근로자가구 월평균 가계지출비를 기준으로 산정한 3인 가구 3개월분 가계지출비에 해당하는 금액을 영업손실에 대한 보상금으로 지급하되, 제47조제1항제2호에 따른 영업시설·원재료·제품 및 상품의 이전에 소요되는 비용 및 그 이전에 따른 감손상당액(이하 이 조에서 "영업시설등의 이전비용"이라 한다)은 별도로 보상한다. 다만, 본인 또는 생계를 같이 하는 동일 세대안의 직계존속·비속 및 배우자가 해당 공익사업으로 다른 영업에 대한 보상을 받은 경우에는 영업시설등의 이전비용만을 보상하여야 한다. <개정 2008. 4. 18.> [전문개정 2007. 4. 12.]

관련판례

▶ 대법원 2010. 9. 9. 선고 2010두11641 판결
▶ 대법원 2012. 12. 27. 선고 2011두27827 판결
▶ 대법원 2012. 12. 13. 선고 2010두12842 판결
▶ 대법원 2012. 3. 15. 선고 2010두26513 판결

다. 폐업보상

(1) 폐업보상의 대상

| 토지보상법 시행규칙 제46조 제2항 (영업의 폐지에 대한 손실의 평가 등) |

② 제1항에 따른 영업의 폐지는 다음 각 호의 어느 하나에 해당하는 경우로 한다. <개정 2007. 4.

12., 2008. 4. 18.>
1. 영업장소 또는 배후지(당해 영업의 고객이 소재하는 지역을 말한다. 이하 같다)의 특수성으로 인하여 당해 영업소가 소재하고 있는 시·군·구(자치구를 말한다. 이하 같다) 또는 인접하고 있는 시·군·구의 지역안의 다른 장소에 이전하여서는 당해 영업을 할 수 없는 경우
2. 당해 영업소가 소재하고 있는 시·군·구 또는 인접하고 있는 시·군·구의 지역안의 다른 장소에서는 당해 영업의 허가등을 받을 수 없는 경우
3. 도축장 등 악취 등이 심하여 인근주민에게 혐오감을 주는 영업시설로서 해당 영업소가 소재하고 있는 시·군·구 또는 인접하고 있는 시·군·구의 지역안의 다른 장소로 이전하는 것이 현저히 곤란하다고 특별자치도지사·시장·군수 또는 구청장(자치구의 구청장을 말한다)이 객관적인 사실에 근거하여 인정하는 경우

관련판례

▶ 대법원 2002. 10. 8. 선고 2002두5498 판결
▶ 대법원 2005. 9. 15. 선고 2004두14649 판결
▶ 대법원 2020. 9. 24. 선고 2018두54507 판결
▶ 대법원 1999. 10. 26. 선고 97누3972 판결
▶ 대법원 2003. 1. 24. 선고 2002두8930 판결

(2) 폐업보상금의 산출방법

| 토지보상법 시행규칙 제46조 제2항 (영업의 폐지에 대한 손실의 평가 등) |

① 공익사업의 시행으로 인하여 영업을 폐지하는 경우의 영업손실은 2년간의 영업이익(개인영업인 경우에는 소득을 말한다. 이하 같다)에 영업용 고정자산·원재료·제품 및 상품 등의 매각손실액을 더한 금액으로 평가한다.
③ 제1항에 따른 영업이익은 해당 영업의 최근 3년간(특별한 사정으로 인하여 정상적인 영업이 이루어지지 않은 연도를 제외한다)의 평균 영업이익을 기준으로 하여 이를 평가하되, 공익사업의 계획 또는 시행이 공고 또는 고시됨으로 인하여 영업이익이 감소된 경우에는 해당 공고 또는 고시일전 3년간의 평균 영업이익을 기준으로 평가한다. 이 경우 개인영업으로서 최근 3년간의 평균 영업이익이 다음 산식에 의하여 산정한 연간 영업이익에 미달하는 경우에는 그 연간 영업이익을 최근 3년간의 평균 영업이익으로 본다. <개정 2005. 2. 5., 2008. 4. 18., 2021. 8. 27.>
연간 영업이익 =「통계법」 제3조제3호에 따른 통계작성기관이 같은 법 제18조에 따른 승인을 받아 작성·공표한 제조부문 보통인부의 임금단가×25(일)× 12(월)
⑤ 제45조제1호 단서에 따른 임차인의 영업에 대한 보상액 중 영업용 고정자산·원재료·제품 및 상품 등의 매각손실액을 제외한 금액은 제1항에 불구하고 1천만원을 초과하지 못한다. <신설 2007. 4. 12., 2008. 4. 18.> [제목개정 2007. 4. 12.]

> **관련판례**
> ▶ 대법원 2004. 10. 28. 선고 2002다3662, 3679 판결
> ▶ 대법원 2014. 6. 26. 선고 2013두13457 판결
> ▶ 대법원 2006. 1. 27. 선고 2003두13106 판결
> ▶ 대법원 2005. 7. 29. 선고 2003두2311 판결

가. 영업손실보상(공익사업을위한토지등의취득및보상에관한법률 시행규칙 제45조, 제47조, 공익사업을위한토지등의취득및보상에관한법률 제77조)

- 공익사업을위한토지등의취득및보상에관한법률 시행규칙 제45조

법 제77조제1항에 따라 영업손실을 보상하여야 하는 영업은 다음 각 호 모두에 해당하는 영업으로 한다.

1. 사업인정고시일등 전부터 적법한 장소(무허가건축물등, 불법형질변경토지, 그 밖에 다른 법령에서 물건을 쌓아놓는 행위가 금지되는 장소가 아닌 곳을 말한다)에서 인적·물적시설을 갖추고 계속적으로 행하고 있는 영업. 다만, 무허가건축물등에서 임차인이 영업하는 경우에는 그 임차인이 사업인정고시일등 1년 이전부터 「부가가치세법」 제8조에 따른 사업자등록을 하고 행하고 있는 영업을 말한다.
2. 영업을 행함에 있어서 관계법령에 의한 허가등을 필요로 하는 경우에는 사업인정고시일등 전에 허가등을 받아 그 내용대로 행하고 있는 영업

- 공익사업을위한토지등의취득및보상에관한법률 시행규칙 제47조

① 공익사업의 시행으로 인하여 영업장소를 이전하여야 하는 경우의 영업손실은 휴업기간에 해당하는 영업이익과 영업장소 이전 후 발생하는 영업이익감소액에 다음 각호의 비용을 합한 금액으로 평가한다. <개정 2014. 10. 22.>
  1. 휴업기간중의 영업용 자산에 대한 감가상각비·유지관리비와 휴업기간중에도 정상적으로 근무하여야 하는 최소인원에 대한 인건비 등 고정적 비용
  2. 영업시설·원재료·제품 및 상품의 이전에 소요되는 비용 및 그 이전에 따른 감손상당액
  3. 이전광고비 및 개업비 등 영업장소를 이전함으로 인하여 소요되는 부대비용
② 제1항의 규정에 의한 휴업기간은 4개월 이내로 한다. 다만, 다음 각 호의 어느 하나에 해당하는 경우에는 실제 휴업기간으로 하되, 그 휴업기간은 2년을 초과할 수 없다. <개정 2014. 10. 22.>
  1. 당해 공익사업을 위한 영업의 금지 또는 제한으로 인하여 4개월 이상의 기간동안 영업을 할 수 없는 경우
  2. 영업시설의 규모가 크거나 이전에 고도의 정밀성을 요구하는 등 당해 영업의 고유한 특수성으로 인하여 4개월 이내에 다른 장소로 이전하는 것이 어렵다고 객관적으로 인정되는 경우
③ 공익사업에 영업시설의 일부가 편입됨으로 인하여 잔여시설에 그 시설을 새로이 설치하거나 잔여시설을 보수하지 아니하고는 그 영업을 계속할 수 없는 경우의 영업손실 및 영업규모의 축소에 따른 영업손실은 다음 각 호에 해당하는 금액을 더한 금액으로 평가한다. 이 경우 보상액은 제1항에 따른 평가액을 초과하지 못한다. <개정 2007. 4. 12.>

1. 해당 시설의 설치 등에 소요되는 기간의 영업이익
2. 해당 시설의 설치 등에 통상 소요되는 비용
3. 영업규모의 축소에 따른 영업용 고정자산·원재료·제품 및 상품 등의 매각손실액

④ 영업을 휴업하지 아니하고 임시영업소를 설치하여 영업을 계속하는 경우의 영업손실은 임시영업소의 설치비용으로 평가한다. 이 경우 보상액은 제1항의 규정에 의한 평가액을 초과하지 못한다.

⑤ 제46조제3항 전단은 이 조에 따른 영업이익의 평가에 관하여 이를 준용한다. 이 경우 개인영업으로서 휴업기간에 해당하는 영업이익이 「통계법」 제3조제3호에 따른 통계작성기관이 조사·발표하는 가계조사통계의 도시근로자가구 월평균 가계지출비를 기준으로 산정한 3인 가구의 휴업기간 동안의 가계지출비(휴업기간이 4개월을 초과하는 경우에는 4개월분의 가계지출비를 기준으로 한다)에 미달하는 경우에는 그 가계지출비를 휴업기간에 해당하는 영업이익으로 본다. <개정 2007. 4. 12., 2008. 4. 18., 2014. 10. 22.>

⑥ 제45조제1호 단서에 따른 임차인의 영업에 대한 보상액 중 제1항제2호의 비용을 제외한 금액은 제1항에 불구하고 1천만원을 초과하지 못한다. <신설 2007. 4. 12., 2008. 4. 18.>

⑦ 제1항 각 호 외의 부분에서 영업장소 이전 후 발생하는 영업이익 감소액은 제1항 각 호 외의 부분의 휴업기간에 해당하는 영업이익(제5항 후단에 따른 개인영업의 경우에는 가계지출비를 말한다)의 100분의 20으로 하되, 그 금액은 1천만원을 초과하지 못한다. <신설 2014. 10. 22.>

• 공익사업을위한토지등의취득및보상에관한법률 제77조
① 영업을 폐업하거나 휴업함에 따른 영업손실에 대하여는 영업이익과 시설의 이전비용 등을 고려하여 보상하여야 한다. <개정 2020. 6. 9.>
② 농업의 손실에 대하여는 농지의 단위면적당 소득 등을 고려하여 실제 경작자에게 보상하여야 한다. 다만, 농지소유자가 해당 지역에 거주하는 농민인 경우에는 농지소유자와 실제 경작자가 협의하는 바에 따라 보상할 수 있다.
③ 휴직하거나 실직하는 근로자의 임금손실에 대하여는 「근로기준법」에 따른 평균임금 등을 고려하여 보상하여야 한다.
④ 제1항부터 제3항까지의 규정에 따른 보상액의 구체적인 산정 및 평가 방법과 보상기준, 제2항에 따른 실제 경작자 인정기준에 관한 사항은 국토교통부령으로 정한다. <개정 2013. 3. 23.> [전문개정 2011. 8. 4.]

공공용지의취득및손실보상에관한특례법시행규칙상의 영업보상과 폐업보상과의 관계에 관하여 종래 대법원은 당해 영업소가 소재하고 있거나 인접하고 있는 시·군 또는 구 지역 안의 다른 장소에의 이전가능성 없으므로 영업폐지에 해당한다고 보아 폐업보상이 상당하다고 한 사례(대법원 1990. 10. 10. 선고 89누7719 판결, 1999. 6. 25. 선고 99두4259 판결)와 이전가능성이 있다고 보아 영업보상이 상당하다고 한 사례(대법원 1994. 12. 23. 선고 94누8833 판결, 1998. 4. 10. 선고 97누20496 판결, 1999. 10. 26. 선고 97누3972 판결)가 있어 폐업보상의 인정에 다소 융통성이 있었으나, 대법원 2000. 11. 10. 선고 99두3645 판결, 2002. 10. 8. 선고 2002두5498 판결, 2003. 1. 24. 선고 2002두8930 판결 등에서 이전가능성이 없다는 요건을 엄격하게 해석함으로써 폐업보상의 가능성을 사실상 어렵게 하고 있다. 즉 판례는 영업소재지 및 인접지역 전부를 대

상으로 하여 이전가능성을 따져야 할 뿐 아니라 법령상의 장애사유가 없다면 주민의 반대가 있다는 사정만으로는 양계장이나 양돈장을 인접지역으로 이전하는 것이 현저히 곤란하다고 단정할 수 없다고 하는 등 영업폐지를 극히 예외적으로 인정하고 있다(대법원 2001. 11. 13. 선고 2000두1003 판결은 수자원개발사업 지역에 편입된 농기구수리업 또는 잡화소매업 영업소의 영업손실에 관한 보상은 휴업보상에 해당한다고 함).

6. 휴업보상

가. 영업장소 이전 및 휴업 관련 보상

(1) 영업장소 이전에 따른 보상액

| 토지보상법 시행규칙 제47조(영업의 휴업 등에 대한 손실의 평가) |

① 공익사업의 시행으로 인하여 영업장소를 이전하여야 하는 경우의 영업손실은 휴업기간에 해당하는 영업이익과 영업장소 이전 후 발생하는 영업이익감소액에 다음 각호의 비용을 합한 금액으로 평가한다. <개정 2014. 10. 22.>
 1. 휴업기간중의 영업용 자산에 대한 감가상각비·유지관리비와 휴업기간중에도 정상적으로 근무하여야 하는 최소인원에 대한 인건비 등 고정적 비용
 2. 영업시설·원재료·제품 및 상품의 이전에 소요되는 비용 및 그 이전에 따른 감손상당액
 3. 이전광고비 및 개업비 등 영업장소를 이전함으로 인하여 소요되는 부대비용
② 제1항의 규정에 의한 휴업기간은 4개월 이내로 한다. 다만, 다음 각 호의 어느 하나에 해당하는 경우에는 실제 휴업기간으로 하되, 그 휴업기간은 2년을 초과할 수 없다. <개정 2014. 10. 22.>
 1. 당해 공익사업을 위한 영업의 금지 또는 제한으로 인하여 4개월 이상의 기간동안 영업을 할 수 없는 경우
 2. 영업시설의 규모가 크거나 이전에 고도의 정밀성을 요구하는 등 당해 영업의 고유한 특수성으로 인하여 4개월 이내에 다른 장소로 이전하는 것이 어렵다고 객관적으로 인정되는 경우
⑤ 제46조제3항 전단은 이 조에 따른 영업이익의 평가에 관하여 이를 준용한다. 이 경우 개인영업으로서 휴업기간에 해당하는 영업이익이 「통계법」 제3조제3호에 따른 통계작성기관이 조사·발표하는 가계조사통계의 도시근로자가구 월평균 가계지출비를 기준으로 산정한 3인 가구의 휴업기간 동안의 가계지출비(휴업기간이 4개월을 초과하는 경우에는 4개월분의 가계지출비를 기준으로 한다)에 미달하는 경우에는 그 가계지출비를 휴업기간에 해당하는 영업이익으로 본다. <개정 2007. 4. 12., 2008. 4. 18., 2014. 10. 22.>
⑦ 제1항 각 호 외의 부분에서 영업장소 이전 후 발생하는 영업이익 감소액은 제1항 각 호 외의 부분의 휴업기간에 해당하는 영업이익(제5항 후단에 따른 개인영업의 경우에는 가계지출비를 말한다)의 100분의 20으로 하되, 그 금액은 1천만원을 초과하지 못한다. <신설 2014. 10. 22.>

(2) 영업장소 일부 편입 및 영업규모 축소에 따른 보상액

| 토지보상법 시행규칙 제47조 제3항 (영업의 휴업 등에 대한 손실의 평가) |

③ 공익사업에 영업시설의 일부가 편입됨으로 인하여 잔여시설에 그 시설을 새로이 설치하거나 잔여

시설을 보수하지 아니하고는 그 영업을 계속할 수 없는 경우의 영업손실 및 영업규모의 축소에 따른 영업손실은 다음 각 호에 해당하는 금액을 더한 금액으로 평가한다. 이 경우 보상액은 제1항에 따른 평가액을 초과하지 못한다. <개정 2007. 4. 12.>
1. 해당 시설의 설치 등에 소요되는 기간의 영업이익
2. 해당 시설의 설치 등에 통상 소요되는 비용
3. 영업규모의 축소에 따른 영업용 고정자산·원재료·제품 및 상품 등의 매각손실액

관련판례

▶ 대법원 2001. 3. 23. 선고 99두851 판결
▶ 대법원 2007. 12. 27. 선고 2006두5892 판결
▶ 대법원 2005. 11. 25. 선고 2003두11230 판결
▶ 대법원 2020. 4. 9. 선고 2017두275 판결
▶ 대법원 2006. 7. 28. 선고 2004두3458 판결
▶ 서울행정법원 2012. 11. 2. 선고 2011구합31178 판결

나. 공익사업시행지구 밖의 영업손실에 대한 보상

| 토지보상법 제73조 제2항 (잔여지의 손실과 공사비 보상) |
② 제1항 본문에 따른 손실 또는 비용의 보상은 관계 법률에 따라 사업이 완료된 날 또는 제24조의2에 따른 사업완료의 고시가 있는 날(이하 "사업완료일"이라 한다)부터 1년이 지난 후에는 청구할 수 없다. <개정 2021. 8. 10.>

| 토지보상법 제79조 제5항 (그 밖의 토지에 관한 비용보상 등) |
⑤ 제1항 본문 및 제2항에 따른 비용 또는 손실의 보상에 관하여는 제73조제2항을 준용한다.

| 토지보상법 시행규칙 제64조 제1항 (공익사업시행지구밖의 영업손실에 대한 보상) |
① 공익사업시행지구밖에서 제45조에 따른 영업손실의 보상대상이 되는 영업을 하고 있는 자가 공익사업의 시행으로 인하여 다음 각 호의 어느 하나에 해당하는 경우에는 그 영업자의 청구에 의하여 당해 영업을 공익사업시행지구에 편입되는 것으로 보아 보상하여야 한다. <개정 2007. 4. 12.>
1. 배후지의 3분의 2 이상이 상실되어 그 장소에서 영업을 계속할 수 없는 경우
2. 진출입로의 단절, 그 밖의 부득이한 사유로 인하여 일정한 기간 동안 휴업하는 것이 불가피한 경우

관련판례

▶ 대법원 2019. 11. 28. 선고 2018두227 판결
▶ 대법원 2013. 12. 12. 선고 2011두11846 판결

휴업보상액은 휴업기간에 해당하는 영업이익(산출방식은 공익사업법 시행규칙 제46조 제3항을 준용하므로 폐업보상과 동일하다)에 ① 휴업기간 중의 영업용 자산에 대한 감가상각비·유지관리비와 휴업기간에도 정상적으로 근무하여야 하는 최소인원에 대한 인건비 등 고정적 비용, ② 영업시설·원재료·제품 및 상품의 이전에 드는 비용 및 그 이전에 따른 감손상당액, ③ 이전 광고비 및 개업비 등 영업장소를 이전함으로 인하여 드는 부대비용을 합한 금액으로 평가한다(대법원 2006. 7. 28. 선고 2004두3458 판결).

- 공익사업을위한토지등의취득및보상에관한법률 시행규칙 제47조 제2항
② 제1항의 규정에 의한 휴업기간은 4개월 이내로 한다. 다만, 다음 각 호의 어느 하나에 해당하는 경우에는 실제 휴업기간으로 하되, 그 휴업기간은 2년을 초과할 수 없다.
　1. 당해 공익사업을 위한 영업의 금지 또는 제한으로 인하여 4개월 이상의 기간동안 영업을 할 수 없는 경우
　2. 영업시설의 규모가 크거나 이전에 고도의 정밀성을 요구하는 등 당해 영업의 고유한 특수성으로 인하여 4개월 이내에 다른 장소로 이전하는 것이 어렵다고 객관적으로 인정되는 경우

- 공익사업을위한토지등의취득및보상에관한법률 시행규칙 제47조 제3항
③ 공익사업에 영업시설의 일부가 편입됨으로 인하여 잔여시설에 그 시설을 새로이 설치하거나 잔여시설을 보수하지 아니하고는 그 영업을 계속할 수 없는 경우의 영업손실 및 영업규모의 축소에 따른 영업손실은 다음 각 호에 해당하는 금액을 더한 금액으로 평가한다. 이 경우 보상액은 제1항에 따른 평가액을 초과하지 못한다.
　1. 해당 시설의 설치 등에 소요되는 기간의 영업이익
　2. 해당 시설의 설치 등에 통상 소요되는 비용
　3. 영업규모의 축소에 따른 영업용 고정자산·원재료·제품 및 상품 등의 매각손실액

- 공익사업을위한토지등의취득및보상에관한법률 시행규칙 제47조 제4항
④ 영업을 휴업하지 아니하고 임시영업소를 설치하여 영업을 계속하는 경우의 영업손실은 임시영업소의 설치비용으로 평가한다. 이 경우 보상액은 제1항의 규정에 의한 평가액을 초과하지 못한다.

7. 영농보상

가. 영농보상의 대상

| 농지법 제2조 제1호 (가)목 (정의) |

이 법에서 사용하는 용어의 뜻은 다음과 같다. <개정 2007. 12. 21., 2009. 4. 1., 2009. 5. 27., 2018. 12. 24., 2021. 8. 17.>
　1. "농지"란 다음 각 목의 어느 하나에 해당하는 토지를 말한다.
　　가. 전·답, 과수원, 그 밖에 법적 지목(地目)을 불문하고 실제로 농작물 경작지 또는 대통령령으로 정하는 다년생식물 재배지로 이용되는 토지. 다만, 「초지법」에 따라 조성된 초지 등 대통령령으로 정하는 토지는 제외한다.

| 농지법 시행령 제2조 제3항 제2호 (가)목 (농지의 범위) |

③ 법 제2조제1호나목에서 "대통령령으로 정하는 시설"이란 다음 각 호의 구분에 따른 시설을 말한다. <개정 2008. 2. 29., 2009. 11. 26., 2012. 7. 10., 2013. 3. 23., 2013. 12. 30., 2014. 12. 30., 2019. 7. 2.>
1. 법 제2조제1호가목의 토지의 개량시설로서 다음 각 목의 어느 하나에 해당하는 시설
   가. 유지(溜池: 웅덩이), 양·배수시설, 수로, 농로, 제방
   나. 그 밖에 농지의 보전이나 이용에 필요한 시설로서 농림축산식품부령으로 정하는 시설
2. 법 제2조제1호가목의 토지에 설치하는 농축산물 생산시설로서 농작물 경작지 또는 제1항 각 호의 다년생식물의 재배지에 설치한 다음 각 목의 어느 하나에 해당하는 시설
   가. 고정식온실·버섯재배사 및 비닐하우스와 농림축산식품부령으로 정하는 그 부속시설
   나. 축사·곤충사육사와 농림축산식품부령으로 정하는 그 부속시설
   다. 간이퇴비장
   라. 농막·간이저온저장고 및 간이액비저장조 중 농림축산식품부령으로 정하는 시설

관련판례

▶ 대법원 2013. 11. 14. 선고 2011다27103 판결
▶ 대법원 2012. 6. 14. 선고 2011두26794 판결

가. 영농보상의 대상

공익사업법 시행규칙 제48조 제1항은 영농손실보상의 대상이 되는 농지를 농지법 제2조 제1호 가.목에 해당하는 토지로 정하고 있고, 농지법 제2조 제1호 가.목에 의하면, 농지란 "전·답, 과수원, 그 밖에 법적 지목을 불문하고 실제로 농작물 경작지 또는 다년생 식물 재배지로 이용되는 토지"로서 대통령령으로 정하는 경우를 제외한 것을 말한다(대법원 2010. 8. 19. 선고 2010두8140 판결).

• 공익사업을위한토지등의취득및보상에관한법률 시행규칙 제48조 제3항
③ 다음 각호의 어느 하나에 해당하는 토지는 이를 제1항 및 제2항의 규정에 의한 농지로 보지 아니한다.
1. 사업인정고시일등 이후부터 농지로 이용되고 있는 토지
2. 토지이용계획·주위환경 등으로 보아 일시적으로 농지로 이용되고 있는 토지
3. 타인소유의 토지를 불법으로 점유하여 경작하고 있는 토지
4. 농민(「농지법」 제2조제3호의 규정에 의한 농업법인 또는 「농지법 시행령」 제3조제1호 및 동조제2호의 규정에 의한 농업인을 말한다. 이하 이 조에서 같다)이 아닌 자가 경작하고 있는 토지
5. 토지의 취득에 대한 보상 이후에 사업시행자가 2년 이상 계속하여 경작하도록 허용하는 토지

• 농지법 시행령 제2조 제2항
② 법 제2조제1호가목 단서에서 "「초지법」에 따라 조성된 토지 등 대통령령으로 정하는 토지"란 다음 각 호의 토지를 말한다.

1. 「공간정보의 구축 및 관리 등에 관한 법률」에 따른 지목이 전·답, 과수원이 아닌 토지(지목이 임야인 토지는 제외한다)로서 농작물 경작지 또는 제1항 각 호에 따른 다년생식물 재배지로 계속하여 이용되는 기간이 3년 미만인 토지
2. 「공간정보의 구축 및 관리 등에 관한 법률」에 따른 지목이 임야인 토지로서 「산지관리법」에 따른 산지전용허가(다른 법률에 따라 산지전용허가가 의제되는 인가·허가·승인 등을 포함한다)를 거치지 아니하고 농작물의 경작 또는 다년생식물의 재배에 이용되는 토지
3. 「초지법」에 따라 조성된 초지

• 농지법 시행령 제2조 제1항 제2호, 제3호
① 「농지법」(이하 "법"이라 한다) 제2조제1호가목 본문에 따른 다년생식물 재배지는 다음 각 호의 어느 하나에 해당하는 식물의 재배지로 한다.
 1. 목초·종묘·인삼·약초·잔디 및 조림용 묘목
 3. 조경 또는 관상용 수목과 그 묘목(조경목적으로 식재한 것을 제외한다)

나. 보상액 산정(대법원 2012. 6. 14. 선고 2001두26794 판결)

• 공익사업을위한토지등의취득및보상에관한법률 제77조 제2항, 제4항
② 농업의 손실에 대하여는 농지의 단위면적당 소득 등을 고려하여 실제 경작자에게 보상하여야 한다. 다만, 농지소유자가 해당 지역에 거주하는 농민인 경우에는 농지소유자와 실제 경작자가 협의하는 바에 따라 보상할 수 있다.
④ 제1항부터 제3항까지의 규정에 따른 보상액의 구체적인 산정 및 평가 방법과 보상기준, 제2항에 따른 실제 경작자 인정기준에 관한 사항은 국토교통부령으로 정한다.

• 공익사업을위한토지등의취득및보상에관한법률 시행규칙 제48조 제1항
① 공익사업시행지구에 편입되는 농지(「농지법」 제2조제1호가목 및 같은 법 시행령 제2조제3항제2호가목에 해당하는 토지를 말한다. 이하 이 조와 제65조에서 같다)에 대하여는 그 면적에 「통계법」 제3조제3호에 따른 통계작성기관이 매년 조사·발표하는 농가경제조사통계의 도별 농업총수입 중 농작물수입을 도별 표본농가현황 중 경지면적으로 나누어 산정한 도별 연간 농가평균 단위경작면적당 농작물총수입(서울특별시·인천광역시는 경기도, 대전광역시는 충청남도, 광주광역시는 전라남도, 대구광역시는 경상북도, 부산광역시·울산광역시는 경상남도의 통계를 각각 적용한다)의 직전 3년간 평균의 2년분을 곱하여 산정한 금액을 영농손실액으로 보상한다.

8. 주거이전비보상

가. 주거이전비

| 토지보상법 제78조 제5항 (이주대책의 수립 등) |

⑤ 제1항에 따라 이주대책의 실시에 따른 주택지 또는 주택을 공급받기로 결정된 권리는 소유권이전등기를 마칠 때까지 전매(매매, 증여, 그 밖에 권리의 변동을 수반하는 모든 행위를 포함하되, 상속은 제외한다)할 수 없으며, 이를 위반하거나 해당 공익사업과 관련하여 다음 각 호의 어느 하나에 해당하는 경우에 사업시행자는 이주대책의 실시가 아닌 이주정착금으로 지급하여야 한다. <신설 2022. 2. 3.>
  1. 제93조, 제96조 및 제97조제2호의 어느 하나에 해당하는 위반행위를 한 경우
  2. 「공공주택 특별법」 제57조제1항 및 제58조제1항제1호의 어느 하나에 해당하는 위반행위를 한 경우
  3. 「한국토지주택공사법」 제28조의 위반행위를 한 경우

| 토지보상법 시행규칙 제54조 (주거이전비의 보상) |

① 공익사업시행지구에 편입되는 주거용 건축물의 소유자에 대하여는 해당 건축물에 대한 보상을 하는 때에 가구원수에 따라 2개월분의 주거이전비를 보상하여야 한다. 다만, 건축물의 소유자가 해당 건축물 또는 공익사업시행지구 내 타인의 건축물에 실제 거주하고 있지 아니하거나 해당 건축물이 무허가건축물등인 경우에는 그러하지 아니하다. <개정 2016. 1. 6.>

② 공익사업의 시행으로 인하여 이주하게 되는 주거용 건축물의 세입자(무상으로 사용하는 거주자를 포함하되, 법 제78조제1항에 따른 이수대책대상자인 세입자는 제외한다)로서 사업인정고시일등 당시 또는 공익사업을 위한 관계 법령에 따른 고시 등이 있은 당시 해당 공익사업시행지구안에서 3개월 이상 거주한 자에 대해서는 가구원수에 따라 4개월분의 주거이전비를 보상해야 한다. 다만, 무허가건축물등에 입주한 세입자로서 사업인정고시일등 당시 또는 공익사업을 위한 관계 법령에 따른 고시 등이 있은 당시 그 공익사업지구 안에서 1년 이상 거주한 세입자에 대해서는 본문에 따라 주거이전비를 보상해야 한다. <개정 2007. 4. 12., 2016. 1. 6., 2020. 12. 11.>

③ 제1항 및 제2항에 따른 거주사실의 입증은 제15조제1항 각 호의 방법으로 할 수 있다. <신설 2020. 12. 11.>

④ 제1항 및 제2항에 따른 주거이전비는 「통계법」 제3조제3호에 따른 통계작성기관이 조사·발표하는 가계조사통계의 도시근로자가구의 가구원수별 월평균 명목 가계지출비(이하 이 항에서 "월평균 가계지출비"라 한다)를 기준으로 산정한다. 이 경우 가구원수가 5인인 경우에는 5인 이상 기준의 월평균 가계지출비를 적용하며, 가구원수가 6인 이상인 경우에는 5인 이상 기준의 월평균 가계지출비에 5인을 초과하는 가구원수에 다음의 산식에 의하여 산정한 1인당 평균비용을 곱한 금액을 더한 금액으로 산정한다. <개정 2009. 11. 13., 2012. 1. 2., 2020. 12. 11.>
  1인당 평균비용 = (5인 이상 기준의 도시근로자가구 월평균 가계지출비 − 2인 기준의 도시근로자가구 월평균 가계지출비) ÷ 3

> **관련판례**
> ▶ 대법원 2006. 4. 27. 선고 2006두2435 판결
> ▶ 대법원 2011. 7. 14. 선고 2011두3685 판결
> ▶ 대법원 2017. 10. 26. 선고 2015두46673 판결
> ▶ 대법원 2011. 8. 25. 선고 2010두4131 판결

가. 주거이전비(공익사업을위한토지등의취득및보상에관한법률 시행규칙 제54조, 도시및주거환경정비법 규칙 제9조의2, 공익사업을위한토지등의취득및보상에관한법률 시행령 제44조의2)

- 공익사업을위한토지등의취득및보상에관한법률 시행규칙 제54조

① 공익사업시행지구에 편입되는 주거용 건축물의 소유자에 대하여는 해당 건축물에 대한 보상을 하는 때에 가구원수에 따라 2개월분의 주거이전비를 보상하여야 한다. 다만, 건축물의 소유자가 해당 건축물 또는 공익사업시행지구 내 타인의 건축물에 실제 거주하고 있지 아니하거나 해당 건축물이 무허가건축물등인 경우에는 그러하지 아니하다. <개정 2016. 1. 6.>

② 공익사업의 시행으로 인하여 이주하게 되는 주거용 건축물의 세입자(무상으로 사용하는 거주자를 포함하되, 법 제78조제1항에 따른 이주대책대상자인 세입자는 제외한다)로서 사업인정고시일등 당시 또는 공익사업을 위한 관계 법령에 따른 고시 등이 있은 당시 해당 공익사업시행지구안에서 3개월 이상 거주한 자에 대해서는 가구원수에 따라 4개월분의 주거이전비를 보상해야 한다. 다만, 무허가건축물등에 입주한 세입자로서 사업인정고시일등 당시 또는 공익사업을 위한 관계 법령에 따른 고시 등이 있은 당시 그 공익사업지구 안에서 1년 이상 거주한 세입자에 대해서는 본문에 따라 주거이전비를 보상해야 한다. <개정 2007. 4. 12., 2016. 1. 6., 2020. 12. 11.>

③ 제1항 및 제2항에 따른 거주사실의 입증은 제15조제1항 각 호의 방법으로 할 수 있다. <신설 2020. 12. 11.>

④ 제1항 및 제2항에 따른 주거이전비는 「통계법」 제3조제3호에 따른 통계작성기관이 조사·발표하는 가계조사통계의 도시근로자가구의 가구원수별 월평균 명목 가계지출비(이하 이 항에서 "월평균 가계지출비"라 한다)를 기준으로 산정한다. 이 경우 가구원수가 5인인 경우에는 5인 이상 기준의 월평균 가계지출비를 적용하며, 가구원수가 6인 이상인 경우에는 5인 이상 기준의 월평균 가계지출비에 5인을 초과하는 가구원수에 다음의 산식에 의하여 산정한 1인당 평균비용을 곱한 금액을 더한 금액으로 산정한다. <개정 2012. 1. 2., 2020. 12. 11.>

1인당 평균비용 = (5인 이상 기준의 도시근로자가구 월평균 가계지출비 − 2인 기준의 도시근로자가구 월평균 가계지출비) ÷ 3

- (구) 도시및주거환경정비법 규칙 제9조의2 (손실보상)

① 영 제44조의2제2항에 따라 정비사업으로 인한 영업의 휴업 등에 대하여 손실을 평가하는 경우 「공익사업을 위한 토지 등의 취득 및 보상에 관한 법률 시행규칙」 제47조제1항에 따른 휴업기간은 같은 규칙 제47조제2항 본문에도 불구하고 4개월 이내로 한다. 다만, 다음 각 호의 어느 하나에 해당하는 경우에는 실제 휴업기간으로 하되, 그 휴업기간은 2년을 초과할 수 없다.

 1. 해당 정비사업을 위한 영업의 금지 또는 제한으로 인하여 4개월 이상의 기간동안 영업을

할 수 없는 경우
    2. 영업시설의 규모가 크거나 이전에 고도의 정밀성을 요구하는 등 해당 영업의 고유한 특수성으로 인하여 4개월 이내에 다른 장소로 이전하는 것이 어렵다고 객관적으로 인정되는 경우
② 제1항에 따라 영업손실을 보상하는 경우 「공익사업을 위한 토지 등의 취득 및 보상에 관한 법률 시행규칙」 제45조제1호의 사업인정고시일등은 영 제11조에 따른 공람공고일로 본다.
③ 영 제44조의2제2항에 따른 주거이전비의 보상은 「공익사업을 위한 토지 등의 취득 및 보상에 관한 법률 시행규칙」 제54조제2항 본문에도 불구하고 영 제11조에 따른 공람공고일 현재 해당 정비구역에 거주하고 있는 세입자를 대상으로 한다.

- (구) 도시정비법 제37조 (손실보상)
① 제36조의 규정에 의하여 공공단체(지방자치단체를 제외한다) 또는 개인의 시설이나 토지를 일시 사용함으로써 손실을 받은 자가 있는 경우에는 사업시행자는 그 손실을 보상하여야 하며, 손실을 보상함에 있어서는 손실을 받은 자와 협의하여야 한다.
② 사업시행자 또는 손실을 받은 자는 제1항의 규정에 의한 손실보상의 협의가 성립되지 아니하거나 협의할 수 없는 경우에는 공익사업을위한토지등의취득및보상에관한법률 제49조의 규정에 의하여 설치되는 관할 토지수용위원회에 재결을 신청할 수 있다.
③ 손실보상에 관하여는 이 법에 규정된 것을 제외하고는 공익사업을위한토지등의취득및보상에관한법률을 준용한다.

- 지적법 제2조 제1호 [법률 제9774호, 2009. 6. 9, 타법폐지]
1. "지적공부"라 함은 다음 각목의 1에 해당하는 것을 말한다.
- 공익사업을위한토지등의취득및보상에관한법률 시행령 제44조의2
① 법 제82조제1항 각 호 외의 부분 단서에 따른 보상협의회(이하 이 조에서 "보상협의회"라 한다)는 제2항에 해당하는 공익사업에 대하여 해당 사업지역을 관할하는 특별자치도, 시·군 또는 구(자치구를 말한다. 이하 이 조에서 같다)에 설치한다. 다만, 다음 각 호의 어느 하나에 해당하는 경우에는 사업시행자가 설치하여야 한다.
    1. 해당 사업지역을 관할하는 특별자치도, 시·군 또는 구의 부득이한 사정으로 보상협의회 설치가 곤란한 경우
    2. 공익사업을 시행하는 지역이 둘 이상의 시·군 또는 구에 걸쳐 있는 경우로서 보상협의회 설치를 위한 해당 시장·군수 또는 구청장(자치구의 구청장을 말한다. 이하 이 조에서 같다) 간의 협의가 법 제15조제2항에 따른 보상계획의 열람기간 만료 후 30일 이내에 이루어지지 아니하는 경우
② 법 제82조제1항 각 호 외의 부분 단서에서 "대통령령으로 정하는 규모 이상의 공익사업"이란 해당 공익사업지구 면적이 10만 제곱미터 이상이고, 토지등의 소유자가 50인 이상인 공익사업을 말한다.
③ 특별자치도지사, 시장·군수 또는 구청장이 제1항 각 호 외의 부분 본문에 따른 보상협의회를 설치하려는 경우에는 특별한 사유가 있는 경우를 제외하고는 법 제15조제2항에 따른 보상계획의 열람기간 만료 후 30일 이내에 보상협의회를 설치하고, 사업시행자에게 이를 통지하여야 하며, 사업시행자가 제1항 각 호 외의 부분 단서에 따른 보상협의회를 설치하려는 경우에는 특별한 사유가 있는 경우를 제외하고는 지체 없이 보상협의회를 설치하고, 특별자치도지사, 시장·군수 또는 구청장에게 이를 통지하여야 한다.
④ 보상협의회의 위원장은 해당 특별자치도, 시·군 또는 구의 부지사, 부시장·부군수 또는 부구청

> 장이 되며, 위원장이 부득이한 사유로 직무를 수행할 수 없을 때에는 위원장이 지명하는 위원이 그 직무를 대행한다. 다만, 제1항 각 호 외의 부분 단서에 따른 보상협의회의 경우 위원은 해당 사업시행자가 임명하거나 위촉하고, 위원장은 위원 중에서 호선(互選)한다.
> ⑤ 보상협의회에 보상협의회의 사무를 처리할 간사와 서기를 두며, 간사와 서기는 보상협의회의 위원장이 해당 특별자치도, 시·군 또는 구의 소속 공무원(제1항 각 호 외의 부분 단서에 따른 보상협의회의 경우에는 사업시행자 소속 임직원을 말한다) 중에서 임명한다.
> ⑥ 제1항에 따른 보상협의회의 설치·구성 및 운영 등에 관하여는 제44조제2항, 제4항, 제6항부터 제8항까지, 제10항 및 제11항을 준용한다.

대법원은 사업시행자가 이주정착지에 택지를 조성하여 개별공급하는 내용의 이주대책에서 공공시설 설치비용을 이주대책자에게 전가할 수 없다고 하고(대법원 2002. 3. 15. 선고 2001다67126 판결), 이주자가 사업시행자에게 이주대책대상자 선정신청을 하고 사업시행자가 이주대책대상자로 확인·결정하여야 비로소 구체적인 수분양권(공법상의 권리)이 발생한다고 보며(대법원 1994. 5. 24. 선고 92다35783 전원합의체판결, 대법원 2002. 2. 8. 선고 2001다17633 판결), 재개발사업의 경우에 있어서도 이주대책을 세워야 한다고 판시하였다(대법원 2004. 10. 27. 선고 2003두858).

구 공익사업을 위한 토지 등의 취득 및 보상에 관한 법률 제2조, 제78조에 의하면, 세입자는 사업시행자가 취득 또는 사용할 토지에 관하여 임대차 등에 의한 권리를 가진 관계인으로서, 같은 법 시행규칙 제54조 제2항 본문에 해당하는 경우에는 주거이전에 필요한 비용을 보상받을 권리가 있는데, 이러한 주거이전비는 당해 공익사업 시행지구 안에 거주하는 세입자들의 조기이주를 장려하여 사업추진을 원활하게 하려는 정책적인 목적과 주거이전으로 인하여 특별한 어려움을 겪게 될 세입자들을 대상으로 하는 사회보장적인 차원에서 지급되는 금원의 성격을 가지므로, 적법하게 시행된 공익사업으로 인하여 이주하게 된 주거용 건축물 세입자의 주거이전비 보상청구권은 공법상의 권리이고, 따라서 그 보상을 둘러싼 쟁송은 민사소송이 아니라 공법상의 법률관계를 대상으로 하는 행정소송에 의하여야 한다고 한다(대법원 2008. 5. 29. 선고 2007다8129 판결).

위 판결에서는 토지수용위원회의 재결이 존재하지 아니하는 경우 곧바로 사업시행자를 상대로 실질적 당사자소송을 제기할 수 있다고 함으로써 권리구제절차를 간이화시키는 방향으로 해석하고 있다.

9. 이사비

> | 토지보상법 시행규칙 제55조 제2항 (동산의 이전비 보상 등) |
> ② 공익사업시행지구에 편입되는 주거용 건축물의 거주자가 해당 공익사업시행지구 밖으로 이사를 하는 경우에는 별표 4의 기준에 의하여 산정한 이사비(가재도구 등 동산의 운반에 필요한 비용을 말한다. 이하 이 조에서 같다)를 보상하여야 한다. <개정 2012. 1. 2.>

[별표] 이사비 기준(제55조제2항 관련) (공익사업을 위한 토지 등의 취득 및 보상에 관한 법률 시행규칙 [별표 4] <개정 2021. 8. 27.>)

이사비 기준(제55조제2항 관련)

주택연면적기준	이사비			비고
	임금	차량운임	포장비	
1. 33제곱미터 미만	3명분	1대분	(임금 + 차량운임) × 0.15	1. 임금은 「통계법」 제3조제3호에 따른 통계작성기관이 같은 법 제18조에 따른 승인을 받아 작성·공표한 공사부문 보통인부의 임금을 기준으로 한다. 2. 차량운임은 한국교통연구원이 발표하는 최대적재량이 5톤인 화물자동차의 1일 8시간 운임을 기준으로 한다. 3. 한 주택에서 여러 세대가 거주하는 경우 주택연면적기준은 세대별 점유면적에 따라 각 세대별로 계산·적용한다.
2. 33제곱미터 이상 49.5제곱미터 미만	4명분	2대분	(임금 + 차량운임) × 0.15	
3. 49.5제곱미터 이상 66제곱미터 미만	5명분	2.5대분	(임금 + 차량운임) × 0.15	
4. 66제곱미터 이상 99제곱미터 미만	6명분	3대분	(임금 + 차량운임) × 0.15	
5. 99제곱미터 이상	8명분	4대분	(임금 + 차량운임) × 0.15	

관련판례

- 대법원 2010. 11. 11. 선고 2010두5332 판결
- 대법원 2016. 12. 15. 선고 2016두49754 판결
- 대법원 2006. 4. 27. 선고 2006두2435 판결
- 대법원 2012. 4. 26. 선고 2010두7475 판결
- 대법원 2013. 5. 23. 선고 2012두11072 판결
- 대법원 2006. 4. 27. 선고 2006두2435 판결
- 서울고등법원 2013. 9. 13. 선고 2013누6727 판결, 상고기각(대법원 2014. 2. 13. 선고 2013두21274 판결)되어 확정

가. 동산의 이전비 보상 (공익사업을위한토지등의취득및보상에관한법률 시행규칙 제55조)

- 공익사업을위한토지등의취득및보상에관한법률 시행규칙 제55조
① 토지등의 취득 또는 사용에 따라 이전하여야 하는 동산(제2항에 따른 이사비의 보상대상인 동산을 제외한다)에 대하여는 이전에 소요되는 비용 및 그 이전에 따른 감손상당액을 보상

② 공익사업시행지구에 편입되는 주거용 건축물의 거주자가 해당 공익사업시행지구 밖으로 이사를 하는 경우에는 별표 4의 기준에 의하여 산정한 이사비(가재도구 등 동산의 운반에 필요한 비용을 말한다. 이하 이 조에서 같다)를 보상하여야 한다.
③ 이사비의 보상을 받은 자가 당해 공익사업시행지구안의 지역으로 이사하는 경우에는 이사비를 보상하지 아니한다.

10. 이주대책과 생활대책

| 토지보상법 제78조 제1항 (이주대책의 수립 등) |

① 사업시행자는 공익사업의 시행으로 인하여 주거용 건축물을 제공함에 따라 생활의 근거를 상실하게 되는 자(이하 "이주대책대상자"라 한다)를 위하여 대통령령으로 정하는 바에 따라 이주대책을 수립·실시하거나 이주정착금을 지급하여야 한다.

관련판례

▶ 헌법재판소 2015. 10. 21. 선고 2013헌바10 결정
▶ 대법원 2011. 6. 23. 선고 2007다63089, 63096 판결

가. 이주대책

| 토지보상법 시행령 제40조 제2항, 제5항 제1호, 제2호 제3호 (이주대책의 수립) |

② 이주대책은 국토교통부령으로 정하는 부득이한 사유가 있는 경우를 제외하고는 이주대책대상자 중 이주정착지에 이주를 희망하는 자의 가구 수가 10호(戶) 이상인 경우에 수립·실시한다. 다만, 사업시행자가 「택지개발촉진법」 또는 「주택법」 등 관계 법령에 따라 이주대책대상자에게 택지 또는 주택을 공급한 경우(사업시행자의 알선에 의하여 공급한 경우를 포함한다)에는 이주대책을 수립·실시한 것으로 본다.
⑤ 다음 각 호의 어느 하나에 해당하는 자는 이주대책대상자에서 제외한다. <개정 2016. 1. 6., 2018. 4. 17.>
  1. 허가를 받거나 신고를 하고 건축 또는 용도변경을 하여야 하는 건축물을 허가를 받지 아니하거나 신고를 하지 아니하고 건축 또는 용도변경을 한 건축물의 소유자
  2. 해당 건축물에 공익사업을 위한 관계 법령에 따른 고시 등이 있는 날부터 계약체결일 또는 수용재결일까지 계속하여 거주하고 있지 아니한 건축물의 소유자. 다만, 다음 각 목의 어느 하나에 해당하는 사유로 거주하고 있지 아니한 경우에는 그러하지 아니하다.
    가. 질병으로 인한 요양
    나. 징집으로 인한 입영
    다. 공무
    라. 취학

마. 해당 공익사업지구 내 타인이 소유하고 있는 건축물에의 거주
바. 그 밖에 가목부터 라목까지에 준하는 부득이한 사유
3. 타인이 소유하고 있는 건축물에 거주하는 세입자. 다만, 해당 공익사업지구에 주거용 건축물을 소유한 자로서 타인이 소유하고 있는 건축물에 거주하는 세입자는 제외한다.

| 토지보상법 시행규칙 제53조 제1항 (이주정착금 등) |

① 영 제40조제2항 본문에서 "국토교통부령으로 정하는 부득이한 사유"란 다음 각 호의 어느 하나에 해당하는 경우를 말한다. <개정 2008. 3. 14., 2013. 3. 23., 2020. 12. 11.>
  1. 공익사업시행지구의 인근에 택지 조성에 적합한 토지가 없는 경우
  2. 이주대책에 필요한 비용이 당해 공익사업의 본래의 목적을 위한 소요비용을 초과하는 등 이주대책의 수립·실시로 인하여 당해 공익사업의 시행이 사실상 곤란하게 되는 경우

관련판례

▶ 대법원 2009. 2. 26. 선고 2007두13340 판결
▶ 대법원 2015. 8. 27. 선고 2012두26746 판결
▶ 대법원 2009. 2. 26. 선고 2007두13340 판결
▶ 대법원 1999. 8. 20. 산거 98두17043 판결
▶ 대법원 2011. 6. 10. 선고 2010두26216 판결
▶ 대법원 2016. 5. 12. 선고 2014다72715 판결
▶ 대법원 2016. 8. 24. 선고 2016두37218 판결
▶ 대법원 2009. 9. 24. 선고 2009누8830 판결
▶ 대법원 2016. 12. 15. 선고 2016두49754 판결

나. 이주대책의 내용

| 토지보상법 제78조 제4항 (이주대책의 수립 등) |

④ 이주대책의 내용에는 이주정착지(이주대책의 실시로 건설하는 주택단지를 포함한다)에 대한 도로, 급수시설, 배수시설, 그 밖의 공공시설 등 통상적인 수준의 생활기본시설이 포함되어야 하며, 이에 필요한 비용은 사업시행자가 부담한다. 다만, 행정청이 아닌 사업시행자가 이주대책을 수립·실시하는 경우에 지방자치단체는 비용의 일부를 보조할 수 있다.

| 토지보상법 시행령 제41조의2 제2항 (생활기본시설의 범위 등) |

② 법 제78조제9항에 따라 사업시행자가 부담하는 생활기본시설에 필요한 비용(이하 이 조에서 "사업시행자가 부담하는 비용"이라 한다)은 다음 각 호의 구분에 따른 계산식에 따라 산정한다. <개정 2022. 5. 9.>
  1. 택지를 공급하는 경우
     사업시행자가 부담하는 비용 = 해당 공익사업지구 안에 설치하는 제1항에 따른 생활기본시설의 설치비용 × (해당 이주대책대상자에게 유상으로 공급하는 택지면적 ÷ 해당 공익사업지구에서 유상으로 공급하는 용지의 총면적)
  2. 주택을 공급하는 경우

> 사업시행자가 부담하는 비용 = 해당 공익사업지구 안에 설치하는 제1항에 따른 생활기본시설의 설치비용 × (해당 이주대책대상자에게 유상으로 공급하는 주택의 대지면적 ÷ 해당 공익사업지구에서 유상으로 공급하는 용지의 총면적)

관련판례

▶ 대법원 2011. 6. 23. 선고 2007다63089, 63096 판결

다. 이주정착금의 지급

| 토지보상법 시행령 제41조 (이주정착금의 지급) |

사업시행자는 법 제78조제1항에 따라 다음 각 호의 어느 하나에 해당하는 경우에는 이주대책대상자에게 국토교통부령으로 정하는 바에 따라 이주정착금을 지급해야 한다. <개정 2021. 11. 23.>

1. 이주대책을 수립·실시하지 아니하는 경우
2. 이주대책대상자가 이주정착지가 아닌 다른 지역으로 이주하려는 경우
3. 이주대책대상자가 공익사업을 위한 관계 법령에 따른 고시 등이 있은 날의 1년 전부터 계약체결일 또는 수용재결일까지 계속하여 해당 건축물에 거주하지 않은 경우
4. 이주대책대상자가 공익사업을 위한 관계 법령에 따른 고시 등이 있은 날 당시 다음 각 목의 어느 하나에 해당하는 기관·업체에 소속(다른 기관·업체에 소속된 사람이 파견 등으로 각 목의 기관·업체에서 근무하는 경우를 포함한다)되어 있거나 퇴직한 날부터 3년이 경과하지 않은 경우
   가. 국토교통부
   나. 사업시행자
   다. 법 제21조제2항에 따라 협의하거나 의견을 들어야 하는 공익사업의 허가·인가·승인 등 기관
   라. 공익사업을 위한 관계 법령에 따른 고시 등이 있기 전에 관계 법령에 따라 실시한 협의, 의견청취 등의 대상자였던 중앙행정기관, 지방자치단체, 「공공기관의 운영에 관한 법률」 제4조에 따른 공공기관 및 「지방공기업법」에 따른 지방공기업 [전문개정 2013. 5. 28.]

| 토지보상법 시행규칙 제53조 제2항 (이주정착금 등) |

② 영 제41조에 따른 이주정착금은 보상대상인 주거용 건축물에 대한 평가액의 30퍼센트에 해당하는 금액으로 하되, 그 금액이 1천2백만원 미만인 경우에는 1천2백만원으로 하고, 2천4백만원을 초과하는 경우에는 2천4백만원으로 한다. <개정 2012. 1. 2., 2020. 12. 11.>

관련판례

▶ 대법원 2011. 6. 23. 선고 2007다63089, 63096 판결
▶ 대법원 2002. 9. 24. 선고 2000두1713 판결
▶ 대법원 2015. 8. 27. 선고 2012두26746 판결

제2절 총 칙

1. 토지보상법의 적용

> **| 토지보상법 제1조 (목적) |**
> 이 법은 공익사업에 필요한 토지 등을 협의 또는 수용에 의하여 취득하거나 사용함에 따른 손실의 보상에 관한 사항을 규정함으로써 공익사업의 효율적인 수행을 통하여 공공복리의 증진과 재산권의 적정한 보호를 도모하는 것을 목적으로 한다.
>
> **| 참조조문 |**
> 토지보상법 제4조
> 토지보상법 시행령 제7조 제1항

사례 1 공유재산의 효율적인 사용·관리를 위해 사유지를 매수하는 경우는 「토지보상법」 적용대상이 아니다. (2011.11.15. 토지정책과-5434) (유권해석)

질의요지 2018 토지수용 업무편람 발췌

교육청이 사용·관리중인 학교부지 내에 사유(공유지분) 토지가 존재하는 바, 공유재산의 효율적인 관리를 위하여 매수하고자 하는 경우, 「학교시설사업 촉진법」부칙 제2조에 의거 「공익사업을 위한 토지 등의 취득 및 보상에 관한 법률」을 적용할 수 있는지?

회신내용

「공익사업을 위한 토지 등의 취득 및 보상에 관한 법률(이하 "토지보상법")」은 공익사업에 필요한 토지 등을 협의 또는 수용에 의하여 취득하거나 사용함에 따른 손실의 보상에 관한 사항을 규정한 법률로서, 공유재산의 사용·관리를 위하여 사유지를 매수하는 경우는 동법 적용대상이 아니라고 봅니다.

사례 2 도시계획시설인 시외버스터미널을 폐쇄하고 시로 매입요청을 한 경우 「토지보상법」에 의한 손실보상 기준을 적용할 수 없다(2011.07.22. 토지정책과-3581) (유권해석)

질의요지 2018 토지수용 업무편람 발췌

도시계획시설인 시외버스터미널을 폐쇄하고 시로 매입요청을 한 경우 「공익사업을 위한 토지 등의 취득 및 보상에 관한 법률(이하 "토지보상법"이라 함)」에 의한 손실보상 기준을 적용할 수 있는지?

회신내용

토지보상법은 공익사업에 필요한 토지 등을 협의 또는 수용에 의하여 취득하거나 사용함에 따른 손실의 보상에 관한 사항을 규정한 법률입니다. 따라서, 공유재산을 취득하거나 처분하는 사항은 토지보상법이 아닌 관련 법률에 따라야 한다고 봅니다.

사례 3 시장정비사업시행자는 시장정비구역 내 토지를 수용할 수 있다(2017.06.26. 법제처 17-0157) (법령해석)

질의요지

2018 토지수용 업무편람 발췌

「전통시장 및 상점가 육성을 위한 특별법」(이하 "전통시장법"이라 함) 제2조제6호에 따른 시장정비사업의 시행자는 해당 사업을 시행하기 위해 필요한 경우 시장정비구역 내 토지를 수용할 수 있는지?

회신내용

전통시장법 제2조제6호에 따른 시장정비사업의 시행자는 해당 사업을 시행하기 위해 필요한 경우 시장정비구역 내 토지를 수용할 수 있습니다.

이 유

전통시장법 제4조제1항에 따라 준용되는 "도시정비법 중 도시환경정비사업에 관한 규정"의 범위에 같은 법 제38조에 따른 토지 등의 수용에 관한 규정도 포함되는 것으로 보아야 할 것이므로, 시장정비사업의 시행자는 토지 등을 수용할 수 있는 권한을 갖는다고 할 것이고, 만약 이와 달리 해석한다면 시장정비사업의 시행자가 해당 사업에 반대하는 자들의 토지를 사업 부지에 편입시키는 것이 어려워 사업 시행에 큰 지장을 초래하게 된다고 할 것인바, 이는 시장정비사업을 촉진하기 위해 제정된 전통시장법의 입법취지에 반하는 해석이라고 할 것이므로 타당하지 않다고 할 것입니다.

따라서, 전통시장법 제2조제6호에 따른 시장정비사업의 시행자는 해당 사업을 시행하기 위해 필요한 경우 시장정비구역 내 토지를 수용할 수 있다고 할 것입니다.

※ 「전통시장법」 제4조제1항에 따른 「도시정비법」 중 도시환경정비사업에 관한 규정의 준용은 재의제에 해당되는 것으로 보아야 하고, 「전통시장법」은 「토지보상법」 제4조제8호에 따른 별표에서 규정한 110개 법률에 포함되지 않으므로 「전통시장법」 제2조제6호에 따른 시장정비사업의 시행자는 해당 사업을 시행하기 위해 시장정비구역 내 토지를 수용할 수 없다고 보아야 할 것임

판 례

판례 1 ┃ 소유권확인

[대법원 1981.6.23. 선고 81다92 판결]

판결요지

조선총독부 임시토지조사국에서 작성한 토지조사부의 소유자란에 소유자로 등재된 사실만으로는 토지사정을 거쳐 그 소유권이 확정된 것이라고 단정할 수 없다.

판례 2 ▮ 소유권확인

[대법원 1986.6.10. 선고 84다카1773 전원합의체 판결]

판결요지

구 토지조사령(1912.8.13 제령 제2호)에 의한 토지조사부에 토지소유자로 등재되어 있는 자는 재결에 의하여 사정내용이 변경되었다는 등의 반증이 없는 이상 토지소유자로 사정받고 그 사정이 확정된 것으로 추정할 것이다.

판례 3 ▮ 부당이득금

[대법원 2001. 3. 23. 선고 2000다66522 판결]

판결요지

구 토지조사령에 의한 토지조사부에 토지소유자로 등재되어 있는 자는 재결에 의하여 사정내용이 변경되었다는 등의 반증이 없는 이상 토지소유자로 사정받고 그 사정이 확정된 것으로 추정할 것이므로, 어느 토지에 관하여 토지조사부에 사정받은 자로 등재된 자가 사망하였고 그 재산상속인이 남아 있다면, 그 토지에 관한 사정이 있은 후에 그 소유권이 제3자에게 이전되었다고 볼 만한 사정이 없는 한 사정명의자의 재산상속인이 그 토지의 소유자라고 보아야 할 것이고, 따라서 사정명의자의 재산상속인 명의로 마쳐진 소유권보존등기와 이에 터잡아 마쳐진 소유권이전등기는 비록 그 소유권보존등기가 토지조사부와 상속을 증명하는 서면 등에 근거한 것이 아니라고 하더라도 일응 실체적 권리관계에 부합하는 유효의 등기로 추정되고, 이러한 경우 등기명의인의 소유임을 다투는 자는 그 토지가 등기명의인이 소유가 아니라는 점에 대한 입증책임을 부담한다고 할 것이다.

판례 4 ▮ 소유권보존등기말소

[대법원 1995.4.28. 선고 94다23524 판결]

판결요지

가. 어느 부동산에 관하여 등기가 경료되어 있는 경우 특별한 사정이 없는 한 그 원인과 절차에 있어서 적법하게 경료된 것으로 추정된다.

나. 어느 임야에 관하여 갑 명의로 소유권보존등기를 경료한 당시에 적용되던 의용부동산등기법 제105조, 제107조에 의하면 미등기의 토지소유권 등기를 함에 있어서는 신청인의 소유라는 증명으로 토지대장등본이나 판결을 첨부하도록 규정되어 있었으므로, 그 임야에 관한 갑 명의의 소유권보존등기는 그 임야에 관한 임야대장등본이 첨부·신청되어 등기공무원에 의하여 적법하게 처리되었다고 추정함이 상당(판결을 첨부하여 등기경료한 것으로 보이지 않는 경우)하므로, 그 첨부된 임야대장등본이 위조된 것이라는 등의 특별한 사정이 있다는 증거가 없는 경우, 소관청에는 이에 대한 임야대장이 비치되어 있었다고 보아야 하고, 또한 어느 임야를 분할하기 위해서는 우선 임야도상에 그 분할될 임야 부분을 분할하고 새로이 임야대장에 등록을 하여야 하므로, 특별한 사정이 없는 한 그 임야에 대한 임야도도 존재하고 있었다고 봄이 상당하다고한 사례.

다. 동일한 임야에 대하여 등기명의인을 달리하여 소유권보존등기가 중복되어 경료된 경우에는 먼저 이루어진 소유권보존등기가 원인무효로 되지 아니하는 한 뒤에 이루어진 소유권보존등기는 무효라고 보아야 한다.
라. 소유권보존등기의 추정력은 그 보존등기 명의인 이외의 자가 당해 토지를 사정받은 것으로 밝혀지면 깨어진다.

▌판례 5 ▌ 소유권확인등

[대법원 1994.3.11. 선고 93다57704 판결]

판결요지

가. 부동산등기법 제130조 제2호 소정의 판결은 그 내용이 신청인에게 소유권이 있음을 증명하는 확정판결이면 족하고, 그 종류에 관하여 아무런 제한이 없어 반드시 확인판결이어야 할 필요는 없고, 이행판결이든 형성판결이든 관계가 없으며, 또한 화해조서 등 확정판결에 준하는 것도 포함한다.
나. 국가를 상대로 한 토지소유권확인청구는 어느 토지가 미등기이고, 토지대장이나 임야대장상에 등록명의자가 없거나 등록명의자가 누구인지 알 수 없을 때와 그 밖에 국가가 등록명의자인 제3자의 소유를 부인하면서 계속 국가소유를 주장하는 등 특별한 사정이 있는 경우에 한하여 그 확인의 이익이 있다.

2. 공익사업

▌**토지보상법 제4조 (공익사업)** ▌

이 법에 따라 토지등을 취득하거나 사용할 수 있는 사업은 다음 각 호의 어느 하나에 해당하는 사업이어야 한다.
1. 국방·군사에 관한 사업
2. 관계 법률에 따라 허가·인가·승인·지정 등을 받아 공익을 목적으로 시행하는 철도·도로·공항·항만·주차장·공영차고지·화물터미널·궤도(軌道)·하천·제방·댐·운하·수도·하수도·하수종말처리·폐수처리·사방(砂防)·방풍(防風)·방화(防火)·방조(防潮)·방수(防水)·저수지·용수로·배수로·석유비축·송유·폐기물처리·전기·전기통신·방송·가스 및 기상 관측에 관한 사업
3. 국가나 지방자치단체가 설치하는 청사·공장·연구소·시험소·보건시설·문화시설·공원·수목원·광장·운동장·시장·묘지·화장장·도축장 또는 그 밖의 공공용 시설에 관한 사업
4. 관계 법률에 따라 허가·인가·승인·지정 등을 받아 공익을 목적으로 시행하는 학교·도서관·박물관 및 미술관 건립에 관한 사업
5. 국가, 지방자치단체, 「공공기관의 운영에 관한 법률」 제4조에 따른 공공기관, 「지방공기업법」에 따른 지방공기업 또는 국가나 지방자치단체가 지정한 자가 임대나 양도의 목적으로 시행하는 주택 건설 또는 택지 및 산업단지 조성에 관한 사업
6. 제1호부터 제5호까지의 사업을 시행하기 위하여 필요한 통로, 교량, 전선로, 재료 적치장 또는 그 밖의 부속시설에 관한 사업
7. 제1호부터 제5호까지의 사업을 시행하기 위하여 필요한 주택, 공장 등의 이주단지 조성에 관한 사업

8. 그 밖에 별표에 규정된 법률에 따라 토지등을 수용하거나 사용할 수 있는 사업
① [별표] 그 밖에 별표에 규정된 법률에 따라 토지등을 수용하거나 사용할 수 있는 사업(제4조제8호 관련)

3. 적용대상

| 토지보상법 제3조 (적용 대상) |

사업시행자가 다음 각 호에 해당하는 토지·물건 및 권리를 취득하거나 사용하는 경우에는 이 법을 적용한다. <개정 2019. 8. 27.>
1. 토지 및 이에 관한 소유권 외의 권리
2. 토지와 함께 공익사업을 위하여 필요한 입목(立木), 건물, 그 밖에 토지에 정착된 물건 및 이에 관한 소유권 외의 권리
3. 광업권·어업권·양식업권 또는 물의 사용에 관한 권리
4. 토지에 속한 흙·돌·모래 또는 자갈에 관한 권리

| 토지보상법 제19조 (토지등의 수용 또는 사용) |

① 사업시행자는 공익사업의 수행을 위하여 필요하면 이 법에서 정하는 바에 따라 토지등을 수용하거나 사용할 수 있다.
② 공익사업에 수용되거나 사용되고 있는 토지등은 특별히 필요한 경우가 아니면 다른 공익사업을 위하여 수용하거나 사용할 수 없다.

| 참조조문 |

헌법 제23조제3항
「토지보상법」 제3조에서 규정하고 있는 적용대상은 「헌법」 제23조제3항에서 규정하고 있는 '재산권'을 구체화한 것으로 ⅰ) 토지, ⅱ) 토지에 관한 소유권 외의 권리, ⅲ) 토지에 정착한 물건, ⅳ) 토지에 정착한 물건의 소유권 외의 권리, ⅴ) 광업권·어업권 또는 물의 사용에 관한 권리, ⅵ) 토지에 속한 흙·돌·모래 또는 자갈에 관한 권리 등이며, 이를 토지 등이라 한다.

사례 1 바다에 포락된 토지는 보상대상이 아니다(2015. 05. 12. 토지정책과-3308) (유권해석).

질의요지 2018 토지수용 업무편람 발췌

해안가 토지가 포락된 경우 보상대상인지 여부

회신내용

해안가에 있던 토지가 포락되어 해수면이 되었고 복구가 심히 곤란하여 토지로서의 효용을 상실하였다면 종전의 소유권은 영구히 소멸되고 그 후 포락된 토지가 다시 성토한다 할지라도 종전의 소유자가 다시 소유권을 취득할 수 없습니다(대법원 1980.2.26. 선고 79다2094 판결 등 참조). 따라서 해안가에 있던 토지가 포락되어 해수면이 되었고 복구가 심히 곤란하여 토지로서의 효용을 상실하였다면 종전의 소유자는 공익사업의 시행으로

인하여 손실이 발생한다고 볼 수 없으므로 보상대상이 아닌 것으로 보며, 구체적인 사례에 대하여는 사업시행자가 관계법령 및 사실관계 등을 조사하여 판단할 사항입니다.

사례 2 공부상과 실측면적이 상이한 경우 실측면적으로 보상한다(2004. 02. 03. 토관-440) (유권해석)

질의요지

2018 토지수용 업무편람 발췌

대구광역시 동구청의 "불로고분군정비사업" 지구 내 4필지 토지의 공부상 면적(22,092㎡)과 실측면적(15,010㎡)이 상이한 경우에 공부상 면적 또는 실측면적 중 어느 면적으로 보상하여야 하는지 여부

회신내용

공익사업에 편입되는 토지를 취득함에 있어 공부상 면적과 실측면적이 상이한 경우라도, 사업시행자가 실제로 취득하는 토지면적(실측면적)에 의하여 보상하여야 할 것으로 봅니다.

판 례

판례 1 | 헌법상 보장된 재산권의 의미

[헌재 2002. 7. 18. 99헌마574]

결정요지

헌법상 보장된 재산권은 사적 유용성 및 그에 대한 원칙적인 처분권을 내포하는 재산가치있는 구체적인 권리이므로, 구체적 권리가 아닌 영리획득의 단순한 기회나 기업활동의 사실적·법적 여건은 기업에게는 중요한 의미를 갖는다고 하더라도 재산권보장의 대상이 아니다. 청구인들의 영업활동은 국가에 의하여 강제된 것이 아님은 물론이고, 원칙적으로 자신의 자유로운 결정과 계획, 그에 따른 사적 위험부담과 책임하에 행위하면서 법질서가 반사적으로 부여하는 기회를 활용한 것에 지나지 않는다고 할 것이므로, 청구인들이 영업을 포기해야 하기 때문에 발생하는 재산상의 손실은 헌법 제23조의 재산권의 범위에 속하지 아니한다.

판례 2 | 문화적, 학술적 가치는 손실보상의 대상이 아니다.

(대법원 1989. 09. 12. 선고 88누11216)

판결요지

문화적, 학술적 가치는 특별한 사정이 없는 한 그 토지의 부동산으로서의 경제적, 재산적 가치를 높여 주는 것이 아니므로 토지수용법 제51조 소정의 손실보상의 대상이 될 수 없으니, 이 사건 토지가 철새도래지로서 자연 문화적인 학술가치를 지녔다 하더라도 손실보상의 대상

이 될 수 없다.

┃ 판례 3 ┃ 지하수에 대한 이용권이 수용대상인 "물의 사용에 관한 권리"에 해당하지 않는다.

[대법원 2005.07.29. 선고 2003두2311]

판결요지

"먹는샘물"(생수) 제조에 사용되던 지하수에 대한 이용권이, 관계 법령상 물권에 준하는 권리 또는 관습상의 물권이라고 할 수 없고, 구 먹는물관리법(1997. 12. 13. 법률 제5453호로 개정되기 전의 것) 제9조에 의한 샘물개발허가를 받은 것만으로는 그 토지의 지면 하에 있는 지하수를 계속적, 배타적으로 이용할 수 있는 권리가 생긴다고 볼 수도 없다는 이유로, 구 토지수용법(2002. 2. 4. 법률 제6656호 공익사업을위한토지등의취득및보상에관한법률 부칙 제2조로 폐지) 제2조 제2항 제3호에서 수용대상으로 규정한 '물의 사용에 관한 권리'에 해당하지 않는다.

┃ 판례 4 ┃ "흙·돌·모래 또는 자갈이 별도로 보상대상이 되는 경우"의 의미

[대법원 2014.4.24. 선고 2012두16534]

판시사항

구 공익사업을 위한 토지 등의 취득 및 보상에 관한 법률 제75조 제3항에서 정한 "흙·돌·모래 또는 자갈이 당해 토지와 별도로 취득 또는 사용의 대상이 되는 경우"의 의미

판결요지

구 공익사업을 위한 토지 등의 취득 및 보상에 관한 법률(2011. 8. 4. 법률 제11017호로 개정되기 전의 것) 제75조 제3항은 "토지에 속한 흙·돌·모래 또는 자갈(흙·돌·모래 또는 자갈이 당해 토지와 별도로 취득 또는 사용의 대상이 되는 경우에 한한다)에 대하여는 거래가격 등을 참작하여 평가한 적정가격으로 보상하여야 한다."라고 규정하고 있다. 위 규정에서 "흙·돌·모래 또는 자갈이 당해 토지와 별도로 취득 또는 사용의 대상이 되는 경우"란 흙·돌·모래 또는 자갈이 속한 수용대상 토지에 관하여 토지의 형질변경 또는 채석·채취를 적법하게 할 수 있는 행정적 조치가 있거나 그것이 가능하고 구체적으로 토지의 가격에 영향을 미치고 있음이 객관적으로 인정되어 토지와는 별도의 경제적 가치가 있다고 평가되는 경우 등을 의미한다.

┃ 판례 5 ┃ 수용의 목적물은 사업을 위해 필요한 최소한도에 그쳐야 한다.

[대법원 2005.11.10. 선고 2003두7507]

판결요지

공용수용은 공익사업을 위하여 타인의 특정한 재산권을 법률의 힘에 의하여 강제적으로 취득하는 것이므로 수용할 목적물의 범위는 원칙적으로 사업을 위하여 필요한 최소한도에 그쳐야 한다.

판례 6 ┃ 보존공물도 수용할 수 있다.

[대법원 1996.04.26. 선고 95누13241]

판결요지

토지수용법은 제5조(현행 「토지보상법」 제19조제2항)의 규정에 의한 제한 이외에는 수용의 대상이 되는 토지에 관하여 아무런 제한을 하지 아니하고 있을 뿐만 아니라, 토지수용법 제5조, 문화재보호법 제20조 제4호, 제58조 제1항, 부칙 제3조 제2항 등의 규정을 종합하면 구 문화재보호법(1982. 12. 31. 법률 제3644호로 전문 개정되기 전의 것) 제54조의2 제1항에 의하여 지방문화재로 지정된 토지가 수용의 대상이 될 수 없다고 볼 수는 없다.

판례 7 ┃ 소유권확인등

[대법원 1994.12.2. 선고 93다58738 판결]

판결요지

가. 어느 토지에 관하여 등기부나 토지대장 또는 임야대장상 소유자로 등기 또는 등록되어 있는 자가 있는 경우에는 그 명의자를 상대로 한 소송에서 당해 부동산이 보존등기신청인의 소유임을 확인하는 내용의 확정판결을 받으면 소유권보존등기를 신청할 수 있으므로, 국가를 상대로 한 토지소유권확인청구는 그 토지가 미등기이고 토지대장이나 임야대장상에 등록명의자가 없거나 등록명의자가 누구인지 알 수 없을 때와 그 밖에 국가가 등기 또는 등록명의자인 제3자의 소유를 부인하면서 계속 국가소유를 주장하는 등 특별한 사정이 있는 경우에 한하여 그 확인의 이익이 있다.

나. 구 지적법시행령(1986.11.3. 대통령령 제11998호로 전문 개정되기 전의 것) 제10조는 지적법 제13조의 규정에 의하여 지적공부를 복구하는 경우에도 소유자에 관한 사항은 부동산등기부나 법원의 확정판결에 의하지 아니하고서는 복구등록할 수 없다고 규정하고, 같은 시행령 부칙 제6조는 소관청이 참고자료로서 임의로 소유자의 표시를 한 것에 대하여도 같은 시행령 제10조의 규정을 적용하도록 하였으므로, 토지대장의 소관청이 부동산에 대한 신토지대장을 작성함에 있어 구토지대장상의 소유자란의 기재는 소관청이 참고자료로서 임의로 소유자의 표시를 한 것이어서 같은 시행령의 규정에 따라 소유자미복구인 것으로 처리하였다면 그 토지는 토지대장상 소유자가 복구되지 아니한 것으로 보아야 할 것이다.

판례 8 ┃ 하천법 제50조에 의한 하천수 사용권은 공익사업을 위한 토지 등의 취득 및 보상에 관한 법률 제76조 제1항이 손실보상의 대상으로 규정하고 있는 '물의 사용에 관한 권리'에 해당한다.

[대법원 2018. 12. 27. 선고 2014두11601 판결]

판결요지

[1] 댐건설 및 주변지역지원 등에 관한 법률(이하 '댐건설법'이라 한다) 제11조 제1항, 제3항, 공익사업을 위한 토지 등의 취득 및 보상에 관한 법률(이하 '토지보상법'이라 한다) 제1조, 제61조, 제76조 제1항, 제77조 제1항의 내용을 종합해 볼 때, 물을 사용하여 사업을 영위

하는 지위가 독립하여 재산권, 즉 처분권을 내포하는 재산적 가치 있는 구체적인 권리로 평가될 수 있는 경우에는 댐건설법 제11조 제1항, 제3항 및 토지보상법 제76조 제1항에 따라 손실보상의 대상이 되는 '물의 사용에 관한 권리'에 해당한다고 볼 수 있다.

[2] 하천법 제5조, 제33조 제1항, 제50조, 부칙(2007. 4. 6.) 제9조의 규정 내용과 구 하천법(1999. 2. 8. 법률 제5893호로 전부 개정되기 전의 것) 제25조 제1항 제1호, 구 하천법(2007. 4. 6. 법률 제8338호로 전부 개정되기 전의 것) 제33조 제1항 제1호의 개정 경위 등에 비추어 볼 때, 하천법 제50조에 의한 하천수 사용권(2007. 4. 6. 하천법 개정 이전에 종전의 규정에 따라 유수의 점용·사용을 위한 관리청의 허가를 받음으로써 2007. 4. 6. 개정 하천법 부칙 제9조에 따라 현행 하천법 제50조에 의한 하천수 사용허가를 받은 것으로 보는 경우를 포함한다. 이하 같다)은 하천법 제33조에 의한 하천의 점용허가에 따라 해당 하천을 점용할 수 있는 권리와 마찬가지로 특허에 의한 공물사용권의 일종으로서, 양도가 가능하고 이에 대한 민사집행법상의 집행 역시 가능한 독립된 재산적 가치가 있는 구체적인 권리라고 보아야 한다. 따라서 하천법 제50조에 의한 하천수 사용권은 공익사업을 위한 토지 등의 취득 및 보상에 관한 법률 제76조 제1항이 손실보상의 대상으로 규정하고 있는 '물의 사용에 관한 권리'에 해당한다.

[3] 물건 또는 권리 등에 대한 손실보상액 산정의 기준이나 방법에 관하여 구체적으로 정하고 있는 법령의 규정이 없는 경우에는, 그 성질상 유사한 물건 또는 권리 등에 대한 관련 법령상의 손실보상액 산정의 기준이나 방법에 관한 규정을 유추적용할 수 있다.

[4] 甲 주식회사가 한탄강 일대 토지에 수력발전용 댐을 건설하고 한탄강 하천수에 대한 사용허가를 받아 하천수를 이용하여 소수력발전사업을 영위하였는데, 한탄강 홍수조절지댐 건설사업 등의 시행자인 한국수자원공사가 댐 건설에 필요한 위 토지 등을 수용하면서 지장물과 영업손실에 대하여는 보상을 하고 甲 회사의 하천수 사용권에 대하여는 별도로 보상금을 지급하지 않자 甲 회사가 재결을 거쳐 하천수 사용권에 대한 별도의 보상금을 산정하여 지급해 달라는 취지로 보상금증액 소송을 제기한 사안에서, 공익사업을 위한 토지 등의 취득 및 보상에 관한 법률(이하 '토지보상법'이라 한다) 및 그 시행령, 시행규칙에 '물의 사용에 관한 권리'의 평가에 관한 규정이 없고, 하천법 제50조에 의한 하천수 사용권과 면허어업의 성질상 유사성, 면허어업의 손실액 산정 방법과 환원율 등에 비추어 볼 때, 甲 회사의 하천수 사용권에 대한 '물의 사용에 관한 권리'로서의 정당한 보상금액은 토지보상법 시행규칙 제44조(어업권의 평가 등) 제1항이 준용하는 수산업법 시행령 제69조 [별표 4](어업보상에 대한 손실액의 산출방법·산출기준 등) 중 어업권이 취소되거나 어업면허의 유효기간 연장이 허가되지 않은 경우의 손실보상액 산정 방법과 기준을 유추적용하여 산정하는 것이 타당하다고 본 원심판단을 수긍한 사례.

재결례

| 재결례 1 | 기부채납 및 양여 합의각서가 체결되었다는 사유만으로 국유지를 수용 또는 사용할 수 없는 것은 아니다. (중토위 2017. 7. 13.)

재결요지

국방부(국)가 본 토지는 2005. 11. 18.「국유재산법」및 국방부훈령에 따라 한국도로공사와 기부채납 및 양여 합의각서가 체결되어 진행중인 재산이므로 토지수용이 불가하다는 주장에 대하여, 사업인정과 토지수용위원회의 재결에 관하여 대법원은 "토지보상법은 수용·사용의 일차단계인 사업인정에 속하는 부분은 사업의 공익성 판단으로 사업인정기관에 일임하고 그 이후의 구체적 수용·사용의 결정은 토지수용위원회에 맡기고 있다. 이와 같은 토지수용절차의 이분화 및 사업인정의 성격과 토지수용위원회의 재결사항을 열거하고 있는 법 제50조제1항의 규정내용에 비추어 볼 때, 토지수용위원회는 행정쟁송에

의하여 사업인정이 취소되지 않는 한 그 기능상 사업인정 자체를 무의미하게 하는, 즉 사업의 시행이 불가능하게 되는 것과 같은 재결을 행할 수는 없다."고 판시(대법원 1994. 11. 11. 선고 93누19375 판결 참조)하고 있다.

또한 "사업인정 및 고시가 적법하게 이루어 졌고, 행정쟁송에 의하여 사업인정이 취소되지 않았으며, 법에 의하여 수용의 대상이 되는 토지에 대하여는 국가소유의 토지도 공익사업을 위하여 필요한 경우에는 이를 수용할 수 있다"고 판시(대법원판례 1981.6.9선고 80다316, 1996.4.26선고 95누13241)하고 있다.

관계자료(사업시행자 의견서, 합의각서, 대법원판례, 감정평가서 등)를 검토한 결과, 이 건 토지는 사업시행자가 무주택 서민의 주거안정을 위한 임대아파트 등의 공급을 위하여「도시개발법」제9조 및 같은 법제22조에 의한 사업인정 및 고시가 되어 추진한 공익사업에 편입된 토지로서, 당초, 1999. 6. 24.(건교부 고시1999-186호) 한국도로공사에서 시행한 서울외곽순환도로 건설에 따른 부체도로로 활용하기 위하여 국방부 소유의 재산(건물 1동, 부대시설, 의정부시 00동 369-12외 3필지<488㎡>)을 한국도로공사에 양여하기로 하고 한국도로공사에서는 서울시 00구 00동(토지지번 미확정부지)에 대체시설을 설치하여 국방부에 기부하기로 협약서를 체결하여 추진 중 인 사업이었으나, 2004. 9. 18. 사업시행자가 도시개발사업을 위한 새로운 사업인정 및 고시를 함에 따라 국방부소유의 토지 중 양여하기로 한 경기 의정부시 00동 369-1번지외 1필지(259㎡)가 편입된 것으로 확인된다.

이 건 토지는 국방부(국)와 한국도로공사간 기부·양여를 위한 합의각서 체결은 되어 있으나 이는 당사자간에 이행하여야 할 사항은 별론으로 하고, 일부토지가 기부채납·양여 등이 진행중이라는 사실만으로 토지수용이 불가한 사유는 될 수 없으며, 이 건 토지가 행정재산에서 일반재산으로 변경되었고, 적법한 절차를 통하여 사업인정 및 고시되어 사업시행자가 사업에 필요한 토지 등을 수용하거나 사용할 수 있는 정당한 권한이 인정되는 점 등을 종합적으로 고려할 때 소유자의 주장은 받아들일 수 없다.

❙ 재결례 2 ❙ 품질기준에 부합하지 않는 등의 사유로 순환골재 및 건설폐기물은 손실보상 대상이 아니라고 한 사례 (중토위 2019. 11. 7.)

재결요지

손실보상은 공익사업의 시행 등 적법한 공권력의 행사에 의한 재산상의 특별한 희생에 대하여 사유재산권의 보장과 전체적인 공평부담의 견지에서 행하여지는 조절적인 재산적 보상(대법원 2004. 4. 27., 선고, 2002두8909, 판결 등)이라는 점 등을 고려할 때, 예외적으로 관계 법령의 입법 취지와 그 법령에 위반된 행위에 대한 비난가능성과 위법성의 정도, 합법화될 가능성, 사회통념상 거래 객체가 되는지 여부 등을 종합하여 판단하여야 할 것이고(대법원 2001. 4. 13., 선고, 2000두6411, 판결 참조), 구체적인 개별사안별로 대상물이 사업지구에 존재하게 된 시기, 존치 기간, 사업인정 고시와의 관계 등 전반적인 사정을 고려할 때, 손실보상을 하는 것이 사회적으로 용인될 수 없는 경우라면 손실보상 대상에 해당한다고 보기 어렵다. (중략) 이 사건 토지상에 적치되어 있는 물건은 위와 같이 관계 법령에서 정한 바에 의해 각각의 보관시설 내에 보관되어 있지 않고 혼재되어 있어, 적치되어 있는 물건이 건설폐기물이 분리, 선별, 파쇄 등의 과정을 거쳐 순환골재의 품질기준에 맞게 만들어져 있는지 여부도 불확실하다. (중략) 순환골재의 지정폐기물 확인시험을 위하여 납 외 10종을 분석한 결과 지정폐기물은 아닌 것으로 판단되었고, 순환골재의 용도별 품질기준을 #4-1, #4-2, #4-3, #5로 분류하여 확인한 결과 '#4-1, #4-3, #5'는 모두 입도조정기층용, 빈배합콘크리트층용 굵은골재, 보조기층용, 하수관로설치용, 모래대체잔골재, 아스팔트콘크리트용, 동상방지층 및 차단층용, 노상용, 노체용, 되메우기용, 뒷채움용, 성토용, 복토용, 매립시설복토용 모두 품질기준에 미달한 것으로 조사되었으며, '#4-2'는 노상용, 되메우기용, 뒷채움용, 성토용은 품질기준에 미달하였으나 노체용, 복토용, 매립시설복토용 품질기준에 적합한 것으로 조사되었다. 다만, 성상조사보고서상 현황사진 등을 보면 각 적치물이 분리 되어 있지 않아 노체용, 복토용, 매립시설복토용 품질기준에 적합한 것으로 조사된 일부도 나머지 폐기물과 분리하여 특정하기 어렵다. (중략) ○○○○씨 주식회사가 주장하는 누락 지장물은 관계법령에 의한 위법성의 정도나 합법화될 가능성 등은 별론으로 하고서 라도, 사회통념상 거래 객체로서 이 건 사업의 시행으로 인하여 특별한 손실이 발생하는 경우에 해당한다고 보기 어려워 ○○○○씨 주식회사의 주장은 받아들일 수 없다.

4. 당사자

❙ 토지보상법 제2조 (정의) ❙

이 법에서 사용하는 용어의 뜻은 다음과 같다.
3. "사업시행자"란 공익사업을 수행하는 자를 말한다.
4. "토지소유자"란 공익사업에 필요한 토지의 소유자를 말한다.
5. "관계인"이란 사업시행자가 취득하거나 사용할 토지에 관하여 지상권·지역권·전세권·저당권·사용대차 또는 임대차에 따른 권리 또는 그 밖에 토지에 관한 소유권 외의 권리를 가진 자나 그 토지에 있는 물건에 관하여 소유권이나 그 밖의 권리를 가진 자를 말한다. 다만, 제

22조에 따른 사업인정의 고시가 된 후에 권리를 취득한 자는 기존의 권리를 승계한 자를 제외하고는 관계인에 포함되지 아니한다.

| 참조조문 |

국토계획법 제86조
토지보상법 제30조

사례 1 등기부상 전세권 설정등기 등을 하지 않은 전·월세 거주자 및 임차 영업자도 관계인으로 볼 수 있다(2012. 03. 15. 토지정책과-1286) (유권해석)

질의요지　　　　　　　　　　　　　　　　　　　　　　　　2018 토지수용 업무편람 발췌

사업인정고시 이전에 주택 또는 상가를 임차하여 전세권 설정 등기를 하지 않고 전세 또는 월세로 거주하거나 영업을 하고 있는 자를 관계인으로 볼 수 있는지?

회신내용

토지에 있는 물건에 관하여 소유권이나 그 밖의 권리를 가진 자로 인정될 수 있는 경우에는 "관계인"으로 볼 수 있는 것으로, 이 경우 반드시 등기가 가능한 권리만을 그 밖의 권리로 인정하도록 규정하고 있지는 않으며, 개별적인 사례에 있어 관계인 여부에 대하여는 해당 사업시행자가 관련법령 및 사실관계 등을 검토하여 판단할 사항으로 봅니다.

사례 2 가처분권자는 「토지보상법」상 관계인이 아니다(2003. 09. 20. 토관58342-1266) (유권해석)

질의요지　　　　　　　　　　　　　　　　　　　　　　　　2018 토지수용 업무편람 발췌

공익사업에 편입되는 토지에 대한 토지수용위원회의 협의성립확인신청과 관련하여, 사업의 실시계획승인 전에 협의취득하여 등기한 토지에 대하여 소유권이전등기말소청구권에 기한 소유권일부가처분등기가 경료된 경우 가처분권자가 「토지보상법」 제2조제5항의 관계인에 해당되는지 여부 및 가처분권자의 동의서를 첨부하여 협의성립확인신청을 하여야 하는지 여부

회신내용

「토지보상법」 제2조제5호의 규정에 의하면 "관계인"이라 함은 사업시행자가 취득 또는 사용할 토지에 관하여 지상권·지역권·전세권·저당권·사용대차 또는 임대차에 의한 권리 기타 토지에 관한 소유권외의 권리를 가진 자 또는 그 토지에 있는 물건에 관하여 소유권 그 밖의 권리를 가진 자로 규정하고 있으므로 관계인은 토지소유권외의 권리자를 모두 포함한다 할 것입니다. 다만, 가처분등기는 토지소유자에 대하여 임의처분을 금지함에 그치기 때문에 토지수용법상의 관계인이 될 수 없다는 대법원판례(1973.2.26 선고 72다2401, 2402판결)가 있으니 참고하시기 바랍니다.

사례 3 등기부상 전세권 설정등기 등을 하지 않은 전·월세 거주자 및 임차 영업자도 관계인으로 볼 수 있다.(2012. 03. 15. 토지정책과-1286)(유권해석)

질의요지

사업인정고시 이전에 주택 또는 상가를 임차하여 전세권 설정 등기를 하지 않고 전세 또는 월세로 거주하거나 영업을 하고 있는 자를 관계인으로 볼 수 있는지

회신내용

토지에 있는 물건에 관하여 소유권이나 그 밖의 권리를 가진 자로 인정될 수 있는 경우에는 "관계인"으로 볼 수 있는 것으로, 이 경우 반드시 등기가 가능한 권리만을 그 밖의 권리로 인정하도록 규정하고 있지는 않으며, 개별적인 사례에 있어 관계인 여부에 대하여는 해당 사업시행자가 관련법령 및 사실관계 등을 검토하여 판단할 사항으로 봅니다.

사례 4 가처분권자는 「토지보상법」상 관계인이 아니다(2003. 09. 20. 토관58342-1266) (유권해석)

질의요지

공익사업에 편입되는 토지에 대한 토지수용위원회의 협의성립확인신청과 관련하여, 사업의 실시계획승인 전에 협의취득하여 등기한 토지에 대하여 소유권이전등기말소청구권에 기한 소유권일부가처분등기가 경료된 경우 가처분권자가 「토지보상법」제2조제5항의 관계인에 해당되는지 여부 및 가처분권자의 동의서를 첨부하여 협의성립확인신청을 하여야 하는지 여부

회신내용

「토지보상법」제2조제5호의 규정에 의하면 "관계인"이라 함은 사업시행자가 취득 또는 사용할 토지에 관하여 지상권·지역권·전세권·저당권·사용대차 또는 임대차에 의한 권리 기타 토지에 관한 소유권 외의 권리를 가진 자 또는 그 토지에 있는 물건에 관하여 소유권 그 밖의 권리를 가진 자로 규정하고 있으므로 관계인은 토지소유권 외의 권리자를 모두 포함한다 할 것입니다. 다만, 가처분등기는 토지소유자에 대하여 임의처분을 금지함에 그치기 때문에 토지수용법상의 관계인이 될 수 없다는 대법원판례(1973.2.26 선고 72다2401,2402판결)가 있으니 참고하시기 바랍니다.

재결례

▌재결례 1 ▌ 매매대금 일부 또는 전부만 수수되고 소유권이전등기가 경료되지 아니한 자를 소유자로 보아 보상할 수 없다(중토위 2018. 9. 20.).

재결요지

"토지의 매매대금을 완납한 경우 권리관계"에 대하여 대법원은 "토지에 대한 수용절차 개시 이전에 당해 토지를 매수하여 대금전액을 지급하고 그 토지를 인도받아 사용권을 취득하였으나 그 소유권이전등기만을 마치지 아니한 자는 그로써 당해 토지의 소유권을 주장할 수 있는 것은 아니라 하더라도 그 토지의 매수인으로서 사실상의 소유자이며 토지수용으로 말미암아 그 소유권을 취득할 수 없게 되는 결과를 초래하는 점에 비추어 이러한 자는 위 법조에서 말하는 관계인으로 해석함이 상당하고 따라서 토지수용위원회의 수용재결에 대하여 이의가 있는 경우에는 이의를 신청할 수 있다고 볼 것이다."라고 판시하고 있다.(대법원 1982. 9. 14. 선고 81누130 판결) 위 법 및 판례에 비추어 볼 때 별지 제1목록 기재 토지(위 시유지)를 분양받은 이의신청인들을 별지 제1목록 기재 토지(위 시유지)의 "관계인"으로 볼 수 있는 지 여부는 별론으로 하고, 이의신청인들이 별지 제1목록 기재 토지(위 시유지)에 대한 매매대금의 완납 여부와 별개로 이의신청인들이 소유권이전등기를 하지 않은 것(수용재결일기준 소유자는 서울특별시 또는 서울특별시 노원구)으로 확인되므로 이의 신청인들을 별지 제1목록 기재 토지(위 시유지)의 "소유자"(일부 또는 전부 소유권인정)로 보고 재결한 것은 적법하다고 할 수 없을 것이다.

판 례

▌판례 1 ▌ "기타 토지에 정착한 물건에 대한 소유권 그 밖의 권리를 가진 관계인"의 범위

[대법원 2009. 02. 12. 선고 2008다76112]

판결요지

공익사업을 위한 토지 등의 취득 및 보상에 관한 법률의 보상 대상이 되는 "기타 토지에 정착한 물건에 대한 소유권 그 밖의 권리를 가진 관계인"에는 독립하여 거래의 객체가 되는 정착물에 대한 소유권 등을 가진 자뿐 아니라, 당해 토지와 일체를 이루는 토지의 구성부분이 되었다고 보기 어렵고 거래관념상 토지와 별도로 취득 또는 사용의 대상이 되는 정착물에 대한 소유권이나 수거·철거권 등 실질적 처분권을 가진 자도 포함된다.

▌판례 2 ▌ 수용재결 전에 토지를 매수하여 대금을 완납한 자는 관계인에 해당한다.

[대법원 1982. 9. 14. 선고 81누1301]

판결요지

토지에 대한 수용재결절차개시 이전에 당해 토지를 매수하여 대금을 완급하고 그 토지를 인도받아 사용권을 취득하였으나 그 소유권이전등기만을 마치지 아니한 자는 토지수용으로 말미암아 그 소유권을 취득할 수 없게 되는 결과를 초래하는 점에 비추어 토지수용법 제4조 제

3항에서 말하는 관계인으로 해석함이 상당하므로 토지수용위원회의 수용재결에 대하여 이의를 신청할 수 있다.

▌판례 3 ▌ 기타 토지에 정착한 물건에 대한 소유권 그 밖의 권리를 가진 관계인' 의 범위

[대법원 2009. 02. 12. 선고 2008다76112]

판결요지

공익사업을 위한 토지 등의 취득 및 보상에 관한 법률의 보상 대상이 되는 '기타 토지에 정착한 물건에 대한 소유권 그 밖의 권리를 가진 관계인'에는 독립하여 거래의 객체가 되는 정착물에 대한 소유권 등을 가진 자뿐 아니라, 당해 토지와 일체를 이루는 토지의 구성부분이 되었다고 보기 어렵고 거래관념상 토지와 별도로 취득 또는 사용의 대상이 되는 정착물에 대한 소유권이나 수거·철거권 등 실질적 처분권을 가진 자도 포함된다.

▌판례 4 ▌ 사업시행자 甲이 수용하여 보상까지 마친 乙 소유의 지장물을 사업시행자 丙이 다시 수용한 경우, 丙에 대한 지장물의 보상청구권은 乙이 아니라 甲에게 있다.

[대법원 2019. 4. 11. 선고 2018다277419 판결]

판결요지

[1] 사업시행자가 사업시행에 방해가 되는 지장물에 관하여 공익사업을 위한 토지 등의 취득 및 보상에 관한 법률 제75조 제1항 단서 제2호에 따라 이전에 소요되는 실제 비용에 못 미치는 물건의 가격으로 보상한 경우, 사업시행자가 당해 물건을 취득하는 제3호와 달리 수용의 절차를 거치지 아니한 이상 사업시행자가 그 보상만으로 당해 물건의 소유권까지 취득한다고 보기는 어렵겠으나, 다른 한편으로 사업시행자는 그 지장물의 소유자가 같은 법 시행규칙 제33조 제4항 단서에 따라 스스로의 비용으로 철거하겠다고 하는 등의 특별한 사정이 없는 한 지장물의 소유자에 대하여 그 철거 및 토지의 인도를 요구할 수 없고 자신의 비용으로 직접 이를 제거할 수 있을 뿐이며, 이러한 경우 지장물의 소유자로서도 사업시행에 방해가 되지 않는 상당한 기한 내에 위 시행규칙 제33조 제4항 단서에 따라 스스로 위 지장물 또는 그 구성부분을 이전해 가지 않은 이상 사업시행자의 지장물 제거와 그 과정에서 발생하는 물건의 가치 상실을 수인(受忍)하여야 할 지위에 있다고 봄이 상당하다. 그리고 사업시행자는 사업 시행구역 내 위치한 지장물에 대하여 스스로의 비용으로 이를 제거할 수 있는 권한과 부담을 동시에 갖게된다.

[2] 철도건설사업 시행자인 甲 공단이 乙 소유의 건물 등 지장물에 관하여 중앙토지수용위원회의 수용재결에 따라 건물 등의 가격 및 이전보상금을 공탁한 다음 乙이 공탁금을 출급하자 위 건물의 일부를 철거하였고, 乙은 위 건물 중 철거되지 않은 나머지 부분을 계속 사용하고 있었는데, 그 후 丙 재개발 정비사업조합이 위 건물을 다시 수용하면서 수용보상금 중 위 건물 등에 관한 설치이전비용 상당액을 丙 조합과 乙 사이에 성립한 조정에 따라 피공탁자를 甲 공단 또는 乙로 하여 채권자불확지 공탁을 한 사안에서, 甲 공단은 수용재결에 따라 위 건물에 관한 이전보상금을 지급함으로써 위 건물을 철거·제거할 권한을 가지게 되었으므로 공익사업을 위한 토지 등의 취득 및 보상에 관한 법률상 보상 대

상이 되는 '기타 토지에 정착한 물건에 대한 소유권 그 밖의 권리를 가진 관계인'에 해당하고, 乙은 甲공단으로부터 공익사업의 시행을 위하여 지장물 가격보상을 받음으로써 사업시행자인 甲 공단의 위 건물 철거·제거를 수인할 지위에 있을 뿐이므로, 丙 조합에 대한 지장물 보상청구권은 乙이 아니라 위 건물에 대한 가격보상 완료 후 이를 인도받아 철거할 권리를 보유한 甲 공단에 귀속된다고 보아야 하는데도, 위 건물의 소유권이 乙에게 있다는 이유만으로 공탁금출급청구권이 乙에게 귀속된다고 본 원심판단에는 법리오해의 잘못이 있다고 한 사례.

5. 권리·의무 등의 승계

| 토지보상법 제5조 (권리·의무 등의 승계) |
① 이 법에 따른 사업시행자의 권리·의무는 그 사업을 승계한 자에게 이전한다.
② 이 법에 따라 이행한 절차와 그 밖의 행위는 사업시행자, 토지소유자 및 관계인의 승계인에게도 그 효력이 미친다.

사례 1 영업보상대상인 영업을 사업인정고시일 이후 적법하게 승계한 경우라면 영업보상이다
(2013. 08. 19. 토지정책과-2747) (유권해석)

질의요지 2018 토지수용 업무편람 발췌
사업인정고시일 이후 영업을 승계한 경우 보상이 가능한지 및 이 경우 판단 기준은?

회신내용
「공익사업을 위한 토지 등의 취득 및 보상에 관한 법률(이하 "토지보상법"이라 함)」 제2조제5호에 따르면 "관계인"이란 사업시행자가 취득하거나 사용할 토지에 관하여 지상권·지역권·전세권·저당권·사용대차 또는 임대차에 따른 권리 또는 그 밖에 토지에 관한 소유권 외의 권리를 가진 자나 그 토지에 있는 물건에 관하여 소유권이나 그 밖의 권리를 가진 자를 말하며, 다만 제22조에 따른 사업인정의 고시가 된 후에 권리를 취득한 자는 기존의 권리를 승계한 자를 제외하고는 관계인에 포함되지 아니한다고 규정하고 있고, 같은 법 제5조제2항에서 이 법에 따라 이행한 절차와 그 밖의 행위는 사업시행자, 토지소유자 및 관계인의 승계인에게도 그 효력이 미친다고 규정하고 … 있습니다.
따라서 위 규정에 따라 영업을 행함에 필요한 허가 등을 받아 사업인정고시일등 전부터 적법한 장소에서 인적·물적 시설을 갖추고 계속적으로 행하고 있는 영업을 사업인정의 고시가 된 후에 적법하게 승계한 경우라면 영업손실 보상이 가능할 것으로 보나, 개별적인 사례에 있어 영업의 승계가 가능한지 여부 등은 관련법령과 사실관계 등을 검토하여 판단할 사항으로 봅니다.

6. 기간의 계산방법, 통지 및 송달

> **┃ 토지보상법 제6조 (기간의 계산방법 등) ┃**
>
> 이 법에서 기간의 계산방법은 「민법」에 따르며, 통지 및 서류의 송달에 필요한 사항은 대통령령으로 정한다.
>
> **┃ 토지보상법 시행령 제3조 (통지) ┃**
>
> 「공익사업을 위한 토지 등의 취득 및 보상에 관한 법률」(이하 "법"이라 한다) 제6조에 따른 통지는 서면으로 하여야 한다. 다만, 법 제12조제3항에 따른 통지는 말로 할 수 있다.
>
> **┃ 토지보상법 시행령 제4조 (송달) ┃**
>
> ① 법 제6조에 따른 서류의 송달은 해당 서류를 송달받을 자에게 교부하거나 국토교통부령으로 정하는 방법으로 한다.
> ② 제1항에 따른 송달에 관하여는 「민사소송법」 제178조부터 제183조까지, 제186조, 제191조 및 제192조를 준용한다.
> ③ 제1항에 따라 서류를 송달할 때 다음 각 호의 어느 하나에 해당하는 경우에는 공시송달을 할 수 있다.
> 1. 송달받을 자를 알 수 없는 경우
> 2. 송달받을 자의 주소·거소 또는 그 밖에 송달할 장소를 알 수 없는 경우
> 3. 「민사소송법」 제191조에 따를 수 없는 경우
> ④ 제3항에 따라 공시송달을 하려는 사는 토지등의 소재지를 관할하는 시장[「제주특별자치도 설치 및 국제자유도시 조성을 위한 특별법」 제10조제2항에 따른 행정시(이하 "행정시"라 한다)의 시장을 포함한다. 이하 이 조에서 같다]·군수 또는 구청장(자치구가 아닌 구의 구청장을 포함한다. 이하 이 조에서 같다)에게 해당 서류를 송부하여야 한다.
> ⑤ 시장·군수 또는 구청장은 제4항에 따라 송부된 서류를 받았을 때에는 그 서류의 사본을 해당 시(행정시를 포함한다)·군 또는 구(자치구가 아닌 구를 포함한다)의 게시판에 게시하여야 한다.
> ⑥ 제5항에 따라 서류의 사본을 게시한 경우 그 게시일부터 14일이 지난 날에 해당 서류가 송달받을 자에게 송달된 것으로 본다.
>
> **┃ 토지보상법 시행규칙 제3조 (송달) ┃**
>
> 「공익사업을 위한 토지 등의 취득 및 보상에 관한 법률 시행령」(이하 "영"이라 한다) 제4조제1항의 규정에 의하여 법 제6조의 규정에 의한 서류의 송달은 「우편법 시행규칙」 제25조제1항제6호의 규정에 의한 특별송달의 방법에 의하여 이를 할 수 있다.

───── 판 례 ─────

┃ 판례 1 ┃ 소유권확인

[대법원 1998. 7. 24. 선고 96다16506 판결]

판결요지

[1] 구 조선임야조사령 시행 이전에 작성된 임야조사서의 국유 사유구분란에 '국', 소유자 또

는 연고자란에 갑의 이름이 기재되었다가 위 '국'이 '사'로 정정되고 정정인이 찍혀 있으며 그 비고란에 '지적계출 없음'이라는 뜻이 기재되지 않은 경우, 갑이 사정받은 것으로 인정한 사례.

[2] 6·25 사변으로 멸실되기 전의 임야대장에 터잡아 전국의 귀속임야를 기재한 귀속임야대장이 만들어졌고, 이를 근거로 1952. 7. 26. 국유화결정이 이루어졌으며, 이 결정이 이루어지자 그 대장 임야들을 귀속임야국유화대장, 귀속재산국유화조치대장, 국유화결정귀속임야대장, 국유(전귀속 : 전귀속)임야대장에 기재한 데 이어, 재무부와 농림부의 협의로 국유화결정귀속임야대장의 정비작업이 이루어진 것이므로, 국유(전귀속)임야대장은 결국 6·25 사변으로 멸실되기 전의 임야대장에 터잡아 이루어졌다고 할 수 있고, 따라서 위 임야대장 중 소유자란 기재에 부여된 권리추정력은 국유(전귀속)임야대장에도 그대로 이어진다고 할 수 있으므로, 국유(전귀속)임야대장에 귀속재산으로 기재되어 있는 임야는 1945. 8. 9. 현재 일본인의 소유라고 봄이 타당하다.

▌판례 2 ▌ 소유권이전등기

[대법원 1999. 9. 3. 선고 99다18619 판결]

판결요지

[1] 구 조선임야조사령(1918. 5. 1. 제령 제5호, 폐지) 제3조, 제10조, 동 시행규칙(1918. 5. 1. 총령 제38호, 폐지) 제1조, 제9조, 동 시행수속(1918. 11. 26. 조선총독부훈령 제59호, 폐지) 제27조, 제51조, 제77조 및 그 별지 제9호 서식, 제79조, 구 조선특별연고삼림양여령(1926. 4. 5. 제령 제7호, 폐지) 제1조, 제2조 등 관계 규정을 종합하면, 임야조사사업 당시 조사령에 의하여 작성된 임야조사서상의 소유자란에 '국'으로 기재되고 그 연고자란에 특정 개인의 씨명과 주소가 기재되어 있으나 비고란이 공란으로 되어 있고, 임야원도에 그 씨명이 괄호 속에 기재되어 있는 경우에, 위 관계 규정 중 특히 시행수속 제79조에서 "조사령 제10조의 규정에 의하여 민유로 사정하여야 할 국유 임야의 연고자의 씨명, 주소는 이를 소유자의 씨명, 주소란에 기재하고 비고란에 지적계없음(지적계ナシ)이라고 기재하여야 한다."고 규정하고, 그 별지 제9호 양식(임야조사서 용지)의 비고란의 기재방법에 관한 설명에서도 이 점을 분명히 하고 있으며, 시행수속 제27조에서 "민유 또는 조사령 제3조 제2항의 연고 있는 것으로 신고된 임야로서 좌의 각 호의 1에 해당하는 것은 구 삼림법 제19조의 규정에 의한 계출을 하였는지의 여부를 묻지 않고 이를 민유로 조사한다."고 규정하고 있는 점에 비추어 볼 때, 국유 임야의 연고자로 신고하였으나 그 후 조사를 거쳐 작성된 임야조사서와 임야원도에 국유 임야의 연고자로 기재되어 있을 뿐인 경우에는 조사령 제10조나 시행수속 제27조의 각 호에 해당하지 아니한 것으로 조사된 결과라고 추정하여야 할 것이므로, 그 기재방법을 위 시행수속 규정대로 따르지 아니한 사정이나 그와 같이 국유 임야의 연고자로 기재된 자가 구체적으로 어떠한 연고를 가지고 있었는지를 입증하지 못하는 한 그 연고자가 조사령 제10조 또는 시행수속 제27조의 각 호에 해당하여 당해 임야의 소유자로 사정받았다거나 양여령에 의하여 당해 임야를 양여받았다고 볼 수 없다.

[2] 구 조선임야조사령 시행 이전에 작성된 임야조사부가 그 명칭과 서식이 구 조선임야조사령 및 동 시행수속에 규정된 것(명칭이 임야조사서이고 소유자란과 연고자란이 구별되어 있음)과 다소 다르다고 하더라도 해당 임야가 조선총독이 지정한 지역에 위치하고 있는 이상 이는 구 조선임야조사령에 의하여 작성된 것과 동일한 의미를 가진다고 보아야 할 것이므로, 그와 같은 임야조사부상 국유 사유 구분란에 '국'으로, 그 소유자 또는 연고자란에 특정 개인의 씨명, 주소가 기재되어 있고 비고란이 공란으로 남아 있는 경우에 이는 당해 임야가 국유로 사정된 토지인데 특정 개인이 연고자라는 뜻을 나타낸 것으로서 그 후 '국'자가 적법하게 주말되고 '사(사)'자로 정정되었다는 사정이 없는 한, 조사령이 시행된 이후에 작성된 임야조사서의 소유자란에 '국'으로, 그 연고자란에 특정 개인의 씨명, 주소가 기재되고 비고란이 공란으로 되어 있는 경우와 그 해석을 달리할 수 없다.

[3] 6·25 전쟁 중 멸실되었다가 구 지적법(1975. 12. 31. 법률 제2801호로 개정되기 전의 것) 시행 당시 당사자의 신고에 의하여 복구된 임야대장의 소유자란에 기재된 자에게 그 기재 자체만으로 소유권이 귀속되었다고 추정할 수 없다고 하더라도 그 임야대장에 '갑'이 사정받은 것으로 기재되어 있다면 그 명의로 사정되었다고 인정할 자료의 하나로 삼을 수 있다고 할 것이지만, 구 지적법 시행 당시에는 멸실된 임야대장의 복구에 관한 절차가 전혀 없었다는 사정을 감안할 때 그 임야에 대한 임야조사서에 '갑'이 단지 국유 임야에 대한 연고자로 기재되어 있을 뿐임이 밝혀진 경우에는 그 임야대장 작성 당시 '갑'이 사정받은 것으로 기재하게 된 구체적인 근거나 경위가 밝혀지지 아니하는 한 그러한 임야대장을 가지고 '갑'이 그 임야를 사정받았다고 인정할 수는 없다.

[4] 국유로 사정된 임야에 관하여 구 삼림령(1911. 6. 20. 조선총독부 제령 제10호, 폐지)에 의한 조선총독부의 '보안림 편입 고시'에 개인이 소유자로 기재되어 있는 경우에 그 기재에 권리 추정력을 부여하는 것은 그 기초가 되는 '보안림 편입조서'를 작성할 때 그 소유자를 조사하여 기재하도록 되어 있고, 이는 당시의 등기부 또는 임야대장의 기재에 따랐을 것이라고 여겨지기 때문인 것이므로, 그 등기부와 임야대장 등 지적공부가 6·25 전쟁 중 멸실된 후에 사방지정지 지정 고시나 보안림해제(예정지) 고시가 된 경우에는 그 고시에 특정 개인이 소유자로 기재되어 있다고 하더라도 그와 같이 소유자로 기재하게 된 구체적인 근거나 경위가 밝혀지지 아니하는 한 그러한 기재를 가지고 특정 개인을 당해 임야의 소유자라고 인정하거나 그러한 기재의 근거가 된 적법한 권리추정력이 있는 관계 서류가 존재하고 있었다고 추정할 수 없다.

▮ 판례 3 ▮ 소유권보존등기말소등

[대법원 2005. 4. 15. 선고 2003다49627 판결]

판결요지

[1] 구 조선임야조사령(1918. 5. 1. 제령 제5호, 폐지)의 시행 이전에 작성된 임야조사부의 국유·사유 구분란에 '국', 소유자 또는 연고자란에 사인의 이름이 기재되었다가 위 '국'이 '사'로 정정되고 정정인이 찍혀 있으며, 그 비고란에 '지적계출 없음'이란 뜻이 기재되어 있지 않은 경우 위 사인이 그 임야를 사정받은 것으로 보아야 한다.

[2] 민법 제197조 제1항에 의하면 점유자는 소유의 의사로 평온·공연하게 점유한 것으로 추정

되나, 한편 점유자의 점유가 소유의 의사 있는 자주점유인지 아니면 소유의 의사 없는 타주점유인지 여부는 점유자의 내심의 의사에 의하여 결정되는 것이 아니라 점유취득의 원인이 된 권원의 성질이나 점유와 관계가 있는 모든 사정에 의하여 외형적·객관적으로 결정되어야 하는 것이기 때문에 점유자가 점유 개시 당시에 소유권취득의 원인이 될 수 있는 법률행위 기타 법률요건이 없이 그와 같은 법률요건이 없다는 사실을 잘 알면서 타인 소유의 부동산을 무단점유한 것임이 입증된 경우에는 특별한 사정이 없는 한 점유자는 타인의 소유권을 배척하고 점유할 의사를 갖고 있지 않다고 보아야 하므로, 이로써 소유의 의사가 있는 점유라는 추정은 깨어진다.

[3] 임야에 대하여 소유권보존등기를 경료하고 점유를 개시한 지방자치단체가 점유권원을 주장·증명하지 못한다는 사정만으로 자주점유의 추정이 깨어지지 않는다고 본 사례.

▎판례 4 ▎ 소유권보존등기말소

[대법원 2005. 10. 28. 선고 2005다40372 판결]

판결요지

구 조선임야조사령(1918. 5. 1. 제령 제5호, 폐지) 제3조, 구 조선임야조사령 시행규칙(1918. 5. 1. 부령 제38호, 폐지) 제1조, 구 조선특별연고삼림 양여령(1926. 4. 5. 제령 제7호, 폐지) 제1조, 제2조, 구 조선임야조사령 시행수속(1918. 11. 26. 조선총독부 훈령 제59호, 폐지) 제51조의 각 규정의 내용을 종합하여 보면, 임야조사서에 연고자로 기재되어 있다거나 구 조선임야조사령 시행수속 제51조에 따라 작성된 임야원도상에 연고자로 기재되어 있어 임야조사 당시 연고자로 신고한 자로 볼 수 있는 사람이라고 하더라도 그것만으로는 그가 어떠한 연고관계를 가진 자인지를 확정할 수 없고, 한편 구 조선특별연고삼림 양여령 제1조, 제2조의 규정에 의하면 구 조선임야조사령 시행규칙 제1조 각 호가 정하는 연고자 중에서도 일부만을 특별연고자로 한정하여 그에게 국유임야를 양여할 것을 규정하고 있으므로 임야조사서의 연고자란에 연고자로 기재되어 있고 임야원도에도 연고자로 기재되어 있는 사람이라고 하더라도 그가 임야에 관하여 구체적으로 어떠한 내용의 연고를 가지고 있었는지를 입증하지 못하는 한 그 자체만으로 그가 구 조선특별연고삼림 양여령 제2조에 의하여 해당 임야를 양여받았다고 볼 수 없다.

가. 송달

○ 「토지보상법」에 따른 서류의 송달은 서류를 송달받을 자에게 교부하거나 「우편법 시행규칙」 제25조제1항제6호의 규정에 의한 특별송달의 방법에 의함

▎**우편법 시행규칙 제25조 (선택적 우편역무의 종류 및 이용조건 등)** ▎

① 법 제15조제3항에 따른 선택적 우편역무의 종류는 다음 각 호와 같이 구분한다.

   6. 특별송달
      등기취급을 전제로 「민사소송법」 제176조의 규정에 의한 방법으로 송달하는 우편물로서 배달우체국에서 배달결과를 발송인에게 통지하는 특수취급제도

▎**민사소송법 제176조 (송달기관)** ▎

① 송달은 우편 또는 집행관에 의하거나, 그 밖에 대법원규칙이 정하는 방법에 따라서 하여야 한다.
② 우편에 의한 송달은 우편집배원이 한다.
③ 송달기관이 송달하는 데 필요한 때에는 국가경찰공무원에게 원조를 요청할 수 있다.

판 례

| 판례 1 | 보통우편의 방법으로 발송되었다는 사실만으로는 그 우편물이 상당기간 내에 도달하였다고 추정할 수 없다.

[대법원 2002. 07. 26. 선고 2000다25002]

판결요지

내용증명우편이나 등기우편과는 달리, 보통우편의 방법으로 발송되었다는 사실만으로는 그 우편물이 상당기간 내에 도달하였다고 추정할 수 없고 송달의 효력을 주장하는 측에서 증거에 의하여 도달사실을 입증하여야 한다.

| 판례 2 | 주소, 거소 기타 송달할 장소를 알 수 없을 때의 의미

[대법원 1993. 12. 14 선고 93누9422]

판결요지

토지수용법 제7조, 같은법시행령 제6조 제1항, 제2항, 제7조 제1항, 민사소송법 제170조 등의 각 규정에 의하면, 토지수용법상의 재결서는 송달 받을 자의 주소, 거소 기타 송달할 장소를 알 수 없을 때에 한하여 공시송달할 수 있는바, 여기에서 주소, 거소, 기타 송달할 장소를 알 수 없을 때라 함은 주민등록표에 의하여 이를 조사하는 등 통상의 조사방법에 의하여 그 송달장소를 탐색하여도 이를 확인할 수 없을 때를 말한다.

제2장 협의취득

1. 공익사업의 준비

> | 토지보상법 제9조 (사업 준비를 위한 출입의 허가 등) |
>
> ① 사업시행자는 공익사업을 준비하기 위하여 타인이 점유하는 토지에 출입하여 측량하거나 조사할 수 있다.
> ② 사업시행자(특별자치도, 시·군 또는 자치구가 사업시행자인 경우는 제외한다)는 제1항에 따라 측량이나 조사를 하려면 사업의 종류와 출입할 토지의 구역 및 기간을 정하여 특별자치도지사, 시장·군수 또는 구청장(자치구의 구청장을 말한다. 이하 같다)의 허가를 받아야 한다. 다만, 사업시행자가 국가일 때에는 그 사업을 시행할 관계 중앙행정기관의 장이 특별자치도지사, 시장·군수 또는 구청장에게 통지하고, 사업시행자가 특별시·광역시 또는 도일 때에는 특별시장·광역시장 또는 도지사가 시장·군수 또는 구청장에게 통지하여야 한다.
> ③ 특별자치도지사, 시장·군수 또는 구청장은 다음 각 호의 어느 하나에 해당할 때에는 사업시행자, 사업의 종류와 출입할 토지의 구역 및 기간을 공고하고 이를 토지점유자에게 통지하여야 한다.
>   1. 제2항 본문에 따라 허가를 한 경우
>   2. 제2항 단서에 따라 통지를 받은 경우
>   3. 특별자치도, 시·군 또는 구(자치구를 말한다. 이하 같다)가 사업시행자인 경우로서 제1항에 따라 타인이 점유하는 토지에 출입하여 측량이나 조사를 하려는 경우
> ④ 사업시행자는 제1항에 따라 타인이 점유하는 토지에 출입하여 측량·조사함으로써 발생하는 손실을 보상하여야 한다.
> ⑤ 제4항에 따른 손실의 보상은 손실이 있음을 안 날부터 1년이 지났거나 손실이 발생한 날부터 3년이 지난 후에는 청구할 수 없다.
> ⑥ 제4항에 따른 손실의 보상은 사업시행자와 손실을 입은 자가 협의하여 결정한다.
> ⑦ 제6항에 따른 협의가 성립되지 아니하면 사업시행자나 손실을 입은 자는 대통령령으로 정하는 바에 따라 제51조에 따른 관할 토지수용위원회(이하 "관할 토지수용위원회"라 한다)에 재결을 신청할 수 있다. [전문개정 2011. 8. 4.]
>
> | 토지보상법 제10조 (출입의 통지) |
>
> ① 제9조제2항에 따라 타인이 점유하는 토지에 출입하려는 자는 출입하려는 날의 5일 전까지 그 일시 및 장소를 특별자치도지사, 시장·군수 또는 구청장에게 통지하여야 한다.
> ② 특별자치도지사, 시장·군수 또는 구청장은 제1항에 따른 통지를 받은 경우 또는 특별자치도, 시·군 또는 구가 사업시행자인 경우에 특별자치도지사, 시장·군수 또는 구청장이 타인이 점유하는 토지에 출입하려는 경우에는 지체 없이 이를 공고하고 그 토지점유자에게 통지하여야 한다.
> ③ 해가 뜨기 전이나 해가 진 후에는 토지점유자의 승낙 없이 그 주거(住居)나 경계표·담 등으로 둘러싸인 토지에 출입할 수 없다.
>
> | 토지보상법 제11조 (토지점유자의 인용의무) |
>
> 토지점유자는 정당한 사유 없이 사업시행자가 제10조에 따라 통지하고 출입·측량 또는 조사하는 행위를 방해하지 못한다.

| 토지보상법 제12조 (장해물 제거등) |

① 사업시행자는 제9조에 따라 타인이 점유하는 토지에 출입하여 측량 또는 조사를 할 때 장해물을 제거하거나 토지를 파는 행위(이하 "장해물 제거등"이라 한다)를 하여야 할 부득이한 사유가 있는 경우에는 그 소유자 및 점유자의 동의를 받아야 한다. 다만, 그 소유자 및 점유자의 동의를 받지 못하였을 때에는 사업시행자(특별자치도, 시·군 또는 구가 사업시행자인 경우는 제외한다)는 특별자치도지사, 시장·군수 또는 구청장의 허가를 받아 장해물 제거등을 할 수 있으며, 특별자치도, 시·군 또는 구가 사업시행자인 경우에 특별자치도지사, 시장·군수 또는 구청장은 허가 없이 장해물 제거등을 할 수 있다.
② 특별자치도지사, 시장·군수 또는 구청장은 제1항 단서에 따라 허가를 하거나 장해물 제거등을 하려면 미리 그 소유자 및 점유자의 의견을 들어야 한다.
③ 제1항에 따라 장해물 제거등을 하려는 자는 장해물 제거등을 하려는 날의 3일 전까지 그 소유자 및 점유자에게 통지하여야 한다.
④ 사업시행자는 제1항에 따라 장해물 제거등을 함으로써 발생하는 손실을 보상하여야 한다.
⑤ 제4항에 따른 손실보상에 관하여는 제9조제5항부터 제7항까지의 규정을 준용한다.

| 토지보상법 제13조 (증표 등의 휴대) |

① 제9조제2항 본문에 따라 특별자치도지사, 시장·군수 또는 구청장의 허가를 받고 타인이 점유하는 토지에 출입하려는 사람과 제12조에 따라 장해물 제거등을 하려는 사람(특별자치도, 시·군 또는 구가 사업시행자인 경우는 제외한다)은 그 신분을 표시하는 증표와 특별자치도지사, 시장·군수 또는 구청장의 허가증을 지녀야 한다.
② 제9조제2항 단서에 따라 특별자치도지사, 시장·군수 또는 구청장에게 통지하고 타인이 점유하는 토지에 출입하려는 사람과 사업시행자가 특별자치도, 시·군 또는 구인 경우로서 제9조제3항제3호 또는 제12조제1항 단서에 따라 타인이 점유하는 토지에 출입하거나 장해물 제거등을 하려는 사람은 그 신분을 표시하는 증표를 지녀야 한다.
③ 제1항과 제2항에 따른 증표 및 허가증은 토지 또는 장해물의 소유자 및 점유자, 그 밖의 이해관계인에게 이를 보여주어야 한다.
④ 제1항과 제2항에 따른 증표 및 허가증의 서식에 관하여 필요한 사항은 국토교통부령으로 정한다.

| 토지보상법 시행령 제6조의2 (손실보상 재결의 신청) |

법 제9조제7항에 따라 재결을 신청하려는 자는 국토교통부령으로 정하는 손실보상재결신청서에 다음 각 호의 사항을 적어 법 제51조에 따른 관할 토지수용위원회(이하 "관할 토지수용위원회"라 한다)에 제출하여야 한다.
1. 재결의 신청인과 상대방의 성명 또는 명칭 및 주소
2. 공익사업의 종류 및 명칭
3. 손실 발생사실
4. 손실보상액과 그 명세
5. 협의의 경위

사례 1
사업지역 선정을 위한 후보지역의 현장 확인행위는 공익사업의 준비에 해당한다
(2006. 07. 21. 토지정책팀-2899) (유권해석)

질의요지
2018 토지수용 업무편람 발췌

사업지역을 선정하고자 후보지역 여러 곳에 대해 현장 확인 또는 사업규모결정을 위한 검토과정에서 현장을 확인하는 행위가 「토지보상법」 제9조에 의해 출입대상지역의 시장·군수·구청장에게 사전통지하고 이를 통지 받은 시장·군수·구청장은 공고 및 토지점유자에게 통지해야 하는지 여부

회신내용
사업지역선정을 위한 후보지역에 대해 현장을 확인하는 행위는 공익사업을 준비하는 과정으로 볼 수 있으므로 사업시행자가 국가인 경우에는 시장·군수·구청장에게 사전통지하고 이를 통지 받은 시장·군수·구청장은 공고 및 토지점유자에게 통지해야 한다고 보나, 개별적인 사례에 대하여는 사업시행자가 사실관계를 조사하여 판단·결정할 사항이라고 봅니다.

판 례

▌판례 1 ▌ 사업의 준비과정에서 손실을 입은 자가 행정소송을 청구하는 경우 토지수용위원회의재결절차를 거쳐야 한다.

[대법원 1999. 04. 23. 선고 97누3439]

판결요지

공공사업의 시행자 또는 기업자가 관계 법령상 수용 또는 사용 목적물에 대한 권리를 취득하여 사업을 시행하기 전까지 그로 인한 손실을 미리 보상할 의무가 있음에도 이러한 보상절차를 이행하지 아니하고 소유자 또는 관계인으로부터 동의를 얻지도 아니한 채 공공사업을 시행하여 그 목적물에 대하여 실질적이고 현실적인 침해를 가한 경우 불법행위로 인한 손해배상으로서 민사소송을 제기할 수 있음은 별론으로 하고, … 이 경우 손실을 입은 자는 토지수용법의 관련 규정이 정하는 바에 따라 직접 관할 토지수용위원회에 재결신청을 하고 그에 대한 재결 및 불복절차를 거친 다음에야 행정소송을 제기할 수 있…다.

▌판례 2 ▌ 소유권말소등기

[대법원 1999. 10. 22. 선고 99다35911 판결]

판결요지

[1] 구 조선임야조사령(1918. 5. 1. 제령 제5호, 폐지), 같은령시행규칙(1918. 5. 총령 제38호, 폐지), 같은령시행수속(1918. 11. 26. 조선총독부훈령 제59호, 폐지)의 관계 규정에 의하면,

임야조사사업 당시 작성된 임야조사서상의 소유자란에 '국'으로 기재되고 그 연고자란에 특정 개인의 씨명과 주소가 기재되어 있으나 비고란이 공란으로 되어 있고, 임야원도에 그 씨명이 괄호 속에 기재되어 있는 경우에는 국유 임야의 연고자로 신고하였으나 그 후 조사를 거쳐 작성된 임야조사서와 임야원도에 국유 임야의 연고자로 기재된 것일 뿐으로서 특별한 사정이 없는 한 그 연고자가 당해 임야의 소유자로 사정받았다고 볼 수 없다.

[2] 임야조사서상의 소유자란에 소유자로 등재된 자는 반드시 임야 사정을 거쳐 그 소유권이 확정된 것이라고 단정할 수는 없으나, 재결에 의하여 사정 내용이 변경되었다는 등의 반증이 없는 한 그 임야의 소유자로 사정받고 그 사정이 확정된 것으로 추정된다.

[3] 임야조사사업 당시 작성된 임야조사서와 임야원도에는 국유로 조사되고 갑이 단순한 연고자로 기재되어 있으나 그 후 작성된 사방사업설계서에 편철된 임야지적조서에는 갑이 소유자로 기재되어 있고 임야 내에는 선대의 분묘가 있어 갑의 후손들이 임야를 관리해 온 경우, 위 임야지적조서가 작성된 당시 임야사방사업을 실시하는 절차에 관한 구 조선사방사업령(1933. 8. 25. 제령 제17호, 폐지), 같은령시행규칙(1934. 2. 10. 조선총독부령 제11호, 폐지)의 구체적인 실시를 위하여 마련된 구 사방사업실시수속(1934. 10. 2. 임정 제120호 별책, 폐지)에서 작성하도록 규정한 임야지적조서의 양식에 의하면 해당 임야의 지번, 지목, 면적, 시공면적을 기재한 다음 '구별'란에 사유, 연고림, 대부지, 국유 등으로 구분하여 기재하고, 사유, 연고림, 대부지의 경우에는 '소유자, 점유자 또는 관계자'란에 그 주소와 씨명을 기재하도록 되어 있는바, 위와 같이 임야지적조서를 작성할 때 그 소유자를 구별하여 기재하도록 되어 있고 이는 당시의 등기부 또는 임야대장의 기재에 따랐을 것이라고 보여지는데, 구 조선임야조사령(1918. 5. 1. 제령 제5호, 폐지) 제8조, 제11조, 제17조에 의하면 임야소유자의 권리가 도장관의 사정 또는 그에 대한 재결에 의하여 확정되면 도장관은 임야대장 및 임야도를 조제하여 그 사항을 등록하여야 한다고 규정하고 있는 점에 비추어 볼 때, 위 임야지적조서의 기재는 적어도 갑 앞으로 사정된 사실을 인정할 수 있는 하나의 유력한 자료가 될 수 있고, 더욱이 임야조사서에 갑이 임야의 연고자로 기재되어 있는 점과 그 임야 내에는 선대의 분묘가 있어 갑의 후손들이 위 분묘를 수호하면서 나무를 식재하는 등 임야를 관리하여 온 점을 보태어 보면, 위 임야는 임야조사사업 당시 갑 앞으로 사정되어 그 임야대장에 갑이 소유자로 등록되었을 가능성이 매우 크다고 본 사례.

2. 토지조서 및 물건조서의 작성

> | 토지보상법 제14조 (토지조서 및 물건조서의 작성) |
>
> ① 사업시행자는 공익사업의 수행을 위하여 제20조에 따른 사업인정 전에 협의에 의한 토지등의 취득 또는 사용이 필요할 때에는 토지조서와 물건조서를 작성하여 서명 또는 날인을 하고 토지소유자와 관계인의 서명 또는 날인을 받아야 한다. 다만, 다음 각 호의 어느 하나에 해당하는 경우에는 그러하지 아니하다. 이 경우 사업시행자는 해당 토지조서와 물건조서에 그 사유를 적어야 한다.
> 1. 토지소유자 및 관계인이 정당한 사유 없이 서명 또는 날인을 거부하는 경우

2. 토지소유자 및 관계인을 알 수 없거나 그 주소·거소를 알 수 없는 등의 사유로 서명 또는 날인을 받을 수 없는 경우
② 토지와 물건의 소재지, 토지소유자 및 관계인 등 토지조서 및 물건조서의 기재사항과 그 작성에 필요한 사항은 대통령령으로 정한다.

| 토지보상법 시행령 제7조 (토지조서 및 물건조서 등의 작성) |

① 사업시행자는 공익사업의 계획이 확정되었을 때에는 「공간정보의 구축 및 관리 등에 관한 법률」에 따른 지적도 또는 임야도에 대상 물건인 토지를 표시한 용지도(用地圖)와 토지등에 관한 공부(公簿)의 조사 결과 및 현장조사 결과를 적은 기본조사서를 작성해야 한다. <개정 2015. 6. 1., 2021. 11. 23.>
② 사업시행자는 제1항에 따라 작성된 용지도와 기본조사서를 기본으로 하여 법 제14조제1항에 따른 토지조서(이하 "토지조서"라 한다) 및 물건조서(이하 "물건조서"라 한다)를 작성해야 한다. <개정 2021. 11. 23.>
③ 토지조서에는 다음 각 호의 사항이 포함되어야 한다.
  1. 토지의 소재지·지번·지목·전체면적 및 편입면적과 현실적인 이용상황
  2. 토지소유자의 성명 또는 명칭 및 주소
  3. 토지에 관하여 소유권 외의 권리를 가진 자의 성명 또는 명칭 및 주소와 그 권리의 종류 및 내용
  4. 작성일
  5. 그 밖에 토지에 관한 보상금 산정에 필요한 사항
④ 물건조서에는 다음 각 호의 사항이 포함되어야 한다. <개정 2020. 8. 26.>
  1. 물건(광업권·어업권·양식업권 또는 물의 사용에 관한 권리를 포함한다. 이하 같다)이 있는 토지의 소재지 및 지번
  2. 물건의 종류·구조·규격 및 수량
  3. 물건소유자의 성명 또는 명칭 및 주소
  4. 물건에 관하여 소유권 외의 권리를 가진 자의 성명 또는 명칭 및 주소와 그 권리의 종류 및 내용
  5. 작성일
  6. 그 밖에 물건에 관한 보상금 산정에 필요한 사항
⑤ 물건조서를 작성할 때 그 물건이 건축물인 경우에는 제4항 각 호의 사항 외에 건축물의 연면적과 편입면적을 적고, 그 실측평면도를 첨부하여야 한다. 다만, 실측한 편입면적이 건축물대장에 첨부된 건축물현황도에 따른 편입면적과 일치하는 경우에는 건축물현황도로 실측평면도를 갈음할 수 있다.
⑥ 제1항에 따른 기본조사서의 작성에 관한 세부사항은 국토교통부장관이 정하여 고시한다. <신설 2021. 11. 23.>
⑦ 토지조서와 물건조서의 서식은 국토교통부령으로 정한다. <개정 2021. 11. 23.>
[전문개정 2013. 5. 28.]

| 토지보상법 시행규칙 제5조 (토지조서 및 물건조서의 서식) |

영 제7조제6항의 규정에 의한 토지조서 및 물건조서는 각각 별지 제4호서식 및 별지 제5호서식에 의한다.

사례 1   토지조서 등에 서명을 받는 것을 누락하였다면 해당 사항을 보완하여 사업인정 등의 진행이 가능하다(2018. 8. 9. 토지정책과-5142)(유권해석)

질의요지

① 사업시행자가 토지조서 등을 작성한 후 토지소유자 등의 서명 등을 받지 아니하고 사업인정, 보상계획의 열람, 보상액의 산정 재결신청 등을 할 수 있는지? ② 사업시행자가 사업인정, 보상계획의 열람 등을 진행한 상태에서 토지조서 등에 서명을 받지 아니하였을 경우 사업인정, 보상계획의 열람 절차를 다시 거치지 아니하고 토지조서 등에 서명을 받으면서 동시에 보상액의 산정, 협의, 재결의 신청을 진행할 수 있는지

회신내용

토지조서 등에 서명을 받아야 사업인정 등의 진행이 가능한 것은 아니라고 보며, 다만, 서명을 받는 것을 누락하였다면 해당 사항을 보완하여야 될 것으로 봅니다. 기타 수용재결 신청과 그에 따른 재결여부는 관할 토지수용위원회에서 관계법령 및 사업추진현황 등을 검토하여 결정할 사항으로 봅니다.

사례 2   공부면적과 실제면적이 다를 경우 실제면적을 기준으로 산정한다(2018. 9. 4. 토지정책과-5602)(유권해석).

질의요지

재개발사업에 편입된 건축물이 사용승인 시 대장에 기재된 면적(97.97㎡)과 실제면적(138.84㎡)이 다를 경우 보상은

회신내용

토지보상법 제75조제1항에서 건축물·입목·공작물과 그 밖에 토지에 정착한 물건(이하 "건축물등"이라 한다)에 대하여는 이전에 필요한 비용으로 보상하도록 하고 있는 바, 공공사업에 편입된 실제면적을 기준으로 산정하여야 할 것입니다.

판 례

▌판례 1 ▌ 무허가 건축물에 대한 보상을 하는 경우 지적측량을 하여야 한다.

[서울고등법원 1999.02.24 선고 97구31542]

판결요지

일반적으로 기업자가 지적법에 의한 지적측량을 실시하여 수용대상 목적물의 위치·면적을 확인할 필요는 없다고 할 것이나, 수용대상이 무허가건물인 경우에는 그 위치·면적을 확인할 공부가 없으므로 지적법령이 규정하는 경계복원측량·현황측량을 실시하여 이를 확인하여야 함에도 불구하고 담당공무원 등이 목측이나 줄자 등을 이용하여 어림짐작으로 그 위치·면적을 정하고 이에 터잡아 토지수용위원회가 손실보상액을 정하였다면, 이와 같이 재결에서 정한 손실보상액이 지적측량에 의하여 확인된 위치·면적을 기초로 산정한 손실보상액보다 많다는 등의 특별한 사정이 없으면 그 소유자에 대한 관계에서 그 재결 중 위 부족부분은 위법하다고 할 것이고, 나아가 어느 무허가건물이 사업구역 안과 밖에 걸쳐서 건립된 경우에는 그 소유자의 청구가 없는 한 사업구역 밖의 부분은 수용대상으로 삼아야 하지 아니함에도 불구하고 재결에서 그 무허가건물 전부를 수용대상으로 삼고 사업구역 안·밖의 구분 없이 전체로서 손실보상액을 정하였다면 이는 가분적 행정처분이라고 할 수 없으므로 사업구역 밖의 부분을 수용하였음을 이유로 취소함에 있어서는 이에 대한 재결 전부를 취소하여야 할 것이다.

▌판례 2 ▌ 토지수용재결처분취소등

[대법원 1993. 7. 13. 선고 93누2902 판결]

판결요지

가. 기업자를 대신하여 토지수용에 관한 협의절차 업무를 대행하고 있는 자가 있는 경우에는 특별한 사정이 없는 이상 재결신청의 청구서를 그 업무대행자에게도 제출할 수 있다.
나. 수용에 관한 협의기간이 정하여져 있더라도 협의의 성립가능성 없음이 명백해졌을 때와 같은 경우에는 굳이 협의기간이 종료될 때까지 기다리게 하여야 할 필요성도 없는 것이므로 협의기간 종료 전이라도 기업자나 그 업무대행자에 대하여 재결신청의 청구를 할 수 있는 것으로 보아야 하며, 다만 그와 같은 경우 토지수용법 제25조의3 제2항에 의한 2월의 기간은 협의기간 만료일로부터 기산하여야 한다.

▌판례 3 ▌ 무허가 건축물에 대한 보상을 하는 경우 지적측량을 하여야 한다.

[서울고등법원 1999.02.24 선고 97구31542]

판결요지

일반적으로 기업자가 지적법에 의한 지적측량을 실시하여 수용대상 목적물의 위치·면적을 확인할 필요는 없다고 할 것이나, 수용대상이 무허가건물인 경우에는 그 위치·면적을 확인할 공부가 없으므로 지적법령이 규정하는 경계복원측량·현황측량을 실시하여 이를 확인하여야 함에도 불구하고 담당공무원 등이 목측이나 줄자 등을 이용하여 어림짐작으로 그 위치·면적을 정하고 이에 터잡아 토지수용위원회가 손실 보상액을 정하였다면, 이와 같이 재결에서 정한 손실보상액이 지적측량에 의하여 확인된 위치·면적을 기초로 산정한 손실보상액보다 많다는 등의 특별한 사정이 없으면 그 소유자에 대한 관계에서 그 재결 중 위 부족부분은 위법하다고 할 것이고, 나아가 어느 무허가건물이 사업구역 안과 밖에 걸쳐서 건립된 경우에는 그 소유자의 청구가 없는 한 사업구역 밖의 부분은 수용대상으로 삼아야 하지 아니함에도 불구하고 재결에서 그 무허가건물 전부를 수용대상으로 삼고 사업구역 안·밖의 구분 없이 전체로서 손실보상액을 정하였다면 이는 가분적 행정처분이라고 할 수 없으므로 사업구역 밖의 부분을 수용하였음을 이유로 취소함에 있어서는 이에 대한 재결 전부를 취소하여야 할 것이다.

❖ 협의기간 종료 전이라도 사업시행자에 대하여 재결신청의 청구를 할 수 있다고 판시

❖ 서면으로 사업시행자에게 신청
  토지소유자 및 관계인은 사업시행자의 성명 또는 명칭, 공익사업의 종류 및 명칭, 토지소유자 및 관계인의 성명 또는 명칭 및 주소, 대상토지의 소재지·지번·지목 및 면적과 토지에 있는 물건의 종류·구조 및 수량, 협의가 성립되지 아니한 사유을 기재한 재결신청청구서를 사업시행자에게 제출하는 방식으로 재결신청청구를 하게 된다.

3. 보상계획공고 및 열람

| 토지보상법 제15조 (보상계획의 열람 등) |

① 사업시행자는 제14조에 따라 토지조서와 물건조서를 작성하였을 때에는 공익사업의 개요, 토지조서 및 물건조서의 내용과 보상의 시기·방법 및 절차 등이 포함된 보상계획을 전국을 보급지역으로 하는 일간신문에 공고하고, 토지소유자 및 관계인에게 각각 통지하여야 하며, 제2항 단서에 따라 열람을 의뢰하는 사업시행자를 제외하고는 특별자치도지사, 시장·군수 또는 구청장에게도 통지하여야 한다. 다만, 토지소유자와 관계인이 20인 이하인 경우에는 공고를 생략할 수 있다.
② 사업시행자는 제1항에 따른 공고나 통지를 하였을 때에는 그 내용을 14일 이상 일반인이 열람할 수 있도록 하여야 한다. 다만, 사업지역이 둘 이상의 시·군 또는 구에 걸쳐 있거나 사업시행자가 행정청이 아닌 경우에는 해당 특별자치도지사, 시장·군수 또는 구청장에게도 그 사본을 송부하여 열람을 의뢰하여야 한다.
③ 제1항에 따라 공고되거나 통지된 토지조서 및 물건조서의 내용에 대하여 이의(異議)가 있는 토지소유자 또는 관계인은 제2항에 따른 열람기간 이내에 사업시행자에게 서면으로 이의를 제기할 수 있다. 다만, 사업시행자가 고의 또는 과실로 토지소유자 또는 관계인에게 보상계획을 통지하지 아니한 경우 해당 토지소유자 또는 관계인은 제16조에 따른 협의가 완료되기 전까지 서면으로 이의를 제기할 수 있다. <개정 2018. 12. 31.>
④ 사업시행자는 해당 토지조서 및 물건조서에 제3항에 따라 제기된 이의를 부기(附記)하고 그 이의가 이유 있다고 인정할 때에는 적절한 조치를 하여야 한다.

사례 1 일간신문에 공고하여야 할 "토지조서 및 물건조서의 내용"(2011. 03. 24. 토지정책과-1398) (유권해석)

질의요지

2018 토지수용 업무편람 발췌

「공익사업을 위한 토지 등의 취득 및 보상에 관한 법률(이하 "토지보상법"이라 함)」제15조에 의한 보상계획 공고시 일간신문에 게재하여야 하는 "토지조서 및 물건조서의 내용" 범위

회신내용

일간신문에 공고하여야 할 토지조서 및 물건조서의 내용은 보상대상 토지 및 물건의 범위를 말한다고 보며, 토지소유자 및 관계인 등의 인적사항이 포함된 토지조서 및 물건조서의 구체적인 내용은 위 규정에 따라 토지소유자 및 관계인에게 각각 개별 통지하여야 할 것으로 봅니다.

사례 2 토지소유자 및 관계인이 20인 이하인 경우에는 보상계획 공고를 생략하고 통지 및 열람의 절차를 거친 후 협의보상할 수 있다(2010. 06. 04. 토지정책과-2991)(유권해석)

질의요지

2018 토지수용 업무편람 발췌

사업인정 전에 협의에 의한 보상절차를 이행함에 있어「공익사업을 위한 토지등의 취득 및 보상에 관한 법률(이하 "토지보상법")」제15조 제1항에 의한 토지소유자 및 관계인이 20인 이하인 경우에 해당되어 보상계획공고를 생략하는 경우에 이에 대한 협의보상이 가능한지

회신내용

토지보상법 제20조에 의한 사업인정 전 협의에 의한 보상절차를 이행함에 있어 동 법 제15조 제1항에 의한 토지소유자 및 관계인이 20인 이하인 경우에 해당되어 보상계획을 전국을 보급지역으로 하는 일간신문에 공고를 생략하더라도 통지와 열람 등의 일정한 절차를 거친 경우 협의보상이 가능하다고 보며, 개별적인 사례에 대하여는 사실관계 등을 검토하여 판단하시기 바랍니다.

판 례

┃ 판례 1 ┃ 당사자에 대한 고지 및 의견제출 등의 적법 요건

[헌법재판소 2007. 11. 29. 선고 2006헌바79]

결정요지

적법절차원칙에서 도출할 수 있는 가장 중요한 절차적 요청 중의 하나로, 당사자에게 적절한 고지를 행할 것, 당사자에게 의견 및 자료 제출의 기회를 부여할 것을 들 수 있겠으나, 이 원칙이 구체적으로 어떠한 절차를 어느 정도로 요구하는지는 일률적으로 말하기 어렵고, 규율되는 사항의 성질, 관련 당사자의 사익(私益), 절차의 이행으로 제고될 가치, 국가작용의 효율성, 절차에 소요되는 비용, 불복의 기회 등 다양한 요소들을 형량하여 개별적으로 판단할 수밖에 없을 것이다

4. 보상협의회의 설치

┃ 토지보상법 제82조 (보상협의회) ┃

① 공익사업이 시행되는 해당 지방자치단체의 장은 필요한 경우에는 다음 각 호의 사항을 협의하기 위하여 보상협의회를 둘 수 있다. 다만, 대통령령으로 정하는 규모 이상의 공익사업을 시행하는 경우에는 대통령령으로 정하는 바에 따라 보상협의회를 두어야 한다.
  1. 보상액 평가를 위한 사전 의견수렴에 관한 사항
  2. 잔여지의 범위 및 이주대책 수립에 관한 사항
  3. 해당 사업지역 내 공공시설의 이전 등에 관한 사항
  4. 토지소유자나 관계인 등이 요구하는 사항 중 지방자치단체의 장이 필요하다고 인정하는 사항
  5. 그 밖에 지방자치단체의 장이 회의에 부치는 사항
② 보상협의회 위원은 다음 각 호의 사람 중에서 해당 지방자치단체의 장이 임명하거나 위촉한다. 다만, 제1항 각 호 외의 부분 단서에 따라 보상협의회를 설치하는 경우에는 대통령령으로 정하는 사람이 임명하거나 위촉한다.
  1. 토지소유자 및 관계인
  2. 법관, 변호사, 공증인 또는 감정평가나 보상업무에 5년 이상 종사한 경험이 있는 사람
  3. 해당 지방자치단체의 공무원
  4. 사업시행자
③ 보상협의회의 설치·구성 및 운영 등에 필요한 사항은 대통령령으로 정한다. [전문개정 2011. 8. 4.]

┃ 토지보상법 시행령 제44조 (임의적 보상협의회의 설치·구성 및 운영 등) ┃

① 법 제82조제1항 각 호 외의 부분 본문에 따른 보상협의회(이하 이 조에서 "보상협의회"라 한다)는 해당 사업지역을 관할하는 특별자치도, 시·군 또는 구(자치구를 말한다. 이하 이 조에서 같다)에 설치한다.
② 제1항의 경우 공익사업을 시행하는 지역이 둘 이상의 시·군 또는 구에 걸쳐 있는 경우에는 해당 시장·군수 또는 구청장(자치구의 구청장을 말한다. 이하 이 조에서 같다)이 협의하여 보상협의회를 설치할 시·군 또는 구를 결정하여야 한다.
③ 특별자치도지사·시장·군수 또는 구청장은 제1항 및 제2항에 따른 보상협의회를 설치할 필요가

있다고 인정하는 경우에는 특별한 사유가 있는 경우를 제외하고는 법 제15조제2항에 따른 보상계획의 열람기간 만료 후 30일 이내에 보상협의회를 설치하고 사업시행자에게 이를 통지하여야 한다.
④ 보상협의회는 위원장 1명을 포함하여 8명 이상 16명 이내의 위원으로 구성하되, 사업시행자를 위원에 포함시키고, 위원 중 3분의 1 이상은 토지소유자 또는 관계인으로 구성하여야 한다.
⑤ 보상협의회의 위원장은 해당 특별자치도·시·군 또는 구의 부지사·부시장·부군수 또는 부구청장이 되며, 위원장이 부득이한 사유로 직무를 수행할 수 없을 때에는 위원장이 지명하는 위원이 그 직무를 대행한다.
⑥ 보상협의회의 위원장은 보상협의회를 대표하며, 보상협의회의 업무를 총괄한다.
⑦ 보상협의회의 회의는 재적위원 과반수의 출석으로 개의(開議)한다.
⑧ 보상협의회의 위원장은 회의에서 협의된 사항을 해당 사업시행자에게 통보하여야 하며, 사업시행자는 정당하다고 인정되는 사항에 대해서는 이를 반영하여 사업을 수행하여야 한다.
⑨ 보상협의회에 보상협의회의 사무를 처리할 간사와 서기를 두며, 간사와 서기는 보상협의회의 위원장이 해당 특별자치도·시·군 또는 구의 소속 공무원 중에서 임명한다.
⑩ 사업시행자가 국가 또는 지방자치단체인 경우 사업시행자는 보상협의회에 출석한 공무원이 아닌 위원에게 수당을 지급할 수 있다.
⑪ 위원장은 사업시행자의 사업추진에 지장이 없도록 보상협의회를 운영하여야 하며, 보상협의회의 운영에 필요한 사항은 보상협의회의 회의를 거쳐 위원장이 정한다.

| 토지보상법 시행령 제44조의2 (의무적 보상협의회의 설치·구성 및 운영 등) |

① 법 제82조제1항 각 호 외의 부분 단서에 따른 보상협의회(이하 이 조에서 "보상협의회"라 한다)는 제2항에 해당하는 공익사업에 대하여 해당 사업지역을 관할하는 특별자치도, 시·군 또는 구(자치구를 말한다. 이하 이 조에서 같다)에 설치한다. 다만, 다음 각 호의 어느 하나에 해당하는 경우에는 사업시행자가 설치하여야 한다.
 1. 해당 사업지역을 관할하는 특별자치도, 시·군 또는 구의 부득이한 사정으로 보상협의회 설치가 곤란한 경우
 2. 공익사업을 시행하는 지역이 둘 이상의 시·군 또는 구에 걸쳐 있는 경우로서 보상협의회 설치를 위한 해당 시장·군수 또는 구청장(자치구의 구청장을 말한다. 이하 이 조에서 같다) 간의 협의가 법 제15조제2항에 따른 보상계획의 열람기간 만료 후 30일 이내에 이루어지지 아니하는 경우
② 법 제82조제1항 각 호 외의 부분 단서에서 "대통령령으로 정하는 규모 이상의 공익사업"이란 해당 공익사업지구 면적이 10만 제곱미터 이상이고, 토지등의 소유자가 50인 이상인 공익사업을 말한다.
③ 특별자치도지사, 시장·군수 또는 구청장이 제1항 각 호 외의 부분 본문에 따른 보상협의회를 설치하려는 경우에는 특별한 사유가 있는 경우를 제외하고는 법 제15조제2항에 따른 보상계획의 열람기간 만료 후 30일 이내에 보상협의회를 설치하고, 사업시행자에게 이를 통지하여야 하며, 사업시행자가 제1항 각 호 외의 부분 단서에 따른 보상협의회를 설치하려는 경우에는 특별한 사유가 있는 경우를 제외하고는 지체 없이 보상협의회를 설치하고, 특별자치도지사, 시장·군수 또는 구청장에게 이를 통지하여야 한다.
④ 보상협의회의 위원장은 해당 특별자치도, 시·군 또는 구의 부지사, 부시장·부군수 또는 부구청장이 되며, 위원장이 부득이한 사유로 직무를 수행할 수 없을 때에는 위원장이 지명하는 위원이

그 직무를 대행한다. 다만, 제1항 각 호 외의 부분 단서에 따른 보상협의회의 경우 위원은 해당 사업시행자가 임명하거나 위촉하고, 위원장은 위원 중에서 호선(互選)한다.
⑤ 보상협의회에 보상협의회의 사무를 처리할 간사와 서기를 두며, 간사와 서기는 보상협의회의 위원장이 해당 특별자치도, 시·군 또는 구의 소속 공무원(제1항 각 호 외의 부분 단서에 따른 보상협의회의 경우에는 사업시행자 소속 임직원을 말한다) 중에서 임명한다.
⑥ 제1항에 따른 보상협의회의 설치·구성 및 운영 등에 관하여는 제44조제2항, 제4항, 제6항부터 제8항까지, 제10항 및 제11항을 준용한다.

사례 1 필수적으로 보상협의회를 설치하여야 하는 공익사업인지 여부를 판단하는 면적은 해당 공익사업지구 면적을 기준으로 한다(2012. 11. 15. 토지정책과-5751) (유권해석)

질의요지   2018 토지수용 업무편람 발췌

의무적으로 보상협의회를 설치하여야 하는 공익사업 면적 판단 시 보상대상이 아닌 국·공유지 면적도 포함되는지?

회신내용

의무적으로 보상협의회를 설치하여야 하는 공익사업 인지 여부를 판단하는 면적 기준은 보상대상 면적이 아닌 해당 공익사업지구 면적을 기준으로 하여야 할 것으로 봅니다.

재결례

| 재결례 | 사업시행자에게 보상협의회 설치의무가 있음에도 이를 설치하지 않고 신청한 수용재결은 부적법하여 각하대상이다.

[중토위 2017. 7. 13.]

재결요지

「도시 및 주거환경정비법(이하 "도정법"이라함)」 제38조에 따르면 사업시행자는 정비구역안에서 정비사업을 시행하기 위하여 필요한 경우에는 「공익사업을 위한 토지 등의 취득 및 보상에 관한 법률」(이하 "법"이라함) 제3조의 규정에 의한 토지·물건 또는 그 밖의 권리를 취득하거나 사용할 수 있고, 도정법 제40조의 규정에 의하면 정비구역안에서 정비사업의 시행을 위한 토지 또는 건축물의 소유권과 그 밖의 권리에 대한 수용 또는 사용에 관하여는 이 법에 특별한 규정이 있는 경우를 제외하고는 법을 준용한다고 되어 있다.

법 제82조의 규정에 의하면 공익사업이 시행되는 해당 지방자치단체의 장은 필요한 경우에는 보상액평가를 위한 사전 의견수렴에 관한 사항, 잔여지의 범위 및 이주대책 수립에 관한 사항, 해당 사업지역내 공공시설의 이전 등에 관한 사항, 토지소유자나 관계인 등이 요구하는 사항 중 지방자치단체의 장이 필요하다고 인정하는 사항, 그 밖에 지방자치단체의 장이 회의에 부치는 사항을 협의하기 위하여 보상협의회를 둘 수 있다. 다만, 대통령령으로 정하는 규

모 이상의 공익사업을 시행하는 경우에는 대통령령으로 정하는 바에 따라 보상협의회를 두어야 한다고 되어 있고, 법 시행령 제44조의2 규정에 의하면 법 제82조 제1항 각 호 외의 부분 단서에 따른 보상협의회는 공익사업지구 면적이 10만 제곱미터 이상이고, 토지 등의 소유자가 50인 이상인 공익사업에 해당하는 공익사업에 대하여 해당 사업지역을 관할하는 특별자치도, 시·군 또는 구에 설치하되, 해당 사업지역을 관할하는 특별자치도, 시·군 또는 구의 부득이한 사정으로 보상협의회 설치가 곤란한 경우, 공익사업을 시행하는 지역이 둘 이상의 시·군 또는 구에 걸쳐 있는 경우로서 보상협의회 설치를 위한 해당 시장·군수 또는 구청장간의 협의가 법 제15조제2항에 따른 보상계획의 열람기간 만료 후 30일 이내에 이루어지지 아니하는 경우에는 사업시행자가 설치하여야 한다고 되어 있다.

이 건 사업의 경우 공익사업지구 면적이 108,423.7㎡로서 10만 제곱미터 이상이고, 수용재결이 신청된 토지 등의 소유자만 174인으로서 소유자가 50인 이상인 공익사업에 해당하여 의무적으로 보상협의회를 설치하여야 하는 공익사업지구에 해당되는 것으로 확인된다.

한편, 도정법 제40조는 도정법에 특별한 규정이 있는 경우를 제외하고는 법을 적용하도록 하고 있어 보상협의회 설치에 대하여는 법 규정을 적용하여 의무적 보상협의회를 설치하여야 했으나 보상협의회를 설치하여 달라는 소유자의 요구에도 불구하고 이 건 사업지역 관할 지자체인 00시장과 사업시행자는 이를 설치하지 아니한 사실이 확인된다. 따라서, 이 건 수용재결신청은 법에서 규정하고 있는 협의 절차를 이행하지 아니하고 수용재결을 신청하여 부적법하므로 이를 각하하기로 의결한다.

5. 보상평가

> **| 토지보상법 제68조 (보상액의 산정) |**
>
> ① 사업시행자는 토지등에 대한 보상액을 산정하려는 경우에는 감정평가법인등 3인(제2항에 따라 시·도지사와 토지소유자가 모두 감정평가법인등을 추천하지 아니하거나 시·도지사 또는 토지소유자 어느 한쪽이 감정평가법인등을 추천하지 아니하는 경우에는 2인)을 선정하여 토지등의 평가를 의뢰하여야 한다. 다만, 사업시행자가 국토교통부령으로 정하는 기준에 따라 직접 보상액을 산정할 수 있을 때에는 그러하지 아니하다. <개정 2012. 6. 1., 2013. 3. 23., 2020. 4. 7.>
>
> ② 제1항 본문에 따라 사업시행자가 감정평가법인등을 선정할 때 해당 토지를 관할하는 시·도지사와 토지소유자는 대통령령으로 정하는 바에 따라 감정평가법인등을 각 1인씩 추천할 수 있다. 이 경우 사업시행자는 추천된 감정평가법인등을 포함하여 선정하여야 한다. <개정 2012. 6. 1., 2020. 4. 7.>
>
> ③ 제1항 및 제2항에 따른 평가 의뢰의 절차 및 방법, 보상액의 산정기준 등에 관하여 필요한 사항은 국토교통부령으로 정한다. <개정 2013. 3. 23.> [전문개정 2011. 8. 4.]
>
> **| 토지보상법 시행령 제28조 (시·도지사와 토지소유자의 감정평가법인등 추천) |**
>
> ① 사업시행자는 법 제15조제1항에 따른 보상계획을 공고할 때에는 시·도지사와 토지소유자가 감정평가법인등(「감정평가 및 감정평가사에 관한 법률」 제2조제4호의 감정평가법인등을 말하며, 이하 "감정평가법인등"이라 한다)을 추천할 수 있다는 내용을 포함하여 공고하고, 보상 대상 토지가

소재하는 시·도의 시·도지사와 토지소유자에게 이를 통지해야 한다. <개정 2016. 8. 31., 2021. 11. 23.>
② 법 제68조제2항에 따라 시·도지사와 토지소유자는 법 제15조제2항에 따른 보상계획의 열람기간 만료일부터 30일 이내에 사업시행자에게 감정평가법인등을 추천할 수 있다. <개정 2021. 11. 23.>
③ 제2항에 따라 시·도지사가 감정평가법인등을 추천하는 경우에는 다음 각 호의 사항을 지켜야 한다. <개정 2021. 11. 23.>
  1. 감정평가 수행능력, 소속 감정평가사의 수, 감정평가 실적, 징계 여부 등을 고려하여 추천대상 집단을 선정할 것
  2. 추천대상 집단 중에서 추첨 등 객관적이고 투명한 절차에 따라 감정평가법인등을 선정할 것
  3. 제1호의 추천대상 집단 및 추천 과정을 이해당사자에게 공개할 것
  4. 보상 대상 토지가 둘 이상의 시·도에 걸쳐 있는 경우에는 관계 시·도지사가 협의하여 감정평가법인등을 추천할 것
④ 제2항에 따라 감정평가법인등을 추천하려는 토지소유자는 보상 대상 토지면적의 2분의 1 이상에 해당하는 토지소유자와 보상 대상 토지의 토지소유자 총수의 과반수의 동의를 받은 사실을 증명하는 서류를 첨부하여 사업시행자에게 감정평가법인등을 추천해야 한다. 이 경우 토지소유자는 감정평가법인등 1인에 대해서만 동의할 수 있다. <개정 2021. 11. 23.>
⑤ 제2항에 따라 감정평가법인등을 추천하려는 토지소유자는 해당 시·도지사와 「감정평가 및 감정평가사에 관한 법률」 제33조에 따른 한국감정평가사협회에 감정평가법인등을 추천하는 데 필요한 자료를 요청할 수 있다. <개정 2016. 8. 31., 2021. 11. 23.>
⑥ 제4항 전단에 따라 보상 대상 토지면적과 토지소유자 총수를 계산할 때 제2항에 따라 감정평가법인등 추천 의사표시를 하지 않은 국유지 또는 공유지는 보상 대상 토지면적과 토지소유자 총수에서 제외한다. <신설 2019. 6. 25., 2021. 11. 23.>
⑦ 국토교통부장관은 제3항에 따른 시·도지사의 감정평가법인등 추천에 관한 사항에 관하여 표준지침을 작성하여 보급할 수 있다. <개정 2019. 6. 25., 2021. 11. 23.>
[전문개정 2013. 5. 28.] [제목개정 2021. 11. 23.]

| 토지보상법 시행규칙 제16조 (보상평가의 의뢰 및 평가 등) |

① 사업시행자는 법 제68조제1항의 규정에 의하여 대상물건에 대한 평가를 의뢰하고자 하는 때에는 별지 제15호서식의 보상평가의뢰서에 다음 각호의 사항을 기재하여 감정평가법인등에게 평가를 의뢰하여야 한다. <개정 2022. 1. 21.>
  1. 대상물건의 표시
  2. 대상물건의 가격시점
  3. 평가서 제출기한
  4. 대상물건의 취득 또는 사용의 구분
  5. 건축물등 물건에 대하여는 그 이전 또는 취득의 구분
  6. 영업손실을 보상하는 경우에는 그 폐지 또는 휴업의 구분
  7. 법 제82조제1항제1호의 규정에 의한 보상액 평가를 위한 사전 의견수렴에 관한 사항
  8. 그 밖의 평가조건 및 참고사항
② 제1항제3호의 규정에 의한 평가서 제출기한은 30일 이내로 하여야 한다. 다만, 대상물건이나 평가내용이 특수한 경우에는 그러하지 아니하다.

③ 감정평가법인등은 제1항의 규정에 의하여 평가를 의뢰받은 때에는 대상물건 및 그 주변의 상황을 현지조사하고 평가를 하여야 한다. 이 경우 고도의 기술을 필요로 하는 등의 사유로 인하여 자기가 직접 평가할 수 없는 대상물건에 대하여는 사업시행자의 승낙을 얻어 전문기관의 자문 또는 용역을 거쳐 평가할 수 있다. <개정 2022. 1. 21.>

④ 감정평가법인등은 평가를 한 후 별지 제16호서식의 보상평가서(이하 "보상평가서"라 한다)를 작성하여 심사자(감정평가업에 종사하는 감정평가사를 말한다. 이하 이 조에서 같다) 1인 이상의 심사를 받고 보상평가서에 당해 심사자의 서명날인을 받은 후 제1항제3호의 규정에 의한 제출기한 내에 사업시행자에게 이를 제출하여야 한다. <개정 2022. 1. 21.>

⑤ 제4항의 규정에 의한 심사자는 다음 각호의 사항을 성실하게 심사하여야 한다. <개정 2013. 4. 25.>

1. 보상평가서의 위산·오기 여부
2. 법 제70조제1항 및 제76조제1항 등 관계 법령에서 정하는 바에 따라 대상물건이 적정하게 평가되었는지 여부
3. 비교 대상이 되는 표준지의 적정성 등 대상물건에 대한 평가액의 타당성

⑥ 보상액의 산정은 각 감정평가법인등이 평가한 평가액의 산술평균치를 기준으로 한다. <개정 2022. 1. 21.>

| 토지보상법 시행규칙 제17조 (재평가 등) |

① 사업시행자는 제16조제4항의 규정에 의하여 제출된 보상평가서를 검토한 결과 그 평가가 관계법령에 위반하여 평가되었거나 합리적 근거 없이 비교 대상이 되는 표준지의 공시지가와 현저하게 차이가 나는 등 부당하게 평가되었다고 인정하는 경우에는 당해 감정평가법인등에게 그 사유를 명시하여 다시 평가할 것을 요구하여야 한다. 이 경우 사업시행자는 필요하면 국토교통부장관이 보상평가에 관한 전문성이 있는 것으로 인정하여 고시하는 기관에 해당 평가가 위법 또는 부당하게 이루어졌는지에 대한 검토를 의뢰할 수 있다. <개정 2013. 4. 25., 2022. 1. 21.>

② 사업시행자는 다음 각 호의 어느 하나에 해당하는 경우에는 다른 2인 이상의 감정평가법인등에게 대상물건의 평가를 다시 의뢰하여야 한다. <개정 2006. 3. 17., 2007. 4. 12., 2013. 4. 25., 2022. 1. 21.>

1. 제1항 전단의 사유에 해당하는 경우로서 당해 감정평가법인등에게 평가를 요구할 수 없는 특별한 사유가 있는 경우
2. 대상물건의 평가액 중 최고평가액이 최저평가액의 110퍼센트를 초과하는 경우. 대상물건이 지장물인 경우 최고평가액과 최저평가액의 비교는 소유자별로 지장물 전체 평가액의 합계액을 기준으로 한다.
3. 평가를 한 후 1년이 경과할 때까지 보상계약이 체결되지 아니한 경우

③ 사업시행자는 제2항에 따른 재평가를 하여야 하는 경우로서 종전의 평가가 영 제28조에 따라 시·도지사와 토지소유자가 추천한 감정평가법인등을 선정하여 행하여진 경우에는 시·도지사와 토지소유자(보상계약을 체결하지 아니한 토지소유자를 말한다. 이하 이 항에서 같다)에게 영 제28조에 따라 다른 감정평가법인등을 추천하여 줄 것을 통지하여야 한다. 이 경우 시·도지사와 토지소유자가 통지를 받은 날부터 30일 이내에 추천하지 아니한 경우에는 추천이 없는 것으로 본다. <개정 2007. 4. 12., 2013. 4. 25., 2022. 1. 21.>

④ 제1항 및 제2항의 규정에 의하여 평가를 행한 경우 보상액의 산정은 각 감정평가법인등이 다시 평가한 평가액의 산술평균치를 기준으로 한다. <개정 2022. 1. 21.>

⑤ 제2항제2호에 해당하는 경우 사업시행자는 평가내역 및 당해 감정평가법인등을 국토교통부장관에게 통지하여야 하며, 국토교통부장관은 당해 감정평가가 관계법령이 정하는 바에 따라 적법하게 행하여졌는지 여부를 조사하여야 한다. <개정 2008. 3. 14., 2013. 3. 23., 2022. 1. 21.>

| 토지보상법 시행규칙 제18조 (평가방법 적용의 원칙) |

① 대상물건의 평가는 이 규칙에서 정하는 방법에 의하되, 그 방법으로 구한 가격 또는 사용료(이하 "가격등"이라 한다)를 다른 방법으로 구한 가격등과 비교하여 그 합리성을 검토하여야 한다.
② 이 규칙에서 정하는 방법으로 평가하는 경우 평가가 크게 부적정하게 될 요인이 있는 경우에는 적정하다고 판단되는 다른 방법으로 평가할 수 있다. 이 경우 보상평가서에 그 사유를 기재하여야 한다.
③ 이 규칙에서 정하지 아니한 대상물건에 대하여는 이 규칙의 취지와 감정평가의 일반이론에 의하여 객관적으로 판단·평가하여야 한다.

사례 1 감정평가사는 제시된 목록을 기준으로 보상평가 함이 원칙이다(2011. 05. 03. 협회 기획팀-786)(유권해석)

회신내용 2018 토지수용 업무편람 발췌

사업시행자는 공익사업의 수행을 위하여 토지 등의 취득이 필요한 때에는 「공익사업을 위한 토지 등의 취득 및 보상에 관한 법률」(이하 "토지보상법"이라 한다) 제14조(토지조서 및 물건조서의 작성) 및 같은 법 시행령 제7조(토지조서 및 물건조서 등의 작성)에 따라 토지조서 및 물건조서를 작성하여야 하고, 토지조서에는 토지의 소재지·지번·지목·전체면적 및 편입면적과 현실적인 이용상황, 그 밖에 토지에 관한 보상금 산정에 필요한 사항 등을 기재하여야 하며, 감정평가업자는 사업시행자(평가의뢰자)가 제시한 평가의뢰목록을 근거로 「감정평가에 관한 규칙」 제6조(물건확인의 원칙) 제1항에 따라 대상물건의 확인을 위하여 현장조사를 하여야 하며, 대상물건의 확인은 감정평가 대상물건을 실제로 조사하여 그 존부, 동일성 여부, 권리상태, 물건의 상태 등을 조사하는 과정으로 대상물건의 물적 사항 및 권리 상태에 대해 확인을 하여야 합니다.

상기 사항을 종합 참작할 때 당해 공익사업으로 인한 손실보상 대상 여부 및 손실보상의 범위는 사업시행자가 관계 법령 및 구체적 사실관계를 파악하여 판단·결정할 사항으로 보며, 토지보상법령에서 규정하고 있는 평가기준의 구체적 적용은 감정평가업자가 사업시행자가 제시한 평가의뢰목록 등을 기초로 판단·결정할 사항이라 봅니다.

따라서, 평가대상토지의 지목 및 면적사정 등은 평가의뢰자가 제시한 기준에 따르되 실지조사결과 제시목록의 내용과 현실적인 이용상황이 다른 것으로 인정되는 경우에는 평가의뢰자에게 그 내용을 조회한 후 제시목록을 다시 제출받아 평가함을 원칙으로 하며, 수정된 목록의 제시가 없는 때에는 당초 제시목록을 기준으로 평가하되, 비고란에 현실적인 이용상황을 기준으로 한 평가가격을 따로 기재하면 될 것으로 봅니다.

사례 2   보상평가 후 1년이 경과할 때까지 보상계약이 체결되지 않는 경우에는 재평가하여 다시 협의한 후 재결신청함이 원칙이다(2012. 12. 21. 토지정책과-6538)(유권해석)

질의요지

2018 토지수용 업무편람 발췌

공익사업에 편입되는 토지등에 대하여 감정평가를 한 후 소유자와 보상협의가 성립되지 않는 채 1년이 경과된 경우, 향후 수용재결 신청시 반려사유가 되는지?

회신내용

「공익사업을 위한 토지 등의 취득 및 보상에 관한 법률 시행규칙」제17조제2항제3호에 따르면 사업시행자는 평가를 한 후 1년이 경과할 때까지 보상계약이 체결되지 아니한 경우에는 다른 2인 이상의 감정평가업자에게 대상물건의 평가를 다시 의뢰하도록 규정하고 있습니다.

따라서 평가 후 1년이 경과할 때까지 보상계약이 체결되지 않는 경우에는 위 규정에 따라 다시 평가를 의뢰하여야 할 것으로 보며, 개별적인 사례에 있어 재결신청 반려 여부에 대하여는 관할 토지수용위원회에서 판단할 사항으로 봅니다.

사례 3   보상평가를 위한 감정평가업자(감정평가법인 등) 추천은 토지소유자 대표가 할 수 없고, 사업시행자의 추천 권한을 토지소유자에게 위임할 수 없다(2018.12.7. 토지정책과-7817) (유권해석)

질의요지

보상평가를 위한 감정평가업자 추천을 토지소유자 대표로 선정된 사람이 할 수 있는지와 사업시행자의 추천 권한을 토지소유자에게 위임할 수 있는지

회신내용

「공익사업을 위한 토지 등의 취득 및 보상에 관한 법률」(이하"토지보상법"이라 함) 제68조 제1항에서 사업시행자는 토지등에 대한 보상액을 산정하려는 경우에는 감정평가업자 3인(제2항에 따라 시·도지사와 토지소유자가 모두 감정평가업자를 추천하지 아니하거나 시·도지사 또는 토지소유자 어느 한쪽이 감정평가업자를 추천하지 아니하는 경우에는 2인)을 선정하여 토지등의 평가를 의뢰하도록 하고, 토지보상법 시행령 제28조제2항에서 시·도지사와 토지소유자는 법 제15조제2항에 따른 보상계획의 열람 기간 만료일부터 30일 이내에 사업시행자에게 감정평가업자를 추천할 수 있도록 하고 있습니다. 또한, 토지보상법 시행령 제28조제4항에서 제2항에 따라 감정평가업자를 추천하려는 토지소유자는 보상 대상 토지면적의 2분의 1 이상에 해당하는 토지소유자와 보상 대상 토지의 토지소

유자 총수의 과반수의 동의를 받은 사실을 증명하는 서류를 첨부하여 사업시행자에게 감정평가업자를 추천하도록 하고 있습니다. 토지보상법령에서는 감정평가업자 추천·선정은 동 규정에 따라 사업시행자, 시·도시자와 토지소유자 각자가 상기 규정에 따라야 할 것으로 보며, 기타 개별적인 사례에 대하여는 사업시행자가 관계법령 및 사실관계를 검토하여 판단할 사항으로 봅니다.

사례 4

시·도지사의 추천을 받아 선정한 감정평가업자(감정평가법인 등)가 평가를 진행 중에 법인의 지사가 폐쇄되고 담당 평가사는 다른 법인으로 이직한 경우 당해 감정평가업자가 이를 완료하면 될 것으로 보며, 부득이 한 사유로 해당 업자가 평가를 못한다면 다른 감정평가업자를 추천받아 진행할 수 있다(2018.11.2. 토지정책과-7006) (유권해석)

질의요지

재개발사업과 관련 시·도지사의 추천을 받아 선정한 감정평가업자가 평가를 진행 중에 법인의 지사가 폐쇄되고 담당 평가사는 다른 법인으로 이직한 경우 해당 감정평가업무 진행이나 재 추천·평가 여부는

회신내용

「공익사업을 위한 토지 등의 취득 및 보상에 관한 법률」(이하 "토지보상법"이라 함) 시행령 제28조 제4항에서 제2항에 따라 감정평가업자를 추천하려는 토지소유자는 보상 대상 토지면적의 2분의 1 이상에 해당하는 토지소유자와 보상 대상 토지의 토지소유자 총수의 과반수의 동의를 받은 사실을 증명하는 서류를 첨부하여 사업시행자에게 감정평가업자를 추천하여야 한다. 이 경우 토지소유자는 감정평가업자 1명에 대해서만 동의할 수 있다고 규정하고 있습니다. 토지보상법 시행규칙 제2항 및 제3항에서 제1항제3호의 규정에 의한 평가서 제출기한은 30일 이내로 하도록 하고, 감정평가업자는 제1항의 규정에 의하여 평가를 의뢰받은 때에는 대상물건 및 그 주변의 상황을 현지조사하고 평가를 하여야 한다고 규정하고 있습니다. 한편, 토지보상법 시행규칙 제17조제2항에서 사업시행자는 제1항 전단의 사유에 해당하는 경우로서 당해 감정평가업자에게 평가를 요구할 수 없는 특별한 사유가 있는 경우에는 다른 2인 이상의 감정평가업자에게 대상물건의 평가를 다시 의뢰하여야 한다고 규정하고 있습니다. 따라서 질의와 같은 사유로 선정된 자가 평가를 이행할 수 없다면 토지보상법령 등의 취지를 감안할 때 당해 감정평가업자(법인)가 이를 완료하면 될 것으로 보며, 부득이 한 사유로 해당 업자가 평가를 못한다면 다른 감정평가업자를 추천받아 진행하면 될 것으로 봅니다.

사례 5 「토지보상법」에 따른 감정평가업자(감정평가법인 등) 추천은 사업지구 면적이 아닌 보상을 하여야 하는 토지면적을 기준으로 하여야 한다(2018. 9. 20. 토지정책과 -6016)(유권해석).

질의요지

토지보상법령에 따른 감정평가업자 추천과 관련하여 토지면적 기준은 전체 사업면적인지 아니면 보상대상 면적인지

회신내용

「공익사업을 위한 토지 등의 취득 및 보상에 관한 법률」(이하 "토지보상법"이라 함) 시행령 제28조제1항에서 사업시행자는 법 제15조제1항에 따른 보상계획을 공고할 때에는 시·도지사와 토지소유자가 감정평가업자(「감정평가 및 감정평가사에 관한 법률」 제2조제4호에 따른 감정평가업자를 말하며, 이하 "감정평가업자"라 한다)를 추천할 수 있다는 내용을 포함하여 공고하고, 보상 대상 토지가 소재하는 시·도의 시·도지사와 토지소유자에게 이를 통지하도록 하고 있으며, 토지보상법 시행령 제28조제4항에서 감정평가업자를 추천하려는 토지소유자는 보상 대상 토지면적의 2분의 1 이상에 해당하는 토지소유자와 보상 대상 토지의 토지소유자 총수의 과반수의 동의를 받은 사실을 증명하는 서류를 첨부하여 사업시행자에게 감정평가업자를 추천하여야 한다고 규정하고 있습니다. 따라서 토지보상법에 따른 감정평가업자 추천은 동 규정에 따라 사업지구 면적이 아닌 보상을 하여야 하는 토지면적을 기준으로 하여야 할 것으로 보며, 기타 개별적인 사례에 대하여는 관계법령 및 사업현황 등을 검토하여 판단할 사항으로 봅니다.

판례

판례 1 보상평가 시 가치산정요인의 기술 정도

[대법원 2000. 7. 28. 선고 98두6081]

판결요지

토지수용 보상액을 평가하는 데에는 관계 법령에서 들고 있는 모든 가격산정요인들을 구체적·종합적으로 참작하여 그 각 요인들이 빠짐없이 반영된 적정가격을 산출하여야 하고, 이 경우 감정평가서에는 모든 가격산정요인의 세세한 부분까지 일일이 설시하거나 그 요소가 평가에 미치는 영향을 수치로 표현할 필요는 없다고 하더라도, 적어도 그 가격산정요인들을 특정·명시하고 그 요인들이 어떻게 참작되었는지를 알아 볼 수 있는 정도로 기술하여야 한다.

판례 2 보상액 산정방법을 규정한 「토지보상법 시행규칙」은 법규적 효력을 가진다.

[대법원 2012. 3. 29. 선고 2011다104253]

판결요지

공익사업을 위한 토지 등의 취득 및 보상에 관한 법률(이하 '공익사업법'이라 한다) 제68조 제3항은 협의취득의 보상액 산정에 관한 구체적 기준을 시행규칙에 위임하고 있고, 위임 범위 내에서 공익사업을 위한 토지 등의 취득 및 보상에 관한 법률 시행규칙 제22조는 토지에 건축물 등이 있는 경우에는 건축물 등이 없는 상태를 상정하여 토지를 평가하도록 규정하고 있는데, 이는 비록 행정규칙의 형식이나 공익사업법의 내용이 될 사항을 구체적으로 정하여 내용을 보충하는 기능을 갖는 것이므로, 공익사업법 규정과 결합하여 대외적인 구속력을 가진다.

6. 보상액의 산정

| 토지보상법 제68조 (보상액의 산정) |

① 사업시행자는 토지등에 대한 보상액을 산정하려는 경우에는 감정평가법인등 3인(제2항에 따라 시·도지사와 토지소유자가 모두 감정평가법인등을 추천하지 아니하거나 시·도지사 또는 토지소유자 어느 한쪽이 감정평가법인등을 추천하지 아니하는 경우에는 2인)을 선정하여 토지등의 평가를 의뢰하여야 한다. 다만, 사업시행자가 국토교통부령으로 정하는 기준에 따라 직접 보상액을 산정할 수 있을 때에는 그러하지 아니하다. <개정 2012. 6. 1., 2013. 3. 23., 2020. 4. 7.>

| 토지보상법 시행규칙 제16조 (보상평가의 의뢰 및 평가 등) |

⑥ 보상액의 산정은 각 감정평가법인등이 평가한 평가액의 산술평균치를 기준으로 한다. <개정 2022. 1. 21.>

<통계자료를 기준으로 산정하는 손실보상금>

영농손실 : 토지보상법 시행규칙 제48조 제1항
폐업보상 : 토지보상법 시행규칙 제46조 제3항
휴업보상 : 토지보상법 시행규칙 제47조 제5항
주거이전비 : 토지보상법 시행규칙 제54조 제3항
영업보상 특례 : 토지보상법 시행규칙 제52조
이농·이어비 : 토지보상법 시행규칙 제56조

판 례

| 판례 1 | 「토지보상법」"에 따른 손실보상기준에 의하지 않고 손실보상금을 정할 수 있다.

[대법원 2013.8.22 선고 2012다3517]

판결요지

공익사업을 위한 토지 등의 취득 및 보상에 관한 법률(이하 '공익사업법'이라고 한다)에 의한 보상합의는 공공기관이 사경제주체로서 행하는 사법상 계약의 실질을 가지는 것으로서, 당사자 간의 합의로 같은 법 소정의 손실보상의 기준에 의하지 아니한 손실보상금을 정할 수 있으며, 이와 같이 같은 법이 정하는 기준에 따르지 아니하고 손실보상액에 관한 합의를 하였다고 하더라도 그 합의가 착오 등을 이유로 적법하게 취소되지 않는 한 유효하다. 따라서 공익사업법에 의한 보상을 하면서 손실보상금에 관한 당사자 간의 합의가 성립하면 그 합의 내용대로 구속력이 있고, 손실보상금에 관한 합의 내용이 공익사업법에서 정하는 손실보상 기준에 맞지 않는다고 하더라도 합의가 적법하게 취소되는 등의 특별한 사정이 없는 한 추가로 공익사업법상 기준에 따른 손실보상금 청구를 할 수는 없다.

▮ 판례 2 ▮ 성실한 협의의 요건

[대법원 2013.5.9. 선고 2011다101315,101322]

판결요지

공용수용의 경우 사업시행자는 토지 등에 대한 보상에 관하여 토지소유자 및 관계인과 성실하게 협의하여야 하고, 협의의 절차 및 방법 등 협의에 관하여 필요한 사항은 대통령령으로 정하도록 하고 있다. …… 사업시행자는 위 규정에 의한 협의를 하고자 하는 때에는 협의기간·협의장소 및 협의방법(제1호), 보상의 시기·방법·절차 및 금액(제2호), 계약체결에 필요한 구비서류(제3호) 등을 기재한 보상협의요청서를 토지소유자 및 관계인에게 통지하여야 하고, 같은 조 제5항에 의하면, 사업시행자는 협의기간 내에 협의가 성립되지 아니한 경우에는 협의의 일시·장소 및 방법(제1호), 대상 토지의 소재지·지번·지목 및 면적과 토지에 있는 물건의 종류·구조 및 수량(제2호), 토지소유자 및 관계인의 성명 또는 명칭 및 주소(제3호), 토지소유자 및 관계인의 구체적인 주장 내용과 이에 대한 사업시행자의 의견(제4호), 그 밖에 협의와 관련된 사항(제5호) 등이 기재된 협의경위서에 토지소유자 및 관계인의 서명 또는 날인을 받아야 한다. 따라서 …… '협의'는 사업주체와 대지 소유자 사이에서의 구체적이고 실질적인 협의를 뜻한다고 보아야 한다. 그리고 특별한 사정이 없는 한 그와 같은 협의 요건을 갖추었는지를 판단할 때에는, 주택건설사업계획승인을 얻은 사업주체가 매매가격 또는 그 산정을 위한 상당한 근거를 제시하였는지, 사업주체가 협의 진행을 위하여 노력하였는지, 대지 소유자가 협의에 어떠한 태도를 보였는지 등의 여러사정을 종합적으로 고려하여야 하며, 요건 충족에 대한 증명책임은 사업주체가 부담한다

▮ 판례 3 ▮ 관계인에게 협의에 대한 통지를 하도록 규정한 취지는 관계인의 권리를 보호하기 위함이다.

[부산지법 2008. 11. 13. 선고 2007가단145338]

판결요지

근저당권이 설정된 토지가 수용되어 보상금이 지급되는 경우 근저당권자는 보상금을 그 지급 전에 압류하지 아니하면 담보권을 상실하게 되는 바, 공익사업을 위한 토지 등의 취득 및 보상에 관한 법률이 사업시행자로 하여금 관계인과 협의하거나 그 협의를 위한 통지를 하도록 규정한 취지는 비자발적으로 담보권을 상실하게 될 저당권자 등의 관계인으로 하여금 당해 협의절차에 참여하여 자신의 권리를 스스로 행사할 수 있는 기회를 부여함으로써 그와 같은 토지수용으로 인하여 불측의 손해를 입지 아니하도록 예방할 뿐만 아니라, 협의가 성립하지 아니하여 수용재결로 나아가는 경우 물상대위권을 행사할 수 있는 기회를 제공함으로써 법률상 당연히 인정되는 물상대위권 행사의 실효성을 보장하기 위한 것이다.

판례 4 협의기간 만료 전에 작성된 협의경위서도 유효하다.

[대법원 1987. 05. 12. 선고 85누755]

판결요지

토지수용법시행령 제15조의2 제1항, 제2항의 취지는 원칙적으로 기업자와 토지소유자 및 관계인 사이에 토지수용에 관한 협의 기간 내에 협의가 성립되지 아니하면 그 기간이 경과한 후에 협의 경위서를 작성하도록 규정한 것이라고 할 것이나 토지소유자 및 관계인이 협의에 불응할 의사를 명백히 표시하였거나 협의기간 만료일까지 기다려도 협의가 성립될 가망이 없을 것이 명백하다면 협의기간이 만료되기 전에 협의경위서가 작성되었다 하더라도 이를 잘못이라고 할 수는 없다.

사례 1
협의자체를 거부하는 경우에도 「토지보상법」 제28조의 "협의를 할 수 없을 때"에 해당한다.(2018. 9. 12. 토지정책과-5847)(유권해석)

질의요지

토지보상법 제28조에 따른 재결신청과 관련하여 "협의를 할 수 없을 때"라 함은 협의자체를 거부하는 경우도 포함되는지

회신내용

토지보상법 제28조제1항에서 제26조에 따른 협의가 성립되지 아니하거나 협의를 할 수 없을 때(제26조 제2항 단서에 따른 협의 요구가 없을 때를 포함한다)에는 사업시행자는 사업인정고시가 된 날부터 1년 이내에 대통령령으로 정하는 바에 따라 관할 토지수용위원회에 재결을 신청할 수 있다고 규정하고 있습니다.

토지보상법에서는 협의를 할 수 없을 때에 대하여 구체적으로 규정하고 있지는 아니하나 사업시행자에 기인한 것이 아닌 보상대상자가 부득한 사유로 협의를 거부하는 경우라면 이에 해당할 수 있을 것으로 보며, 기타 개별적인 사례에 대하여는 관계법령 및 협의추진 현황 등을 검토하여 판단할 사항으로 봅니다.

판 례

판례 5 진정한 소유자의 동의를 받지 아니한 채 등기명의자의 동의만을 받은 협의성립확인신청의 수리처분은 위법하다.

[대법원 2018. 12. 13. 선고 2016두51719]

판결요지

토지보상법상 수용은 일정한 요건 하에 그 소유권을 사업시행자에게 귀속시키는 행정처분으로서 이로 인한 효과는 소유자가 누구인지와 무관하게 사업시행자가 그 소유권을 취득하게

하는 원시취득이다. 반면, 토지보상법상 '협의취득'의 성격은 사법상 매매계약이므로 그 이행으로 인한 사업시행자의 소유권 취득도 승계취득이다(대법원 2012. 2. 23. 선고 2010다96164 판결 등 참조). 그런데 토지보상법 제29조 제3항에 따른 신청이 수리됨으로써 협의 성립의 확인이 있었던 것으로 간주되면, 토지보상법 제29조 제4항에 따라 그에 관한 재결이 있었던 것으로 재차 의제되고, 그에 따라 사업시행자는 사법상 매매의 효력만을 갖는 협의취득과는 달리 그 확인대상 토지를 수용재결의 경우와 동일하게 원시취득하는 효과를 누리게 된다.

이처럼 간이한 절차만을 거치는 협의 성립의 확인에, 원시취득의 강력한 효력을 부여함과 동시에 사법상 매매계약과 달리 협의 당사자들이 사후적으로 그 성립과 내용을 다툴 수 없게 한 법적 정당성의 원천은 사업시행자와 토지소유자 등이 진정한 합의를 하였다는 데에 있다. 여기에 공증에 의한 협의 성립 확인제도의 체계와 입법취지, 그 요건 및 효과까지 보태어 보면, 토지보상법 제29조 제3항에 따른 협의 성립의 확인 신청에 필요한 동의의 주체인 토지소유자는 협의 대상이 되는 '토지의 진정한 소유자'를 의미한다고 보아야 한다. 따라서 사업시행자가 진정한 토지소유자의 동의를 받지 못한 채 단순히 등기부상 소유명의자의 동의만을 얻은 후 관련 사항에 대한 공증을 받아 토지보상법 제29조 제3항에 따라 협의 성립의 확인을 신청하였음에도 토지수용위원회가 그 신청을 수리하였다면, 그 수리 행위는 다른 특별한 사정이 없는 한 토지보상법이 정한 소유자의 동의 요건을 갖추지 못한 것으로서 위법하다. 진정한 토지소유자의 동의가 없었던 이상, 진정한 토지소유자를 확정하는 데 사업시행자의 과실이 있었는지 여부와 무관하게 그 동의의 흠결은 위 수리 행위의 위법사유가 된다. 이에 따라 진정한 토지소유자는 그 수리 행위가 위법함을 주장하여 항고소송으로 취소를 구할 수 있다

재결례

┃**재결례 1**┃ 지토위에서 화해권고 소위원회 개최 이후 사업시행자의 협의 노력이 부족하다는 사유로 수용재결신청을 기각 재결한 것에 대하여 중토위에서 취소 재결한 재결례(중토위 2020. 12. 24.)

재결요지

이 사건 토지소유자는 도시계획시설사업 인가 무효, 원상회복 요구, 보상금 인상을 요구하며 보상협의를 기피하고 있어서, 이의신청인들(사업시행자)과 이 사건 토지소유자 간 보상협의가 성립될 가능성은 없는 것으로 확인된다. 이의신청인들은 토지보상법에서 정한 협의절차를 성실하게 이행하고 수용재결신청을 하였으며 수용재결신청 이후에도 이 사건 토지소유자와 협의한 사실이 확인된다. 한편, 00지토위에서는 당사자 간 원만한 협의를 위하여 화해권고 소위원회를 2차례 개최하였으나 이 사건 토지소유자의 불참으로 협의가 결렬되었고, 그 후 00지토위에서는 이의신청인들에 대하여 '화해권고 소위원회 개최 이후 이 사건 토지소유자와 추가 협의를 위한 노력이 보이지 않는다'는 이유로 법 제16조에 따른 성실한 협의를 거쳤다고 볼 수 없다고 하면서 2020. 5. 26. 이의신청인들의 수용재결신청을 기각하였다.

살피건대, 법 제33조에 따른 화해권고는 토지수용위원회가 재결을 하기 전에 사업시행자 및 토지소유자가 서로 한 걸음씩 양보하여 원만하게 합의할 수 있도록 하기 위한 절차를 규정한

임의규정으로서 이 사건의 경우 화해권고 소위원회가 구성·운영은 되었지만 이 사건 토지소유자의 불참으로 협의가 결렬된 이상, ㅇㅇ지토위에서는 수용재결의 절차에 들어가야 하는 것이고 그와 달리 화해권고 소위원회 개최 이후 이의신청인들이 이 사건 토지소유자와 추가적인 협의 노력을 하지 않았다는 이유만으로 이의신청인들의 수용재결신청을 기각할 수는 없다고 할 것이다. 따라서, '화해권고 소위원회 개최 이후 이 사건 토지소유자와 추가 협의 노력 부족'을 이유로 이의신청인들의 수용재결신청을 기각한 ㅇㅇ지토위의 2020. 5. 26.자 기각 재결을 취소하기로 한다.

7. 협의

> **│ 토지보상법 제16조 (협의) │**
> 사업시행자는 토지등에 대한 보상에 관하여 토지소유자 및 관계인과 성실하게 협의하여야 하며, 협의의 절차 및 방법 등 협의에 필요한 사항은 대통령령으로 정한다.

> **│ 토지보상법 시행령 제8조 (협의의 절차 및 방법 등) │**
> ① 사업시행자는 법 제16조에 따른 협의를 하려는 경우에는 국토교통부령으로 정하는 보상협의요청서에 다음 각 호의 사항을 적어 토지소유자 및 관계인에게 통지하여야 한다. 다만, 토지소유자 및 관계인을 알 수 없거나 그 주소·거소 또는 그 밖에 통지할 장소를 알 수 없을 때에는 제2항에 따른 공고로 통지를 갈음할 수 있다.
> 　1. 협의기간·협의장소 및 협의방법
> 　2. 보상의 시기·방법·절차 및 금액
> 　3. 계약체결에 필요한 구비서류
> ② 제1항 각 호 외의 부분 단서에 따른 공고는 사업시행자가 공고할 서류를 토지등의 소재지를 관할하는 시장(행정시의 시장을 포함한다)·군수 또는 구청장(자치구가 아닌 구의 구청장을 포함한다)에게 송부하여 해당 시(행정시를 포함한다)·군 또는 구(자치구가 아닌 구를 포함한다)의 게시판 및 홈페이지와 사업시행자의 홈페이지에 14일 이상 게시하는 방법으로 한다.
> ③ 제1항제1호에 따른 협의기간은 특별한 사유가 없으면 30일 이상으로 하여야 한다.
> ④ 법 제17조에 따라 체결되는 계약의 내용에는 계약의 해지 또는 변경에 관한 사항과 이에 따르는 보상액의 환수 및 원상복구 등에 관한 사항이 포함되어야 한다.
> ⑤ 사업시행자는 제1항제1호에 따른 협의기간에 협의가 성립되지 아니한 경우에는 국토교통부령으로 정하는 협의경위서에 다음 각 호의 사항을 적어 토지소유자 및 관계인의 서명 또는 날인을 받아야 한다. 다만, 사업시행자는 토지소유자 및 관계인이 정당한 사유 없이 서명 또는 날인을 거부하거나 토지소유자 및 관계인을 알 수 없거나 그 주소·거소, 그 밖에 통지할 장소를 알 수 없는 등의 사유로 서명 또는 날인을 받을 수 없는 경우에는 서명 또는 날인을 받지 아니하되, 해당 협의경위서에 그 사유를 기재하여야 한다.
> 　1. 협의의 일시·장소 및 방법
> 　2. 대상 토지의 소재지·지번·지목 및 면적과 토지에 있는 물건의 종류·구조 및 수량
> 　3. 토지소유자 및 관계인의 성명 또는 명칭 및 주소
> 　4. 토지소유자 및 관계인의 구체적인 주장내용과 이에 대한 사업시행자의 의견

5. 그 밖에 협의와 관련된 사항

판 례

┃ 판례 1 ┃ 「토지보상법」에 따른 손실보상기준에 의하지 않고 손실보상금을 정할 수 있다.

[대법원 2013.8.22 선고 2012다3517]

판결요지

공익사업을 위한 토지 등의 취득 및 보상에 관한 법률(이하 '공익사업법'이라고 한다)에 의한 보상합의는 공공기관이 사경제주체로서 행하는 사법상 계약의 실질을 가지는 것으로서, 당사자 간의 합의로 같은 법 소정의 손실보상의 기준에 의하지 아니한 손실보상금을 정할 수 있으며, 이와 같이 같은 법이 정하는 기준에 따르지 아니하고 손실보상액에 관한 합의를 하였다고 하더라도 그 합의가 착오 등을 이유로 적법하게 취소되지 않는 한 유효하다. 따라서 공익사업법에 의한 보상을 하면서 손실보상금에 관한 당사자 간의 합의가 성립하면 그 합의 내용대로 구속력이 있고, 손실보상금에 관한 합의 내용이 공익사업법에서 정하는 손실보상 기준에 맞지 않는다고 하더라도 합의가 적법하게 취소되는 등의 특별한 사정이 없는 한 추가로 공익사업법상 기준에 따른 손실보상금 청구를 할 수는 없다.

┃ 판례 2 ┃ 성실한 협의의 요건

[대법원 2013.5.9. 선고 2011다101315,101322]

판결요지

공용수용의 경우 사업시행자는 토지 등에 대한 보상에 관하여 토지소유자 및 관계인과 성실하게 협의하여야 하고, 협의의 절차 및 방법 등 협의에 관하여 필요한 사항은 대통령령으로 정하도록 하고 있다. ……
사업시행자는 위 규정에 의한 협의를 하고자 하는 때에는 협의기간·협의장소 및 협의방법(제1호), 보상의 시기·방법·절차 및 금액(제2호), 계약체결에 필요한 구비서류(제3호) 등을 기재한 보상협의요청서를 토지소유자 및 관계인에게 통지하여야 하고, 같은 조 제5항에 의하면, 사업시행자는 협의기간 내에 협의가 성립되지 아니한 경우에는 협의의 일시·장소 및 방법(제1호), 대상 토지의 소재지·지번·지목 및 면적과 토지에 있는 물건의 종류·구조 및 수량(제2호), 토지소유자 및 관계인의 성명 또는 명칭 및 주소(제3호), 토지소유자 및 관계인의 구체적인 주장 내용과 이에 대한 사업시행자의 의견(제4호), 그 밖에 협의와 관련된 사항(제5호) 등이 기재된 협의경위서에 토지소유자 및 관계인의 서명 또는 날인을 받아야 한다.
따라서 …… '협의'는 사업주체와 대지 소유자 사이에서의 구체적이고 실질적인 협의를 뜻한다고 보아야 한다. 그리고 특별한 사정이 없는 한 그와 같은 협의 요건을 갖추었는지를 판단할 때에는, 주택건설사업계획승인을 얻은 사업주체가 매매가격 또는 그 산정을 위한 상당한 근거를 제시하였는지, 사업주체가 협의진행을 위하여 노력하였는지, 대지 소유자가 협의에 어떠한 태도를 보였는지 등의 여러 사정을 종합적으로 고려하여야 하며, 요건 충족에 대한 증명책임은 사업주체가 부담한다.

| 판례 3 | 관계인에게 협의에 대한 통지를 하도록 규정한 취지는 관계인의 권리를 보호하기 위함이다.

[부산지법 2008. 11. 13. 선고 2007가단145338]

판결요지

근저당권이 설정된 토지가 수용되어 보상금이 지급되는 경우 근저당권자는 보상금을 그 지급 전에 압류하지 아니하면 담보권을 상실하게 되는 바, 공익사업을 위한 토지 등의 취득 및 보상에 관한 법률이 사업시행자로 하여금 관계인과 협의하거나 그 협의를 위한 통지를 하도록 규정한 취지는 비자발적으로 담보권을 상실하게 될 저당권자 등의 관계인으로 하여금 당해 협의절차에 참여하여 자신의 권리를 스스로 행사할 수 있는 기회를 부여함으로써 그와 같은 토지수용으로 인하여 불측의 손해를 입지 아니하도록 예방할 뿐만 아니라, 협의가 성립하지 아니하여 수용재결로 나아가는 경우 물상대위권을 행사할 수 있는 기회를 제공함으로써 법률상 당연히 인정되는 물상대위권 행사의 실효성을 보장하기 위한 것이다.

| 판례 4 | 협의기간 만료 전에 작성된 협의경위서도 유효하다.

[대법원 1987. 05. 12. 선고 85누755]

판결요지

토지수용법시행령 제15조의2 제1항, 제2항의 취지는 원칙적으로 기업자와 토지소유자 및 관계인 사이에 토지수용에 관한 협의 기간 내에 협의가 성립되지 아니하면 그 기간이 경과한 후에 협의 경위서를 작성하도록 규정한 것이라고 할 것이나 토지소유자 및 관계인이 협의에 불응할 의사를 명백히 표시하였거나 협의기간 만료일까지 기다려도 협의가 성립될 가망이 없을 것이 명백하다면 협의기간이 만료되기 전에 협의경위서가 작성되었다 하더라도 이를 잘못이라고 할 수는 없다.

8. 계약의 체결

| 토지보상법 제17조 (계약의 체결) |

사업시행자는 제16조에 따른 협의가 성립되었을 때에는 토지소유자 및 관계인과 계약을 체결하여야 한다.

| 참조조문 |

채무불이행 중 불완전급부로 처리하는 방법에는 ⅰ) 추완으로 처리하는 방법, ⅱ) 손해배상으로 처리하는 방법(민법 제390조), ⅲ) 강제이행으로 처리하는 방법(민법 제389조), ⅳ) 종전의 계약을 해제하는 방법(민법 제544조) 등이 있다.

판 례

┃ 판례 1 ┃ 손실보상금에 관한 당사자 간 합의가 성립한 경우, 그 합의 내용이 「토지보상법」상 손실보상 기준에 맞지 않는다는 이유로 추가로 손실보상금을 청구할 수는 없다.

[대법원 2013.8.22 선고 2012다3517]

판결요지

공익사업을 위한 토지 등의 취득 및 보상에 관한 법률(이하 '공익사업법'이라고 한다)에 의한 보상합의는 공공기관이 사경제주체로서 행하는 사법상 계약의 실질을 가지는 것으로서, 당사자 간의 합의로 같은 법 소정의 손실보상의 기준에 의하지 아니한 손실보상금을 정할 수 있으며, 이와 같이 같은 법이 정하는 기준에 따르지 아니하고 손실보상액에 관한 합의를 하였다고 하더라도 그 합의가 착오 등을 이유로 적법하게 취소되지 않는 한 유효하다. 따라서 공익사업법에 의한 보상을 하면서 손실보상금에 관한 당사자 간의 합의가 성립하면 그 합의 내용대로 구속력이 있고, 손실보상금에 관한 합의 내용이 공익사업법에서 정하는 손실보상 기준에 맞지 않는다고 하더라도 합의가 적법하게 취소되는 등의 특별한 사정이 없는 한 추가로 공익사업법상 기준에 따른 손실보상금 청구를 할 수는 없다.

┃ 판례 2 ┃ 협의취득에서도 채무불이행이나 매매대금 과부족금에 대한 지급의무를 약정할 수 있다.

[대법원 2012. 02. 23. 선고 2010다91206]

판결요지

공익사업을 위한 토지 등의 취득 및 보상에 관한 법령(이하 '공익사업법령'이라고 한다)에 의한 협의취득은 사법상의 법률행위이므로 당사자 사이의 자유로운 의사에 따라 채무불이행책임이나 매매대금 과부족금에 대한 지급의무를 약정할 수 있다.

┃ 판례 3 ┃ 잘못된 감정평가기준을 적용한 경우 과부족금액을 상대방에게 청구할 수 있다.

[대법원 2012. 3. 29. 선고 2011다104253]

판결요지

한국토지주택공사가 국민임대주택단지를 조성하기 위하여 갑 등에게서 토지를 협의취득하면서 '매매대금이 고의·과실 내지 착오평가 등으로 과다 또는 과소하게 책정되어 지급되었을 때에는 과부족금액을 상대방에게 청구할 수 있다'고 약정하였는데, 공사가 협의취득을 위한 보상액을 산정하면서 한국감정평가업협회의 구 토지보상평가지침(2003. 2. 14.자로 개정된 것, 이하 '구 토지보상평가지침'이라 한다)에 따라 토지를 지상에 설치된 철탑 및 고압송전선의 제한을 받는 상태로 평가한 사안에서, 위 약정은 단순히 협의취득 대상토지 현황이나 면적을 잘못 평가하거나 계산상 오류 등으로 감정평가금액을 잘못 산정한 경우뿐만 아니라 공익사업을 위한 토지 등의 취득 및 보상에 관한 법률(이하 '공익사업법'이라 한다)상 보상액 산정 기준에 적합하지 아니한 감정평가기준을 적용함으로써 감정평가금액을 잘못 산정하여 이를 기준으로 협의매수금액을 산정한 경우에도 적용되고, 한편 공사가 협의취득을 위한 보상액을 산정하면서 대외적 구속력을 갖는 공익사업을 위한 토지 등의 취득 및 보상에 관한 법률 시행규칙 제22조에 따라 토지에 건축물 등이 있는 때에는 건축물 등이 없는 상태를 상정하여 토지를 평가하여야 함에도, 대외적 구속력이 없는 구 토지보상평가지침에 따라 토지를 건축물 등에 해당하는 철탑 및 고압송전선의 제한을 받는 상태로 평가한 것은 정당한 토지 평가라고 할 수 없는 점 등에 비추어 위 협의매수금액 산정은 공사가 고의·과실 내지 착오평가 등으로 과소하게 책정하여 지급한 경우에 해당한다.

▎판례 4 ▎ 용도지역을 오인한 감정평가서에 기초한 협의계약은 취소할 수 있다.

[대법원 1998. 2. 10. 선고 97다44737]

판결요지

매매대금은 매매계약의 중요 부분인 목적물의 성질에 대응하는 것이기는 하나 분량적으로 가분적인 데다가 시장경제하에서 가격은 늘 변동하는 것이어서, 설사 매매대금액 결정에 있어서 착오로 인하여 다소간의 차이가 나더라도 보통은 중요 부분의 착오로 되지 않는다. 그러나 이 사건은 정당한 평가액을 기준으로 무려 85%나 과다하게 평가된 경우로서 그 가격 차이의 정도가 현저할 뿐만 아니라, … 원고 시로서는 위와 같은 동기의 착오가 없었더라면 그처럼 과다하게 잘못 평가된 금액을 기준으로 협의매수계약을 체결하지 않았으리라는 점은 명백하다. 따라서 원고의 매수대금액 결정의 동기는 이 사건 협의매수계약 내용의 중요한 부분을 이루고 있다고 봄이 상당하다. … 이 사건과 같이 두 개의 감정평가기관이 동시에 착오에 빠져 둘 다 비슷한 평가액을 낸 경우에는 원고 시로서는 사실상 이를 신뢰할 수밖에 없으리라는 사정을 엿볼 수 있는데, 이러한 사성에 비추어 볼 때 원고가 이 사건 토지들의 용도 및 감정평가서의 내용 등을 면밀히 검토하여 그 잘못된 점을 발견해 내지 못한 채 두 감정기관의 감정서 내용을 그대로 믿고 이를 기준으로 협의매수계약을 체결하였다는 사정만을 내세워, 원고에게 위 착오를 일으킨 데 대하여 중대한 과실이 있다고 보기는 어렵다. … 원심이 판시와 같은 이유를 들어 원고와 피고들 사이의 이 사건 협의매수계약은 원고의 위 착오를 이유로 한 의사표시의 일부 취소로 말미암아 각 그 해당 범위 내에서만 소급적으로 무효가 되었다고 판단한 것은 위 법리에 따른 것으로 정당하고 거기에 소론과 같은 법리오해, 심리미진 등의 위법이 있다고 할 수 없다.

※ 위 판례는 보상평가를 담당한 2개의 감정평가법인이 자연녹지, 개발제한구역인 토지를 생산녹지로 잘못 평가하여 평가액에 현저한 차이가 발생한 경우에 대한 것임

▎판례 5 ▎ 협의취득에서의 매도인은 채무불이행으로 인한 손해배상책임과 하자담보책임을 경합적으로 부담한다.

[대법원 2004. 07. 22. 선고 2002다51586]

판결요지

토지 매도인이 성토작업을 기화로 다량의 폐기물을 은밀히 매립하고 그 위에 토사를 덮은 다음 도시계획사업을 시행하는 공공사업시행자와 사이에서 정상적인 토지임을 전제로 협의취득 절차를 진행하여 이를 매도함으로써 매수자로 하여금 그 토지의 폐기물처리비용 상당의 손해를 입게 하였다면 매도인은 이른바 불완전이행으로서 채무불이행으로 인한 손해배상책임을

부담하고, 이는 하자 있는 토지의 매매로 인한 「민법」 제580조 소정의 하자담보책임과 경합적으로 인정된다.

▮ 판례 6 ▮ 소유권이전등기말소

[대법원 1999. 2. 26. 선고 98다17831 판결]

판결요지

[1] 1975. 12. 31. 법률 제2801호로 개정된 지적법이 시행되기 이전에 소관청이 아무런 법적 근거 없이 행정의 편의를 위하여 임의로 복구한 구 토지대장에 소유자 이름이 기재되어 있다고 하더라도 그 소유자에 관한 사항은 권리추정력을 인정할 수 없다.

[2] 원고가 피고에 대하여 피고 명의로 마쳐진 소유권보존등기의 말소를 구하려면 먼저 원고에게 그 말소를 청구할 수 있는 권원이 있음을 적극적으로 주장·입증하여야 하며, 만일 원고에게 이러한 권원이 있음이 인정되지 않는다면 설사 피고 명의의 소유권보존등기가 말소되어야 할 무효의 등기라고 하더라도 원고의 청구를 인용할 수 없다.

▮ 판례 7 ▮ 잘못된 감정평가기준을 적용한 경우 과부족금액을 상대방에게 청구할 수 있다.

[대법원 2012. 3. 29. 선고 2011다104253]

판결요지

한국토지주택공사가 국민임대주택단지를 조성하기 위하여 갑 등에게서 토지를 협의취득하면서 '매매대금이 고의·과실 내지 착오평가 등으로 과다 또는 과소하게 책정되어 지급되었을 때에는 과부족금액을 상대방에게 청구할 수 있다'고 약정하였는데, 공사가 협의취득을 위한 보상액을 산정하면서 한국감정평가업협회의 구 토지보상평가지침(2003. 2. 14.자로 개정된 것, 이하 '구 토지보상평가지침'이라 한다)에 따라 토지를 지상에 설치된 철탑 및 고압송전선의 제한을 받는 상태로 평가한 사안에서, 위 약정은 단순히 협의취득 대상토지 현황이나 면적을 잘못 평가하거나 계산상 오류 등으로 감정평가금액을 잘못 산정한 경우뿐만 아니라 공익사업을 위한 토지 등의 취득 및 보상에 관한 법률(이하 '공익사업법'이라 한다)상 보상액 산정 기준에 적합하지 아니한 감정평가기준을 적용함으로써 감정평가금액을 잘못 산정하여 이를 기준으로 협의매수금액을 산정한 경우에도 적용되고, 한편 공사가 협의취득을 위한 보상액을 산정하면서 대외적 구속력을 갖는 공익사업을 위한 토지 등의 취득 및 보상에 관한 법률 시행규칙 제22조에 따라 토지에 건축물 등이 있는 때에는 건축물 등이 없는 상태를 상정하여 토지를 평가하여야 함에도, 대외적 구속력이 없는 구 토지보상평가지침에 따라 토지를 건축물 등에 해당하는 철탑 및 고압송전선의 제한을 받는 상태로 평가한 것은 정당한 토지 평가라고 할 수 없는 점 등에 비추어 위 협의매수금액 산정은 공사가 고의·과실 내지 착오평가 등으로 과소하게 책정하여 지급한 경우에 해당한다.

판례 8 │ 수용재결이 있은 후에도 토지소유자와 사업시행자가 협의하여 계약체결을 할 수 있다.

[대법원 2017.4.13. 선고 2016두64241]

판결요지

공익사업을 위한 토지 등의 취득 및 보상에 관한 법률(이하 '토지보상법'이라 한다)은 사업시행자로 하여금 우선 협의취득 절차를 거치도록 하고, 협의가 성립되지 않거나 협의를 할 수 없을 때에 수용재결취득 절차를 밟도록 예정하고 있기는 하다. 그렇지만 일단 토지수용위원회가 수용재결을 하였더라도 사업시행자로서는 수용 또는 사용의 개시일까지 토지수용위원회가 재결한 보상금을 지급 또는 공탁하지 아니함으로써 재결의 효력을 상실시킬 수 있는 점, 토지소유자 등은 수용재결에 대하여 이의를 신청하거나 행정소송을 제기하여 보상금의 적정 여부를 다툴 수 있는데, 그 절차에서 사업시행자와 보상금액에 관하여 임의로 합의할 수 있는 점, 공익사업의 효율적인 수행을 통하여 공공복리를 증진시키고, 재산권을 적정하게 보호하려는 토지보상법의 입법 목적(제1조)에 비추어 보더라도 수용재결이 있은 후에 사법상 계약의 실질을 가지는 협의취득 절차를 금지해야 할 별다른 필요성을 찾기 어려운 점 등을 종합해 보면, 토지수용위원회의 수용재결이 있은 후라고 하더라도 토지소유자 등과 사업시행자가 다시 협의하여 토지 등의 취득이나 사용 및 그에 대한 보상에 관하여 임의로 계약을 체결할 수 있다고 보아야 한다.

제3장 수용취득

1. 토지 등의 수용 또는 사용

> **| 토지보상법 제19조 (토지등의 수용 또는 사용) |**
>
> ① 사업시행자는 공익사업의 수행을 위하여 필요하면 이 법에서 정하는 바에 따라 토지등을 수용하거나 사용할 수 있다.
> ② 공익사업에 수용되거나 사용되고 있는 토지등은 특별히 필요한 경우가 아니면 다른 공익사업을 위하여 수용하거나 사용할 수 없다.
>
> **| 참조조문 |**
>
> 헌법 제23조 제3항

판 례

| 판례 1 | 토지수용법 제5조(「토지보상법」 제19조제2항)의 입법취지

[헌법재판소 2000. 10. 25. 2000헌바32]

결정요지

토지수용법 제5조는 이른바 공익 또는 수용권의 충돌 문제를 해결하기 위한 것으로서, 수용적격사업이 경합하여 충돌하는 공익의 조정을 목적으로 한 규정이다. 즉, 현재 공익사업에 이용되고 있는 토지는 가능하면 그 용도를 유지하도록 하기 위하여 수용의 목적물이 될 수 없도록 하는 것이 그 공익사업의 목적을 달성하기 위하여 합리적이라는 이유로, 보다 더 중요한 공익사업을 위하여 특별한 필요가 있는 경우에 한하여 예외적으로 수용의 목적물이 될 수 있다고 규정한 것이고, 토지 등을 수용할 수 있는 요건 또는 그 한계를 정한 것이 아니다.

| 판례 2 | 보존공물도 수용할 수 있다.

[대법원 1996.04.26. 선고 95누13241]

판결요지

토지수용법은 제5조(현행 「토지보상법」 제19조제2항)의 규정에 의한 제한 이외에는 수용의 대상이 되는 토지에 관하여 아무런 제한을 하지 아니하고 있을 뿐만 아니라, 토지수용법 제5조, 문화재보호법 제20조 제4호, 제58조 제1항, 부칙 제3조 제2항 등의 규정을 종합하면 구 문화재보호법(1982. 12. 31. 법률 제3644호로 전문 개정되기 전의 것) 제54조의2 제1항에 의하여 지방문화재로 지정된 토지가 수용의 대상이 될 수 없다고 볼 수는 없다.

┃ 판례 3 ┃ 요존국유림(행정재산)에 대한 사용재결은 위법하다.

[대법원 2018.11.29. 선고 2018두51911]

판결요지

공익사업의 시행자가 요존국유림을 철도사업 등 토지보상법에 의한 공익사업에 사용할 필요가 있는 경우에, 국유림법에서 정하는 절차와 방법에 따르지 아니한 채, 토지보상법에 의한 재결을 통해 요존국유림의 소유권이나 사용권을 취득할 수 없다고 보아야 한다.

재결례

┃ 재결례 1 ┃ 기부채납 및 양여 합의각서가 체결되었다는 사유만으로 국유지를 수용 또는 사용 할 수 없는 것은 아니다(중토위 2017. 7. 13.).

재결요지

이 건 토지는 00부(국)와 00공사간 기부·양여를 위한 합의각서 체결은 되어 있으나 이는 당사자간에 이행하여야 할 사항임은 별론으로 하고, 일부토지가 기부채납·양여 등이 진행중이라는 사실만으로 토지수용이 불가한 사유는 될 수 없으며, 이 건 토지가 행정재산에서 일반재산으로 변경되었고, 적법한 절차를 통하여 사업인정 및 고시되어 사업시행자가 사업에 필요한 토지 등을 수용하거나 사용할 수 있는 정당한 권한이 인정되는 점 등을 종합적으로 고려할 때 소유자의 주장은 받아들일 수 없다.

┃ 재결례 2 ┃ 행정재산에 대하여 사업시행자가 수용재결을 신청한 재결례(중토위 2020. 8. 6.)

재결요지

000도 소유 편입토지인 00리 000-5 전 163㎡ 외 3필지는 1998년 000도의 도로사업에 편입되고 남은 잔여지로서 현재 행정재산(공공용재산)으로 공유재산관리대장에 등록되어 있고 농경지 상태로 관리되고 있는 것이 확인된다.

사업시행자는 이 건 00도가 관리하는 행정재산(공공용재산)이 도로사업에 필요한 경우에는 공유재산법에 따른 행정재산 처분 절차와 방법에 따라야 하고, 행정재산 처분을 위해서는 00도가 위 행정재산이 사실상 행정 목적으로 사용되지 않고 있어서 그 재산의 일부 또는 전부에 대하여 공유재산심의회를 거쳐 그 용도를 폐지하고 일반재산으로 전환한 이후 협의매수 등이 가능한 것으로 판단된다. 따라서, 「공익사업을 위한 토지 등의 취득 및 보상에 관한 법률」 제4조에 따른 공익사업의 시행을 위하여 해당 행정재산의 목적과 용도에 장애가 되지 아니하는 범위에서 공작물의 설치를 위한 지상권 또는 구분지상권을 설정하는 것은 별론으로 하고 사업시행자가 취득의 대상이 될 수 없는 행정재산(공공용재산)을 취득하여 달라고 하는 수용재결 신청은 000도의 행정재산 용도폐지가 선행되어야 하므로 사업시행자의 수용재결신청을 기각하기로 한다.

2. 수용 또는 사용의 절차

<토지수용 흐름도>

사업인정 (사업인정의제)	▶ 국토부장관 (또는 사업 인허가권자)의 처분 시 중앙토지수용위원회의 의견을 청취하여야 함
⇩	
토지 및 물건조서 작성	▶ 취득(수용) 또는 사용할 토지 및 물건 등을 확정(토지소유자와 관계인의 서명 또는 날인)
⇩	
협의	▶ 당사자 간 협의가 성립되어 협의성립 확인을 요청할 경우 이를 수리(협의성립 확인)
⇩	
수용(사용)재결	▶ 당사자 간 협의가 성립되지 않아 수용(사용)신청할 경우 수용(사용) 여부 등을 결정(수용·사용재결)
⇩	
보상금 지급	▶ 수용(사용)의 개시일까지 보상금을 지급하거나 공탁하지 않으면 재결은 실효됨
⇩	
수용재결 불복에 대한 구제	▶ 토지소유자 등이 수용재결에 대해 이의신청(이의재결) 또는 소 제기(행정소송)

가. 사업인정

> **| 토지보상법 제19조 (토지등의 수용 또는 사용) |**
> ① 사업시행자는 공익사업의 수행을 위하여 필요하면 이 법에서 정하는 바에 따라 토지등을 수용하거나 사용할 수 있다.
> ② 공익사업에 수용되거나 사용되고 있는 토지등은 특별히 필요한 경우가 아니면 다른 공익사업을 위하여 수용하거나 사용할 수 없다.
>
> **| 토지보상법 제20조 (사업인정) |**
> ① 사업시행자는 제19조에 따라 토지등을 수용하거나 사용하려면 대통령령으로 정하는 바에 따라 국토교통부장관의 사업인정을 받아야 한다.
> ② 제1항에 따른 사업인정을 신청하려는 자는 국토교통부령으로 정하는 수수료를 내야 한다.
>
> **| 토지보상법 제21조 (협의 및 의견청취 등) |**
> ① 국토교통부장관은 사업인정을 하려면 관계 중앙행정기관의 장 및 특별시장·광역시장·도지사·특별자치도지사(이하 "시·도지사"라 한다) 및 제49조에 따른 중앙토지수용위원회와 협의하여야 하며, 대통령령으로 정하는 바에 따라 미리 사업인정에 이해관계가 있는 자의 의견을 들어야 한다. <개정 2013. 3. 23., 2015. 12. 29., 2018. 12. 31.>

② 별표에 규정된 법률에 따라 사업인정이 있는 것으로 의제되는 공익사업의 허가·인가·승인권자 등은 사업인정이 의제되는 지구지정·사업계획승인 등을 하려는 경우 제1항에 따라 제49조에 따른 중앙토지수용위원회와 협의하여야 하며, 대통령령으로 정하는 바에 따라 사업인정에 이해관계가 있는 자의 의견을 들어야 한다. <신설 2015. 12. 29., 2018. 12. 31.>
③ 제49조에 따른 중앙토지수용위원회는 제1항 또는 제2항에 따라 협의를 요청받은 경우 사업인정에 이해관계가 있는 자에 대한 의견 수렴 절차 이행 여부, 허가·인가·승인대상 사업의 공공성, 수용의 필요성, 그 밖에 대통령령으로 정하는 사항을 검토하여야 한다. <신설 2015. 12. 29., 2018. 12. 31.>
④ 제49조에 따른 중앙토지수용위원회는 제3항의 검토를 위하여 필요한 경우 관계 전문기관이나 전문가에게 현지조사를 의뢰하거나 그 의견을 들을 수 있고, 관계 행정기관의 장에게 관련 자료의 제출을 요청할 수 있다. <신설 2018. 12. 31.>
⑤ 제49조에 따른 중앙토지수용위원회는 제1항 또는 제2항에 따라 협의를 요청받은 날부터 30일 이내에 의견을 제시하여야 한다. 다만, 그 기간 내에 의견을 제시하기 어려운 경우에는 한 차례만 30일의 범위에서 그 기간을 연장할 수 있다. <신설 2018. 12. 31.>
⑥ 제49조에 따른 중앙토지수용위원회는 제3항의 사항을 검토한 결과 자료 등을 보완할 필요가 있는 경우에는 해당 허가·인가·승인권자에게 14일 이내의 기간을 정하여 보완을 요청할 수 있다. 이 경우 그 기간은 제5항의 기간에서 제외한다. <신설 2018. 12. 31., 2020. 6. 9.>
⑦ 제49조에 따른 중앙토지수용위원회가 제5항에서 정한 기간 내에 의견을 제시하지 아니하는 경우에는 협의가 완료된 것으로 본다. <신설 2018. 12. 31.>
⑧ 그 밖에 제1항 또는 제2항의 협의에 관하여 필요한 사항은 국토교통부령으로 정한다. <신설 2018. 12. 31.> [전문개정 2011. 8. 4.] [제목개정 2018. 12. 31.]

| 토지보상법 제22조 (사업인정의 고시) |

① 국토교통부장관은 제20조에 따른 사업인정을 하였을 때에는 지체 없이 그 뜻을 사업시행자, 토지소유자 및 관계인, 관계 시·도지사에게 통지하고 사업시행자의 성명이나 명칭, 사업의 종류, 사업지역 및 수용하거나 사용할 토지의 세목을 관보에 고시하여야 한다. <개정 2013. 3. 23.>
② 제1항에 따라 사업인정의 사실을 통지받은 시·도지사(특별자치도지사는 제외한다)는 관계 시장·군수 및 구청장에게 이를 통지하여야 한다.
③ 사업인정은 제1항에 따라 고시한 날부터 그 효력이 발생한다.

| 토지보상법 제23조 (사업인정의 실효) |

① 사업시행자가 제22조제1항에 따른 사업인정의 고시(이하 "사업인정고시"라 한다)가 된 날부터 1년 이내에 제28조제1항에 따른 재결신청을 하지 아니한 경우에는 사업인정고시가 된 날부터 1년이 되는 날의 다음 날에 사업인정은 그 효력을 상실한다.
② 사업시행자는 제1항에 따라 사업인정이 실효됨으로 인하여 토지소유자나 관계인이 입은 손실을 보상하여야 한다.
③ 제2항에 따른 손실보상에 관하여는 제9조제5항부터 제7항까지의 규정을 준용한다.

| 토지보상법 제24조 (사업의 폐지 및 변경) |

① 사업인정고시가 된 후 사업의 전부 또는 일부를 폐지하거나 변경함으로 인하여 토지등의 전부 또는 일부를 수용하거나 사용할 필요가 없게 되었을 때에는 사업시행자는 지체 없이 사업지역을 관할하는 시·도지사에게 신고하고, 토지소유자 및 관계인에게 이를 통지하여야 한다.

② 시·도지사는 제1항에 따른 신고를 받으면 사업의 전부 또는 일부가 폐지되거나 변경된 내용을 관보에 고시하여야 한다.
③ 시·도지사는 제1항에 따른 신고가 없는 경우에도 사업시행자가 사업의 전부 또는 일부를 폐지하거나 변경함으로 인하여 토지를 수용하거나 사용할 필요가 없게 된 것을 알았을 때에는 미리 사업시행자의 의견을 듣고 제2항에 따른 고시를 하여야 한다.
④ 시·도지사는 제2항 및 제3항에 따른 고시를 하였을 때에는 지체 없이 그 사실을 국토교통부장관에게 보고하여야 한다. <개정 2013. 3. 23.>
⑤ 별표에 규정된 법률에 따라 제20조에 따른 사업인정이 있는 것으로 의제되는 사업이 해당 법률에서 정하는 바에 따라 해당 사업의 전부 또는 일부가 폐지되거나 변경된 내용이 고시·공고된 경우에는 제2항에 따른 고시가 있는 것으로 본다. <신설 2021. 8. 10.>
⑥ 제2항 및 제3항에 따른 고시가 된 날부터 그 고시된 내용에 따라 사업인정의 전부 또는 일부는 그 효력을 상실한다. <개정 2021. 8. 10.>
⑦ 사업시행자는 제1항에 따라 사업의 전부 또는 일부를 폐지·변경함으로 인하여 토지소유자 또는 관계인이 입은 손실을 보상하여야 한다. <개정 2021. 8. 10.>
⑧ 제7항에 따른 손실보상에 관하여는 제9조제5항부터 제7항까지의 규정을 준용한다. <개정 2021. 8. 10.> [전문개정 2011. 8. 4.]

토지보상법 제24조의2 (사업의 완료)

① 사업이 완료된 경우 사업시행자는 지체 없이 사업시행자의 성명이나 명칭, 사업의 종류, 사업지역, 사업인정고시일 및 취득한 토지의 세목을 사업지역을 관할하는 시·도지사에게 신고하여야 한다.
② 시·도지사는 제1항에 따른 신고를 받으면 사업시행자의 성명이나 명칭, 사업의 종류, 사업지역 및 사업인정고시일을 관보에 고시하여야 한다.
③ 시·도지사는 제1항에 따른 신고가 없는 경우에도 사업이 완료된 것을 알았을 때에는 미리 사업시행자의 의견을 듣고 제2항에 따른 고시를 하여야 한다.
④ 별표에 규정된 법률에 따라 제20조에 따른 사업인정이 있는 것으로 의제되는 사업이 해당 법률에서 정하는 바에 따라 해당 사업의 준공·완료·사용개시 등이 고시·공고된 경우에는 제2항에 따른 고시가 있는 것으로 본다. [본조신설 2021. 8. 10.]

토지보상법 제25조 (토지등의 보전)

① 사업인정고시가 된 후에는 누구든지 고시된 토지에 대하여 사업에 지장을 줄 우려가 있는 형질의 변경이나 제3조제2호 또는 제4호에 규정된 물건을 손괴하거나 수거하는 행위를 하지 못한다.
② 사업인정고시가 된 후에 고시된 토지에 건축물의 건축·대수선, 공작물(工作物)의 설치 또는 물건의 부가(附加)·증치(增置)를 하려는 자는 특별자치도지사, 시장·군수 또는 구청장의 허가를 받아야 한다. 이 경우 특별자치도지사, 시장·군수 또는 구청장은 미리 사업시행자의 의견을 들어야 한다.
③ 제2항을 위반하여 건축물의 건축·대수선, 공작물의 설치 또는 물건의 부가·증치를 한 토지소유자 또는 관계인은 해당 건축물·공작물 또는 물건을 원상으로 회복하여야 하며 이에 관한 손실의 보상을 청구할 수 없다.

토지보상법 제27조 (토지 및 물건에 관한 조사권 등)

① 사업인정의 고시가 된 후에는 사업시행자 또는 제68조에 따라 감정평가를 의뢰받은 감정평가법인

등(「감정평가 및 감정평가사에 관한 법률」에 따른 감정평가사 또는 감정평가법인을 말한다. 이하 "감정평가법인등"이라 한다)은 다음 각 호에 해당하는 경우에는 제9조에도 불구하고 해당 토지나 물건에 출입하여 측량하거나 조사할 수 있다. 이 경우 사업시행자는 해당 토지나 물건에 출입하려는 날의 5일 전까지 그 일시 및 장소를 토지점유자에게 통지하여야 한다. <개정 2016. 1. 19., 2018. 12. 31., 2020. 4. 7.>
1. 사업시행자가 사업의 준비나 토지조서 및 물건조서를 작성하기 위하여 필요한 경우
2. 감정평가법인등이 감정평가를 의뢰받은 토지등의 감정평가를 위하여 필요한 경우
② 제1항에 따른 출입·측량·조사에 관하여는 제10조제3항, 제11조 및 제13조를 준용한다. <신설 2018. 12. 31.>
③ 사업인정고시가 된 후에는 제26조제1항에서 준용되는 제15조제3항에 따라 토지소유자나 관계인이 토지조서 및 물건조서의 내용에 대하여 이의를 제기하는 경우를 제외하고는 제26조제1항에서 준용되는 제14조에 따라 작성된 토지조서 및 물건조서의 내용에 대하여 이의를 제기할 수 없다. 다만, 토지조서 및 물건조서의 내용이 진실과 다르다는 것을 입증할 때에는 그러하지 아니하다. <개정 2018. 12. 31.>
④ 사업시행자는 제1항에 따라 타인이 점유하는 토지에 출입하여 측량·조사함으로써 발생하는 손실(감정평가법인등이 제1항제2호에 따른 감정평가를 위하여 측량·조사함으로써 발생하는 손실을 포함한다)을 보상하여야 한다. <개정 2018. 12. 31., 2020. 4. 7.>
⑤ 제4항에 따른 손실보상에 관하여는 제9조제5항부터 제7항까지의 규정을 준용한다. <개정 2018. 12. 31.> [전문개정 2011. 8. 4.]

토지보상법 시행령 제10조 (사업인정의 신청)

① 법 제20조제1항에 따른 사업인정(이하 "사업인정"이라 한다)을 받으려는 자는 국토교통부령으로 정하는 사업인정신청서(이하 "사업인정신청서"라 한다)에 다음 각 호의 사항을 적어 특별시장·광역시장·도지사 또는 특별자치도지사(이하 "시·도지사"라 한다)를 거쳐 국토교통부장관에게 제출하여야 한다. 다만, 사업시행자가 국가인 경우에는 해당 사업을 시행할 관계 중앙행정기관의 장이 직접 사업인정신청서를 국토교통부장관에게 제출할 수 있다.
1. 사업시행자의 성명 또는 명칭 및 주소
2. 사업의 종류 및 명칭
3. 사업예정지
4. 사업인정을 신청하는 사유
② 사업인정신청서에는 다음 각 호의 서류 및 도면을 첨부하여야 한다. <개정 2019. 6. 25.>
1. 사업계획서
2. 사업예정지 및 사업계획을 표시한 도면
3. 사업예정지 안에 법 제19조제2항에 따른 토지등이 있는 경우에는 그 토지등에 관한 조서·도면 및 해당 토지등의 관리자의 의견서
4. 사업예정지 안에 있는 토지의 이용이 다른 법령에 따라 제한된 경우에는 해당 법령의 시행에 관하여 권한 있는 행정기관의 장의 의견서
5. 사업의 시행에 관하여 행정기관의 면허 또는 인가, 그 밖의 처분이 필요한 경우에는 그 처분 사실을 증명하는 서류 또는 해당 행정기관의 장의 의견서
6. 토지소유자 또는 관계인과의 협의내용을 적은 서류(협의를 한 경우로 한정한다)
7. 수용 또는 사용할 토지의 세목(토지 외의 물건 또는 권리를 수용하거나 사용할 경우에는 해당

물건 또는 권리가 소재하는 토지의 세목을 말한다)을 적은 서류
8. 해당 공익사업의 공공성, 수용의 필요성 등에 대해 중앙토지수용위원회가 정하는 바에 따라 작성한 사업시행자의 의견서 [전문개정 2013. 5. 28.]

| 토지보상법 시행령 제11조 (의견청취 등) |

① 법 제21조제1항에 따라 국토교통부장관으로부터 사업인정에 관한 협의를 요청받은 관계 중앙행정기관의 장 또는 시·도지사는 특별한 사유가 없으면 협의를 요청받은 날부터 7일 이내에 국토교통부장관에게 의견을 제시하여야 한다.
② 국토교통부장관 또는 법 별표에 규정된 법률에 따라 사업인정이 있는 것으로 의제되는 공익사업의 허가·인가·승인권자 등은 법 제21조제1항 및 제2항에 따라 사업인정에 관하여 이해관계가 있는 자의 의견을 들으려는 경우에는 사업인정신청서(법 별표에 규정된 법률에 따라 사업인정이 있는 것으로 의제되는 공익사업의 경우에는 허가·인가·승인 등 신청서를 말한다) 및 관계 서류의 사본을 토지등의 소재지를 관할하는 시장(행정시의 시장을 포함한다. 이하 이 조에서 같다)·군수 또는 구청장(자치구가 아닌 구의 구청장을 포함한다. 이하 이 조에서 같다)에게 송부(전자문서에 의한 송부를 포함한다. 이하 이 조에서 같다)하여야 한다.
③ 시장·군수 또는 구청장은 제2항에 따라 송부된 서류를 받았을 때에는 지체 없이 다음 각 호의 사항을 시(행정시를 포함한다)·군 또는 구(자치구가 아닌 구를 포함한다)의 게시판에 공고하고, 공고한 날부터 14일 이상 그 서류를 일반인이 열람할 수 있도록 하여야 한다.
1. 사업시행자의 성명 또는 명칭 및 주소
2. 사업의 종류 및 명칭
3. 사업예정지
④ 시장·군수 또는 구청장은 제3항에 따른 공고를 한 경우에는 그 공고의 내용과 의견이 있으면 의견서를 제출할 수 있다는 뜻을 토지소유자 및 관계인에게 통지(토지소유자 및 관계인이 원하는 경우에는 전자문서에 의한 통지를 포함한다. 이하 이 항에서 같다)하여야 한다. 다만, 통지받을 자를 알 수 없거나 그 주소·거소 또는 그 밖에 통지할 장소를 알 수 없을 때에는 그러하지 아니하다.
⑤ 토지소유자 및 관계인, 그 밖에 사업인정에 관하여 이해관계가 있는 자는 제3항에 따른 열람기간에 해당 시장·군수 또는 구청장에게 의견서를 제출(전자문서에 의한 제출을 포함한다)할 수 있다.
⑥ 시장·군수 또는 구청장은 제3항에 따른 열람기간이 끝나면 제5항에 따라 제출된 의견서를 지체 없이 국토교통부장관 또는 법 별표에 규정된 법률에 따라 사업인정이 있는 것으로 의제되는 공익사업의 허가·인가·승인권자 등에게 송부하여야 하며, 제출된 의견서가 없는 경우에는 그 사실을 통지(전자문서에 의한 통지를 포함한다)하여야 한다.

| 토지보상법 시행규칙 제8조 (사업인정신청서의 서식 등) |

① 영 제10조제1항의 규정에 의한 사업인정신청서는 별지 제10호서식에 의한다.
② 영 제10조제2항제1호의 규정에 의한 사업계획서에는 다음 각호의 사항을 기재하여야 한다.
1. 사업의 개요 및 법적 근거
2. 사업의 착수·완공예정일
3. 소요경비와 재원조서
4. 사업에 필요한 토지와 물건의 세목
5. 사업의 필요성 및 그 효과
③ 영 제10조제2항제2호의 규정에 의한 도면은 다음 각호에서 정하는 바에 따라 작성하여야 한다.

1. 사업예정지를 표시하는 도면 : 축척 5천분의 1 내지 2만5천분의 1의 지형도에 사업예정지를 담홍색으로 착색할 것
2. 사업계획을 표시하는 도면 : 축척 1백분의 1 내지 5천분의 1의 지도에 설치하고자 하는 시설물의 위치를 명시하고 그 시설물에 대한 평면도를 첨부할 것

④ 영 제10조제2항제3호의 규정에 의한 토지등에 관한 조서는 별지 제11호서식에 의하여 이를 작성하고, 동호의 규정에 의한 토지등에 관한 도면은 축척 1백분의 1 내지 1천2백분의 1의 지도에 토지등(법 제2조제1호의 규정에 의한 토지·물건 및 권리를 말한다. 이하 같다)의 위치를 표시하여 작성하여야 한다.

⑤ 영 제10조제2항제7호의 규정에 의한 수용 또는 사용할 토지의 세목을 기재한 서류는 별지 제12호서식에 의한다.

⑥ 사업시행자는 영 제10조제1항 및 같은 조 제2항에 따라 사업인정신청서 및 그 첨부서류·도면을 제출하는 때에는 정본 1통과 공익사업시행지구에 포함된 시(「제주특별자치도 설치 및 국제자유도시 조성을 위한 특별법」 제15조제2항에 따른 행정시를 포함한다. 이하 같다)·군 또는 구(자치구가 아닌 구를 포함한다. 이하 제10조제3항 및 제11조제3항에서 같다)의 수의 합계에 3을 더한 부수의 사본을 제출하여야 한다.

(1) 사업인정의 요건 등

사례 1 종전의 공익사업의 부지 중 미보상토지의 소유권 취득만을 목적으로 하는 사업인정은 불가능하다(2011. 04. 07. 법제처-11-0073)(법령해석)

질의요지   2018 토지수용 업무편람 발췌

공익사업이 완료된 이후 종전의 공익사업을 위하여 사용되고 있는 부지에 매입되지 아니한 토지가 존재하나 해당 토지에 대한 매수협의가 이루어지지 않음을 이유로, 사업시행자가 실제로 공익사업을 수행하지 아니하면서 그 토지의 소유권만을 취득하기 위하여 「공익사업을 위한 토지 등의 취득 및 보상에 관한 법률」 제20조에 따른 사업인정을 신청한 경우, 국토해양부장관이 그 신청에 대한 사업인정을 하지 않을 수 있는지?

회신내용

공익사업이 완료된 이후 종전의 공익사업을 위하여 사용되고 있는 부지에 매입되지 아니한 토지가 존재하나 해당 토지에 대한 매수협의가 이루어지지 않음을 이유로 사업시행자가 실제로 공익사업을 수행하지 아니하면서 그 토지의 소유권만을 취득하기 위하여 「공익사업을 위한 토지 등의 취득 및 보상에 관한 법률」 제20조에 따른 사업인정을 신청한 경우, 국토해양부장관은 그 신청에 대한 사업인정을 하지 않을 수 있습니다.

이 유

공익사업의 수행으로 인한 공익과 재산권 보장에 의한 사익 사이의 이익형량의 결과, 사업을 수행하여야 할 공익적인 필요가 개인의 재산권에 대한 침해보다 더 크다고 사업인

정권자가 판단한 경우에 할 수 있다고 할 것(대법원 2005. 4. 29. 선고 2004두14670 판결례 참조)인데, 이 사안의 경우와 같이 협의매수가 어렵다는 사유로, 완료된 공익사업에 이미 사용되고 있는 토지의 소유권만을 취득하기 위한 사업인정의 신청은 공익사업의 "수행"을 위한 것으로 보기 어려울 뿐만 아니라, 공익사업의 유지·관리라는 공익적인 필요보다는 개인의 사유재산권 침해가 더 크다고 볼 수 있으므로 사업인정처분의 요건을 충족한다고 보기도 어렵습니다.

이 사안과 같이 공익사업이 완료된 이후 종전의 공익사업을 위하여 사용되고 있는 부지의 매입되지 아니한 토지에 대한 매수협의가 이루어지지 않음을 이유로 그 토지의 소유권만을 취득하기 위한 목적으로 공익사업의 실제 수행없이 공용수용절차 개시를 위한 사업인정을 받을 수 있다고 한다면, 종전의 공익사업을 위한 사업시행자의 수용재결 신청 기간을 공익사업이 완료된 이후까지 연장시키는 결과를 초래하므로, 사업시행자가 수용재결을 신청할 수 있는 기간을 제한한 공익사업법 제28조의 취지에 어긋날 수 있다고 할 것입니다.

판 례

▮ 판례 1 ▮ 헌법 제23조제3항의 '공공필요'는 공익성과 필요성으로 구성된다.

[헌재 2014. 10. 30. 2011헌바129 · 172(병합)]

결정요지

헌법 제23조 제3항에서 규정하고 있는 '공공필요'는 "국민의 재산권을 그 의사에 반하여 강제적으로라도 취득해야 할 공익적 필요성"으로서, '공공필요'의 개념은 '공익성'과 '필요성'이라는 요소로 구성되어 있는 바, '공익성'의 정도를 판단함에 있어서는 공용수용을 허용하고 있는 개별법의 입법목적, 사업내용, 사업이 입법목적에 이바지 하는 정도는 물론, 특히 그 사업이 대중을 상대로 하는 영업인 경우에는 그 사업 시설에 대한 대중의 이용·접근가능성도 아울러 고려하여야 한다. 그리고 '필요성'이 인정되기 위해서는 공용수용을 통하여 달성하려는 공익과 그로 인하여 재산권을 침해당하는 사인의 이익 사이의 형량에서 사인의 재산권침해를 정당화할 정도의 공익의 우월성이 인정되어야 하며, 사업시행자가 사인인 경우에는 그 사업 시행으로 획득할 수 있는 공익이 현저히 해태되지 않도록 보장하는 제도적 규율도 갖추어져 있어야 한다.

▮ 판례 2 ▮ 공익성의 입증책임은 사업시행자에게 있다.

[대법원 2005. 11. 10. 선고 2003두7507]

판결요지

공용수용은 공익사업을 위하여 특정의 재산권을 법률에 의하여 강제적으로 취득하는 것을 내용으로 하므로 그 공익사업을 위한 필요가 있어야 하고, 그 필요가 있는지에 대하여는 수용에 따른 상대방의 재산권침해를 정당화할 만한 공익의 존재가 쌍방의 이익의 비교형량의 결과로 입증되어야 하며, 그 입증책임은 사업시행자에게 있다.

▌ 판례 3 ▌ 사업시행자가 해당 공익사업을 수행할 의사와 능력이 있는지 여부도 사업인정의 한 요건이다.

[대법원 2011. 01. 27. 선고 2009두1051]

판결요지

1. 사업인정이란 공익사업을 토지 등을 수용 또는 사용할 사업으로 결정하는 것으로서 공익사업의 시행자에게 그 후 일정한 절차를 거칠 것을 조건으로 일정한 내용의 수용권을 설정하여 주는 형성행위이므로, 해당 사업이 외형상 토지 등을 수용 또는 사용할 수 있는 사업에 해당한다고 하더라도 사업인정기관으로서는 그 사업이 공용수용을 할 만한 공익성이 있는지의 여부와 공익성이 있는 경우에도 그 사업의 내용과 방법에 관하여 사업인정에 관련된 자들의 이익을 공익과 사익 사이에서는 물론, 공익 상호간 및 사익 상호간에도 정당하게 비교·교량하여야 하고, 그 비교·교량은 비례의 원칙에 적합하도록 하여야 한다. 그뿐만 아니라 해당 공익사업을 수행하여 공익을 실현할 의사나 능력이 없는 자에게 타인의 재산권을 공권력적·강제적으로 박탈할 수 있는 수용권을 설정하여 줄 수는 없으므로, 사업시행자에게 해당 공익사업을 수행할 의사와 능력이 있어야 한다는 것도 사업인정의 한 요건이라고 보아야 한다.
2. 공용수용은 헌법상의 재산권 보장의 요청상 불가피한 최소한에 그쳐야 한다는 헌법 제23조의 근본취지에 비추어 볼 때, 사업시행자가 사업인정을 받은 후 그 사업이 공용수용을 할 만한 공익성을 상실하거나 사업인정에 관련된 자들의 이익이 현저히 비례의 원칙에 어긋나게 된 경우 또는 사업시행자가 해당 공익사업을 수행할 의사나 능력을 상실하였음에도 여전히 그 사업인정에 기하여 수용권을 행사하는 것은 수용권의 공익 목적에 반하는 수용권의 남용에 해당하여 허용되지 않는다.

▌ 판례 4 ▌ 이미 실행된 공익사업의 유지를 위한 사업인정도 가능하다.

[대법원 2005. 4. 29. 선고 2004두14670]

판결요지

공익사업을위한토지등의취득및보상에관한법률 제20조는 공익사업의 수행을 위하여 필요한 때, 즉 공공의 필요가 있을 때 사업인정처분을 할 수 있다고 되어 있을 뿐 장래에 시행할 공익사업만을 대상으로 한정한다거나 이미 시행된 공익사업의 유지를 그 대상에서 제외하고 있지 않은 점, 당해 공익사업이 적법한 절차를 거치지 아니한 채 시행되었다 하여 그 시행된 공익사업의 결과를 원상회복한 후 다시 사업인정처분을 거쳐 같은 공익사업을 시행하도록 하는 것은 해당 토지 소유자에게 비슷한 영향을 미치면서도 사회적으로 불필요한 비용이 소요되고, 그 과정에서 당해 사업에 의하여 제공되었던 공익적 기능이 저해되는 사태를 초래하게 되어 사회·경제적인 측면에서 반드시 합리적이라고 할 수 없으며, 이미 시행된 공익사업의 유지를 위한 사업인정처분의 허용 여부는 사업인정처분의 요건인 공공의 필요, 즉 공익사업의 시행으로 인한 공익과 재산권 보장에 의한 사익 사이의 이익형량을 통한 재량권의 한계문제로서 통제될 수 있는 점 등에 비추어 보면, 사업인정처분이 이미 실행된 공익사업의 유지를 위한 것이라는 이유만으로 당연히 위법하다고 할 수 없다.

※ 이미 실행된 공익사업의 유지를 위한 사업인정의 대표적인 예로 기설 선하지에 대한 「전원개발촉진법」 제5조에 따른 전원개발사업 실시계획의 승인 등을 들 수 있음

▎판례 5 ▎ 부당이득금반환

[대법원 2001. 3. 27. 선고 2000다64472 판결]

【판결요지】

점유자가 점유 개시 당시에 소유권 취득의 원인이 될 수 있는 법률행위 기타 법률요건이 없이 그와 같은 법률요건이 없다는 사실을 잘 알면서 타인 소유의 부동산을 무단점유한 것임이 입증된 경우, 특별한 사정이 없는 한 점유자는 타인의 소유권을 배척하고 점유할 의사를 갖고 있지 않다고 보아야 하므로, 이로써 소유의 의사가 있는 점유라는 추정은 깨어지고, 또한 지방자치단체나 국가가 자신의 부담이나 기부의 채납 등 지방재정법 또는 국유재산법 등에 정한 공공용 재산의 취득절차를 밟거나 그 소유자들의 사용승낙을 받는 등 토지를 점유할 수 있는 일정한 권원 없이 사유토지를 도로부지에 편입시킨 경우에도 자주점유의 추정은 깨어진다고 보아야 할 것이다.

▎판례 6 ▎ 소유권확인

[대법원 2008.3.27. 선고 2007다78258 판결]

【판시사항】

[1] 국가나 지방자치단체가 부동산을 점유하는 경우에도 자주점유가 추정되는지 여부(적극)
[2] 부동산 취득시효에서 자주점유의 추정이 깨어지는 경우
[3] 국가가 토지의 취득절차에 관한 서류를 제출하지 못하고 있다 하더라도 국가의 점유용도, 점유개시의 사정 및 지적공부 등이 전란으로 모두 소실된 점 등에 비추어 볼 때, 국가의 자주점유의 추정이 깨지지 않았다고 본 사례

▎판례 7 ▎ 광업권설정등록불수리처분취소

[대법원 1969. 11. 25. 선고 69누129 판결]

판결요지

구 광업법시행령(52.7.8. 대통령령 제654호) 제3조에 이른바 관보 게재일이라 함은 관보에 인쇄된 발행일자를 뜻하는 것이 아니고 관보가 전국의 각 관보보급소에 발송 배포되어 이를 일반인이 열람 또는 구독할 수 있는 상태에 놓이게 된 최초의 시기를 뜻한다.

▎판례 8 ▎ 점유토지반환및손해배상·소유권이전등기

[대법원 2009. 7. 16 선고 2007다15172, 2007다15189 판결]

판결요지

[1] 부동산에 대한 점유취득시효가 완성된 후 취득시효 완성을 원인으로 한 소유권이전등기를 하지 않고 있는 사이에 그 부동산에 관하여 제3자 명의의 소유권이전등기가 경료된

경우라 하더라도 당초의 점유자가 계속 점유하고 있고 소유자가 변동된 시점을 기산점으로 삼아도 다시 취득시효의 점유기간이 경과한 경우에는 점유자로서는 제3자 앞으로의 소유권 변동시를 새로운 점유취득시효의 기산점으로 삼아 2차의 취득시효의 완성을 주장할 수 있다.

[2] [다수의견] 취득시효기간이 경과하기 전에 등기부상의 소유명의자가 변경된다고 하더라도 그 사유만으로는 점유자의 종래의 사실상태의 계속을 파괴한 것이라고 볼 수 없어 취득시효를 중단할 사유가 되지 못하므로, 새로운 소유명의자는 취득시효 완성 당시 권리의무 변동의 당사자로서 취득시효 완성으로 인한 불이익을 받게 된다 할 것이어서 시효완성자는 그 소유명의자에게 시효취득을 주장할 수 있는바, 이러한 법리는 새로이 2차의 취득시효가 개시되어 그 취득시효기간이 경과하기 전에 등기부상의 소유명의자가 다시 변경된 경우에도 마찬가지로 적용된다고 봄이 상당하다.

[대법관 박일환, 대법관 김능환, 대법관 신영철의 반대의견]

(가) 우리 민법은 법률행위로 인한 물권변동은 등기하여야 한다는 이른바 형식주의를 취하고 부동산의 점유취득시효에 관하여도 등기함으로써 소유권을 취득한다고 규정하고 있으므로, 등기가 아니라 점유에 기하여 법률관계가 정해지도록 하는 것은 예외적으로 제한된 범위 내에서만 허용된다고 보는 것이 바람직하다.

(나) 다수의견은 이른바 형식주의를 채택한 우리 민법 아래에서 거래의 안전을 심각하게 침해하는 결과를 초래할 수 있다. 우리 민법의 점유취득시효제도가 어떻게 운용되어야 할 것인지에 관하여 이미 종전 대법원 판결이 "무릇 점유취득시효제도란 권리 위에 잠자는 자를 배제하고 점유사용의 현실적 상황을 존중하자는 제도이기는 하지만, 이는 극히 예외적인 상황하에서만 인정되어야 할 것이고, 이를 지나치게 넓게 인정하는 것은 타인의 재산권을 부당히 침해할 요소가 큰 것이므로, 법이 진정한 재산권을 보호하지 못하는 결과가 되어 온당치 않다고 보이고, 따라서 그 취득요건은 극히 엄격히 해석하여야 할 것"이라는 판시를 한 바 있고, 이는 현재에도 유효하다.

(다) 다수의견은 1차 점유취득시효가 완성된 후에 등기부상의 소유명의자가 변경된 경우에 그 등기부상의 명의 변경 시점을 새로이 점유취득시효의 기산점으로 볼 수 있는 근거 내지 이유에 대한 설명이 없다. 만일 1차 점유취득시효가 완성된 후에 등기부상의 소유명의자가 변경된 경우, 만일 당초의 점유자가 그와 같은 등기부상 소유자의 변경 사실을 잘 알면서도 감히 점유를 개시한 것이라면 이는 타주점유에 해당하는 것으로 보아야 하고, 그렇지 아니하고 당초의 점유자가 등기부상 소유자의 변경 사실을 알지 못한 채 점유를 계속한 것이라면 그 등기부상 소유자의 변경 시점을 새로운 점유의 기산점으로 볼 아무런 이유가 없다.

❖ 재결신청의 기간

재결신청기간은 원칙적으로 사업인정고시일로부터 1년 이내이다(도시및주거환경정비법(이하 '도시정비법'이라 한다) 제40조 제3항이 수용 또는 사용에 대한 재결의 신청은 공익사업법 제23조 및 제28조 제1항의 규정에도 불구하고 사업시행인가를 할 때 정한 사업시행기간 이내에 이를 행하여야 한다.).

사업시행자가 사업인정고시일로부터 1년 이내에 재결신청을 하지 않는 경우에는 위 고시일로부터 1년이 되는 날의 다음 날에 사업인정은 그 효력을 상실하게 된다.

(2) 사업인정의 고시 등

사례 1 사업인정의 고시에서 지장물에 대한 고시는 필요하지 않다(2004.05.03. 토지관리과-2051)(유권해석)

질의요지 2018 토지수용 업무편람 발췌

수용 또는 사용할 토지의 세목조서를 관보에 고시한 후 토지위에 있는 지장물인 건축물에 대한 고시가 되지 아니한 경우 지장물에 대하여 별도로 고시를 하여야 하는지 여부

회신내용

토지보상법 시행령 제10조제2항제7호의 규정에서 '수용 또는 사용할 토지의 세목(토지외의 물건 또는 권리를 수용 또는 사용할 경우에는 당해 물건 또는 권리가 소재하는 있는 토지의 세목을 말한다)을 기재한 서류'를 제출하도록 규정하고 있는 바, 그 지상의 물건 등이 수용 또는 사용할 물건이 아닌 지장물인 경우에는 토지세목조서와 별도로 고시할 필요가 없을 것으로 봅니다.

사례 2 사업인정 고시 후 토지소유자가 변경된 경우에도 변경고시를 할 필요는 없다(2004. 03. 26. 토지관리과-1391)(유권해석)

질의요지 2018 토지수용 업무편람 발췌

사업인정 고시 후 공람 중 매각 등으로 토지소유자의 소유권이 타인에게 변경되었을 경우, 토지수용 재결을 위한 변경고시를 하여야 하는지 여부

회신내용

공익사업을위한토지등의취득및보상에관한법률 제40조제3항의 규정에 의하면 사업인정의 고시가 있은 후 권리의 변동이 있는 때에는 그 권리를 승계한 자가 같은 조제1항의 규정에 의한 보상금 또는 제2항의 규정에 의한 공탁금을 수령할 수 있으므로, 토지소유자가 변경되었다 하더라도 변경고시를 할 필요는 없다고 봅니다.

판 례

❙ 판례 1 ❙ 사업인정 절차의 일부를 누락한 것은 사업인정의 취소사유에 해당하나 사업인정 자체를 무효로 할 중대하고 명백한 하자는 아니다.

[대법원 2000. 10. 13. 선고 2000두5142]

판결요지

구 토지수용법(1990. 4. 7. 법률 제4231호로 개정되기 전의 것) 제16조 제1항에서는 건설부장관이 사업인정을 하는 때에는 지체 없이 그 뜻을 기업자·토지소유자·관계인 및 관계도지사에게 통보하고 기업자의 성명 또는 명칭, 사업의 종류, 기업지 및 수용 또는 사용할 토지의 세목을 관보에 공시하여야 한다고 규정하고 있는바, 가령 건설부장관이 위와 같은 절차를 누락한 경우 이는 절차상의 위법으로서 수용재결단계 전의 사업인정 단계에서 다툴 수 있는 취소사유에 해당하기는 하나, 더 나아가 그 사업인정 자체를 무효로 할 중대하고 명백한 하자라고 보기는 어렵고, 따라서 이러한 위법을 들어 수용재결처분의 취소를 구하거나 무효확인을 구할 수는 없다.

❙ 판례 2 ❙ 사업인정 시 토지세목 고시가 누락되었다면 사업인정의 취소사유에 해당한다.

[대법원 2009. 11. 26. 선고 2009두11607]

판결요지

도시계획사업허가의 공고시에 토지세목의 고시를 누락하거나 사업인정을 함에 있어 수용 또는 사용할 토지의 세목을 공시하는 절차를 누락한 경우, 이는 절차상의 위법으로서 수용재결단계 전의 사업인정 단계에서 다툴 수 있는 취소사유에 해당하기는 하나 더 나아가 그 사업인정 자체를 무효로 할 중대하고 명백한 하자라고 보기는 어렵고, 따라서 이러한 위법을 들어 수용재결처분의 취소를 구하거나 무효확인을 구할 수는 없다

(3) 사업인정의 실효 등

판 례

❙ 판례 1 ❙ 사업시행기간이 경과된 후의 실시계획변경인가의 효력

[대법원 2005.7.28. 선고 2003두9312]

판결요지

도시계획사업의 시행자는 늦어도 고시된 도시계획사업의 실시계획인가에서 정한 사업시행기간 내에 사법상의 계약에 의하여 도시계획사업에 필요한 타인 소유의 토지를 양수하거나 수용재결의 신청을 하여야 하고, 그 사업시행기간 내에 이와 같은 취득절차가 선행되지 아니하면 그 도시계획사업의 실시계획인가는 실효되고, 그 후에 실효된 실시계획인가를 변경인가하여 그 시행기간을 연장하였다고 하여 실효된 실시계획의 인가가 효력을 회복하여 소급적으로 유효하게 될 수는 없지만, 도시계획사업의 실시계획변경인가도 시행자에게 도시계획사업을

실시할 수 있는 권한을 설정하여 주는 처분인 점에서는 당초의 인가와 다를 바 없으므로 도시계획사업의 실시계획인가고시에 정해진 사업시행기간 경과 후에 이루어진 변경인가고시도 그것이 새로운 인가로서의 요건을 갖춘 경우에는 그에 따른 효과가 있다 할 것이다.

(4) 사업인정 의제제도

판 례

┃ 판례 1 ┃ 사업인정 의제제도는 헌법 제23조제3항에 위반되지 않는다.

[헌법재판소 2007. 11. 29. 선고 2006헌바79]

결정요지

도시계획시설사업 자체에 있어서도 공공필요성 요건은 충족되고, 「국토계획법」상 이해관계인의 의견청취, 관계행정기관과의 협의 등 공공필요에 대한 판단을 할 수 있는 적절한 절차가 규정되어 있으므로 도시계획시설 실시인가를 사업인정으로 의제하는 구 「국토계획법」 제96조 제2항 본문은 적법절차원칙 및 헌법 제23조 제3항에 위반되지 않는다.

(5) 토지의 보전의무 등

사례 1 사업인정고시 이후 통상적인 영업행위를 위하여 물건을 부가·증치 한 경우는 보상대상이다(2012. 09. 18. 토지정책과-4634)(유권해석)

질의요지   2018 토지수용 업무편람 발췌

사업인정고시 이후 사무집기, 식당 기자재 등이 지방자치단체의 허가 없이 사무실, 상가 등에 적치된 경우 보상이 가능한지?

회신내용

사업인정고시가 된 이후 특별자치도지사, 시장·군수 또는 구청장의 허가를 받아야 하는 건축물의 건축·대수선, 공작물의 설치 또는 물건의 부가·증치를 허가를 받지 않고 한 경우에는 보상대상에 해당하지 않는 것으로 보나, 허가대상이 아닌 통상적인 범위 내의 영업행위 등을 위한 물건의 증치나 부가 등은 보상대상에 해당하는 것으로 보며, 개별적인 사례에 대하여는 사업시행자가 물건의 부가·증치 경위, 영업의 성격이나 규모 등 사실관계 등을 종합적으로 검토하여 판단할 사항으로 봅니다.

| 판 례 |

┃ 판례 1 ┃ 건축허가를 받았으나 건축행위에 착수하지 않은 상태에서 사업인정고시가 된 경우, 건축물을 건축하려는 자는 「토지보상법」 제25조에서 정한 허가를 따로 받아야 한다.

[대법원 2014. 11. 13. 선고 2013두19738,19745]

판결요지

구 「공익사업을 위한 토지 등의 취득 및 보상에 관한 법률」(2011. 8. 4. 법률 제11017호로 개정되기 전의 것. 이하 '토지보상법'이라 한다) 제25조 제2항은 "사업인정고시가 있은 후에는 고시된 토지에 건축물의 건축·대수선, 공작물의 설치 또는 물건의 부가·증치를 하고자 하는 자는 특별자치도지사, 시장·군수 또는 구청장의 허가를 받아야 한다. 이 경우 특별자치도지사, 시장·군수 또는 구청장은 미리 사업시행자의 의견을 들어야 한다."고 규정하고, 같은 조 제3항은 "제2항의 규정에 위반하여 건축물의 건축·대수선, 공작물의 설치 또는 물건의 부가·증치를 한 토지소유자 또는 관계인은 당해 건축물·공작물 또는 물건을 원상으로 회복하여야 하며 이에 관한 손실의 보상을 청구할 수 없다."고 규정하고 있다. 이러한 규정의 취지에 비추어 보면, 건축법상 건축허가를 받았더라도 허가받은 건축행위에 착수하지 아니하고 있는 사이에 토지보상법상 사업인정고시가 된 경우 고시된 토지에 건축물을 건축하려는 자는 토지보상법 제25조에 정한 허가를 따로 받아야 하고, 그 허가 없이 건축된 건축물에 관하여는 토지보상법상 손실보상을 청구할 수 없다고 할 것이다.

(6) 행정쟁송 등

| 판 례 |

┃ 판례 1 ┃ 재결단계에서 사업인정의 하자를 주장할 수 없다.

[대법원 1992. 3. 13. 선고 91누4324]

판결요지

사업인정처분 자체의 위법은 사업인정단계에서 다투어야 하고 이미 그 쟁송기간이 도과한 수용재결단계에서는 사업인정처분이 당연무효라고 볼 만한 특단의 사정이 없는 한 그 위법을 이유로 재결의 취소를 구할 수는 없다.

나. 협의 등

┃ 토지보상법 제26조 (협의 등 절차의 준용) ┃

① 제20조에 따른 사업인정을 받은 사업시행자는 토지조서 및 물건조서의 작성, 보상계획의 공고·통지 및 열람, 보상액의 산정과 토지소유자 및 관계인과의 협의 절차를 거쳐야 한다. 이 경우 제14조부터 제16조까지 및 제68조를 준용한다.
② 사업인정 이전에 제14조부터 제16조까지 및 제68조에 따른 절차를 거쳤으나 협의가 성립되지 아니하고 제20조에 따른 사업인정을 받은 사업으로서 토지조서 및 물건조서의 내용에 변동이 없을

때에는 제1항에도 불구하고 제14조부터 제16조까지의 절차를 거치지 아니할 수 있다. 다만, 사업시행자나 토지소유자 및 관계인이 제16조에 따른 협의를 요구할 때에는 협의하여야 한다.

| 토지보상법 제29조 (협의 성립의 확인) |

① 사업시행자와 토지소유자 및 관계인 간에 제26조에 따른 절차를 거쳐 협의가 성립되었을 때에는 사업시행자는 제28조제1항에 따른 재결 신청기간 이내에 해당 토지소유자 및 관계인의 동의를 받아 대통령령으로 정하는 바에 따라 관할 토지수용위원회에 협의 성립의 확인을 신청할 수 있다.
② 제1항에 따른 협의 성립의 확인에 관하여는 제28조제2항, 제31조, 제32조, 제34조, 제35조, 제52조제7항, 제53조제4항, 제57조 및 제58조를 준용한다.
③ 사업시행자가 협의가 성립된 토지의 소재지·지번·지목 및 면적 등 대통령령으로 정하는 사항에 대하여 「공증인법」에 따른 공증을 받아 제1항에 따른 협의 성립의 확인을 신청하였을 때에는 관할 토지수용위원회가 이를 수리함으로써 협의 성립이 확인된 것으로 본다.
④ 제1항 및 제3항에 따른 확인은 이 법에 따른 재결로 보며, 사업시행자, 토지소유자 및 관계인은 그 확인된 협의의 성립이나 내용을 다툴 수 없다.

사례 1 사업인정고시 전에 협의가 성립된 토지는 협의성립의 확인을 신청을 할 수 없다 (2004. 02. 09. 토관-521)(유권해석)

질의요지 2018 토지수용 업무편람 발췌

사업인정고시 이전에 협의 취득한 토지와 협의가 이루어지지 않은 토지를 포함하여 사업인정고시를 하였는 바, 사업인정 이전에 협의 취득한 토지에 대하여 공익사업을위한토지등의취득및보상에관한법률 제29조 제1항에 규정에 의한 협의성립의 확인을 신청할 수 있는지 여부

회신내용

협의성립의 확인신청은 공익사업을위한토지등의취득및보상에관한법률 제26조 규정에 의한 절차를 거쳐 협의가 성립된 때에 토지소유자 등의 동의를 얻어 재결의 신청기간이내에 신청하여야 하므로 제26조의 규정에 의한 절차를 거친 때, 즉 사업인정의 고시가 있은 이후에 협의가 성립된 토지에 대하여만 신청할 수 있고, 사업인정의 고시가 있기 이전에 협의가 성립된 토지는 협의성립의 확인을 신청할 수 있는 대상토지가 될 수 없을 것입니다.

사업인정은 토지소유자와 협의취득이 어려운 경우에 강제취득절차를 이행하기 위한 절차이므로, 사업인정절차를 밟지 아니한 토지에 대하여는 위 법에 의한 사업인정고시를 하여서는 아니될 것입니다.

사례 2   협의성립 확인에 의한 원시취득으로 되는 시점은 수용의 시기이다(2002.12.05.법원 행정처 등기 3402-693)(유권해석)

회신내용   2018 토지수용 업무편람 발췌

사업인정고시 후 협의가 성립된 경우에는 기업자는 토지소유자 및 관계인의 동의를 얻어 관할 토지수용위원회에 협의성립의 확인을 신청할 수 있는데 관할 토지수용위원회로부터 협의성립의 확인을 받게 되면 재결이 있은 것으로 간주되는바, 협의성립 확인에 기한 원시취득의 시점은 수용의 시기이다.

사례 3   관련 법령에 의한 무상귀속 무상양여의 경우는 협의성립의 확인 대상이 아니다 (2017.9.6. 법제처 17-0373)(법령해석)

질의요지   2018 토지수용 업무편람 발췌

「택지개발촉진법」에 따른 택지개발사업의 사업시행자가 택지개발지구에 편입된 국유지에 대하여 「국유재산법」 제44조 및 같은 법 시행령 제42조제1항제2호에 따라 처분가격을 산정하여 그 대체시설을 기부채납하고 해당 국유지를 같은 법 제55조에 따라 양여받은 경우, 이에 대하여 토지보상법 제29조에 따라 협의 성립의 확인을 신청할 수 있는지?

회신내용

「택지개발촉진법」에 따른 택지개발사업의 시행자가 택지개발지구에 편입된 국유지에 대하여 「국유재산법」 제44조 및 같은 법 시행령 제42조제1항제2호에 따라 처분가격을 산정하여 그 대체시설을 기부채납하고 해당 국유지를 같은 법 제55조에 따라 양여받은 경우에는 이에 대하여 토지보상법 제29조에 따라 협의성립의 확인을 신청할 수 없습니다.

이 유

공익사업의 사업시행자가 토지보상법 제14조(토지조서 및 물건조서의 작성), 제15조(보상계획의 열람 등), 제16조(협의) 및 제68조(보상액의 산정)에 따른 협의 절차를 거친 경우에만 같은 법 제29조에 따른 협의성립의 확인을 신청할 수 있다고 할 것인데, 이 사안의 경우 택지개발사업에 필요한 토지가 국유지에 해당하여 택지개발사업의 시행자가 그 대체시설을 「국유재산법」 제13조에 따라 기부채납하고, 해당 국유지를 같은 법 제55조에 따라 양여 받아 취득하는 경우에는 토지 취득의 방법·절차 등은 토지보상법이 아닌 「국유재산법」에 따르게 된다는 점에 비추어 볼 때, 이는 토지보상법 제26조에 따른 절차를 거쳐 협의취득한 경우로 보기는 어렵다고 할 것입니다. …「택지개발촉진법」에 따른 택지개발사업의 사업시행자가 택지개발지구에 편입된 국유지에 대하여 「국유재산법」 제44조 및 같은 법 시행령 제42조제1항제2호에 따라 처분가격을 산정하여 그 대체시설을 기부채납하고 해당 국유지를 같은 법 제55조에 따라 양여 받은 경우에는 이에 대하여 토지보상법 제29조에 따라 협의 성립의 확인을 신청할 수 없다고 할 것입니다.

사례 4　협의성립 확인에 의한 원시취득으로 되는 시점은 수용의 시기이다. (2002.12.05.법원 행정처 등기 3402-693) (유권해석)

회신내용

사업인정고시 후 협의가 성립된 경우에는 기업자는 토지소유자 및 관계인의 동의를 얻어 관할 토지수용위원회에 협의성립의 확인을 신청할 수 있는데 관할 토지수용위원회로부터 협의성립의 확인을 받게 되면 재결이 있은 것으로 간주되는바, 협의성립 확인에 기한 원시취득의 시점은 수용의 시기이다.

판 례

┃ 판례 1 ┃ 토지조서 및 물건조서의 작성상의 하자의 효과 등

[대법원 2005.9.30. 선고 2003두12349, 12356]

판결요지

기업자가 「토지수용법」 제23조 소정의 토지조서 및 물건조서를 작성함에 있어서 토지소유자를 입회시켜서 이에 서명날인을 하게 하지 아니하였다 하더라도 그러한 사유만으로는 그 토지에 대한 수용재결 및 이의재결까지 무효가 된다고 할 수 없고, 기업자가 토지소유자에게 성의 있고 진실하게 설명하여 이해할 수 있도록 협의요청을 하지 아니하였다거나, 협의경위서를 작성함에 있어서 토지소유자의 서명날인을 받지 아니하였다는 하자 역시 절차상의 위법으로서 수용재결 및 이의재결에 대한 당연 무효의 사유가 된다고 할 수도 없다.

┃ 판례 2 ┃ 「토지보상법」 제26조제2항의 협의 등 절차의 생략 규정은 재산권을 침해하지 않는다.

[헌법재판소 2007. 11. 29. 선고 2006헌바79]

결정요지

공익사업법 제26조 제2항은 공익사업을 신속하게 추진하기 위하여 이미 거쳤던 절차를 반복하지 않도록 한 것으로서 토지조서 등에 변동이 있는 경우에는 다시 협의 등의 절차를 거쳐야 하므로 재산권을 침해하지 않는다.

┃ 판례 3 ┃ 사업인정 후 협의취득의 법적 성질

[대법원 1996. 02. 13. 선고 95다3510]

판결요지

공공사업의 시행자가 토지수용법에 의하여 그 사업에 필요한 토지를 취득하는 경우 그것이 협의에 의한 취득이고 토지수용법 제25조의2의 규정에 의한 협의 성립의 확인이 없는 이상, 그 취득행위는 어디까지나 사경제 주체로서 행하는 사법상의 취득으로서 승계취득한 것으로 보아야 할 것이고, 재결에 의한 취득과 같이 원시취득한 것으로 볼 수는 없다.

다. 재결

(1) 재결 신청

| 토지보상법 제28조 (재결의 신청) |

① 제26조에 따른 협의가 성립되지 아니하거나 협의를 할 수 없을 때(제26조제2항 단서에 따른 협의 요구가 없을 때를 포함한다)에는 사업시행자는 사업인정고시가 된 날부터 1년 이내에 대통령령으로 정하는 바에 따라 관할 토지수용위원회에 재결을 신청할 수 있다.
② 제1항에 따라 재결을 신청하는 자는 국토교통부령으로 정하는 바에 따라 수수료를 내야 한다.

| 토지보상법 시행령 제12조 (재결의 신청) |

① 사업시행자는 법 제28조제1항 및 제30조제2항에 따라 재결을 신청하는 경우에는 국토교통부령으로 정하는 재결신청서에 다음 각 호의 사항을 적어 관할 토지수용위원회에 제출하여야 한다. <개정 2019. 6. 25.>
　1. 공익사업의 종류 및 명칭
　2. 사업인정의 근거 및 고시일
　3. 수용하거나 사용할 토지의 소재지·지번·지목 및 면적(물건의 경우에는 물건의 소재지·지번·종류·구조 및 수량)
　4. 수용하거나 사용할 토지에 물건이 있는 경우에는 물건의 소재지·지번·종류·구조 및 수량
　5. 토지를 사용하려는 경우에는 그 사용의 방법 및 기간
　6. 토지소유자 및 관계인의 성명 또는 명칭 및 주소
　7. 보상액 및 그 명세
　8. 수용 또는 사용의 개시예정일
　9. 청구인의 성명 또는 명칭 및 주소와 청구일(법 제30조제2항에 따라 재결을 신청하는 경우로 한정한다)
　10. 법 제21조제1항 및 제2항에 따른 중앙토지수용위원회와의 협의 결과
　11. 토지소유자 및 관계인과 협의가 성립된 토지나 물건에 관한 다음 각 목의 사항
　　가. 토지의 소재지·지번·지목·면적 및 보상금 내역
　　나. 물건의 소재지·지번·종류·구조·수량 및 보상금 내역
② 제1항의 재결신청서에는 다음 각 호의 서류 및 도면을 첨부하여야 한다. <개정 2019. 6. 25.>
　1. 토지조서 또는 물건조서
　2. 협의경위서
　3. 사업계획서
　4. 사업예정지 및 사업계획을 표시한 도면
　5. 법 제21조제5항에 따른 중앙토지수용위원회의 의견서
③ 사업시행자는 법 제63조제7항에 따라 보상금을 채권으로 지급하려는 경우에는 제2항에 따른 서류 및 도면 외에 채권으로 보상금을 지급할 수 있는 경우에 해당함을 증명하는 서류와 다음 각 호의 사항을 적은 서류를 첨부하여야 한다.
　1. 채권으로 보상하는 보상금의 금액
　2. 채권원금의 상환방법 및 상환기일
　3. 채권의 이자율과 이자의 지급방법 및 지급기일 [전문개정 2013. 5. 28.]

판 례

┃ 판례 1 ┃ 통지 등의 절차를 제대로 거치지 않고 이루어진 수용재결은 위법하다.

[대법원 2007. 03. 29. 선고 2004두6235]

판결요지

구 도시재개발법(2002. 2. 4. 법률 제6655호로 개정되기 전의 것) 제33조 제1항에서 정한 분양신청기간의 통지 등 절차는 재개발구역 내의 토지 등의 소유자에게 분양신청의 기회를 보장해 주기 위한 것으로서 같은 법 제31조 제2항에 의한 토지수용을 하기 위하여 반드시 거쳐야 할 필요적 절차이고, 또한 그 통지를 함에 있어서는 분양신청기간과 그 기간 내에 분양신청을 할 수 있다는 취지를 명백히 표시하여야 하므로, 이러한 통지 등의 절차를 제대로 거치지 않고 이루어진 수용재결은 위법하다.

> ❖ 재결신청의 절차
> 사업시행자는 일정한 형식과 기재사항을 갖춘 재결신청서에 토지조서 또는 물건조서, 협의경위서, 사업계획서 및 사업예정지와 사업계획을 표시한 도면을 첨부하여 이를 관할 토지수용위원회에 제출함으로써 재결을 신청한다.

<중앙토지수용위원회의 일반적인 재결절차>

재결신청 접수	▶ 접수 : 사건번호 부여 등
⇩	
재결신청의 적법성 검토	▶ 재결신청의 적법성 검토 : 사업인정 유효성, 협의절차 준수, 법정서류 구비 여부 등
⇩	
열람·공고	▶ 시장·군수·구청장은 공고하여 소유자 등이 열람할 수 있도록 하고 제출 의견을 위원회에 송부
⇩	
사업시행자 의견조회 및 회신	▶ 제출된 소유자 등의 의견에 대해 사업시행자에게 의견 조회 및 사업시행자의 의견 접수
⇩	
사실관계·현장확인 조사	▶ 당사자의 다툼에 대한 사실관계 조사 및 현장조사 실시
⇩	
감정평가 실시	▶ 수용대상 토지 등에 대한 손실보상금결정을 위한 감정평가 실시
⇩	
재결서(안) 작성	▶ 수집(제시)된 자료를 토대로 재결서(안) 작성
⇩	
심리·의결	▶ 심리·의결
⇩	
재결서 정본 송달	▶ 재결서 정본을 사업시행자, 토지소유자 등에게 송달

(2) 재결신청의 청구

| 토지보상법 제30조 (재결 신청의 청구) |

① 사업인정고시가 된 후 협의가 성립되지 아니하였을 때에는 토지소유자와 관계인은 대통령령으로 정하는 바에 따라 서면으로 사업시행자에게 재결을 신청할 것을 청구할 수 있다.
② 사업시행자는 제1항에 따른 청구를 받았을 때에는 그 청구를 받은 날부터 60일 이내에 대통령령으로 정하는 바에 따라 관할 토지수용위원회에 재결을 신청하여야 한다. 이 경우 수수료에 관하여는 제28조제2항을 준용한다.
③ 사업시행자가 제2항에 따른 기간을 넘겨서 재결을 신청하였을 때에는 그 지연된 기간에 대하여 「소송촉진 등에 관한 특례법」 제3조에 따른 법정이율을 적용하여 산정한 금액을 관할 토지수용위원회에서 재결한 보상금에 가산(加算)하여 지급하여야 한다.

| 토지보상법 제31조 (열람) |

① 제49조에 따른 중앙토지수용위원회 또는 지방토지수용위원회(이하 "토지수용위원회"라 한다)는 제28조제1항에 따라 재결신청서를 접수하였을 때에는 대통령령으로 정하는 바에 따라 지체 없이 이를 공고하고, 공고한 날부터 14일 이상 관계 서류의 사본을 일반인이 열람할 수 있도록 하여야 한다.
② 토지수용위원회가 제1항에 따른 공고를 하였을 때에는 관계 서류의 열람기간 중에 토지소유자 또는 관계인은 의견을 제시할 수 있다.

| 토지보상법 제32조 (심리) |

① 토지수용위원회는 제31조제1항에 따른 열람기간이 지났을 때에는 지체 없이 해당 신청에 대한 조사 및 심리를 하여야 한다.
② 토지수용위원회는 심리를 할 때 필요하다고 인정하면 사업시행자, 토지소유자 및 관계인을 출석시켜 그 의견을 진술하게 할 수 있다.
③ 토지수용위원회는 제2항에 따라 사업시행자, 토지소유자 및 관계인을 출석하게 하는 경우에는 사업시행자, 토지소유자 및 관계인에게 미리 그 심리의 일시 및 장소를 통지하여야 한다.

| 토지보상법 시행령 제14조 (재결 신청의 청구 등) |

① 토지소유자 및 관계인은 법 제30조제1항에 따라 재결 신청을 청구하려는 경우에는 제8조제1항제1호에 따른 협의기간이 지난 후 국토교통부령으로 정하는 바에 따라 다음 각 호의 사항을 적은 재결신청청구서를 사업시행자에게 제출하여야 한다.
  1. 사업시행자의 성명 또는 명칭
  2. 공익사업의 종류 및 명칭
  3. 토지소유자 및 관계인의 성명 또는 명칭 및 주소
  4. 대상 토지의 소재지·지번·지목 및 면적과 토지에 있는 물건의 종류·구조 및 수량
  5. 협의가 성립되지 아니한 사유
② 법 제30조제3항에 따라 가산하여 지급하여야 하는 금액은 관할 토지수용위원회가 재결서에 적어야 하며, 사업시행자는 수용 또는 사용의 개시일까지 보상금과 함께 이를 지급하여야 한다.

| 토지보상법 시행령 제15조 (재결신청서의 열람 등) |

① 관할 토지수용위원회는 법 제28조제1항에 따른 재결신청서를 접수하였을 때에는 법 제31조제1항

② 시장・군수 또는 구청장은 제1항에 따라 송부된 서류를 받았을 때에는 지체 없이 재결신청 내용을 시(행정시를 포함한다)・군 또는 구(자치구가 아닌 구를 포함한다)의 게시판에 공고하고, 공고한 날부터 14일 이상 그 서류를 일반인이 열람할 수 있도록 하여야 한다. 다만, 시장・군수 또는 구청장이 천재지변이나 그 밖의 긴급한 사정으로 공고 및 열람 의뢰를 받은 날부터 14일 이내에 공고하지 못하거나 일반인이 열람할 수 있도록 하지 못하는 경우 관할 토지수용위원회는 직접 재결신청 내용을 공고(중앙토지수용위원회는 관보에, 지방토지수용위원회는 공보에 게재하는 방법으로 한다)하고, 재결신청서와 관계 서류의 사본을 일반인이 14일 이상 열람할 수 있도록 할 수 있다. <개정 2013. 12. 24., 2019. 6. 25.>
③ 시장・군수・구청장 또는 관할 토지수용위원회는 제2항에 따른 공고를 한 경우에는 그 공고의 내용과 의견이 있으면 의견서를 제출할 수 있다는 뜻을 토지소유자 및 관계인에게 통지하여야 한다. 다만, 통지받을 자를 알 수 없거나 그 주소・거소 또는 그 밖에 통지할 장소를 알 수 없을 때에는 그러하지 아니하다. <개정 2013. 12. 24.>
④ 토지소유자 또는 관계인은 제2항에 따른 열람기간에 해당 시장・군수・구청장 또는 관할 토지수용위원회(제2항 단서에 해당하는 경우로 한정한다)에 의견서를 제출할 수 있다. <개정 2013. 12. 24.>
⑤ 시장・군수 또는 구청장은 제2항 본문에 따른 열람기간이 끝나면 제4항에 따라 제출된 의견서를 지체 없이 관할 토지수용위원회에 송부하여야 하며, 제출된 의견서가 없는 경우에는 그 사실을 통지하여야 한다. <개정 2013. 12. 24.>
⑥ 관할 토지수용위원회는 상당한 이유가 있다고 인정하는 경우에는 제4항에도 불구하고 제2항에 따른 열람기간이 지난 후 제출된 의견서를 수리할 수 있다. [전문개정 2013. 5. 28.]

사례 1

협의절차가 진행되지 않은 상태에서는 토지소유자 등은 재결신청 청구를 할 수 없다
(2011. 01. 18. 토지정책과-261)(유권해석)

질의요지 2018 토지수용 업무편람 발췌

사업인정고시, 보상계획 공고 및 감정평가를 완료하였으나, 예산부족으로 인해 아직 협의의사가 없어 보상협의요청서를 통지하지 않은 상태에서 토지소유자의 재결신청 청구 가능 여부

회신내용

토지보상법 제30조에 의하면, 사업인정고시가 있은 후 협의가 성립되지 아니한 때에는 토지소유자 및 관계인은 서면으로 사업시행자에게 재결의 신청을 할 것을 청구할 수 있도록 규정하고 있습니다.
따라서, 토지소유자 및 관계인은 사업인정고시가 있은 후 위 규정에 의한 협의절차를 거쳤으나 협의가 성립되지 아니한 때에 재결신청 청구가 가능하므로, 보상협의요청서를 아직 통지하지 않은 등 보상협의를 아직 시작하지 않은 상태인 경우에는 재결신청 청구가 불가하다고 봅니다

사례 2 토지소유자 등이 보상대상 여부에 대하여 재결신청의 청구를 한 경우 사업시행자는 보상액에 대한 협의를 하지 않고 재결신청을 할 수 있다(2016.03.08. 토지정책과-1712)(유권해석)

질의요지
2018 토지수용 업무편람 발췌

개발제한구역에서 불법으로 영업하던 중 사업지구에 편입되어 영업보상대상이 아닌자가 사업시행자에게 재결신청 청구를 하였고 사업시행자가 보상액을 "0"원으로 재결신청한 경우 토지보상법령에 따른 성실한 협의로 볼 수 있는지?

회신내용

「공익사업을 위한 토지 등의 취득 및 보상에 관한 법률(이하 "토지보상법"이라 함)」 제16조에서 사업시행자는 토지 등에 대한 보상에 관하여 토지소유자 및 관계인과 성실하게 협의하여야 하며, 협의의 절차 및 방법 등 협의에 필요한 사항은 대통령령으로 정하도록 하고 있습니다.

토지보상법 시행령 제8조제1항에서 사업시행자는 법 제16조에 따른 협의를 하려는 경우에는 국토교통부령으로 정하는 보상협의요청서에 보상의 시기·방법·절차 및 금액 등을 적어 토지소유자 및 관계인에게 통지하도록 하고 있으나, 질의사례와 같이 사업시행자가 영업자의 신청에 의해 재결신청을 하면서 영업보상 대상이 아니어서 보상액을 "0"원으로 적었다하여 성실한 협의를 하지 않았다고 보기는 어려울 것으로 봅니다.

사례 3 지연가산금은 관할 토지수용위원회에 재결 신청되었을 때를 기준으로 한다(2016. 05.28. 토지정책과-3698)(유권해석)

질의요지
2018 토지수용 업무편람 발췌

사업시행자가 수용재결 신청함에 있어 관할이 다른 타 위원회 재결신청 후, 다시 관할위원회로 이송되어 왔을 시, 토지보상법 제30조 규정에 따른 지연가산금 기산점을 최초 수용재결 신청 받은 타 위원회 접수일로 볼 수 있는 지?

회신내용

재결신청 지연에 따른 가산금은 해당 재결신청의 청구 건이 관할 토지수용위원회에 신청하였을 때를 기준으로 하여야 할 것으로 봅니다.

사례 4   재결실효 후 다시 재결신청을 하는 경우 지연가산금 산정은 (2012. 01. 10. 토지정책과-146)(유권해석)

질의요지

2018 토지수용 업무편람 발췌

토지소유자 및 관계인이 재결신청 청구한 후 60일 이내에 사업시행자가 재결신청을 하였으나 보상비예산부족으로 보상금 지급 및 공탁을 하지 아니하여 재결이 실효된 경우 재결실효에 따른 보상과 지연가산금을 모두 보상하여야 하는지와 지연가산금을 지급하여야 한다면 지연기간은 얼마인지?

회신내용

재결이 실효된 경우에는 재결의 전제가 되는 재결신청도 아울러 그 효력을 상실하는 것이므로(대법원 87.3.10, 선고 84누158 판결) 재결실효 후 다시 재결신청을 하는 경우 토지소유자 및 관계인이 재결신청 청구를 한 날부터 60일을 경과한 날부터 기산하여 다시 재결신청하는 날까지 경과한 기간에 대하여는 지연가산금을 지급하여야 하고, 재결실효에 따른 손실은 손실이 있는 것을 입증하는 객관적인 자료 등을 검토하여 손실이 있는 경우 보상을 하여야 한다고 봅니다.

◇ 주문기재례

1. 수용재결

  가. 인용하는 경우

기재례

> 1. 사업시행자는 위 사업을 위하여 별지 제1목록 기재 토지를 수용하고, 별지 제2목록 기재 물건을 이전하게 하며, 손실보상금은 금100,000,000원으로 한다.
> 2. 수용의 개시일은 2022. 1. 1.로 한다.

  나. 각하 또는 기각하는 경우

기재례

> * 각하의 경우 : 이 건 수용재결신청을 각하한다.
> * 기각의 경우 : 사업시행자의 수용재결신청을 기각한다.

각하사유

> * 각하사유는 신청요건에 흠결이 있는 경우로,
> ① 사업인정을 받거나 고시를 한 사실이 없는 경우
> ② 재결과정 중 사업폐지나 변경으로 사업인정이 실효된 경우
> ③ 법 제50조의 재결사항에 해당하지 아니한 경우
> ④ 법 제51조의 중앙토지수용위원회의 관할에 속하지 아니한 경우
> ⑤ 법 제28조에서 정한 수용재결신청기간(사업인정고시 후 1년 이내)이 경과한 경우
> ⑥ 토지소유자 및 관계인과 협의를 거치지 않고 수용재결을 신청한 경우
> ⑦ 사업시행자가 아닌 토지소유자 또는 관계인이 직접 수용재결을 신청한 경우
> ⑧ 의무적 보상협의회를 설치하지 아니한 경우(시행령 제44조의2) 등을 들 수 있다.

기재례

> 1. 이 건 수용재결신청 중 별지 제3목록 기재 토지부분을 각하한다.
> 1. 사업시행자는 위 사업을 위하여 별지 제1목록 기재 토지를 수용하고 별지 제2목록 기재 물건을 이전하게 하여 손실보상금은 금100,000원으로 한다.
> 2. 신청인의 나머지 신청을 기각한다.
> 3. 수용개시일은 2021. 7. 18.로 한다

2. 손실보상재결 : 토지·지장물 취득을 전제로 하지 않는 손실보상청구

손실보상재결 대상

> ① 사업의 준비 또는 토지·물건의 조사를 위한 측량·조사, 장해물의 제거나 토지의 시굴로 인한 손실(토지보상법 제9조제5항, 제12조제5항)
> ② 사업의 폐지·변경 또는 사업인정이 실효됨으로 인한 손실(같은 법 제23조제3항)
> ③ 잔여지의 손실과 공사비 보상(같은 법 제73조제1항)
> ④ 수용할 토지 및 잔여지 이외의 토지에 통로·도랑·담장 등의 신설 그 밖의 공사가 필요한 경우 그 공사에 소요되는 비용의 전부 또는 일부(같은 법 제79조제1항)
> ⑤ 공익사업시행지구 밖 토지 등 보상(같은 법 제79조제2항)

가. 주문의 형식

(1) 각하할 경우

기재례

> 이 건 손실보상재결신청을 각하한다.

기재례

* (신청이 복수인 경우)
  이 건 손실보상재결신청 중 영업손실보상 부분을 각하한다.
* (신청인 및 신청이 복수인 경우)
  신청인 甲의 손실보상재결신청과 신청인 乙의 손실보상재결신청 중 영농손실보상 부분을 각 각하한다.

(2) 인용할 경우

기재례

이 건 손실보상금은 금 100,000원으로 한다.

기재례

1. 이 건 손실보상금은 금70,000원으로 한다.
2. 신청인의 나머지 신청을 기각한다.

기재례

1. 신청인 甲의 손실보상금은 금100,000원으로 하고, 신청인 乙의 손실보상금은 금70,000원으로 한다.
2. 신청인 乙의 나머지 신청과 신청인 丙의 신청을 각 기각한다.
(신청인 乙의 나머지 신청과 나머지 신청인들의 신청을 모두 기각한다.)

(3) 기각할 경우

기재례

신청인의 손실보상재결신청을 기각한다.

기재례

* <신청이 복수인 경우>
  신청인의 나머지 신청을 기각한다.
* <신청인이 복수인 경우>
  나머지 신청인들의 손실보상재결신청을 기각한다.

* <신청인 복수인 경우, 기각되는 신청인이 소수(4인 이하)일 경우>
  신청인 甲, 乙, 丙, 丁의 각 손실보상재결신청을 기각한다.
* <신청인 복수인 경우, 기각되는 신청인들이 다수(4인 초과)일 경우>
  나머지 신청인들의 각 손실보상재결신청을 기각한다.
* <혼합형>
  신청인 甲의 나머지 신청과 나머지 신청인들의 각 손실보상재결신청을 기각한다.

3. 이의재결

가. 주문의 형식

(1) 각하하는 경우

각하사유

* 각하사유는 이의신청요건에 흠결이 있는 경우로,
① 이의를 유보하지 않고 공탁금을 수령한 경우(판례)
② 법 제83조제3항에서 정한 이의신청기간(30일)을 경과하여 이의신청한 경우
③ 해당 토지, 물건, 손실보상 등에 대한 수용재결이 없는 경우
④ 보상금을 공탁하지 아니하여 재결이 실효된 경우
⑤ 수용재결 후 별도의 계약을 통하여 사업시행자가 소유권 등을 취득한 경우
⑥ 이의신청인이 아닌 자가 이의신청을 한 경우

기재례

(단수/전부각하) 이 건 이의신청을 각하한다.
* (단수/일부각하) 이의신청인의 이의신청 중 잔여지 수용청구 부분을 각하한다.
* (복수/전부각하) 이의신청인들의 이의신청을 모두 각하한다.
* (복수/일부각하) 이의신청인 甲, 乙의 이의신청 및 이의신청인 丙의 이의신청 중 농업손실보상청구부분을 각 각하한다.

(2) 인용하는 경우

기재례

서울특별시지방토지수용위원회의 2022. 1. 1. 수용재결을 취소한다.

기재례

> 1. 서울특별시지방토지수용위원회의 2022. 1. 1. 수용재결 중 별지 제1목록 기재 토지 부분을 취소한다.
> 2. 이의신청인들의 나머지 이의신청을 기각한다.

기재례

> 1. 서울특별시지방토지수용위원회의 2021. 10. 28. 수용재결 중 별지 제1목록 기재 토지 및 별지 제2목록 기재물건 (지연가산금 포함)에 대한 손실보상금 금 40,398,049,420원을 금 41,066,675,970원으로 변경한다.
> 2. 이의신청인들의 나머지 이의신청은 기각한다.

(3) 기각하는 경우

기재례

> * (전부기각) 이의신청인(들)의 이의신청을 기각한다.
> * (일부기각) 이의신청인(들)의 나머지 이의신청을 기각한다.

재결례

재결례 1 | 재결보상금의 일부(지연가산금)을 수용 개시일까지 지급하거나 공탁하지 아니하였을 때에는 재결은 실효된다.

[중토위 2017. 11. 23]

재결요지

「공익사업을 위한 토지 등의 취득 및 보상에 관한 법률(이하 "법"이라 한다)」제30조제2항에 따르면 사업시행자는 제1항에 따른 청구를 받았을 때에는 그 청구를 받은 날부터 60일 이내에 대통령령으로 정하는 바에 따라 관할 토지수용위원회에 재결을 신청하여야 하고, 같은 조 제3항에 따르면 사업시행자가 제2항에 따른 기간을 넘겨서 재결을 신청하였을 때에는 그 지연된 기간에 대하여 「소송촉진 등에 관한 특례법」 제3조에 따른 법정이율을 적용하여 산정한 금액을 관할 토지수용위원회에서 재결한 보상금에 가산(加算)하여 지급하여야 한다고 되어있다.

법 제40조제1항에 따르면 사업시행자는 제38조 또는 제39조에 따른 사용의 경우를 제외하고는 수용 또는 사용의 개시일(토지수용위원회가 재결로써 결정한 수용 또는 사용을 시작하는 날을 말한다. 이하 같다)까지 관할 토지수용위원회가 재결한 보상금을 지급하여야 하고,

법 제42조에 따르면 사업시행자가 수용 또는 사용의 개시일까지 관할 토지수용위원회가 재결한 보상금을 지급하거나 공탁하지 아니하였을 때에는 해당 토지수용위원회의 재결은 효력을

상실한다고 되어 있다.
관계자료(이의신청서, 사업시행자 의견 등)를 검토한 결과, 사업시행자는 00지방토지수용위원회의 2017. 2. 20. 수용재결에서 정한 재결보상금을 수용의 개시일까지 지급하거나 공탁하여야 함에도 불구하고 이의신청인 000, 000의 재결보상금의 일부(지연가산금)를 수용개시일까지 지급 또는 공탁하지 아니하였다.
따라서 법 제42조제1항에 따라 000, 000에 대한 이 건 수용재결은 2017. 5. 5. 효력을 상실하였는 바, 존재하지 않는 처분에 대한 취소를 구하는 000, 000의 이의신청은 실익이 없으므로 각하하기로 한다.

┃ **재결례 2** ┃ 사업시행자가 예산 확보를 이유로 협의절차를 진행하지 아니한 경우 '협의가 성립되지 아니하였을 때'에 해당하며 소유자의 재결신청청구는 적법하다(중토위 2019. 6. 13.).

재결요지

재결신청청구와 관련하여 대법원은 「토지수용법이 토지소유자 등에게 재결신청의 청구권을 부여한 이유는 협의가 성립되지 아니한 경우 시행자는 사업인정의 고시 후 1년 이내(도시계획사업은 그 사업의 시행기간 내)에는 언제든지 재결을 신청할 수 있는 반면 토지소유자는 재결신청권이 없으므로 수용을 둘러싼 법률관계의 조속한 확정을 바라는 토지소유자 등의 이익을 보호함과 동시에 수용당사자간의 공평을 기하기 위한 것이라고 해석되는 점, 같은 법 제25조의3 제3항의 가산금제도의 취지는 위 청구권의 실효를 확보하자는 것이라고 해석되는 점을 참작하여 볼 때, 도시계획사업 시행자가 사업실시계획인가의 고시 후 상당한 기간이 경과하도록 협의대상 토지소유자에게 협의기간을 통지하지 아니하였다면 토지소유자로서는 토지수용법 제25조의3 제1항에 따라 재결신청의 청구를 할 수 있다」고 판시(대법원 1993.8.27. 선고 93누9064 판결 참조)하고 있다.
위 사실관계 및 판례의 취지를 종합하여 볼 때, 사업시행자는 이 건 사업의 사업인정고시 후 상당한 기간이 경과하도록 예산 확보가 어려운 점 등을 사유로 협의대상 토지소유자에게 협의기간을 통지하지 아니하여 협의절차가 진행되지 아니하였으나, 이러한 경우에도 법 제30조 제1항이 규정하는 '협의가 성립되지 아니하였을 때'에 포함된다고 봄이 타당하다고 판단된다. 따라서 소유자의 재결신청 청구는 적법하며, 재결신청 청구일은 2016. 9. 21.이고 청구일로부터 60일이 되는 날인 2016. 11. 21.(월)까지 사업시행자는 재결신청을 하여야 함에도 불구하고 371일을 경과하여 2017. 11. 27. 재결신청을 하였으므로 재결신청 지연기간 371일에 대하여 별지 목록 기재 재결신청지연가산금으로 금4,317,635,790원을 지급하기로 한다..

┃ **재결례 3** ┃ 법률대리인이 제출한 청구서의 첨부서류에는 위임인의 주소와 주민번호, 인적사항 등이 기재되어 있고, 날인도 되어 있어 위임의 의사도 분명히 하다고 볼 수 있다면 재결신청청구는 적법하다(중토위 2019. 6. 27.)

재결요지

재결신청의 청구는 엄격한 형식을 요하지 아니하는 서면행위이고, 법률대리인이 제출한 청구서의 첨부서류에는 위임인의 주소와 주민번호, 인적사항 등이 기재되어 있고, 날인도 되어 있어 위임의 의사도 분명히 하다고 볼 수 있으므로 위임장에 인감도장이 날인되지 않고 인감증명서를 첨부하지 않았다는 등의 사유로 청구서를 반려한 사업시행자의 행위는 부당한 것으로 판단되어 강신구 외 116명의 재결신청 청구일은 당초 서류를 제출한 2016. 5. 9. ~ 2017. 6. 2. 사이의 각 제출일로 함이 타당하다.

▎재결례 4 ▎ 재결보상금의 일부(지연가산금)을 수용 개시일까지 지급하거나 공탁하지 아니하였을 때에는 재결은 실효된다(중토위 2017. 11. 23.)

재결요지

「공익사업을 위한 토지 등의 취득 및 보상에 관한 법률(이하 "법"이라 한다)」제30조제2항에 따르면 사업시행자는 제1항에 따른 청구를 받았을 때에는 그 청구를 받은 날부터 60일 이내에 대통령령으로 정하는 바에 따라 관할 토지수용위원회에 재결을 신청하여야 하고, 같은 조 제3항에 따르면 사업시행자가 제2항에 따른 기간을 넘겨서 재결을 신청하였을 때에는 그 지연된 기간에 대하여 「소송촉진 등에 관한 특례법」제3조에 따른 법정이율을 적용하여 산정한 금액을 관할 토지수용위원회에서 재결한 보상금에 가산(加算)하여 지급하여야 한다고 되어있다. 법 제40조제1항에 따르면 사업시행자는 제38조 또는 제39조에 따른 사용의 경우를 제외하고는 수용 또는 사용의 개시일(토지수용위원회가 재결로써 결정한 수용 또는 사용을 시작하는 날을 말한다. 이하 같다)까지 관할 토지수용위원회가 재결한 보상금을 지급하여야 하고, 법 제42조에 따르면 사업시행자가 수용 또는 사용의 개시일까지 관할 토지수용위원회가 재결한 보상금을 지급하거나 공탁하지 아니하였을 때에는 해당 토지수용위원회의 재결은 효력을 상실한다고 되어 있다.

관계자료(이의신청서, 사업시행자 의견 등)를 검토한 결과, 사업시행자는 00지방토지수용위원회의 2017. 2. 20. 수용재결에서 정한 재결보상금을 수용의 개시일까지 지급하거나 공탁하여야 함에도 불구하고 이의신청인 000, 000의 재결보상금의 일부(지연가산금)를 수용개시일까지 지급 또는 공탁하지 아니하였다. 따라서 법 제42조제1항에 따라 000, 000에 대한 이 건 수용재결은 2017. 5. 5. 효력을 상실하였는 바, 존재하지 않는 처분에 대한 취소를 구하는 000, 000의 이의신청은 실익이 없으므로 각하하기로 한다.

판 례

▎판례 1 ▎ 사업인정고시 후 상당한 기간이 경과하도록 협의기간을 통지하지 아니한 경우 토지소유자는 재결신청의 청구를 할 수 있다.

[대법원 1993. 08. 27. 선고 93누9064]

판결요지

토지수용법이 토지소유자 등에게 재결신청의 청구권을 부여한 이유는, 협의가 성립되지 아니한 경우 시행자는 사업인정의 고시 후 1년 이내(도시계획사업은 그 사업의 시행기간 내)에는 언제든지 재결을 신청할 수 있는 반면 토지소유자는 재결신청권이 없으므로, 수용을 둘러싼 법률관계의 조속한 확정을 바라는 토지소유자 등의 이익을 보호함과 동시에 수용당사자간의 공평을 기하기 위한 것이라고 해석되는 점, 같은 법 제25조의3 제3항의 가산금 제도의 취지는 위 청구권의 실효를 확보하자는 것이라고 해석되는 점을 참작하여 볼 때, 도시계획사업시행자가 사업실시계획인가의 고시 후 상당한 기간이 경과하도록 협의대상 토지소유자에게 협의기간을 통지하지 아니하였다면 토지소유자로서는 토지수용법 제25조의3 제1항에 따라 재결신청의 청구를 할 수 있다.

※ 이 대법원판례는 위 국토교통부 유권해석(2011. 01. 18. 토지정책과-261)과 상치되는 것으로 보이나 국토교통부 유권해석의 경우는 조만간 협의가 예정되어 있는 경우이고 대법원판례는 사업인정 후 장기간 협의가 없었던 경우이므로 서로 다른 경우로 볼 수 있음

판례 2 ▎ 보상대상에 포함여부도 재결신청의 청구 대상이다.

[대법원 2013.8.14 선고 2011두2309]

판결요지

공익사업을 위한 토지 등의 취득 및 보상에 관한 법률(이하 '공익사업법'이라 한다) 제30조 제1항은 재결신청을 청구할 수 있는 경우를 사업시행자와 토지소유자 및 관계인 사이에 '협의가 성립하지 아니한 때'로 정하고 있을 뿐 손실보상대상에 관한 이견으로 협의가 성립하지 아니한 경우를 제외하는 등 그 사유를 제한하고 있지 않은 점, 위 조항이 토지소유자 등에게 재결신청청구권을 부여한 취지는 공익사업에 필요한 토지 등을 수용에 의하여 취득하거나 사용할 때 손실보상에 관한 법률관계를 조속히 확정함으로써 공익사업을 효율적으로 수행하고 토지소유자 등의 재산권을 적정하게 보호하기 위한 것인데, 손실보상대상에 관한 이견으로 손실보상협의가 성립하지 아니한 경우에도 재결을 통해 손실보상에 관한 법률관계를 조속히 확정할 필요가 있는 점 등에 비추어 볼 때, '협의가 성립되지 아니한 때'에는 사업시행자가 토지소유자 등과 공익사업법 제26조에서 정한 협의절차를 거쳤으나 보상액 등에 관하여 협의가 성립하지 아니한 경우는 물론 토지소유자 등이 손실보상대상에 해당한다고 주장하며 보상을 요구하는데도 사업시행자가 손실보상대상에 해당하지 아니한다며 보상대상에서 이를 제외한 채 협의를 하지 않아 결국 협의가 성립하지 않은 경우도 포함된다고 보아야 한다.

판례 3 ▎ 재결신청청구의 형식 및 상대방

[대법원 1995. 10. 13. 선고 94누7232]

판결요지

재결신청청구서에 토지수용법시행령 제16조의2 제1항 각 호 소정의 사유들이 명확히 항목별로 나뉘어 기재되어 있지는 아니하나, 그 내용을 자세히 검토하여 보면 위 청구서에 위 사항이 모두 포함되어 있다고 보여질 뿐 아니라, 법이 위와 같은 형식을 요구하는 취지는 토지소유자 등의 의사를 명확히 하려는데 있고, 재결신청의 청구는 엄격한 형식을 요하지 아니하는 서면행위이고, 따라서 토지소유자 등이 서면에 의하여 재결청구의 의사를 명백히 표시한 이상 같은법시행령 제16조의2 제1항 각호의 사항 중 일부를 누락하였다고 하더라도 위 청구의 효력을 부인할 것은 아니고, 또한 기업자를 대신하여 협의절차의 업무를 대행하고 있는 자가

따로 있는 경우에는 특별한 사정이 없는 한 재결신청의 청구서를 그 업무대행자에게도 제출할 수 있다.

┃ 판례 4 ┃ 협의기간이 종료하기 전에 토지소유자 및 관계인이 재결신청의 청구를 하였으나 사업시행자가 협의기간을 연장한 경우에도 60일 기간의 기산 시기는 당초의 협의기간 만료일이 된다.

[대법원 2012.12.27 선고 2010두9457]

판결요지

공익사업을 위한 토지 등의 취득 및 보상에 관한 법률 시행령 제8조 제1항, 제14조 제1항의 내용, 형식 및 취지를 비롯하여, 토지소유자 및 관계인이 협의기간 종료 전에 사업시행자에게 재결신청의 청구를 한 경우 구 공익사업을 위한 토지 등의 취득 및 보상에 관한 법률(2011. 8. 4. 법률 제11017호로 개정되기 전의 것, 이하 '구 공익사업법'이라고 한다) 제30조 제2항에서 정한 60일의 기간은 협의기간 만료일로부터 기산하여야 하는 점, 사업인정고시가 있게 되면 토지소유자 및 관계인에 대하여 구 공익사업법 제25조에서 정한 토지 등의 보전의무가 발생하고, 사업시행자에게는 구 공익사업법 제27조에서 정한 토지 및 물건에 관한 조사권이 주어지게 되는 이상, 협의기간 연장을 허용하게 되면 토지소유자 및 관계인에게 위와 같은 실질적인 불이익도 연장될 우려가 있는 점, 협의기간 내에 협의가 성립되지 아니하여 토지소유자 및 관계인이 재결신청의 청구까지 한 마당에 사업시행자의 협의기간 연장을 허용하는 것은 사업시행자가 일방적으로 재결신청을 지연할 수 있도록 하는 부당한 결과를 가져올 수 있는 점 등을 종합해 보면, 사업시행자가 보상협의요청서에 기재한 협의기간을 토지소유자 및 관계인에게 통지하고, 토지소유자 및 관계인이 그 협의기간이 종료하기 전에 재결신청의 청구를 한 경우에는 사업시행자가 협의기간이 종료하기 전에 협의기간을 연장하였다고 하더라도 구 공익사업법 제30조 제2항에서 정한 60일의 기간은 당초의 협의기간 만료일로부터 기산하여야 한다고 보는 것이 타당하다.

┃ 판례 5 ┃ 지연가산금에 대한 불복은 수용보상금의 증액에 관한 소에 의하여야 한다.

[대법원 1997. 10. 24. 선고 97다31175]

판결요지

토지수용법 제25조의3 제3항이 정한 지연가산금은 수용보상금에 대한 법정 지연손해금의 성격을 갖는 것이므로 이에 대한 불복은 수용보상금에 대한 불복절차에 의함이 상당할 뿐 아니라, 토지수용법시행령 제16조의3은 "법 제25조의3 제3항의 규정에 의하여 가산하여 지급할 금액은 관할 토지수용위원회가 재결서에 기재하여야 하며, 기업자는 수용 시기까지 보상금과 함께 이를 지급하여야 한다."라고 하여 지연가산금은 수용보상금과 함께 수용재결로 정하도록 규정하고 있으므로, 지연가산금에 대한 불복은 수용보상금의 증액에 관한 소에 의하여야 한다.

판례 6 소유권보존등기말소

[대법원 1999. 9. 3. 선고 98다34485 판결]

판결요지

[1] 우리 나라의 구 관습상 1921년 이전에는 양자가 가산을 탕진할 우려가 있을 때, 양친에 대하여 심히 불효한 행위가 있을 때 또는 중죄를 범하여 처벌을 받았을 때 등의 사유가 있는 경우에는 양친이 양자에 대하여 재판 외에서 파양의 의사표시만으로 파양하는 것이 인정되었으나, 그 이후에는 우리 나라 사람들 사이에 파양에 관하여도 법원에 이를 청구할 수 있다고 하는 법적 신념이 생겨 양친이 일방적으로 재판 외에서의 의사표시로써 파양할 수 있다고 하는 구 관습은 폐멸(廢滅)되기에 이르렀고, 1922년 이후에는 파양을 청구할 수 있는 사유가 있는 때에는 당사자 일방이 소로써 법원에 파양의 재판을 구하고, 이에 대하여 법원이 파양을 선언하는 판결을 선고하여 그 판결이 확정된 때 파양의 효력이 생기는 것으로 하는 관습이 형성되었다고 할 것이다.

[2] 1975. 12. 31. 지적법 개정 전에 복구된 구 토지대장상의 소유자란에 이름이 기재되어 있다고 하더라도 그 기재에는 권리추정력을 인정할 수 없다.

판례 7 소유권보존등기말소

[대법원 2007.10.25. 선고 2005다73211 판결]

참조조문

구 농지개혁법 시행령(1995. 12. 22. 대통령령 제14835호 농지법 시행령 부칙 제2조 제1호로 폐지) 제32조, 제38조

판례 8 소유권보존등기말소등

[대법원 1989.7.25. 선고 88다카23278, 23285(참가) 판결]

판결요지

임야세명기장이나 지세명기장은 임야대장이나 토지대장과 같이 법령에 따라 소유권변동에 따른 등기가 있으면 그 소관관서에 이를 통지하도록 하여 이에 의하여 소유권변동을 기재하게 하는 관계대장도 아니고, 다만 조세부과의 행정목적을 위하여 작성된 문서에 불과하므로 임야세명기장이나 지세명기장상의 납세의무자의 변경이 있다 하여 그 납세의무자 앞으로 목적부동산에 관한 소유권이전등기까지 마쳐졌다고 단정할 수는 없다.

판례 9 소유권이전등기등

[대법원 1992.6.23. 선고 91다38266 판결]

판결요지

가. 물건에 대한 점유란 사회관념상 어떤 사람의 사실적 지배에 있다고 보여지는 객관적 관계를 말하는 것으로서 사실상의 지배가 있다고 하기 위하여는 반드시 물건을 물리적, 현실적으로 지배하는 것만을 의미하는 것이 아니고, 물건과 사람과의 시간적, 공간적 관계

와 본권관계, 타인 지배의 배제 가능성 등을 고려하여 사회관념에 따라 합목적적으로 판단하여야 할 것이며, 특히 임야에 대한 점유의 이전이나 점유의 계속은 반드시 물리적이고 현실적인지배를 요한다고 볼 것은 아니고 관리나 이용의 이전이 있으면 인도가 있었다고 보아야 하고, 임야에 대한 소유권을 양도하는 경우라면 그에 대한 지배권도 넘겨지는 것이 거래에 있어서 통상적인 형태라고 할 것이며, 점유의 계속은 추정되는 것이다.

나. 임야를 매수하고 그 전부에 대한 이전등기를 마치고 인도받았다면 특별한 사정이 없는 한 그 임야 전부에 대한 인도와 점유가 있었다고 보는 것이 상당하다.

다. 부동산을 매수하는 사람은 매도인에게 그 부동산을 처분할 권한이 있는지 여부를 알아보아야 하는 것이 원칙이고, 이를 알아보았더라면 무권리자임을 알 수 있었을 때에는 과실이 있다고 보아야 할 것이나, 매도인이 등기부상의 소유명의자와 동일인인 경우에는 그 등기부나 다른 사정에 의하여 매도인의 소유권을 의심할 수 있는 여지가 엿보인다면 몰라도 그렇지 아니한 경우에는 등기부의 기재가 유효한 것으로 믿고 매수한 사람에게 과실이 있다고 말할 수는 없다.

판례 10 | 재결실효 후 다시 재결신청을 하는 경우에는 재결실효일부터 60일이 내에 하지 않으면 재결지연가산금이 부과된다.

[대법원 2017.4.7. 선고 2016두63361]

판결요지

사업시행자가 수용의 개시일까지 재결보상금을 지급 또는 공탁하지 아니한 때에는 재결은 효력을 상실하고[공익사업을 위한 토지 등의 취득 및 보상에 관한 법률(이하 '토지보상법'이라 한다) 제42조 제1항], 사업시행자의 재결신청도 효력을 상실하므로, 사업시행자는 다시 토지수용위원회에 재결을 신청하여야 한다. 그 신청은 재결실효 전에 토지 소유자 및 관계인(이하 '토지소유자 등'이라 한다)이 이미 재결신청 청구를 한 바가 있을 때에는 재결실효일로부터 60일 내에 하여야 하고, 그 기간을 넘겨서 재결신청을 하면 지연된 기간에 대하여도 소송촉진 등에 관한 특례법 제3조에 따른 법정이율을 적용하여 산정한 금액(이하 '지연가산금'이라 한다)을 지급하여야 한다.

토지보상법은 재결이 실효됨으로 인하여 토지소유자 등이 입은 손실을 보상하는 규정(토지보상법 제42조 제2항, 제3항)을 지연가산금 규정과 별도로 두고 있는데, 지연가산금은 사업시행자가 정해진 기간 내에 재결신청을 하지 않고 지연한 데 대한 제재와 토지소유자 등의 손해에 대한 보전이라는 성격을 아울러 가지고 있다.

위와 같이 재결이 실효된 이후 사업시행자가 다시 재결을 신청할 경우에는 원칙적으로 다시 보상협의절차를 거칠 필요가 없으므로, 재결실효일부터 60일이 지난 다음에는 지연가산금이 발생한다는 것이 원칙이다. 그러나 사업시행자가 재결실효 후 60일 내에 재결신청을 하지 않았더라도, 재결신청을 지연하였다고 볼 수 없는 특별한 사정이 있는 경우에는 그 해당 기간 동안은 지연가산금이 발생하지 않는다. 재결실효 후 토지소유자 등과 사업시행자 사이에 보상협의절차를 다시 하기로 합의한 데 따라 협의가 진행된 기간은 그와 같은 경우에 속한다.

▌ 판례 11 ▐ 공익사업을 위한 토지 등의 취득 및 보상에 관한 법률 제87조의 '보상금'에는 같은 법 제30조 제3항에 따른 지연가산금도 포함된다.

[대법원 2019. 1. 17. 선고 2018두54675 판결]

판결요지

甲 등 토지소유자들이 주택재개발정비사업 시행자에게 수용재결신청을 청구한 날로부터 60일이 지난 후에 사업시행자가 지방토지수용위원회에 수용재결을 신청하였고, 지방토지수용위원회가 공익사업을 위한 토지 등의 취득 및 보상에 관한 법률 제30조 제3항에 따른 지연가산금을 재결보상금에 가산하여 지급하기로 하는 내용의 수용재결을 하자, 사업시행자가 지연가산금 전액의 감액을 구하는 손실보상금감액 청구를 하였으나 청구기각 판결이 확정된 사안에서, 공익사업을 위한 토지 등의 취득 및 보상에 관한 법률 제87조의 '보상금'에는 같은 법 제30조 제3항에 따른 지연가산금도 포함된다고 보아, 수용재결에서 인정된 가산금에 관하여 재결서 정본을 받은 날부터 판결일까지의 기간에 대하여 소송촉진 등에 관한 특례법 제3조에 따른 법정이율을 적용하여 산정한 가산금을 지급할 의무가 있다고 본 원심판단을 수긍한 사례

▌ 판례 12 ▐ 도시정비법 상의 지연배상금과 「토지보상법」 상의 지연가산금은 동시에 행사할 수 없다.

[대법원 2020. 7. 29. 선고 2016다51170]

판결요지

도시정비법 제47조에서 정한 현금청산금의 지급 지체에 따른 지연배상금 청구권과 도시정비법 제40조제1항에 의하여 재개발사업에 준용되는 토지보상법 제30조제3항에서 정한 재결신청 지연가산금 청구권은 근거 규정과 요건, 효과를 달리하는 것으로서 각 요건이 충족되면 성립하는 별개의 청구권이다. 다만 재결신청 지연가산금에는 이미 '손해 전보'라는 요소가 포함되어 있어 같은 기간에 대하여 양자의 청구권을 동시에 행사할 수 있다고 본다면 이중배상의 문제가 발생하므로, 같은 기간에 대하여 양자의 청구권이 동시에 성립하더라도 토지 등 소유자는 어느 하나만을 선택적으로 행사할 뿐이고, 양자의 청구권을 동시에 행사할 수는 없다.

❖ 이의 - 재결신청지연에 따른 가산금, 일단의 토지로 평가 등 (복수용)

00시장이 시행하는 도로사업에 편입되는 토지에 대한 2008. 2. 25. 00지방토지수용위원회의 수용재결에 대한 이의신청에 대하여, 000의 재결지연에 따른 가산금을 지급하여 달라는 주장에 대하여는, 「공익사업을 위한 토지 등의 취득 및 보상에 관한 법률」(이하 "법"이라 한다) 제30조 및 법 시행령 제14조에 따르면 사업인정고시가 있은 후 협의가 성립되지 아니한 때에는 토지소유자 및 관계인은 사업시행자에게 재결의 신청을 청구할 수 있고, 이때 사업시행자가 법 시행령 제8조에 따른 보상협의 요청서에 협의기간을 기재하여 보상협의를 할 경우에는 협의기간이 경과한 후 이를 청구할 수 있으며, 사업시행자는 그 청구가 있은 날부터 60일이내에 관할 토지수용위원회에 재결을 신청하여야 하고 이 기간을 경과하여 재결을 신청할 때에는 그 경과한 기간에 대하여 「소송촉진 등에 관한 특례법」 제3조에 따른 법정이율을 적용하여 산정한 금액을 재결한 보상금에 가산하여 지급하여야 한다고 되어 있는 바, 관계 자료(보상협의요청서, 재결신청청구서, 재결신청서)를 검토한 결과, 이 건 손실보상협의 요청은 3회 실시되었고,

소유자는 1차 보상협의요청(협의기간 : 2007. 6. 29. ~ 2008. 7. 30.)을 통지받은 후 2007. 8. 1. 사업시행자에게 재결신청청구서를 제출하였으며, 사업시행자는 2007. 10. 1. ㅇㅇ지방토지수용위원회에 수용재결신청서를 제출하였음이 확인된다. 따라서 사업시행자는 수용재결신청 청구일(2007. 8. 1.)부터 60일에 도달하는 2007. 9. 30.까지 수용재결신청을 했어야 하나, 2007. 9. 30일이 공휴일(일요일)인 관계로 2007. 10. 1. 수용재결신청을 하였으므로 사업시행자는 수용재결신청 청구일부터 60일이내에 적법하게 수용재결을 신청한 것으로 확인되므로 이유없고, ㅇㅇㅇ의 비교표준지선정과 개별요인 및 기타요인 등의 적용이 잘못된 감정평가라는 주장에 대하여는, 보상액 산정은 「부동산가격공시 및 감정평가에 관한 법률」 제9조에 따라 감정평가업자가 당해 토지와 유사한 이용가치를 지닌다고 인정되는 표준지의 공시지가를 기준으로 하여 평가하는 바, 감정평가서를 검토한 결과, 인근지역내 표준지중 용도지역, 지목, 이용상황 및 주위환경이 동일·유사하고 지리적으로 근접한 적정한 비교표준지를 선정한 것으로 판단되고, 표준지 선정과 개별요인 및 기타요인의 적용 등이 잘못되었다는 구체적 사실이 확인되지 않으므로 이유없으며, ㅇㅇㅇ의 잔여지를 수용하여 달라는 주장에 대하여는, 법 제74조제1항에 따르면 동일한 토지소유자에 속하는 일단의 토지의 일부가 수용됨으로 인하여 잔여지를 종래의 목적에 사용하는 것이 현저히 곤란한 때에는 토지소유자는 일단의 토지의 전부를 매수청구할 수 있도록 되어 있는 바, 관계 자료(현황도면, 현황사진, 사업시행자 의견서 등)를 검토한 결과, 이 건 ㅇㅇㅇ의 잔여지인 ㅇㅇ시 ㅇㅇ동 ㅇㅇㅇ 전 559㎡(전체 1,002㎡, 편입 443㎡)는 면적·형상 등으로 보아 종래의 목적대로 사용이 가능한 것으로 판단되므로 이유없고, ㅇㅇㅇ의 일단의 토지로 평가·보상하여 달라는 주장에 대하여는, 「부동산가격공시 및 감정평가에 관한 법률」 제31조 및 「감정평가에 관한 규칙」 제15조에 따르면 2개 이상의 대상물건이 일체로 거래되거나 대상물건 상호간에 용도상 불가분의 관계가 있는 경우에는 일괄하여 평가할 수 있으나, 1개의 대상물건이라도 가치를 달리하는 부분은 이를 구분하여 평가할 수 있다고 규정하고 있는 바, 관계 자료(감정평가서, 사업시행자 의견서 등)를 검토한 결과, 공재야적장으로 사용하고 있는 이 건 토지는 일시적이용상황으로서 일단지 요건을 갖추지 못하고 있어, 대상물건 상호간에 용도상 불가분의 관계에 있다고 볼 수 없으므로 이유없으며, ㅇㅇㅇ의 잔여지의 가치하락을 보상하여 달라는 주장에 대하여는, 법 제73조에 따르면 동일한 토지소유자에 속하는 일단의 토지가 취득 또는 사용됨으로 인하여 잔여지의 가격이 감소하거나 그 밖의 손실이 있는 때 또는 잔여지에 통로·도랑·담장 등의 신설 그 밖의 공사가 필요한 때에는 그 손실이나 공사의 비용을 보상하도록 규정되어 있는 바, 관계 자료(지적도, 감정평가서, 사업시행자 의견서 등)를 검토한 결과, 이 건 잔여지인 ㅇㅇ시 ㅇㅇ동 ㅇㅇㅇ 잡 35㎡(전체 484㎡, 편입 449㎡)와 같은 동 583-1 잡 608㎡(전체 1,169㎡, 편입 561㎡)는 연접하여 일단의 토지로 사용하고 있으며, 이 건 토지는 동 사업으로 인하여 종래의 목적대로 사용하는데 가치하락이 있다고 볼 수 없으므로 이유없고, 보상금은 ㅇㅇ 및 ㅇㅇ감정평가법인이 재평가한 금액을 산술 평균하여 산정한 결과, 수용재결에서 정한 별지 제1목록 기재 토지에 대한 손실보상금 금1,355,701,700원을 금1,372,192,250원(개별보상내역은 별지 제1목록 기재와 같이 함)으로 변경하고, 별지 제2목록 기재 토지에 대한 이의신청은 기각하기로 하다.

❖ 재결신청지연가산금
사업시행자가 재결신청청구를 받았을 때에는 그 청구를 받은 날부터 60일 이내에 관할 토지수용위원회에 재결을 신청하여야 하되, 그 기간을 넘겨서 재결을 신청하였을 때에는 그 지연된 기간에 대하여 「소송촉진등에관한특례법」 제3조에 따른 법정이율을 적용하여 산정한 금액을 관할 토지수용위원회에서 재결한 보상금에 가산하여 지급하여야 한다.

❖ 가산금액의 산정기준
산정방법 : 공익사업법 제30조 제2항 및 제3항에 의하면, 재결신청의 지연에 따른 가산금은 '(관할 토지수용위원회에서 재결한 보상금) ✕ (재결신청의 지연기간) ✕ 20%'의 산식에 따라 계산된다.

(3) 화해의 권고

| 토지보상법 제33조 (화해의 권고) |

① 토지수용위원회는 그 재결이 있기 전에는 그 위원 3명으로 구성되는 소위원회로 하여금 사업시행자, 토지소유자 및 관계인에게 화해를 권고하게 할 수 있다. 이 경우 소위원회는 위원장이 지명하거나 위원회에서 선임한 위원으로 구성하며, 그 밖에 그 구성에 필요한 사항은 대통령령으로 정한다.
② 제1항에 따른 화해가 성립되었을 때에는 해당 토지수용위원회는 화해조서를 작성하여 화해에 참여한 위원, 사업시행자, 토지소유자 및 관계인이 서명 또는 날인을 하도록 하여야 한다.
③ 제2항에 따라 화해조서에 서명 또는 날인이 된 경우에는 당사자 간에 화해조서와 동일한 내용의 합의가 성립된 것으로 본다.

― 판 례 ―

| 판례 1 | 화해의 권고는 임의적 절차이다.

[대법원 1986. 06. 24. 선고 84누554]

판결요지
토지수용법 제40조 소정의 토지수용위원회의 기업자, 토지소유자 또는 관계인에 대한 화해의 권고는 반드시 거쳐야 하는 필요적인 절차가 아니라 토지수용위원회의 재량에 따른 임의적인 절차이다.

(4) 재결

| 토지보상법 제34조 (재결) |

① 토지수용위원회의 재결은 서면으로 한다.
② 제1항에 따른 재결서에는 주문 및 그 이유와 재결일을 적고, 위원장 및 회의에 참석한 위원이 기명날인한 후 그 정본(正本)을 사업시행자, 토지소유자 및 관계인에게 송달하여야 한다.

| 토지보상법 제35조 (재결기간) |

토지수용위원회는 제32조에 따른 심리를 시작한 날부터 14일 이내에 재결을 하여야 한다. 다만, 특별한 사유가 있을 때에는 14일의 범위에서 한 차례만 연장할 수 있다.

> **| 토지보상법 제36조 (재결의 경정) |**
> ① 재결에 계산상 또는 기재상의 잘못이나 그 밖에 이와 비슷한 잘못이 있는 것이 명백할 때에는 토지수용위원회는 직권으로 또는 당사자의 신청에 의하여 경정재결(更正裁決)을 할 수 있다.
> ② 경정재결은 원재결서(原裁決書)의 원본과 정본에 부기하여야 한다. 다만, 정본에 부기할 수 없을 때에는 경정재결의 정본을 작성하여 당사자에게 송달하여야 한다.
>
> **| 토지보상법 제37조 (재결의 유탈) |**
> 토지수용위원회가 신청의 일부에 대한 재결을 빠뜨린 경우에 그 빠뜨린 부분의 신청은 계속하여 그 토지수용위원회에 계속(係屬)된다.

사례 1 「토지보상법」 제35조에서 규정한 '심리를 개시한 날'은?(2011. 03. 14. 토지정책과-1219)(유권해석)

회신내용 2018 토지수용 업무편람 발췌

토지수용위원회는 열람기간이 경과한 때에는 지체없이 심리에 필요한 조사 등을 실시하여야 하며, 이후 토지수용위원회가 회의를 소집하여 사실상 심리에 착수한 날을 위 법 제35조에 의한 "심리를 개시한 날"로 보아야 할 것으로 봅니다.

사례 2 토지수용위원회가 경정재결을 할 수 있는 기간에는 제한이 없다(2016. 02. 05. 토지정책과-1053)(유권해석)

질의요지 2018 토지수용 업무편람 발췌

전원개발사업 실시계획승인(사업인정) 고시 이후 토지가 분할되었음에도 송전선로가 경과하지 않는 분할 전 지번으로 착오 기재하여 재결 및 공탁된 경우 사업기간 만료 후에도 경정재결이 가능한 지 여부(편입면적 및 토지소유자는 동일)

회신내용

「공익사업을 위한 토지 등의 취득 및 보상에 관한 법률」(이하 "토지보상법"이라 함) 제36조 제1항은 "재결에 계산상 또는 기재상의 잘못이나 그 밖에 이와 비슷한 잘못이 있는 것이 명백할 때에는 토지수용위원회는 직권으로 또는 당사자의 신청에 의하여 경정재결(更正裁決)을 할 수 있다."고 규정하고 있으며, 경정재결을 할 수 있는 기간에 대해서는 별도로 규정하고 있지 않습니다.

따라서 사업기간 만료 후에도 재결에 계산상 또는 기재상의 잘못이나 그 밖에 이와 비슷한 잘못이 있는 것이 명백할 때에는 토지수용위원회는 직권으로 또는 당사자의 신청에 의하여 경정재결(更正裁決)을 할 수 있을 것으로 보며, 개별적인 사례에서 재결에 계산상 또는 기재상의 잘못이나 그 밖에 이와 비슷한 잘못이 있는 것이 명백한 것인지 여부에 대해서는 토지수용위원회가 관계 법령 및 사실관계를 조사하여 판단할 사항으로 봅니다.

판 례

| 판례 1 | 사업인정 자체를 무의미하게 하여 사업의 시행을 불가능하게 하는 재결은 행할 수 없다.

[대법원 2007. 01. 11. 선고 2004두8538]

판결요지

구 토지수용법(2002. 2. 4. 법률 제6656호 공익사업을 위한 토지 등의 취득 및 보상에 관한 법률 부칙 제2조로 폐지)은 수용·사용의 일차 단계인 사업인정에 속하는 부분은 사업의 공익성 판단으로 사업인정기관에 일임하고 그 이후의 구체적인 수용·사용의 결정은 토지수용위원회에 맡기고 있는바, 이와 같은 토지수용절차의 2분화 및 사업인정의 성격과 토지수용위원회의 재결사항을 열거하고 있는 같은 법 제29조 제2항의 규정 내용에 비추어 볼 때, 토지수용위원회는 행정쟁송에 의하여 사업인정이 취소되지 않는 한 그 기능상 사업인정 자체를 무의미하게 하는, 즉 사업의 시행이 불가능하게 되는 것과 같은 재결을 행할 수는 없다.

| 판례 2 | 재결에서 토지조서에 표시된 이용상황대로 보상하는 것은 아니다.

[대법원 2002.09.06 선고 2001두11236]

판결요지

협의취득의 전제로서 사업시행자가 특례법시행규칙에 의하여 토지의 이용상황을 조사한 토지조서를 보상계획과 함께 공고하고 대상물건의 소유자등에게 개별통지하였다 하더라도, 중앙토지수용위원회가 정당한 손실보상금을 결정함에 있어서 반드시 그 토지조서에 표시된 대로의 이용상황을 기준으로 하여야 하는 것은 아니다.

| 판례 3 | 상당한 기간이 경과된 송달도 유효하다.

[대법원 1995. 6. 30. 선고 95다13159]

판결요지

토지수용재결 후 상당한 기간이 경과된 뒤에 송달이 이루어졌다는 것만으로 그 송달이 무효라고 할 수는 없다.

(5) 도시정비사업과 관련한 재결신청

판 례

| 판례 1 | 「도시정비법」상 현금청산금액에 관한 협의불성립 시 「토지보상법」상 협의절차 없이 곧바로 재결신청을 청구할 수 있다.

[대법원 2015. 12. 23. 선고 2015두50535]

판결요지

도시정비법 제40조 제1항 본문은 "정비구역 안에서 정비사업의 시행을 위한 토지 또는 건축물의 소유권과 그 밖의 권리에 대한 수용 또는 사용에 관하여는 이 법에 특별한 규정이 있는 경우를 제외하고는 공익사업을 위한 토지 등의 취득 및 보상에 관한 법률을 준용한다."고 규정하고 있다.

한편 토지보상법 제14조, 제15조, 제16조, 제68조 등은 공익사업을 위한 수용에 선행하는 협의 및 그 사전절차를 정하고 있는데, 앞서 본 도시정비법령의 체계와 내용, 일반적인 공익사업과 구별되는 도시정비법상 정비사업의 절차진행의 특수성 등에 비추어 보면, 토지보상법상 협의 및 그 사전절차를 정한 위 규정들은 도시정비법 제40조 제1항 본문에서 말하는 '이 법에 특별한 규정이 있는 경우'에 해당하므로 도시정비법상 현금청산대상자인 토지등소유자에 대하여는 준용될 여지가 없다고 보아야 하므로(대법원 2015. 11. 27. 선고 2015두48877 판결 참조), 도시정비법상 주택재개발사업에 있어서 분양신청을 하지 아니하여 현금청산대상자가 된 토지등소유자는 도시정비법 제47조 제1항이 정한 기간(이하 '현금청산기간'이라고 한다) 내에 현금청산에 관한 협의가 성립되지 않은 경우 토지보상법상의 손실보상에 관한 협의를 별도로 거칠 필요 없이 사업시행자에게 수용재결신청을 청구할 수 있다고 보아야 한다.

판례 2 ┃ 「도시정비법」상 현금청산대상자인 토지등소유자에 대하여는 「토지보상법」상 협의 및 그 사전절차를 정한 제 규정은 준용될 여지가 없다.

[대법원 2015. 11. 27. 선고 2015두48877]

판결요지

도시정비법령의 체계와 내용, 일반적인 공익사업과 구별되는 도시정비법상 정비사업의 절차진행의 특수성과 아울러, ① 도시정비법상 정비사업의 단계별 진행과정을 보면, 현금청산대상자와 사업시행자 사이의 청산금 협의에 앞서 사업시행인가 신청과 그 인가처분·고시 및 분양신청 통지·공고 절차가 선행하게 되는데, 이를 통하여 수용의 대상이 되는 토지 등의 명세가 작성되고 그 개요가 대외적으로 고시되며, 세부사항이 토지등소유자에게 개별적으로 통지되거나 공고되는 점, ② 따라서 토지등소유자에 대하여는 위와 같은 도시정비법 고유의 절차와 별도로 토지보상법상 토지조서 및 물건조서의 작성(제14조)이나 보상계획의 공고·통지 및 열람(제15조)의 절차를 새로이 거쳐야 할 필요나 이유가 없는 점, ③ 토지보상법상 손실보상의 협의는 사업시행자와 토지등소유자 사이의 사법상 계약의 실질을 갖는다(대법원 2014. 4. 24. 선고 2013다218620 판결 참조)는 점에서 도시정비법상 협의와 그 성격상 구별된다고 보기 어려운 점, ④ 또한 도시정비법은 협의의 기준이 되는 감정평가액의 산정에 관하여 별도의 규정을 두고 있으므로, 토지보상법상 감정평가업자를 통한 보상액의 산정(제68조)이나 이를 기초로 한 사업시행자와의 협의(제16조) 절차를 따로 거칠 필요도 없는 점 등에 비추어 보면, 토지보상법상 협의 및 그 사전절차를 정한 위 각 규정은 도시정비법 제40조 제1항 본문에서 말하는 '이 법에 특별한 규정이 있는 경우'에 해당하므로 도시정비법상 현금청산대상자인 토지등소유자에 대하여는 준용될 여지가 없다고 보아야 한다.

라. 보상금의 지급 또는 공탁

> **│ 토지보상법 제40조 (보상금의 지급 또는 공탁) │**
>
> ① 사업시행자는 제38조 또는 제39조에 따른 사용의 경우를 제외하고는 수용 또는 사용의 개시일(토지수용위원회가 재결로써 결정한 수용 또는 사용을 시작하는 날을 말한다. 이하 같다)까지 관할 토지수용위원회가 재결한 보상금을 지급하여야 한다.
> ② 사업시행자는 다음 각 호의 어느 하나에 해당할 때에는 수용 또는 사용의 개시일까지 수용하거나 사용하려는 토지등의 소재지의 공탁소에 보상금을 공탁(供託)할 수 있다.
>   1. 보상금을 받을 자가 그 수령을 거부하거나 보상금을 수령할 수 없을 때
>   2. 사업시행자의 과실 없이 보상금을 받을 자를 알 수 없을 때
>   3. 관할 토지수용위원회가 재결한 보상금에 대하여 사업시행자가 불복할 때
>   4. 압류나 가압류에 의하여 보상금의 지급이 금지되었을 때
> ③ 사업인정고시가 된 후 권리의 변동이 있을 때에는 그 권리를 승계한 자가 제1항에 따른 보상금 또는 제2항에 따른 공탁금을 받는다.
> ④ 사업시행자는 제2항제3호의 경우 보상금을 받을 자에게 자기가 산정한 보상금을 지급하고 그 금액과 토지수용위원회가 재결한 보상금과의 차액(差額)을 공탁하여야 한다. 이 경우 보상금을 받을 자는 그 불복의 절차가 종결될 때까지 공탁된 보상금을 수령할 수 없다.
>
> **│ 토지보상법 시행령 제20조 (보상금의 공탁) │**
>
> ① 법 제40조제2항에 따른 공탁을 채권으로 하는 경우 그 금액은 법 제63조제7항에 따라 채권으로 지급할 수 있는 금액으로 한다.
> ② 사업시행자가 국가인 경우에는 법 제69조제1항에 따른 보상채권(이하 "보상채권"이라 한다)을 제34조제2항에 따른 보상채권취급기관으로부터 교부받아 공탁한다. 이 경우 보상채권의 발행일은 사업시행자가 제34조제2항에 따른 보상채권취급기관으로부터 보상채권을 교부받은 날이 속하는 달의 말일로 하며, 보상채권을 교부받은 날부터 보상채권 발행일의 전날까지의 이자는 현금으로 공탁하여야 한다.
>
> **│ 토지보상법 시행령 제21조 (권리를 승계한 자의 보상금 수령) │**
>
> 법 제40조제3항에 따라 보상금(공탁된 경우에는 공탁금을 말한다. 이하 이 조에서 같다)을 받는 자는 보상금을 받을 권리를 승계한 사실을 증명하는 서류를 사업시행자(공탁된 경우에는 공탁공무원을 말한다)에게 제출하여야 한다.

사례 1 토지수용위원회 재결 후 소송을 하려는 경우 이의를 유보하고 수령할 수 있다.
(2018.11.23. 토지정책과-7487)

> **질의요지**
>
> 토지수용위원회 재결 후 소송을 하려는 경우 공탁된 보상금을 수령할 수 없는지, 이의를 유보하고 수령할 수 있는지

회신내용

관할 토지수용위원회의 재결에 따라 그 수용 및 사용의 개시일까지 보상금 지급 또는 공탁이 완료되면 당해 토지의 소유권이 소멸(법 제45조 참조)하므로 토지소유자 및 관계인은 재결에 의하여 결정된 보상금을 이의유보 하고 수령(사업시행자가 소송을 제기하는 경우로서 보상금이 늘어난 경우 해당 금액은 제외) 후 행정소송을 제기할 수 있다고 봅니다.

사례 1 수용의 개시일까지 관할 토지수용위원회가 재결한 보상금을 공탁하지 아니하였을 때에는 공탁을 하지 아니한 범위 내에서 개인별로 재결효력이 상실한다(2018. 8. 14. 토지정책과-5214)(유권해석)

질의요지

도로사업과 관련하여 관할 토지수용위원회에서 다수의 토지소유자 및 관계인의 재결 건에 대하여 하나의 재결서로 재결이 난 경우 이중 일부의 재결금액을 공탁하지 않은 경우 재결의 실효 범위는

회신내용

토지보상법에 따른 보상은 토지소유자 등 개인별로 하여야 할 것으로, 수용의 개시일까지 관할 토지수용위원회가 재결한 보상금을 공탁하지 아니하였을 때에는 아니한 범위 내에서 개인별로 재결의 효력이 상실한 다고 보며, 기타 개별적인 사례에 대하여는 관계법령 및 재결현황 등을 검토하여 판단할 사항으로 봅니다.

판 례

| 판례 1 | 보상금 수령을 거절할 것이 명백한 경우, 현실제공 없이 바로 보상금을 공탁할 수 있다.

[대법원 1998. 10. 20. 선고 98다30537]

판결요지

토지수용법 제61조 제2항 제1호는 보상금을 받을 자가 그 수령을 거부하는 때에는 기업자는 수용의 시기까지 보상금을 공탁할 수 있다고 규정하고 있으므로, 보상금을 받을 자가 보상금의 수령을 거절할 것이 명백하다고 인정되는 경우에는 기업자는 보상금을 현실제공하지 아니하고 바로 보상금을 공탁할 수 있다.

┃ 판례 2 ┃ 국세체납처분에 의한 압류가 있는 경우에는 공탁할 수 없다.

[대법원 2008. 04. 10. 선고 2006다60557]

판결요지

국세징수법상의 체납처분에 의한 압류만을 이유로 하여 사업시행자가 공익사업을 위한 토지 등의 취득 및 보상에 관한 법률(이하 '공익사업보상법'이라 한다) 제40조 제2항 제4호 또는 민사집행법 제248조 제1항에 의한 집행공탁을 할 수는 없으므로, 체납처분에 의한 압류만을 이유로 집행공탁이 이루어지고 사업시행자가 민사집행법 제248조 제4항에 따라 법원에 공탁사유를 신고하였다고 하더라도, 이러한 공탁사유의 신고로 인하여 민사집행법 제247조 제1항에 따른 배당요구 종기가 도래하고 그 후의 배당요구를 차단하는 효력이 발생한다고 할 수는 없다(대법원2007. 4. 12. 선고 2004다20326 판결 참조).

┃ 판례 3 ┃ 채권압류 및 전부명령이 있는 경우에는 공탁할 수 없다.

[대법원 2000. 6. 23. 선고 98다31899]

판결요지

손실보상금에 대한 압류 또는 가압류로 보상금의 지불이 금지되었을 때를 별도의 공탁사유로서 인정하고 있는 토지수용법 제61조 제2항 제4호는 손실보상금청구권이 피수용자에게 귀속되어 있음을 전제로 하여 다만 압류 또는 가압류 등에 의하여 기업자가 피수용자에게 직접 손실보상금을 지급할 수 없을 때에 적용되는 것일 뿐, 나아가 손실보상금의 귀속주체가 변경된 경우 즉, 손실보상금청구권에 대한 전부명령이 이루어진 경우에까지 적용되는 것은 아니다.

┃ 판례 4 ┃ 수용대상토지가 압류되어 있는 경우는 공탁할 수 없다.

[대법원 2000. 07. 04. 선고 98다62961]

판결요지

1. 토지수용법 제67조 제1항에 의하면, 기업자는 토지를 수용한 날에 그 소유권을 취득하며 그 토지에 관한 다른 권리는 소멸하는 것인바, 수용되는 토지에 대하여 가압류가 집행되어 있어도 토지의 수용으로 기업자가 그 소유권을 원시취득함으로써 가압류의 효력은 소멸되는 것이고, 토지에 대한 가압류가 그 수용 보상금 청구권에 당연히 전이되어 그 효력이 미치게 된다고는 볼 수 없다.

2. 공공필요에 의한 토지수용에 있어서 수용자가 취득하는 소유권이 담보물권 기타 모든 법적인 제한이 소멸된 완전한 소유권이어야 하는 것은 공익목적을 달성하기 위하여 불가피한 것으로 합리적인 조치라고 할 것이고, 토지수용법 제67조 제1항에 의하여 토지수용으로 인하여 그 토지에 대한 가압류집행의 효력이 상실된다고 하더라도 토지수용 후 그 보상금에 대하여 다시 보전절차를 취할 수 있으므로, 그러한 보전절차를 취하지 아니한 사람과 보전절차를 취한 사람을 동일하게 취급하지 아니한다고 하여 위 규정이 헌법상의 평등권을 침해하는 것이라고 할 수는 없다.

판례 5 | 조건부 공탁은 무효이다.

[대법원 1984. 04. 10. 선고 84다77]

판결요지

변제공탁에 있어서 채권자에게 반대급부 기타조건의 이행의무가 없음에도 불구하고 채무자가 이를 조건으로 공탁한 때에는 채권자가 이를 수락하지 않는 한 그 변제공탁은 무효이다.

판례 6 | 토지수용법 제61조제2항제4호(「토지보상법」 제40조제2항제4호)에 따른 공탁의 성격은 집행공탁이다.

[대법원 1998. 9. 22. 선고 98다12812]

판결요지

토지수용법 제61조 제2항 제4호의 규정에 따라 압류 또는 가압류에 의하여 보상금의 지급이 금지되었음을 이유로 공탁하는 경우에는 공탁원인 사실에 압류 또는 가압류의 내용을 구체적으로 명시하여야 하고, 이 경우 공탁을 수리한 공탁공무원은 원표에 공탁금출급청구권에 대한 압류·가압류사실을 기재하고 공탁금출급청구권에 대한 압류·가압류가 있는 경우에 준하여 처리하여야 하며, 보상금지급청구권에 대한 중복압류(가압류를 포함한다)에 의하여 채권자가 경합된 경우에는 토지수용법 제61조 제2항 제4호 및 민사소송법 제581조에 의하여 기업자는 그 보상금을 집행공탁을 함으로써 면책될 수 있다.

판례 7 | 공탁서 정정의 허용 범위

[대법원 1995. 12. 12. 선고 94다42693]

판결요지

공탁서의 정정은 공탁신청이 수리된 후 공탁서의 착오 기재가 발견된 때에 공탁의 동일성을 해하지 아니하는 범위 내에서만 허용되는 것인데, '갑 및 을' 2인으로 되어 있는 피공탁자 명의를 '갑' 1인으로 정정하는 것은 단순한 착오 기재의 정정에 그치지 아니하고 공탁에 의하여 형성된 실체관계의 변경을 가져오는 것으로서 공탁의 동일성을 해하는 내용의 정정이므로 허용될 수 없다.

판례 8 | 토지소유자 등이 공탁금 수령을 거절하는 경우에도 사업시행자는 공탁금을 회수할 수 없다.

[대법원 1997. 09. 26. 선고 97다24290]

판결요지

1. 토지수용법 제61조 제2항에 의한 손실보상금의 공탁은 같은 법 제65조에 의하여 간접적으로 강제되는 것으로서 이와 같이 그 공탁이 자발적이 아닌 경우에는 「민법」 제489조의 적용은 배제되어 피공탁자가 공탁자에게 공탁금을 수령하지 아니한다는 의사를 표시하였다 할지라도 기업자는 그 공탁금을 회수할 수 없으므로 기업자가 피공탁자가 공탁금 수령을 거절한다는 이유로 그 공탁금을 회수한 것은 부적법하다.
2. 기업자가 토지수용법의 규정에 따라 적법하게 보상금을 공탁하는 등의 수용절차를 마친

이상 수용목적물의 소유권을 원시적으로 적법하게 취득하므로 그 후에 부적법하게 공탁금이 회수된 사정만으로 종전의 공탁의 효력이 무효로 되는 것은 아니다.

▌판례 9 ▌ 이의유보 없이 보상금을 수령하였다면 재결에 승복한 것으로 본다.

[대법원 1992. 10. 13. 선고 91누13342]

판결요지

토지소유자가 기업자로부터 토지수용위원회의 수용재결 또는 이의재결에서 정한 보상금을 별다른 의사표시 없이 수령하였다면 이로써 위 수용재결 또는 이의재결에 승복하여 보상금을 수령한 취지로 봄이 상당하다 할 것이고 토지소유자가 수용재결에서 정한 보상금을 수령할 당시에는 이의유보를 하였다 하여도 이의재결에서 증액된 보상금을 수령하면서 일부수령이라는 등 유보의 의사표시를 하지 않은 이상 중앙토지수용위원회가 이의재결에서 정한 결과에 승복하여 이를 수령한 것이라고 봄이 상당하다.

▌판례 10 ▌ 이의재결의 보상금을 이의유보 없이 수령하였다면 행정소송을 제기 중이라 하여 이의유보의 의사표시가 있었다고 볼 수 없다.

[대법원 1993. 9. 14. 선고 92누18573]

판결요지

토지소유자가 수용재결에서 정한 손실보상금을 수령할 당시 이의유보의 뜻을 표시하였다 하더라도 이의재결에서 증액된 손실보상금을 수령하면서 이의유보의 뜻을 표시하지 아니한 이상 이는 이의재결의 결과에 승복하여 수령한 것으로 보아야 하고 위 추가보상금을 수령할 당시 이의재결을 다투는 행정소송이 계속 중이라는 사실만으로는 추가보상금의 수령에 관하여 이의유보의 의사표시가 있는 것과 같이 볼 수 없으므로 결국 이의재결의 효력을 다투는 위 소는 소의 이익이 없는 부적법한 소이다.

▌판례 11 ▌ 재결이 실효되면 재결신청도 효력을 상실한다.

[대법원 1987. 3. 10. 선고 84누158]

판결요지

1. 토지수용의 내용이 공익사업을 위해서 기업자에게 타인의 재산권을 강제적으로 취득시키는 효과를 나타내는데 있다고 하더라도 이는 그 보상금의 지급을 조건으로 하고 있는 것인 만큼 토지수용법 제65조의 규정내용 역시 기업자가 그 재결된 보상금을 그 수용시기까지 지급 또는 공탁하지 않은 이상 위 수용위원회의 재결은 물론 재결의 전제가 되는 재결신청도 아울러 그 효력을 상실하는 것이라고 해석함이 상당하다.
2. 재결의 효력이 상실되면 재결신청 역시 그 효력을 상실하게 되는 것이므로 그로 인하여 토지수용법 제17조 소정의 사업인정의 고시가 있은 날로부터 1년 이내에 재결신청을 하지 않는 것으로 되었다면 사업인정도 역시 효력을 상실하여 결국 그 수용절차 일체가 백지상태로 환원된다.

판례 12 수용재결이 실효된 후 다시 수용재결을 신청하는 경우 보상계획의 열람 등의 절차를 다시 거쳐야 하는 것은 아니다.

[2010. 07. 16. 토지정책과-3723]

판결요지

토지보상법 제42조 제1항에서 사업시행자가 수용 또는 사용의 개시일까지 관할 토지수용위원회가 재결한 보상금을 지급 또는 공탁하지 아니한 때에는 당해 토지수용위원회의 재결은 그 효력을 상실한다라고 규정하고 있습니다. 위 규정에 해당되어 재결이 실효된 후 다시 수용재결을 신청하는 경우에는 제15조에 의한 보상계획의 열람등의 절차를 거치는 것이 아니고, 토지보상법 제28조에 의한 수용재결신청 절차부터 다시 거쳐야 할 것으로 보며, 개별적인 사례에 대하여는 사실관계 등을 검토하여 판단하시기 바랍니다.

판례 13 전부금

[대법원 2004. 8. 20. 선고 2004다24168 판결]

판결요지

[1] 토지수용으로 인한 피수용자의 손실보상금채권은 관할 토지수용위원회의 수용재결로 인하여 비로소 발생하는 것이지만, 구 토지수용법 제14조, 제16조 소정의 사업인정의 고시가 있음으로써 고시된 수용대상 토지에 대하여 피수용자와의 협의 등 일정한 절차를 거칠 것을 조건으로 한 기업자의 수용권이 발생하고, 같은 법 제18조 소정의 사업의 폐지, 같은 법 제17조 소정의 사업인정의 고시가 있는 날로부터 1년 이내 혹은 같은 법을 준용하는 개개 법률 소정의 사업시행기간 내의 재결의 미신청 등의 특별한 사정이 없는 한 사업인정은 실효되지 아니하여 수용권이 소멸하지 아니하므로, 사업인정의 고시가 있으면 수용대상 토지에 대한 손실보상금의 지급이 확실시된다 할 것이니, 사업인정 고시 후 수용재결 이전 단계에 있는 피수용자의 기업자에 대한 손실보상금채권은 피전부채권의 적격이 있다.

[2] 전부명령은 압류된 채권(채권)을 지급에 갈음하여 압류채권자에게 이전시키고 그것으로 채무자가 채무를 변제한 것으로 간주하는 것이어서 전부명령의 대상인 채권(채권)은 금전채권으로 한정되는 것이므로, 토지수용에 대한 보상으로서 채권(채권)지급이 가능하고, 기업자가 현금 또는 채권(채권) 중 어느 것으로 지급할 것인지 여부를 선택하지 아니한 상태에 있는 경우, 손실보상금채권에 대한 압류 및 전부명령은 기업자가 장래에 보상을 현금으로 지급하기로 선택하는 것을 정지조건으로 하여 발생하는 손실보상금채권을 그 대상으로 하는 것이라고 할 것이고, 위와 같은 장래의 조건부채권에 대한 전부명령이 확정된 후에 그 피압류채권의 전부 또는 일부가 존재하지 아니한 것으로 밝혀졌다면 민사집행법 제231조 단서에 의하여 그 부분에 대한 전부명령의 실체적 효력은 소급하여 실효된다.

│ 판례 14 │ 수용재결이 실효된 후 다시 수용재결을 신청하는 경우 보상계획의 열람 등의 절차를 다시 거쳐야 하는 것은 아니다.

[2010. 07. 16. 토지정책과-3723]

판결요지

토지보상법 제42조 제1항에서 사업시행자가 수용 또는 사용의 개시일까지 관할 토지수용위원회가 재결한 보상금을 지급 또는 공탁하지 아니한 때에는 당해 토지수용위원회의 재결은 그 효력을 상실한다라고 규정하고 있습니다. 위 규정에 해당되어 재결이 실효된 후 다시 수용재결을 신청하는 경우에는 제15조에 의한 보상계획의 열람등의 절차를 거치는 것이 아니고, 토지보상법 제28조에 의한 수용재결신청 절차부터 다시 거쳐야 할 것으로 보며, 개별적인 사례에 대하여는 사실관계 등을 검토하여 판단하시기 바랍니다.

│ 판례 15 │ 진정한 소유자가 아닌 자를 하천 편입 당시 소유자로 보아 손실보상금을 지급한 경우에는 과실이 없더라도 손실보상금 지급의무를 면하지 않지만, 진정한 소유자가 손실보상대상자임을 전제로 하여 손실보상청구권이 자신에게 있는 것과 같은 외관을 가진 자에게 손실보상금을 지급하였고, 지급에 과실이 없다면 손실보상금 지급의무를 면한다.

[대법원 2016.8.24. 선고 2014두46966]

판결요지

구 하천법(1984. 12. 31. 법률 제3782호로 개정되기 전의 것) 제3조에 의하면, 하천구역에 편입된 토지는 국가의 소유가 되고, 국가는 토지 소유자에 대하여 손실보상의무가 있다. 헌법 제23조가 천명하고 있는 정당보상의 원칙과 손실보상청구권의 법적 성격 등에 비추어 보면, 국가가 원인무효의 소유권보존등기 또는 소유권이전등기의 등기명의인으로 기재되어 있는 자 등 진정한 소유자가 아닌 자를 하천 편입 당시의 소유자로 보아 등기명의인에게 손실보상금을 지급하였다면, 설령 그 과정에서 국가가 등기명의인을 하천 편입 당시 소유자라고 믿은 데에 과실이 없더라도, 국가가 민법 제470조에 따라 진정한 소유자에 대한 손실보상금 지급의무를 면한다고 볼 수 없다.

그러나 이와 달리 국가가 하천 편입 당시의 진정한 소유자가 토지에 대한 손실보상금청구권자임을 전제로 보상절차를 진행하였으나, 진정한 소유자 또는 진정한 소유자로부터 손실보상금청구권을 승계한 것과 같은 외관을 가진 자 등과 같이 하천 편입 당시의 진정한 소유자가 손실보상대상자임을 전제로 하여 손실보상금청구권이 자신에게 귀속되는 것과 같은 외관을 가진 자에게 손실보상금을 지급한 경우에는, 이로 인한 법률관계를 일반 민사상 채권을 사실상 행사하는 자에 대하여 변제한 경우와 달리 볼 이유가 없으므로, 국가의 손실보상금 지급에 과실이 없다면 국가는 민법 제470조에 따라 채무를 면한다.

3. 재결의 효과

> **| 토지보상법 제43조 (토지 또는 물건의 인도 등) |**
>
> 토지소유자 및 관계인과 그 밖에 토지소유자나 관계인에 포함되지 아니하는 자로서 수용하거나 사용할 토지나 그 토지에 있는 물건에 관한 권리를 가진 자는 수용 또는 사용의 개시일까지 그 토지나 물건을 사업시행자에게 인도하거나 이전하여야 한다.
>
> **| 토지보상법 제44조 (인도 또는 이전의 대행) |**
>
> ① 특별자치도지사, 시장·군수 또는 구청장은 다음 각 호의 어느 하나에 해당할 때에는 사업시행자의 청구에 의하여 토지나 물건의 인도 또는 이전을 대행하여야 한다.
>   1. 토지나 물건을 인도하거나 이전하여야 할 자가 고의나 과실 없이 그 의무를 이행할 수 없을 때
>   2. 사업시행자가 과실 없이 토지나 물건을 인도하거나 이전하여야 할 의무가 있는 자를 알 수 없을 때
> ② 제1항에 따라 특별자치도지사, 시장·군수 또는 구청장이 토지나 물건의 인도 또는 이전을 대행하는 경우 그로 인한 비용은 그 의무자가 부담한다.
>
> **| 토지보상법 제45조 (권리의 취득·소멸 및 제한) |**
>
> ① 사업시행자는 수용의 개시일에 토지나 물건의 소유권을 취득하며, 그 토지나 물건에 관한 다른 권리는 이와 동시에 소멸한다.
> ② 사업시행자는 사용의 개시일에 토지나 물건의 사용권을 취득하며, 그 토지나 물건에 관한 다른 권리는 사용 기간 중에는 행사하지 못한다.
> ③ 토지수용위원회의 재결로 인정된 권리는 제1항 및 제2항에도 불구하고 소멸되거나 그 행사가 정지되지 아니한다.
>
> **| 토지보상법 제46조 (위험부담) |**
>
> 토지수용위원회의 재결이 있은 후 수용하거나 사용할 토지나 물건이 토지소유자 또는 관계인의 고의나 과실 없이 멸실되거나 훼손된 경우 그로 인한 손실은 사업시행자가 부담한다.
>
> **| 토지보상법 제47조 (담보물권과 보상금) |**
>
> 담보물권의 목적물이 수용되거나 사용된 경우 그 담보물권은 그 목적물의 수용 또는 사용으로 인하여 채무자가 받을 보상금에 대하여 행사할 수 있다. 다만, 그 보상금이 채무자에게 지급되기 전에 압류하여야 한다.
>
> **| 토지보상법 제48조 (반환 및 원상회복의 의무) |**
>
> ① 사업시행자는 토지나 물건의 사용기간이 끝났을 때나 사업의 폐지·변경 또는 그 밖의 사유로 사용할 필요가 없게 되었을 때에는 지체 없이 그 토지나 물건을 그 토지나 물건의 소유자 또는 그 승계인에게 반환하여야 한다.
> ② 제1항의 경우에 사업시행자는 토지소유자가 원상회복을 청구하면 미리 그 손실을 보상한 경우를 제외하고는 그 토지를 원상으로 회복하여 반환하여야 한다.

사례 1
재결보상금 지급이후 수용개시일전 사이에 소유권이 제3자에게 이전된 경우 수용등기의 방법(2004. 08. 23. 법원행정처 부등3402-419)(유권해석)

질의요지
2018 토지수용 업무편람 발췌

수용재결 후 수용개시일전에 토지 등 소유자에게 재결보상금을 지급하였으나 수용개시일이 도래하지 않아 수용등기를 하지 못한 상태에서 토지 등 소유자가 선의의 제3자에게 당해 토지 등의 소유권을 이전하였을 경우 공사가 수용개시일 이후 제3자를 등기의무자로 하여 당해 토지에 대한 수용등기를 유효하게 할 수 있는지 여부

회신내용

등기부상의 소유명의인인 갑을 피수용자로 하여 수용재결 후 사업시행자가 피수용자인 갑에게 보상금을 지급하였으나 수용의 시기 이전에 갑이 을에게 소유권이전등기를 경료한 경우, 사업시행자는 을을 등기의무자로 하여 재결서 등본 및 갑이 보상금을 수령하였음을 증명하는 서면을 첨부하여 단독으로 수용을 원인으로 한 소유권이전등기를 신청할 수 있다.

사례 2
사업시행자가 수용개시일까지 보상금을 지급 또는 공탁한 경우에는 보상금 증액에 관한 행정소송 진행시에도 행정대집행을 신청할 수 있다(2011. 02. 23. 토지정책과-906)(유권해석)

질의요지
2018 토지수용 업무편람 발췌

수용재결 이후 보상금 증액에 관한 행정소송 진행시에도 행정대집행 가능 여부 및 토지소유자가 이의재결 결과 증액된 보상금을 수령한 것을 이유로 보상금증액 행정소송의 무효 주장이 가능한지 여부

회신내용

사업시행자가 수용개시일까지 재결 보상금을 지급 또는 공탁한 경우에는 이 법에서 정한 절차에 따라 대집행을 신청할 수 있다고 보며, 보상금을 받을 자는 증액되어 공탁된 보상금을 소송종결시까지 수령할 수 없으며, 이를 수령하였을 경우에는 이의재결 결과를 인정한 것으로서 주장이 가능하다고 보나 구체적인 사항은 법률전문가에게 문의하시기 바랍니다.

사례 3 물건조사 및 보상계획공고 후 화제로 소실된 건축물 등은 보상대상이 아니다(2012. 07. 27. 토지정책과-3738)(유권해석)

질의요지

2018 토지수용 업무편람 발췌

물건조사 및 보상계획공고 후 화재로 소실되어 존재하지 않는 물건에 대한 보상 여부?

회신내용

당해 공익사업 시행과 관련 없이 화재로 소실되어 경제적 가치가 없는 경우 등에는 보상대상에 해당되지 아니한다고 보며, 개별적인 사례는 사업시행자가 관련법령 및 사실관계 등을 검토하여 판단할 사항으로 봅니다.

재결례

| 재결례 1 | 사업지구에 편입된 토지상의 송전선 관련 구분지상권을 존속시키기로 결정한 재결례

[중토위 2013. 6. 20.]

재결요지

법 제45조제1항에 따르면 사업시행자는 수용의 개시일에 토지나 물건의 소유권을 취득하며 그 토지나 물건에 관한 다른 권리는 이와 동시에 소멸하도록 되어 있으나, 같은 법 같은 조 제3항에 따르면 토지수용위원회의 재결로 인정된 권리는 위 규정에 불구하고 소멸되거나 정지되지 아니하도록 되어 있다.

관계자료(사업시행자 의견, 한국전력공사의 의견 등)를 검토한 결과, 이 건 토지(○○리808-20 외 3필지 791㎡ 중 214㎡)에 구분지상권(송전선)이 설정되어 있으나 이 건 공익사업에 지장을 초래하지 아니한 바, 이 건 구분지상권을 소멸시키는 것은 또 다른 공익을 희생시키는 결과를 초래하므로 구분지상권을 존속시키도록 한다.

| 재결례 2 | 사업인정고시일 이전에 수용재결과 무관하게 화재로 전소된 영업장의 경우 영업보상 대상이 아니다.

[중토위 2017. 6. 8.]

재결요지

○○○가 영업보상을 하여 달라는 의견에 대하여, 법 제46조에 따르면 토지수용위원회의 재결이 있은 후 수용하거나 사용할 토지나 물건이 토지소유자 또는 관계인의 고의나 과실 없이 멸실되거나 훼손된 경우 그로 인한 손실은 사업시행자가 부담한다고 되어 있다.

관계자료(사업시행자 의견 등)를 검토한 결과, 소유자는 사업인정고시일 이전인 2012. 12. 1. 부터 창고를 임차하여 가구판매업을 하던 중 수용재결과 무관하게 2016. 10. 4. 원인불명으로 확인된 화재로 인하여 영업장소 전부가 전소되었다. 따라서 이는 영업보상 대상이 아니므로

소유자의 주장을 받아들일 수 없다

판 례

▌판례 1 ▌ 수용에 의한 토지취득은 원시취득이다.

[대법원 2001. 1. 16. 선고 98다58511]

판결요지

토지수용법에 의한 수용재결의 효과로서 수용에 의한 기업자의 토지소유권취득은 토지소유자와 수용자와의 법률행위에 의하여 승계취득하는 것이 아니라, 법률의 규정에 의하여 원시취득하는 것이므로, 토지소유자가 토지수용법 제63조의 규정에 의하여 부담하는 토지의 인도의무에는 수용목적물에 숨은 하자가 있는 경우에도 하자담보책임이 포함되지 아니하여 토지소유자는 수용시기까지 수용 대상 토지를 현존 상태 그대로 기업자에게 인도할 의무가 있을 뿐이다.

▌판례 2 ▌ 재결로 취득한 토지에 폐기물 매립 등의 하자가 있는 경우에도 토지소유자는 매도인의 하자담보책임을 부담하지 않는다.

[대법원 2001. 1. 16. 선고 98다58511]

판결요지

1. 토지수용법에 의한 수용재결의 효과로서 수용에 의한 기업자의 토지소유권취득은 토지소유자와 수용자와의 법률행위에 의하여 승계취득하는 것이 아니라, 법률의 규정에 의하여 원시취득하는 것이므로, 토지소유자가 토지수용법 제63조의 규정에 의하여 부담하는 토지의 인도의무에는 수용목적물에 숨은 하자가 있는 경우에도 하자담보책임이 포함되지 아니하여 토지소유자는 수용시기까지 수용 대상 토지를 현존 상태 그대로 기업자에게 인도할 의무가 있을 뿐이다.

2. 제3자가 무단으로 폐기물을 매립하여 놓은 상태의 토지를 수용한 경우, 위 폐기물은 토지의 토사와 물리적으로 분리할 수 없을 정도로 혼합되어 있어 독립된 물건이 아니며 토지수용법 제49조 제1항의 이전료를 지급하고 이전시켜야 되는 물건도 아니어서 토지소유자는 폐기물의 이전의무가 있다고 볼 수 없다고 한 원심의 판단을 수긍한 사례.

3. 수용재결이 있은 후에 수용 대상 토지에 숨은 하자가 발견되는 때에는 불복기간이 경과되지 아니한 경우라면 공평의 견지에서 기업자는 그 하자를 이유로 재결에 대한 이의를 거쳐 손실보상금의 감액을 내세워 행정소송을 제기할 수 있다고 보는 것이 상당하나, 이러한 불복절차를 취하지 않음으로써 그 재결에 대하여 더 이상 다툴 수 없게 된 경우에는 기업자는 그 재결이 당연무효이거나 취소되지 않는 한 재결에서 정한 손실보상금의 산정에 있어서 위 하자가 반영되지 않았다는 이유로 민사소송절차로 토지소유자에게 부당이득의 반환을 구할 수는 없다.

판례 3 지장물을 이전하지 않은 토지소유자 등은 토지의 점유·사용에 따른 차임 상당의 부당이득 반환의무가 있다.

[대법원 2012. 12. 13. 선고 2012다71978]

판결요지

갑 지방공사가 공익사업을 위한 토지 등의 취득 및 보상에 관한 법률에 따라 토지를 협의취득한 후에도 을이 그 지상에 설치했거나 보관하던 창고 등 지장물을 이전하지 않자, 갑 공사가 을을 상대로 토지 인도시까지의 차임 상당 부당이득반환을 구한 사안에서, 을은 지장물이 철거·이전되어 토지가 인도된 시점까지 토지의 점유·사용에 따른 차임 상당의 부당이득 반환의무가 있다.

판례 4 협의취득 시 건축물소유자가 약정한 철거의무의 강제적 이행을 대집행의 방법으로 실현할 수 없다.

[대법원 2006. 10. 13. 선고 2006두7096]

판결요지

행정대집행법상 대집행의 대상이 되는 대체적 작위의무는 공법상 의무이어야 할 것인데, 구 공공용지의 취득 및 손실보상에 관한 특례법(2002. 2. 4. 법률 제6656호 공익사업을 위한 토지 등의 취득 및 보상에 관한 법률 부칙 제2조로 폐지)에 따른 토지 등의 협의취득은 공공사업에 필요한 토지 등을 그 소유자와의 협의에 의하여 취득하는 것으로서 공공기관이 사경제주체로서 행하는 사법상 매매 내지 사법상 계약의 실질을 가지는 것이므로, 그 협의취득시 건물소유자가 매매대상 건물에 대한 철거의무를 부담하겠다는 취지의 약정을 하였다고 하더라도 이러한 철거의무는 공법상의 의무가 될 수 없고, 이 경우에도 행정대집행법을 준용하여 대집행을 허용하는 별도의 규정이 없는 한 위와 같은 철거의무는 행정대집행법에 의한 대집행의 대상이 되지 않는다.

판례 5 부당이득금

[대법원 2002. 12. 6. 선고 2000다57375 판결]

판결요지

[1] 불법점유를 당한 부동산의 소유자로서는 불법점유자에 대하여 그로 인한 임료 상당 손해의 배상이나 부당이득의 반환을 구할 수 있을 것이나, 불법점유라는 사실이 발생한 바 없었다고 하더라도 부동산소유자에게 임료 상당 이익이나 기타 소득이 발생할 여지가 없는 특별한 사정이 있는 때에는 손해배상이나 부당이득반환을 청구할 수 없다.

[2] 지방자치단체가 농업용 수로로 사용되던 구거의 일부를 복개하여 인근 주민들의 통행로와 주차장소 등으로 제공한 경우, 구거 소유자가 그 구거 부분을 사용·수익하지 못함으로 인한 손해를 입었다고 보기는 어렵다는 이유로 지방자치단체의 부당이득반환의무를 부정한 사례.

┃ 판례 6 ┃ 손해배상(기)

[대법원 2008. 1. 17. 선고 2006다586 판결]

판시사항

[1] 원래 부동산소유자에게 임료 상당의 이익이나 기타 소득이 발생할 여지가 없는 경우, 불법점유자에 대하여 부당이득반환 또는 손해배상을 청구할 수 있는지 여부(소극)
[2] 금융기관이 대출금 채권의 담보를 위하여 토지에 저당권과 함께 지료 없는 지상권을 설정하면서 채무자 등의 사용·수익권을 배제하지 않은 경우, 위 지상권은 근저당목적물의 담보가치를 확보하는 데 목적이 있으므로, 그 위에 도로개설·옹벽축조 등의 행위를 한 무단점유자에 대하여 지상권 자체의 침해를 이유로 한 임료 상당 손해배상을 구할 수 없다고 한 사례
[3] 저당부동산에 대한 점유가 저당권을 침해하는 경우
[4] 물상보증인이 저당권의 목적인 토지 위에 포장도로 개설공사·옹벽축조 공사를 시행하여 일반 공중이 사용하는 도로로 제공함으로써 그 교환가치를 감소시킨 경우, 공사시공자와 함께 저당권자에 대한 공동불법행위책임을 부담한다고 한 사례

4. 재결의 불복

가. 이의신청

┃ 토지보상법 제83조 (이의의 신청) ┃
① 중앙토지수용위원회의 제34조에 따른 재결에 이의가 있는 자는 중앙토지수용위원회에 이의를 신청할 수 있다.
② 지방토지수용위원회의 제34조에 따른 재결에 이의가 있는 자는 해당 지방토지수용위원회를 거쳐 중앙토지수용위원회에 이의를 신청할 수 있다.
③ 제1항 및 제2항에 따른 이의의 신청은 재결서의 정본을 받은 날부터 30일 이내에 하여야 한다.

┃ 토지보상법 제84조 (이의신청에 대한 재결) ┃
① 중앙토지수용위원회는 제83조에 따른 이의신청을 받은 경우 제34조에 따른 재결이 위법하거나 부당하다고 인정할 때에는 그 재결의 전부 또는 일부를 취소하거나 보상액을 변경할 수 있다.
② 제1항에 따라 보상금이 늘어난 경우 사업시행자는 재결의 취소 또는 변경의 재결서 정본을 받은 날부터 30일 이내에 보상금을 받을 자에게 그 늘어난 보상금을 지급하여야 한다. 다만, 제40조제2항제1호·제2호 또는 제4호에 해당할 때에는 그 금액을 공탁할 수 있다.

┃ 토지보상법 제86조 (이의신청에 대한 재결의 효력) ┃
① 제85조제1항에 따른 기간 이내에 소송이 제기되지 아니하거나 그 밖의 사유로 이의신청에 대한 재결이 확정된 때에는 「민사소송법」상의 확정판결이 있은 것으로 보며, 재결서 정본은 집행력 있는 판결의 정본과 동일한 효력을 가진다.
② 사업시행자, 토지소유자 또는 관계인은 이의신청에 대한 재결이 확정되었을 때에는 관할 토지수용위원회에 대통령령으로 정하는 바에 따라 재결확정증명서의 발급을 청구할 수 있다.

| 토지보상법 시행령 제45조 (이의의 신청) |

① 법 제83조에 따라 이의신청을 하려는 자는 국토교통부령으로 정하는 이의신청서(이하 "이의신청서"라 한다)에 다음 각 호의 사항을 적고, 재결서 정본의 사본을 첨부하여 해당 토지수용위원회에 제출하여야 한다.
  1. 당사자의 성명 또는 명칭 및 주소
  2. 신청의 요지 및 이유
② 법 제83조제2항에 따라 지방토지수용위원회가 이의신청서를 접수하였을 때에는 그 이의신청서에 다음 각 호의 서류를 첨부하여 지체 없이 중앙토지수용위원회에 송부하여야 한다.
  1. 신청인이 재결서의 정본을 받은 날짜 등이 적힌 우편송달통지서 사본
  2. 지방토지수용위원회가 의뢰하여 행한 감정평가서 및 심의안건 사본
  3. 그 밖에 이의신청의 재결에 필요한 자료
③ 중앙토지수용위원회가 법 제83조에 따라 이의신청서를 접수하였을 때에는 신청인의 상대방에게 그 신청의 요지를 통지하여야 한다. 다만, 통지받을 자를 알 수 없거나 그 주소·거소 또는 그 밖에 통지할 장소를 알 수 없을 때에는 그러하지 아니하다.

| 토지보상법 시행령 제46조 (이의신청에 대한 재결서의 송달) |

중앙토지수용위원회는 법 제84조에 따라 이의신청에 대한 재결을 한 경우에는 재결서의 정본을 사업시행자·토지소유자 및 관계인에게 송달하여야 한다.

| 토지보상법 시행령 제47조 (재결확정증명서) |

① 사업시행자·토지소유자 또는 관계인은 법 제86조제2항에 따른 재결확정증명서(이하 이 조에서 "재결확정증명서"라 한다)의 발급을 청구하려는 경우에는 국토교통부령으로 정하는 재결확정증명청구서에 이의신청에 대한 재결서의 정본을 첨부하여 중앙토지수용위원회에 제출하여야 한다.
② 재결확정증명서는 재결서 정본의 끝에 「민사집행법」 제29조제2항에 준하여 집행문을 적고, 중앙토지수용위원회의 간사 또는 서기가 기명날인한 후 중앙토지수용위원회 위원장의 직인을 날인하여 발급한다.
③ 중앙토지수용위원회는 재결확정증명서를 발급하려는 경우에는 법 제85조제1항에 따른 행정소송의 제기 여부를 관할 법원에 조회하여야 한다.

사례 1 실효된 재결에 대한 이의신청은 무의미하므로 지방토지수용위원회에서 반려 등 필요한 조치를 하여야 한다(2010. 10. 17. 토지정책과-4957)(유권해석)

질의요지 2018 토지수용 업무편람 발췌

사업시행자가 수용재결 보상금을 지급 또는 공탁하지 않아 수용재결이 실효된 경우, 접수된 수용재결이의신청건을 중앙토지수용위원회로 이송해야 하는지 또는 지방토지수용위원회에서 반려 가능한지 여부

회신내용

「공익사업을 위한 토지 등의 취득 및 보상에 관한 법률」제83조제2항에 의하면, 지방토지수용위원회의 제34조의 규정에 의한 재결에 대하여 이의가 있는 자는 당해 지방토지수용

위원회를 거쳐 중앙토지수용위원회에 이의를 신청할 수 있다고 규정되어 있습니다. 하지만, 수용재결에 대한 이의신청은 수용재결의 효력이 유효함을 전제로 하는 것이나, 수용재결이 실효되었다면 이의신청 자체가 무의미하므로 지방토지수용위원회에서 반려 등 필요한 조치를 하여야 할 사항이라고 봅니다.

사례 2
이의재결금액과 행정소송의 판결금액이 다른 경우의 보상금지급(2005. 11. 04. 토지정책팀-1061)(유권해석)

질의요지
2018 토지수용 업무편람 발췌

수용재결에 대한 이의신청재결(2005.9.28)금액이 81,011천원, 동일 건에 대하여 동시에 제기한 행정소송판결(2005.9.23)금액이 78,198천원 일 경우 사업시행자가 우선해서 지급하여야 할 손실보상금은?

회신내용

이의신청재결 금액에 대하여는 재결서 정본을 송부 받은 날부터 30일 이내에 보상금을 받을 자에게 그 증액된 보상금을 지급하도록 되어 있으므로 이의신청 재결로 인하여 증액된 보상금에 대하여는 위 규정에 따라 지급하여야 한다고 봅니다.

재결례

│ 재결례 │ 이의신청 기간을 도과한 이의신청은 요건미비로 각하대상이다.

[중토위 2017.6.22]

판결요지

「공익사업을 위한 토지 등의 취득 및 보상에 관한 법률」(이하 '법'이라 한다) 제83조제3항에 의하면 토지수용위원회의 재결에 이의가 있는 자는 재결서 정본을 받은 날부터 30일 이내에 이의의 신청을 하여야 한다.
000지방토지수용위원회는 이 사건 수용재결 이후에 재결서 정본을 수령한 날부터 30일 이내에 이의신청을 할 수 있음을 안내하는 내용과 함께 소유자 및 관계인에게 재결서를 송달하였고, 이의신청인 정회일은 2016. 8. 2.에 재결서를 수령하여 2017. 9. 1.까지 이의신청서를 제출하였어야 함에도 기한을 도과한 2017. 9. 2.에 이의신청서를 제출한 것이 확인되므로 이의신청인 000의 이의신청은 부적법하여 이를 각하하기로 하다.

판 례

┃ 판례 1 ┃ 이의신청의 청구기간을 1월로 규정한 토지수용법 제73조제2항(「토지보상법」 제83조 제3항)은 헌법에 위반되지 않는다.

[헌법재판소 2002. 11. 28. 선고 2002헌바38]

판시사항

중앙토지수용위원회의 재결에 대하여 이의를 신청하는 경우 1월의 이의신청기간을 규정한 토지수용법 제73조 제2항의 위헌여부(소극)

결정요지

토지수용법 제73조 제2항이 조항이 규정하는 1월의 청구기간이 행정심판법의 그것에 비하여 상대적으로 비록 단기이긴 하지만 그렇다고 하여 이것이 청구인들의 재판청구권 행사를 불가능하게 하거나 현저히 곤란하게 할 정도로 짧은 것은 아니어서 청구기간에 관한 입법재량의 한계를 일탈한 것이라고 할 수 없다. 나아가 이 조항이 이 조문 제1항과 함께 추구하는 신속한 권리구제 및 법원 판결의 적정성 보장이라는 공익은 매우 크다고 할 것이므로 이 조항이 비례의 원칙을 위반하거나 청구인들의 재판청구권을 침해하거나 평등의 원칙을 위반한다고는 할 수 없다.

┃ 판례 2 ┃ 실효된 수용재결에 대한 이의신청은 쟁송의 이익이 없어 부적법하다.

[대법원 1997. 04. 08. 선고 96누4121]

판결요지

중앙 또는 지방토지수용위원회의 수용재결은 그 성질에 있어 구체적으로 일정한 법률효과의 발생을 목적으로 하는 점에서 일반의 행정처분과 전혀 다를 바가 없으므로, 이의신청의 대상이 된 중앙 또는 지방토지수용위원회의 수용재결이 실효되는 등의 사유로 인하여 이미 존재하지 아니하는 경우에는 그에 대한 이의신청은 쟁송의 이익이 없어 부적법하다.

┃ 판례 3 ┃ 공유자중 1인인 원고가 한 이의신청의 효력

[대법원 1982. 07. 13. 선고 80누405, 406]

판결요지

토지수용재결에 대한 이의신청은 공유물 보존행위에 해당된다고 볼 수 없으므로 공유자중의 1인인 원고가 자기 명의로만 한 이의신청의 효력은 당해 원고에게만 미친다.

┃ 판례 4 ┃ 이의재결에서 증액된 보상금을 지급 또는 공탁하지 아니하였다 하더라도 그 때문에 이의재결 자체가 당연히 실효되는 것은 아니다.

[대법원 1992. 03. 10. 선고 91누8081]

판결요지

토지수용법상의 이의재결절차는 수용재결에 대한 불복절차이면서 수용재결과는 확정의 효력

등을 달리하는 별개의 절차이므로 기업자가 이의재결에서 증액된 보상금을 일정한 기한 내에 지급 또는 공탁하지 아니하였다 하더라도 그 때문에 이의재결 자체가 당연히 실효된다고는 할 수 없다.

판례 5 사업시행자가 재결에 불복하여 이의신청을 거쳐 행정소송을 제기하는 경우 이의재결에서 증액된 보상금을 공탁하여야 할 시기

[대법원 2008. 02. 15. 선고 2006두9832]

판결요지

사업시행자가 재결에 불복하여 이의신청을 거쳐 행정소송을 제기하는 경우에는 원칙적으로 행정소송제기 전에 이의재결에서 증액된 보상금을 공탁하여야 하지만, 제소 당시 그와 같은 요건을 구비하지 못하였다 하여도 사실심 변론종결 당시까지 그 요건을 갖추었다면 그 흠결의 하자는 치유되었다고 본다.

판례 6 토지수용재결처분취소

[대법원 1992. 10. 27. 선고 91누11100 판결]

판결요지

수용재결신청을 기각한 재결의 효력에 관하여는 확정된 이의재결의 효력에 관한 토지수용법 제75조의 2 제3항이 적용되거나 준용된다고 볼 수 없고, 기업자의 수용재결신청을 기각하는 재결이 확정되었다 하더라도 기업자는 수용재결신청기간의 제한규정 등에 저촉되지 아니하는 한 다시 수용재결신청을 할 수 있고 토지수용위원회도 이에 근거하여 다시 수용재결을 할 수 있다.

판례 7 이의재결 후 소유자 등이 사업시행자를 상대로 보상금증액소송을 제기한 경우 '그 밖의 사유로 이의신청에 대한 재결이 확정' 된 것으로 보아야 함

[서울행정법원 2011. 6. 10. 선고 2010구합46333 판결(확정)]

결정요지

이의재결의 효력에 관하여 토지보상법은 제86조제1항에서 제85조제1항의 제척기간내에 행정소송이 제기되지 아니하거나 그 밖의 사유로 이의신청에 대한 재결이 확정된 때에는 확정판결이 있는 것으로 보며, 재결서 정본은 집행력 있는 판결의 정본과 동일한 효력을 가진다고 규정하고 있을 뿐, 보상금 증감에 관한 소송이 제기된 경우 이의재결의 효력에 관하여 따로 규정하고 있지 않으나, 보상금 증감에 관한 소송제도의 변천과정, 기업자를 상대로 직접 보상금 증액을 구하는 소송형태가 도입되기 전후를 막론하고 구 토지수용법에 현행 토지보상법 제86조제1항과 완전히 같은 취지의 규정(제75조의2 제2항 또는 제3항)이 있었던 점, 수용재결에서 정한 보상금액이 이의재결을 거쳐 증액되었으나 토지 등 소유자가 다시 사업시행자를 상대로 보상금증액을 구하는 행정소송을 제기한 경우 법원이 정당하다고 인정한 보상금액이 이의재결로 증액된 보상금보다 많으면 판결에서 그 차액만을 특정하여 추가 지급하도록 명하는 것이 전국적으로 확립된 실무관행인 점 등에 비추어 보면 보상금증액소송만 제기된 경우 즉 제소기간에 수용재결·이의재결의 취소를 구하는 소송이나 사업시행자 등의 보상금감액소송이 제기되지 아니하는 경우에는 토지보상법 제86조제1항이 정한 '제85조제1항의 규정에 의한 기간이내에 소송이 제기되지 아니한' 경우에 준하는 것으로 봄이 옳고, 최소한 같은 조항 소정의 '그 밖의 사유로 이의신청에 대한 재결이 확정된 때'에는 해당하는 것으로 보아야 할 것이다. 따라서 이의재결에 대하여 보상금증액소송만 제기된 경우, 이의재결은 토지보상법 제86조제1항에 의하여 확정되어 집행력있는 판결의 정본과 동일한 효력을 가진다고 할 것이므로 이의재결에서 이미 인정한 손실보상금을 다시 소로써 구하는 것은 법률상 이익이 없어 부적법하다.

| 판례 8 | 도시정비법에 따른 이전고시 효력이 발생한 후에는 수용재결이나 이의재결의 취소 또는 무효확인을 구할 법률상 이익이 없다.

[대법원 2017.3.16. 선고 2013두11536]

판결요지

이와 같이 대지 또는 건축물의 소유권 이전에 관한 고시의 효력이 발생하면 조합원 등이 관리처분계획에 따라 분양받을 대지 또는 건축물에 관한 권리의 귀속이 확정되고 조합원 등은 이를 토대로 다시 새로운 법률관계를 형성하게 되는데, 이전고시의 효력 발생으로 대다수 조합원 등에 대하여 권리귀속 관계가 획일적·일률적으로 처리되는 이상 그 후 일부 내용만을 분리하여 변경할 수 없고, 그렇다고 하여 전체 이전고시를 모두 무효화시켜 처음부터 다시 관리처분계획을 수립하여 이전고시 절차를 거치도록 하는 것도 정비사업의 공익적·단체법적 성격에 배치되어 허용될 수 없다.

위와 같은 정비사업의 공익적·단체법적 성격과 이전고시에 따라 이미 형성된 법률관계를 유지하여 법적 안정성을 보호할 필요성이 현저한 점 등을 고려할 때, 이전고시의 효력이 발생한 이후에는 조합원 등이 해당 정비사업을 위하여 이루어진 수용재결이나 이의재결의 취소 또는 무효확인을 구할 법률상 이익이 없다고 해석함이 타당하다.

나. 행정소송

| 토지보상법 제85조 (행정소송의 제기) |

① 사업시행자, 토지소유자 또는 관계인은 제34조에 따른 재결에 불복할 때에는 재결서를 받은 날부터 90일 이내에, 이의신청을 거쳤을 때에는 이의신청에 대한 재결서를 받은 날부터 60일 이내에 각각 행정소송을 제기할 수 있다. 이 경우 사업시행자는 행정소송을 제기하기 전에 제84조에 따라 늘어난 보상금을 공탁하여야 하며, 보상금을 받을 자는 공탁된 보상금을 소송이 종결될 때까지 수령할 수 없다. <개정 2018. 12. 31.>

② 제1항에 따라 제기하려는 행정소송이 보상금의 증감(增減)에 관한 소송인 경우 그 소송을 제기하는 자가 토지소유자 또는 관계인일 때에는 사업시행자를, 사업시행자일 때에는 토지소유자 또는 관계인을 각각 피고로 한다.

| 토지보상법 제86조 (이의신청에 대한 재결의 효력) |

① 제85조제1항에 따른 기간 이내에 소송이 제기되지 아니하거나 그 밖의 사유로 이의신청에 대한 재결이 확정된 때에는 「민사소송법」상의 확정판결이 있은 것으로 보며, 재결서 정본은 집행력 있는 판결의 정본과 동일한 효력을 가진다.
② 사업시행자, 토지소유자 또는 관계인은 이의신청에 대한 재결이 확정되었을 때에는 관할 토지수용위원회에 대통령령으로 정하는 바에 따라 재결확정증명서의 발급을 청구할 수 있다.

| 토지보상법 제87조 (법정이율에 따른 가산지급) |

사업시행자는 제85조제1항에 따라 사업시행자가 제기한 행정소송이 각하·기각 또는 취하된 경우 다음 각 호의 어느 하나에 해당하는 날부터 판결일 또는 취하일까지의 기간에 대하여 「소송촉진 등에 관한 특례법」 제3조에 따른 법정이율을 적용하여 산정한 금액을 보상금에 가산하여 지급하여야 한다.
  1. 재결이 있은 후 소송을 제기하였을 때에는 재결서 정본을 받은 날
  2. 이의신청에 대한 재결이 있은 후 소송을 제기하였을 때에는 그 재결서 정본을 받은 날

| 토지보상법 제88조 (처분효력의 부정지) |

제83조에 따른 이의의 신청이나 제85조에 따른 행정소송의 제기는 사업의 진행 및 토지의 수용 또는 사용을 정지시키지 아니한다.

| 토지보상법 제89조 (대집행) |

① 이 법 또는 이 법에 따른 처분으로 인한 의무를 이행하여야 할 자가 그 정하여진 기간 이내에 의무를 이행하지 아니하거나 완료하기 어려운 경우 또는 그로 하여금 그 의무를 이행하게 하는 것이 현저히 공익을 해친다고 인정되는 사유가 있는 경우에는 사업시행자는 시·도지사나 시장·군수 또는 구청장에게 「행정대집행법」에서 정하는 바에 따라 대집행을 신청할 수 있다. 이 경우 신청을 받은 시·도지사나 시장·군수 또는 구청장은 정당한 사유가 없으면 이에 따라야 한다.
② 사업시행자가 국가나 지방자치단체인 경우에는 제1항에도 불구하고 「행정대집행법」에서 정하는 바에 따라 직접 대집행을 할 수 있다.
③ 사업시행자가 제1항에 따라 대집행을 신청하거나 제2항에 따라 직접 대집행을 하려는 경우에는 국가나 지방자치단체는 의무를 이행하여야 할 자를 보호하기 위하여 노력하여야 한다.

| 토지보상법 제90조 (강제징수) |

특별자치도지사, 시장·군수 또는 구청장은 제44조제2항에 따른 의무자가 그 비용을 내지 아니할 때에는 지방세 체납처분의 예에 따라 징수할 수 있다.

사례 1 사업시행자가 수용개시일까지 보상금을 지급 또는 공탁한 경우에는 보상금 증액에 관한 행정소송 진행시에도 행정대집행을 신청할 수 있다(2011. 02. 23. 토지정책과 -906)(유권해석)

질의요지 　　　　　　　　　　　　　　　　　　2018 토지수용 업무편람 발췌

수용재결 이후 보상금 증액에 관한 행정소송 진행시에도 행정대집행 가능 여부 및 토지소유자가 이의재결결과 증액된 보상금을 수령한 것을 이유로 보상금증액 행정소송의 무효 주장이 가능한지 여부

회신내용

사업시행자가 수용개시일까지 재결 보상금을 지급 또는 공탁한 경우에는 이 법에서 정한 절차에 따라 대집행을 신청할 수 있다고 보며, 보상금을 받을 자는 증액되어 공탁된 보상금을 소송종결시까지 수령할 수 없으며, 이를 수령하였을 경우에는 이의재결 결과를 인정한 것으로서 주장이 가능하다고 보나 구체적인 사항은 법률전문가에게 문의하시기 바랍니다.

판 례

판례 1 | 잔여지 가치감소 등으로 인한 손실보상의 경우에도 재결절차를 거쳐 행정소송을 제기하여야 한다.

[대법원 2012. 11. 29. 선고 2011두22587]

판결요지

토지소유자가 사업시행자로부터 공익사업법 제73조에 따른 잔여지 가격감소 등으로 인한 손실보상을 받기 위해서는 공익사업법 제34조, 제50조 등에 규정된 재결절차를 거친 다음 그 재결에 대하여 불복이 있는 때에 비로소 공익사업법 제83조 내지 제85조에 따라 권리구제를 받을 수 있을 뿐, 이러한 재결절차를 거치지 않은 채 곧바로 사업시행자를 상대로 손실보상을 청구하는 것은 허용되지 않는다고 봄이 상당하고(대법원 2008. 7. 10. 선고 2006두19495 판결 참조), 이는 수용대상토지에 대하여 재결절차를 거친 경우에도 마찬가지라 할 것이다.

판례 2 | 「토지보상법」 제85조제1항이 정한 60일의 제소기간은 헌법에 반하지 않는다.

[헌법재판소 2016. 07. 28. 선고 2014헌바206]

결정요지

공익사업의 안정적인 시행을 위하여서는 수용대상토지의 수용여부 못지 않게 보상금을 둘러싼 분쟁 역시 조속히 확정하여야 할 필요가 있다. 또한 토지소유자는 협의 및 수용재결 단계를 거치면서 오랜 기간 보상금 액수에 대하여 다투어 왔으므로, 수용재결의 보상금 액수에 관하여 보상금증감청구소송을 제기할 것인지 결정하는 데에 많은 시간이 필요하지 않다. 따라서 이 사건 법률조항이 정한 60일의 제소기간은 입법재량의 한계를 벗어났다고 보기 어려우므로, 보상금증감청구소송을 제기하려는 토지소유자의 재판청구권을 침해한다고 볼 수 없다.

판례 3 | 보상금 증액청구의 소송에서 이의재결에서 정한 손실보상금액보다 정당한 손실보상 금액이 더 많다는 점은 원고가 입증하여야 한다.

[대법원 2004. 10. 15. 선고 2003두12226]

판결요지

보상금 증액청구의 소에서 이의재결에서 정한 손실보상금액보다 정당한 손실보상금액이 더 많다는 점에 대한 입증책임은 원고에게 있다.

┃ 판례 4 ┃ 행정소송의 대상이 된 물건 중 일부 항목에 관한 보상액이 과소하고 다른 항목의 보상액은 과다한 경우, 그 항목 상호간의 유용이 허용된다.

[대법원 2014. 11. 13. 선고 2014두1451]

판시사항

공익사업을 위한 토지 등의 취득 및 보상에 관한 법률상 피보상자가 수용대상 물건 중 일부에 대하여만 불복의 사유를 주장하여 행정소송을 제기할 수 있는지 여부(적극) 및 행정소송의 대상이 된 물건 중 일부 항목에 관한 보상액이 과소하고 다른 항목의 보상액은 과다한 경우, 그 항목 상호간의 유용이 허용되는지 여부(적극)

판결요지

공익사업을 위한 토지 등의 취득 및 보상에 관한 법률 제64조의 규정에 의하면 토지의 수용으로 인한 보상은 수용의 대상이 되는 물건별로 하는 것이 아니라 피보상자의 개인별로 하는 것이므로, 피보상자는 수용대상 물건 중 일부에 대하여만 불복이 있는 경우에는 그 부분에 대하여만 불복의 사유를 주장하여 행정소송을 제기할 수 있고, 행정소송의 대상이 된 물건 중 일부 항목에 관한 보상액이 과소하고 다른 항목의 보상액은 과다한 경우에는 그 항목 상호간의 유용을 허용하여 과다 부분과 과소 부분을 합산하여 보상금의 합계액을 결정하여야 한다(대법원 1998. 1. 20. 선고 96누12597 판결 등 참조).

┃ 판례 5 ┃ 수용재결에 불복하여 이의신청을 거친 후 취소소송을 제기하는 경우 피고적격 및 소송대상

[대법원 2010. 01. 28. 선고 2008두1504]

판결요지

수용재결에 불복하여 취소소송을 제기하는 때에는 이의신청을 거친 경우에도 수용재결을 한 중앙토지수용위원회 또는 지방토지수용위원회를 피고로 하여 수용재결의 취소를 구하여야 하고, 다만 이의신청에 대한 재결 자체에 고유한 위법이 있음을 이유로 하는 경우에는 그 이의재결을 한 중앙토지수용위원회를 피고로 하여 이의재결의 취소를 구할 수 있다고 보아야 한다.

┃ 판례 6 ┃ 사업인정의 하자를 이유로 수용재결처분의 취소를 구할 수 없다.

[대법원 1987. 09. 08. 선고 87누395]

판결요지

토지수용법 제14조에 따른 사업인정은 그 후 일정한 절차를 거칠 것을 조건으로 하여 일정한 내용의 수용권을 설정해 주는 행정처분의 성격을 띠는 것으로서 그 사업인정을 받음으로써 수용할 목적물의 범위가 확정되고 수용권으로 하여금 목적물에 관한 현재 및 장래의 권리자에게 대항할 수 있는 일종의 공법상의 권리로서의 효력을 발생시킨다고 할 것이므로 위 사업인정단계에서의 하자를 다투지 아니하여 이미 쟁송기간이 도과한 수용재결 단계에 있어서는 위 사업인정처분에 중대하고 명백한 하자가 있어 당연무효라고 볼만한 특단의 사정이 없다면

그 처분의 불가쟁력에 의하여 사업인정처분의 위법 부당함을 이유로 수용재결처분의 취소를 구할 수 없다.

▎판례 7 ▎ 재결이 확정되면 민사소송으로 보상금의 반환을 다툴 수 없다.

[대법원 2001. 4. 27. 선고 2000다50237]

판결요지

재결에 대하여 불복절차를 취하지 아니함으로써 그 재결에 대하여 더 이상 다툴 수 없게 된 경우에는 기업자는 그 재결이 당연무효이거나 취소되지 않는 한, 이미 보상금을 지급받은 자에 대하여 민사소송으로 그 보상금을 부당이득이라 하여 반환을 구할 수 없다.

5. 사용의 특별절차

가. 천재지변 시의 토지의 사용

▎**토지보상법 제38조 (천재지변 시의 토지의 사용)** ▎

① 천재지변이나 그 밖의 사변(事變)으로 인하여 공공의 안전을 유지하기 위한 공익사업을 긴급히 시행할 필요가 있을 때에는 사업시행자는 대통령령으로 정하는 바에 따라 특별자치도지사, 시장·군수 또는 구청장의 허가를 받아 즉시 타인의 토지를 사용할 수 있다. 다만, 사업시행자가 국가일 때에는 그 사업을 시행할 관계 중앙행정기관의 장이 특별자치도지사, 시장·군수 또는 구청장에게, 사업시행자가 특별시·광역시 또는 도일 때에는 특별시장·광역시장 또는 도지사가 시장·군수 또는 구청장에게 각각 통지하고 사용할 수 있으며, 사업시행자가 특별자치도, 시·군 또는 구일 때에는 특별자치도지사, 시장·군수 또는 구청장이 허가나 통지 없이 사용할 수 있다.
② 특별자치도지사, 시장·군수 또는 구청장은 제1항에 따라 허가를 하거나 통지를 받은 경우 또는 특별자치도지사, 시장·군수·구청장이 제1항 단서에 따라 타인의 토지를 사용하려는 경우에는 대통령령으로 정하는 사항을 즉시 토지소유자 및 토지점유자에게 통지하여야 한다.
③ 제1항에 따른 토지의 사용기간은 6개월을 넘지 못한다.
④ 사업시행자는 제1항에 따라 타인의 토지를 사용함으로써 발생하는 손실을 보상하여야 한다.
⑤ 제4항에 따른 손실보상에 관하여는 제9조제5항부터 제7항까지의 규정을 준용한다.

▎**토지보상법 시행령 제18조 (사용의 허가와 통지)** ▎

① 사업시행자는 법 제38조제1항 본문에 따라 토지를 사용하려는 경우에는 공익사업의 종류 및 명칭, 사용하려는 토지의 구역과 사용의 방법 및 기간을 정하여 특별자치도지사, 시장·군수 또는 구청장(자치구의 구청장을 말한다)의 허가를 받아야 한다.
② 법 제38조제2항에서 "대통령령으로 정하는 사항"이란 제1항에 따른 사항을 말한다.

나. 시급한 토지 사용에 대한 허가

▎**토지보상법 제39조 (시급한 토지 사용에 대한 허가)** ▎

① 제28조에 따른 재결신청을 받은 토지수용위원회는 그 재결을 기다려서는 재해를 방지하기 곤란하거나 그 밖에 공공의 이익에 현저한 지장을 줄 우려가 있다고 인정할 때에는 사업시행자의 신청

을 받아 대통령령으로 정하는 바에 따라 담보를 제공하게 한 후 즉시 해당 토지의 사용을 허가할 수 있다. 다만, 국가나 지방자치단체가 사업시행자인 경우에는 담보를 제공하지 아니할 수 있다.
② 제1항에 따른 토지의 사용기간은 6개월을 넘지 못한다.
③ 토지수용위원회가 제1항에 따른 허가를 하였을 때에는 제38조제2항을 준용한다.

| 토지보상법 시행령 제19조 (담보의 제공) |

① 법 제39조제1항에 따른 담보의 제공은 관할 토지수용위원회가 상당하다고 인정하는 금전 또는 유가증권을 공탁(供託)하는 방법으로 한다.
② 사업시행자는 제1항에 따라 금전 또는 유가증권을 공탁하였을 때에는 공탁서를 관할 토지수용위원회에 제출하여야 한다.

제4장 토지수용위원회

1. 개요

> **｜ 토지보상법 제49조 (설치) ｜**
>
> 토지등의 수용과 사용에 관한 재결을 하기 위하여 국토교통부에 중앙토지수용위원회를 두고, 특별시·광역시·도·특별자치도(이하 "시·도"라 한다)에 지방토지수용위원회를 둔다.
>
> **｜ 토지보상법 제54조 (위원의 결격사유) ｜**
>
> ① 다음 각 호의 어느 하나에 해당하는 사람은 토지수용위원회의 위원이 될 수 없다.
>   1. 피성년후견인, 피한정후견인 또는 파산선고를 받고 복권되지 아니한 사람
>   2. 금고 이상의 실형을 선고받고 그 집행이 끝나거나(집행이 끝난 것으로 보는 경우를 포함한다) 집행이 면제된 날부터 2년이 지나지 아니한 사람
>   3. 금고 이상의 형의 집행유예를 선고받고 그 유예기간 중에 있는 사람
>   4. 벌금형을 선고받고 2년이 지나지 아니한 사람
> ② 위원이 제1항 각 호의 어느 하나에 해당하게 되면 당연히 퇴직한다.
>
> **｜ 토지보상법 제55조 (임기) ｜**
>
> 토지수용위원회의 상임위원 및 위촉위원의 임기는 각각 3년으로 하며, 연임할 수 있다.
>
> **｜ 토지보상법 제56조 (신분 보장) ｜**
>
> 위촉위원은 해당 토지수용위원회의 의결로 다음 각 호의 어느 하나에 해당하는 사유가 있다고 인정된 경우를 제외하고는 재임 중 그 의사에 반하여 해임되지 아니한다.
>   1. 신체상 또는 정신상의 장해로 그 직무를 수행할 수 없을 때
>   2. 직무상의 의무를 위반하였을 때
>
> **｜ 토지보상법 제57조 (위원의 제척·기피·회피) ｜**
>
> ① 토지수용위원회의 위원으로서 다음 각 호의 어느 하나에 해당하는 사람은 그 토지수용위원회의 회의에 참석할 수 없다.
>   1. 사업시행자, 토지소유자 또는 관계인
>   2. 사업시행자, 토지소유자 또는 관계인의 배우자·친족 또는 대리인
>   3. 사업시행자, 토지소유자 및 관계인이 법인인 경우에는 그 법인의 임원 또는 그 직무를 수행하는 사람
> ② 사업시행자, 토지소유자 및 관계인은 위원에게 공정한 심리·의결을 기대하기 어려운 사정이 있는 경우에는 그 사유를 적어 기피(忌避) 신청을 할 수 있다. 이 경우 토지수용위원회의 위원장은 기피 신청에 대하여 위원회의 의결을 거치지 아니하고 기피 여부를 결정한다.
> ③ 위원이 제1항 또는 제2항의 사유에 해당할 때에는 스스로 그 사건의 심리·의결에서 회피할 수 있다.
> ④ 사건의 심리·의결에 관한 사무에 관여하는 위원 아닌 직원에 대하여는 제1항부터 제3항까지의 규정을 준용한다.
>
> **｜ 토지보상법 제57조의2 (벌칙 적용에서 공무원 의제) ｜**

토지수용위원회의 위원 중 공무원이 아닌 사람은 「형법」이나 그 밖의 법률에 따른 벌칙을 적용할 때에는 공무원으로 본다.

판 례

❚ 판례 1 ❚ 토지수용위원회의 업무가 재판청구권을 침해하는 것은 아니다.

[헌재 2007. 11. 29. 2006헌바79]

결정요지

가. 재판청구권 침해 여부

　　공용수용의 재결은 공익사업을 위하여 사업시행자에게 보상금을 지급하는 조건으로 타인의 토지소유권 등을 취득하게 하고, 반면 토지소유자 및 관계인에게는 목적물에 대한 권리를 상실시키게 하는 형성적 행정행위로서, 수용재결의 확정에 확정판결과 같은 효력을 인정한 이유는 토지수용과 관련한 공공사업을 신속히 수행하고 간편한 절차로 분쟁을 신속히 해결하여 이해관계자의 권리관계를 조속히 안정시킬 필요에 의한 것일 뿐이지, 수용재결이 재판에 해당하는 것은 아니다.

　　또한 사업시행자, 토지소유자 또는 관계인은 수용재결에 대하여 불복이 있는 때에는 행정소송을 제기할 수 있으므로(공익사업법 제85조 제1항), 법관이 아닌 위원들로 구성된 토지수용위원회가 수용재결을 행하고, 필요하다고 인정하는 경우에만 토지소유자 등이 심리에 출석하여 진술할 수 있다는 것만으로는 재판청구권이 침해되었다고 보기 어렵다.

나. 적법절차원칙 위배 여부

　　토지수용위원회가 수용재결을 관장하도록 규정된 이유는 수용재결에 있어서 이해관계인들의 의견 차이를 신속하게 조정하여 법률관계를 확정하여 시간과 비용을 절약하고, 토지수용에 관한 행정기관의 전문적인 지식을 활용하기 위한 것이다.

　　공익사업법에서는 토지수용위원회의 재결사항(공익사업법 제50조), 구성위원의 자격 및 임명(공익사업법 제52조, 제53조), 위원의 결격사유와 임기, 신분보장(공익사업법 제54조, 제55조, 제56조) 등에 대하여 규정하고 있고, 위원의 공정성이 의심되는 경우에는 제척·기피·회피제도(공익사업법 제57조)를 두고 있으며, 판사·검사 또는 변호사의 직에 15년 이상 있었던 자나 토지 수용에 관한 학식과 경험이 풍부한자 등이 위원이 되므로 그 독립성과 전문성이 인정된다 할 것이고, 토지수용위원회의 수용재결에 대해서는 행정소송이 인정되고 있으므로 수용재결을 토지수용위원회가 관장한다고 하여 이를 적법절차원칙에 위배된다고 할 수 없다.

❚ 판례 2 ❚ 수용재결을 토지수용위원회가 관장한다고 하여 이를 적법절차원칙에 위배된다고 할 수 없다.

[헌재 2007. 11. 29. 2006헌바79]

결정요지

나. 적법절차원칙 위배 여부

　　토지수용위원회가 수용재결을 관장하도록 규정된 이유는 수용재결에 있어서 이해관계인들의 의견 차이를 신속하게 조정하여 법률관계를 확정하여 시간과 비용을 절약하고, 토지수용에 관한 행정기관의 전문적인 지식을 활용하기 위한 것이다.

공익사업법에서는 토지수용위원회의 재결사항(공익사업법 제50조), 구성위원의 자격 및 임명(공익사업법 제52조, 제53조), 위원의 결격사유와 임기, 신분보장(공익사업법 제54조, 제55조, 제56조) 등에 대하여 규정하고 있고, 위원의 공정성이 의심되는 경우에는 제척·기피·회피제도(공익사업법 제57조)를 두고 있으며, 판사·검사 또는 변호사의 직에 15년 이상 있었던 자나 토지 수용에 관한 학식과 경험이 풍부한 자 등이 위원이 되므로 그 독립성과 전문성이 인정된다 할 것이고, 토지수용위원회의 수용재결에 대해서는 행정소송이 인정되고 있으므로 수용재결을 토지수용위원회가 관장한다고 하여 이를 적법절차원칙에 위배된다고 할 수 없다.

▮ 판례 3 ▮ 위원의 제척 규정을 위반한 처분은 무효이다.

[대법원 1994. 10. 7. 선고 93누20214]

판결요지

징계위원의 제척을 규정한 지역의료보험조합운영규정 제94조는 공정하고 합리적인 징계권의 행사를 보장하기 위한 것으로서 이에 위반한 징계권의 행사는 징계사유가 인정되는 여부에 관계없이 절차에 있어서의 정의에 반하는 것으로서 무효이다

▮ 판례 4 ▮ 소유권이전등기절차이행

[대법원 1998. 2. 24. 선고 96다8888 판결]

판결요지

[1] 민법 제245조 제2항의 등기부 취득시효의 요건인 점유란 사회관념상 어떤 사람의 사실적 지배에 있다고 보여지는 객관적 관계를 말하는 것으로서, 사실상의 지배가 있다고 하기 위하여는 반드시 물건을 물리적, 현실적으로 지배하는 것만을 의미하는 것이 아니고 물건과 사람과의 시간적, 공간적 관계와 본권 관계, 타인 지배의 배제 가능성 등을 고려하여 사회관념에 따라 합목적적으로 판단하여야 하며, 특히 임야에 대한 점유의 이전이나 점유의 계속은 반드시 물리적이고 현실적인 지배를 요한다고 볼 것은 아니고 관리나 이용의 이전이 있으면 인도가 있었다고 보아야 하고, 임야에 대한 소유권을 양도하는 경우라면 그에 대한 지배권도 넘겨지는 것이 거래에 있어서 통상적인 형태이며 점유의 계속은 추정된다.

[2] 자연공원법의 규정에 의하여 1983. 4. 2. 당해 임야를 포함한 일대 지역이 북한산 국립공원으로 지정공시된 때를 전후하여 서울특별시가 공원구역 내에 광장 도로시설(광장, 도로, 등산로 등), 휴양시설(야영장, 산장, 대피소 등), 운동시설(수영장, 간이 운동장 등), 편익시설(주차장, 매점, 화장실 등), 관리시설(관리사무소, 철조망, 표지판 등)을 설치·증설·보수하고, 여러 명의 관리인을 상주시켜 공원 구역을 관리하여 왔다면, 서울특별시는 적어도 1983. 4.경에는 그 임야에 대한 점유를 개시하였다고 본 사례.

[3] 취득시효의 요건인 점유는 직접점유뿐만 아니라 간접점유도 포함하는 것이고, 점유매개

관계는 법률의 규정, 국가행위 등에 의해서도 발생하는 것인데, 자연공원법의 개정으로 국립공원관리공단이 설립되어 1987. 7. 1.부터 북한산 국립공원의 관리업무가 지방자치단체에서 그 공단에 인계되어 그 후부터 그 공단이 당해 임야를 포함한 북한산 국립공원의 관리업무를 수행하였다고 하더라도, 같은 법 제49조의16 제2항이 "지방자치단체는 당해 행정구역 안에 있는 국립공원의 관리에 사용된 토지, 건물 등의 부동산을 국립공원관리공단으로 하여금 무상으로 사용하게 할 수 있다."고 규정하고 있음에 비추어 지방자치단체는 그 임야에 관하여 국립공원관리공단에게 반환을 청구할 수 있는 지위에 있고 따라서 1987. 7. 1. 이후에는 그 임야에 대하여 간접점유를 취득하였다고 할 것이다.

[4] 소유권이전등기에 있어 부동산등기법 제57조에서 정한 등기의 기재 사항 중 등기원인이 누락되었더라도 그것은 실제의 권리관계를 표시함에 족할 정도로 동일 또는 유사성이 있는 것이므로, 민법 제245조 제2항의 '소유자로 등기한 자'에 있어서의 등기에 해당한다.

[5] 양도인이 등기부상의 명의인과 동일인인 경우에는 등기부상 양도인 명의를 의심할 만한 특별한 사정이 없는 한 그 부동산을 양수한 자는 과실 없는 점유자에 해당한다.

▎판례 5 ▎ 부당이득금반환

[대법원 1990.7.27. 선고 90다카5372 판결]

판결요지

문화공보부장관에 의하여 사적으로 지정되었고, 인근의 임야가 위 사적의 보호구역으로 지정된 부여 부소산성의 경관을 보존하기 위하여, 관리자인 부여군이 위 산성과 그 인근에 위치한 사유임야의 임산물 훼손과 산불방지를 목적으로 일반인의 출입을 막으려고 철조망을 쳤으나 철조망 안에 소재한 임야의 소유자들이 철조망 안으로 출입하면서 임야를 관리하고 산림의 용도에 따른 사용수익을 하는 것을 저지하거나 방해하지는 않았고, 산림감시원은 임산물 훼손과 산불방지를 위한 순찰과 병충해 방제작업을 하면서 산림을 보호하여 온 경우, 철조망 안에 있는 부소산성의 관람객으로부터 관람료를 징수하여 온 사정을 감안하더라도, 위 군이 위 임야에 대한 소유자들의 점유사용을 배제하고 배타적으로 점유하여 이익을 얻었다고는 할 수 없다.

▎판례 6 ▎ 소유권이전등기말소

[대법원 1980.5.27. 선고 80다671 판결]

판결요지

가. 매매행위가 무효라는 사실만으로 자주점유가 아니라고 할 수 없다.

나. 소유의 의사로 점유한다고 함은 소유자와 동일한 지배를 하는 의사로 점유한다는 것을 의미하는 것이고 점유자가 그 물건의 소유자임을 믿고 있어야 하는 것은 아니다.

▎판례 7 ▎ 소유권이전등기

[대법원 1987.4.14. 선고 85다카2230 판결]

판결요지

가. 취득시효에 있어서 자주점유의 요건인 소유의 의사는 객관적으로 점유권원의 성질에 의하여 그 존부를 결정하여야 하나 그 점유권원의 성질이 불분명한 때에는 민법 제197조 제1항에 의하여 자주점유로 추정되므로, 점유자가 스스로 자주점유를 뒷받침할 점유권원의 성질을 주장입증할 책임이 없고, 위 법률상 추정을 번복하여 타주점유임을 주장하는 상대방에게 타주점유에 대한 입증책임이 있다.
나. 점유자가 스스로 매매등과 같은 자주 점유의 권원을 주장하였으나 이것이 인정되지 않는 경우에도 자주점유의 추정이 번복된다거나 또는 점유권원의 성질상 타주점유로 볼 수 없다.
다. 자주점유는 소유자와 동일한 지배를 하려는 의사를 가지고 하는 점유를 의미하는 것이지, 법률상 그러한 지배를 할 수 있는 권한 즉, 소유권을 가지고 있거나 또는 소유권이 있다고 믿고서 하는 점유를 의미하는 것은 아니다.

▌판례 8 ▌ 부동산소유권이전등기

[대법원 1991.2.22. 선고 90다15808 판결]

판결요지

가. 민법 197조 1항의 소유의 의사의 추정은, 점유자가 점유의 성질상 소유의 의사가 없었던 것으로 볼 권원에 터잡아 점유를 취득한 사실이 증명되거나 또는 경험칙상 소유의 의사가 없었던 것으로 볼 사정, 즉 점유자가 점유중에 참다운 소유자라면 통상적으로 취하지 않을 태도를 나타내거나 소유자라면 당연히 취했을 것으로 보이는 행동을 하지 않은 경우 등 외형적, 객관적으로 보아 점유자가 타인의 소유권을 배척하여 점유할 의사를 갖지 않았던 것으로 볼 사정이 증명되었을 때에는 깨어지는 것이다.
나. 취득시효에 있어서 자주점유의 추정이 번복되었다고 본 사례

▌판례 9 ▌ 소유권보존등기말소

[대법원 2006.1.26. 선고 2005다36045 판결]

판시사항

[1] 국가나 지방자치단체가 부동산을 점유하는 경우에도 민법 제197조 제1항의 자주점유의 추정이 적용되는지 여부(적극)
[2] 부동산 취득시효에 있어서 자주점유의 추정이 번복되는 경우
[3] 지방자치단체가 취득시효의 완성을 주장하는 임야의 취득절차에 관련된 서류를 제출하지 못하고 있지만, 제반 사정상 지방자치단체의 자주점유의 추정이 번복되었다고 보기 어렵다고 한 사례

▌판례 10 ▌ 건물철거

[대법원 1984.1.31. 선고 83다615 판결]

판결요지

가. 취득시효의 요건이 되는 자주점유의 내용인 소유의 의사는 점유권원의 성질에 따라 가려

져야 할 것이나, 다만 점유의 성질이 분명하지 아니한 때에는 민법 제197조 제1항의 규정에 의하여 점유자는 소유의 의사로 선의, 평온 및 공연하게 점유한 것으로 추정되므로, 점유자에게 적극적으로 그 점유권원이 자주점유임을 주장입증할 책임이 있다고 할 수 없고 점유자의 점유가 타주점유임을 주장하는 상대방에게 이를 입증할 책임이 있다고 할 것이다.

나. 점유자가 스스로 매매 또는 증여와 같은 자주점유의 권원을 주장하였으나 이것이 인정되지 않는 경우라고 하더라도, 원래 이와 같은 자주점유에 관한 입증책임이 점유자에게 있지 아니한 이상 그 점유권원이 인정되지 않는다는 사유만으로 자주점유의 추정이 번복되어 타주점유가 된다고는 볼 수 없다.

판례 11 시효취득으로인한토지소유권확인등

[대법원 1963.6.20. 63다262 판결]

판결요지

점유를 하자없는 자주점유로 추정하는 법률상 규정은 권원의 성질상 점유자에게 소유의 의사가 없는 것으로 보아야 할 경우까지 적용되는 것은 아니다.

판례 12 소유권이전등기

[대법원 1989.2.28. 선고 88다카14137 판결]

판결요지

가. 점유자는 소유의 의사로 점유한 것으로 추정되지만 점유의 성질상 자주점유가 아닌 경우까지 그러한 추정을 받을 수는 없다.

나. 농지개혁법에 의하여 분배받은 농지는 상환을 완료한 때에 그 소유권이 수분배자에게 이전되는 것이므로 농지를 분배한다는 통지를 받은 날부터 타주점유가 자주점유로 되는 것은 아니다.

판례 13 가건물철거등

[대법원 1994.4.29. 선고 93다18327, 18334 판결]

판결요지

매수한 건물이 타인 소유인 대지 위에 무단히 건립된 것임을 알면서도 이를 매수한 후 증축하여 그 대지부분을 점유·사용하여 왔다고 하더라도 이는 권원의 성질상 자주점유에 해당한다.

판례 14 소유권보존등기

[대법원 1989.9.26. 선고 88다카24394(본소)24400,24417(반소) 판결]

판결요지

토지소유자가 점유자에게 그 토지에 대한 매수 또는 사용료의 지급을 청구하여 왔고, 그때마다 점유자는 예산이 확보되는 대로 토지대금이나 사용료를 청산 지급하겠다고 회보함으로써 그 토지에 대한 소유자의 소유권을 승인하였다면 점유자가 그 토지에 대한 점유를 개시할 때 소유의 의사로 점유하기 시작하였다는 추정은 깨어졌다고 볼 것이다.

판례 15 ┃ 소유권이전등기

[대법원 1997. 9. 12. 선고 96다26299 판결]

판결요지

[1] 점유자가 점유 개시 당시에 소유권 취득의 원인이 될 수 있는 법률행위 기타 법률요건이 없이 그와 같은 법률요건이 없다는 사실을 알면서 타인 소유의 부동산을 무단점유한 것임이 증명된 경우에는 특별한 사정이 없는 한 점유자는 타인의 소유권을 배척하고 점유할 의사를 갖고 있지 않다고 보아야 하므로 이로써 소유의 의사가 있는 점유라는 추정은 깨어진다.

[2] 지방자치단체가 사유지 위에 도로를 개설하면서 권원 취득의 절차를 밟지 않고 보상금을 지급하지도 않은 경우, 자주점유의 추정이 깨어졌다고 한 사례.

2. 조직 및 관할

┃ 토지보상법 제21조 (협의 및 의견청취 등) ┃

① 국토교통부장관은 사업인정을 하려면 관계 중앙행정기관의 장 및 특별시장·광역시장·도지사·특별자치도지사(이하 "시·도지사"라 한다) 및 제49조에 따른 중앙토지수용위원회와 협의하여야 하며, 대통령령으로 정하는 바에 따라 미리 사업인정에 이해관계가 있는 자의 의견을 들어야 한다. <개정 2013. 3. 23., 2015. 12. 29., 2018. 12. 31.>

② 별표에 규정된 법률에 따라 사업인정이 있는 것으로 의제되는 공익사업의 허가·인가·승인권자 등은 사업인정이 의제되는 지구지정·사업계획승인 등을 하려는 경우 제1항에 따라 제49조에 따른 중앙토지수용위원회와 협의하여야 하며, 대통령령으로 정하는 바에 따라 사업인정에 이해관계가 있는 자의 의견을 들어야 한다. <신설 2015. 12. 29., 2018. 12. 31.>

③ 제49조에 따른 중앙토지수용위원회는 제1항 또는 제2항에 따라 협의를 요청받은 경우 사업인정에 이해관계가 있는 자에 대한 의견 수렴 절차 이행 여부, 허가·인가·승인대상 사업의 공공성, 수용의 필요성, 그 밖에 대통령령으로 정하는 사항을 검토하여야 한다. <신설 2015. 12. 29., 2018. 12. 31.>

④ 제49조에 따른 중앙토지수용위원회는 제3항의 검토를 위하여 필요한 경우 관계 전문기관이나 전문가에게 현지조사를 의뢰하거나 그 의견을 들을 수 있고, 관계 행정기관의 장에게 관련 자료의 제출을 요청할 수 있다. <신설 2018. 12. 31.>

⑤ 제49조에 따른 중앙토지수용위원회는 제1항 또는 제2항에 따라 협의를 요청받은 날부터 30일 이내에 의견을 제시하여야 한다. 다만, 그 기간 내에 의견을 제시하기 어려운 경우에는 한 차례만 30일의 범위에서 그 기간을 연장할 수 있다. <신설 2018. 12. 31.>

⑥ 제49조에 따른 중앙토지수용위원회는 제3항의 사항을 검토한 결과 자료 등을 보완할 필요가 있는 경우에는 해당 허가·인가·승인권자에게 14일 이내의 기간을 정하여 보완을 요청할 수 있다. 이 경우 그 기간은 제5항의 기간에서 제외한다. <신설 2018. 12. 31., 2020. 6. 9.>

⑦ 제49조에 따른 중앙토지수용위원회가 제5항에서 정한 기간 내에 의견을 제시하지 아니하는 경우에는 협의가 완료된 것으로 본다. <신설 2018. 12. 31.>
⑧ 그 밖에 제1항 또는 제2항의 협의에 관하여 필요한 사항은 국토교통부령으로 정한다. <신설 2018. 12. 31.> [전문개정 2011. 8. 4.] [제목개정 2018. 12. 31.]

| 토지보상법 제51조 (관할) |

① 제49조에 따른 중앙토지수용위원회(이하 "중앙토지수용위원회"라 한다)는 다음 각 호의 사업의 재결에 관한 사항을 관장한다.
  1. 국가 또는 시·도가 사업시행자인 사업
  2. 수용하거나 사용할 토지가 둘 이상의 시·도에 걸쳐 있는 사업
② 제49조에 따른 지방토지수용위원회(이하 "지방토지수용위원회"라 한다)는 제1항 각 호 외의 사업의 재결에 관한 사항을 관장한다.

| 토지보상법 제52조 (중앙토지수용위원회) |

① 중앙토지수용위원회는 위원장 1명을 포함한 20명 이내의 위원으로 구성하며, 위원 중 대통령령으로 정하는 수의 위원은 상임(常任)으로 한다.
② 중앙토지수용위원회의 위원장은 국토교통부장관이 되며, 위원장이 부득이한 사유로 직무를 수행할 수 없을 때에는 위원장이 지명하는 위원이 그 직무를 대행한다. <개정 2013. 3. 23.>
③ 중앙토지수용위원회의 위원장은 위원회를 대표하며, 위원회의 업무를 총괄한다.
④ 중앙토지수용위원회의 상임위원은 다음 각 호의 어느 하나에 해당하는 사람 중에서 국토교통부장관의 제청으로 대통령이 임명한다. <개정 2013. 3. 23.>
  1. 판사·검사 또는 변호사로 15년 이상 재직하였던 사람
  2. 대학에서 법률학 또는 행정학을 가르치는 부교수 이상으로 5년 이상 재직하였던 사람
  3. 행정기관의 3급 공무원 또는 고위공무원단에 속하는 일반직공무원으로 2년 이상 재직하였던 사람
⑤ 중앙토지수용위원회의 비상임위원은 토지 수용에 관한 학식과 경험이 풍부한 사람 중에서 국토교통부장관이 위촉한다. <개정 2013. 3. 23.>
⑥ 중앙토지수용위원회의 회의는 위원장이 소집하며, 위원장 및 상임위원 1명과 위원장이 회의마다 지정하는 위원 7명으로 구성한다. 다만, 위원장이 필요하다고 인정하는 경우에는 위원장 및 상임위원을 포함하여 10명 이상 20명 이내로 구성할 수 있다. <개정 2018. 12. 31.>
⑦ 중앙토지수용위원회의 회의는 제6항에 따른 구성원 과반수의 출석과 출석위원 과반수의 찬성으로 의결한다.
⑧ 중앙토지수용위원회의 사무를 처리하기 위하여 사무기구를 둔다.
⑨ 중앙토지수용위원회의 상임위원의 계급 등과 사무기구의 조직에 관한 사항은 대통령령으로 정한다.

| 토지보상법 제53조 (지방토지수용위원회) |

① 지방토지수용위원회는 위원장 1명을 포함한 20명 이내의 위원으로 구성한다.
② 지방토지수용위원회의 위원장은 시·도지사가 되며, 위원장이 부득이한 사유로 직무를 수행할 수 없을 때에는 위원장이 지명하는 위원이 그 직무를 대행한다.
③ 지방토지수용위원회의 위원은 시·도지사가 소속 공무원 중에서 임명하는 사람 1명을 포함하여 토지 수용에 관한 학식과 경험이 풍부한 사람 중에서 위촉한다.
④ 지방토지수용위원회의 회의는 위원장이 소집하며, 위원장과 위원장이 회의마다 지정하는 위원 8명으로 구성한다. 다만, 위원장이 필요하다고 인정하는 경우에는 위원장을 포함하여 10명 이상 20명 이내로 구성할 수 있다.
⑤ 지방토지수용위원회의 회의는 제4항에 따른 구성원 과반수의 출석과 출석위원 과반수의 찬성으로 의결한다.
⑥ 지방토지수용위원회에 관하여는 제52조제3항을 준용한다.

사례 1 — 국가 또는 시·도가 사업시행자인 사업의 수용재결 관할은 중앙토지수용위원회이다 (2016. 01. 29. 토지정책과-785)(유권해석)

질의요지
2018 토지수용 업무편람 발췌

"○○국토관리청"이 농어촌도로정비법에 따라 사업시행자 지정을 받아 도로사업을 하는 경우 수용재결에 대한 관할 토지수용위원회는?

회신내용

수용재결 관할에 대하여 개별법에 별도로 정하고(전원개발촉진법 제6조의2제4항 참조) 있지 않고, ○○국토관리청이 사업시행자라면 해당 사업에 대한 수용재결은 중앙토지수용위원회에서 관장하여야 할 것으로 사료됩니다.

※ 「농어촌도로 정비법」 제13조에서는 재결신청 기간의 특례를 규정하고 있으나 관할 토지수용위원회에 대해서는 별도로 규정하고 있지 않음

사례 2 — 비관리청 도로공사의 경우 수용재결 관할은 지방토지수용위원회로 보아야 한다 (2010. 09. 20. 토지정책과-4656)(유권해석)

질의요지
2018 토지수용 업무편람 발췌

LH공사에서 「도로법」에 의거 비관리청 도로공사 시행허가를 득하고, 「공익사업을 위한 토지 등의 취득 및 보상에 관한 법률(이하 "토지보상법"이라 함)」 제20조에 따라 사업인정을 받았을 경우, 수용재결 관할토지수용위원회(중앙 또는 지방)는?

회신내용

「토지보상법」 제51조에 의하면, 중앙토지수용위원회는 국가 또는 시·도가 사업시행자인 사업과 수용 또는 사용할 토지가 2 이상의 시·도에 걸쳐 있는 사업의 재결에 관한 사항을 관장하며, 지방토지수용위원회는 이외의 사업의 재결에 관한 사항을 관장하도록 규정하고 있습니다. 또한, 「한국토지주택공사법」 제19조에 의하면, 공사가 동 규정에서 정한 어느 하나에 해당하는 사업을 행하는 경우에 「토지보상법」 제51조 제1항 제1호를 적용함에 있어서는 국가 또는 지방자치단체를 공사로 본다고 규정하고 있습니다. 따라서, 위 규정에 따라 LH공사가 국가 또는 지방자치단체로 의제되지 아니하는 「도로법」에 의한 비관리청 도로공사 경우의 수용재결 관할 토지수용위원회는 지방토지수용위원회로 보아야 할 것입니다.

※ 「도로법」 제82조에서는 재결신청 기간의 특례를 규정하고 있으나 관할 토지수용위원회에 대해서는 별도로 규정하고 있지 않으며, 「한국토지주택공사법」 제19조에서는 한국토지주택공사를 국가 또는 지방자치단체로 의제하는 공익사업을 규정하고 있으나 도로사업은 여기에 해당되지 않음

판 례

❙ 재결례 ❙ 국토교통부장관 외의 자가 지정한 산업단지의 토지 등에 대한 재결은 지방토지수용위원회가 관장한다.

[중토위 2017. 7. 27.]

재결요지

인천광역시장은 이 건 사업은 산업단지 외의 사업으로 관련 법령에 따라 정당하게 사업인정된 사업으로 각하 재결에 대한 재심의를 하여 줄 것을 주장하고 있다.

「산업입지 및 개발에 관한 법률」(이하 "산업입지법"이라 한다)제7조의4(산업단지 지정의 고시 등)제1항에 따르면 산업단지지정권자(제6조, 제7조, 제7조의2, 제7조의3 또는 제8조에 따라 산업단지를 지정할 권한을 가진 국토교통부장관, 시·도지사 또는 시장·군수·구청장을 말한다. 이하 같다)는 산업단지를 지정할 때에는 대통령령으로 정하는 사항을 관보 또는 공보에 고시하여야 하며, 같은 조 제2항에 따르면 산업단지로 지정되는 지역 안에 수용·사용할 토지·건축물 또는 그 밖의 물건이나 권리가 있는 경우에는 제1항에 따른 고시 내용에 그 토지 등의 세부 목록을 포함하게 하여야 한다고 되어있고, 산업입지법 제22조(토지수용)제1항에 따르면 사업시행자(제16조제1항제6호에 따른 사업시행자는 제외한다. 이하 이 조에서 같다)는 산업단지개발사업에 필요한 토지·건물 또는 토지에 정착한 물건과 이에 관한 소유권 외의 권리, 광업권, 어업권, 물의 사용에 관한 권리(이하 "토지등"이라 한다)를 수용하거나 사용할 수 있고, 같은 조 제2항에 따르면 제1항을 적용할 때 제7조의4제1항에 따른 산업단지의 지정·고시가 있는 때(제6조제5항 각 호 외의 부분 단서 또는 제7조제6항 및 제7조의2제6항에 따라 사업시행자와 수용·사용할 토지등의 세부 목록을 산업단지가 지정된 후에 산업단지개발계획에 포함시키는 경우에는 이의 고시가 있는 때를 말한다) 또는 제19조의2에 따른 농공단지실시계획의 승인·고시가 있는 때에는 이를 「공익사업을 위한 토지 등의 취득 및 보상에 관한 법률」 제20조제1항 및 같은 법 제22조에 따른 사업인정 및 사업인정의 고시가 있는 것으로 본다고 되어있다.

또한 산업입지법 제31조(산업단지 외의 사업에 대한 준용)에 따르면 산업단지의 인근 지역에서 산업단지개발사업에 직접 관련되는 사업을 시행하는 경우 해당 사업에 대하여는 대통령령으로 정하는 바에 따라 이 법의 일부를 준용한다고 되어있고, 산업입지법 시행령 제29조(산업단지 외의 사업에 대한 준용)제1항에 따르면 법 제31조에서 "산업단지개발사업에 직접 관련되는 사업"이라 함은 다음 각 호의 사업을 말한다. 1. 항만·도로·철도·용수공급시설·하수도·공공폐수처리시설·폐기물처리시설·전기시설 또는 통신시설사업으로 되어있다.

한편,「산업단지 인·허가 절차 간소화를 위한 특례법」(이하 "산단절차간소화법"이라 한다)제4조제2항에 따르면 산업단지의 지정 및 개발과 관련하여 이 법으로 정하는 사항 이외의 사항은「산업입지 및 개발에 관한 법률」에 따른다고 되어 있고, 산단절차간소화법 제15조(산업단지계획의 승인 고시 등)제2항에 따르면, 제1항에 따른 산업단지계획 승인고시는「산업입지 및 개발에 관한 법률」제7조의4 및 제8조에 따른 산업단지의 지정 고시 및 같은 법 제19조의2에 따른 실시계획 승인의 고시로 본다고 되어 있다.

관계자료(관련 법령, 수용재결신청서, 사업인정고시문, 수용재결서 등)를 살펴본 결과, 이 건 인천광역시장이 시행하는 00일반산업단지 공업용수도 건설공사는 산업입지법 제31조에 따른 산업단지의 용수공급시설로 산업단지 외의 사업임이 확인되며, 산업입지법과 산단절차간소화법의 관계를 살펴보면 산업입지법은 산업단지 전반에 대한 일반법으로서 산업단지 정책방향, 계획승인, 주민보상, 공사시행, 조성토지의 공급방법 등 산업단지 전반을 규정하고 있는 법이고, 산단절차간소화법은 산업단지계획의 승인절차에 관해서만 특례를 규정한 것으로 인허가 과정에서 행정절차를 통합하여 기간을 단축하는 것으로 산단절차간소화법에 따라 절차를 거쳐 지정 고시된 산업단지는 산업입지법에 따른 고시가 있는 것으로 보아야 한다. 이 건 사업은 산단절차간소화법 제15조에 따라 산업단지계획 승인 및 고시가 있는 사업으로 토지보상법 제20조 및 제22조의 규정에 의한 사업인정 및 사업인정의 고시가 있는 것으로 의제되므로 사업시행자는 위 사업에 편입되는 토지 등을 수용할 수 있는 정당한 권한이 있음이 인정됨에도 불구하고 도시계획시설사업임을 전제로 「국토의 계획 및 이용에 관한 법률」제88조 및 같은 법 제91조에 따른 실시계획인가 및 고시가 없었다는 이유로 각하재결한 2017. 1. 5. 중앙토지수용위원회의 재결은 부당하다.

한편, 토지보상법 제51조제1항에 따르면 제49조에 따른 중앙토지수용위원회는 다음 각 호 1. 국가 또는 시·도가 사업시행자인 사업 2. 수용하거나 사용할 토지가 둘 이상의 시·도에 걸쳐 있는 사업의 재결에 관한 사항을 관장하고 같은 조 제2항에 따르면 제49조에 따른 지방토지수용위원회는 제1항 각 호 외의 사업의 재결에 관한 사항을 관장한다고 되어있고,

산업입지법 제22조제3항에 따르면 국토교통부장관이 지정한 산업단지의 토지등에 대한 재결(裁決)은 중앙토지수용위원회가 관장하고, 국토교통부장관 외의 자가 지정한 산업단지의 토지 등에 대한 재결은 지방토지수용위원회가 관장한다고 되어있고, 같은 조 제2항에 따르면 제1항에 따른 수용 또는 사용에 관하여는 이 법에 특별한 규정이 있는 경우를 제외하고는 「공익사업을 위한 토지 등의 취득 및 보상에 관한 법률」을 준용한다고 되어있다.

따라서, 이 건 수용재결은 산업입지법 제22조제3항에 따라 국토교통부 외의 자(인천광역시장)가 지정한 산업단지로 토지보상법 제51조에도 불구하고 재결신청 관할이 인천광역시지방토지수용위원회이며, 중앙토지수용위원회에 재결을 신청한 것은 재결관할 위반으로 각하 재결함이 타당하다.

다만, 원 처분인 수용재결에서 각하재결 이유의 설명이 부당함은 있으나 결론에 있어 '각하' 처분한 수용재결은 정당하다 할 것이므로 중앙토지수용위원회의 2017. 1. 5. 수용재결이 부당하다는 이의신청인의 주장은 주문과 같이 기각하기로 하다.

3. 심리조사

> **토지보상법 제58조 (심리조사상의 권한)**
>
> ① 토지수용위원회는 심리에 필요하다고 인정할 때에는 다음 각 호의 행위를 할 수 있다. <개정 2020. 4. 7.>
>   1. 사업시행자, 토지소유자, 관계인 또는 참고인에게 토지수용위원회에 출석하여 진술하게 하거나 그 의견서 또는 자료의 제출을 요구하는 것
>   2. 감정평가법인등이나 그 밖의 감정인에게 감정평가를 의뢰하거나 토지수용위원회에 출석하여 진술하게 하는 것
>   3. 토지수용위원회의 위원 또는 제52조제8항에 따른 사무기구의 직원이나 지방토지수용위원회의 업무를 담당하는 직원으로 하여금 실지조사를 하게 하는 것
> ② 제1항제3호에 따라 위원 또는 직원이 실지조사를 하는 경우에는 제13조를 준용한다.
> ③ 토지수용위원회는 제1항에 따른 참고인 또는 감정평가법인등이나 그 밖의 감정인에게는 국토교통부령으로 정하는 바에 따라 사업시행자의 부담으로 일당, 여비 및 감정수수료를 지급할 수 있다. <개정 2013. 3. 23., 2020. 4. 7.> [전문개정 2011. 8. 4.]
>
> **토지보상법 제35조 (재결기간)**
>
> 토지수용위원회는 제32조에 따른 심리를 시작한 날부터 14일 이내에 재결을 하여야 한다. 다만, 특별한 사유가 있을 때에는 14일의 범위에서 한 차례만 연장할 수 있다.

― 판 례 ―

판례 1 토지소유자 등의 심리 참가에 제한을 둔 것이 적법절차원칙에 위배되지 않는다.

[헌재 2007. 11. 29. 2006헌바79]

결정요지

나. 적법절차원칙 위배 여부

또한 토지수용위원회의 재결에 있어서 토지수용위원회가 심리에 필요하다고 인정하는 때에만 토지소유자 등이 출석하여 의견을 진술할 수 있는바, 이는 재결의 효율성, 신속성을 위한 것으로서 토지수용위원회는 재결신청서를 접수한 때에는 지체없이 이를 공고하고, 공고한 날부터 14일 이상 관계서류의 사본을 일반이 열람할 수 있도록 하여야 하며, 열람기간 중에 토지소유자 또는 관계인은 의견을 제시할 수 있으므로(공익사업법 제31조 제1항, 제2항) 수용재결의 심리에 있어서 위와 같은 제한을 둔 것이 적법절차원칙에 위배되지는 않는다.

4. 재결사항

> **토지보상법 제50조 (재결사항)**
>
> ① 토지수용위원회의 재결사항은 다음 각 호와 같다.

> 1. 수용하거나 사용할 토지의 구역 및 사용방법
> 2. 손실보상
> 3. 수용 또는 사용의 개시일과 기간
> 4. 그 밖에 이 법 및 다른 법률에서 규정한 사항
>
> ② 토지수용위원회는 사업시행자, 토지소유자 또는 관계인이 신청한 범위에서 재결하여야 한다. 다만, 제1항제2호의 손실보상의 경우에는 증액재결(增額裁決)을 할 수 있다.

재결례

▮ 재결례 1 ▮ 편입 토지를 제외시켜 달라는 주장에 대한 기각 재결례

[중토위 2017. 7. 20.]

재결요지

000이 편입토지를 제외하여 달라는 주장에 대하여 사업인정과 토지수용위원회의 재결에 관하여 대법원은 '토지보상법은 수용·사용의 일차단계인 사업인정에 속하는 부분은 사업의 공익성판단으로 사업인정기관에 일임하고 그 이후의 구체적 수용·사용의 결정은 토지수용위원회에 맡기고 있다. 이와 같은 토지수용절차의 이분화 및 사업인정의 성격과 토지수용위원회의 재결사항을 열거하고 있는 법 제50조제1항의 규정내용에 비추어 볼 때, 토지수용위원회는 행정쟁송에 의하여 사업인정이 취소되지 않는 한 그 기능상 사업인정 자체를 무의미하게 하는, 즉 사업의 시행이 불가능하게 되는 것과 같은 재결을 행할 수는 없다'고 판시(대법원 1994. 11. 11. 선고 93누19375 판결 참조)하고 있다.

따라서 사업인정이 의제되는 이 건 사업이 행정쟁송에 의하여 취소된 바 없고, 적법한 절차에 따라 사업인정이 되고 고시되어 사업시행자는 사업에 필요한 토지 등을 수용하거나 사용할 수 있는 정당한 권한이 인정되므로 이의신청인의 주장을 받아들일 수 없다.

▮ 재결례 2 ▮ 주거이전비도 재결사항에 해당한다.

[행정심판 재결 사건 04-15959]

회신내용

청구인은, 피청구인이 1999. 12. 20.자로 고시한 택지개발예정지구에 택지개발계획이 승인·고시되기 전인 2000. 9. 16.자로 전입하여 청구인이 2002. 1. 8.자로 이 건 사업인정을 받기 전에 거주한 자임이 분명하므로 토지보상법상 관계인에 해당되는 점, 관계인의 재결신청이 있는 경우 사업시행자는 반드시 토지수용위원회에 재결을 신청하도록 토지보상법에 규정되어 있는 점, 청구인의 주거이전비보상에 대하여 피청구인과 협의가 성립되지 아니한 점, 토지보상법상에 청구인의 주거이전비보상에 대하여 재결신청의 청구 이외에는 이의신청절차가 없고, 재결절차를 거치지 않고서는 당사자소송에 의해서도 청구인의 위 권리를 구제받을 수 있는 길이 없어 보이는 점 등에 비추어 볼 때, 청구인은 토지보상법상 관계인에 해당되고 수용재결신청 청구권이 있다.

판 례

┃ 판례 1 ┃ 사업인정 자체를 무의미하게 하여 사업의 시행을 불가능하게 하는 재결은 행할 수 없다.

[대법원 2007. 01. 11. 선고 2004두6538]

판결요지

구 토지수용법(2002. 2. 4. 법률 제6656호 공익사업을 위한 토지 등의 취득 및 보상에 관한 법률 부칙 제2조로 폐지)은 수용·사용의 일차 단계인 사업인정에 속하는 부분은 사업의 공익성 판단으로 사업인정기관에 일임하고 그 이후의 구체적인 수용·사용의 결정은 토지수용위원회에 맡기고 있는바, 이와 같은 토지수용절차의 2분화 및 사업인정의 성격과 토지수용위원회의 재결사항을 열거하고 있는 같은 법 제29조 제2항의 규정 내용에 비추어 볼 때, 토지수용위원회는 행정쟁송에 의하여 사업인정이 취소되지 않는 한 그 기능상 사업인정 자체를 무의미하게 하는, 즉 사업의 시행이 불가능하게 되는 것과 같은 재결을 행할 수는 없다.

┃ 판례 2 ┃ 관할 토지수용위원회가 토지에 관하여 사용재결을 하는 경우에는 재결서에 사용할 토지의 위치와 면적, 권리자, 손실보상액, 사용 개시일 외에도 사용방법, 사용기간을 구체적으로 특정하여야 한다.

[대법원 2019. 6. 13. 선고, 2018두42641 판결]

판결요지

[1] 공익사업을 위한 토지 등의 취득 및 보상에 관한 법령이 재결을 서면으로 하도록 하고, '사용할 토지의 구역, 사용의 방법과 기간'을 재결사항의 하나로 규정한 취지는, 재결에 의하여 설정되는 사용권의 내용을 구체적으로 특정함으로써 재결 내용의 명확성을 확보하고 재결로 인하여 제한받는 권리의 구체적인 내용이나 범위 등에 관한 다툼을 방지하기 위한 것이다. 따라서 관할 토지수용위원회가 토지에 관하여 사용재결을 하는 경우에는 재결서에 사용할 토지의 위치와 면적, 권리자, 손실보상액, 사용 개시일 외에도 사용방법, 사용기간을 구체적으로 특정하여야 한다.

[2] 지방토지수용위원회가 甲 소유의 토지 중 일부는 수용하고 일부는 사용하는 재결을 하면서 재결서에는 수용대상 토지 외에 사용대상 토지에 관해서도 '수용'한다고만 기재한 사안에서, 사용대상 토지에 관하여는 공익사업을 위한 토지 등의 취득 및 보상에 관한 법률(이하 '토지보상법'이라 한다)에 따라 사업시행자에게 사용권을 부여함으로써 송전선의 선하부지로 사용할 수 있도록 하기 위한 절차가 진행되어 온 점, 재결서의 주문과 이유에는 재결에 의하여 지방토지수용위원회에 설정하여 주고자 하는 사용권이 '구분지상권'이라거나 사용권이 설정될 토지의 구역 및 사용방법, 사용기간 등을 특정할 수 있는 내용이 전혀 기재되어 있지 않아 재결서만으로는 토지소유자인 甲이 자신의 토지 중 어느 부분에 어떠한 내용의 사용제한을 언제까지 받아야 하는지를 특정할 수 없고, 재결로 인하여 토지소유자인 甲이 제한받는 권리의 구체적인 내용이나 범위 등을 알 수 없어 이에 관한 다툼을 방지하기도 어려운 점 등을 종합하면, 위 재결 중 사용대상 토지에 관한 부분은 토지보상법 제50조 제1항에서 정한 사용재결의 기재사항에 관한 요건을 갖추지 못한 흠

이 있음에도 사용재결로서 적법하다고 본 원심판단에 법리를 오해한 잘못이 있다고 한 사례.

5. 수용 또는 사용 외의 재결

가. 토지보상법

(ⅰ) 장해물 제거 등을 함으로써 발생하는 손실(제9조 및 제12조)
(ⅱ) 사업인정의 실효로 인한 손실(제23조)
(ⅲ) 사업의 폐지 및 변경으로 인한 손실(제24조)
(ⅳ) 사업인정 고시일 후 토지 및 물건조서 작성을 위하여 타인점유 토지에 출입하여 측량·조사함으로써 발생하는 손실
(ⅴ) 재결의 실효로 인한 손실(제42조),
(ⅵ) 공익사업시행지구 밖의 토지에 대한 공사비(제79조제1항 및 제80조),
(ⅶ) 공익사업시행지구 밖의 토지 등이 본래의 기능을 다할 수 없게 되어 발생하는 손실(제79조제2항 및 제80조)

● 토지보상법상의 보상체결 ●

제9조 (사업 준비를 위한 출입의 허가 등) ④ 사업시행자는 제1항에 따라 타인이 점유하는 토지에 출입하여 측량·조사함으로써 발생하는 손실을 보상하여야 한다.
⑤ 제4항에 따른 손실의 보상은 손실이 있음을 안 날부터 1년이 지났거나 손실이 발생한 날부터 3년이 지난 후에는 청구할 수 없다.
⑥ 제4항에 따른 손실의 보상은 사업시행자와 손실을 입은 자가 협의하여 결정한다.
⑦ 제6항에 따른 협의가 성립되지 아니하면 사업시행자나 손실을 입은 자는 대통령령으로 정하는 바에 따라 제51조에 따른 관할 토지수용위원회(이하 "관할 토지수용위원회"라 한다)에 재결을 신청할 수 있다.

제12조 (장해물 제거등) ④ 사업시행자는 제1항에 따라 장해물 제거등을 함으로써 발생하는 손실을 보상하여야 한다.
⑤ 제4항에 따른 손실보상에 관하여는 제9조제5항부터 제7항까지의 규정을 준용한다.

제24조 (사업의 폐지 및 변경) ⑥ 제2항 및 제3항에 따른 고시가 된 날부터 그 고시된 내용에 따라 사업인정의 전부 또는 일부는 그 효력을 상실한다. <개정 2021. 8. 10.>
⑦ 사업시행자는 제1항에 따라 사업의 전부 또는 일부를 폐지·변경함으로 인하여 토지소유자 또는 관계인이 입은 손실을 보상하여야 한다. <개정 2021. 8. 10.>

제27조 (토지 및 물건에 관한 조사권 등) ③ 사업인정고시가 된 후에는 제26조제1항에서 준용되는 제15조제3항에 따라 토지소유자나 관계인이 토지조서 및 물건조서의 내용에 대하여 이의를 제기하는 경우를 제외하고는 제26조제1항에서 준용되는 제14조에 따라 작성된 토지조서 및 물건조서의 내용에 대하여 이의를 제기할 수 없다. 다만, 토지조서 및 물건조서의 내용이 진실과 다르다는 것을 입증할 때에는 그러하지 아니하다. <개정 2018. 12. 31.>

④ 사업시행자는 제1항에 따라 타인이 점유하는 토지에 출입하여 측량·조사함으로써 발생하는 손실(감정평가법인등이 제1항제2호에 따른 감정평가를 위하여 측량·조사함으로써 발생하는 손실을 포함한다)을 보상하여야 한다. <개정 2018. 12. 31., 2020. 4. 7.>

제38조 (천재지변 시의 토지의 사용) ④ 사업시행자는 제1항에 따라 타인의 토지를 사용함으로써 발생하는 손실을 보상하여야 한다.

⑤ 제4항에 따른 손실보상에 관하여는 제9조제5항부터 제7항까지의 규정을 준용한다.

제42조 (재결의 실효) ② 사업시행자는 제1항에 따라 재결의 효력이 상실됨으로 인하여 토지소유자 또는 관계인이 입은 손실을 보상하여야 한다.

③ 제2항에 따른 손실보상에 관하여는 제9조제5항부터 제7항까지의 규정을 준용한다.

제73조 (잔여지의 손실과 공사비 보상) ① 사업시행자는 동일한 소유자에게 속하는 일단의 토지의 일부가 취득되거나 사용됨으로 인하여 잔여지의 가격이 감소하거나 그 밖의 손실이 있을 때 또는 잔여지에 통로·도랑·담장 등의 신설이나 그 밖의 공사가 필요할 때에는 국토교통부령으로 정하는 바에 따라 그 손실이나 공사의 비용을 보상하여야 한다. 다만, 잔여지의 가격 감소분과 잔여지에 대한 공사의 비용을 합한 금액이 잔여지의 가격보다 큰 경우에는 사업시행자는 그 잔여지를 매수할 수 있다.

② 제1항 본문에 따른 손실 또는 비용의 보상은 관계 법률에 따라 사업이 완료된 날 또는 제24조의2에 따른 사업완료의 고시가 있는 날(이하 "사업완료일"이라 한다)부터 1년이 지난 후에는 청구할 수 없다. <개정 2021. 8. 10.>

④ 제1항에 따른 손실 또는 비용의 보상이나 토지의 취득에 관하여는 제9조제6항 및 제7항을 준용한다.

제79조 (그 밖의 토지에 관한 비용보상 등) ① 사업시행자는 공익사업의 시행으로 인하여 취득하거나 사용하는 토지(잔여지를 포함한다) 외의 토지에 통로·도랑·담장 등의 신설이나 그 밖의 공사가 필요할 때에는 그 비용의 전부 또는 일부를 보상하여야 한다. 다만, 그 토지에 대한 공사의 비용이 그 토지의 가격보다 큰 경우에는 사업시행자는 그 토지를 매수할 수 있다.

② 공익사업이 시행되는 지역 밖에 있는 토지등이 공익사업의 시행으로 인하여 본래의 기능을 다할 수 없게 되는 경우에는 국토교통부령으로 정하는 바에 따라 그 손실을 보

상하여야 한다. <개정 2013. 3. 23.>
③ 사업시행자는 제2항에 따른 보상이 필요하다고 인정하는 경우에는 제15조에 따라 보상계획을 공고할 때에 보상을 청구할 수 있다는 내용을 포함하여 공고하거나 대통령령으로 정하는 바에 따라 제2항에 따른 보상에 관한 계획을 공고하여야 한다.
④ 제1항부터 제3항까지에서 규정한 사항 외에 공익사업의 시행으로 인하여 발생하는 손실의 보상 등에 대하여는 국토교통부령으로 정하는 기준에 따른다. <개정 2013. 3. 23.>
⑤ 제1항 본문 및 제2항에 따른 비용 또는 손실의 보상에 관하여는 제73조제2항을 준용한다.
⑥ 제1항 단서에 따른 토지의 취득에 관하여는 제73조제3항을 준용한다.
⑦ 제1항 단서에 따라 취득하는 토지에 대한 구체적인 보상액 산정 및 평가 방법 등에 대하여는 제70조, 제75조, 제76조, 제77조, 제78조제4항, 같은 조 제6항 및 제7항을 준용한다. <개정 2022. 2. 3.> [전문개정 2011. 8. 4.]

제80조 (손실보상의 협의·재결) ① 제79조제1항 및 제2항에 따른 비용 또는 손실이나 토지의 취득에 대한 보상은 사업시행자와 손실을 입은 자가 협의하여 결정한다.
② 제1항에 따른 협의가 성립되지 아니하였을 때에는 사업시행자나 손실을 입은 자는 대통령령으로 정하는 바에 따라 관할 토지수용위원회에 재결을 신청할 수 있다.

재결례

▌재결례 1▐ 재결실효에 따른 손실보상 청구를 기각한 사례

[중토위 2013. 7. 18.]

재결요지

토지보상법은 제42조, 제9조 제5항 내지 제7항에서 재결의 실효에 따른 손실의 보상에 관한 근거규정을 마련하고 있으나 그 손실의 범위 또는 구체적인 손실보상의 기준에 관하여는 별도로 정하고 있지 않다.

따라서 '재결의 효력이 상실됨으로 인하여 토지소유자가 입은 손실'의 내용 및 범위는 개별적으로 구체적인 인과관계를 고려하여 판단하여야 할 것으로 보여진다.

신청인이 주장하는 '임대차계약 해지로 입은 손실'이 법 제42조에서 정하고 있는 '재결의 효력이 상실됨으로 인하여 토지소유자가 입은 손실'에 해당하는지에 대하여 살펴보면, 사업시행자가 보상금을 지급 또는 공탁하지 아니하여 재결이 실효되는 경우 수용대상 물건에 대한 소유권의 변동이 이루어 지지 아니하므로 재결이 실효되었다는 사정만으로 손실이 있는 것으로 보기는 어려우므로 토지소유자가 입은 손실에 대한 구체적인 사실을 입증하여야 할 것이다.

신청인이 제출한 임대차계약에 관한 서류들을 검토한 결과, 신청인은 704호, 803호, 804호에 대하여 2011. 5월경 임대차계약을 해지한 것으로 확인되는 바, 이는 이 건 수용재결(2012. 4. 27, 수용개시일 2012. 6. 15) 1년여 전에 임대차계약을 해지한 경우로서 이를 수용재결 및 보상금이 지급될 것을 신뢰하여 미리 행한 행위였다고 객관적으로 인정하기 어렵다.

또한, 701호, 801호에 대하여는 임대차 계약을 각각 2012. 9. 3, 2012. 9. 14.에 종료한 것으로 확인되는 바, 이는 이 건 수용재결 실효(2012. 6. 15)이후에도 부동산을 사용·수익한 것으로 볼 수 있다.

신청인은 수용재결 및 보상금의 지급을 신뢰하여 임대차계약을 해지하였다고 주장하나 위에서 살펴본 바와 같이 이를 사실로 인정하기 어려울 뿐 아니라 '수용개시일까지 보상금을 지급 또는 공탁하지 아니하여 재결이 실효된 것'이 곧바로 이 건의 부동산 임대수익의 손실을 발생시키게 된 것인지에 대한 인과관계 또한 명확하지 않은 것으로 판단된다.

따라서, 신청인이 주장하는 '수용재결 및 보상금의 지급을 신뢰하여 임대차계약을 해지하여 입게 된 손실'이 토지보상법 제42조에 따른 '재결의 효력이 상실됨으로 인하여 토지소유자가 입은 손실'에 해당하는 것으로 판단되지 아니하므로 신청인의 청구를 기각하기로 한다.

▎재결례 2 ▎ 사업폐지에 따른 손실보상 청구를 기각한 사례

[중토위 2013. 7. 19.]

재결요지

신청인의 주장내용을 본다.

06. 5. 29. 피신청인이 건설교통부장관에게 제안한 천안신월지구 국민임대주택단지 예정지구(이하에서 "이 사건 사업지구"라 한다) 지정(안)에 대하여, 06. 7. 11. 신청인은 국가방위력 개선사업이 추진에 심각한 차질이 우려됨을 이유로 이 사건 사업지구에 포함된 (주)한화 공장(이하에서 "이 사건 공장"이라 한다)을 사업지구에서 제척하여 줄 것을 요청하였으나, 제척없이 07. 1. 4. 이 사건 공장부지를 포함한 이 사건 사업지구가 지정 고시되었고, 이전이 불가피해짐에 따라 공장운영일정 등을 고려하여 신청인은 피신청인에게 조속히 감정평가를 실시하여 줄 것을 요청하여 09. 6. 2. ~ 6. 4.간 감정평가가 실시되었으며, 평가실시후 09. 6. 5.부터 09. 8. 30.까지 이 사건 공장을 아산으로 이전하였으나, 11. 7. 14. 이 사건 사업지구는 지정해제되었고 신청인은 이로 인하여 이전에 소요된 비용과 이전기간에 따른 영업손실을 입었으므로 법 제24조에 따라 이의 금전적 손실인 금12,686,787,693원(이전비4,299,273,693원, 3개월분의 휴업손실 8,387,514,000원)을 보상하여 줄 것을 주장한다.

피신청인의 주장내용을 본다.

피신청인이 06. 5. 29. 건설교통부장관에게 국민임대주택단지 예정지구지정을 제안할 당시 이전인05. 9. ~ 10.경의 주요 경제지 및 일간지의 보도내용에 의하면 '(주)한화의 이 사건 공장을 포함하여 전국 8개의 화약 및 기계 등 방위산업 관련 공장을 3개로 통폐합하는 방안을 추진'하는 것으로 되어 있고, 06. 5. 23. 내부 보고문서(후보지조사보고서)의 '(주)한화 한국기술연구소 공장부지는 구조조정차원에서 자체 이전계획을 수립중이므로 사업지구에서 굳이 제척하지 않아도 사업에 지장이 없는 것으로 판단된다'는 보고내용과 06. 7. 21. 신청인이 아산시, 한국산업은행과 공동으로 (주)아산테크노밸리를 설립하고 이듬해 07. 8. 23. 공장용지 확보 차원에서 동 지역내 공장용지를 매수하였음을 공시한 사실 등을 고려해 볼 때, 신청인의 공장이전은 이 건 공익사업과 상관없이 이루어 진 것이므로 동 이전에 따른 비용을 '이건 사업폐지로 인하여 소유자 등이 입은 손실'이라고 볼 수 없다고 주장한다.

살펴 보건대, 공익사업에 편입된 건축물 등에 대하여는 건축물 등의 손실보상금(이전비)에 대한 협의 또는 재결 이후 이전이 실시되는 것이 통상적이나, 이 건에 있어서는 물론 특별한 사정으로 인한 것이라고는 하나 협의성립은 차치하고라도 보상금액이 현시(現示)되지도 않은 상황에서 공장의 이전이 실시되었고, 위 사실관계에 따르면 이 건 공익사업시행을 위하여 사업시행자가 선 이전을 요청하였다던가 또는 강제하였다고 볼 만한 사정은 없는 것으로 보인다.

다만, 공익사업에 편입된 사정만으로도 신청인은 공장이전의 부담을 안게 되고 이에 따라 합리적인 이전을 도모하는 것은 당연한 것이라 할 것이나, 위 당사자들이 주장하는 사실들을 살펴 볼 때, 개별 사건들이 단순히 시간적 선후관계에 있다는 이유만으로 이를 곧 각 사건이 인과관계에 있는 것으로 단정지을 수는 없다 할 것이다.

따라서, 사업인정이 있은 사업에 있어서 보상이 실시되기 전에 공장을 이전한 후 공익사업이 폐지된 경우, 공익사업지구에 편입되었다는 사실만으로 이 경우를 모두 사업시행으로 인한 것이라고 볼 수는 없을 것이며, 공장의 이전이 공익사업시행으로 인한 것이었음이 객관적이고 명백하게 증명되지 않는 한, 동 이전비용 및 이전에 따른 휴업손실 등을 '공익사업의 폐지로 인하여 소유자 등이 입은 손실'이라고 인정하기 곤란하므로, 신청인의 주장을 기각하기로 하여 주문과 같이 재결한다.

판 례

| 판례 1 | 사업폐지 등으로 손실을 입게 된 자는 재결절차를 거쳐 토지보상법 제83조 내지 제85조에 따라 권리구제를 받을 수 있다.

[대법원 2012. 10. 11. 선고 2010다23210]

판결요지

공익사업으로 인한 사업폐지 등으로 손실을 입게 된 자는 구 공익사업법 제34조, 제50조 등에 규정된 재결절차를 거친 다음 재결에 대하여 불복이 있는 때에 비로소 구 공익사업법 제83조 내지 제85조에 따라 권리구제를 받을 수 있다고 보아야 한다.

나. 개발이익 환수에 관한 법률

| 참조조문 |
개발이익 환수에 관한 법률 제26조

제5장 재결기준

1. 손실보상의 원칙

가. 사업시행자보상의 원칙

> **｜ 토지보상법 제61조 (사업시행자 보상) ｜**
>
> 공익사업에 필요한 토지등의 취득 또는 사용으로 인하여 토지소유자나 관계인이 입은 손실은 사업시행자가 보상하여야 한다.

사례 1   미지급용지의 손실보상의 주체는 새로운 사업시행자이다(2010. 09. 16. 토지정책과-4606)(유권해석)

> **회신내용**   2018 토지수용 업무편람 발췌
>
> 「공익사업을 위한 토지 등의 취득 및 보상에 관한 법률」은 공익사업에 필요한 토지등을 협의 또는 수용에 의하여 취득하거나 사용함에 따른 손실의 보상에 관한 사항을 규정한 법률로서, 같은 법 제61조에 의하면, 공익사업에 필요한 토지등의 취득 또는 사용으로 인하여 토지소유자 또는 관계인이 입은 손실은 사업시행자기 이를 보상하여야 한다고 규정하고 있습니다.
> 따라서, 공익사업에 편입되는 토지 등은 위 규정에 의거 당해 공익사업시행자(새로운 사업시행자)가 보상하여야 한다고 보나, 개별적인 사례는 사업시행자가 관련법령 등을 검토하여 판단하시기 바랍니다

판 례

｜ 판례 1 ｜ 부당이득금반환

[대법원 1991.7.12. 선고 91다6139 판결]

판결요지

가. 취득시효의 요건이 되는 자주점유의 내용인 소유의 의사는 점유권원의 성질에 따라 가려져야 하나 점유의 권원의 성질이 분명하지 아니한 때에는 민법 제197조 제1항의 규정에 의하여 점유자는 소유의 의사로 평온, 공연하게 점유한 것으로 추정되므로 점유자에게 적극적으로 그 점유권원이 자주점유임을 주장입증할 책임이 있는 것은 아니고 점유자의 점유가 타주점유임을 주장하는 상대방에게 이를 입증할 책임이 있다.

나. 점유자가 주장한 점유권원이 인정되지 않는다는 사실만으로 자주점유의 추정이 번복되어 타주점유가 된다고는 볼 수 없다.

다. 지방자치단체가 점유권원을 취득하지 아니한 채 사유지를 도로로 개설하여 점유하는 경우에는 소유의 의사로 점유한 것으로 추정되지 아니하고 타주점유에 그친다고 본 원심판결에 취득시효의 요건이 되는 자주점유의 법리를 오해한 위법이 있다 하여 파기한 사례

▮ 판례 2 ▮ 부당이득금반환등및소유권이전등기

[대법원 1983.7.12. 선고 82다708,709,82다카1792,1793 전원합의체 판결]

판결요지

가. 취득시효에 있어서 자주점유의 요건인 소유의 의사는 객관적으로 점유취득의 원인이 된 점유권원의 성질에 의하여 그 존부를 결정하여야 할 것이나, 점유권원의 성질이 분명하지 아니한 때에는 민법 제197조 제1항에 의하여 점유자는 소유의 의사로 점유한 것으로 추정되므로 점유자가 스스로 그 점유권원의 성질에 의하여 자주점유임을 입증할 책임이 없고, 점유자의 점유가 소유의 의사없는 타주점유임을 주장하는 상대방에게 타주점유에 대한 입증책임이 있다.

나. 점유자가 스스로 매매 또는 증여와 같은 자주점유의 권원을 주장하였으나 이것이 인정되지 않는 경우에도 원래 이와 같은 자주점유의 권원에 관한 입증책임이 점유자에게 있지 아니한 이상 그 점유권원이 인정되지 않는다는 사유만으로 자주점유의 추정이 번복된다거나 또는 점유권원의 성질상 타주점유라고는 볼 수 없다.

다. 점유자가 취득시효기간이 경과한 후에 상대방에게 토지의 매수를 제의한 일이 있다고 하여도 일반적으로 점유자는 취득시효가 완성한 후에도 소유권자와의 분쟁을 간편히 해결하기 위하여 매수를 시도하는 사례가 허다함에 비추어 이와 같은 매수제의를 하였다는 사실을 가지고 위 점유자의 점유를 타주점유라고 볼 수는 없다.

▮ 판례 3 ▮ 소유권확인등

[대법원 1999. 3. 12. 선고 98다29834 판결]

판결요지

[1] 민법 제197조 제1항에 의하여 물건의 점유자는 소유의 의사로 점유한 것으로 추정되는 것이기는 하나, 점유자의 점유가 소유의 의사 있는 자주점유인지 아니면 소유의 의사 없는 타주점유인지의 여부는 점유 취득의 원인이 된 권원의 성질이나 점유와 관계가 있는 모든 사정에 의하여 외형적·객관적으로 결정되는 것이기 때문에 점유자가 점유개시 당시에 소유권 취득의 원인이 될 수 있는 법률행위 기타 법률요건이 없이 그와 같은 법률요건이 없다는 사실을 잘 알면서 타인 소유의 부동산을 무단점유한 것임이 입증된 경우에는 특별한 사정이 없는 한 점유자는 타인의 소유권을 배척하고 점유할 의사를 갖고 있지 않다고 보아야 할 것이므로 이로써 소유의 의사가 있는 점유라는 추정은 깨어졌다고 할 것이다.

[2] 원고가 그 점유 토지를 자신의 명의로 사정받았다고 주장하였으나 그 사실이 인정되지 아니하고 오히려 계쟁 토지의 토지조사부의 사정받은 자의 난에는 피고의 이름이 등재되어 있으며 달리 원고가 그 점유 당시의 의사에 관하여 아무런 주장·입증도 하고 있지 아

니한 경우, 위 토지에 대한 원고의 점유는 점유개시 당시에 소유권 취득의 원인이 될 수 있는 법률행위 기타 법률요건이 없이 그와 같은 법률요건이 없다는 사정을 잘 알면서 무단점유한 것이라고 볼 여지가 있고, 사실이 그러하다면 위 토지에 대한 원고의 자주점유의 추정은 깨어진다고 한 사례.

판례 4 ❘ 부당이득금반환

[대법원 1997. 3. 14. 선고 96다55211 판결]

판결요지

[1] 자주점유의 추정은 국가나 지방자치단체가 점유하는 도로의 경우에도 적용되고, 그 도로 개설 당시 도로법이나 도시계획법 등 관계 법령에 규정된 절차에 따라 적법하게 점유권원을 취득하였는지 여부가 증명되지 않았다고 하더라도 이런 사실만으로 자주점유의 추정이 번복되어 그 점유권원의 성질상 타주점유라고 볼 수 없다.

[2] 지방자치단체가 다른 지방자치단체로부터 순차 승계하여 사실상의 지배주체로서 토지를 점유하던 중 토지 일부를 도시계획사업 시행지에 편입하는 내용의 도시계획사업실시계획을 작성하여 그 인가를 신청하는 한편 그 토지 일부를 협의취득하기 위하여 공공용지의취득및손실보상에관한특례법 및 같은 법 시행규칙의 규정에 의하여 토지 일부에 대한 손실보상금을 산정하여 소유자에게 이를 수령하여 갈 것을 통보한 경우, 지방자치단체는 그 토지 일부의 소유권이 지방자치단체가 아닌 다른 소유자에게 있음을 승인하고 적법절차에 의하여 지방자치단체가 소유자로부터 그 소유권을 취득할 의사임을 분명히 한 것이므로 이로써 점유를 시작했던 지방자치단체가 그 토지에 대한 점유를 개시할 때 소유의 의사로 이를 점유하기 시작하였다는 추정은 그 토지 일부에 한하여 번복되었다고 보아야 한다.

[3] 소유권의 시효취득에 준용되는 시효중단사유인 민법 제168조, 제170조에 규정된 재판상의 청구라 함은 시효취득의 대상인 목적물의 인도 내지는 소유권존부확인이나 소유권에 관한 등기청구소송은 말할 것도 없고, 소유권침해의 경우에 그 소유권을 기초로 하여 하는 방해배제 및 손해배상 혹은 부당이득반환청구소송도 이에 포함된다.

나. 사전보상의 원칙

❘ 토지보상법 제62조 (사전보상) ❘

사업시행자는 해당 공익사업을 위한 공사에 착수하기 이전에 토지소유자와 관계인에게 보상액 전액(全額)을 지급하여야 한다. 다만, 제38조에 따른 천재지변 시의 토지 사용과 제39조에 따른 시급한 토지 사용의 경우 또는 토지소유자 및 관계인의 승낙이 있는 경우에는 그러하지 아니하다.

❘ 토지보상법 시행규칙 제63조 (공익사업시행지구밖의 어업의 피해에 대한 보상) ❘

① 공익사업의 시행으로 인하여 해당 공익사업시행지구 인근에 있는 어업에 피해가 발생한 경우 사업시행자는 실제 피해액을 확인할 수 있는 때에 그 피해에 대하여 보상하여야 한다. 이 경우 실

제 피해액은 감소된 어획량 및 「수산업법 시행령」 별표 4의 평년수익액 등을 참작하여 평가한다. <개정 2005. 2. 5., 2007. 4. 12., 2008. 4. 18., 2012. 1. 2.>
② 제1항에 따른 보상액은 「수산업법 시행령」 별표 4에 따른 어업권·허가어업 또는 신고어업이 취소되거나 어업면허의 유효기간이 연장되지 아니하는 경우의 보상액을 초과하지 못한다. <신설 2007. 4. 12., 2008. 4. 18., 2012. 1. 2.>
③ 사업인정고시일등 이후에 어업권의 면허를 받은 자 또는 어업의 허가를 받거나 신고를 한 자에 대하여는 제1항 및 제2항을 적용하지 아니한다. <신설 2007. 4. 12.>

판 례

| 판례 1 | 토지소유자 등에게 보상금을 지급하지 아니하고 미리 공사에 착수하여 손해가 발생하였다면 사업시행자는 손해배상책임을 진다.

[대법원 2013. 11. 14. 선고 2011다27103]

판결요지

사업시행자가 토지소유자 및 관계인에게 보상금을 지급하지 아니하고 그 승낙도 받지 아니한 채 미리 공사에 착수하여 영농을 계속할 수 없게 하였다면 이는 공익사업법상 사전보상의 원칙을 위반한 것으로서 위법하다 할 것이므로, 이 경우 사업시행자는 2년분의 영농손실보상금을 지급하는 것과 별도로, 공사의 사전 착공으로 인하여 토지소유자나 관계인이 영농을 할 수 없게 된 때부터 수용개시일까지 입은 손해에 대하여 이를 배상할 책임이 있다.

다. 현금보상의 원칙

| 토지보상법 제63조 (현금보상 등) |

① 손실보상은 다른 법률에 특별한 규정이 있는 경우를 제외하고는 현금으로 지급하여야 한다. 다만, 토지소유자가 원하는 경우로서 사업시행자가 해당 공익사업의 합리적인 토지이용계획과 사업계획 등을 고려하여 토지로 보상이 가능한 경우에는 토지소유자가 받을 보상금 중 본문에 따른 현금 또는 제7항 및 제8항에 따른 채권으로 보상받는 금액을 제외한 부분에 대하여 다음 각 호에서 정하는 기준과 절차에 따라 그 공익사업의 시행으로 조성한 토지로 보상할 수 있다. <개정 2022. 2. 3.>
1. 토지로 보상받을 수 있는 자: 토지의 보유기간 등 대통령령으로 정하는 요건을 갖춘 자로서 「건축법」 제57조제1항에 따른 대지의 분할 제한 면적 이상의 토지를 사업시행자에게 양도한 자(공익사업을 위한 관계 법령에 따른 고시 등이 있은 날 당시 다음 각 목의 어느 하나에 해당하는 기관에 종사하는 자 및 종사하였던 날부터 10년이 경과하지 아니한 자는 제외한다)가 된다. 이 경우 대상자가 경합(競合)할 때에는 제7항제2호에 따른 부재부동산(不在不動産) 소유자가 아닌 자 중 해당 공익사업지구 내 거주하는 자로서 토지 보유기간이 오래된 자 순으로 토지로 보상하며, 그 밖의 우선순위 및 대상자 결정방법 등은 사업시행자가 정하여 공고한다.
   가. 국토교통부
   나. 사업시행자
   다. 제21조제2항에 따라 협의하거나 의견을 들어야 하는 공익사업의 허가·인가·승인 등을

하는 기관

라. 공익사업을 위한 관계 법령에 따른 고시 등이 있기 전에 관계 법령에 따라 실시한 협의, 의견청취 등의 대상인 중앙행정기관, 지방자치단체, 「공공기관의 운영에 관한 법률」 제4조에 따른 공공기관 및 「지방공기업법」에 따른 지방공기업

2. 보상하는 토지가격의 산정 기준금액: 다른 법률에 특별한 규정이 있는 경우를 제외하고는 일반 분양가격으로 한다.
3. 보상기준 등의 공고: 제15조에 따라 보상계획을 공고할 때에 토지로 보상하는 기준을 포함하여 공고하거나 토지로 보상하는 기준을 따로 일간신문에 공고할 것이라는 내용을 포함하여 공고한다.

② 제1항 단서에 따라 토지소유자에게 토지로 보상하는 면적은 사업시행자가 그 공익사업의 토지이용계획과 사업계획 등을 고려하여 정한다. 이 경우 그 보상면적은 주택용지는 990제곱미터, 상업용지는 1천100제곱미터를 초과할 수 없다.

③ 제1항 단서에 따라 토지로 보상받기로 결정된 권리(제4항에 따라 현금으로 보상받을 권리를 포함한다)는 그 보상계약의 체결일부터 소유권이전등기를 마칠 때까지 전매(매매, 증여, 그 밖에 권리의 변동을 수반하는 모든 행위를 포함하되, 상속 및 「부동산투자회사법」에 따른 개발전문 부동산투자회사에 현물출자를 하는 경우는 제외한다)할 수 없으며, 이를 위반하거나 해당 공익사업과 관련하여 다음 각 호의 어느 하나에 해당하는 경우에 사업시행자는 토지로 보상하기로 한 보상금을 현금으로 보상하여야 한다. 이 경우 현금보상액에 대한 이자율은 제9항제1호가목에 따른 이자율의 2분의 1로 한다. <개정 2020. 4. 7., 2022. 2. 3.>

1. 제93조, 제96조 및 제97조제2호의 어느 하나에 해당하는 위반행위를 한 경우
2. 「농지법」 제57조부터 제61조까지의 어느 하나에 해당하는 위반행위를 한 경우
3. 「산지관리법」 제53조, 제54조제1호·제2호·제3호의2·제4호부터 제8호까지 및 제55조제1호·제2호·제4호부터 제10호까지의 어느 하나에 해당하는 위반행위를 한 경우
4. 「공공주택 특별법」 제57조제1항 및 제58조제1항제1호의 어느 하나에 해당하는 위반행위를 한 경우
5. 「한국토지주택공사법」 제28조의 위반행위를 한 경우

④ 제1항 단서에 따라 토지소유자가 토지로 보상받기로 한 경우 그 보상계약 체결일부터 1년이 지나면 이를 현금으로 전환하여 보상하여 줄 것을 요청할 수 있다. 이 경우 현금보상액에 대한 이자율은 제9항제2호가목에 따른 이자율로 한다.

⑤ 사업시행자는 해당 사업계획의 변경 등 국토교통부령으로 정하는 사유로 보상하기로 한 토지의 전부 또는 일부를 토지로 보상할 수 없는 경우에는 현금으로 보상할 수 있다. 이 경우 현금보상액에 대한 이자율은 제9항제2호가목에 따른 이자율로 한다. <개정 2013. 3. 23.>

⑥ 사업시행자는 토지소유자가 다음 각 호의 어느 하나에 해당하여 토지로 보상받기로 한 보상금에 대하여 현금보상을 요청한 경우에는 현금으로 보상하여야 한다. 이 경우 현금보상액에 대한 이자율은 제9항제2호가목에 따른 이자율로 한다. <개정 2013. 3. 23.>

1. 국세 및 지방세의 체납처분 또는 강제집행을 받는 경우
2. 세대원 전원이 해외로 이주하거나 2년 이상 해외에 체류하려는 경우
3. 그 밖에 제1호·제2호와 유사한 경우로서 국토교통부령으로 정하는 경우

⑦ 사업시행자가 국가, 지방자치단체, 그 밖에 대통령령으로 정하는 「공공기관의 운영에 관한 법률」에 따라 지정·고시된 공공기관 및 공공단체인 경우로서 다음 각 호의 어느 하나에 해당되는 경우에는 제1항 본문에도 불구하고 해당 사업시행자가 발행하는 채권으로 지급할 수 있다.

1. 토지소유자나 관계인이 원하는 경우

2. 사업인정을 받은 사업의 경우에는 대통령령으로 정하는 부재부동산 소유자의 토지에 대한 보상금이 대통령령으로 정하는 일정 금액을 초과하는 경우로서 그 초과하는 금액에 대하여 보상하는 경우

⑧ 토지투기가 우려되는 지역으로서 대통령령으로 정하는 지역에서 다음 각 호의 어느 하나에 해당하는 공익사업을 시행하는 자 중 대통령령으로 정하는 「공공기관의 운영에 관한 법률」에 따라 지정·고시된 공공기관 및 공공단체는 제7항에도 불구하고 제7항제2호에 따른 부재부동산 소유자의 토지에 대한 보상금 중 대통령령으로 정하는 1억원 이상의 일정 금액을 초과하는 부분에 대하여는 해당 사업시행자가 발행하는 채권으로 지급하여야 한다.
  1. 「택지개발촉진법」에 따른 택지개발사업
  2. 「산업입지 및 개발에 관한 법률」에 따른 산업단지개발사업
  3. 그 밖에 대규모 개발사업으로서 대통령령으로 정하는 사업

⑨ 제7항 및 제8항에 따라 채권으로 지급하는 경우 채권의 상환 기한은 5년을 넘지 아니하는 범위에서 정하여야 하며, 그 이자율은 다음 각 호와 같다.
  1. 제7항제2호 및 제8항에 따라 부재부동산 소유자에게 채권으로 지급하는 경우
     가. 상환기한이 3년 이하인 채권: 3년 만기 정기예금 이자율(채권발행일 전달의 이자율로서, 「은행법」에 따라 설립된 은행 중 전국을 영업구역으로 하는 은행이 적용하는 이자율을 평균한 이자율로 한다)
     나. 상환기한이 3년 초과 5년 이하인 채권: 5년 만기 국고채 금리(채권발행일 전달의 국고채 평균 유통금리로 한다)
  2. 부재부동산 소유자가 아닌 자가 원하여 채권으로 지급하는 경우
     가. 상환기한이 3년 이하인 채권: 3년 만기 국고채 금리(채권발행일 전달의 국고채 평균 유통금리로 한다)로 하되, 제1호가목에 따른 3년 만기 정기예금 이자율이 3년 만기 국고채 금리보다 높은 경우에는 3년 만기 정기예금 이자율을 적용한다.
     나. 상환기한이 3년 초과 5년 이하인 채권: 5년 만기 국고채 금리(채권발행일 전달의 국고채 평균 유통금리로 한다)

| 토지보상법 시행령 제25조 (채권을 발행할 수 있는 사업시행자) |

법 제63조제7항 각 호 외의 부분에서 "대통령령으로 정하는 「공공기관의 운영에 관한 법률」에 따라 지정·고시된 공공기관 및 공공단체"란 다음 각 호의 기관 및 단체를 말한다. <개정 2020. 9. 10.>
  1. 「한국토지주택공사법」에 따른 한국토지주택공사
  2. 「한국전력공사법」에 따른 한국전력공사
  3. 「한국농어촌공사 및 농지관리기금법」에 따른 한국농어촌공사
  4. 「한국수자원공사법」에 따른 한국수자원공사
  5. 「한국도로공사법」에 따른 한국도로공사
  6. 「한국관광공사법」에 따른 한국관광공사
  7. 「공기업의 경영구조 개선 및 민영화에 관한 법률」에 따른 한국전기통신공사
  8. 「한국가스공사법」에 따른 한국가스공사
  9. 「국가철도공단법」에 따른 국가철도공단
  10. 「인천국제공항공사법」에 따른 인천국제공항공사
  11. 「한국환경공단법」에 따른 한국환경공단
  12. 「지방공기업법」에 따른 지방공사
  13. 「항만공사법」에 따른 항만공사

14. 「한국철도공사법」에 따른 한국철도공사
15. 「산업집적활성화 및 공장설립에 관한 법률」에 따른 한국산업단지공단
[전문개정 2013. 5. 28.]

| 토지보상법 시행령 제26조 (부재부동산 소유자의 토지) |

① 법 제63조제7항제2호에 따른 부재부동산 소유자의 토지는 사업인정고시일 1년 전부터 다음 각 호의 어느 하나의 지역에 계속하여 주민등록을 하지 아니한 사람이 소유하는 토지로 한다. <개정 2013. 12. 24.>
  1. 해당 토지의 소재지와 동일한 시(행정시를 포함한다. 이하 이 조에서 같다)·구(자치구를 말한다. 이하 이 조에서 같다)·읍·면(도농복합형태인 시의 읍·면을 포함한다. 이하 이 조에서 같다)
  2. 제1호의 지역과 연접한 시·구·읍·면
  3. 제1호 및 제2호 외의 지역으로서 해당 토지의 경계로부터 직선거리로 30킬로미터 이내의 지역
② 제1항 각 호의 어느 하나의 지역에 주민등록을 하였으나 해당 지역에 사실상 거주하고 있지 아니한 사람이 소유하는 토지는 제1항에 따른 부재부동산 소유자의 토지로 본다. 다만, 다음 각 호의 어느 하나에 해당하는 사유로 거주하고 있지 아니한 경우에는 그러하지 아니하다.
  1. 질병으로 인한 요양
  2. 징집으로 인한 입영
  3. 공무(公務)
  4. 취학(就學)
  5. 그 밖에 제1호부터 제4호까지에 준하는 부득이한 사유
③ 제1항에도 불구하고 다음 각 호의 어느 하나에 해당하는 토지는 부재부동산 소유자의 토지로 보지 아니한다.
  1. 상속에 의하여 취득한 경우로서 상속받은 날부터 1년이 지나지 아니한 토지
  2. 사업인정고시일 1년 전부터 계속하여 제1항 각 호의 어느 하나의 지역에 사실상 거주하고 있음을 국토교통부령으로 정하는 바에 따라 증명하는 사람이 소유하는 토지
  3. 사업인정고시일 1년 전부터 계속하여 제1항 각 호의 어느 하나의 지역에서 사실상 영업하고 있음을 국토교통부령으로 정하는 바에 따라 증명하는 사람이 해당 영업을 하기 위하여 소유하는 토지 [전문개정 2013. 5. 28.]

| 토지보상법 시행령 제27조 (채권보상의 기준이 되는 보상금액 등) |

① 법 제63조제7항제2호에서 "대통령령으로 정하는 일정 금액" 및 법 제63조제8항 각 호 외의 부분에서 "대통령령으로 정하는 1억원 이상의 일정 금액"이란 1억원을 말한다.
② 사업시행자는 부재부동산 소유자가 사업시행자에게 토지를 양도함으로써 또는 토지가 수용됨으로써 발생하는 소득에 대하여 납부하여야 하는 양도소득세(양도소득세에 부가하여 납부하여야 하는 주민세와 양도소득세를 감면받는 경우 납부하여야 하는 농어촌특별세를 포함한다. 이하 이 항에서 같다) 상당 금액을 세무사의 확인을 받아 현금으로 지급하여 줄 것을 요청할 때에는 양도소득세 상당 금액을 제1항의 금액에 더하여 현금으로 지급하여야 한다.

| 토지보상법 시행령 제27조의2 (토지투기가 우려되는 지역에서의 채권보상) |

① 법 제63조제8항 각 호 외의 부분에서 "대통령령으로 정하는 지역"이란 다음 각 호의 어느 하나에

해당하는 지역을 말한다.
1. 「국토의 계획 및 이용에 관한 법률」 제117조제1항에 따른 토지거래계약에 관한 허가구역이 속한 시(행정시를 포함한다. 이하 이 항에서 같다)·군 또는 구(자치구인 구를 말한다. 이하 이 항에서 같다)
2. 제1호의 지역과 연접한 시·군 또는 구

② 법 제63조제8항 각 호 외의 부분에서 "대통령령으로 정하는 「공공기관의 운영에 관한 법률」에 따라 지정·고시된 공공기관 및 공공단체"란 다음 각 호의 기관 및 단체를 말한다.
1. 「한국토지주택공사법」에 따른 한국토지주택공사
2. 「한국관광공사법」에 따른 한국관광공사
3. 「산업집적활성화 및 공장설립에 관한 법률」에 따른 한국산업단지공단
4. 「지방공기업법」에 따른 지방공사

③ 법 제63조제8항제3호에서 "대통령령으로 정하는 사업"이란 다음 각 호의 사업을 말한다.
1. 「물류시설의 개발 및 운영에 관한 법률」에 따른 물류단지개발사업
2. 「관광진흥법」에 따른 관광단지조성사업
3. 「도시개발법」에 따른 도시개발사업
4. 「공공주택 특별법」에 따른 공공주택사업
5. 「신행정수도 후속대책을 위한 연기·공주지역 행정중심복합도시 건설을 위한 특별법」에 따른 행정중심복합도시건설사업

라. 개인별 보상의 원칙

| 토지보상법 제64조 (개인별 보상) |

손실보상은 토지소유자나 관계인에게 개인별로 하여야 한다. 다만, 개인별로 보상액을 산정할 수 없을 때에는 그러하지 아니하다.

판 례

| 판례 1 | 행정소송의 대상이 된 물건 중 일부 항목에 관한 보상액이 과소하고 다른 항목의 보상액은 과다한 경우, 그 항목 상호간의 유용이 허용된다.

[대법원 2014. 11. 13. 선고 2014두1451]

회신내용

공익사업을 위한 토지 등의 취득 및 보상에 관한 법률 제64조의 규정에 의하면 토지의 수용으로 인한 보상은 수용의 대상이 되는 물건별로 하는 것이 아니라 피보상자의 개인별로 하는 것이므로, 피보상자는 수용대상 물건 중 일부에 대하여만 불복이 있는 경우에는 그 부분에 대하여만 불복의 사유를 주장하여 행정소송을 제기할 수 있고, 행정소송의 대상이 된 물건 중 일부 항목에 관한 보상액이 과소하고 다른 항목의 보상액은 과다한 경우에는 그 항목 상호간의 유용을 허용하여 과다 부분과 과소 부분을 합산하여 보상금의 합계액을 결정하여야 한다(대법원 1998. 1. 20. 선고 96누12597 판결 등 참조).

마. 일괄보상의 원칙

| 토지보상법 제65조 (일괄보상) |

사업시행자는 동일한 사업지역에 보상시기를 달리하는 동일인 소유의 토지등이 여러 개 있는 경우 토지소유자나 관계인이 요구할 때에는 한꺼번에 보상금을 지급하도록 하여야 한다.

사례 1 동일인 소유 토지 전체가 도시계획시설로 결정되었으나, 일부에 대하여만 실시계획인가를 받은 경우 잔여토지에 대해서는 일괄보상할 수 없다(2013. 07. 05. 토지정책과 -1973)(유권해석)

질의요지 2018 토지수용 업무편람 발췌

동일인 소유 토지 전체가 도시계획시설로 결정되었으나, 해당 토지 일부에 대하여만 실시계획인가를 받아 보상을 하는 경우, 잔여 토지에 대하여 일괄보상 요구나 잔여지 매수청구가 가능한지?

회신내용

도시계획시설사업의 경우 실시계획인가를 받아 그 보상시기를 달리하는 경우에는 일괄보상 요구가 가능할 것으로 보나, 해당 토지가 실시계획인가 고시에 포함되지 않아 보상시기나 그 여부 등이 확정되지 않은 경우에는 일괄보상 요구가 어려울 것으로 보며, 잔여지 매수(수용)청구는 위 규정에 따라 종래의 목적에 사용하는 것이 현저히 곤란할 때에는 가능할 것으로 사료되나, 개별적인 사례에 대하여는 관련법령과 사실관계 등을 검토하여 판단할 사항으로 봅니다.

바. 사업시행이익과 상계금지의 원칙

| 토지보상법 제66조 (사업시행 이익과의 상계금지) |

사업시행자는 동일한 소유자에게 속하는 일단(一團)의 토지의 일부를 취득하거나 사용하는 경우 해당 공익사업의 시행으로 인하여 잔여지(殘餘地)의 가격이 증가하거나 그 밖의 이익이 발생한 경우에도 그 이익을 그 취득 또는 사용으로 인한 손실과 상계(相計)할 수 없다.

판 례

┃판례 1┃ 잔여지가 공익사업에 따라 설치되는 도로에 접하게 되는 이익을 참작하여 잔여지 손실보상액을 산정할 것은 아니다.

[대법원 2013. 5. 23. 선고 2013두437]

판결요지

이 사건 잔여지가 이 사건 사업에 따라 설치되는 폭 20m의 도로에 접하게 되는 이익을 누리게 되었더라도 그 이익을 수용 자체의 법률효과에 의한 가격감소의 손실(이른바 수용손실)과 상계할 수는 없는 것이므로(대법원 1998. 9. 18. 선고 97누13375 판결, 대법원 2000. 2. 25. 선고 99두6439 판결 등 참조), 그와 같은 이익을 참작하여 잔여지 손실보상액을 산정할 것은 아니다.

사. 시가보상의 원칙

┃ 토지보상법 제67조 (보상액의 가격시점 등) ┃
① 보상액의 산정은 협의에 의한 경우에는 협의 성립 당시의 가격을, 재결에 의한 경우에는 수용 또는 사용의 재결 당시의 가격을 기준으로 한다.
② 보상액을 산정할 경우에 해당 공익사업으로 인하여 토지등의 가격이 변동되었을 때에는 이를 고려하지 아니한다.

사례 1 협의취득을 위한 보상평가의 기준시점은 '가격조사를 완료한 일자'가 아니라 '보상계약이 체결될 것으로 예상되는 시점'으로 보는 것이 타당하다(2011. 10. 04. 토지정책과-4699)(유권해석)

회신내용 2018 토지수용 업무편람 발췌

보상액산정은 「공익사업을 위한 토지 등의 취득 및 보상에 관한 법률(이하 '토지보상법')」 제67조 에 따라 협의에 의한 경우에는 협의성립 당시의 가격을 기준으로 한다고 규정하고 있는 바, 보상액 산정시기인 가격시점은 계약체결시점은 계약체결시점과 일치되는 것이 바람직하나, 공익사업편입토지의 보상 시에는 먼저 감정평가를 한 후 보상액을 산정하게 되므로 현실적으로는 '보상계약이 체결될 것으로 예상되는 시점'을 가격시점으로 보는 것이 타당하다고 봅니다. 이에 따라 "협의성립 당시의 가격"은 감정평가업자가 대상물건에 대한 "가격조사를 완료한 일자"를 가격시점으로 본다는 취지의 질의회신 토지정책팀-1427(2005.12.01)호는 본 회신으로 변경합니다.

판 례

┃ 판례 1 ┃ 재결평가 시 기준시점은 수용의 개시일이 아니라 수용재결일이다.

[대법원 1998. 07. 10. 선고 98두6067]

판시사항

수용대상토지의 평가시기(=수용재결일) 및 당해 수용사업의 계획 등으로 인한 개발이익을 배제하고 평가하여야 하는지 여부(적극)

판결내용

토지수용법 제46조 제1항, 제2항 제1호, 제3항, 공공용지의취득및손실보상에관한특례법 제4조 제2항 제1호, 제3항, 공공용지의취득및손실보상에관한특례법시행규칙 제6조 제8항, 보상평가지침(한국감정평가업협회 제정) 제7조 제1항의 규정들을 종합하여 보면, 수용대상토지를 평가함에 있어서는 수용재결에서 정한 수용시기가 아니라 수용재결일을 기준으로 하고 당해 수용사업의 계획 또는 시행으로 인한 개발이익은 이를 배제하고 평가하여야 한다.

아. 해당 공익사업으로 인한 가치변동 배제의 원칙

┃ 토지보상법 제67조 (보상액의 가격시점 등) ┃

① 보상액의 산정은 협의에 의한 경우에는 협의 성립 당시의 가격을, 재결에 의한 경우에는 수용 또는 사용의 재결 당시의 가격을 기준으로 한다.
② 보상액을 산정할 경우에 해당 공익사업으로 인하여 토지등의 가격이 변동되었을 때에는 이를 고려하지 아니한다.

사례 1 토지를 적법하게 형질변경한 경우에는 기준시점에서의 현실적인 이용상황을 기준으로 보상액을 산정하여야 한다(2011.10.04. 토지정책과-4699)(유권해석)

회신내용 2018 토지수용 업무편람 발췌

토지보상법 제70조제2항에 따르면 토지에 대한 보상액은 가격시점에서의 현실적인 이용현황과 일반적인 이용방법에 의한 객관적 상황을 고려하여 산정하여 일시적인 이용상황과 토지소유자나 관계인이 갖는 주관적 가치 및 특별한 용도에 사용할 것을 전제로 한 경우 등은 고려하지 아니하다고 규정하고 있고, 토지보상법 시행규칙 제24조에 따르면 「국토의 계획 및 이용에 관한 법률」등 관계법령에 의하여 허가를 받거나 신고를 하고 형질변경을 하여야하는 토지를 허가를 받지 아니하거나 신고를 하지 아니하고 형질변경한 토지에 대하여는 토지가 형질변경될 당시의 이용상황을 상정하여 평가하도록 규정하고 있습니다. 따라서 관계법령에 따라 허가 등을 받아 적법하게 형질변경을 한 경우라면 가격시점에서의 현실적인 이용상황과 일반적인 이용방법에 의한 객관적 상황을 고려하여 보상액을 산정하여야 할 것으로 보며, 개별적인 사례에 대하여는 관련법령과 사실관계 등을 검토하여 판단할 사항으로 봅니다.

판 례

┃ 판례 1 ┃ 개발이익을 배제한 손실보상액의 산정은 정당보상의 원칙에 반하지 않는다.

[헌재 2010.12.28. 선고 2008헌바57]

결정요지

공익사업의 시행으로 지가가 상승하여 발생하는 개발이익은 사업시행자의 투자에 의한 것으로서 피수용자인 토지소유자의 노력이나 자본에 의하여 발생하는 것이 아니어서 피수용 토지가 수용 당시 갖는 객관적 가치에 포함된다고 볼 수 없고, 따라서 그 성질상 완전보상의 범위에 포함되는 피수용자의 손실이라고 볼 수 없으므로, 이 사건 개발이익배제조항이 이러한 개발이익을 배제하고 손실보상액을 산정한다 하여 헌법이 규정한 정당보상의 원칙에 어긋나는 것이라고 할 수 없다.

┃ 판례 2 ┃ 다른 공익사업으로 인한 개발이익은 보상액에 포함되어야 한다.

[대법원 2014. 02. 27. 선고 2013두21182]

판결요지

공익사업을 위한 토지 등의 취득 및 보상에 관한 법률 제67조 제2항은 '보상액을 산정할 경우에 해당 공익사업으로 인하여 토지 등의 가격이 변동되었을 때에는 이를 고려하지 아니한다'라고 규정하고 있는바, 수용 대상 토지의 보상액을 산정함에 있어 해당 공익사업의 시행을 직접 목적으로 하는 계획의 승인, 고시로 인한 가격변동은 이를 고려함이 없이 재결 당시의 가격을 기준으로 하여 적정가격을 정하여야 하나, 해당 공익사업과는 관계없는 다른 사업의 시행으로 인한 개발이익은 이를 포함한 가격으로 평가하여야 하고, 개발이익이 해당 공익사업의 사업인정고시일 후에 발생한 경우에도 마찬가지이다.

┃ 판례 3 ┃ 해당 공익사업으로 인하여 지가가 상승하지 않았다면 이를 고려하여야 한다.

[광주고법 1999.12.03 선고 95구2790]

판결요지

수용대상 토지의 가격을 평가함에 있어서 그 기준이 되는 표준지의 지가상승률이 인근 토지의 지가상승률 보다 저렴하다는 이유만으로는 이를 참작사유로 삼을 수는 없고, 공시지가 자체가 당해 사업으로 인하여 저렴하게 평가되었다고 인정되는 경우, 즉 수용대상 토지 일대가 수용사업지구로 지정됨으로 인하여 그 지가가 동결된 관계로 사업지구로 지정되지 아니하였더라면 상승될 수 있는 자연적인 지가상승률만큼도 지가가 상승되지 아니하였다고 볼 수 있는 충분한 입증이 있는 경우에 한하여 참작요인이 된다고 할 것이고, 이를 참작한 보정률도 인근 토지의 지가변동률과 공시지가변동률과의 차이가 아니라 그 중 개발이익을 배제한 자연적인 지가상승률만을 가려내어 반영하여야 한다.

┃ **판례 4** ┃ 해당 공익사업으로 토지가 분할된 경우 이를 감안하지 않고 보상평가한다.

[대법원 1998. 05. 26. 선고 98두1505]

판결요지

토지수용의 목적사업으로 인하여 토지 소유자의 의사와 관계없이 토지가 분할됨으로써 특수한 형태로 되어 저가로 평가할 요인이 발생한 경우 분할로 인하여 발생하게 된 사정을 참작하여 수용대상 토지를 저가로 평가하여서는 아니된다.

2. 취득하는 토지의 보상

가. 일반적 기준

(1) 공시지가 기준

┃ **토지보상법 제70조 (취득하는 토지의 보상)** ┃

① 협의나 재결에 의하여 취득하는 토지에 대하여는 「부동산 가격공시에 관한 법률」에 따른 공시지가를 기준으로 하여 보상하되, 그 공시기준일부터 가격시점까지의 관계 법령에 따른 그 토지의 이용계획, 해당 공익사업으로 인한 지가의 영향을 받지 아니하는 지역의 대통령령으로 정하는 지가변동률, 생산자물가상승률(「한국은행법」 제86조에 따라 한국은행이 조사·발표하는 생산자물가지수에 따라 산정된 비율을 말한다)과 그 밖에 그 토지의 위치·형상·환경·이용상황 등을 고려하여 평가한 적정가격으로 보상하여야 한다. <개정 2016. 1. 19.>
② 토지에 대한 보상액은 가격시점에서의 현실적인 이용상황과 일반적인 이용방법에 의한 객관적 상황을 고려하여 산정하되, 일시적인 이용상황과 토지소유자나 관계인이 갖는 주관적 가치 및 특별한 용도에 사용할 것을 전제로 한 경우 등은 고려하지 아니한다.
③ 사업인정 전 협의에 의한 취득의 경우에 제1항에 따른 공시지가는 해당 토지의 가격시점 당시 공시된 공시지가 중 가격시점과 가장 가까운 시점에 공시된 공시지가로 한다.
④ 사업인정 후의 취득의 경우에 제1항에 따른 공시지가는 사업인정고시일 전의 시점을 공시기준일로 하는 공시지가로서, 해당 토지에 관한 협의의 성립 또는 재결 당시 공시된 공시지가 중 그 사업인정고시일과 가장 가까운 시점에 공시된 공시지가로 한다.
⑤ 제3항 및 제4항에도 불구하고 공익사업의 계획 또는 시행이 공고되거나 고시됨으로 인하여 취득하여야 할 토지의 가격이 변동되었다고 인정되는 경우에는 제1항에 따른 공시지가는 해당 공고일 또는 고시일 전의 시점을 공시기준일로 하는 공시지가로서 그 토지의 가격시점 당시 공시된 공시지가 중 그 공익사업의 공고일 또는 고시일과 가장 가까운 시점에 공시된 공시지가로 한다.
⑥ 취득하는 토지와 이에 관한 소유권 외의 권리에 대한 구체적인 보상액 산정 및 평가방법은 투자비용, 예상수익 및 거래가격 등을 고려하여 국토교통부령으로 정한다. <개정 2013. 3. 23.>

┃ **토지보상법 시행규칙 제22조 (취득하는 토지의 평가)** ┃

① 취득하는 토지를 평가함에 있어서는 평가대상토지와 유사한 이용가치를 지닌다고 인정되는 하나 이상의 표준지의 공시지가를 기준으로 한다.

판 례

▌판례 1 ▌ 개별공시지가가 토지보상액 산정의 기준이 될 수 있는지 여부

[대법원 2002. 03. 29. 선고 2000두10106]

판결요지

토지수용보상액은 토지수용법 제46조 제2항 등 관계 법령에서 규정한 바에 따라 산정하여야 하는 것으로서, 지가공시및토지등의평가에관한법률 제10조의2 규정에 따라 결정·공시된 개별공시지가를 기준으로 하여 산정하여야 하는 것은 아니며, 관계 법령에 따라 보상액을 산정한 결과 그 보상액이 당해 토지의 개별공시지가를 기준으로 하여 산정한 지가보다 저렴하게 되었다는 사정만으로 그 보상액 산정이 잘못되어 위법한 것이라고 할 수는 없다.

▌판례 2 ▌ 품등비교에 있어서 유사거래사례와 보상선례

[대법원 1990. 11. 9. 선고 90누2673 판결]

판결요지

가. 수용대상토지에 대한 손실보상가격의 평가기준일은 수용재결일이므로 그 보상가격을 평가함에 있어서는 대상토지의 수용재결 당시의 이용상황, 주위환경 등에 가장 유사한 표준지를 선정하여 그 기준지가를 기준으로 평가하여야 할 것인바, 이 사건 수용재결 당시 실제이용상황이 대지인 수용 대상토지의 보상액을 평가함에 있어 대상토지가 택지개발예정고시 당시에는 생산녹지지역의 임야이었음을 이유로 생산녹지지역의 답(실제이용상황은 평지의 전)을 표준지로 삼은 것은 위법하다.

나. 공공용지의취득및손실보상에관한특례법은 원칙적으로 협의에 의하여 공공용지를 취득하는 경우에 적용되고 다만 예외적으로 수용 등 공용징수의 경우에 토지수용법 제57조의2의 규정에 의하여 토지수용법에 규정이 없는 때에 한하여 위 특례법 제4조의 규정이 준용되는 것이며, 토지수용법 제46조에 의하면 손실보상액의 산정은 수용재결 당시를 기준으로 산정하도록 규정하고 있으므로, 공공사업의 공고일 또는 공시일 현재의 가격을 기준으로 보상액을 산정하도록 규정한 위 특례법 제4조 제2항의 규정은 수용에 의한 토지의 취득에는 그 적용이 없다고 할 것이다.

다. 기준지가고시지역내의 수용대상토지에 대한 보상액을 산정함에 있어서 인근유사토지의 거래사례가 없는 경우에는 이를 참작할 방법이 없으므로 인근 토지의 평가시세 등을 합리적으로 참작할 수 밖에 없다고 할 것이다.

▌판례 3 ▌ 토지수용재결처분취소

[대법원 1991. 1. 15. 선고 90누3126 판결]

판결요지

가. 기준지가가 고시된 지역안에 있는 토지를 수용하는 경우 그 지목이 전, 답, 대지, 임야 및 잡종지인 때에는 당해 표준지선정대상지역 안에서 위 5개 지목으로 구분하여 선정된 표준지 중 수용대상 토지와 지목이 같은 표준지의 기준지가를 기준으로 하여 그 손실보상

액을 산정하여야 하고, 이 경우 수용대상토지와 지목이 같은 표준지라 함은 공부상의 지목과는 관계없이 현실적인 이용상황이 같은 지목이 표준지를 의미하며, 당해 지역내에 대상토지와 지목 및 이용상황이 같은 표준지의 기준지가가 있음에도 불구하고 그것이 다른 표준지의 기준지가를 기준으로 보상액을 산정한 것은 표준지의 선정 목적에 배치되어 허용되지 아니한다고 할 것이다.

나. 기준지가고시지역내의 토지수용으로 인한 보상액을 정함에 있어 인근유사토지의 거래사례가 있는 경우 그 거래사례지와 수용대상토지의 용도지역이 다르더라도 이는 평가시 정상거래가격을 반영함에 있어 참작할 사유에 불과하고, 이로써 인근유사토지의 거래사례가 아니라고 할 수 없으므로 이를 밝혀보지 아니한 채 보상평가선례나 호가 내지 지가수준만을 참작하여 보상액을 평가하는 것은 적정성을 결여한 것이다.

▎판례 4 ▎ 토지수용재결처분취소

[대법원 1993. 6. 22. 선고 92누19521 판결]

판결요지

가. 구 토지수용법 제46조 제2항(1991.12.31. 법률 제4483호로서 개정되기 전의 것)은 수용대상토지에 대한 손실보상액을 산정함에 있어 인근유사토지의 정상거래가격을 반드시 참작하도록 규정하고 있지는 아니하므로 지가공시및토지등의평가에관한법률 제10조에 따라서 수용대상토지의 손실보상액을 산정하는 경우에 인근유사토지가 거래된 일이 있는지 여부나 거래가격이 통상의 거래에서 성립된 것인지 여부를 조사하여 반드시 참작하여야 된다고 할 수 없지만, 인근유사토지가 거래된 사례나 손실보상이 된 사례가 있고 거래가격이나 보상가격이 정상적인 것으로서 정당한 손실보상액의 산정에 영향을 미칠 수 있는 것임이 증명된 경우에는 손실보상액을 산정함에 있어서 참작할 수 있다.

나. 인근유사토지의 정상거래가격이라 함은 수용대상토지의 인근지역에 있는 용도지역·지목·등급·지적·형태·이용상황·법령상·제한 등 자연적, 사회적 조건이 수용대상토지와 동일하거나 유사한 토지에 관하여 통상의 거래에서 성립된 가격으로서 개발이익이 포함되지 아니하고 투기적 거래에서 형성된 것이 아닌 가격을 말한다.

다. 감정평가업자나 감정인이 토지수용에 따르는 손실보상액을 산정하기 위한 가격을 감정평가함에 있어서 평가기준시점이 되는 수용재결일 이후에 매매계약이 체결되거나 손실보상이 된 사례들에 나타난 인근유사토지의 거래가격이나 손실보상가격을 참작하더라도 투기적 거래에서 형성된 것이 아니고 개발이익이 포함되지 아니한 정상적 거래가격이거나 보상가격인 이상 감정평가가 잘못된 것이라고 볼 수 없다.

라. 수용대상토지와 인근유사토지의 도시계획상 용도지역이 다르더라도 현실적인 이용상황 등 자연적, 사회적 조건이 동일하거나 유사한 경우에는 인근유사토지의 정상거래가격을 참작할 수 있다.

판례 5 | 토지수용재결처분취소

[대법원 1993. 2. 9. 선고 92누6921 판결]

판결요지

가. 구 토지수용법(1991.12.31. 법률 제4483호로 개정되기 이전의 것) 제46조 제2항이나 지가공시및토지등의평가에관한법률 제10조 등의 관계규정에서는 수용대상토지에 대한 손실보상액을 산정함에 있어 반드시 인근유사토지의 정상거래가격을 참작하도록 규정하고 있지는 아니하므로 인근유사토지의 정상거래사례 유무와 거래가격의 정상 여부를 조사하여 반드시 이를 보상액 산정에 참작하여야 한다고 할 수는 없고, 다만 인근유사토지의 정상거래사례가 있고 거래가격이 정상적인 것으로서 적정한 보상액 평가에 영향을 미칠 수 있는 것임이 입증된 경우에 한하여 이를 참작할 수 있고, 법원이 적극적으로 이를 심리하여 그 가액을 참작하여야 할 의무는 없다.

나. 인근유사토지의 정상거래가격이란 수용대상토지의 인근 지역에 있고 용도지역, 이용상황, 지목, 지적, 형태, 법령상의 제한 등 자연적, 사회적 조건이 동일하거나 유사한 토지에 관하여 개발이익이 포함되지 아니하고 투기적인 거래가 아닌 통상의 거래에서 성립된 가격을 말한다.

판례 6 | 손해배상(기)

[대법원 2004. 5. 14. 선고 2003다38207 판결]

판결요지

[1] 수용 대상 토지가 도시계획구역 내에 있는 경우에는 그 용도지역이 토지의 가격형성에 미치는 영향을 고려하여 볼 때, 당해 토지와 같은 용도지역의 표준지가 있으면 다른 특별한 사정이 없는 한 용도지역이 같은 토지를 당해 토지에 적용할 표준지로 선정함이 상당하고, 표준지와 당해 토지의 이용상황이나 주변환경 등에 상이한 점이 있다 하더라도 이러한 점은 지역요인이나 개별요인의 분석 등 품등비교에서 참작하면 된다.

[2] 수용 대상 토지의 정당한 보상액을 산정함에 있어서 인근 유사 토지의 거래사례나 보상선례를 반드시 참작하여야 하는 것은 아니며, 다만 인근 유사 토지의 정상거래사례가 있고 그 거래가격이 정상적인 것으로서 적정한 보상액 평가에 영향을 미칠 수 있는 것임이 입증된 경우에는 이를 참작할 수 있다고 할 것이고, 한편 인근 유사 토지의 정상거래가격이라고 하기 위해서는 대상 토지의 인근에 있는 지목·등급·지적·형태·이용상황·법령상의 제한 등 자연적·사회적 조건이 수용 대상 토지와 동일하거나 유사한 토지에 관하여 통상의 거래에서 성립된 가격으로서 개발이익이 포함되지 아니하고 투기적인 거래에서 형성된 것이 아닌 가격이어야 하고, 그와 같은 인근 유사 토지의 정상거래사례 또는 보상선례가 있고 그 가격이 정상적인 것으로서 적정한 보상액 평가에 영향을 미친다고 하는 점은 이를 주장하는 자에게 입증책임이 있다.

판례 7 ▎ 토지수용재결처분취소

[대법원 1993. 2. 12. 선고 92누4147 판결]

판결요지

가. 지적법시행령 제6조 제8호에 의하면 영구적인 건축물의 부지와 이에 접속된 부속시설물의 부지 등을 대지로 보고 있는바 영구적인 건축물이나 부속시설물은 어느 정도 영속성이 있어야 하는 것이지만 반드시 건축물관리대장등에 등재되어 있는 것에 한정되는 것은 아니다.

나. 양돈업폐지로 인한 손실보상액을 산정함에 있어서 모돈의 매각차손의 계산방법에 심리미진의 위법이 있다고 한 사례.

판례 8 ▎ 토지수용재결처분취소등

[대법원 1993. 7. 27. 선고 93누5338 판결]

판결요지

수용대상토지에 대한 손실보상액을 산정함에 있어서 적용되어야 하는 구 토지수용법(1989.4.1. 법률 제4120호로 개정된 후 1991.12.31. 법률 제4483호로 개정되기 전의 것) 제46조 제1항과 제2항의 규정 취지에 비추어 볼 때, 인근유사토지의 정상거래사례가 있고 그 거래가격이 정상적인 것으로서 적정한 보상액평가에 영향을 미칠 수 있는 것임이 입증된 경우에는 이를 보상액산정에 참작하여야 하고, 그 거래사례가 당해 수용사업의 시행을 위하여 협의매수의 방법으로 이루어진 것이라 하여 그 성질상 당연히 참작할 수 없는 것은 아니다.

판례 9 ▎ 토지수용재결처분취소

[대법원 1993. 10. 22. 선고 93누11500 판결]

판결요지

가. 수용대상토지의 보상금을 산정하기 위하여 표준지 공시지가를 수용재결시의 가액으로 시점 수정함에 있어, 수용대상토지가 도시계획구역 내에 있는 경우에는 원칙적으로 지목별 지가변동률이 아닌 용도지역별 지가변동률을 적용하여야 한다.

나. 구체적 거래사례 가격이 아닌 호가라 하여 수용대상토지의 보상가액 산정시 참작할 수 없는 것은 아니지만, 보상액 산정시 참작될 수 있는 호가는 그것이 인근유사토지에 대한 것으로, 투기적 가격이나 당해 공공사업으로 인한 개발이익 등이 포함되지 않은 정상적인 거래가격 수준을 나타내는 것임이 입증되는 경우라야 한다.

판례 10 ▎ 토지수용이의재결처분취소등

[대법원 1998. 1. 23. 선고 97누17711 판결]

판결요지

[1] 토지수용 보상액을 평가함에 있어서는 관계 법령에서 들고 있는 모든 가격산정요인들을 구체적·종합적으로 참작하여 그 각 요인들이 빠짐없이 반영된 적정가격을 산출하여야 하

고, 이 경우 감정평가서에는 모든 가격산정요인의 세세한 부분까지 일일이 설시하거나 그 요소가 평가에 미치는 영향을 수치적으로 표현할 수는 없다고 하더라도 적어도 그 가격산정요인들을 특정 명시하고 그 요인들이 어떻게 참작되었는지를 알아 볼 수 있는 정도로 기술하여야 한다.

[2] 토지수용법 제46조 제2항, 구 지가공시및토지등의평가에관한법률(1995. 12. 29. 법률 제5108호로 개정되기 전의 것) 제9조, 제10조, 감정평가에관한규칙 제17조 제1항, 제6항 등 토지수용에 있어서의 손실보상액 산정에 관한 관계 법령의 규정을 종합하여 보면, 수용대상 토지의 정당한 보상액을 산정함에 있어서 인근 유사토지의 정상거래사례를 반드시 조사하여 참작하여야 하는 것은 아니지만, 인근 유사토지가 거래된 사례나 보상이 된 사례가 있고 그 가격이 정상적인 것으로서 적정한 보상액 평가에 영향을 미칠 수 있는 것임이 입증된 경우에는 이를 참작할 수 있다.

[3] 토지수용의 손실보상액을 산정함에 있어서 참작할 수 있는 "인근 유사토지의 정상거래가격"이라고 함은 그 토지가 수용대상 토지의 인근지역에 위치하고 용도지역, 지목, 등급, 지적, 형태, 이용상황, 법령상의 제한 등 자연적·사회적 조건이 수용대상 토지와 동일하거나 유사한 토지에 관하여 통상의 거래에서 성립된 가격으로서, 개발이익이 포함되지 아니하고, 투기적인 거래에서 형성된 것이 아닌 가격을 말한다.

[4] 토지수용 보상액을 산정함에 있어 인근 유사토지의 정상거래가격으로 볼 수 없는 매매대금을 참작하였다 하여 원심을 파기한 사례.

판례 11 ▎토지수용재결처분취소

[대법원 1992. 5. 22. 선고 91누11094 판결]

판결요지

가. 토지수용으로 인한 보상액을 평가함에 있어서는 구 국토이용관리법 제29조 제5항(1989.4.1. 법률 제4120호로 삭제)에 들고 있는 모든 가격산정요인들을 구체적 종합적으로 참작하여 그 각 요인들이 빠짐없이 반영된 적정가격을 산출하여야 하고 감정서에 그 가격산정요인들을 구체적으로 특정 명시하고 그 요인들이 어떻게 참작되었는지를 알아볼 수 있는 정도로 기술되어야 할 것이며, 기준지가가 고시된 지역의 토지를 수용함에 있어서는 수용대상토지에 대한 그 지목별 표준지를 선정하여 표준지의 기준지가를 기준으로 하여 그 손실보상액을 산정하여야 하는바, 수용대상토지 중 일부 토지를 비준지로 선정하고 이 비준지에 대한 표준지를 선정하여 이 표준지의 기준지가를 기준으로 위 비준지의 가격을 산정한 후 수용대상토지의 보상가격을 산정하는 것은 부적정한 평가방법이라 할 것이다.

나. 재결의 기초가 된 감정이 적법하다는 주장, 입증책임은 수용재결청에게 있다.

다. 인근류사토지의 정상거래가격을 참작함에 있어 인근류사지역의 거래사례를 채택하고 별도의 표준지를 선정한 후 이를 비교하여 정상거래가격 보정율을 산정한 방법이 적정하다고 한 사례.

판례 12 | 손해배상(기)

[대법원 2009. 9. 10. 선고 2006다64627 판결]

판결요지

[1] 비교표준지는 특별한 사정이 없는 한 도시계획구역 내에서는 용도지역을 우선으로 하고, 도시계획구역 외에서는 현실적 이용 상황에 따른 실제 지목을 우선으로 하여 선정하여야 하나, 이러한 토지가 없다면 지목, 용도, 주위 환경, 위치 등의 제반 특성을 참작하여 그 자연적, 사회적 조건이 감정대상 토지와 동일 또는 가장 유사한 토지를 선정하여야 하고, 표준지와 감정대상 토지의 용도지역이나 주변 환경 등에 다소 상이한 점이 있더라도 이러한 점은 지역요인이나 개별요인의 분석 등 품등비교에서 참작하면 되는 것이지 그러한 표준지의 선정 자체가 잘못된 것으로 단정할 수는 없다.

[2] 감정평가업자는 담보물에 대한 감정평가시 채권의 안전하고 확실한 회수를 위하여 대출기간 동안의 불확실성, 담보물의 변동가능성 등을 고려하여야 하고, 채무자가 정상적인 채무의 상환을 하지 않는 경우 채권자가 담보물의 처분을 통해 채권의 회수를 하게 되므로 채권자가 일정한 기간 내에 적정한 금액으로 환가처분할 수 있는 가격으로 평가하여야 한다. 그리고 형질변경 중에 있는 토지는 형질변경행위의 불법성 여부, 진행 정도, 완공가능성 등을 검토하여 담보로서의 적합성을 판단하여야 하고, 건축물 등의 건축을 목적으로 농지 또는 산림에 대하여 전용허가를 받거나 토지의 형질변경허가를 받아 택지 등으로 조성 중에 있는 토지는 과대평가를 방지하기 위하여 조성공사에 소요되는 비용 상당액과 공사 진행 정도, 택지조성에 소요되는 예상기간 등을 종합적으로 고려하여 평가하여야 한다.

[3] 구 지가공시 및 토지 등의 평가에 관한 법률(2005. 1. 14. 법률 제7335호 부동산 가격공시 및 감정평가에 관한 법률로 전부 개정되기 전의 것) 제26조 제1항은 감정평가업자가 타인의 의뢰에 의하여 감정평가를 함에 있어서 고의 또는 과실로 감정평가 당시의 적정가격과 현저한 차이가 있게 감정평가하거나 감정평가서류에 허위의 기재를 함으로써 감정평가 의뢰인이나 선의의 제3자에게 손해를 발생하게 한 때에는 그 손해를 배상할 책임이 있다고 규정하고 있는데, 여기에서 '선의의 제3자'라 함은 감정 내용이 허위 또는 감정평가 당시의 적정가격과 현저한 차이가 있음을 인식하지 못한 것뿐만 아니라 감정평가서 자체에 그 감정평가서를 감정의뢰 목적 이외에 사용하거나 감정의뢰인 이외의 타인이 사용할 수 없음이 명시되어 있는 경우에는 그러한 사용 사실까지 인식하지 못한 제3자를 의미한다.

[4] 감정평가업자가 담보목적물에 대하여 부당한 감정을 함으로 인하여 금융기관이 그 감정을 믿고 정당한 감정가격을 초과한 대출을 함으로써 재산상 손해를 입게 되리라는 것은 쉽사리 예견할 수 있으므로, 다른 특별한 사정이 없는 한 감정평가업자의 위법행위와 금융기관의 손해 사이에는 상당인과관계가 있다 할 것이고, 그 손해의 발생에 금융기관의 과실이 있다면 과실상계의 법리에 따라 그 과실의 정도를 비교교량하여 감정평가업자의 책임을 면하게 하거나 감경하는 것은 별론으로 하고 그로 인하여 감정평가업자의 부당감정과 손해 사이에 존재하는 인과관계가 단절된다고는 할 수 없다.

[5] 구 시설대여업법(1997. 8. 28. 법률 제5374호 여신전문금융업법 부칙 제2조로 폐지) 제15조 제1항에 의하여 시설대여회사의 업무를 감독하는 지위에 있는 재무부장관이 제정한 구 시설대여회사 업무운용준칙은 제4조 제1호 [별표], 제2호에서 시설대여금지업종에 대한 시설대여 등과 기존의 특정물건 보유자가 이를 매각하고 시설대여회사가 이를 그 매각자에 다시 시설대여하는 방식의 시설대여 등(소위 '세일 앤 리스백')을 제한하고 있으나, 구 시설대여업법이나 위 준칙에서 시설대여금지업종에 대한 시설대여 등과 세일 앤 리스백 방식의 시설대여 등을 제한한 규정에 위배하여 체결된 리스계약의 효력에 대하여 아무런 정함이 없을 뿐만 아니라 구 시설대여업법은 시설대여산업을 건전하게 육성하고 이를 합리적으로 규제함으로써 기업에 대한 설비투자 지원을 원활히 하는데 그 목적이 있으므로, 위 준칙 규정은 이른바 단속규정에 불과할 뿐 그 위반행위의 사법상 효력까지 부인하는 효력규정은 아니다.

[6] 담보목적물에 대하여 감정평가업자가 부당한 감정을 함으로써 감정 의뢰인이 그 감정을 믿고 정당한 감정가격을 초과한 대출을 한 경우에는 부당한 감정가격에 근거하여 산출된 담보가치와 정당한 감정가격에 근거하여 산출된 담보가치의 차액을 한도로 하여 대출금 중 정당한 감정가격에 근거하여 산출된 담보가치를 초과한 부분이 손해액이 된다.

[7] 불법행위로 인한 손해배상청구소송에서 재산적 손해의 발생 사실은 인정되나 구체적인 손해의 액수를 증명하는 것이 사안의 성질상 곤란한 경우, 법원은 증거조사의 결과와 변론 전체의 취지에 의하여 밝혀진 당사자들 사이의 관계, 불법행위와 그로 인한 재산적 손해가 발생하게 된 경위, 손해의 성격, 손해가 발생한 이후의 여러 정황 등 관련된 모든 간접사실들을 종합하여 손해의 액수를 판단할 수 있고, 이러한 법리는 자유심증주의하에서 손해의 발생 사실은 입증되었으나 사안의 성질상 손해액에 대한 입증이 곤란한 경우 증명도·심증도를 경감함으로써 손해의 공평·타당한 분담을 지도원리로 하는 손해배상제도의 이상과 기능을 실현하고자 함에 그 취지가 있는 것이지, 법관에게 손해액의 산정에 관한 자유재량을 부여한 것은 아니므로, 법원이 위와 같은 방법으로 구체적 손해액을 판단함에 있어서는, 손해액 산정의 근거가 되는 간접사실들의 탐색에 최선의 노력을 다해야 하고, 그와 같이 탐색해 낸 간접사실들을 합리적으로 평가하여 객관적으로 수긍할 수 있는 손해액을 산정해야 한다.

▮ 판례 13 ▮ 부당이득금반환

[대법원 2010. 3. 25. 선고 2009다97062 판결]

판시사항

[1] 한국감정평가업협회가 제정한 '토지보상평가지침'의 법적 성질(=협회의 내부기준)
[2] 토지의 감정평가를 위한 비교표준지의 선정 방법 및 표준지가 감정대상 토지와 용도지역이나 주변환경 등에서 다소 상이하거나 감정대상 토지로부터 상당히 떨어져 있다는 사정만으로 표준지 선정이 잘못되었다거나 위법하다고 할 수 있는지 여부(소극)
[3] 국가 또는 지방자치단체가 도로로 점유·사용하고 있는 토지에 대한 임료 상당의 부당이득액을 산정하기 위하여 토지의 기초가격과 기대이율을 결정하는 방법

[4] 토지가 공부상 하천으로 등재되어 있다는 사정만으로 그 토지를 하천구역이라고 단정할 수 있는지 여부(소극)
[5] 하천관리청 이외의 자가 설치하였거나 자연적으로 형성된 제방의 부지가 구 하천법 제2조 제1항 제2호 (나)목에 정한 하천구역에 해당하기 위한 요건

▎판례 14 ▎ 비교표준지의 선정기준

[대법원 2011. 09. 08. 선고 2009두4340]

판결요지

비교표준지는 특별한 사정이 없는 한 도시지역 내에서는 용도지역을 우선으로 하고, 도시지역 외에서는 현실적 이용상황에 따른 실제 지목을 우선으로 하여 선정해야 한다. 또한 수용대상토지가 도시지역 내에 있는 경우 용도지역이 같은 비교표준지가 여러 개 있을 때에는 현실적 이용상황, 공부상 지목, 주위환경, 위치 등의 제반 특성을 참작하여 자연적, 사회적 조건이 수용대상 토지와 동일 또는 유사한 토지를 당해 토지에 적용할 비교표준지로 선정해야 하고, 마찬가지로 수용대상토지가 도시지역 외에 있는 경우 현실적 이용상황이 같은 비교표준지가 여러 개 있을 때에는 용도지역까지 동일한 비교표준지가 있다면 이를 당해 토지에 적용할 비교표준지로 선정해야 한다.

※ 2013.4.25.「토지보상법 시행규칙」제22조(취득하는 토지의 평가) 제3항이 신설되어 비교표준지 선정기준을 규정하였으며, 이 규정에 의하면 도시지역 내·외를 구분하지 않고 용도지역 등을 기준으로 비교표준지를 선정함을 원칙으로 하고 있음

❖ 이의 - 공부상 지목평가, 잔여지 (불수용)

 OO시장이 시행하는 도로사업에 편입되는 토지에 대한 2008. 8. 25. OO지방토지수용위원회의 수용재결에 대한 이의신청에 대하여, OOO의 공부상지목인 "답"으로 보상하여 달라는 주장에 대하여는, 법 제70조제2항에 따르면 토지에 대한 보상액은 가격시점에 있어서의 현실적인 이용상황과 일반적인 이용방법에 의한 객관적 상황을 고려하여 산정하되, 일시적인 이용상황과 토지소유자 또는 관계인이 갖는 주관적 가치 및 특별한 용도에 사용할 것을 전제로 한 경우 등은 이를 고려하지 않도록 되어 있고, 법 시행령 제38조에 따르면 "일시적인 이용상황"이라 함은 관계 법령에 의한 국가 또는 지방자치단체의 계획이나 명령 등에 의하여 당해 토지를 본래의 용도로 이용하는 것이 일시적으로 금지 또는 제한되어 그 본래의 용도외의 다른 용도로 이용되고 있거나 당해 토지의 주위환경의 사정으로 보아 현재의 이용방법이 일시적인 것으로 규정하고 있는 바, 관계 자료(현황사진, 감정평가서, 사업시행자 의견서 등)를 검토한 결과, 이 건 토지는 연도변상에 아스팔트로 포장되어 마을주민들의 통행로(문화마을 진입로)로 이용되는 도로부지로서 이용상황이 고착화되어 다른 용도로 전환하는 것이 곤란한 상태로서 사실상의 사도로 평가하는 것이 타당하므로 이유없고, OOO의 잔여지를 수용하여 달라는 주장에 대하여는, 법 제74조제1항에 따르면 동일한 토지소유자에 속하는 일단의 토지의 일부가 수용됨으로 인하여 잔여지를 종래의 목적에 사용하는 것이 현저히 곤란한 때에는 토지소유자는 일단의 토지의 전부를 매수청구할 수 있도록 되어 있는 바, 관계 자료(현황도면, 현황사진, 사업시행자 의견서 등)를 검토한 결과, 이 건 OOO의 잔여지인 OO시 OO동 OOO 답 300㎡(전체 539㎡, 편입 239㎡)는

면적·형상 등으로 보아 종래의 목적인 도로로 사용이 가능한 것으로 판단되므로 이유없으며, 보상금은 ㅇㅇ 및 ㅇㅇ감정평가법인이 재평가한 금액을 산술 평균하여 산정한 결과, 수용재결에서 정한 별지 제1목록 기재 토지에 대한 손실보상금 금1,180,281,500원을 금1,193,919,050원(개별 보상내역은 별지 제1목록 기재와 같이 함)으로 변경하고, 별지 제2목록 기재 물건에 대한 이의 신청은 기각다.

❖ 수용 - 누락물건, 현실이용상황, 잔여지
  (불수용)
  ㅇㅇ청장이 시행하는 도로사업에 편입되는 ㅇㅇ시 ㅇㅇ면 ㅇㅇ리 ㅇㅇㅇ 전 ㅇㅇㅇ㎡ 외 ㅇㅇ필지 ㅇㅇㅇㅇ㎡ 및 잣나무 등 ㅇㅇ건에 대한 수용재결신청에 대하여, ㅇㅇㅇ의 누락물건을 보상하여 달라는 주장에 대하여는, 관계 자료(현황사진, 사업시행자의 의견 등)을 검토한 결과, 이 건 수목(소나무)은 조림된 용재림이 아닌 자연림 상태의 수목으로 거래관행상 토지에 포함하여 거래되고 있으므로 별도 보상대상이 아닌 것으로 판단되므로 이유없고, ㅇㅇㅇ의 현실이용상황인 대지로 보상하여 달라는 주장에 대하여는, 법 제70조제2항에 따르면 토지에 대한 보상액은 가격시점에 있어서의 현실적인 이용상황과 일반적인 이용방법에 의한 객관적인 상황을 고려하여 산정하되, 일시적인 이용상황과 토지소유자 또는 관계인이 갖는 주관적 가치 및 특별한 용도에 사용할 것을 전제로 한 경우 등은 이를 고려하지 아니하도록 되어 있는 바, 관계 자료(건축물대장, 현황사진, 사업시행자 의견 등)을 검토한 결과, 이 건 토지는 공부상 지목은 "전"이지만 1979년에 건축된 적법한 건축물부지로 확인되므로 대지로 보상하기로 하며, ㅇㅇㅇ의 잔여지을 수용하여 달라는 주장에 대하여는, 법 제74조제1항에 따라 동일한 토지소유자에 속하는 일단의 토지의 일부가 수용됨으로 인하여 잔여지을 종래의 목적에 사용하는 것이 현저히 곤란한 때에는 토지소유자는 일단의 토지의 전부를 매수청구 할 수 있도록 되어 있는 바, 관계 자료(현황도면, 현황사진, 사업시행자 의견 등)을 검토한 결과, ㅇㅇ면 ㅇㅇ리 ㅇㅇ 전 ㅇㅇㅇ㎡ 및 같은 리 ㅇㅇㅇ 전 ㅇㅇ㎡는 연접하여 일단의 토지로 이용하고 있으므로 종래의 목적대로 사용하는 것이 현저히 곤란한 경우에 해당하지 아니하는 것으로 판단되므로 이유없으며, 보상금에 대하여는, ㅇㅇ 및 ㅇㅇ평가법인이 평가한 금액을 산술평균하여 보상금을 산정한 결과, 손실보상금으로 금ㅇㅇㅇㅇ원(개별보상내역은 별지 제1, 2목록 기재와 같이 함)을 정하고 이를 수용하기로 의결다.
  수용의 개시일은 ㅇㅇㅇㅇ년 ㅇ월 ㅇㅇ일로 하다.

❖ 수용재결(09.12.17) - 공부상 지목과 현실이용상황이 다른 토지의 보상
  ㅇㅇㅇ가 공부상 지목은 "전"이나 "공장용지"로, ◇◇◇가 공부상 지목은 "전"이나 현실이용상황인 "대"로, ㅇㅇㅇ이 공부상 지목은 "전"이나 현실이용상황인 "대"와 "목장용지"로 평가·보상하여 달라는 주장에 대하여, 법 제70조제2항에 따르면 토지에 대한 보상액은 가격시점에 있어서의 현실적인 이용상황과 일반적인 이용방법에 의한 객관적인 상황을 고려하여 산정하되, 일시적인 이용상황과 토지소유자 또는 관계인이 갖는 주관적 가치 및 특별한 용도에 사용할 것을 전제로 한 경우 등은 이를 고려하지 아니하도록 규정 하고 있고, 법 시행규칙 제24조에 따르면 「건축법」 등 관련법령에 의하여 허가나 신고을 하지 아니한 무허가건축물의 부지 또는 「국토의 계획 및 이용에 관한 법률」 등 관계법령에 의하여 허가을 받거나 신고을 하고 형질변경을 하여야 하는 토지을 허가을 받지 아니하거나 신고을 하지 아니하고 형질변경한 토지 등에 대하여는 무허가건축물 등이 건축될 당시 또는 토지가 형질변경될 당시의 이용상황을 상정하여 평가하도록 되어 있으며, 법 시행규칙(건설교통부령 제344호, 2002. 12. 31.) 부칙 제5조에 따르면 1989년 1월 24일 당시의 무허가건축물등에 대하여는 제24조·제54조제1항 단서·제54조제2

항 단서·제58조제1항 단서 및 제58조제2항 단서의 규정에 불구하고 이 규칙에서 정한 보상을 함에 있어 이를 적법한 건축물로 보도록 되어 있다.
관계 자료(항공사진, 현황측량도면, 건축물대장, 감정평가서, 사업시행자 의견서 등)을 검토한 결과, ○○○의 경기 △△리 111 전 2,508㎡는 공부상 지목 및 현실이용상황이 "전"으로 사용되고 있는 것으로 확인되므로 신청인의 주장은 이유없다. ○○○의 같은 리 112 전 545㎡ 중 190㎡는 1989. 1. 24.이전부터 주택부지로 사용하고 있음이 확인되어, 이를 "대"로 평가한 사실이 확인되므로 신청인의 주장은 이유없다. ○○○의 같은 리 113 전 621㎡ 중 262㎡는 1989. 1. 24.이전부터 주택부지로 사용하고 있음이 확인되므로 이를 "대"로 평가·보상하기로 한다. ○○○의 같은 리 112 전 4,645㎡ 중 406㎡는 적법한 건축물 3동의 축사부지로 확인되므로 "목장용지"로 평가·보상하기로 한다.

❖ 토지보상평가지침
제9조 (비교표준지의 선정) ② 비교표준지는 제1항의 선정기준에 가장 적합한 공시지가표준지 하나를 선정하는 것을 원칙으로 한다. 다만 한 필지의 토지가 둘 이상의 용도로 이용되고 있거나 적정한 평가가격의 산정을 위하여 필요하다고 인정되는 경우에는 둘 이상의 공시지가표준지를 선정할 수 있다. <개정 2003. 2. 14, 2009. 10. 28>

(가) 비교표준지의 선정

| 토지보상법 시행규칙 제22조 (취득하는 토지의 평가) |

① 취득하는 토지를 평가함에 있어서는 평가대상토지와 유사한 이용가치를 지닌다고 인정되는 하나 이상의 표준지의 공시지가를 기준으로 한다.
② 토지에 건축물등이 있는 때에는 그 건축물등이 없는 상태를 상정하여 토지를 평가한다.
③ 제1항에 따른 표준지는 특별한 사유가 있는 경우를 제외하고는 다음 각 호의 기준에 따른 토지로 한다.
  1. 「국토의 계획 및 이용에 관한 법률」 제36조부터 제38조까지, 제38조의2 및 제39조부터 제42조까지에서 정한 용도지역, 용도지구, 용도구역 등 공법상 제한이 같거나 유사할 것
  2. 평가대상 토지와 실제 이용상황이 같거나 유사할 것
  3. 평가대상 토지와 주위 환경 등이 같거나 유사할 것
  4. 평가대상 토지와 지리적으로 가까울 것

| 실무기준 |

[810-5.6.2 비교표준지의 선정] ① 비교표준지의 선정은 [610-1.5.2.1]에 따른다.
② 택지개발사업·산업단지개발사업 등 공익사업시행지구 안에 있는 토지를 감정평가 할 때에는 그 공익사업시행지구 안에 있는 표준지 공시지가를 선정한다.
③ 제2항에도 불구하고 특별한 이유가 있는 경우에는 해당 공익사업시행지구 안에 있는 표준지 공시지가의 일부를 선정대상에서 제외하거나, 해당 공익사업시행지구 밖에 있는 표준지 공시지가를 선정할 수 있다. 이 경우에는 그 이유를 감정평가서에 기재하여야 한다.
④ 비교표준지를 선정한 때에는 선정이유를 감정평가서에 기재한다.

사례 1 토지특성에 오류가 있는 표준지는 비교표준지로 선정하지 않는다(2014. 12. 03. 감정평가기준팀-4155)(질의회신)

회신내용 2018 토지수용 업무편람 발췌

"수용대상토지 자체가 표준지인 토지에 관하여는 표준지와의 개별성 및 지역성의 비교란 있을 수 없다"고 판결(대법원 1995.5.12. 선고 95누2678 판결)하고 있는 바, 표준지의 공시사항인 토지특성의 오류가 있다면 당해 표준지를 배제하고 표준지 선정기준에 부합하는 다른 표준지를 선정하여야 할 것입니다. 대상토지를 비교표준지로 선정하지 아니할 경우에는 「감정평가 실무기준」[810-5.6.2](비교표준지의 선정)제3항에 따라 그 이유를 감정평가서에 기재하여야 할 것입니다.

판 례

판례 1 ┃ 비교표준지의 선정기준

[대법원 2011. 09. 08. 선고 2009두4340]

판결요지

비교표준지는 특별한 사정이 없는 한 도시지역 내에서는 용도지역을 우선으로 하고, 도시지역 외에서는 현실적 이용상황에 따른 실제 지목을 우선으로 하여 선정해야 한다. 또한 수용대상토지가 도시지역 내에 있는 경우 용도지역이 같은 비교표준지가 여러 개 있을 때에는 현실적 이용상황, 공부상 지목, 주위환경, 위치 등의 제반 특성을 참작하여 자연적, 사회적 조건이 수용대상 토지와 동일 또는 유사한 토지를 당해 토지에 적용할 비교표준지로 선정해야 하고, 마찬가지로 수용대상토지가 도시지역 외에 있는 경우 현실적 이용상황이 같은 비교표준지가 여러 개 있을 때에는 용도지역까지 동일한 비교표준지가 있다면 이를 당해 토지에 적용할 비교표준지로 선정해야 한다.

※ 2013. 4. 25. 「토지보상법 시행규칙」 제22조(취득하는 토지의 평가) 제3항이 신설되어 비교표준지 선정기준을 규정하였으며, 이 규정에 의하면 도시지역 내·외를 구분하지 않고 용도지역 등을 기준으로 비교표준지를 선정함을 원칙으로 하고 있음

판례 2 ┃ 공시기준일 이후에 용도변경 등이 이루어진 표준지도 비교표준지로 선정할 수 있다.

[대법원 1993.9.28 선고 93누5314]

판결요지

당해 공익사업이 시행되는 지역 내에 있는 표준지의 용도나 형질이 그 공익사업의 시행으로 인하여 변경되었다 하더라도, 다른 자료에 의하여 공시기준일 당시의 그 표준지의 현황을 확인할 수 있다면 그 표준지의 수용재결 당시의 공시지가를 기준으로 하여 수용대상토지에 대한 손실보상액을 산정하는 것이 감정평가에 관한 규칙 제17조 제2항의 규정취지에 배치되는 것은 아니다.

(나) 적용공시지가의 선택

| 토지보상법 제70조 (취득하는 토지의 보상) |

① 협의나 재결에 의하여 취득하는 토지에 대하여는 「부동산 가격공시에 관한 법률」에 따른 공시지가를 기준으로 하여 보상하되, 그 공시기준일부터 가격시점까지의 관계 법령에 따른 그 토지의 이용계획, 해당 공익사업으로 인한 지가의 영향을 받지 아니하는 지역의 대통령령으로 정하는 지가변동률, 생산자물가상승률(「한국은행법」 제86조에 따라 한국은행이 조사·발표하는 생산자물가지수에 따라 산정된 비율을 말한다)과 그 밖에 그 토지의 위치·형상·환경·이용상황 등을 고려하여 평가한 적정가격으로 보상하여야 한다. <개정 2016. 1. 19.>
② 토지에 대한 보상액은 가격시점에서의 현실적인 이용상황과 일반적인 이용방법에 의한 객관적 상황을 고려하여 산정하되, 일시적인 이용상황과 토지소유자나 관계인이 갖는 주관적 가치 및 특별한 용도에 사용할 것을 전제로 한 경우 등은 고려하지 아니한다.
③ 사업인정 전 협의에 의한 취득의 경우에 제1항에 따른 공시지가는 해당 토지의 가격시점 당시 공시된 공시지가 중 가격시점과 가장 가까운 시점에 공시된 공시지가로 한다.
④ 사업인정 후의 취득의 경우에 제1항에 따른 공시지가는 사업인정고시일 전의 시점을 공시기준일로 하는 공시지가로서, 해당 토지에 관한 협의의 성립 또는 재결 당시 공시된 공시지가 중 그 사업인정고시일과 가장 가까운 시점에 공시된 공시지가로 한다.
⑤ 제3항 및 제4항에도 불구하고 공익사업의 계획 또는 시행이 공고되거나 고시됨으로 인하여 취득하여야 할 토지의 가격이 변동되었다고 인정되는 경우에는 제1항에 따른 공시지가는 해당 공고일 또는 고시일 전의 시점을 공시기준일로 하는 공시지가로서 그 토지의 가격시점 당시 공시된 공시지가 중 그 공익사업의 공고일 또는 고시일과 가장 가까운 시점에 공시된 공시지가로 한다.
⑥ 취득하는 토지와 이에 관한 소유권 외의 권리에 대한 구체적인 보상액 산정 및 평가방법은 투자비용, 예상수익 및 거래가격 등을 고려하여 국토교통부령으로 정한다. <개정 2013. 3. 23.>

| 토지보상법 시행령 제38조의2 (공시지가) |

① 법 제70조제5항에 따른 취득하여야 할 토지의 가격이 변동되었다고 인정되는 경우는 도로, 철도 또는 하천 관련 사업을 제외한 사업으로서 다음 각 호를 모두 충족하는 경우로 한다.
  1. 해당 공익사업의 면적이 20만 제곱미터 이상일 것
  2. 해당 공익사업지구 안에 있는 「부동산 가격공시에 관한 법률」 제3조에 따른 표준지공시지가(해당 공익사업지구 안에 표준지가 없는 경우에는 비교표준지의 공시지가를 말하며, 이하 이 조에서 "표준지공시지가"라 한다)의 평균변동률과 평가대상토지가 소재하는 시(행정시를 포함한다. 이하 이 조에서 같다)·군 또는 구(자치구가 아닌 구를 포함한다. 이하 이 조에서 같다) 전체의 표준지공시지가 평균변동률과의 차이가 3퍼센트포인트 이상일 것
  3. 해당 공익사업지구 안에 있는 표준지공시지가의 평균변동률이 평가대상토지가 소재하는 시·군 또는 구 전체의 표준지공시지가 평균변동률보다 30퍼센트 이상 높거나 낮을 것
② 제1항제2호 및 제3호에 따른 평균변동률은 해당 표준지별 변동률의 합을 표준지의 수로 나누어 산정하며, 공익사업지구가 둘 이상의 시·군 또는 구에 걸쳐 있는 경우 평가대상토지가 소재하는 시·군 또는 구 전체의 표준지공시지가 평균변동률은 시·군 또는 구별로 평균변동률을 산정한 후 이를 해당 시·군 또는 구에 속한 공익사업지구 면적 비율로 가중평균(加重平均)하여 산정한다. 이 경우 평균변동률의 산정기간은 해당 공익사업의 계획 또는 시행이 공고되거나 고시된 당시 공시된 표준지공시지가 중 그 공고일 또는 고시일에 가장 가까운 시점에 공시된 표준지공시지가의 공시기준일부터 법 제70조제3항 또는 제4항에 따른 표준지공시지가의 공시기준일까지의 기

간으로 한다.

사례 1   「토지보상법」 제70조제5항의 공고일 또는 고시일의 의미(2014. 03. 25 토지정책과-1965)(유권해석)

질의요지   2018 토지수용 업무편람 발췌

토지보상법 제70조제1항에 따른 공시지가를 적용할 때 토지보상법 시행령 제38조의2에 따른 요건을 모두 충족할 경우 토지거래허가구역 지정일(2006.11.27.), 환경성검토서 초안 공람공고일(2007.10.4.), 경제자유구역 지정고시일(2008.5.6.) 중 어느 것이 토지보상법 제70조제5항의 공고일 또는 고시일에 해당하는지?

회신내용

토지보상법 제70조제5항은 "제3항 및 제4항에도 불구하고 공익사업의 계획 또는 시행이 공고되거나 고시됨으로 인하여 취득하여야 할 토지의 가격이 변동되었다고 인정되는 경우에는 제1항에 따른 공시지가는 해당 공고일 또는 고시일 전의 시점을 공시기준일로 하는 공시지가로서 그 토지의 가격시점 당시 공시된 공시지가 중 그 공익사업의 공고일 또는 고시일과 가장 가까운 시점에 공시된 공시지가로 한다."고 규정하고 있습니다.
여기서 '공익사업의 계획 또는 시행이 공고되거나 고시'라 함은 관련 법령에 따른 공고 또는 고시를 하거나 국가·지방자치단체 또는 사업시행자 등이 해당 공익사업의 위치와 범위, 사업기간 등 구체적인 사업계획을 일반에게 발표한 것을 의미하는 것으로 보며, 구체적인 사례에 대하여는 사업시행자가 관계 규정 및 사실관계 등을 조사하여 판단하여야 할 사항입니다.

사례 2   '공익사업지구 안에 표준지가 없는 경우'의 의미(2017. 1. 6. 감정평가기준팀-15)(질의회신)

질의요지   2018 토지수용 업무편람 발췌

토지보상법 제70조제5항은 당해 공익사업(도시개발사업)의 계획 또는 시행의 공고 또는 고시로 인해 취득해야 할 토지의 가격이 변동한 경우에 그 개발이익을 배제하기 위하여 당해 공익사업의 공고 또는 고시일에 가장 가까운 시점에 공시된 표준지공시지가를 적용하도록 규정하고 있음
일부 본건 토지는 사업지구 밖에서 비교표준지를 선정하였으며 상기 비교표준지의 지가변동률은 토지보상법 시행령 제38조의2 요건을 충족하지 못함
이처럼 사업지구 밖에서 비교표준지를 선정한 경우에 그 비교표준지에 개발이익이 반영되어 있다고 볼 수 없는 경우에도 당해 공익사업의 계획 또는 시행의 공고 또는 고시일에 가장 가까운 시점에 공시된 공시지가를 선정해야 하는지

회신내용

토지보상법 시행령 제38조의2(공시지가)제1항제2호 및 제3호에서는 같은 법 제70조제5항에 따른 취득하여야 할 토지의 가격이 변동되었다고 인정되는 경우로 i) 해당 공익사업지구 안에 있는 「부동산 가격공시에 관한 법률」 제3조에 따른 표준지공시지가(해당 공익사업지구 안에 표준지가 없는 경우에는 비교표준지의 공시지가를 말하며, 이하 이 조에서 "표준지공시지가"라 한다)의 평균변동률과 평가대상토지가 소재하는 시(행정시를 포함한다. 이하 이 조에서 같다)·군 또는 구(자치구가 아닌 구를 포함한다. 이하 이 조에서 같다) 전체의 표준지공시지가 평균변동률과의 차이가 3퍼센트포인트 이상일 것, ii) 해당 공익사업지구 안에 있는 표준지공시지가의 평균변동률이 평가대상토지가 소재하는 시·군 또는 구 전체의 표준지공시지가 평균변동률보다 30퍼센트 이상 높거나 낮을 것을 규정하고 있습니다.

상기 토지보상법 시행령 제38조의2제1항제2호에서 비교표준지의 공시지가 평균변동률과 평가대상토지가 소재하는 시·군 또는 구 전체의 표준지공시지가 평균변동률을 비교하는 것은 해당 공익사업지구 안에 표준지가 없는 경우에 한정되는 것으로 해당 공익사업지구 안에 표준지가 존재하는 경우에는 이를 기준으로 하여야 할 것입니다.

사안의 경우 해당 공익사업지구 안에 표준지가 존재하므로 해당 공익사업지구 안에 있는 표준지공시지가의 평균변동률과 평가대상토지가 소재하는 시·군 또는 구 전체의 표준지공시지가 평균변동률의 비교를 통하여 토지보상법 제70조제5항 적용 여부를 결정하여야 할 것이며, 사업지구 밖의 표준지를 비교표준지로 선정한 경우에도 달리 적용할 것은 아니라고 사료됩니다.

판 례

| 판례 1 | 기준시점 이후를 공시기준일로 하는 공시지가를 소급적용하여 보상액을 산정할 수는 없다.

[대법원 1995. 04. 11. 선고 94누262]

판결요지

토지수용보상금을 산정함에 있어 기준이 될 표준지의 공시지가는 수용재결일 이전을 공시기준일로 하여 공시된 것이라야 하고, 수용재결일과의 시간적 간격이 더 가깝다 하여 수용재결일 이후를 기준일로 한 공시지가를 소급적용할 수는 없다.

| 판례 2 | 이의재결에서의 보상평가의 기준이 되는 연도별 공시지가

[대법원 2012. 3. 29. 선고 2011다104253]

판결요지

공시지가는 공시기준일을 기준으로 하여 효력이 있다 할 것이므로 공시기준일 이후를 가격시점으로 한 평가나 보상은 공시된 공시지가를 기준으로 하여 산정하여야 하고 수용재결시에

기존의 공시지가가 공시되어 있더라도 이의재결시에 새로운 공시지가의 공시가 있었고 그 공시기준일이 수용재결일 이전으로 된 경우에는 이의재결은 새로 공시된 공시지가를 기준으로 하여 평가한 금액으로 행하는 것이 옳다

◇ 공도
 공익사업을 위한 토지 등의 취득 및 보상에 관한 법률 시행규칙 제36조 (공작물 등의 평가) ① 제33조 내지 제35조의 규정은 공작물 그 밖의 시설(이하 "공작물등"이라 한다)의 평가에 관하여 이를 준용한다.

◇ 국·공유지의 감정평가
 제98조 (국유·공유재산의 처분 등) ① 시장·군수등은 제50조 및 제52조에 따라 인가하려는 사업시행계획 또는 직접 작성하는 사업시행계획서에 국유·공유재산의 처분에 관한 내용이 포함되어 있는 때에는 미리 관리청과 협의하여야 한다. 이 경우 관리청이 불분명한 재산 중 도로·하천·구거 등은 국토교통부장관을, 그 외의 재산은 기획재정부장관을 관리청으로 본다.
 ② 제1항에 따라 협의를 받은 관리청은 20일 이내에 의견을 제시하여야 한다.
 ③ 정비구역의 국유·공유재산은 정비사업 외의 목적으로 매각되거나 양도될 수 없다.
 ④ 정비구역의 국유·공유재산은 「국유재산법」 제9조 또는 「공유재산 및 물품 관리법」 제10조에 따른 국유재산종합계획 또는 공유재산관리계획과 「국유재산법」 제43조 및 「공유재산 및 물품 관리법」 제29조에 따른 계약의 방법에도 불구하고 사업시행자 또는 점유자 및 사용자에게 다른 사람에 우선하여 수의계약으로 매각 또는 임대될 수 있다.
 ⑤ 제4항에 따라 다른 사람에 우선하여 매각 또는 임대될 수 있는 국유·공유재산은 「국유재산법」, 「공유재산 및 물품 관리법」 및 그 밖에 국·공유지의 관리와 처분에 관한 관계 법령에도 불구하고 사업시행계획인가의 고시가 있은 날부터 종전의 용도가 폐지된 것으로 본다.
 ⑥ 제4항에 따라 정비사업을 목적으로 우선하여 매각하는 국·공유지는 사업시행계획인가의 고시가 있은 날을 기준으로 평가하며, 주거환경개선사업의 경우 매각가격은 평가금액의 100분의 80으로 한다. 다만, 사업시행계획인가의 고시가 있은 날부터 3년 이내에 매매계약을 체결하지 아니한 국·공유지는 「국유재산법」 또는 「공유재산 및 물품 관리법」에서 정한다.

국유재산법 제42조 (관리·처분 사무의 위임·위탁) ① 총괄청은 대통령령으로 정하는 바에 따라 소관 일반재산의 관리·처분에 관한 사무의 일부를 총괄청 소속 공무원, 중앙관서의 장 또는 그 소속 공무원, 지방자치단체의 장 또는 그 소속 공무원에게 위임하거나 정부출자기업체, 금융기관, 투자매매업자·투자중개업자 또는 특별법에 따라 설립된 법인으로서 대통령령으로 정하는 자에게 위탁할 수 있다. 〈개정 2011.3.30.〉
 ② 총괄청은 제8조제3항의 일반재산의 관리·처분에 관한 사무의 일부를 위탁받을 수 있다. 〈개정 2011.3.30.〉
 ③ 중앙관서의 장이 소관 특별회계나 기금에 속하는 일반재산을 제59조에 따라 개발하려는 경우에는 제1항을 준용하여 위탁할 수 있다. 〈개정 2011.3.30.〉
 ④ 중앙관서의 장과 제1항에 따라 위임받은 기관이 일반재산을 관리·처분하는 경우에는 제28조

멎 제29조을 준용한다. <개정 2011. 3. 30.>
⑤ 제1항 및 제4항에 따라 일반재산의 관리·처분에 관한 사무를 위임이나 위탁한 총괄청이나 중앙관서의 장은 위임이나 위탁을 받은 자가 해당 사무를 부적절하게 집행하고 있다고 인정되거나 일반재산의 집중적 관리 등을 위하여 필요한 경우에는 그 위임이나 위탁을 철회할 수 있다. <개정 2011. 3. 30., 2012. 12. 18.>
⑥ 제1항 및 제4항에 따라 위임이나 위탁을 받아 관리·처분한 일반재산 중 대통령령으로 정하는 재산의 대부료, 매각대금, 개발수입 또는 변상금은 「국가재정법」 제17조와 「국고금관리법」 제7조에도 불구하고 대통령령으로 정하는 바에 따라 위임이나 위탁을 받은 자에게 귀속시킬 수 있다.

사업시행인가고시가 있은 날부터 3년 이내에 매각하는 경우 건축법 제2조 (정의) ① 이 법에서 사용하는 용어의 뜻은 다음과 같다. <개정 2017. 12. 26.>
  1. "대지(垈地)"란 「공간정보의 구축 및 관리 등에 관한 법률」에 따라 각 필지(筆地)로 나눈 토지를 말한다. 다만, 대통령령으로 정하는 토지는 둘 이상의 필지를 하나의 대지로 하거나 하나 이상의 필지의 일부를 하나의 대지로 할 수 있다.

서울시 도시정비조례 제55조 (국·공유지의 전유·사용 연고권 인정기준 등) ① 법 제98조제4항에 따라 정비구역의 국·공유지를 전유·사용하고 있는 건축물소유자(조합 정관에 따라 조합원 자격이 인정되지 않은 경우와 신발생무허가건축물을 제외한다)에게 우선 매각하는 기준은 다음 각 호와 같다. 이 경우 매각면적은 200제곱미터를 초과할 수 없다.

◇ 영업손실보상 대상
영업손실보상평가지침 제4조의2 (영업손실의 평가대상) ① 영업손실에 대한 평가는 평가의뢰자가 법 시행령 제45조에서 정한 다음 각 호 모두에 해당되는 영업을 법 시행규칙 제16조의 규정에 의하여 평가의뢰한 경우에 행한다.
  1. 법 제15조 제1항 본문의 규정에 의한 보상계획의 공고 또는 법 제22조의 규정에 의한 사업인정의 고시가 있는 날(이하 이 조에서 '사업인정고시일등'이라 한다) 전부터 적법한 장소에서 인적·물적 시설을 갖추고 계속적으로 행하고 있는 영업. 다만, 무허가건축물 등에서 임차인이 영업하는 경우에는 그 임차인이 사업인정고시일 등 1년 이전부터 「부가가치세법」 제5조에 따른 사업자등록을 하고 행하고 있는 영업을 말한다.
  2. 영업을 행함에 있어서 관계 법령에 의한 허가·면허·신고 등(이하 '허가 등'이라 한다)을 필요로 하는 경우에는 사업인정고시일등 전에 허가 등을 받아 그 내용대로 행하고 있는 영업. 이 경우에 「소득세법」 또는 「부가가치세법」의 규정에 의한 사업자등록은 이 조에서 규정한 허가 등으로 보지 아니한다.
② 사업인정고시일등 전부터 허가 등을 받아야 행할 수 있는 영업을 허가 등이 없이 행해온 자에 대하여 법 시행규칙 제52조의 규정에 의하여 법 시행규칙 제47조 제1항 제2호에 따른 영업시설·원재료·제품 및 상품의 이전에 소요되는 비용 및 그 이전에 따른 감손상당액을 보상하기 위한 평가의뢰가 있는 경우에는 제1항 제2호의 규정에 불구하고 이를 평가대상으로 할 수 있다.

◇ 영업의 폐지에 대한 손실의 평가

영업손실보상평가지침 제8조 (영업의폐지 평가대상) ① 영업의 폐지에 대한 손실의 평가는 다음 각 호의 1에 해당되는 것으로서 평가의뢰자가 법 시행규칙 제16조의 규정에 의하여 평가 의뢰한 경우에 행한다. 〈개정 2003. 2. 14.〉

    1. 영업장소 또는 배후지(당해 영업의 고객이 소재하는 지역을 말한다. 이하 같다)의 특수성으로 인하여 당해 영업소가 소재하고 있는 시·군·구(자치구를 말한다. 이하 이조에서 같다) 또는 인접하여 있는 시·군·구의 지역안의 다른 장소에 이전하여서는 당해영업을 할 수 없는 경우 〈신설 2003. 2. 14〉

    2. 당해 영업소가 소재하고 있는 시·군·구 또는 인접하고 있는 시·군·구의 지역안의 다른 장소에서는 당해 영업의 허가 등을 받을 수 없는 경우

    3. 도축장 등 악취 등이 심하여 인근 주민에게 혐오감을 주는 영업시설로서 당해 영업소가 소재하고 있는 시·군·구 또는 인접하고 있는 시·군·구의 지역안의 다른 장소로 이전하는 것이 현저히 곤란하다고 시장·군수 또는 구청장(자치구의 구청장을 말한다)이 인정하는 경우 〈신설 2003. 2. 14〉

② 제1항 제1호에서 '배후지의 특수성'이라 함은 도정공장 등의 경우와 같이 제품원료 및 취급품목의 지역적 특수성으로 인하여 배후지가 상실될 때에는 당해영업을 계속할 수 없는 경우 등으로서 배후지가 당해영업에 갖는 특수한 성격을 말한다.

영업손실보상평가지침 제9조 (영업손실의 평가) 영업폐지에 대한 손실의 평가는 다음 산식에 의한다.

평가가액=영업이익(개인영업인 경우 소득을 말한다. 이하 같다)×보상연한+영업용 고정자산의 매각손실액+재고자산의 매각손실액

영업손실보상평가지침 제10조 (영업이익의 산정) ① 영업의 폐지에 대한 손실의 평가시에 영업이익의 산정은 당해 영업의 최근 3년간(특별한 사정에 의하여 정상적인 영업이 이루어지지 아니한 연도를 제외한다. 이하 같다)의 평균 영업이익을 기준으로 한다. 다만, 공익사업의 계획 또는 시행이 공고 또는 고시됨으로 인하여 영업이익이 감소된 경우에는 당해 공고 또는 고시일 전 3년간의 평균 영업이익을 기준으로 한다. 〈개정 95. 6. 26, 98. 2. 17, 2000. 4. 18, 2002. 2. 1, 2003. 2. 14〉

② 당해영업의 실제 영업기간이 3년 미만이거나 영업시설의 확장 또는 축소 기타 영업환경의 변동 등으로 인하여 최근 3년간의 영업실적을 기준으로 영업이익을 산정하는 것이 곤란하거나 현저히 부적정한 경우에는 당해영업의 실제 영업기간 동안의 영업실적이나 그 영업시설 규모 또는 영업환경의 변동이후의 영업실적을 기준으로 영업이익을 산정할 수 있다.
    〈개정 2004. 4. 18, 2002. 2. 1〉

③ 제1항 및 제2항의 규정에 의한 영업이익의 산정은 평가의뢰자 또는 영업행위자가 제시한 자료 등에 의하되, 영업이익 등 관련자료의 제시가 없는 경우, 제시된 영업이익 등 관련자료가 불충분하거나 신빙성이 부족하여 영업이익의 산정이 사실상 곤란한 경우 기타 제시된 영업이익 등 관련 자료에 의하여 산정된 영업이익이 같은 공익사업 시행지구 등 당해 영업의 인근지역 또는 동일수급권안의 유사지역에 있는 동종 유사규모 영업의 영업이익과 비교하여 현저히 균형을 이루지 못한다고 인정되는 경우 등에는 당해 영업의 최근 3년간의 평균(추

정) 매출액 등에 인근지역 또는 동일수급권안의 유사지역에 있는 동종 유사규모 영업의 일반적인 영업이익률을 적용하거나 국세청장이 고시한 표준소득률 등을 적용하여 당해 영업의 영업이익을 산정할 수 있다. 이 경우에 추정매출액 등은 당해영업의 종류·성격·영업규모·영업상태·영업연수·배후지상태 기타 인근지역 또는 동일수급권안의 유사지역에 있는 동종유사규모영업의 최근 3년간의 평균매출액 등을 고려하여 결정한다. 〈개정 2003. 2. 14〉

④ 제1항 내지 제3항의 규정에 의한 영업이익의 산정시에 당해영업의 영업활동과 직접 관계없이 발생되는 영업외손익 또는 특별손익은 고려하지 아니하며, 개인영업의 경우에는 자가노력비상당액을 비용으로 계상하지 아니한다. 〈신설 2003. 2. 14〉

⑤ 개인영업으로서 제1항 및 제3항의 규정에 의하여 산정된 영업이익이 법 시행규칙 제46조 제3항 후단의 규정에 따라 다음 산식에 의하여 산정된 금액에 미달되는 경우에는 다음산식에 의하여 산정된 금액을 당해 영업의 영업이익으로 본다. 이 경우에 둘 이상 업종의 영업이 동일사업장에서 공동계산으로 행하여진 경우에는 이를 하나의 영업으로 본다. 〈신설 2003. 2. 14〉

영업이익=「통계법」 제3조 제4항에서 규정한 통계작성기관이 동법 제8조의 규정에 의한 승인을 얻어 작성·공표한 제조부문 보통인부의 노임단가×25(일)×12(월)

영업손실보상평가지침 제11조 (보상연한) 영업폐지에 대한 손실의 평가시에 적용할 보상연한은 법 시행규칙 제46조 제1항의 규정에 따라 2년으로 한다.
〈개정 98. 2. 17, 2003. 2. 14〉
  1. 삭제 〈2003. 2. 14〉
  2. 삭제 〈2003. 2. 14〉

영업손실보상평가지침 제12조 (매각손실액의 산정) 영업폐지에 대한 손실의 평가를 위한 매각손실액의 산정은 영업용 고정자산과 재고자산으로 구분하여 다음과 같이 한다. 〈개정 95. 6. 26, 98. 2. 17〉
  1. 영업용 고정자산 중에서 기계·기구, 집기·비품 등과 같이 영업시설에서 분리하여 매각이 가능한 자산은 평가가액 또는 장부가액(이하 '현재가액'이라 한다)에서 매각가액을 뺀 금액으로 한다. 다만, 매각가액의 산정이 사실상 곤란한 경우에는 현재가액의 60% 상당액 이내로 매각손실액을 결정할 수 있다.
  2. 영업용 고정자산 중에서 건축물·공작물 등의 경우와 같이 영업시설에서 분리하여 매각하는 것이 불가능하거나 현저히 곤란한 자산은 건축물 등의 평가방식에 의하되, 따로 평가가 이루어진 경우에는 매각손실액의 산정에서 제외한다. 〈개정 2003. 2. 14〉
  3. 재고자산은 현재가액에서 처분가액을 뺀 금액으로 한다. 다만, 이의 산정이 사실상 곤란한 경우에는 현재가액을 기준으로 다음과 같이 결정할 수 있다.
    가. 제품·상품으로서 일반적인 수요성이 있는 것: 20% 이내
    나. 제품·상품으로서 일반적인 수요성이 없는 것: 50% 이내
    다. 반제품·재공품, 저장품: 60% 이내
    라. 원재료로서 신품인 것: 20% 이내
    마. 원재료로서 사용중인 것: 50% 이내

영업손실보상평가지침 제13조 (고정자산 및 재고자산의 내용확인) ① 제12조의 규정에 의한 매각손실액의 산정기준이 되는 영업용고정자산과 재고자산의 종류·규격·수량·장부가액 등의 내용확인은 평가의뢰자가 제시한 목록을 기준으로 함을 원칙으로 한다. 다만, 평가의뢰자가 제시한 목록의 내용이 가격시점 당시의 실제내용과 현저한 차이가 있다고 인정되거나 목록의 제시가 없는 때에는 실지 조사한 내용을 기준으로 한다. 〈개정 2003.2.14〉

② 제1항 단서에 해당되는 경우로서 가격시점 당시의 실제내용의 확인이 사실상 곤란한 경우에는 단위수량당 매각손실액의 단가를 표시할 수 있다. 이때에는 평가서에 그 내용을 기재한다. 〈신설 95.6.26〉

◇ 영업의 휴업 등에 대한 손실의 평가
영업손실보상평가지침 제14조 (영업의 휴업 등 평가대상) 영업의 휴업 등에 대한 손실의 평가는(영업의 휴업 등 평가대상) 영업의 휴업 등에 대한 손실의 평가는 다음 각 호의 1에 해당하는 것으로서 평가의뢰자가 법 시행규칙 제16조의 규정에 의하여 평가 의뢰한 경우에 행한다. 〈개정 95.6.26, 2003.2.14〉

1. 공익사업의 시행으로 인하여 영업장소를 이전하여야 하는 경우 〈신설 2003.2.14〉
2. 공익사업에 영업시설의 일부가 편입됨으로 인하여 잔여시설에 그 시설을 새로이 설치하거나 잔여시설을 보수하지 아니하고는 당해 영업을 계속할 수 없는 경우 〈신설 2003.2.14〉
3. 기타 영업을 휴업하지 아니하고 임시영업소를 설치하여 영업을 계속하는 경우

영업손실보상평가지침 제15조 (영업손실의 평가) ① 공익사업의 시행으로 인하여 영업장소를 이전하여야 하는 경우에 영업 손실의 평가는 다음 산식에 의한다. 〈개정 2003.2.14, 2007.5.29〉
평가가액=(영업이익×휴업기간)+인건비 등 고정적비용+영업시설·원재료·제품 및 상품(이하 "영업시설등"이라 한다)의 이전에 소요되는 비용+영업시설 등의 이전에 따른 감손상당액+이전광고비 및 개업비 등 기타 부대비용

② 공익사업에 영업시설의 일부가 편입됨으로 인하여 잔여시설에 그 시설을 새로이 설치하거나 보수하지 아니하고는 그 영업을 계속할 수 없는 경우의 영업손실 및 영업규모의 축소에 따른 영업손실의 평가는 다음 산식에 의한다. 다만, 제1항의 규정에 의한 평가가액을 초과하는 경우에는 제1항의 규정에 의한 평가가액으로 한다. 〈개정 2003.2.14, 2007.5.29〉
평가가액=(영업이익×설치 또는 보수기간)+인건비 등 고정적비용+설치 또는 보수 등에 소요되는 통상비용+영업규모의 축소에 따른 영업용 고정자산 원재료·제품 및 상품등의 매각손실액

③ 영업을 휴업하지 아니하고 임시영업소를 설치하여 영업을 계속하는 경우에 영업손실의 평가는 임시영업소의 설치비용으로 한다. 다만, 그 설치비용이 제1항의 규정에 의한 영업손실 평가가액을 초과하는 경우에는 제1항의 규정에 의한 평가가액을 한도로 한다.

④ 건축물의 일부가 공익사업에 편입되는 경우로서 그 건축물의 잔여부분을 보수하여 사용할수 있는 관계로 그 건축물의 잔여부분을 법시행규칙 제35조 제2항의 규정에 의하여 보수비로 평가하는 경우에 있어서 그 건축물의 잔여부분이 관계법령의 규정에 의한 당해 영업의 영업시설기준 등에 미달이 되어 그 건축물 내에서 당해 영업을 계속할 수 없는 경우에는 제1항의 규정에 의하여 영업손실액을 평가할 수 있다.

영업손실보상평가지침 제16조 (영업이익의 산정) ① 영업의 휴업 등에 대한 영업손실의 평가시에 영업이익의 산정은 제10조의 규정을 준용한다. 다만, 계절영업으로서 최근 3년간의 평균영업이익을 기준으로 산정하는 것이 현저히 부적정한 경우에는 실제 이전하게 되는 기간에 해당되는 월의 최근 3년간의 평균영업이익을 기준으로 산정할 수 있다. 〈개정 98.2.17, 2000.4.18, 2002.2.1, 2003.2.14, 2007.5.29〉

② 제1항의 규정에 의한 영업이익을 산정하는 경우 개인영업으로서 휴업기간에 해당하는 영업이익이 「통계법」제3조제3호에 따른 통계작성기관이 조사·발표하는 가계조사통계의 도시근로자가구 월평균 가계지출비를 기준으로 산정한 3인 가구의 휴업기간 동안의 가계지출비(휴업기간이 3개월을 초과하는 경우에는 3개월분의 가계지출비를 기준으로 한다)에 미달하는 경우에는 그 가계지출비를 휴업기간에 해당하는 영업이익으로 본다. 〈신설 2007.5.29〉

영업손실보상평가지침 제17조 (휴업·보수기간) ① 영업장소를 이전하는 경우에 평가의뢰자로부터 당해영업에 대한 휴업기간의 제시가 있는 때에는 이를 기준으로 하고, 휴업기간의 제시가 없는 때에는 특별한 경우를 제외하고는 3월로 하되 평가서에 그 내용을 기재한다. 〈개정 98.2.17〉

② 영업시설을 잔여시설에 새로이 설치하거나 보수하는 경우에 평가의뢰자로부터 그 설치 또는 보수기간(이하 이 조에서 '보수기간 등'이라 한다)의 제시가 있는 때에는 이를 기준으로 하고, 보수기간 등의 제시가 없는 때에는 3월로 하되, 평가서에 그 내용을 기재한다. 다만, 영업시설의 특성이나 보수 등의 규모 등에 비추어 당해영업의 보수기간 등이 3월을 초과한다고 특별히 인정되는 경우에는 평가의뢰자로부터 당해영업의 보수기간 등을 제시받아 정한다. 〈개정 95.6.26, 98.2.17, 2003.2.14〉

③ 제1항에서 '특별한 경우'라 함은 법 시행규칙 제47조 제2항에서 규정한 것으로서 다음 각 호의 1에 해당되는 경우를 말하며, 당해영업이 다음 각 호의 1에 해당되는 때에는 평가의뢰자로부터 휴업기간을 제시받아 당해영업의 휴업기간을 정하되, 2년을 초과하지 못한다. 〈개정 2003.2.14〉

1. 당해 공익사업을 위한 영업의 금지 또는 제한으로 인하여 3월 이상의 기간 동안 영업을 할 수 없는 경우 〈개정 2003.2.14〉
2. 영업시설의 규모가 크거나 이전에 고도의 정밀성을 요구하는 등 당해 영업의 고유한 특수성으로 인하여 3월 이내에 다른 장소로 이전하는 것이 어렵다고 객관적으로 인정되는 경우 〈개정 2003.2.14〉

영업손실보상평가지침 제18조 (인건비 등 고정적비용) 인건비 등 고정적비용은 영업장소의 이전 등으로 인한 휴업·보수기간 중에도 영업활동을 계속하기 위하여 지출이 예상되는 다음 각 호의 비용중에서 당해 영업에 해당되는 것을 더한 금액으로 한다. 〈개정 95.6.26, 98.2.17, 2003.2.14〉

1. 인건비: 휴업·보수기간 중에도 휴직하지 아니하고 정상적으로 근무하여야 할 최소인원(일반관리직 근로자 및 영업시설 등의 이전·설치계획 등을 위하여 정상적인 근무가 필요한 근로자 등으로서 보상계획의 공고가 있는 날 현재 3월이상 근무한 자에 한한다) 등에 대한 실제지출이 예상되는 인건비 상당액. 이 경우에 법 시행규칙 제51조 제1호의 규

정에 의한 휴직보상을 하는 자에 대한 인건비 상당액은 제외한다. 〈개정 2003.2.14, 2007.2.14〉
2. 제세공과금: 당해영업과 직접 관련된 제세 및 공과금 〈개정 2002.2.1〉
3. 임차료: 임대차계약에 의하여 휴업 등과 관계없이 계속 지출되는 비용
4. 감가상각비: 무형고정자산의 감가상각비상당액 및 유형고정자산의 진부화에 따른 감가상각비상당액. 다만, 유형고정자산으로서 이전이 사실상 곤란하여 취득하는 경우에는 제외한다.
5. 보험료: 화재보험료 등
6. 광고선전비: 계약 등에 의하여 휴업 중에도 계속 지출되는 광고비 등
7. 기타비용: 비용항목 중 휴업기간 중에도 계속 지출하게 되는 위 각호와 유사한 성질의 것

영업손실보상평가지침 제19조 (영업시설등의 이전에 소요되는 비용) 영업시설등의 이전에 소요되는 비용은 영업시설 및 재고자산의 이전비용을 더한 금액으로 하되 다음과 같이 산정한다. 〈개정 95.6.26, 98.2.17, 2003.2.14, 2007.5.29〉

1. 영업시설은 건축물·공작물 등 지장물로서 평가한 것을 제외한 동력시설, 기계·기구, 집기·비품 기타 진열시설 등으로서 그 시설의 해체·운반·재설치 및 시험가동 등에 소요되는 일체의 비용(점포영업 등의 경우에는 영업행위자가 영업시설 이전시에 통상적으로 부담하게 되는 실내장식 등에 소요되는 비용을 포함한다)으로 하되 개량 또는 개선비용을 포함하지 아니한 것으로 한다. 다만, 이전에 소요되는 비용이 그 물건의 취득가액을 초과하는 경우에는 그 취득가액을 시설이전비로 보며, 영업시설의 재설치 등으로 인하여 가치가 증가되거나 내용연수가 연장된 경우에는 그 가치 증가액 상당액 등을 뺀 것으로 한다.
〈개정 2003.2.14〉
2. 재고자산은 해체·이전·재적치 등에 소요되는 일체의 비용으로 하되, 재고자산 중 영업활동에 의하여 이전 전에 감소가 예상되거나 가격에 영향을 받지 아니하고 현 영업장소에서 이전 전에 매각할 수 있는 것에 대한 이전비용은 제외한다. 〈개정 2003.2.14〉

영업손실보상평가지침 제20조 (이전거리의 산정) 영업시설 등의 이전에 따른 이전거리의 산정은 동일 또는 인근 시·군·구에 이전장소가 정하여져 있거나 당해 영업의 성격이나 특수성 기타 행정적 규제 등으로 인하여 이전가능한 지역이 한정되어 있는 경우에는 그 거리를 기준으로 하고, 이전장소가 정하여져 있지 아니한 경우에는 이전거리를 30킬로미터 이내로 한다.

영업손실보상평가지침 제21조 (감손상당액의 산정) ① 영업시설등의 이전에 따른 감손상당액의 산정은 현재가액에서 이전후의 가액을 뺀 금액으로 하되 특수한 물건의 경우에는 전문가의 의견이나 운송전문업체의 견적 등을 참고한다. 다만, 이의 산정이 사실상 곤란한 경우에는 상품 등의 종류·성질·파손가능성 유무·계절성 등을 고려하여 현재가액의 10퍼센트 상당액 이내에서 결정할 수 있다. 〈개정 2003.2.14, 2007.5.29〉
② 영업장소의 이전으로 인하여 본래의 용도로 사용할 수 없거나 현저히 곤란한 영업시설등에 대하여는 제1항의 규정에 불구하고 제12조의 규정을 준용한다. 〈개정 2007.5.29〉

영업손실보상평가지침 제22조 (기타부대비용) 영업장소의 이전에 따른 기타 부대비용은 이전광고비 및 개업비 등 지출상당액으로 한다. <신설 2003.2.14>

영업손실보상평가지침 제22조의2 (매각손실액의 산정) 영업규모의 축소에 따른 영업용 고정자산·원재료·제품 및 상품 등의 매각손실액의 산정은 제12조의 규정을 준용한다. [본조신설 2007.5.29]

영업손실보상평가지침 제23조 (임시영업소 설치비용) 영업을 휴업하지 아니하고 임시영업소를 설치하여 영업을 계속하는 경우에 임시영업소설치비용의 평가는 다음과 같이 한다. <개정 2003.2.14, 2007.2.14>
1. 임시영업소를 임차하여 설치하는 경우에는 임시영업기간 중의 임차료 상당액과 설정비용 등 임차에 필요하다고 인정되는 기타 부대비용을 더한 금액으로 한다.
2. 임시영업소를 가설하는 경우에는 지대상당액과 임시영업소 신축비용 및 해체·철거비를 더한 금액으로 하되 해체철거시에 발생자재가 있을 때에는 그 가액을 뺀 금액으로 한다.

영업손실보상평가지침 영업손실보상평가지침 제24조 (무허가 등 영업에 대한 평가 특례) 사업시행자로부터 무허가 등 영업의 휴업 등에 대하여 법시행규칙 제47조제1항제2호에 따른 영업시설등의 이전에 소요되는 비용 및 그 이전에 따른 감손상당액의 평가의뢰가 있는 경우에는 제4조의2제2항의 규정에 의하여 이를 평가대상으로 하되, 제19조 내지 제22조2의 규정을 준용하여 평가한다. 이 때에는 평가서에 그 내용을 기재한다. 다만, 이 경우에 있어서 건축물 및 공작물 등 지장물로서 따로 평가의뢰된 경우에는 무허가 등 영업에 대한 영업시설등의 이전비용 상당액에 포함하지 아니한다. <신설 2003.2.14, 개정 2007.2.14, 2007.5.29>

(다) 시점수정

| 토지보상법 제70조 (취득하는 토지의 보상) |

① 협의나 재결에 의하여 취득하는 토지에 대하여는 「부동산 가격공시에 관한 법률」에 따른 공시지가를 기준으로 하여 보상하되, 그 공시기준일부터 가격시점까지의 관계 법령에 따른 그 토지의 이용계획, 해당 공익사업으로 인한 지가의 영향을 받지 아니하는 지역의 대통령령으로 정하는 지가변동률, 생산자물가상승률(「한국은행법」 제86조에 따라 한국은행이 조사·발표하는 생산자물가지수에 따라 산정된 비율을 말한다)과 그 밖에 그 토지의 위치·형상·환경·이용상황 등을 고려하여 평가한 적정가격으로 보상하여야 한다. <개정 2016. 1. 19.>

| 토지보상법 시행령 제37조 (지가변동률) |

① 법 제70조제1항에서 "대통령령으로 정하는 지가변동률"이란 「부동산 거래신고 등에 관한 법률 시행령」 제17조에 따라 국토교통부장관이 조사·발표하는 지가변동률로서 평가대상 토지와 가치형성요인이 같거나 비슷하여 해당 평가대상 토지와 유사한 이용가치를 지닌다고 인정되는 표준지(이하 "비교표준지"라 한다)가 소재하는 시(행정시를 포함한다. 이하 이 조에서 같다)·군 또는 구(자치구가 아닌 구를 포함한다. 이하 이 조에서 같다)의 용도지역별 지가변동률을 말한다. 다만, 비교표준지와 같은 용도지역의 지가변동률이 조사·발표되지 아니한 경우에는 비교표준지와

유사한 용도지역의 지가변동률, 비교표준지와 이용상황이 같은 토지의 지가변동률 또는 해당 시·군 또는 구의 평균지가변동률 중 어느 하나의 지가변동률을 말한다. <개정 2019. 6. 25.>
② 제1항을 적용할 때 비교표준지가 소재하는 시·군 또는 구의 지가가 해당 공익사업으로 인하여 변동된 경우에는 해당 공익사업과 관계없는 인근 시·군 또는 구의 지가변동률을 적용한다. 다만, 비교표준지가 소재하는 시·군 또는 구의 지가변동률이 인근 시·군 또는 구의 지가변동률보다 작은 경우에는 그러하지 아니하다.
③ 제2항 본문에 따른 비교표준지가 소재하는 시·군 또는 구의 지가가 해당 공익사업으로 인하여 변동된 경우는 도로, 철도 또는 하천 관련 사업을 제외한 사업으로서 다음 각 호의 요건을 모두 충족하는 경우로 한다. <개정 2013. 12. 24.>
1. 해당 공익사업의 면적이 20만 제곱미터 이상일 것
2. 비교표준지가 소재하는 시·군 또는 구의 사업인정고시일부터 가격시점까지의 지가변동률이 3퍼센트 이상일 것. 다만, 해당 공익사업의 계획 또는 시행이 공고되거나 고시됨으로 인하여 비교표준지의 가격이 변동되었다고 인정되는 경우에는 그 계획 또는 시행이 공고되거나 고시된 날부터 가격시점까지의 지가변동률이 5퍼센트 이상인 경우로 한다.
3. 사업인정고시일부터 가격시점까지 비교표준지가 소재하는 시·군 또는 구의 지가변동률이 비교표준지가 소재하는 시·도의 지가변동률보다 30퍼센트 이상 높거나 낮을 것 [전문개정 2013. 5. 28.]

사례 1 「토지보상법 시행령」 제37조제3항제2호 및 제3호에서의 지가변동률은 해당 시·군·구 또는 시·도의 평균 지가변동률을 의미한다(2017. 5. 26. 감정평가기준팀-734) (질의회신)

질의요지 2018 토지수용 업무편람 발췌

「공익사업을 위한 토지 등의 취득 및 보상에 관한 법률」(이하 "토지보상법"이라 한다) 시행령 제37조제3항에서 제2호 및 제3호 요건을 검토함에 있어 비교표준지가 소재하는 시·군·구 및 시·도의 지가변동률이 용도지역별 지가변동률인지 여부

회신내용

토지보상법 시행령 제37조제1항에서는 토지보상법 제70조제1항에서 규정하고 있는 "대통령령으로 정하는 지가변동률"을 지역 및 종류 두 가지로 나누어, 지역은 '비교표준지가 소재하는 시·군 또는 구'로 규정하고, 종류는 용도지역별로 규정하고 있습니다. 그리고 제2항 및 제3항은 '비교표준지가 소재하는 시·군 또는 구'에 대한 예외를 규정한 조항으로서 해당 공익사업으로 인한 비교표준지가 소재하는 시·군 또는 구의 지가의 변동 여부를 판단하기 위한 것이므로 용도지역별 지가변동률이 아니라 평균 지가변동률을 기준으로 하는 것이 타당하다고 판단됩니다.

사례 2   관리지역 세분화에 따른 지가변동률 적용방법(2016.7.5. 감정평가기준팀-2274)(질의회신)

회신내용   2018 토지수용 업무편람 발췌

2005. 1. 1.부터 비교표준지의 용도지역(관리지역)이 세분화된 시점 이전까지는 토지보상법 시행령 제37조제1항 본문에 따라 관리지역의 지가변동률을 적용하여야 할 것이며, 비교표준지의 용도지역(관리지역)이 세분화된 시점부터 세분화된 용도지역별(계획관리, 생산관리, 보전관리지역)로 지가변동률이 고시되기 전(2010. 8. 31.)까지는 비교표준지(세분화된 관리지역)와 동일한 지가변동률이 조사·발표되지 아니한 경우에 해당하므로 토지보상법 시행령 제37조제1항 단서에 따라 지가변동률을 적용하여야 할 것입니다.

또한 2010. 9. 1.부터 가격시점까지는 토지보상법 시행령 제37조제1항 및 상기 관련규정의 개정취지(비교 방식의 일반논리에 따라 대상토지 중심에서 비교표준지 중심으로 변경) 등에 비추어 볼 때 비교표준지의 용도지역별(세분화된 관리지역) 지가변동률을 적용하는 것이 가장 합리적인 법령 해석으로 판단됩니다.

판 례

| 판례 1 | 개발제한구역 내 토지 보상평가 시 지가변동률 적용기준2)

[대법원 2014. 06. 12. 선고 2013두4620]

판결요지

수용대상토지가 도시지역 내에 있는 경우에는 원칙적으로 용도지역별 지가변동률에 의하여 보상금을 산정하는 것이 더 타당하나, 개발제한구역으로 지정되어 있는 경우에는 일반적으로 이용상황에 따라 지가변동률이 영향을 받으므로 특별한 사정이 없는 한 이용상황별 지가변동률을 적용하는 것이 상당하고(대법원1993. 8. 27. 선고 93누7068 판결, 대법원 1994. 12. 27. 선고 94누1807 판결 등 참조), 개발제한구역의 지정 및 관리에 관한 특별조치법이 제정되어 시행되었다고 하여 달리 볼 것은 아니다.

※ 2013.5.28.자로 개정된 「토지보상법 시행령」 제37조제1항에서는 도시지역 또는 개발제한구역 등에 따라 구분하지 않고 용도지역별 지가변동률을 적용하도록 규정하고 있으며, 이 조항은 「토지보상법 시행령」 부칙 제2조(지가변동률의 기준에 관한 적용례)에 따라 이 영 시행 후 보상계획을 공고하고, 토지소유자 및 관계인에게 보상계획을 통지하는 경우부터 적용됨

| 판례 2 | 토지보상평가시 도매물가상승률을 필요적으로 참작하여야 하는 것은 아니다.

[대법원 1999. 8. 24. 선고 99두4754]

판결요지

토지의 수용에 따른 보상액 산정에 관한 토지수용법 제46조 제2항 제1호에 의하면, 토지에

관하여는 지가공시및토지등의평가에관한법률에 의한 공시지가를 기준으로 하되, 토지의 이용계획, 지가변동률, 도매물가상승률 외에 당해 토지의 위치·형상·환경·이용상황 등을 참작하여 평가한 적정가격으로 보상액을 정하도록 되어 있는바, 위 규정이 지가변동률 외에 도매물가상승률을 참작하라고 하는 취지는 지가변동률이 지가추세를 적절히 반영하지 못한 특별한 사정 있는 경우 이를 통하여 보완하기 위한 것일 뿐이므로 지가변동률이 지가추세를 적절히 반영한 경우에는 이를 필요적으로 참작하여야 하는 것은 아니라고 할 것이다.

판례 3 ┃ 토지수용재결처분취소등

[대법원 1990. 1. 23. 선고 87누947 판결]

판결요지

가. 도시계획의 수립에 있어서 도시계획법 제16조의2 소정의 공청회를 열지 아니하고 공공용지의취득및손실보상에관한특례법 제8조 소정의 이주대책을 수립하지 아니하였더라도 이는 절차상의 위법으로서 취소사유에 불과하고 그 하자가 도시계획결정 또는 도시계획사업시행인가를 무효라고 할 수 있을 정도로 중대하고 명백하다고는 할 수 없으므로 이러한 위법을 선행처분인 도시계획결정이나 사업시행인가 단계에서 다투지 아니하였다면 그 쟁소기간이 이미 도과한 후인 수용재결단계에 있어서는 도시계획수립 행위의 위와 같은 위법을 들어 재결처분의 취소를 구할 수는 없다고 할 것이다.

나. 기업자가 토지조서나 물건조서를 작성함에 있어 소유자들의 입회와 서명날인이 있었는지의 여부는 그 기재의 증명력에 관한 문제이어서 입회나 서명날인이 없었다는 사유만으로는 중앙토지수용위원회의 이의재결이 위법하다 하여 그 취소의 사유로 삼을 수는 없다.

다. 기준지가공고일로부터 수용재결시까지의 지가변동율을 잘못 산정하고 인근 유사토지의 정상거래가격을 참작하지 않은 감정평가가 위법하다고 본 사례

판례 4 ┃ 토지수용재결처분취소

[대법원 1992. 9. 25. 선고 92누7962 판결]

판결요지

토지수용으로 인한 보상금을 산정함에 있어 적용될 지가변동률에 관하여, 구 국토이용관리법 시행령 제49조 제1항 제1호(1989.8.18. 대통령령 제12781호로 삭제)에서는 동일지목의 지가변동률로 하되 동일지목이 없을 때에는 유사지목의 지가변동률로 하도록 규정하고 있었으나, 그 후 제정된 감정평가에관한규칙 제17조 제4항은 평가대상토지가 소재하는 지역의 동일지목, 용도의 지가변동률로 하되 다만 동일지목, 용도의 지가변동률을 적용하는 것이 불가능하거나 적정하지 아니하다고 판단되는 경우에 유사한 지목, 용도의 지가변동률을 적용할 수 있다고 규정하고 있는바, 위 개정된 법령의 취지에 따른다면 수용대상토지가 도시계획구역 내에 있는 경우에는 원칙적으로 용도지역별 지가변동률에 의하여 보상금을 산정하는 것이 더 타당할 것이다.

▌판례 5 ▌ 토지수용재결처분취소등

[대법원 1993. 8. 27. 선고 93누7068 판결]

판결요지

가. 표준지와 수용대상토지의 이용상황이나 주변환경 등에 다소 상이한 점이 있더라도 이러한 점은 지역요인이나 개별요인의 분석 등 품등비교에서 참작하면 되는 것이지 그러한 표준지의 선정 자체가 잘못된 것으로 단정할 수는 없다.

나. 수용대상토지에 대한 손실보상액을 산정함에 있어서 적용되어야 하는 구 토지수용법(1991.12.31. 법률 제4483호로 개정되기 전의 것) 제46조 제2항에 따라 지가변동률을 참작함에 있어서 수용대상토지가 도시계획구역 내에 있는 경우에는 원칙적으로 용도지역별 지가변동률에 의하여 보상금을 산정하는 것이 더 타당하나 개발제한구역으로 지정되어 있는 경우에는 일반적으로 지목에 따라 지가변동률이 영향을 받으므로 특별한 사정이 없는 한 지목별 지가변동률을 적용하는 것이 상당하다.

▌판례 6 ▌ 토지수용재결처분취소등

[대법원 1993. 6. 29. 선고 91누2342 판결]

판결요지

가. 건설부장관이 택지개발계획을 승인함에 있어서 토지수용법 제15조에 의한 이해관계자의 의견을 듣지 아니하였거나, 같은 법 제16조 제1항 소정의 토지소유자에 대한 통지를 하지 아니한 하자는 중대하고 명백한 것이 아니므로 사업인정 자체가 당연무효라고 할 수 없고, 이러한 하자는 수용재결의 선행처분인 사업인정단계에서 다투어야 할 것이므로 쟁송기간이 도과한 이후에 위와 같은 하자를 이유로 수용재결의 취소를 구할 수 없다.

나. 부동산을 명의신탁한 경우 대외적으로는 수탁자가 소유자이므로 명의신탁된 토지의 수용에 따른 손실보상청구권은 등기부상 소유명의자인 명의수탁자에게 귀속된다.

다. 법정이율에 관한 특례조항인 소송촉진등에관한특례법 제3조에 동 조항이 민사소송사건에만 적용된다고 규정되어 있지 않으므로 동 조항은 민사소송사건뿐만 아니라 공법상의 법률관계에 관한 행정소송사건에도 적용된다.

라. 기준지가가 고시된 지역 내에 있는 토지로서 지목이 전, 답, 대지, 임야, 잡종지 등 5개 지목이 아닌 기타 지목의 토지를 수용하는 경우 그 지목에 해당하는 일단의 토지의 면적이 표준지 선정대상지역 면적의 1/10 이상이 되는 관계로 별도의 지목으로 추가구분하여 표준지가 선정, 고시되어 있는 때에는 그 수용대상토지에 대하여는 추가구분되어 선정, 고시된 동일 지목의 표준지의 기준지가를 기준으로 하여 보상금을 산정하여야 하고, 그 지목의 표준지가 선정, 고시되어 있음에도 불구하고 다른 지목의 표준지로 선정하는 것은 표준지 선정목적에 위배되어 허용되지 아니한다.

▌판례 7 ▌ 토지수용재결처분취소

[대법원 1993. 5. 14. 선고 92누7795 판결]

판결요지

가. 토지수용에 관한 이의재결의 기초가 된 감정평가에 있어 손실보상액의 산정방법에 관한 원칙이나 기준을 잘못 선택한 위법이 있다 하더라도 이의재결에서 산정된 보상금액이 적법하게 산정한 보상금액과 비교하여 많거나 같은 경우에는 보상금액 산정방법이 위법하다 하여 이의재결의 취소를 구할 수 없다.

나. 구 토지수용법(1991.12.31. 법률 제4483호로 개정되기 전의 것) 제46조 제2항에서 말하는 인근토지의 지가변동률이라 함은 특단의 사정이 없는 한 수용대상토지가 소재하는 구·시·군의 지가변동률을 의미한다 할 것이고, 다만 수용대상토지가 소재하는 구·시·군의 지가가 당해 사업으로 인하여 변동되었다고 볼 만한 특별한 사정이 있는 경우에는 인근 구·시·군의 지가변동률을 참작하여야 할 것이며, 당해 사업으로 인하여 지가가 변동되었다는 점에 대한 주장, 입증책임은 인근 구·시·군의 지가변동률의 적용을 원하는 자에게 있다.

다. 같은 법 제46조 제2항, 지가공시및토지등의평가에관한법률 제9조, 제10조, 감정평가에관한규칙(1989.12.31.자 건설부령 제460호) 제17조 제1항 등 토지수용에 있어서의 손실보상액 산정에 관한 관계법령의 규정을 종합하여 보면, 수용대상토지의 정당한 보상액을 산정함에 있어서 인근유사토지의 정상거래사례가 있고 거래가격이 정상적인 것으로서 적정한 보상액 평가에 영향을 미칠 수 있는 것임이 입증된 경우에는 이를 참작할 수 있다.

라. 인근유사토지의 정상거래가격이라고 하기 위해서는 대상토지의 인근 지역에 있는 지목·등급·지적·형태·이용상황·용도지역·법령상의 제한 등 자연적, 사회적 조건이 수용대상토지와 동일하거나 유사한 토지에 관하여 통상의 거래에서 성립된 가격으로서 개발이익이 포함되지 아니하고 투기적인 거래에서 형성된 것이 아닌 가격이어야 하고, 인근유사토지의 정상거래사례에 해당한다고 볼 수 있는 거래사례가 있고 그것을 참작함으로써 보상액 산정에 영향을 미친다고 하는 점은 주장하는 자에게 입증책임이 있다.

(라) 지역요인과 개별요인의 비교

| 토지보상법 제70조 (취득하는 토지의 보상) |

① 협의나 재결에 의하여 취득하는 토지에 대하여는 「부동산 가격공시에 관한 법률」에 따른 공시지가를 기준으로 하여 보상하되, 그 공시기준일부터 가격시점까지의 관계 법령에 따른 그 토지의 이용계획, 해당 공익사업으로 인한 지가의 영향을 받지 아니하는 지역의 대통령령으로 정하는 지가변동률, 생산자물가상승률(「한국은행법」 제86조에 따라 한국은행이 조사·발표하는 생산자물가지수에 따라 산정된 비율을 말한다)과 그 밖에 그 토지의 위치·형상·환경·이용상황 등을 고려하여 평가한 적정가격으로 보상하여야 한다. <개정 2016. 1. 19.>

| 감칙 제14조 (토지의 감정평가) |

② 감정평가업자는 공시지가기준법에 따라 토지를 감정평가할 때에 다음 각 호의 순서에 따라야 한다.
  3. 지역요인 비교
  4. 개별요인 비교

판 례

▎판례 1 ▎ 감정평가서에 기재하여야 할 가치형성요인의 기술 방법

[대법원 2000. 07. 28. 선고 98두6081]

판시사항

토지수용 보상액의 평가 방법 및 감정평가서에 기재하여야 할 가격산정요인의 기술 방법

판결요지

토지수용 보상액을 평가하는 데에는 관계 법령에서 들고 있는 모든 가격산정요인들을 구체적·종합적으로 참작하여 그 각 요인들이 빠짐없이 반영된 적정가격을 산출하여야 하고, 이 경우 감정평가서에는 모든 가격산정요인의 세세한 부분까지 일일이 설시하거나 그 요소가 평가에 미치는 영향을 수치로 표현할 필요는 없다고 하더라도, 적어도 그 가격산정요인들을 특정·명시하고 그 요인들이 어떻게 참작되었는지를 알아 볼 수 있는 정도로 기술하여야 한다.

▎판례 2 ▎ 개별요인 비교에 관하여 아무런 이유 설시를 하지 아니한 감정평가는 위법하다.

[대법원 1996. 05. 28. 선고 95누13173]

판시사항

개별 요인 품등비교에 관하여 아무런 이유 설시를 하지 아니한 감정평가가 위법한지 여부(적극)

판결요지

이의재결의 기초가 된 감정평가법인들의 각 감정평가가 모두 개별 요인을 품등비교함에 있어 구체적으로 어떤 요인들을 어떻게 품등비교하였는지에 관하여 아무런 이유 설시를 하지 아니하였다면 위법하다.

▎판례 3 ▎ 지역요인의 비교수치로 토지가격비준표상의 비준율을 그대로 적용할 수 없다.

[대법원 1996. 05. 28. 선고 95누13173]

판결요지

건설부 발행의 "토지가격비준표"는 개별토지가격을 산정하기 위한 자료로 제공되고 있는 것이지 토지수용에 따른 보상액 산정의 기준이 되는 것은 아니고, 특히 그 토지가격비준표는 개별토지가격 산정시 표준지와 당해 토지의 토지특성상의 차이를 비준율로써 나타낸 것으로 지역요인에 관한 것이라기보다는 오히려 개별요인에 관한 것으로 보여지므로, 토지수용에 따른 보상액 산정에 있어 이를 참작할 수는 있을지언정 그 비준율을 지역요인의 비교수치로 그대로 적용할 수는 없다.

▎판례 4 ▎ 품등비교 시 현실적인 이용상황에 따른 비교수치 외에 공부상 지목에 따른 비교수치를 중복적용 할 수 없다.

[대법원 2007. 07. 12. 선고 2006두11507]

판시사항

비교표준지와 수용대상토지에 대한 지역요인 및 개별요인 등 품등비교를 함에 있어서 현실적인 이용상황에 따른 비교수치 외에 공부상 지목에 따른 비교수치를 중복적용할 수 있는지 여부(소극)

판결요지

토지의 수용·사용에 따른 보상액을 평가함에 있어서는 관계 법령에서 들고 있는 모든 산정요인을 구체적·종합적으로 참작하여 그 각 요인들을 모두 반영하되 지적공부상의 지목에 불구하고 가격시점에 있어서의 현실적인 이용상황에 따라 평가되어야 하므로, 비교표준지와 수용대상토지의 지역요인 및 개별요인 등 품등비교를 함에 있어서도 현실적인 이용상황에 따른 비교수치 외에 다시 공부상의 지목에 따른 비교수치를 중복적용하는 것은 허용되지 아니한다.

(마) 그 밖의 요인 보정

| 토지보상법 제70조 (취득하는 토지의 보상) |

① 협의나 재결에 의하여 취득하는 토지에 대하여는 「부동산 가격공시에 관한 법률」에 따른 공시지가를 기준으로 하여 보상하되, 그 공시기준일부터 가격시점까지의 관계 법령에 따른 그 토지의 이용계획, 해당 공익사업으로 인한 지가의 영향을 받지 아니하는 지역의 대통령령으로 정하는 지가변동률, 생산자물가상승률(「한국은행법」 제86조에 따라 한국은행이 조사·발표하는 생산자물가지수에 따라 산정된 비율을 말한다)과 그 밖에 그 토지의 위치·형상·환경·이용상황 등을 고려하여 평가한 적정가격으로 보상하여야 한다.

| 감칙 제14조 (토지의 감정평가) |

② 감정평가업자는 공시지가기준법에 따라 토지를 감정평가할 때에 다음 각 호의 순서에 따라야 한다.
   5. 그 밖의 요인 보정 : 대상토지의 인근지역 또는 동일수급권내 유사지역의 가치형성 요인이 유사한 정상적인 거래사례 또는 평가사례 등을 고려할 것

| 실무기준 |

[610-1.5.2.5 그 밖의 요인 보정] ① 시점수정, 지역요인 및 개별요인의 비교 외에 대상토지의 가치에 영향을 미치는 사항이 있는 경우에는 그 밖의 요인 보정을 할 수 있다.
② 그 밖의 요인을 보정하는 경우에는 대상토지의 인근지역 또는 동일수급권 안의 유사지역의 정상적인 거래사례나 평가사례 등을 참작할 수 있다.
③ 제2항의 거래사례 등은 다음 각 호의 요건을 갖추어야 한다.
   1. 용도지역등 공법상 제한사항이 같거나 비슷할 것
   2. 이용상황이 같거나 비슷할 것
   3. 주변환경 등이 같거나 비슷할 것
   4. 지리적으로 가능한 한 가까이 있을 것
④ 그 밖의 요인 보정을 한 경우에는 그 근거를 감정평가서(감정평가액의 산출근거 및 결정 의견)에 구체적이고 명확하게 기재하여야 한다.
[810-5.6.6 그 밖의 요인 보정] ① 그 밖의 요인 보정은 [610-1.5.2.5]에 따른다.
② 그 밖의 요인 보정을 할 때에는 해당 공익사업의 시행에 따른 가격의 변동은 보정하여서는 아니 된다.

③ 그 밖의 요인을 보정하는 경우에는 대상토지의 인근지역 또는 동일수급권 안의 유사지역(이하 "인근지역등"이라 한다)의 정상적인 거래사례나 보상사례(이하 이 조에서 "거래사례등"이라 한다)를 참작할 수 있다. 다만, 이 경우에도 그 밖의 요인 보정에 대한 적정성을 검토하여야 한다.
④ 제3항의 거래사례등은 다음 각 호의 요건을 갖추어야 한다. 다만, 제4호는 해당 공익사업의 시행에 따른 가격의 변동이 반영되어 있지 아니하다고 인정되는 사례의 경우에는 적용하지 아니한다.
  1. 용도지역등 공법상 제한사항이 같거나 비슷할 것
  2. 실제 이용상황 등이 같거나 비슷할 것
  3. 주위환경 등이 같거나 비슷할 것
  4. [810-5.6.3]에 따른 적용공시지가의 선택기준에 적합할 것

판 례

▌판례 1 ▌ 그 밖의 요인 보정의 제도적 의의

[대법원 1993. 07. 13. 선고 93누2131]

판시사항

구 토지수용법(1991.12.31. 법률 제4483호로 개정되기 전의 것) 제46조 제2항과 지가공시및토지등의평가에관한법률 제10조 제1항 제1호가 헌법 제23조 제3항에 위반되는지 여부

판결요지

헌법 제23조 제3항은 "공공필요에 의한 재산권의 수용·사용 또는 제한 및 그에 대한 보상은 법률로써 하되, 정당한 보상을 지급하여야 한다"라고 규정하고 있는 바, 이 헌법의 규정은 보상청구권의 근거에 관하여서 뿐만 아니라 보상의 기준과 방법에 관하여서도 법률의 규정에 유보하고 있는 것으로 보아야 하고, 위 구 토지수용법과 지가공시법의 규정들은 바로 헌법에서 유보하고 있는 그 법률의 규정들로 보아야 할 것이다.

그리고 "정당한 보상"이라 함은 원칙적으로 피수용재산의 객관적인 재산가치를 완전하게 보상하여야 한다는 완전보상을 뜻하는 것이라 할 것이나, 투기적인 거래에 의하여 형성되는 가격은 정상적인 객관적 재산 가치로는 볼 수 없으므로 이를 배제한다고 하여 완전보상의 원칙에 어긋나는 것은 아니며, 공익사업의 시행으로 지가가 상승하여 발생하는 개발이익은 궁극적으로는 국민 모두에게 귀속되어야 할 성질의 것이므로 이는 완전보상의 범위에 포함되는 피수용토지의 객관적 가치 내지 피수용자의 손실이라고는 볼 수 없다.

공시지가는 건설부장관이 토지의 이용상황이나 주위환경 기타 자연적, 사회적 조건이 일반적으로 유사하다고 인정되는 일단의 토지 중에서 선정한 표준지에 대하여 매년 공시기준일 현재의 적정가격을 조사, 평가하고, 건설부장관 소속하의 토지평가위원회의 심의를 거쳐 공시하도록 되어 있으며(지가공시법 제4조 제1항), 이 경우 "적정가격"이라 함은 당해 토지에 대하여 자유로운 거래가 이루어지는 경우 합리적으로 성립한다고 인정되는 가격을 말하는 것으로 규정되어 있고(지가공시법 제2조 제2호), 기타 지가공시법의 토지가액평가에 관한 기준이나 절차 등은 모두 공시기준일 당시 토지가 갖는 객관적 가치를 평가함에 있어 적절한 것으로 보여지며, 나아가 공시기준일로부터 재결시까지의 관계법령에 의한 당해 토지의 이용 계획 또는 당해 지역과 관계없는 인근 토지의 지가변동률, 도매물가상승률 등에 의하여 시점수정

을 하여 보상액을 산정함으로써 개발이익을 배제하고 있는 것이므로 공시지가를 기준으로 보상액을 산정하도록 하고 있는 구 토지수용법 제46조 제2항의 규정이 완전보상의 원리에 위배되는 것이라고 할 수 없다.

또한 해마다 구체적으로 공시되는 공시지가가 공시기준일의 적정가격을 반영하지 못하고 있다면, 고가로 평가되는 경우뿐만 아니라 저가로 평가되는 경우에도 이는 모두 잘못된 제도의 운영으로 보아야 할 것이고, 그와 같이 제도가 잘못 운영되는 경우에는 지가공시법 제8조의 이의신청절차에 의하여 시정할 수 있는가 하면, 수용보상액을 평가함에 있어 인근유사토지의 정상 거래가격 참작 등 구 토지수용법 제46조 제2항 소정의 기타사항 참작에 의한 보정방법으로 조정할 수도 있는 것이므로 그로 인하여 공시지가에 의하여 보상액을 산정하도록 한 위 토지수용법이나 지가공시법의 규정이 헌법 제23조 제3항에 위배되는 것이라고 할 수 없는 것이다.

▎판례 2 ▎ '인근 유사토지의 정상거래가격' 의 의미

[대법원 2004. 08. 30. 선고 2004두5621]

판결요지

토지수용에 있어서의 손실보상액 산정에 관한 관계 법령의 규정을 종합하여 보면, 수용 대상 토지의 정당한 보상액을 산정함에 있어서 인근 유사 토지의 정상거래 사례를 반드시 조사하여 참작하여야 하는 것은 아니지만, 인근 유사 토지가 거래된 사례나 보상이 된 사례가 있고 그 가격이 정상적인 것으로서 적정한 보상액 평가에 영향을 미칠 수 있는 것임이 입증된 경우에는 이를 참작할 수 있고, 여기서 '인근 유사 토지의 정상거래가격'이라고 함은 그 토지가 수용 대상 토지의 인근 지역에 위치하고 용도지역, 지목, 등급, 지적, 형태, 이용상황, 법령상의 제한 등 자연적·사회적 조건이 수용 대상 토지와 동일하거나 유사한 토지에 관하여 통상의 거래에서 성립된 가격으로서, 개발이익이 포함되지 아니하고, 투기적인 거래에서 형성된 것이 아닌 가격을 말하고(대법원 2002. 4. 12. 선고 2001두9783 판결 참조), 또한 그와 같은 인근 유사 토지의 정상거래 사례에 해당한다고 볼 수 있는 거래 사례가 있고 그것을 참작함으로써 보상액 산정에 영향을 미친다고 하는 점은 이를 주장하는 자에게 입증책임이 있다(대법원 1994. 1. 25. 선고 93누11524 판결 참조).

▎판례 3 ▎ 해당 공익사업으로 인한 개발이익이 포함된 보상사례도 개발이익을 배제할 수 있다면 참작할 수 있다.

[대법원 2010. 04. 29. 선고 2009두17360]

판시사항

인근유사토지 보상사례의 가격이 개발이익을 포함하고 있어 정상적인 것이 아닌 경우라도 이를 수용대상 토지의 보상액 산정에서 참작할 수 있는지 여부(한정 적극)

판결요지

용대상토지의 보상액을 산정하면서 인근유사토지의 보상사례가 있고 그 가격이 정상적인 것으로서 적정한 보상액 평가에 영향을 미칠 수 있는 것임이 입증된 경우에는 이를 참작할 수 있고, 여기서 '정상적인 가격'이란 개발이익이 포함되지 아니하고 투기적인 거래로 형성되지 아니한 가격을 말한다. 그러나 그 보상사례의 가격이 개발이익을 포함하고 있어 정상적인 것이 아닌 경우라도 그 개발이익을 배제하여 정상적인 가격으로 보정할 수 있는 합리적인 방법이 있다면 그러한 방법에 의하여 보정한 보상사례의 가격은 수용대상토지의 보상액을 산정하면서 이를 참작할 수 있다.

▌ 판례 4 ▌ 해당 공익사업에 대한 보상사례는 그 밖의 요인으로 참작할 수 없다.

[대법원 2002. 04. 12. 선고 2001두9783]

판결요지

당해 공공사업인 우회도로 축조 및 포장공사의 도로구역에 편입되면서 이루어진 인근 토지에 대한 보상은 수용대상 토지의 손실보상액을 산정함에 있어서 보상선례로서 참작될 수 없다.

▌ 판례 5 ▌ 단순한 호가시세나 담보평가선례는 보상평가에 참작할 수 없다.

[대법원 2003.02.28 선고 2001두3808]

판결요지

수용대상 토지의 정당한 보상액을 산정함에 있어서 인근 유사토지의 정상거래사례나 보상선례를 반드시 조사하여 참작하여야 하는 것은 아니고, 인근 유사토지가 거래된 사례나 보상이 된 선례가 있고 그 가격이 정상적인 것으로 적정한 보상액 평가에 영향을 미칠 수 있는 것임이 입증된 경우에는 이를 참작할 수 있는 것이나, 단순한 호가시세나 담보목적으로 평가한 가격에 불과한 것까지 참작할 것은 아니다.

(2) 현실적인 이용상황 기준

▌ 토지보상법 제70조 (취득하는 토지의 보상) ▌
② 토지에 대한 보상액은 가격시점에서의 현실적인 이용상황과 일반적인 이용방법에 의한 객관적 상황을 고려하여 산정하되, 일시적인 이용상황과 토지소유자나 관계인이 갖는 주관적 가치 및 특별한 용도에 사용할 것을 전제로 한 경우 등은 고려하지 아니한다.

▌ 토지보상법 시행령 제38조 (일시적인 이용상황) ▌
법 제70조제2항에 따른 일시적인 이용상황은 관계 법령에 따른 국가 또는 지방자치단체의 계획이나 명령 등에 따라 해당 토지를 본래의 용도로 이용하는 것이 일시적으로 금지되거나 제한되어 그 본래의 용도와 다른 용도로 이용되고 있거나 해당 토지의 주위환경의 사정으로 보아 현재의 이용방법이 임시적인 것으로 한다.

사례 1 현실적인 이용상황의 판단기준(2006. 2. 17. 법제처-05-0146)(법령해석)

질의요지

2018 토지수용 업무편람 발췌

지적공부상 지목은 대(垈)이나, 현재 토지의 이용 상황이 유지(溜池) 또는 답(畓)인 저수지 부지에 대한 보상액을 산정함에 있어서 현재 토지의 이용상황인 유지 또는 답으로서 보상액을 산정하는 것이 타당한지 여부

회신내용

지적공부상 지목은 대(垈)이나, 현재 토지의 이용상황과 객관적 상황이 유지(溜池) 또는 답(畓)인 저수지부지에 대한 보상액을 산정함에 있어서는 유지 또는 답으로서 보상액을 산정하는 것이 타당합니다.

이 유

「공익사업을 위한 토지 등의 취득 및 보상에 관한 법률」 제70조제2항의 규정에 의하면, 토지에 대한 보상액은 가격시점에 있어서의 "현실적인 이용상황"과 "일반적인 이용방법에 의한 객관적 상황"을 고려하여 산정한다고 되어 있고, 동법 시행규칙 제22조의 규정에 의하면, 취득하는 토지를 평가함에 있어서는 평가대상토지와 유사한 이용가치를 지닌다고 인정되는 하나 이상의 표준지의 공시지가를 기준으로 한다고 되어 있는바, 동법 제70조제2항의 규정에 의한 "현실적인 이용상황"이라 함은 지적공부상의 지목에 불구하고 가격시점에 있어서의 당해 토지의 주위환경이나 공법상 규제정도 등으로 보아 인정 가능한 범위의 이용상황을 말하는 것으로서, 토지가격을 평가함에 있어서 공부상 지목과 실제 현황이 다른 경우에는 공부상 지목보다는 실제 현황을 기준으로 하여 평가함이 원칙이라 할 것입니다(대법원 1994.4.12. 선고 93누6904 판결 등 다수 판례 참조).

따라서, 지적공부상 지목은 대(垈)이나, 현재 토지의 이용상황과 객관적 상황이 유지(溜池) 또는 답(畓)인 저수지 부지에 대한 보상액을 산정함에 있어서 현재 토지의 이용상황 등을 고려하여 유지 또는 답으로서 보상액을 산정하는 것이 타당하다 할 것입니다.

재결례

│재결례 1│ 현실적인 이용상황은 보상평가의 기준시점에서 판단한다.

[중토위 2017. 8. 24.]

재결요지

000, 000가 이의신청인의 토지(충남 00군 00읍 00리 184-8, 184-9)가 같은 필지에서 분할되어 동일한 용도로 사용중인데, 보상단가를 차등 적용하는 것은 불합리하므로 보상단가를 동일하

게 적용하여 달라는 주장에 대하여, 법 제70조제2항에 따르면 토지에 대한 보상액은 가격시점에서의 현실적인 이용상황과 일반적인 이용방법에 의한 객관적 상황을 고려하여 산정하되, 일시적인 이용상황과 토지소유자나 관계인이 갖는 주관적 가치 및 특별한 용도에 사용할 것을 전제로 한 경우 등은 고려하지 아니한다라고 되어있다.

관계자료(감정평가서, 사업시행자 의견, 현장사진 등)를 살펴본 결과, 이의신청인의 토지 충남 00군 00읍 00리184-9 장 48㎡는 현재 공부 및 실제 이용상황이 공장용지로 기본조사 당시 지목은 답이나 사업인정 고시일(2014. 5. 9.) 이전에 적법한 절차에 따라 공장증설변경승인(2008. 5. 7.)을 받아 공장용지로 사용하다가, 수용재결(2016. 9. 29.) 이전인 2016. 6. 10. 공장용지로 지목변경한 토지임이 확인되므로 금번 이의재결 평가 시 이의신청인의 주장을 받아들여 공장용지로 평가하여 보상하기로 한다.

▎재결례 2 ▎ 현실적인 이용상황은 관계 증거에 의하여 객관적으로 확정되어야 한다.

[중토위 2017. 6. 8.]

재결요지

000이 구거를 전으로 보상하여 달라는 주장에 대하여, 법 제70조제2항의 규정에 의하면 토지에 대한 보상액은 가격시점에서의 현실적인 이용상황과 일반적인 이용방법에 의한 객관적 상황을 고려하여 산정하되, 일시적인 이용상황과 토지소유자나 관계인이 갖는 주관적 가치 및 특별한 용도에 사용할 것을 전제로 한 경우 등은 고려하지 아니한다고 규정되어 있다.

관계자료(지적현황측량성과도, 현장사진, 사업시행자 의견서 등)에 의하면, 000이 전으로 보상하여 달라는 경기 000시 00읍 00리 8-24 답 23㎡는 지적측량(대한지적공사) 결과에 의하면 사업인정고시일(2013.6.24) 이전부터 구거로 이용되고 있는 상태로 확인되므로 전으로 보상하여 달라는 소유자의 주장은 받아들일 수 없다.

▎재결례 3 ▎ 농가주택 신축용으로 용도증명서(변경하고자 하는 지목 : 대지)를 발급받은 토지가 수용재결일('18.6.14) 이후인 '18.6.27. '전'에서 '대'로 지목변경된 경우 '대'로 인정하여 보상한 사례

[중토위 2019. 2. 28.]

재결요지

구「농지의 보전 및 이용에 관한 법률」(법률 제3910호, 1986. 12. 31. 개정) 제4조제1항제2호에 따르면 농지를 전용하고자 하는 자는 대통령령이 정하는 일정면적이하의 상대농지를 농가주택 및 그 부속시설의 부지로 사용하는 경우에는 농수산부장관의 허가를 받지 않아도 된다고 되어 있고, 구「농지의 보전 및 이용에 관한 법률 시행령」(대통령령 제12761호, 1989.7.21. 일부 개정) 제7조제1항에 따르면 법 제4조제1항제2호의 규정에 의하여 전용허가를 받지 아니하고 상대농지를 전용할 수 있는 경우는 농업을 직접 경영하거나 농업에 종사하는 영농주체의 주거시설의 용지와 그 주거시설과 인접하여 영농에 직접 사용되는 ① 창고·농막 및 탈곡장등의 시설, ② 유리온실·고정식 온상·고정식 비닐하우스 및 망실등의 시설, ③ 퇴비사·퇴비장등 지급비료 생산시설, ④ 잠실 및 애누에 공동사육장, ⑤ 우사·돈사·계사 및 싸이로 등 양축시설, ⑥ 버섯재배사 시설을 위한 용지의 합계가 1천500제곱미터이하인 것으로 한다고 되어 있으며, 같은 법 시행령 제12조제2호에 따르면 법 제4조제1항제2호 내지 제5호에 해당하는 목적에 전용한 때에는 동장 또는 읍·면장이 발급하는 용도증명서를 첨부하여「지적법」의 규정에 의한 지목변경의 신고를 하도록 되어 있다. (중략) 구「농지의 보전 및 이용에 관한 법률」(법률 제3910호, 1986. 12. 31. 개정) 제4조제1항제2호에 따르면 농지를 전용하고자 하는 자는 대통령령이 정하는 일정면적 이하의 상대농지를 농가주택 및 그 부속시설의 부지로 사용하는 경우에는 농수산부장관의 허가를 받지 않아도 된다고 되어 있는 점, 이의신청인은 1989. 5. 29. ㅇㅇ면장으로부터 같은 리 53 전 790㎡(이 건 사업으로 2필지로 분할 : 같은 리 53-2 전 329.3㎡ 편입, 같은 리 53 전 460.7㎡ 잔여지)에 대하여 구「농지의 보전 및 이용에 관한 법률 시행령」 제4조제1항을 근거로 하여 농가주택 신축용으로 용도증명서(변경하고자 하는 지목 : 대지)를 발급받은 점, 사업인정고시일(2015. 12. 14.) 당시 동 토지상에 건축물(농촌주택 63.72㎡, 창고 3.6㎡, 부속창고 21.9㎡)이 존재하고 있는 점, 수용재결(2018. 6. 14.) 이후라 할지라도 2018. 6. 27. ㅇㅇ군수로부터 지목변경(전→대)을 받은 것이 확인되는 점으로 볼 때 금회 이의신청인의 토지인 같은 리 53-2 329.3㎡ 전체를 '대'로 평가·보상하기로 한다.

재결례 4 공부상 지목인 '임야' 인 토지를 현실이용상황인 '전' 으로 보상한 사례

[중토위 2019. 6. 27.]

재결요지

관계자료(현장사진, 항공사진, 소유자의견서, 사업시행자 의견서, ㅇㅇ시 공문사본 등)를 검토한 결과, 이 건 사업에 편입되는 박ㅇㅇ의 토지 경기도 ㅇㅇ시 ㅇㅇ구 ㅇㅇㅇ동 산14-3 임야 5,058㎡ 중 2,415㎡, 윤ㅇㅇ의 토지 같은 동 산28-3 임야 18,446㎡ 중 2,854㎡, 송ㅇㅇ의 토지 같은 동 산29-1 임야 11,961㎡ 중 4,884㎡, 정ㅇㅇ의 토지 같은 동 산30-1 임야 2,281㎡ 중 160.27㎡에 대하여 1962. 1. 20. 이후에 개간된 것으로서 각 법률에 의한 개간허가 등의 대상에 해당함에도 허가 등이 없이 불법으로 형질이 변경된 토지라는 사실을 사업시행자가 입증하지 못하고 있는 점, 1967년 항공사진(최초 항공사진)상 동 토지의 일부가 농경지로 개간되어 있음이 확인되는 점, 개발제한구역지정일은 1976. 12. 4.로서 개간 이후인 점, 「산지관리법」 부칙 제3조(불법 전용산지에 관한 임시특례) 제1항에 따라 소유자가 ㅇㅇ시에 지목 변경에 대하여 신고하였으나 ㅇㅇ시에서 이 건 공익사업을 위한 실시계획승인(산지전용허가 의제협의)을 사유로 임시특례규정 적용이 불가한 경우로 회신한 점, 편입지에 대한 보상을 위하여 사업시행자가 ㅇㅇ시에 불법전용산지 임시특례규정 적용대상 여부와 면적에 대한 사실조회 시 적용대상임과 면적을 확인하여 통보한 점 등을 종합적으로 고려할 때 이의신청인들의 토지들 중 ㅇㅇ시에서 확인해 준 면적에 대하여는 현황인 전으로 평가하는 것이 타당하므로 금회 이의재결 시 이를 반영하여 보상하기로 하다.

판 례

▎판례 1 ▎ 토지의 형질변경에는 형질변경허가에 관한 준공검사를 받거나 토지의 지목을 변경할 것을 필요로 하지 않는다.

[대법원 2012. 12. 13. 선고 2011두24033]

판결내용

토지 소유자가 지목 및 현황이 전인 토지에 관하여 국토의 계획 및 이용에 관한 법률 등 관계 법령에 의하여 건축물의 부지조성을 목적으로 한 개발행위(토지의 형질변경)허가를 받아 그 토지의 형질을 대지로 변경한 다음 토지에 건축물을 신축하는 내용의 건축허가를 받고 그 착공신고서까지 제출하였고, 형질변경 허가에 관한 준공검사를 받은 다음 지목변경절차에 따라 그 토지의 지목을 대지로 변경할 여지가 있었으며, 그와 같이 형질을 변경한 이후에는 그 토지를 더 이상 전으로 사용하지 않았고, 한편 행정청도 그 토지가 장차 건축물의 부지인 대지로 사용됨을 전제로 건축허가를 하였을 뿐만 아니라[구 건축법 시행규칙 (2005. 7. 18. 건설교통부령 제459호로 개정되기 전의 것) 제6조 제1항 제1호에 의하면, 건축허가를 받기 위하여 제출하는 건축허가신청서에는 '건축할 대지의 범위와 그 대지의 소유 또는 그 사용에 관한 권리를 증명하는 서류'를 첨부하도록 되어 있다], 그 현황이 대지임을 전제로 개별공시지가를 산정하고 재산세를 부과하였으며, 나아가 그와 같이 형질이 변경된 이후에 그 토지가 대지로서 매매되는 등 형질이 변경된 현황에 따라 정상적으로 거래된 사정이 있는 경우, 비록 토지소유자가 그 토지에 건축물을 건축하는 공사를 착공하지 못하고 있던 중 토지가 택지개발사업지구에 편입되어 수용됨으로써 실제로 그 토지에 건축물이 건축되어 있지 않아 그 토지를 구 지적법(2009. 6. 9. 법률 제9774호로 폐지되기 전의 것, 이하 같다) 제5조 제1항 및 같은 법 시행령(2009. 12. 14. 대통령령 제21881호로 폐지되기 전의 것, 이하 같다) 제5조 제8호에서 정한 대지로 볼 수 없다고 하더라도, 그 토지의 수용에 따른 보상액을 산정함에 있어서는 공익사업을 위한 토지 등의 취득 및 보상에 관한 법률 제70조 제2항의 '현실적인 이용상황'을 대지로 평가함이 상당하다

▎판례 2 ▎ 현실적인 이용상황은 보상평가의 기준시점에서 판단한다.

[대법원 2001. 09. 25. 선고 2001다30445]

판결내용

보상의 대상이 되는 권리가 소멸한 때의 현황을 기준으로 보상액을 산정하는 것이 보상에 관한 일반적인 법리에 부합한다.

▎판례 3 ▎ 현실적인 이용상황은 주관적 의도가 아니라 관계 증거에 의하여 객관적으로 확정되어야 한다.

[대법원 2004. 06. 11. 선고 2003두14703]

판시사항

수용대상 토지의 손실보상액 평가 기준

판결내용

수용대상 토지는 수용재결 당시의 현실 이용상황을 기준으로 평가하여야 하고, 그 현실 이용상황은 법령의 규정이나 토지소유자의 주관적 의도 등에 의하여 의제될 것이 아니라 관계 증거에 의하여 객관적으로 확정되어야 한다.

판례 4 | 기준시점 당시 채석지의 이용상황은 잡종지이나 가까운 장래에 산림복구가 예정되어 있는 경우 현실적인 이용상황은 임야로 보아야 한다.

[대법원 2000. 02. 08. 선고 97누15845]

판결내용

보상의 대상이 되는 권리가 소멸한 때의 현황을 기준으로 보상액을 산정하는 것이 보상에 관한 일반적인 법리에 부합한다.

판례 5 | 불법형질변경은 일시적 이용에 불과하다.

[대법원 1999. 07. 27. 선고 99두4327]

판결내용

수용대상 토지가 수용재결 당시 잡종지 등으로 사실상 사용되고 있으나 무단형질변경의 경위, 수회에 걸친 무단형질변경토지의 원상회복명령 및 형사고발까지 받고도 원상복구하지 아니한 점, 그 이용실태 및 이용기간 등에 비추어 위 이용상황은 공공용지의취득및손실보상에관한특례법시행령 제2조의10 제2항 소정의 '일시적인 이용상황'에 불과하다.

판례 6 | 소유권확인등

[대법원 2007.12.27. 선고 2007다42112 판결]

판결요지

[1] 부동산의 점유권원의 성질이 분명하지 않을 때에는 민법 제197조 제1항에 의하여 점유자는 소유의 의사로 선의, 평온 및 공연하게 점유한 것으로 추정되는 것이며, 이러한 추정은 지적공부 등의 관리주체인 국가나 지방자치단체가 점유하는 경우에도 마찬가지로 적용된다.

[2] 점유자가 점유 개시 당시에 소유권 취득의 원인이 될 수 있는 법률행위 기타 법률요건이 없이 그와 같은 법률요건이 없다는 사실을 잘 알면서 타인 소유의 부동산을 무단점유한 것임이 입증된 경우에는, 특별한 사정이 없는 한 점유자는 타인의 소유권을 배척하고 점유할 의사를 갖고 있지 않다고 보아야 할 것이므로 이로써 소유의 의사가 있는 점유라는 추정은 깨진다.

[3] 국가나 지방자치단체가 취득시효의 완성을 주장하는 토지의 취득절차에 관한 서류를 제출하지 못하고 있다고 하더라도, 그 토지에 관한 지적공부 등이 6·25 전란으로 소실되었거나 기타의 사유로 존재하지 아니함으로 인하여 국가나 지방자치단체가 지적공부 등에 소유자로 등재된 자가 따로 있음을 알면서 그 토지를 점유하여 온 것이라고 단정할 수

없고, 그 점유의 경위와 용도 등을 감안할 때 국가나 지방자치단체가 점유 개시 당시 공공용 재산의 취득절차를 거쳐서 소유권을 적법하게 취득하였을 가능성도 배제할 수 없다고 보이는 경우에는, 국가나 지방자치단체가 소유권 취득의 법률요건이 없이 그러한 사정을 잘 알면서 토지를 무단점유한 것임이 입증되었다고 보기 어려우므로, 위와 같이 토지의 취득절차에 관한 서류를 제출하지 못하고 있다는 사정만으로 그 토지에 관한 국가나 지방자치단체의 자주점유의 추정이 번복된다고 할 수는 없다.

[4] 국가 및 지방자치단체가 토지에 관하여 공공용 재산으로서의 취득절차를 밟았음을 인정할 증거를 제출하지 못하고 있다는 사유만으로 자주점유의 추정이 번복된다고 볼 수는 없다고 한 사례.

▎판례 7 ▎ 소유권보존등기말소등

[대법원 2008.5.15. 선고 2008다13432 판결]

판시사항

[1] 국가나 지방자치단체가 취득시효의 완성을 주장하는 토지의 취득절차에 관한 서류를 제출하지 못하고 있다는 사정만으로 자주점유의 추정이 번복되는지 여부(소극)

[2] 국가에게 취득시효 완성을 원인으로 하여 소유권이전등기절차를 이행하여 줄 의무를 부담하는 미등기 토지의 소유자가 국가를 상대로 그 토지에 대한 소유권의 확인을 구할 법률상 이익이 있는지 여부(소극)

▎판례 8 ▎ 소유권보존등기말소

[대법원 2009.4.9. 선고 2008다95380 판결]

판시사항

국가나 지방자치단체가 취득시효의 완성을 주장하는 토지의 취득절차에 관한 서류를 제출하지 못하고 있다는 사정만으로 그 토지에 대한 국가나 지방자치단체의 자주점유의 추정이 번복되는지 여부(소극)

▎판례 9 ▎ 소유권보존등기말소

[대법원 2008.4.10. 선고 2008다7314 판결]

판결요지

[1] 어떤 토지의 지목이 도로로 변경된 사실만으로 도로를 관리하는 국가 또는 지방자치단체가 그때부터 그 토지 위에 도로를 개설하여 일반 공중의 통행에 제공하면서 소유의 의사로 이를 점유하였다고 볼 수 없고, 이러한 법리는 일정한 토지가 지적공부에 일필의 토지로 복구 등록되면서 지적복구 전 토지의 소재·지번·지목·지적 및 경계가 그대로 복구되었다고 추정되는 경우에도 동일하다.

[2] 국가가 어떤 부동산을 점유하여 그 취득시효기간이 만료한 후 그에 관한 소유명의를 취득함에 있어 무주물의 귀속에 관한 법령의 절차에 의하였다거나 그 인근의 다른 부동산

에 관하여는 오래전에 소유권보존등기절차를 취하면서도 당해 부동산의 소유명의 취득절차는 수십 년간 취하지 않고 있었다는 사유가 있다 하여 그것만으로 자주점유의 추정이 번복되지는 않는다.

▎판례 10 ▎ 토지소유권이전등기

[대법원 1999. 3. 9. 선고 98다41759 판결]

판결요지

[1] 구 농촌근대화촉진법(1995. 12. 29. 법률 제5077호 농지개량조합법 부칙 제2조로 폐지) 제16조의 규정에 의하여 해당 농지개량조합에 포괄승계되는 농지개량시설의 설치에 관하여 발생한 국가·지방자치단체 또는 농업진흥공사의 권리의무에는 관개·배수시설과 같은 순수한 농지개량시설만이 아니라 그 부지에 대한 소유권도 포함되고, 이 때 그 부지의 소유권이 해당 농지개량시설의 설치에 관하여 국가에게 귀속되게 된 경우라면 그 농지개량시설을 국가가 직접 설치하지 아니한 경우라도 해당 농지개량조합이 이를 그 설치자로부터 이관받을 때 같은 법 제16조의 규정에 의하여 당연히 그 농지개량조합에 포괄승계된다고 봄이 상당하고, 여기서 '농지개량조합이 그 조합구역 내의 농지개량시설을 그 설치자로부터 이관받을 때'에는 구 조선수리조합령(1917년 7월 제령 제2호, 폐지)의 규정에 의하여 설치된 수리조합 또는 구 토지개량사업법(1970. 1. 12. 법률 제2199호로 폐지)의 규정에 의하여 설립된 토지개량조합이 각각 설치한 농지개량시설로서 구 농촌근대화촉진법 부칙 제3조 및 위 토지개량사업법 부칙 제6항의 규정에 의하여 구 농촌근대화촉진법 시행과 동시에 직접 또는 순차로 그 설치자의 지위를 승계한 농지개량조합에게 당연히 인수되게 된 경우도 포함된다.

[2] 구 민법(1958. 2. 22. 법률 제471호로 제정되기 전의 것) 제239조와 민법 제252조 제2항의 규정에 의하여 무주의 부동산은 선점과 같은 별도의 절차를 거침이 없이 그 자체로 국유에 속하므로, 국유재산법 제8조 및 같은법시행령 제4조에서 무주의 부동산을 국유재산으로 취득하는 절차를 규정하고 있으나 이는 단순히 지적공부상의 등록절차에 불과하고 이로써 권리의 실체관계에 영향을 주는 것은 아니다.

[3] 6·25 사변 당시 지적공부가 멸실되었다가 복구되어 그에 따른 소유권보존등기가 경료되었다고 하여 그 등기시부터 등기명의자가 소유권자가 되는 것은 아니다.

[4] 취득시효에 있어서 자주점유의 요건인 소유의 의사는 객관적으로 점유 취득의 원인이 된 점유권원의 성질에 의하여 그 존부를 결정하여야 하는 것이나, 다만 점유권원의 성질이 분명하지 아니한 때에는 민법 제197조 제1항에 의하여 점유자는 소유의 의사로 점유한 것으로 추정되는바, 구 조선토지개량령(1927. 12. 28. 제령 제16호, 폐지) 제1조, 제2조 및 제23조의 규정에 의하면 수리조합이 관개배수에 관한 공사를 실시함에 있어서 국유에 속하던 기존의 도로·제방·구거·유지 등을 폐지하는 한편 그에 대신할 새로운 도로·제방·구거·유지 등을 개설하는 경우에는 그 새로운 관개시설을 무상으로 국유지에 편입하도록 규정하였던 점에 비추어 볼 때, 수리조합이 설치한 도수로의 부지라고 하더라도 설치 당시부터 그 소유권이 나라에 유보되어 있었다면 권원의 성질상 위 수리조합의 점유를 소유

의 의사에 기한 점유로 보기 어렵다고 할 것이고, 오히려 처음에는 타주점유가 성립하였다가 구 농촌근대화촉진법(1995. 12. 29. 법률 제5077호 농지개량조합법 부칙 제2조로 폐지)이 시행된 때로부터 같은 법 제16조의 규정에 의하여 그 점유가 자주점유로 전환되었다고 봄이 상당하다.

[5] 시효취득의 대상이 될 수 없는 자연공물이란 자연의 상태 그대로 공공용에 제공될 수 있는 실체를 갖추고 있는 것을 말하므로, 원래 자연상태에서는 전·답에 불과하였던 토지를 수리조합이 그 위에 저수지 또는 도수로를 축조한 경우에는 이들 시설들을 자연공물이라고는 할 수 없을 뿐만 아니라 국가가 직접 공공목적에 제공한 것이 아니므로 비록 일반 공중의 공동이용에 제공된 것이라고 하더라도 국유재산법상의 행정재산이나 보존재산에 해당하지 아니하므로 취득시효의 대상이 된다.

▌판례 11 ▌ 소유권이전등기

[대법원 2005. 5. 26. 선고 2002다43417 판결]

판결요지

[1] 구 토지조사령(1912. 8. 13. 제령 제2호)에 의한 토지의 사정명의인은 당해 토지를 원시취득하므로 적어도 구 토지조사령에 따라 토지조사부가 작성되어 누군가에게 사정되었다면 그 사정명의인 또는 그의 상속인이 토지의 소유자가 되고, 따라서 설령 국가가 이를 무주부동산으로 취급하여 국유재산법령의 절차를 거쳐 국유재산으로 등기를 마치더라도 국가에게 소유권이 귀속되지 않는다.

[2] 토지에 관한 소유권보존등기의 추정력은 그 토지를 사정받은 사람이 따로 있음이 밝혀진 경우에는 깨어지고 등기명의인이 구체적으로 그 승계취득 사실을 주장·입증하지 못하는 한 그 등기는 원인무효이다.

[3] 점유취득시효완성을 원인으로 한 소유권이전등기청구는 시효완성 당시의 소유자를 상대로 하여야 하므로 시효완성 당시의 소유권보존등기 또는 이전등기가 무효라면 원칙적으로 그 등기명의인은 시효취득을 원인으로 한 소유권이전등기청구의 상대방이 될 수 없고, 이 경우 시효취득자는 소유자를 대위하여 위 무효등기의 말소를 구하고 다시 위 소유자를 상대로 취득시효완성을 이유로 한 소유권이전등기를 구하여야 한다.

[4] 구 토지조사령(1912. 8. 13. 제령 제2호)에 따라 토지조사부가 작성되었으나 그 토지조사부의 소유자란 부분이 훼손되어 사정명의인이 누구인지 확인할 수 없게 되었지만 누구에겐가 사정된 것은 분명하고 시효취득자가 사정명의인 또는 그 상속인을 찾을 수 없어 취득시효완성을 원인으로 하는 소유권이전등기에 의하여 소유권을 취득하는 것이 사실상 불가능하게 된 경우, 시효취득자는 취득시효완성 당시 진정한 소유자는 아니지만 소유권보존등기명의를 가지고 있는 자에 대하여 직접 취득시효완성을 원인으로 하는 소유권이전등기를 청구할 수 있다고 한 사례.

판례 12 ┃ 소유권이전등기말소

[대법원 1992.11.13. 선고 92다30245 판결]

판결요지

가. 등기부취득시효에 있어서는 점유의 개시에 과실이 없었음을 필요로 하고, 그 입증책임은 주장자에게 있다.

나. 부동산 매매에 있어서 등기부상 명의인이 매도인 아닌 제3자인 경우에는 거래관념상 매도인의 권한에 대하여 의심할 만한 사정이 있다고 할 것이므로, 매수인은 등기부상 소유명의자에 대하여 진부를 확인하거나 매도인에게 처분권한이 있는지 여부에 관하여 확인하지 아니하는 한 부동산을 인도받아 선의로 점유하였다고 하여도 과실 없이 점유를 개시하였다고 볼 수 없고, 또한 위와 같은 과실이 부동산을 매수하여 점유를 취득할 당시에 존재하였다면 그 후 매도인이 등기명의를 취득하였다고 하더라도 무과실로 전환된다고 할 수 없다.

판례 13 ┃ 소유권보존등기말소등

[대법원 2005. 6. 23. 선고 2005다12704 판결]

판시사항

[1] 등기부취득시효에 있어서 무과실의 의미 및 그 증명책임의 소재
[2] 어떤 권원에 의하여 점유를 개시하였는지에 관하여 설시하지 아니한 채 막연히 점유의 개시에 과실이 없었다고 하여 등기부취득시효가 완성되었다고 한 원심판결을 파기한 사례
[3] 행정구역의 변경에 따라 점유를 승계한 경우, 승계인은 새로운 권원에 의하여 자기 고유의 점유를 개시하였다고 볼 수는 없다고 한 사례

판례 14 ┃ 토지소유권이전등기말소등

[대법원 1992.4.28. 선고 91다46779 판결]

판결요지

가. 갑은 계쟁부동산의 전소유자인 을의 양자로 선정된 병이 을의 재산을 상속받은 것으로 믿고 병으로부터 이를 매수하고 인도받아 소유권이전등기를 마치고 점유를 개시한 이래 현재까지 10년 이상 계속 점유하여 왔고, 을의 공동재산상속인들인 출가녀들로부터 병이 위 부동산을 점유하고 있는 동안은 물론 갑이 이를 인도받은 이후 소송제기 이전까지도 별다른 이의제기가 없었다면 갑으로서는 병이 을의 양자로서 을의 유산을 상속하였거나 을의 유산을 승계하여 적법한 권한이 있었고 자신은 그로부터 적법하게 위 부동산을 매수한 것으로 믿음에 있어 과실이 없었다고 할 것이므로 등기부취득시효가 완성되었다고 한 사례.

나. 등기부취득시효에 있어서 선의·무과실은 등기에 관한 것이 아니고 점유의 취득에 관한 것이다.

다. 일반농지의소유권이전등기등에관한특별조치법에 의하여 경료된 등기라도 같은 법 소정의

보증서나 확인서가 허위 또는 위조된 것이라거나 그 밖의 사유로 적법하게 등기된 것이 아니라는 입증이 있으면 그 추정력은 번복되는 것이고 허위의 보증서나 확인서란 권리변동의 원인에 관한 실체적 기재내용이 진실이 아닌 것을 뜻하는 것으로서 그 실체적 기재내용이 진실이 아님을 의심할 만큼 증명이 된 때에는 그 등기의 추정력은 번복된다고 보아야 한다.

라. 위 "가"항의 을로부터 위 특별조치법에 의하여 매매를 원인으로 소유권이전등기를 경료한 정은 그 등기원인과 같은 매매가 없었음을 인정하면서 그 실제의 취득원인으로 병이 을의 양자로 들어가 계쟁부동산을 상속하고 정은 병의 사망으로 이를 다시 상속하였다고 주장할 뿐 달리 취득원인을 내세우지 못하고 있으며 정으로부터 그 명의로 소유권이전등기를 경료한 무도 정의 소유권 취득원인을 달리 내세우는 바가 없고, 병이 적법한 양자가 되지 못하여 상속에 의한 취득의 주장을 인정할 수 없는 한편 정의 등기원인인 매매 당시에는 정이 출생하지도 않았다면 정 명의 등기의 원인증서인 보증서나 확인서상의 권리변동원인에 관한 실체적 기재내용은 진실에 부합되지 않는 것으로 되었거나 적어도 진실이 아님을 의심할 만큼 증명되었다고 봄이 상당하므로 정 명의의 위 등기는 그 추정력이 번복되었다고 한 사례.

▮ 판례 15 ▮ 소유권이전등기말소

[대법원 1982.5.11. 선고 80다2881 판결]

판결요지

등기부상의 명의인을 소유자로 믿고서 그 부동산을 매수하여 점유하는 자는 특별한 사정이 없는 한 과실없는 점유자에 해당한다.

▮ 판례 16 ▮ 토지수용재결처분취소등

[대법원 1995.6.13. 선고 94누14650 판결]

판결요지

구 공공용지의취득및손실보상에관한특례법시행규칙(1995.1.7. 건설교통부령 제3호로 개정되기 전의 것) 제6조의2 제2항, 제3항 소정의 "사실상의 사도"라 함은 개설 당시의 토지소유자가 자기 토지의 편익을 위하여 스스로 설치한 도로(새마을사업으로 설치한 도로를 제외한다)로서 도시계획으로 결정된 도로가 아닌 것을 말하되, 이때 자기 토지의 편익을 위하여 토지소유자가 스스로 설치하였는지 여부는 인접토지의 획지면적, 소유관계, 이용상태 등이나 개설경위, 목적, 주위환경 등에 의하여 객관적으로 판단하여야 하므로, 도시계획(도로)의 결정이 없는 상태에서 불특정 다수인의 통행에 장기간 제공되어 자연발생적으로 사실상 도로화된 경우에도 사실상의 사도에 해당하고, 도시계획으로 결정된 도로라 하더라도 그 이전에 사도법에 의한 사도 또는 사실상의 사도가 설치된 후에 도시계획결정이 이루어진 경우 등에도 거기에 해당하며, 다만 토지의 일부가 일정기간 불특정 다수인의 통행에 제공되거나 사실상 사도로 사용되고 있더라도 토지소유자가 소유권을 행사하여 그 통행을 금지시킬 수 있는 상태에 있는 토지는 거기에 해당하지 아니한다.

> ◇ 도로감정평가
> 도로법 제2조 (정의) 이 법에서 사용하는 용어의 뜻은 다음과 같다.
>   1. "도로"란 차도, 보도(步道), 자전거도로, 측도(側道), 터널, 교량, 육교 등 대통령령으로 정하는 시설로 구성된 것으로서 제10조에 열거된 것을 말하며, 도로의 부속물을 포함한다.
>
> 도로법 제10조 (도로의 종류와 등급) 도로의 종류는 다음 각 호와 같고, 그 등급은 다음 각 호에 열거한 순서와 같다.
>   1. 고속국도(고속국도의 지선 포함)
>   2. 일반국도(일반국도의 지선 포함)
>   3. 특별시도(特別市道)·광역시도(廣域市道)
>   4. 지방도
>   5. 시도
>   6. 군도
>   7. 구도

(3) 일반적인 이용방법에 의한 객관적 상황 기준

| 토지보상법 제70조 (취득하는 토지의 보상) |
② 토지에 대한 보상액은 가격시점에서의 현실적인 이용상황과 일반적인 이용방법에 의한 객관적 상황을 고려하여 산정하되, 일시적인 이용상황과 토지소유자나 관계인이 갖는 주관적 가치 및 특별한 용도에 사용할 것을 전제로 한 경우 등은 고려하지 아니한다.

판 례

| 판례 1 | 온천으로의 개발가능성이라는 장래의 동향을 지나치게 평가한 것은 객관성과 합리성을 결한 것이다.

[대법원 2000. 10. 06. 선고 98두19414]

판시사항

감정법인의 감정평가가 구체적인 근거 없이 온천으로의 개발가능성이라는 장래의 동향을 지나치게 평가함으로써 객관성과 합리성을 결하고 기타조건의 참작의 한계를 넘어 위법하다고 본 사례

| 판례 2 | 토지를 매입한 의도나 장래의 이용계획 등은 토지소유자의 주관적인 사정에 불과하다.

[대법원 2003. 07. 25. 선고 2002두5054]

판결내용

토지소유자가 토지를 매입한 의도나 장차 그 지상에 공장을 증축할 계획 등은 토지소유자의 주관적인 사정에 불과하므로 토지의 객관적인 이용상황에 따라 그 현황을 잡종지로 평가함에는 지장이 없다.

(4) 개별필지 기준

> **| 토지보상법 제64조 (개인별 보상) |**
>
> 손실보상은 토지소유자나 관계인에게 개인별로 하여야 한다. 다만, 개인별로 보상액을 산정할 수 없을 때에는 그러하지 아니하다.
>
> **| 토지보상법 시행규칙 제20조 (구분평가 등) |**
>
> ① 취득할 토지에 건축물·입목·공작물 그 밖에 토지에 정착한 물건(이하 "건축물등"이라 한다)이 있는 경우에는 토지와 그 건축물등을 각각 평가하여야 한다. 다만, 건축물등이 토지와 함께 거래되는 사례나 관행이 있는 경우에는 그 건축물등과 토지를 일괄하여 평가하여야 하며, 이 경우 보상평가서에 그 내용을 기재하여야 한다.
> ② 건축물등의 면적 또는 규모의 산정은 「건축법」 등 관계법령이 정하는 바에 의한다.

사례 1 소유자가 다른 일단지 토지의 보상평가방법(2012. 09. 04. 공공지원팀-1687)(질의회신)

질의요지   2018 토지수용 업무편람 발췌

자동차운전학원내 기능주행코스 및 주차장 등으로 사용되고 있는 송파구 ○○동 204-1, 205-9, 223-1, 224, 293-16번지를 일단지로 대상토지 전체에 대하여 단일한 가격으로 평가할 수 있는지 여부

회신내용

본 건 토지의 경우 다수의 소유자(공유자)로 구성되어 있음에도 이를 일단지라 하여 동일한 단가를 적용하여 보상한다면 지가가 상대적으로 높은 전면 건부지 소유자와 지가가 낮은 후면의 나지 소유자에게 동일한 보상금을 지급하여야 한다는 문제가 발생하게 되는 바, 물리적으로 용도상 불가분의 관계에 있는 일단지라고 하더라도 소유자가 상이하고 가치를 달리 하는 부분이 있다면 이를 구분하여 평가하여야 할 것으로 사료됩니다.

사례 2 개발단계에 있는 토지의 일단지 인정시기(2014. 07. 01. 감정평가기준팀-2316)(질의회신)

질의요지   2018 토지수용 업무편람 발췌

여러 필지가 일단지로 공장설립 승인, 건축허가 및 착공신고를 완료하고, 일체로 거래된 후 거래 잔금대출을 위한 담보평가 시 일단지로 감정평가 된 공장허가지의 일부가 도로사업에 편입되어 보상평가를 하게 되는 경우 일단지로 일괄감정평가 할 수 있는지? 만약 일단지로 일괄감정평가가 가능하다면 일단지 평가시점은 언제부터 가능한지?

회신내용

대법원은 "여러 필지의 토지가 일단을 이루어 용도상 불가분의 관계에 있는 경우에는 특별한 사정이 없는 한 그 일단의 토지 전체를 1필지로 보고 토지특성을 조사하여 그 전체에 대하여 단일한 가격으로 평가함이 상당하다 할 것이고, 여기에서 '용도상 불가분의 관계에 있는 경우'라 함은 일단의 토지로 이용되고 있는 상황이 사회적·경제적·행정적 측면에서 합리적이고 당해 토지의 가치형성적 측면에서도 타당하다고 인정되는 관계에 있는 경우를 말한다."고 판시(대법원 2005. 5. 26. 선고 2005두1428 판결)하였고, 개발단계에 있는 나지에 대한 현실적인 이용 상황의 판단과 관련하여 관계 법령에 의하여 건축물의 부지조성을 목적으로 한 개발행위(토지의 형질변경)허가를 받아 그 토지의 형질을 대지로 변경한 다음 토지에 건축물을 신축하는 내용의 건축허가를 받고 그 착공신고서까지 제출하였고, 형질이 변경된 이후에 그 토지가 대지로서 매매되는 등 형질이 변경된 현황에 따라 정상적으로 거래된 사정이 있는 경우 건축물을 건축하는 공사를 착공하지 못하였더라도, 현실적인 이용 상황을 대지로 평가함이 상당하다고 판시(대법원 2012.12.13. 선고 2011두24033 판결 참조)한바 있습니다.

한편, 국토교통부에서는 여러 필지가 일단지로 공장설립 승인, 건축허가 및 착공신고를 완료하고, 일체로 거래된 후 토목공사를 하였으나, 그 토지의 일부가 도로사업에 편입되어 보상평가를 하게 되는 경우 일괄평가 할 수 있는지 여부와 만약 일괄평가 한다면 어느 단계(개발행위허가, 건축허가, 착공신고 등)부터 일단지로 평가하여야 하는지 여부와 관련하여 "… 공장을 건설하기 위해 공장설립 승인, 건축허가 및 착공신고를 완료하고, 일체로 거래된 후 토목공사를 한 상태라면 일단지로 볼 수 있는 여지가 있다고 보입니다."라고 유권해석(부동산평가과-2444, 2011.08.10.)한바 있습니다.

상기 대법원판례 및 국토교통부 유권해석은 개발단계에 있는 토지의 일단지 여부는 개발행위허가시점, 건축허가시점 또는 착공신고 완료시점 등과 같은 특정 행위시점만을 기준으로 판단하지 않고, 그 이후 형질변경행위 등을 통해 하나의 부지로 이용되는 것이 객관적으로 확실시 되는 시점부터 일단지로 일괄감정평가 할 수 있다는 입장으로 보입니다.

상기 사항을 종합해 볼 때, 개발단계에 있는 토지의 일단지 여부는 개발행위허가시점, 건축허가시점 또는 착공신고 완료시점 등과 같은 특정 행위시점만을 기준으로 일률적으로 판단하는 것은 바람직하지 않다고 사료되며, 대상토지의 최유효이용 관점에서 법적 허용성 이외에 물리적 가능성, 경제적 타당성, 최대수익성을 함께 고려하여야 할 것으로 봅니다. 즉, 주위환경이나 토지의 상황, 거래관행 등을 종합적으로 고려할 때에 장래에 일단으로 이용되는 것이 확실시 된다면 용도상 불가분의 관계를 인정하여 일단지로 감정평가 할 수 있을 것으로 봅니다.

재결례

| 재결례 | 농경지의 일단지 판단기준

[중토위 2017. 3. 9.]

재결요지

000이 편입지를 일단지로 보상하여 달라는 의견에 대하여, 대법원은 "여러 필지의 토지가 일단을 이루어 용도상 불가분의 관계에 있는 경우에는 특별한 사정이 없는 한 그 일단의 토지 전체를 1필지로 보고 토지특성을 조사하여 그 전체에 대하여 단일한 가격으로 평가함이 상당하다 할 것이고, 여기에서 '용도상 불가분의 관계에 있는 경우'라 함은 일단의 토지로 이용되고 있는 상황이 사회적·경제적·행정적 측면에서 합리적이고 당해 토지의 가치형성적 측면에서도 타당하다고 인정되는 관계에 있는 경우를 말한다" (대법원 2005. 5. 26. 선고 2005두1428판결)라고 판시하고 있다.

관계자료(사업시행자 의견서, 감정평가서 등)를 검토한 결과, 000의 편입지 경기 00시 00면 00리 74-2 전 331㎡와 같은 리 78-6 전 331㎡는 각 필지별로 경작이 가능하며 개별적으로 매매가 가능한 '농경지'로서 토지 상호간에 용도상 불가분의 관계에 있다고 볼 수 없으므로 일단지로 평가하여 달라는 소유자의 주장을 받아들일 수 없다.

판 례

| 판례 1 | 일단지로 이용되고 있는지의 여부는 주관적 의도가 아니라 관계 증거에 의하여 객관적으로 판단하여야 한다.

[대법원 2013. 10. 11. 선고 2013두6138]

판시사항

여러 필지의 토지가 일단을 이루어 용도상 불가분의 관계에 있는 경우의 의미

판결내용

여러 필지의 토지가 일단을 이루어 용도상 불가분의 관계에 있는 경우에는 특별한 사정이 없는 한 그 일단의 토지 전체를 1필지로 보고 토지특성을 조사하여 그 전체에 대하여 단일한 가격으로 평가하는 것이 타당하고, 여기에서 '용도상 불가분의 관계에 있는 경우'란 일단의 토지로 이용되고 있는 상황이 사회적·경제적·행정적 측면에서 합리적이고 당해 토지의 가치형성적 측면에서도 타당하다고 인정되는 관계에 있는 경우를 말한다.

| 판례 2 | 구분소유적 공유관계에 있는 토지의 보상평가방법

[대법원 1998. 7. 10. 선고 98두6067]

판시사항

구분소유적 공유관계에 있는 토지에 대한 평가와 필지별 평가원칙

판결내용

감정평가에관한규칙 제15조 등에 의하면, 수용대상토지를 평가함에 있어서는 특별한 사정이 없는 한 이를 필지별로 평가하여야 할 것이므로, 수인이 각기 한 필지의 특정부분을 매수하면서도 편의상 공유지분등기를 경료함으로써 각자의 특정부분에 관한 공유지분등기가 상호 명의신탁 관계에 있는, 이른바 구분소유적 공유토지라고 할지라도 명의신탁된 부동산이 대외적으로 수탁자의 소유에 속하는 것이니 만큼, 일반 공유토지와 마찬가지로 한 필지의 토지 전체를 기준으로 평가한 다음 이를 공유지분 비율에 따라 안분하여 각 공유지분권자에 대한 보상액을 정하여야 한다.

판례 3 ▎ 일괄평가에서 '용도상 불가분 관계'의 의미와 구분지상권이 설정된 토지에 대한 평가

[대법원 2017.3.22. 선고 2016두940]

판결요지

2개 이상의 토지 등에 대한 감정평가는 개별평가를 원칙으로 하되, 예외적으로 2개 이상의 토지 등에 거래상 일체성 또는 용도상 불가분의 관계가 인정되는 경우에 일괄평가가 인정된다. 여기에서 '용도상 불가분의 관계'에 있다는 것은 일단의 토지로 이용되고 있는 상황이 사회적·경제적·행정적 측면에서 합리적이고 토지의 가치 형성적 측면에서도 타당하다고 인정되는 관계에 있는 경우를 뜻한다. 공익사업을 위한 토지 등의 취득 및 보상에 관한 법률 제70조 제2항은 "토지에 대한 보상액은 가격시점에서의 현실적인 이용상황과 일반적인 이용방법에 의한 객관적 상황을 고려하여 산정하되, 일시적인 이용상황과 토지소유자나 관계인이 갖는 주관적 가치 및 특별한 용도에 사용할 것을 전제로 한 경우 등은 고려하지 아니한다."라고 정하고 있다. 그러므로 2개 이상의 토지가 용도상 불가분의 관계에 있는지 여부를 판단하는 데 일시적인 이용상황 등을 고려해서는 안 된다.

소유권 외의 권리에 속하는 구분지상권이 설정되어 있는 토지의 손실보상금을 산정하려면 '구분지상권이 설정되어 있지 않은 상태를 가정한 완전한 토지가격'과 '구분지상권의 가액'을 별도로 평가하여야 한다.

이때 '구분지상권이 설정되어 있지 않은 상태를 가정한 완전한 토지가격'을 평가할 때 인접한 여러 필지들이 용도상 불가분의 관계에 있는지를 고려하여야 한다.

그런데 감정대상인 토지의 지하 수십 m의 공간에 공작물을 설치하기 위한 구분지상권이 설정되어 있는 경우에 이것이 구분지상권이 설정되어 있는 토지와 그렇지 않은 인접토지가 지표에 근접한 공간에서 용도상 불가분의 관계에 있는지를 판단하는 데 영향을 미치는지 문제된다. 지표에 근접한 공간을 활용하는 것이 통상적인 토지이용의 방식이다. 이와 같이 토지를 통상적인 방법으로 이용하는 경우에는 지표에 근접한 공간의 현실적인 이용상황을 기준으로 인접한 여러 필지들이 용도상 불가분의 관계에 있는지를 판단하여야 한다. 따라서 가령 상업지역으로 지정되어 있어 고층빌딩 건축을 위하여 깊은 굴착이 필요하다는 등의 특별한 사정이 없는 한, 지하 수십 m의 공간에 공작물을 설치하기 위한 구분지상권이 설정되어 있더라도 그러한 사정이 구분지상권이 설정되어 있는 토지와 그렇지 않은 인접토지가 지표에 근접한 공간에서 용도상 불가분의 관계에 있는지를 판단하는 데 장애요소가 되지 않는다.

원래 1필지였던 토지가 지하 부분의 구분지상권 설정을 위해 여러 필지로 분할되었다고 하더라도, 지상 부분에서는 그러한 토지분할이나 지하 부분의 구분지상권 설정에 별다른 영향을 받지 않고 토지분할 전과 같이 마치 하나의 필지처럼 계속 관리·이용되었다면, 토지분할 전에는 1필지였으나 여러 필지로 분할된 토지들은 그 1필지 중 일부가 다른 용도로 사용되고 있었다는 등의 특별한 사정이 없는 한 용도상 불가분의 관계에 있다고 보는 것이 사회적·경제적·행정적·가치형성적 측면에서 타당하다.

(5) 나지상정기준

| 토지보상법 제22조 (사업인정의 고시) |

① 국토교통부장관은 제20조에 따른 사업인정을 하였을 때에는 지체 없이 그 뜻을 사업시행자, 토지소유자 및 관계인, 관계 시·도지사에게 통지하고 사업시행자의 성명이나 명칭, 사업의 종류, 사업지역 및 수용하거나 사용할 토지의 세목을 관보에 고시하여야 한다. <개정 2013. 3. 23.>
② 제1항에 따라 사업인정의 사실을 통지받은 시·도지사(특별자치도지사는 제외한다)는 관계 시장·군수 및 구청장에게 이를 통지하여야 한다.
③ 사업인정은 제1항에 따라 고시한 날부터 그 효력이 발생한다.

| 토지보상법 제29조 (협의 성립의 확인) |

① 사업시행자와 토지소유자 및 관계인 간에 제26조에 따른 절차를 거쳐 협의가 성립되었을 때에는 사업시행자는 제28조제1항에 따른 재결 신청기간 이내에 해당 토지소유자 및 관계인의 동의를 받아 대통령령으로 정하는 바에 따라 관할 토지수용위원회에 협의 성립의 확인을 신청할 수 있다.
② 제1항에 따른 협의 성립의 확인에 관하여는 제28조제2항, 제31조, 제32조, 제34조, 제35조, 제52조제7항, 제53조제4항, 제57조 및 제58조를 준용한다.
③ 사업시행자가 협의가 성립된 토지의 소재지·지번·지목 및 면적 등 대통령령으로 정하는 사항에 대하여 「공증인법」에 따른 공증을 받아 제1항에 따른 협의 성립의 확인을 신청하였을 때에는 관할 토지수용위원회가 이를 수리함으로써 협의 성립이 확인된 것으로 본다.
④ 제1항 및 제3항에 따른 확인은 이 법에 따른 재결로 보며, 사업시행자, 토지소유자 및 관계인은 그 확인된 협의의 성립이나 내용을 다툴 수 없다.

판 례

| 판례 1 | 건축물 등이 있는 토지는 그 건축물 등이 없는 상태를 상정하여 보상평가한다.

[대법원 2012. 3. 29. 선고 2011다104253]

판시사항

○○공사가 협의취득을 위한 보상액을 산정하면서 한국감정평가업협회의 구 토지보상평가지침에 따라 토지를 지상에 설치된 철탑 및 고압송전선의 제한을 받는 상태로 평가한 사안에서, 위 약정은 감정평가기준을 잘못 적용하여 협의매수금액을 산정한 경우에도 적용되고, 위 협의매수금액 산정은 위 약정에서 정한 고의·과실 내지 착오평가 등으로 과소하게 책정하여 지급한 경우에 해당한다고 본 원심판결에 이유불비 등의 잘못이 없다.

판결요지

○○공사가 협의취득을 위한 보상액을 산정하면서 한국감정평가업협회의 구 토지보상평가지침(2003. 2. 14.자로 개정된 것, 이하 '구 토지보상평가지침'이라 한다)에 따라 토지를 지상에 설치된 철탑 및 고압송전선의 제한을 받는 상태로 평가한 사안에서, 위 약정은 단순히 협의취득 대상토지 현황이나 면적을 잘못 평가하거나 계산상 오류 등으로 감정평가금액을 잘못 산정한 경우뿐만 아니라 공익사업을 위한 토지 등의 취득 및 보상에 관한 법률(이하 '공익사업법'이라 한다)상 보상액 산정 기준에 적합하지 아니한 감정평가기준을 적용함으로써 감정평가금액을 잘못 산정하여 이를 기준으로 협의매수금액을 산정한 경우에도 적용되고, 한편 공사가 협의취득을 위한 보상액을 산정하면서 대외적 구속력을 갖는 공익사업을 위한 토지 등의 취득 및 보상에 관한 법률 시행규칙 제22조에 따라 토지에 건축물 등이 있는 때에는 건축물 등이 없는 상태를 상정하여 토지를 평가하여야 함에도, 대외적 구속력이 없는 구 토지보상평가지침에 따라 토지를 건축물 등에 해당하는 철탑 및 고압송전선의 제한을 받는 상태로 평가한 것은 정당한 토지평가라고 할 수 없는 점 등에 비추어 위 협의매수금액 산정은 공사가 고의·과실 내지 착오평가 등으로 과소하게 책정하여 지급한 경우에 해당한다고 본 원심판결에 판단누락이나 이유불비 등의 잘못이 없다

나. 공법상 제한을 받는 토지

| 토지보상법 시행규칙 제23조 (공법상 제한을 받는 토지의 평가) |

① 공법상 제한을 받는 토지에 대하여는 제한받는 상태대로 평가한다. 다만, 그 공법상 제한이 당해 공익사업의 시행을 직접 목적으로 하여 가하여진 경우에는 제한이 없는 상태를 상정하여 평가한다.
② 당해 공익사업의 시행을 직접 목적으로 하여 용도지역 또는 용도지구 등이 변경된 토지에 대하여는 변경되기 전의 용도지역 또는 용도지구 등을 기준으로 평가한다.

재결례

| 재결례 1 | 도시계획시설(근린공원)로 지정된 토지에 대한 선하지 및 철탑부지의 사용료를 산정할 때 공법상 제한 없는 상태대로 평가한다.

[중토위 2018. 4. 12.]

재결취지

도시계획시설 공원에 저촉된 토지에 대한 선하지 사용료 보상의 경우, 공익사업의 시행을 직접 목적으로 하여 가하여진 경우가 아니고, 당해 공익사업과 병행이 가능한 다른 공익사업을 위한 개별적 제한은 공법상 제한을 받은 상태대로 평가해야 한다는 유권해석이 있었으나(2014. 3. 5. 토지정책과-1477호), 위 중토위 2018. 4. 12.자 재결에서, 도시계획시설(근린공원)로 지정된 토지에 대한 선하지(구분지상권) 및 철탑부지(지상권) 사용료를 산정하는 경우, 특정 도시계획시설의 설치를 위한 계획결정과 같이 구체적 사업이 따르는 개별적 계획제한일

때에는 당해 공익사업의 시행을 직접 목적으로 하는 제한으로 보아 제한을 받지 않는 상태로 평가한다고 재결하였다.

판 례

▌판례 1 ▌ 국립공원 지정의 성격

[서울서부지법 2007. 7. 13. 선고 2007가합1401]

판결요지

국립공원의 지정으로 인한 개발가능성의 소멸과 그에 따른 지가의 하락이나 지가상승률의 상대적 감소는 토지 소유자가 감수하여야 하는 사회적 제약의 범주에 속하는 것으로 보아야 할 것이고, 자신의 토지를 장래에 건축이나 개발목적으로 사용할 수 있으리라는 기대가능성이나 신뢰 및 이에 따른 지가상승의 기회는 원칙적으로 재산권의 보호범위에 속하지 아니하고, 토지 소유자가 국립공원구역 지정 당시의 상태대로 토지를 사용·수익·처분할 수 있는 이상 구역지정에 따른 토지이용의 제한은 원칙적으로 재산권에 내재하는 사회적 제약의 범주 내에 있다고 할 것이다.

▌판례 2 ▌ 토지수용이의재결처분취소

[대법원 2005. 2. 18. 선고 2003두14222 판결]

판결요지

[1] 공법상의 제한을 받는 토지의 수용보상액을 산정함에 있어서는 그 공법상의 제한이 당해 공공사업의 시행을 직접 목적으로 하여 가하여진 경우에는 그 제한을 받지 아니하는 상태대로 평가하여야 할 것이지만, 공법상 제한이 당해 공공사업의 시행을 직접 목적으로 하여 가하여진 경우가 아니라면 그러한 제한을 받는 상태 그대로 평가하여야 하고, 그와 같은 제한이 당해 공공사업의 시행 이후에 가하여진 경우라고 하여 달리 볼 것은 아니다.

[2] 문화재보호구역의 확대 지정이 당해 공공사업인 택지개발사업의 시행을 직접 목적으로 하여 가하여진 것이 아님이 명백하므로 토지의 수용보상액은 그러한 공법상 제한을 받는 상태대로 평가하여야 한다고 한 사례.

▌판례 3 ▌ 자연공원법에 의한 '자연공원 지정' 및 '공원용도지구계획에 따른 용도지구 지정'은 원칙적으로 공익사업을 위한 토지 등의 취득 및 보상에 관한 법률 시행규칙 제23조 제1항 본문에서 정한 '일반적 계획제한'에 해당한다.

[대법원 2019. 9. 25. 선고 2019두34982 판결]

판결요지

[1] 공익사업을 위한 토지 등의 취득 및 보상에 관한 법률 제68조 제3항은 손실보상액의 산정기준 등에 관하여 필요한 사항은 국토교통부령으로 정한다고 규정하고 있다. 그 위임에 따른 공익사업을 위한 토지 등의 취득 및 보상에 관한 법률 시행규칙 제23조는"공법상 제한을 받는 토지에 대하여는 제한받는 상태대로 평가한다. 다만 그 공법상 제한이 당해

공익사업의 시행을 직접 목적으로 하여 가하여진 경우에는 제한이 없는 상태를 상정하여 평가한다."(제1항), "당해 공익사업의 시행을 직접 목적으로 하여 용도지역 또는 용도지구 등이 변경된 토지에 대하여는 변경되기 전의 용도지역 또는 용도지구 등을 기준으로 평가한다."(제2항)라고 규정하고 있다. 따라서 공법상 제한을 받는 토지에 대한 보상액을 산정할 때에 해당 공법상 제한이 구 도시계획법 (2002. 2. 4. 법률 제6655호 국토의 계획 및 이용에 관한 법률 부칙 제2조로 폐지)에 따른 용도지역·지구· 구역의 지정 또는 변경과 같이 그 자체로 제한목적이 달성되는 일반적 계획제한으로서 구체적 도시계획사업과 직접 관련되지 아니한 경우에는 그러한 제한을 받는 상태 그대로 평가하여야 하고, 도로·공원 등 특정 도시계획시설의 설치를 위한 계획결정과 같이 구체적 사업이 따르는 개별적 계획제한이거나 일반적 계획제한에 해당하는 용도지역·지구·구역의 지정 또는 변경에 따른 제한이더라도 그 용도지역·지구·구역의 지정 또는 변경이 특정 공익사업의 시행을 위한 것일 때에는 당해 공익사업의 시행을 직접 목적으로 하는 제한으로 보아 위 제한을 받지 아니하는 상태를 상정하여 평가하여야 한다.

[2] 자연공원법은 자연공원의 지정·보전 및 관리에 관한 사항을 규정함으로써 자연생태계와 자연 및 문화경관 등을 보전하고 지속가능한 이용을 도모함을 목적으로 하며(제1조), 자연공원법에 의해 자연 공원으로 지정되면 그 공원구역에서 건축행위, 경관을 해치거나 자연공원의 보전·관리에 지장을 줄 우려가 있는 건축물의 용도변경, 광물의 채굴, 개간이나 토지의 형질변경, 물건을 쌓아 두는 행위, 야생동물을 잡거나 가축을 놓아먹이는 행위, 나무를 베거나 야생식물을 채취하는 행위 등을 제한함으로써 (제23조) 공원구역을 보전·관리하는 효과가 즉시 발생한다. 공원관리청은 자연공원 지정 후 공원용도 지구계획과 공원시설계획이 포함된'공원계획'을 결정·고시하여야 하고(제12조 내지 제17조), 이 공원계획에 연계하여 10년마다 공원별 공원보전·관리계획을 수립하여야 하지만(제17조의3), 공원시설을 설치·조성하는 내용의 공원사업(제2조 제9호)을 반드시 시행하여야 하는 것은 아니다. 공원관리청이 공원시설을 설치·조성하고자 하는 경우에는 자연공원 지정이나 공원용도지구 지정과는 별도로 '공원시설계획'을 수립하여 결정·고시한 다음, '공원사업 시행계획'을 결정·고시하여야 하고 (제19조 제2항), 그 공원사업에 포함되는 토지와 정착물을 수용하여야 한다(제22조). 이와 같은 자연공원법의 입법 목적, 관련 규정들의 내용과 체계를 종합하면, 자연공원법에 의한'자연공원 지정'및'공원용도지구계획에 따른 용도지구 지정'은, 그와 동시에 구체적인 공원시설을 설치·조성하는 내용의 '공원시설계획'이 이루어졌다는 특별한 사정이 없는 한, 그 이후에 별도의 '공원시설계획'에 의하여 시행 여부가 결정되는 구체적인 공원사업의 시행을 직접 목적으로 한 것이 아니므로 공익사업을 위한 토지 등의 취득 및 보상에 관한 법률 시행규칙 제23조 제1항 본문에서 정한'일반적 계획제한'에 해당한다.

(1) 용도지역 등이 변경된 토지

| 토지보상법 제23조 (사업인정의 실효) |

① 사업시행자가 제22조제1항에 따른 사업인정의 고시(이하 "사업인정고시"라 한다)가 된 날부터 1년 이내에 제28조제1항에 따른 재결신청을 하지 아니한 경우에는 사업인정고시가 된 날부터 1년이 되는 날의 다음 날에 사업인정은 그 효력을 상실한다.
② 사업시행자는 제1항에 따라 사업인정이 실효됨으로 인하여 토지소유자나 관계인이 입은 손실을 보상하여야 한다.
③ 제2항에 따른 손실보상에 관하여는 제9조제5항부터 제7항까지의 규정을 준용한다.

| 개발제한구역법 제12조 (개발제한구역에서의 행위제한) |

① 개발제한구역에서는 건축물의 건축 및 용도변경, 공작물의 설치, 토지의 형질변경, 죽목(竹木)의 벌채, 토지의 분할, 물건을 쌓아놓는 행위 또는 「국토의 계획 및 이용에 관한 법률」 제2조제11호에 따른 도시·군계획사업(이하 "도시·군계획사업"이라 한다)의 시행을 할 수 없다. 다만, 다음 각 호의 어느 하나에 해당하는 행위를 하려는 자는 특별자치시장·특별자치도지사·시장·군수 또는 구청장(이하 "시장·군수·구청장"이라 한다)의 허가를 받아 그 행위를 할 수 있다.
1. 다음 각 목의 어느 하나에 해당하는 건축물이나 공작물로서 대통령령으로 정하는 건축물의 건축 또는 공작물의 설치와 이에 따르는 토지의 형질변경
    가. 공원, 녹지, 실외체육시설, 시장·군수·구청장이 설치하는 노인의 여가활용을 위한 소규모 실내 생활체육시설 등 개발제한구역의 존치 및 보전관리에 도움이 될 수 있는 시설
    나. 도로, 철도 등 개발제한구역을 통과하는 선형(線形)시설과 이에 필수적으로 수반되는 시설
    다. 개발제한구역이 아닌 지역에 입지가 곤란하여 개발제한구역 내에 입지하여야만 그 기능과 목적이 달성되는 시설
    라. 국방·군사에 관한 시설 및 교정시설
    마. 개발제한구역 주민의 주거·생활편익·생업을 위한 시설
1의2. 도시공원, 물류창고 등 정비사업을 위하여 필요한 시설로서 대통령령으로 정하는 시설을 정비사업 구역에 설치하는 행위와 이에 따르는 토지의 형질변경
2. 개발제한구역의 건축물로서 제15조에 따라 지정된 취락지구로의 이축(移築)
3. 「공익사업을 위한 토지 등의 취득 및 보상에 관한 법률」 제4조에 따른 공익사업(개발제한구역에서 시행하는 공익사업만 해당한다. 이하 이 항에서 같다)의 시행에 따라 철거된 건축물을 이축하기 위한 이주단지의 조성
3의2. 「공익사업을 위한 토지 등의 취득 및 보상에 관한 법률」 제4조에 따른 공익사업의 시행에 따라 철거되는 건축물 중 취락지구로 이축이 곤란한 건축물로서 개발제한구역 지정 당시부터 있던 주택, 공장 또는 종교시설을 취락지구가 아닌 지역으로 이축하는 행위
4. 건축물의 건축을 수반하지 아니하는 토지의 형질변경으로서 영농을 위한 경우 등 대통령령으로 정하는 토지의 형질변경
5. 벌채 면적 및 수량(樹量), 그 밖에 대통령령으로 정하는 규모 이상의 죽목(竹木) 벌채
6. 대통령령으로 정하는 범위의 토지 분할
7. 모래·자갈·토석 등 대통령령으로 정하는 물건을 대통령령으로 정하는 기간까지 쌓아 놓는 행위
8. 제1호 또는 제13조에 따른 건축물 중 대통령령으로 정하는 건축물을 근린생활시설 등 대통령

령으로 정하는 용도로 용도변경하는 행위
9. 개발제한구역 지정 당시 지목(地目)이 대(垈)인 토지가 개발제한구역 지정 이후 지목이 변경된 경우로서 제1호마목의 시설 중 대통령령으로 정하는 건축물의 건축과 이에 따르는 토지의 형질변경

② 시장·군수·구청장은 제1항 단서에 따라 허가를 하는 경우 허가 대상 행위가 제11조에 따라 관리계획을 수립하여야만 할 수 있는 행위인 경우에는 미리 관리계획이 수립되어 있는 경우에만 그 행위를 허가할 수 있다. <신설 2013. 5. 28.>
③ 제1항 단서에도 불구하고 주택 및 근린생활시설의 대수선 등 대통령령으로 정하는 행위는 시장·군수·구청장에게 신고하고 할 수 있다. <개정 2013. 5. 28.>
④ 시장·군수·구청장은 제3항에 따른 신고를 받은 경우 그 내용을 검토하여 이 법에 적합하면 신고를 수리하여야 한다. <신설 2018. 12. 18.>
⑤ 제1항 단서와 제3항에도 불구하고 국토교통부령으로 정하는 경미한 행위는 허가를 받지 아니하거나 신고를 하지 아니하고 할 수 있다. <개정 2013. 3. 23., 2013. 5. 28., 2018. 12. 18.>
⑥ 시장·군수·구청장이 제1항 각 호의 행위 중 대통령령으로 정하는 규모 이상으로 건축물을 건축하거나 토지의 형질을 변경하는 행위 등을 허가하려면 대통령령으로 정하는 바에 따라 주민의 의견을 듣고 관계 행정기관의 장과 협의한 후 특별자치시·특별자치도·시·군·구 도시계획위원회의 심의를 거쳐야 한다. 다만, 도시·군계획시설 또는 제1항제1호라목의 시설 중 국방·군사에 관한 시설의 설치와 그 시설의 설치를 위하여 토지의 형질을 변경하는 경우에는 그러하지 아니하다.
⑦ 제1항 단서에 따라 허가를 하는 경우에는 「국토의 계획 및 이용에 관한 법률」 제60조, 제64조제3항 및 제4항의 이행보증금·원상회복에 관한 규정과 같은 법 제62조의 준공검사에 관한 규정을 준용한다.
⑧ 제1항 각 호와 제3항에 따른 행위에 대하여 개발제한구역 지정 당시 이미 관계 법령에 따라 허가 등(관계 법령에 따라 허가 등을 받을 필요가 없는 경우를 포함한다)을 받아 공사나 사업에 착수한 자는 대통령령으로 정하는 바에 따라 이를 계속 시행할 수 있다.
⑨ 제1항 단서에 따른 허가 또는 신고의 대상이 되는 건축물이나 공작물의 규모·높이·입지기준, 대지 안의 조경, 건폐율, 용적률, 토지의 분할, 토지의 형질변경의 범위 등 허가나 신고의 세부기준은 대통령령으로 정한다.
⑩ 국토교통부장관이나 시·도지사가 제1항제1호 각 목의 시설 중 「국토의 계획 및 이용에 관한 법률」 제2조제13호에 따른 공공시설을 설치하기 위하여 같은 법 제91조에 따라 실시계획을 고시하면 그 도시·군계획시설사업은 제1항 단서에 따른 허가를 받은 것으로 본다.
⑪ 제10항에 따라 허가를 의제받으려는 자는 실시계획 인가를 신청하는 때에 허가에 필요한 관련 서류를 함께 제출하여야 하며, 국토교통부장관이나 시·도지사가 실시계획을 작성하거나 인가할 때에는 미리 관할 시장·군수·구청장과 협의하여야 한다.

[법률 제12372호(2014. 1. 28.) 부칙 제2조의 규정에 의하여 이 조 제1항제9호는 2015년 12월 31일까지 유효함]
[법률 제13670호(2015. 12. 29.) 부칙 제2조의 규정에 의하여 이 조 제1항제1호의2는 2020년 12월 31일까지 유효함]

사례 1 개발제한구역 해제대상이 아닌 지역을 해당 공익사업을 위하여 해제대상에 포함 시킨 경우는 해당 공익사업을 직접 목적으로 한 용도지역 등의 변경에 해당된다(2004. 05. 11. 토관-2176)(유권해석)

질의요지 2018 토지수용 업무편람 발췌

개발제한구역 해제를 위한 입안시 해제요청구역내에 학교시설부지를 포함하여 입안해제 승인을 받고 도시계획시설(학교)로 결정된 경우에 공익사업을위한토지등의취득및보상에관한법률시행규칙 제23조제2항의 규정상 '당해 공익사업의 직접목적'에 해당되는 것으로 보아 녹지지역(개발제한구역)으로 평가하는지 여부

회신내용

정부의 개발제한구역 해제방침결정에 의하여 당초 해제대상에 해당되지 아니하는 지역을 학교시설부지로 편입시키기 위해 개발제한구역 해제 입안시 이를 포함하여 해제토록 한 경우라면 토지보상법시행규칙 제23조제2항의 규정에 의하여 당해 공익사업의 시행을 직접 목적으로 하여 용도지역 또는 용도지구 등이 변경된 경우로 보아야 할 것으로 보며, 개별적인 사례에 대하여는 사업시행자가 사실관계 등을 검토하여 판단·결정할 사항으로 봅니다.

사례 2 해당 공익사업으로 인한 용두지역 등의 변경 여부의 판단기준(2014. 12. 22. 감정평가기준팀-4304)(질의회신)

질의요지 2018 토지수용 업무편람 발췌

지구단위계획에 의해 용도지역이 변경된 도시계획시설도로를 보상할 때 자연녹지지역을 기준하여야 하는지, 현행 용도지역인 제2종일반주거지역을 기준하여야 하는지 여부

회신내용

「공익사업을 위한 토지 등의 취득 및 보상에 관한 법률 시행규칙」제23조(공법상 제한을 받는 토지의 평가) 제1항 단서에 따른 "공법상 제한이 당해 공익사업의 시행을 직접 목적으로 하여 가하여진 경우" 또는 제2항에 따른 "당해 공익사업의 시행을 직접 목적으로 하여 용도지역 또는 용도지구 등이 변경된 토지"에 해당되기 위해서는 도시관리계획 변경고시문에 해당 공익사업을 위해 용도지역을 변경한다는 사유가 명문으로 기재되든지, 아니면 해당 공익사업이 "도시계획시설의 결정·구조 및 설치기준에 관한 규칙"에서 특정한 용도지역에서만 시행할 수 있도록 규정하고 있고 그 용도지역으로 변경된 경우에 한한다고 보아야 것입니다.

따라서 본 사안의 경우는 원칙적으로 현재의 용도지역을 기준으로 하되 구체적인 용도지역의 변경사유는 도시계획관리권자에게 문의하시기 바랍니다.

판 례

┃ 판례 1 ┃ 특정 공익사업의 시행을 위한 용도지역 등의 지정·변경은 해당 공익사업을 직접 목적으로 하는 제한으로 본다.

[대법원 2012. 05. 24. 선고 2012두1020]

판시사항

관할 구청장이 공원조성사업을 위하여 수용한 갑 소유 토지에 대하여 녹지지역으로 지정된 상태로 평가한 감정결과에 따라 수용보상금을 결정한 사안에서, 공원 설치에 관한 도시계획결정은 개별적 계획제한이고, 제반 사정에 비추어 볼 때, 위 토지를 녹지지역으로 지정·변경한 것은 도시계획시설인 공원의 설치를 직접 목적으로 한 것이므로, 위 녹지지역의 지정·변경에 따른 공법상 제한은 위 토지에 대한 보상금을 평가할 때 고려 대상에서 배제되어야 한다는 이유로, 이와 달리 본 원심판결에 법리를 오해한 위법이 있다고 한 사례

판결요지

공법상 제한을 받는 토지에 대한 보상액을 산정할 때에 해당 공법상 제한이 구 도시계획법에 따른 용도지역·지구·구역의 지정 또는 변경과 같이 그 자체로 제한목적이 달성되는 일반적 계획제한으로서 구체적 도시계획사업과 직접 관련되지 아니한 경우에는 그러한 제한을 받는 상태 그대로 평가하여야 하지만, 도로·공원 등 특정 도시계획시설의 설치를 위한 계획결정과 같이 구체적 사업이 따르는 개별적 계획제한이거나 일반적 계획제한에 해당하는 용도지역·지구·구역의 지정 또는 변경에 따른 제한이더라도 그 용도지역·지구·구역의 지정 또는 변경이 특정 공익사업의 시행을 위한 것일 때에는 당해 공익사업의 시행을 직접 목적으로 하는 제한으로 보아 위 제한을 받지 아니하는 상태를 상정하여 평가하여야 한다.

┃ 판례 2 ┃ 해당 공익사업의 시행을 직접 목적으로 한 용도지역의 변경

[대법원 2007. 07. 12. 선고 2006두11507]

판결요지

공원조성사업의 시행을 직접 목적으로 일반주거지역에서 자연녹지지역으로 변경된 토지에 대한 수용보상액을 산정하는 경우, 그 대상 토지의 용도지역을 일반주거지역으로 하여 평가하여야 한다.

다. 무허가건축물 등의 부지

┃ 토지보상법 시행규칙 제24조 (무허가건축물 등의 부지 또는 불법형질변경된 토지의 평가) ┃

「건축법」 등 관계법령에 의하여 허가를 받거나 신고를 하고 건축 또는 용도변경을 하여야 하는 건축물을 허가를 받지 아니하거나 신고를 하지 아니하고 건축 또는 용도변경한 건축물(이하 "무허가건축물등"이라 한다)의 부지 또는 「국토의 계획 및 이용에 관한 법률」 등 관계법령에 의하여 허가를 받거나 신고를 하고 형질변경을 하여야 하는 토지를 허가를 받지 아니하거나 신고를 하지 아니하고

형질변경한 토지(이하 "불법형질변경토지"라 한다)에 대하여는 무허가건축물등이 건축 또는 용도변경될 당시 또는 토지가 형질변경될 당시의 이용상황을 상정하여 평가한다.

| 부칙 <건설교통부령 제344호, 2002. 12. 31> |

제5조 (무허가건축물등에 관한 경과조치) ① 1989년 1월 24일 당시의 무허가건축물등에 대하여는 제24조·제54조제1항 단서·제54조제2항 단서·제58조제1항 단서 및 제58조제2항 단서의 규정에 불구하고 이 규칙에서 정한 보상을 함에 있어 이를 적법한 건축물로 본다.
② 제1항에 따라 적법한 건축물로 보는 무허가건축물등에 대한 보상을 하는 경우 해당 무허가건축물등의 부지 면적은 「국토의 계획 및 이용에 관한 법률」 제77조에 따른 건폐율을 적용하여 산정한 면적을 초과할 수 없다.

| 부칙 <국토해양부령 제427호, 2012. 1. 2> |

제2조 (무허가건축물등에 관한 적용례) 제24조의 개정규정은 이 규칙 시행 후 최초로 보상계획을 공고하거나 토지소유자 및 관계인에게 보상계획을 통지하는 공익사업부터 적용한다.

| 부칙 <국토교통부령 제5호, 2013. 4. 25> |

제5조 (무허가건축물등의 부지 면적 산정에 관한 적용례) 건설교통부령 제344호 공익사업을위한 토지등의취득및보상에관한법률시행규칙 부칙 제5조제2항의 개정규정은 이 규칙 시행 후 법 제15조제1항(법 제26조제1항에 따라 준용되는 경우를 포함한다)에 따라 보상계획을 공고하고 토지소유자 및 관계인에게 보상계획을 통지하는 공익사업부터 적용한다.

재결례

| 재결례 1 | 불법으로 용도변경한 건축물의 부지는 용도변경할 당시의 이용상황을 기준으로 평가한다.

[중토위 2017. 2. 23]

재결요지

000이 축사를 주거시설과 창고로 용도변경하여 사용하고 있으므로 축사를 주거용건축물로, 그 부지는 대지로 평가해주고, 편입되는 토지(지목:전)중 목장용지 면적을 축사바닥면적이 아닌 목장과 관련된 면적 전체로 산정해 달라는 주장에 대하여 법 시행규칙 제24조에 따르면 「건축법」등 관계법령에 의하여 허가를 받거나 신고를 하고 건축 또는 용도변경을 하여야 하는 건축물을 허가를 받지 아니하거나 신고를 하지 아니하고 건축 또는 용도변경한 건축물의 부지 또는 「국토의 계획 및 이용에 관한 법률」 등 관계법령에 의하여 허가를 받거나 신고를 하고 형질변경을 하여야 하는 토지를 허가를 받지 아니하거나 신고를 하지 아니하고 형질변경한 토지에 대하여는 무허가 건축물등이 건축 또는 용도변경될 당시 또는 토지가 형질변경될 당시의 이용상황을 상정하여 평가한다고 되어있다.

「개발제한구역의 지정 및 관리에 관한 특별조치법」(이하 개발제한구역법이라 한다)제12조제1항에 따르면 개발제한구역에서는 건축물의 건축 및 용도변경, 공작물의 설치, 토지의 형질변경, 죽목(竹木)의 벌채, 토지의 분할, 물건을 쌓아놓는 행위 또는 「국토의 계획 및 이용에 관한 법률」 제2조제11호에 따른 도시·군계획사업(이하 "도시·군계획사업"이라 한다)의 시행을 할 수 없다. 다만, 다음 각 호의 어느 하나에 해당하는 행위를 하려는 자는 특별자치시장

· 특별자치도지사·시장·군수 또는 구청장(이하 "시장·군수·구청장"이라 한다)의 허가를 받아 그 행위를 할 수 있다고 되어있고, 개발제한구역법 시행령 제18조 제1항에 의하면 시행령 별표1에 따른 건축 또는 설치의 범위에서 시설물을 주택이나 근린생활시설로 용도변경하는 것은 개발제한구역 지정 당시부터 지목이 대인 토지에 개발제한구역 지정 이후에 건축물이 건축되거나 공작물이 설치된 경우에 관할 지자체의 허가를 받아 그 행위를 할 수 있고, 구 법 시행규칙(건설교통부령 제344호, 2002.12.31.) 부칙 제5조 제1항에 의하면 1989년1월24일 당시의 무허가건축물등에 대하여는 제24조의 규정에 불구하고 이 규칙에서 정한 보상을 함에 있어 이를 적법한 건축물로 본다고 규정하고 있다.

①이의신청인은 경기 00시 00동 712-1 전 2,767㎡상 축사를 주거시설과 창고로 이용하고 있고, 구 건축법상 용도변경하고자 하는 바닥면적이 합계가 100㎡미만인 경우에는 신고없이 용도변경이 가능하며, 설령 용도변경시 허가 또는 신고가 필요하다고 할 경우에도 1988. 5. 24. 소유권을 취득하였으므로 당시 건축법상 용도변경 절차를 거쳤는지 여부와 상관없이 주거용 건물로 보상되어야 하고, 그 부지는 대지로 평가되어야 한다는 주장하고 있는 바, 관계자료(사업시행자 의견 등)를 검토한 결과, 상기 토지상 건축물은 건축물대장상 축사로 기재되어 있는 점, 상기 토지가 개발제한구역내 위치하고 있고 지목이 '전'이므로 상기 토지상 축사를 주거용건축물(주택)으로 용도변경하는 것이 금지되어 있는 점, 1989. 1. 24.이전 상기 토지상 축사를 주거용 건축물로 용도변경하였다는 객관적 증빙자료가 제출되지 않은 점, 이의신청인이 주거시설이라고 주장하는 부분은 원래 축사의 관리사를 임의로 개조한 것으로 독립적인 주거시설로 볼 수 없는 점 등을 종합적으로 감안할 때 이의신청인의 축사는 주거용건축물로 인정될 수 없다고 할 것이다.

따라서, 이의신청인이 주거용건축물이라고 주장하는 축사는 건축물대장상 승인용도인 축사로, 축사부지는 '목장용지'로 평가한 것은 적정한 것으로 판단되므로 이의신청인의 주장은 받아들일 수 없다.

| 재결례 2 | 공원 결정·고시일과 같은 날짜에 용도지역 조정(주거지역 → 자연녹지지역)이 있었던 사정 등의 경우, 공원사업의 시행을 직접 목적으로 하여 용도지역 또는 용도지구 등을 변경한 토지에 해당한다고 본 사례

[중토위 2019. 1. 24.]

재결요지

법 시행규칙 제23조제1항에 따르면 공법상 제한을 받는 토지에 대하여는 제한받는 상태로 평가한다. 다만, 그 공법상 제한이 당해 공익사업의 시행을 직접 목적으로 하여 가하여진 경우에는 제한이 없는 상태로 평가한다. 같은조제2항에 따르면 당해 공익사업의 시행을 직접 목적으로 하여 용도지역 또는 용도지구 등이 변경된 토지에 대하여는 변경되기 전의 용도지역 또는 용도지구 등을 기준으로 평가하도록 되어 있다.

관계 자료(고시·공고문, 감정평가서, 이의신청서 및 사업시행자 의견서 등)를 검토한 결과, 이의신청인이 주거지역으로 평가·보상하여 달라고 주장하고 있는 울산광역시 00군 00면 00리 995 대 312㎡는 1988. 1. 26. 경상남도지사가 00도시계획을 변경고시하면서 용도지역이 주거지역에서 자연녹지지역으로 변경 된 것으로 확인되고, 해당 고시문(경상남도 제1988-17호, 1988. 1. 26.)을 살펴보면, 전체 주거지역 712,900㎡ 중 36,400㎡는 상업지역으로, 85,500㎡는 자연녹지지역으로 용도지역이 변경되었으며, 자연 녹지지역 85,500㎡ 중 40,800㎡에 도시계획시설인 00공원을 지정하는 것으로, 동시에 주거지역 4,500㎡에 어린이공원 3개소를 지정하는 것으로 결정·고시된 바 있다.

용도지역이 변경된 토지는 기준시점(수용재결일)에서의 용도지역을 기준으로 평가·보상하여야 하나 위 법 시행규칙 제23조 제2항에 따라 용도지역 변경이 해당 공익사업의 시행을 직접 목적으로 하는 경우, 용도지역 변경이 해당 공익사업의 시행에 따른 절차로서 이루어진 경우에는 변경전 용도지역을 기준으로 평가·보상하여야 한다.

도시계획시설(공원) 설치의 경우 용도지역에 대한 제한은 없으나 이 건 00공원 결정·고시의 경우 같은 날짜에 용도지역 조정(주거지역 → 자연녹지지역)이 동시에 있었던 점으로 볼 때 00공원에 해당하는 토지에 대하여는 도시계획시설(00공원)을 지정·설치하겠다는 목적을 가지고 해당 토지에 대해 자연녹지지역으로 용도를 변경하였다고 볼 수 있으므로 자연녹지지역으로 변경되기 전의 용도지역인 주거지역으로 평가·보상하기로 한다.

▎재결례 3 ▎ 보전녹지 지역내 무허가 건축물의 대지인정 인용 사례

[중토위 2020. 4. 9.]

재결요지

법 시행규칙 제24조의 규정에 따르면 「건축법」 등 관계법령에 의하여 허가를 받거나 신고를 하고 건축 또는 용도변경을 하여야 하는 건축물을 허가를 받지 아니하거나 신고를 하지 아니하고 건축 또는 용도변경 한 건축물의 부지 또는 국토계획법 등 관계법령에 의하여 허가를 받거나 신고를 하고 형질변경을 하여야 하는 토지를 허가를 받지 아니하거나 신고를 하지 아니하고 형질변경한 토지에 대하여는 무허가건축물등이 건축 또는 용도변경될 당시 또는 토지가 형질변경될 당시의 이용상황을 상정하여 평가한다고 되어 있다.

관계 자료(인천연수구청 형질변경 회신문서, 항공사진, 건축물대장, 감정평가서, 사업시행자 의견서, 측량성과도 등)를 검토한 결과, 당초 사업시행자는 000의 00동 137-1 전 1,672㎡ 중 74㎡를, 000의 00동 137-17 전 1,692㎡ 중 71㎡를 각각 '대'로 인정하였으나, 한국국토정보공사의 측량 결과, 000의 00동 137-1 전 1,672㎡ 중 135㎡(건축물 바닥면적 65㎡, 차양 23㎡, 통로 4㎡, 마당 19㎡, 화단 24㎡)를 실제 대지로 사용하고 있는 것으로 확인되고, 000의 00동 137-17 전 1,692㎡ 중 80㎡(건축물 바닥면적 69㎡, 차양 11㎡)를 실제 대지로 사용하고 있는 것으로 확인되므로 000의 135㎡, 000의 80㎡를 각각 대지로 평가하여 보상하기로 한다.

▎재결례 4 ▎ 1989. 1. 24. 이전 무허가건축물이 일부 편입되는 경우 부지면적 재결례

[중토위 2020. 5. 7.]

재결요지

000이 1989. 1. 24. 이전 무허가건축물이 소재하는 부지를 전에서 대지로 보상하여 달라는 주장에 대하여 1989. 1. 24. 이전 무허가건축물의 부지에 대한 인정 범위는 현황측량 결과에 따라 건축물 바닥면적과 불가분적 사용면적을 합한 면적이 건폐율을 적용하여 산정한 면적을 초과할 수 없도록 규정하고 있으므로, ㅇㅇㅇ 소유의 1989. 1. 24. 이전에 건축된 무허가 건축물의 전체 바닥면적은 43㎡이나 이는 사업지구 밖 00동 000번지와 당해 사업에 편입되는 00동 000-1번지 2필지에 걸쳐 있고, 당해 사업에 편입되는 00동 343-6 전 299㎡상에는 바닥면적 27㎡의 무허가 건축물이 있으며, 마당으로는 29㎡가 사용하고 있는 등, 전체 56㎡가 '대지'로 사용되고 있음이 확인된다. 다만, 무허가 건축물의 바닥 면적에 이 건 토지의 용도지역인 제2종 일반주거지역의 건폐율(60%)을 적용하면 최대 대지로 이용가능한 면적은 45㎡이므로, 건폐율을 적용한 최대 대지 면적인 45㎡를 '대지'로 평가하여 보상하기로 하고, 나머지 254㎡는 불법형질변경된 토지이므로 전으로 평가하여 보상하기로 한다.

판 례

❙ 판례 1 ❙ '관계법령에 따른 허가 또는 신고'에 건축물의 사용승인은 포함되지 않는다.

[대법원 2013. 8. 23. 선고 2012두24900]

판결요지

…관할 행정청으로부터 건축허가를 받아 택지개발사업구역 안에 있는 토지 위에 주택을 신축하였으나 사용승인을 받지 않은 주택의 소유자 갑이 사업 시행자인 ㅇㅇ공사에 이주자택지 공급대상자 선정신청을 하였는데 위 주택이 사용승인을 받지 않았다는 이유로 ㅇㅇ공사가 이주자택지 공급대상자 제외 통보를 한 사안에서 … 무허가건축물 또는 무신고건축물의 경우를 이주대책대상에서 제외하고 있을 뿐 사용승인을 받지 않은 건축물에 대하여는 아무런 규정을 두고 있지 않은 점, 건축법은 무허가건축물 또는 무신고건축물과 사용승인을 받지 않은 건축물을 요건과 효과 등에서 구별하고 있고, 허가와 사용승인은 법적 성질이 다른 점 등의 사정을 고려하여 볼 때, 건축허가를 받아 건축되었으나 사용승인을 받지 못한 건축물의 소유자는 그 건축물이 건축허가와 전혀 다르게 건축되어 실질적으로는 건축허가를 받은 것으로 볼 수 없는 경우가 아니라면 구 공익사업법 시행령 제40조 제3항 제1호에서 정한 무허가건축물의 소유자에 해당하지 않는다는 이유로 갑을 이주대책대상자에서 제외한 위 처분이 위법하다고 본 원심판단을 정당하다고 한 사례..

❙ 판례 2 ❙ 불법형질변경토지라는 사실에 관한 증명책임은 사업시행자에게 있다.

[대법원 2012. 04. 26. 선고 2011두2521]

판결요지

공익사업을 위한 토지 등의 취득 및 보상에 관한 법률 제70조 제2항, 제6항, 공익사업을 위한 토지 등의 취득 및 보상에 관한 법률 시행규칙 제24조에 의하면 토지에 대한 보상액은 현실적인 이용상황에 따라 산정하는 것이 원칙이므로, 수용대상 토지의 이용상황이 일시적이라거나 불법형질변경토지라는 이유로 본래의 이용상황 또는 형질변경 당시의 이용상황에 의하여 보상액을 산정하기 위해서는 그와 같은 예외적인 보상액 산정방법의 적용을 주장하는 쪽에서 수용대상 토지가 불법형질변경토지임을 증명해야 한다.
그리고 수용대상 토지가 불법형질변경토지에 해당한다고 인정하기 위해서는 단순히 수용대상

토지의 형질이 공부상 지목과 다르다는 점만으로는 부족하고, 수용대상 토지의 형질변경 당시 관계 법령에 의한 허가 또는 신고의무가 존재하였고 그럼에도 허가를 받거나 신고를 하지 않은 채 형질변경이 이루어졌다는 점이 증명되어야 한다.

▎판례 3 ▎ 무허가건축물 등의 부지의 범위

[대법원 2002. 09. 04. 선고 2000두8325]

판결요지

'무허가건물 등의 부지'라 함은 당해 무허가건물 등의 용도·규모 등 제반 여건과 현실적인 이용상황을 감안하여 무허가건물 등의 사용·수익에 필요한 범위 내의 토지와 무허가건물 등의 용도에 따라 불가분적으로 사용되는 범위의 토지를 의미하는 것이라고 해석되고, … 무허가건물에 이르는 통로, 야적장, 마당, 비닐하우스·천막 부지, 컨테이너·자재적치장소, 주차장 등은 무허가건물의 부지가 아니라 불법으로 형질변경된 토지라고 한 사례

▎판례 4 ▎ 개별요인 비교 시 현실이용상황 외에 지목을 중복 적용하는 것은 허용되지 않는다.

[대법원 2001. 03. 27. 선고 99두7968]

판결요지

토지의 수용·사용에 따른 보상액을 평가함에 있어서는 관계 법령에서 들고 있는 모든 산정요인을 구체적·종합적으로 참작하여 그 각 요인들을 모두 반영하되 지적공부상의 지목에 불구하고 가격시점에 있어서의 현실적인 이용상황에 따라 평가되어야 하므로 비교표준지와 수용대상토지의 지역요인 및 개별요인 등 품등비교를 함에 있어서도 현실적인 이용상황에 따른 비교수치 외에 다시 공부상의 지목에 따른 비교수치를 중복적용하는 것은 허용되지 아니한다고 할 것이고, 한편 지적법시행령 제6조 제8호는 영구적 건축물 중 그 호에서 열거하는 건축물과 그 부속시설물의 부지 및 정원과 관계 법령에 의한 택지조성사업을 목적으로 하는 공사가 준공된 토지만을 '대'로 규정하고 있을 뿐이므로 건축법상 소정의 건축허가를 받아 건축한 영구건축물의 부지라 하더라도 위 호에 규정되지 아니한 건축물의 부지는 그 지목이 공장용지(동시행령 제6조 제9호), 학교용지(동조 제10호) 또는 잡종지(동조 제24호 소정 영구건축물의 부지등)로 될 수 밖에 없는 것이지만, 지적법상 대(대)가 아닌 잡종지인 경우에도 지적법상 대(대)인 토지와 현실적 이용상황이 비슷하거나 동일한 경우에는 이를 달리 평가할 것은 아니다.

라. 불법형질변경 토지

▎**토지보상법 시행규칙 제24조 (무허가건축물 등의 부지 또는 불법형질변경된 토지의 평가)** ▎

「건축법」 등 관계법령에 의하여 허가를 받거나 신고를 하고 건축 또는 용도변경을 하여야 하는 건축물을 허가를 받지 아니하거나 신고를 하지 아니하고 건축 또는 용도변경한 건축물(이하 "무허가건축물등"이라 한다)의 부지 또는 「국토의 계획 및 이용에 관한 법률」 등 관계법령에 의하여 허가를 받거나 신고를 하고 형질변경을 하여야 하는 토지를 허가를 받지 아니하거나 신고를 하지 아니하고 형질변경한 토지(이하 "불법형질변경토지"라 한다)에 대하여는 무허가건축물등이 건축 또는 용도변경될 당시 또는 토지가 형질변경될 당시의 이용상황을 상정하여 평가한다.

▎**실무기준** ▎

[810-6.2.2 불법형질변경 토지] ① 불법형질변경 토지는 그 토지의 형질변경이 될 당시의 이용상황을 기준으로 감정평가한다. 다만, 1995년 1월 7일 당시 공익사업시행지구에 편입된 토지는 기준시점에서의 현실적인 이용상황을 기준으로 감정평가한다.

② 제1항에도 불구하고 형질변경이 된 시점이 분명하지 아니하거나 불법형질변경 여부 등의 판단이 사실상 곤란한 경우에는 사업시행자가 제시한 기준에 따른다.

사례 1 「지목이 '임야'이나 '농지'로 이용 중인 토지에 대한 보상기준」 변경 알림(국토해양부 토지정책과 6105, 2010.12.29 관련)(2011. 08. 19 토지정책과-4050)(유권해석)

회신내용 2018 토지수용 업무편람 발췌

1. 토지정책과-6105(2010.12.29)호와 관련입니다.
2. 지목이 임야이지만 농지로 이용중인 토지에 대한 보상과 관련하여, 위 호로 「산지관리법」의 임시특례규정의 절차에 따라 "농지"로 지목변경된 토지에 한하여 "농지"로 평가하고 영농손실보상을 실시할 수 있도록 한 바 있습니다.
3. 하지만 최근에 법제처에서, 공익사업시행을 위하여 관계법령에 따라 이미 산지전용허가 의제협의를 한 경우에는 「산지관리법」임시특례규정을 적용하여 재차 산지전용허가를 할 수 없다고 법령해석을 하였습니다.
4. 이에 따라 피보상자간 보상의 형평성 확보를 위하여, 공익사업을 위한 산지전용허가 의제협의가 없었다면 「산지관리법」 임시특례규정에 따라 양성화가 가능한 임야의 경우에는 이를 "농지"로 평가한다는 내용으로, 「지목이 "임야"이나 "농지"로 이용중인 토지에 대한 보상기준('10.12.29)」을 붙임과 같이 변경하여 알려드리니, 업무추진에 착오 없으시기 바랍니다.

사례 2 타법에 따라 산지전용허가를 받은 것으로 의제된 산지에는 「산지관리법」 부칙 제2조에 따른 불법전용산지에 관한 임시특례 규정을 적용할 수 없다(법제처 11-0422, 2011.08.04, 산림청)(법령해석)

질의요지 2018 토지수용 업무편람 발췌

「보금자리주택건설 등에 관한 특별법」 제18조에 따라 지구계획의 승인을 받음으로써 「산지관리법」에 따른 산지전용허가를 받은 것으로 의제된 산지의 경우, 지구계획 승인 이후 「산지관리법」 부칙 제2조에 따른 불법전용산지에 관한 임시특례 규정을 적용하여 산지전용허가 등 지목변경에 필요한 처분을 할 수 있는지?

회신내용

「보금자리주택건설 등에 관한 특별법」 제18조에 따라 지구계획의 승인을 받음으로써 「산지관리법」에 따른 산지전용허가를 받은 것으로 의제된 산지의 경우, 토지보상 측면에서 제한적으로 피보상자 간 보상가격의 형평성 확보를 위한 조치를 취하는 것은 별론으로 하고, 지구계획 승인 이후 「산지관리법」 부칙 제2조에 따른 불법전용산지에 관한 임시특례 규정을 적용하여 산지전용허가등을 할 수는 없다고 할 것입니다.

재결례

┃ 재결례 1 ┃ 불법형질변경토지의 입증책임 관련 재결례

[중토위 2017. 8. 24.]

재결요지

000, 000이 임야를 전으로 보상하여 달라는 주장에 대하여 법 제70조제2항에 따르면 토지에 대한 보상액은 가격시점에서의 현실적인 이용상황과 일반적인 이용방법에 의한 객관적 상황을 고려하여 산정하되, 일시적인 이용상황과 토지소유자나 관계인이 갖는 주관적 가치 및 특별한 용도에 사용할 것을 전제로 한 경우 등은 고려하지 아니한다고 되어 있다.

관계 자료(항공사진, 현황측량성과도, 현장사진, 감정평가서, 사업시행자 의견서)을 검토한 결과, 이의신청인 000의 토지(경기 화성시 남양읍 북양리 산232-5 임야 1,376㎡ 중 1,214㎡), 000의 토지(같은 리 226-8 임야 2,236㎡)는 전으로 사용된 시점이 1961. 6. 27. 이후라는 점을 사업시행자가 입증하여야 하나 1966년 이전부터 전으로 사용되고 있음이 확인될 뿐 이것이 입증되지 않으므로 금회재결에서 현실이용상황을 전으로 평가하여 보상하기로 하다.

┃ 재결례 2 ┃ 불법형질변경토지의 입증책임 관련 재결례

[중토위 2017. 2. 23.]

재결요지

000, 000, 000는 지목이 '임야'인 토지를 현황이 '전'과 '과수원'으로 평가해 달라는 주장에 대하여 법 시행규칙 제24조의 규정에 의하면 「건축법」 등 관계법령에 의하여 허가를 받거나 신고를 하고 건축 또는 용도변경을 하여야 하는 건축물을 허가를 받지 아니하거나 신고를 하지 아니하고 건축 또는 용도변경한 건축물(이하 "무허가건축물등"이라 한다)의 부지 또는 「국토의 계획 및 이용에 관한 법률」 등 관계법령에 의하여 허가를 받거나 신고를 하고 형질변경을 하여야 하는 토지를 허가를 받지 아니하거나 신고를 하지 아니하고 형질변경한 토지(이하 "불법형질변경토지"라 한다)에 대하여는 무허가건축물등이 건축 또는 용도변경될 당시 또는 토지가 형질변경될 당시의 이용상황을 상정하여 평가한다고 되어 있고, 대법원은 "1962. 1. 19.이전에는 보안림에 속하지 아니한 산림이나 경사 20도 미만의 사유 임야에서는 원칙적으로 개간, 화전경작 등의 형질변경행위에 대하여 허가나 신고 등이 불필요하였고, 1966년경 이미 일부가 전으로 사용되고 있는 토지에 대하여 불법형질변경을 이유로 형질변경 이전 상태인 임야로 보상하기 위해서는 산림법 등이 제정·시행된 1962. 1. 20. 이후에 개간된 것으로서 각 법률에 의한 개간허가 등의 대상에 해당함에도 허가 등이 없이 개간된 것이라는 점을 사업시행자가 증명하여야 한다"(대법원 2011. 12. 8. 선고 2011두13385 전원합의체 판결 참조)고 판시하고 있다

관계자료(측량성과도, 현장사진, 항공사진, 소유자의견서, 사업시행자 의견서 등)를 검토한 결과, 000, 000, 000의 서울 00구 0동 산156-3 임 2,300㎡ 토지가 1962. 1. 20. 이후에 개간된 것으로서 각 법률에 의한 개간허가 등의 대상에 해당함에도 허가 등이 없이 불법으로 형질이 변경된 토지라는 사실을 사업시행자가 입증하지 못하고 있는 점, 1966년 항공사진상 동 토지

의 일부가 농경지로 개간되어 있음이 확인되는 점, 사업시행자가 제출한 동 토지중 '전'과 '과수원'으로 이용되고 있는 면적에 대한 항공사진정밀판독결과와 현황측량성과도로 개간된 면적의 산정이 가능한 점 등을 종합적으로 고려할 때 이의신청인의 서울 00구 0동 산156-3 임 2,300㎡ 토지중 1966년부터 보상시점(수용재결일)까지 전(368㎡)과 과수원(92㎡)으로 이용되고 있는 면적에 대하여는 현황대로 평가하는 것이 타당하므로 금회 이의재결시 이를 반영하여 보상하기로 하다.

▌재결례 3 ▌ 1966년 항공사진상 농지로 개간되어 있다면 사업시행자가 1962. 1. 20. 이후에 개간된 것으로서 허가 등이 없이 개간된 것이라는 점을 증명해야 한다.

[중토위 2018. 1. 25.]

재결요지

대법원은 "1962. 1. 19.이전에는 보안림에 속하지 아니한 산림이나 경사 20도 미만의 사유 임야에서는 원칙적으로 개간, 화전경작 등의 형질변경행위에 대하여 허가나 신고 등이 불필요하였고, 1966년경 이미 일부가 전으로 사용되고 있는 토지에 대하여 불법형질변경을 이유로 형질변경 이전 상태인 임야로 보상하기 위해서는 산림법 등이 제정·시행된 1962. 1. 20. 이후에 개간된 것으로서 각 법률에 의한 개간허가 등의 대상에 해당함에도 허가 등이 없이 개간된 것이라는 점을 사업시행자가 증명하여야 한다"(대법원 2011. 12. 8. 선고 2011두13385 판결 참조)고 판시하고 있다.

○ (판단) 이의신청인의 편입토지인 경기 의왕시 학의동 706-8 임 3,337㎡(이하 '사건 토지'라 한다) 중 일부가 1966년 항공사진상 농지로 개간되어 있음이 확인되는 점, 사건 토지가 1962. 1. 20. 이후에 개간된 것으로서 각 법률에 의한 개간허가 등의 대상에 해당함에도 허가 등이 없이 불법으로 형질이 변경된 토지라는 것을 사업시행자가 입증하고 있지 못한 점, 사건 토지가 위 산지관리법 부칙 제2조의 신고대상인지 명확하지 않고, 설령 신고대상이라고 하더라도 사건 토지가 형질변경 당시 허가(신고)의무를 위반한 것이 입증되지 않는 한 사건 토지의 형질변경이후 시행(2010. 12. 1.)된 산지관리법 부칙 제2조의 신고의무를 이행하지 않았다고 하여 사건 토지를 불법형질변경된 것으로 볼 수 없는 점, 사건 토지 중 일부가 보상시점에서 농지로 이용되고 있는 점과 위 법 및 판례를 종합적으로 고려할 때 이의신청인이 제출한 항공사진 판독서에 의해 이의신청인의 토지 중 1966년부터 보상시점까지 농지로 이용되고 있는 것으로 확인된 면적(1,121.7㎡)에 대하여는 현황대로 평가하는 것이 타당하므로 금회 이의재결시 이를 반영하여 보상한다.

판 례

▌판례 1 ▌ '토지의 형질변경' 에는 지중의 형상을 사실상 변경시키는 것도 포함된다.

[대법원 2007. 02. 23. 선고 2006두4875]

판결요지

구 개발제한구역의 지정 및 관리에 관한 특별조치법(2005. 1. 27. 법률 제7383호로 개정되기 전의 것, 이하 '개발제한법'이라 한다) 제11조 제1항 및 제20조 제1항이 규정하고 있는 토지의 형질변경이라 함은 절토, 성토, 정지 또는 포장 등으로 토지의 형상을 변경하는 행위와 공유수면의 매립을 뜻하는 것으로서(국토의 계획 및 이용에 관한 법률 시행령 제51조 제1항 제3호), 토지의 형질을 외형상으로 사실상 변경시킬것과 그 변경으로 말미암아 원상회복이 어려운 상태에 있을 것을 요한다 (대법원 1993. 8. 27. 선고 93도403 판결, 2005. 11. 25. 선고 2004도8436 판결 등 참조). 그리고 토지의 형질을 외형상으로 사실상 변경시키는 것에는 지표(지표)뿐 아니라 지중(지중)의 형상을 사실상 변경시키는 것도 포함한다

▌판례 2 ▌ 준공검사를 득하지 않았거나 지목변경을 하지 않았다고 하여 불법형질변경 토지로 볼 수 없다.

[대법원 2013. 6. 13. 선고 2012두300]

판시사항

1. 구 국토의 계획 및 이용에 관한 법률 시행령 제51조 제3호에서 정한 '토지의 형질변경'에 형질변경허가에 관한 준공검사나 토지의 지목변경을 요하는지 여부(소극)
2. 택지개발사업을 위한 토지의 수용에 따른 보상액의 산정이 문제 된 사안에서, 농지가 이미 공장용지로 형질변경이 완료되었고 공장용지의 요건을 충족한 이상 비록 공부상 지목변경절차를 마치지 않았다고 하더라도 그 수용에 따른 보상액을 산정할 때에는 공익사업을 위한 토지 등의 취득 및 보상에 관한 법률 제70조 제2항의 '현실적인 이용상황'을 공장용지로 평가해야 한다고 한 사례

판결요지

1. 토지의 형질변경이란 절토, 성토, 정지 또는 포장 등으로 토지의 형상을 변경하는 행위와 공유수면의 매립을 뜻하는 것으로서, 토지의 형질을 외형상으로 사실상 변경시킬 것과 그 변경으로 인하여 원상회복이 어려운 상태에 있을 것을 요하지만, 형질변경허가에 관한 준공검사를 받거나 토지의 지목까지 변경시킬 필요는 없다.
2. 택지개발사업을 위한 토지의 수용에 따른 보상액의 산정이 문제 된 사안에서, 농지를 공장부지로 조성하기 위하여 농지전용허가를 받아 농지조성비 등을 납부한 후 공장설립 및 변경신고를 하고, 실제로 일부 공장건물을 증축하기까지 하여 토지의 형질이 원상회복이 어려울 정도로 사실상 변경됨으로써 이미 공장용지로 형질변경이 완료되었으며, 당시 농지법령에 농지전용허가와 관련하여 형질변경 완료 시 준공검사를 받도록 하는 규정을 두고 있지 않아 별도로 준공검사를 받지 않았다고 하더라도 구 지적법 시행령(2002. 1. 26. 대통령령 제17497호로 개정되기 전의 것)에서 정한 '공장부지 조성을 목적으로 하는 공사가 준공된 토지'의 요건을 모두 충족하였다고 보아야 하고, 수용대상 토지가 이미 공장용지의 요건을 충족한 이상 비록 공부상 지목변경절차를 마치지 않았다고 하더라도 그 토지의 수용에 따른 보상액을 산정할 때에는 공익사업을 위한 토지 등의 취득 및 보상에 관한 법률 제70조 제2항의 '현실적인 이용상황'을 공장용지로 평가해야 한다고 한 사례.

판례 3 ｜ '경작을 위한 토지의 형질변경' 의 의미

[대법원 2008. 05. 08. 선고 2007도4598]

판결요지

「국토의 계획 및 이용에 관한 법률」제56조제1항제2호, 같은 법 시행령 제51조제3호에서는 토지의 형질변경, 즉 절토·성토·정지·포장 등의 방법으로 토지의 형상을 변경하거나 공유수면을 매립하는 경우 관할 관청의 허가를 받아야 한다고 규정하면서, 다만 경작을 위한 토지의 형질변경의 경우에는 예외를 두고 있다. 여기서 '경작을 위한 토지의 형질변경'이란 이미 조성이 완료된 농지에서의 농작물재배행위나 그 농지의 지력증진을 위한 단순한 객토나 소규모의 정지작업 등 농지의 생산성을 높이기 위하여 농지의 형질을 변경하는 경우를 가리키는 것으로 해석하여야 한다. 따라서 토지 소유자 등이 당해 토지를 경작하려는 의도에서 토지를 성토한 것이라고 하더라도 그것이 그 토지의 근본적인 기능을 변경 또는 훼손할 정도에 이르는 것일 때에는 관할관청으로부터 허가를 받아야 한다.

경작을 목적으로 약 11,166㎡ 면적의 유지를 1m 정도의 높이로 매립·성토하여 농지로 조성한 행위가, 「국토의 계획 및 이용에 관한 법률」 및 그 시행령상 허가 없이 시행할 수 있는 행위인 '경작을 위한 토지의 형질변경'에 해당하지 아니한다고 한 사례

판례 4 ｜ 불법형질변경토지라는 사실에 관한 증명책임은 사업시행자에게 있다.

[대법원 2012. 04. 26. 선고 2011두2521]

판시사항

공익사업을 위한 토지 등의 취득 및 보상에 관한 법률 시행규칙 제24조가 정한 '불법형질변경토지'라는 이유로 형질변경 당시의 이용상황에 의하여 보상액을 산정하는 경우, 수용대상 토지가 불법형질변경토지라는 사실에 관한 증명책임의 소재 및 증명의 정도

판결요지

공익사업을 위한 토지 등의 취득 및 보상에 관한 법률 제70조 제2항, 제6항, 공익사업을 위한 토지 등의 취득 및 보상에 관한 법률 시행규칙 제24조에 의하면 토지에 대한 보상액은 현실적인 이용상황에 따라 산정하는 것이 원칙이므로, 수용대상 토지의 이용상황이 일시적이라거나 불법형질변경토지라는 이유로 본래의 이용상황 또는 형질변경 당시의 이용상황에 의하여 보상액을 산정하기 위해서는 그와 같은 예외적인 보상액 산정방법의 적용을 주장하는 쪽에서 수용대상 토지가 불법형질변경토지임을 증명해야 한다.

그리고 수용대상 토지가 불법형질변경토지에 해당한다고 인정하기 위해서는 단순히 수용대상 토지의 형질이 공부상 지목과 다르다는 점만으로는 부족하고, 수용대상 토지의 형질변경 당시 관계 법령에 의한 허가 또는 신고의무가 존재하였고 그럼에도 허가를 받거나 신고를 하지 않은 채 형질변경이 이루어졌다는 점이 증명되어야 한다

판례 5 | 공익사업시행지구에 편입된 때의 의미

[대법원 2000. 12. 08. 선고 99두9957]

판결요지

도로 등 도시계획시설의 도시계획결정고시 및 지적고시도면의 승인고시는 도시계획시설이 설치될 토지의 위치, 면적과 그 행사가 제한되는 권리내용 등을 구체적, 개별적으로 확정하는 처분이고 이 경우 그 도시계획에 포함된 토지의 소유자들은 당시의 관련 법령이 정한 보상기준에 대하여 보호할 가치가 있는 신뢰를 지니게 된다 할 것이므로, 그 고시로써 당해 토지가 구 공공용지의취득및손실보상에관한특례법시행규칙(1995. 1. 7. 건설교통부령 제3호로 개정되어 1997. 10. 15. 건설교통부령 제121호로 개정되기 전의 것)
부칙(1995. 1. 7.) 제4항이 정한 '공공사업시행지구'에 편입된다고 보아야 할 것이고, 따라서 위 부칙 제4항에 의하여 위 시행규칙 시행일인 1995. 1. 7. 이전에 도시계획시설(도로)의 부지로 결정·고시된 불법형질 변경 토지에 대하여는 형질변경이 될 당시의 토지이용상황을 상정하여 평가하도록 규정한 위 시행규칙 제6조 제6항을 적용할 수 없다.

판례 6 | 토지보상법 시행규칙 제24조(구 공특법 제6조제6항)의 입법 취지

[서울고등법원 2002.03.22 선고 2001누9150]

판시사항

현황평가원칙의 예외사유인 구 공공용지의취득및손실보상에관한특례법시행규칙 제6조 제6항의 적용 기준

판결요지

구 공공용지의취득및손실보상에관한특례법시행규칙(2002. 12. 31. 건설교통부령 제344호로 폐지) 제6조 제6항은 현황평가원칙의 예외로서 "무허가건물 등의 부지나 불법으로 형질변경된 토지는 무허가건물 등이 건축될 당시 또는 토지의 형질변경이 이루어질 당시의 이용상황을 상정하여 평가한다."라고 규정하고 있는바(다만, 위 시행규칙 부칙 제4항에 의하면, 위 규칙 시행 당시 공공사업시행지구에 편입된 불법형질 변경 토지 또는 무허가개간 토지 등의 보상 등에 대하여는 위 개정규정에 불구하고 종전의 규정에 의하도록 하고 있다), 위 규정의 취지는 토지의 소유자 또는 제3자가 불법 형질변경 등을 통하여 현실적인 이용현황을 왜곡시켜 부당하게 손실보상금의 평가가 이루어지게 함으로 인하여 토지 소유자가 부당한 이익을 얻게 되는 것을 방지함으로써 구 공공용지의취득및손실보상에관한특례법(2002. 2. 4. 법률 제6656호 공익사업을위한토지등의취득및보상에관한법률 부칙 제2조로 폐지) 제4조 제2항이 규정하고 있는 '적정가격보상의 원칙'을 관철시키기 위한 것이라 할 것이므로, 국가 또는 지방공공단체가 적법한 절차를 거치지 아니하고 개인의 토지를 형질변경하여 그 토지를 장기간 공익에 제공함으로써 그 토지의 가격이 상승된 이후에 스스로 공익사업의 시행자로서 그 토지를 취득하는 경우와 같이 위 규정을 적용한다면 오히려 '적정가격보상의 원칙'에 어긋나는 평가가 이루어질 수 있는 특별한 사정이 있는 때에는 위 규정이 적용되지 아니하고, 수용에 의하여 취득할 토지에 대한 평가의 일반원칙에 의하여 수용재결 당시의 현실적인 이용상황에 따라 평

가하는 것이 합당하다.

판례 7 | 예정지구의 지정·고시 이후에 공사에 착수하여 공사가 진척된 토지의 현실적인 이용 상황의 판단

[대법원 2007. 04. 12. 선고 2006두18492]

판시사항

구 택지개발촉진법 제6조 제1항 단서에서 정한 '예정지구의 지정·고시 당시에 공사 또는 사업에 착수한 자'의 의미 및 예정지구의 지정·고시로 인하여 건축허가가 효력을 상실한 후에 공사에 착수하여 공사가 진척된 토지에 대한 보상액을 산정함에 있어서 그 이용현황의 평가방법

판결요지

구 택지개발촉진법(2002. 2. 4. 법률 제6655호로 개정되기 전의 것) 제6조 제1항 단서에서 규정하는 '예정지구의 지정·고시 당시에 공사 또는 사업에 착수한 자'라 함은 예정지구의 지정·고시 당시 구 택지개발촉진법 시행령(2006. 6. 7. 대통령령 제19503호로 개정되기 전의 것) 제6조 제1항에 열거되어 있는 행위에 착수한 자를 의미하는 것이고 그러한 행위를 하기 위한 준비행위를 한 자까지 포함하는 것은 아니라고 할 것이며, 같은 법 제6조 제1항 본문에 의하면, 건축법 등에 따른 건축허가를 받은 자가 택지개발 예정지구의 지정·고시일까지 건축행위에 착수하지 아니하였으면 종전의 건축허가는 예정지구의 지정·고시에 의하여 그 효력을 상실하였다고 보아야 할 것이어서, 이후 건축행위에 착수하여 행하여진 공사 부분은 택지개발촉진법 제6조 제2항의 원상회복의 대상이 되는 것이므로, 예정지구의 지정·고시 이후 공사에 착수하여 공사가 진척되었다고 하더라도 당해 토지에 대한 보상액을 산정함에 있어서 그 이용현황을 수용재결일 당시의 현황대로 평가할 수는 없고, 구 공익사업을 위한 토지 등의 취득 및 보상에 관한 법률 시행규칙(2005. 2. 5. 건설교통부령 제424호로 개정되기 전의 것) 제24조에 따라 공사에 착수하기 전의 이용상황을 상정하여 평가하여야 한다.

판례 8 | 불법형질변경 토지는 일시적 이용상황에 불과하다.

[대법원 1999. 7. 27. 선고 99두4327]

판결요지

수용대상 토지가 수용재결 당시 잡종지 등으로 사실상 사용되고 있으나 무단형질변경의 경위, 수회에 걸친 무단형질변경토지의 원상회복명령 및 형사고발까지 받고도 원상복구하지 아니한 점, 그 이용실태 및 이용기간 등에 비추어 위 이용상황은 공공용지의취득및손실보상에관한특례법시행령 제2조의10 제2항 소정의 '일시적인 이용상황'에 불과하다고 본 사례.

판례 9 | 가까운 장래에 복구가 예정되어 있는 경우 현재의 이용상황은 일시적인 이용상황에 해당된다.

[대법원 2000. 2. 8. 선고 97누15845]

판결요지

공공용지의취득및손실보상에관한특례법시행령 제2조의10 제2항은 토지에 대한 평가는 지적공부상의 지목에 불구하고 가격시점에 있어서의 현실적인 이용상황에 따라 평가되어야 하며 일시적인 이용상황은 고려하지 아니한다고 규정하고 있으므로, 토지수용재결 당시 채석지의 이용상황이 잡종지이기도 하지만 가까운 장래에 채석기간이 만료되어 훼손된 채석지에 대한 산림복구가 법령상 예정되어 있다면 이러한 이용상황은 일시적인 것에 불과하다고 보아야 하므로 이에 대한 수용보상액은 그 공부상 지목에 따라 임야로서 평가함이 마땅하다고 한 사례.

마. 미지급용지

| 토지보상법 시행규칙 제25조 (미지급용지의 평가) |

① 종전에 시행된 공익사업의 부지로서 보상금이 지급되지 아니한 토지(이하 이 조에서 "미지급용지"라 한다)에 대하여는 종전의 공익사업에 편입될 당시의 이용상황을 상정하여 평가한다. 다만, 종전의 공익사업에 편입될 당시의 이용상황을 알 수 없는 경우에는 편입될 당시의 지목과 인근토지의 이용상황 등을 참작하여 평가한다. <개정 2015. 4. 28.>
② 사업시행자는 제1항의 규정에 의한 미지급용지의 평가를 의뢰하는 때에는 제16조제1항의 규정에 의한 보상평가의뢰서에 미지급용지임을 표시하여야 한다.

| 실무기준 |

[810-6.2.3 미지급용지] ① 미지급용지는 종전의 공익사업에 편입될 당시의 이용상황을 기준으로 감정평가한다.
② 미지급용지의 비교표준지는 종전 및 해당 공익사업의 시행에 따른 가격의 변동이 포함되지 않은 표준지를 선정한다.
③ 주위환경변동이나 형질변경 등으로 종전의 공익사업에 편입될 당시의 이용상황과 비슷한 이용상황의 표준지 공시지가가 인근지역등에 없어서 인근지역의 표준적인 이용상황의 표준지 공시지가를 비교표준지로 선정한 경우에는 그 형질변경 등에 드는 비용 등을 고려하여야 한다.

사례 1 미지급용지의 보상주체는 새로운 공익사업의 사업시행자이다(2005. 10. 05. 토지정책팀-555)(유권해석)

질의요지 2018 토지수용 업무편람 발췌
편입 토지는 임의경매로 인한 낙찰에 의하여 매입한 토지로서 공익사업에 편입될 당시의 소유자와 현재 소유자가 달라도 미불용지로 평가할 수 있는지 여부

회신내용
미불용지는 종전에 시행된 공익사업시행지구에 편입되었으나 보상이 이루어지지 아니한 토지를 의미하므로 토지소유권 변동이 미불용지여부를 판단하는 기준은 아니라고 보며, 그 밖에 개별적인 사례에 대하여는 사업시행자가 사실관계를 조사하여 판단·결정할 사항이라고 봅니다

| 재결례 |

┃ 재결례 ┃ 미지급용지로 인정되기 위한 요건

[중토위 2017. 6. 22.]

재결요지

000, 000가 도로로 평가된 부분을 미지급용지로 보상하여 달라는 주장에 대하여, 법 시행규칙 제26조 제1항에 따르면 사실상의 사도의 부지는 인근토지에 대한 평가액의 3분의 1 이내로 평가한다고 되어 있고 같은 조 제2항에 따르면 사실상의 사도는 도로개설당시의 토지소유자가 자기 토지의 편익을 위하여 스스로 설치한 도로, 토지소유자가 그 의사에 의하여 타인의 통행을 제한할 수 없는 도로,「건축법」제45조에 따라 건축허가권자가 그 위치를 지정·공고한 도로, 도로개설당시의 토지소유자가 대지 또는 공장용지 등을 조성하기 위하여 설치한 도로라고 되어 있고, ㅇ법 시행규칙 제25조제1항에 따르면 종전에 시행된 공익사업의 부지로서 보상금이 지급되지 아니한 토지에 대하여는 종전의 공익사업에 편입될 당시의 이용상황을 상정하여 평가하도록 되어 있다.

또한, 대법원은 "미지급용지로 인정되려면 종전에 공익사업이 시행된 부지여야 하고, 종전의 공익사업은 적어도 당해 부지에 대하여 보상금이 지급될 필요가 있는 것이어야 한다"라고 판시(대법원 2009. 3. 26. 선고 2008두22129 판결) 하고 있다.

관계자료(사업시행자 의견, 미보상용지 회신공문, 항공사진, 현황측량성과도, 감정평가서 등)를 검토한 결과, 000의 토지(경기 고양시 00구 00동 735 전/도 150㎡, 같은 동 736-6 과/도 61㎡, 같은 동 736-8 임/도 196㎡), 000의 토지(같은 동 726-15 도/도 71㎡ 및 같은 동 726-5 전/도 46㎡)는 종전에 시행된 공익사업에 편입되지 아니한 것으로 확인되고, 토지소유자가 그 의사에 의하여 타인의 통행을 제한할 수 없는 도로로 확인되므로 이의신청인들의 주장은 받아들일 수 없다.

| 판 례 |

┃ 판례 1 ┃ 미지급용지로 인정되기 위한 요건

[대법원 2009. 03. 26. 선고 2008두22129]

판시사항

공익사업을 위한 토지 등의 취득 및 보상에 관한 법률 시행규칙 제25조 제1항의 미불용지로 인정되기 위한 요건

판결요지

공익사업을 위한 토지 등의 취득 및 보상에 관한 법률 시행규칙 제25조 제1항의 미불용지는 '종전에 시행된 공익사업의 부지로서 보상금이 지급되지 아니한 토지'이므로, 미불용지로 인정되려면 종전에 공익사업이 시행된 부지여야 하고, 종전의 공익사업은 적어도 당해 부지에 대하여 보상금이 지급될 필요가 있는 것이어야 한다.

그런데 … 위 도로포장공사 등의 규모나 공사 당시의 상황 등에 비추어 볼 때 위 도로포장

등은 보상금이 지급될 필요가 있는 위 시행규칙 제25조 제1항의 공익사업에 의한 것이라기보다는 토지들의 소유자를 포함한 주민들의 필요에 따라 주민자조사업의 지원 등으로 행하여진 것으로 보일 뿐이다.
…따라서 위 ○○동 373-7, ○○동 373-9, ○○동 241-3, ○○동 241-4, ○○동 252 토지는 위 시행규칙 제25조 제1항의 미불용지에 해당하지 않는다 할 것인바, 원심이 위 토지들이 미불용지인지에 관한 판단을 생략한 채 미불용지인 경우에도 종전의 공익사업과 주체와 목적이 상이한 경우에는 종전의 공익사업에 편입될 당시의 이용상황을 상정하여 평가할 것이 아니라는 이유로 보상액을 수용재결 당시의 토지의 이용상황을 기준으로 산정하여야 한다고 한 것은 그 이유 설시에 부적절한 면이 있지만, 위 토지들을 미불용지로서 종전의 공익사업에 편입될 당시의 이용상황을 상정하여 보상해야 한다는 원고 4, 원고 2의 주장을 배척한 결론은 결과적으로 정당하므로, 원고 4, 원고 2의 이 부분 상고이유도 받아들일 수 없다.

▎판례 2 ▎ 인근지역의 현실적인 이용상황이 변경된 경우 미지급용지의 이용상황의 판단

[대법원 2002. 10. 25. 선고 2002다31483]

판시사항

국가 또는 지방자치단체가 도로로 점유·사용하고 있는 토지에 있어 도로에 편입된 이후 도로가 개설되지 아니하였더라도 당해 토지의 현실적 이용상황이 주위 토지와 같이 변경되었을 것임이 객관적으로 명백하게 된 경우, 그 토지에 대한 임료 상당의 부당이득액 산정을 위한 토지의 기초가격의 평가방법

판결요지

국가 또는 지방자치단체가 도로로 점유·사용하고 있는 토지에 대한 임료 상당의 부당이득액을 산정하기 위한 토지의 기초가격은, 국가 또는 지방자치단체가 종전부터 일반 공중의 교통에 사실상 공용되던 토지에 대하여 도로법 등에 의한 도로 설정을 하여 도로관리청으로서 점유하거나 또는 사실상 필요한 공사를 하여 도로로서의 형태를 갖춘 다음 사실상 지배주체로서 도로를 점유하게 된 경우에는 도로로 제한된 상태 즉, 도로인 현황대로 감정평가하여야 하고, 국가 또는 지방자치단체가 종전에는 일반 공중의 교통에 사실상 공용되지 않던 토지를 비로소 도로로 점유하게 된 경우에는 토지가 도로로 편입된 사정은 고려하지 않고 그 편입될 당시의 현실적 이용상황에 따라 감정평가하되 다만, 도로에 편입된 이후 당해 토지의 위치나 주위 토지의 개발 및 이용상황 등에 비추어 도로가 개설되지 아니하였더라도 당해 토지의 현실적 이용상황이 주위 토지와 같이 변경되었을 것임이 객관적으로 명백하게 된 때에는, 그 이후부터는 그 변경된 이용상황을 상정하여 토지의 가격을 평가한 다음 이를 기초로 임료 상당의 부당이득액을 산정하여야 한다.

※ 이 판례는 미지급용지의 부당이득의 산정을 위한 기초가액의 감정평가시에 현실적 이용상황의 판단에 대한 것이나 미지급용지의 현실이용상황의 판단도 이와 다르게 해석할 이유가 없음

판례 3 │ 종전 공익사업의 시행으로 현실적 이용상황이 변경됨으로써 토지가격이 상승한 경우에는 미지급용지의 평가규정을 적용하지 않고 현황을 기준으로 보상평가한다.

[대법원 1992. 11. 10. 선고 92누4833]

판시사항

사업시행자가 적법한 절차를 취하지 아니하여 공공사업의 부지로 취득하지도 못한 단계에서 공공사업을 시행하여 이용상황을 변경시킴으로써 거래가격이 상승된 토지의 경우에도 위 "1."항의 법조항 소정의 "미보상용지"에 포함되는지 여부(소극)

판결요지

공공사업의 시행자가 적법한 절차를 취하지 아니하여 아직 공공사업의 부지로 취득하지도 못한 단계에서 공공사업을 시행하여 토지의 현실적인 이용상황을 변경시킴으로써, 오히려 토지의 거래가격이 상승된 경우까지 위 "1."항의 시행규칙 제6조 제7항에 규정된 미보상용지의 개념에 포함되는 것이라고 볼 수 없다.

판례 4 │ 미불용지에 대한 지방자치단체의 시효취득이 성립되지 아니한다.

[대법원 1997. 08. 21. 선고 95다28625 전원합의체]

판시사항

점유자가 점유 개시 당시 소유권 취득의 원인이 될 수 있는 법률행위 기타 법률요건 없이 그와 같은 법률요건이 없다는 사실을 알면서 타인 소유의 부동산을 무단점유한 경우, 자주점유의 추정이 깨어지는지 여부(적극)

판결요지

점유자가 점유 개시 당시에 소유권 취득의 원인이 될 수 있는 법률행위 기타 법률요건이 없이 그와 같은 법률요건이 없다는 사실을 잘 알면서 타인 소유의 부동산을 무단점유한 것임이 입증된 경우, 특별한 사정이 없는 한 점유자는 타인의 소유권을 배척하고 점유할 의사를 갖고 있지 않다고 보아야 할 것이므로 이로써 소유의 의사가 있는 점유라는 추정은 깨어졌다고 할 것이다.

지방자치단체가 도로로 편입시킨 토지에 관하여 공공용 재산으로서의 취득절차를 밟지 않은 채 이를 알면서 점유하였다고 인정된 사안에서 지방자치단체의 위 토지 점유가 자주점유의 추정이 번복되어 타주점유가 된다고 볼 수 없다는 취지의 판례의 견해는 변경하기로 한다.

판례 5 │ 사업시행자가 토지의 취득절차에 관한 서류를 제출하지 못하였다고 하여 자주점유의 추정이 번복된다고 할 수 없다.

[대법원 2010. 08. 19. 선고 2010다33866]

판시사항

1. 국가나 지방자치단체가 취득시효의 완성을 주장하는 토지의 취득절차에 관한 서류를 제출하지 못하고 있다는 사정만으로 자주점유의 추정이 번복되는지 여부(소극)
2. 지방자치단체가 도로부지에 편입된 토지의 취득절차에 관한 서류들을 제출하지 못하고 있

다는 사정만으로 위 토지에 관한 자주점유의 추정이 번복된다고 할 수 없다고 한 사례

판결요지

1. 지방자치단체나 국가가 취득시효의 완성을 주장하는 토지의 취득절차에 관한 서류를 제출하지 못하고 있다 하더라도 그 점유의 경위와 용도 등을 감안할 때 국가나 지방자치단체가 점유개시 당시 공공용재산의 취득절차를 거쳐서 소유권을 적법하게 취득하였을 가능성도 배제할 수 없다고 보이는 경우에는 국가나 지방자치단체가 소유권취득의 법률요건이 없이 그러한 사정을 잘 알면서 무단점유한 것이 입증 되었다고 보기 어려우므로 자주점유의 추정은 깨어지지 않는다.

2. 지방자치단체가 도로개설사업을 시행하면서 소유자로부터 그 도로의 부지로 지정된 토지의 매도승낙서 등을 교부받는 등 매수절차를 진행하였음이 인정되나 매매계약서, 매매대금 영수증 등의 관련 자료를 보관하지 않고 있는 사안에서, 위 지방자치단체가 법령에서 정한 공공용 재산의 취득절차를 밟거나 소유자의 사용승낙을 받는 등 위 토지를 점유할 수 있는 일정한 권원에 의하여 위 토지를 도로부지에 편입시켰을 가능성을 배제할 수 없으므로 위 토지의 후속 취득절차에 관한 서류들을 제출하지 못하고 있다는 사정만으로 위 토지에 관한 자주점유의 추정이 번복된다고 할 수 없다고 한 사례

바. 도로부지

| 토지보상법 시행규칙 제26조 (도로 및 구서무지의 평가) |

① 도로부지에 대한 평가는 다음 각호에서 정하는 바에 의한다. <개정 2005. 2. 5.>
  1. 「사도법」에 의한 사도의 부지는 인근토지에 대한 평가액의 5분의 1 이내
④ 제1항 및 제3항에서 "인근토지"라 함은 당해 도로부지 또는 구거부지가 도로 또는 구거로 이용되지 아니하였을 경우에 예상되는 표준적인 이용상황과 유사한 토지로서 당해 토지와 위치상 가까운 토지를 말한다.

| 도로법 제96조 (법령 위반자 등에 대한 처분) |

도로관리청은 다음 각 호의 어느 하나에 해당하는 자에게 이 법에 따른 허가나 승인의 취소, 그 효력의 정지, 조건의 변경, 공사의 중지, 공작물의 개축, 물건의 이전, 통행의 금지·제한 등 필요한 처분을 하거나 조치를 명할 수 있다.
  1. 제36조·제40조제3항·제46조·제47조·제49조·제51조·제52조·제61조·제73조·제75조·제76조·제77조·제106조제2항 또는 제107조를 위반한 자
  2. 거짓이나 그 밖의 부정한 방법으로 제36조·제52조·제61조·제77조 또는 제107조에 따른 허가나 승인을 받은 자

| 도로법 제97조 (공익을 위한 처분) |

① 도로관리청은 다음 각 호의 어느 하나에 해당하는 경우 이 법에 따른 허가나 승인을 받은 자에게 제96조에 따른 처분을 하거나 조치를 명할 수 있다.

1. 도로 상황의 변경으로 인하여 필요한 경우
2. 도로공사나 그 밖의 도로에 관한 공사를 위하여 필요한 경우
3. 도로의 구조나 교통의 안전에 대한 위해를 제거하거나 줄이기 위하여 필요한 경우
4. 「공익사업을 위한 토지 등의 취득 및 보상에 관한 법률」제4조에 따른 공익사업 등 공공의 이익이 될 사업을 위하여 특히 필요한 경우

② 제1항에 따른 도로관리청의 처분으로 생긴 손실의 보상에 관하여는 제99조를 준용한다.

| 도로법 제98조 (도로관리청에 대한 명령) |

① 다음 각 호의 어느 하나에 해당하면 일반국도, 특별시도·광역시도, 지방도 및 시도(특별자치시장이 도로관리청이 되는 시도로 한정한다)에 관하여는 국토교통부장관이, 시도(특별자치시장이 도로관리청이 되는 시도는 제외한다)· 군도 또는 구도에 관하여는 특별시장·광역시장 또는 도지사가 도로관리청에게 처분의 취소, 변경, 공사의 중지, 그 밖에 필요한 처분이나 조치를 할 것을 명할 수 있다.
 1. 도로관리청이 한 처분이나 공사가 도로에 관한 법령이나 국토교통부장관이나 특별시장·광역시장 또는 도지사(이하 이 조에서 "감독관청"이라 한다)의 처분을 위반한 경우
 2. 도로의 구조를 보전하거나 교통의 위험을 방지하기 위하여 특히 필요하다고 인정되는 경우
 3. 「공익사업을 위한 토지 등의 취득 및 보상에 관한 법률」제4조에 따른 공익사업 등 공공의 이익이 될 사업을 위하여 특히 필요하다고 인정되는 경우

② 제1항에 따른 감독관청의 명령으로 도로관리청이 그의 처분을 취소 또는 변경하여 발생하는 손실의 보상에 관하여는 제99조를 준용한다.

③ 제1항에 따른 감독관청의 명령이 제1항제3호에 해당하는 사유로 인한 것인 경우에는 그로 인한 손실에 대하여 도로관리청은 그 사업에 관한 비용을 부담하는 자에게 손실의 전부 또는 일부를 보상하도록 할 수 있다.

| 도로법 제99조 (공용부담으로 인한 손실보상) |

① 이 법에 따른 처분이나 제한으로 손실을 입은 자가 있으면 국토교통부장관이 행한 처분이나 제한으로 인한 손실은 국가가 보상하고, 행정청이 한 처분이나 제한으로 인한 손실은 그 행정청이 속해 있는 지방자치단체가 보상하여야 한다.

② 제1항에 따른 손실의 보상에 관하여는 국토교통부장관 또는 행정청이 그 손실을 입은 자와 협의하여야 한다.

③ 국토교통부장관 또는 행정청은 제2항에 따른 협의가 성립되지 아니하거나 협의를 할 수 없는 경우에는 대통령령으로 정하는 바에 따라 관할 토지수용위원회에 재결을 신청할 수 있다.

④ 제1항부터 제3항까지의 규정에서 정한 것 외에 공용부담으로 인한 손실보상에 관하여는 「공익사업을 위한 토지 등의 취득 및 보상에 관한 법률」을 준용한다.

판 례

| 판례 1 | 인근토지의 의미

[대법원 2010. 02. 11. 선고 2009두12730]

판결요지

도로점용료의 산정기준 등 점용료의 징수에 관하여 필요한 사항을 정한 서울특별시 도로점용

허가 및 점용료 등 징수조례(2008. 3. 12. 조례 제4610호로 개정되기 전의 것) 제3조 [별표]에서 인접한 토지의 개별공시지가를 도로점용료 산정의 기준으로 삼도록 한 취지는, 도로 자체의 가격 산정이 용이하지 아니하여 인근에 있는 성격이 유사한 다른 토지의 가격을 기준으로 함으로써 합리적인 점용료를 산출하고자 하는 데 있으므로, 여기서 '인접한 토지'라 함은 점용도로의 인근에 있는 토지로서 도로점용의 주된 사용목적과 동일 또는 유사한 용도로 사용되는 토지를 말한다.

▮ 판례 2 ▮ 법인세등부과처분취소

[대법원 1989.1.31. 선고 87누760 판결]

판결요지

가. 주식회사의 대표이사가 그의 개인적인 용도에 사용할 목적으로 회사명의의 수표를 발행하거나 타인이 발행한 약속어음에 회사명의의 배서를 해주어 회사가 그 지급책임을 부담 이행하여 손해를 입은 경우에는 당해 주식회사는 대표이사의 위와 같은 행위가 상법 제398조 소정의 이사와 회사간의 이해상반하는 거래행위에 해당한다 하여 이사회의 승인여부에 불구하고 같은 법 제399조 소정의 손해배상청구권을 행사할 수 있음은 물론이고 대표권의 남용에 따른 불법행위를 이유로 한 손해배상청구권도 행사할 수 있다.

나. 총주주의 동의를 얻어 대표이사의 행위로 손해를 입게 된 금액을 특별손실로 처리하기로 결의하였다면 그것은 바로 상법 제400조 소정의 이사의 책임소멸의 원인이 되는 면제에 해당되는 것이나 이로써 법적으로 소멸되는 손해배상청구권은 상법 제399조 소정의 권리에 국한되는 것이지 불법행위로 인한 손해배상청구권까지 소멸되는 것으로는 볼 수 없다.

다. 임시주주총회에서 대표이사에 대한 채권을 부도채권으로 일시 특별손실로 처리하는 결의를 하고 회사의 장부상 일시 특별손실비용으로 계상하여 결산을 확정하고 일간지에 대차대조표를 공고하였다가 특별손실비용으로 처리한 것을 철회하고 회사의 자산계정에 유보시켜 둔 경우라면 대차대조표의 신문지상 공고로 채권포기의 의사표시가 채무자에게 요지될 수 있는 상태에 있었다고 볼 수 없으므로 이 경우 대표이사에 대한 채권을 포기하였다고 볼 수 없다.

▮ 판례 3 ▮ 토지수용이의재결처분취소등

[대법원 1998. 1. 20. 선고 96누12597 판결]

판결요지

[1] 구 공공용지의취득및손실보상에관한특례법시행규칙(1995. 1. 7. 건설교통부령 제3호로 개정되기 전의 것) 제6조의2 제2항 소정의 '사실상의 사도'라 함은 개설당시의 토지소유자가 자기 토지의 편익을 위하여 스스로 설치한 도로로서 도시계획으로 결정된 도로가 아닌 것을 말하고, 이 때 자기 토지의 편익을 위하여 토지소유자가 스스로 설치하였는지 여부는 인접토지의 획지면적, 소유관계, 이용상태 등이나 개설경위, 목적, 주위환경 등에 의하여 객관적으로 판단하여야 한다.

[2] 토지수용법 제45조 제2항의 규정에 의하면 토지를 수용함으로 인한 보상은 수용의 대상

이 되는 물건별로 하는 것이 아니라 피보상자의 개인별로 행하여지는 것이므로, 피보상자는 수용대상 물건 중 일부에 대하여만 불복이 있는 경우에는 그 부분에 대하여만 불복의 사유를 주장하여 행정소송을 제기할 수 있다고 할 것이나, 행정소송의 대상이 된 물건 중 일부 항목에 관한 보상액이 과소하고 다른 항목의 보상액은 과다한 경우에는 그 항목 상호간의 유용을 허용하여 과다 부분과 과소 부분을 합산하여 보상금의 합계액을 결정하여야 한다.

[3] 토지수용법 제49조 제1항, 제3항, 공공용지의취득및손실보상에관한특례법시행령 제2조의10 제4항, 공공용지의취득및손실보상에관한특례법시행규칙 제2조 제3호, 제10조 제6항 등의 규정을 종합하여 보면, 지장물인 건물의 경우 그 이전비를 보상함이 원칙이나, 이전으로 인하여 종래의 목적대로 이용 또는 사용할 수 없거나 이전이 현저히 곤란한 경우 또는 이전비용이 취득가격을 초과할 때에는 취득가격으로 평가하여 보상하여야 하는데, 위와 같이 취득가격으로 보상하는 경우에는 그 취득가격에 그 건물의 철거비를 포함시키거나 공제하여서는 아니 된다고 봄이 상당하고, 특별한 사정이 없는 한 사업시행자가 그 철거비를 부담하여 철거할 뿐이다.

▮ 판례 4 ▮ 부당이득금반환

[대법원 1996. 3. 8. 선고 95다23873 판결]

판결요지

[1] 구 공공용지의 취득및손실보상에관한특례법시행규칙(1995. 1. 7. 건설교통부령 제3호로 개정되기 전의 것) 제6조의2 제2항 제1호 소정의 '사실상의 사도'란 토지 소유자가 자기 토지의 편익을 위하여 스스로 설치한 도로를 의미하고, 토지의 일부가 도시계획에 포함되어 그 소유자가 이를 방치한 나머지 일정 기간 불특정 다수인의 통행에 공여되고 있다고 하더라도 그것만으로는 그 토지가 사실상 사도가 되었다고 할 수 없다.

[2] 국가 또는 지방자치단체가 일반 공중의 통행로로 사실상 공용되던 토지에 대하여 사실상 필요한 공사를 하여 도로로서의 형태를 갖춘 다음 사실상 지배주체로서 도로를 점유하게 된 경우, 그 토지에 대한 임료 상당의 부당이득액을 산정하기 위한 기초가격을 도로로 제한받는 상태, 즉 도로인 현황대로 감정평가하는 것은 별론으로 하고, 이를 구 공공용지의취득및손실보상에관한특례법시행규칙(1995. 1. 7. 건설교통부령 제3호로 개정되기 전의 것) 제6조의2 제2항 제1호 소정의 '사실상 사도'로 취급하여 인근 토지에 대한 평가금액의 1/5 범위 내에서 산정한 금액을 기준으로 하여 그 임료 상당의 부당이득액을 산출할 것은 아니다.

▮ 판례 5 ▮ 토지수용재결처분취소등

[대법원 1998. 5. 12. 선고 97누13542 판결]

판결요지

당해 토지는 지방농지개량조합이 농업기반시설인 저수지의 유지관리 등 목적사업의 편익을 위하여 개설한 농로로서 도시계획의 결정과는 관계없이 인근 농민이나 주민들을 포함한 불특정 다수인의 통행에 20년 이상 장기간 제공되어 사실상 도로화 되었고, 여기에 이용상태나 기간, 특히 지방농지개량조합이 농로를 개설하면서 지목을 현실이용상황에 맞게 도로로 변경한 점 등에 비추어 이제 소유권을 행사하여 통행을 금지시킬 수 있는 상태에 있다고 보기 어려우므로, 결국 당해 토지는 공공용지의취득및손실보상에관한특례법시행규칙(1995. 1. 7. 건설교통부령 제3호로 개정된 것) 제6조의2 제1항 제2호 소정의 사도법에 의한 사도 이외의 도로부지에 해당하는 것으로 봄이 상당하고, 따라서 인근 토지에 대한 평가금액의 3분의 1로 평가할 수 있다고 한 사례.

❖ 수용재결(09. 12. 17) - 토지수용에서 제외하여 달라는 주장에 대한 재결
○○○이 토지사용승낙을 하여 주고자 하니 토지를 수용하지 말고 본 사업을 하여 달라는 주장에 대하여는, 관련자료(도로구역결정 고시문, 사업시행자의 의견서 등)를 검토한 결과, 이 건 토지는 도로구역으로서 도로공사 및 유지관리 등에 필요한 것으로 판단되고, 또한 현재의 토지수용재결단계에서는 사업인정이 중대하고 명백하게 잘못되어 그것이 당연 무효라고 인정되지 아니하는 한 이 건 토지를 수용대상에서 제외하여 달라고 할 수 없다 할 것인 바(대법원 1994. 11. 11. 선고 93누19375판결, 대법원 1996. 4. 26. 선고 95누13241판결 등 참조), 이 건 토지에 대한 사업인정이 잘못되어 당연 무효라고 볼 수 있는 사유가 없으므로 신청인의 주장은 이유 없다.

---

(1) 사실상의 사도부지

| 토지보상법 시행규칙 제26조 (도로 및 구거부지의 평가) |

① 도로부지에 대한 평가는 다음 각호에서 정하는 바에 의한다.
   2. 사실상의 사도의 부지는 인근토지에 대한 평가액의 3분의 1 이내
② 제1항제2호에서 "사실상의 사도"라 함은 「사도법」에 의한 사도외의 도로(「국토의 계획 및 이용에 관한 법률」에 의한 도시・군관리계획에 의하여 도로로 결정된 후부터 도로로 사용되고 있는 것을 제외한다)로서 다음 각호의 1에 해당하는 도로를 말한다.
   1. 도로개설당시의 토지소유자가 자기 토지의 편익을 위하여 스스로 설치한 도로
   2. 토지소유자가 그 의사에 의하여 타인의 통행을 제한할 수 없는 도로
   3. 「건축법」 제45조에 따라 건축허가권자가 그 위치를 지정・공고한 도로
   4. 도로개설당시의 토지소유자가 대지 또는 공장용지 등을 조성하기 위하여 설치한 도로
④ 제1항 및 제3항에서 "인근토지"라 함은 당해 도로부지 또는 구거부지가 도로 또는 구거로 이용되지 아니하였을 경우에 예상되는 표준적인 이용상황과 유사한 토지로서 당해 토지와 위치상 가까운 토지를 말한다.

| 참조조문 |

건축법 제45조

[별표] 사실상 사도(토지보상법 시행규칙 제26조 제2항 제2호) 체크리스트

구분		세부항목[1]	의견[2]	증빙자료[3]	비고[4]
도로로서 역할·기능	1	도로로 이용된 경위	통행로 개설일, 개설경위, 개설목적 등 개설·이용 경위 등을 상세히 기재	1. 관련공문 2. 확인서 3.	
	2	일반통행 제공 기간	(예시)"00년 00월 00일 통행로 개설 후 '00년간'일반통행에 사용되고 있음" 형식으로 기재	1. 항공사진 2. 확인서 등 3.	
	3	도로로 이용 중인 면적	(예시) 0000㎡	1. 각 현황도 2. 현장사진 3.	
	4	주위 토지로 통하는 유일한 토지인지 여부	다른 통행로가 없음을 구체적으로 기재(관련 도면 필수첨부-위성사진 등)	1. 항공사진 2. 평면도 등 3.	
	5	기타사항	기타의견		
종합 검토의견[5]					
첨부서류			증1. 도로개설 관련공문 증2. 항공사진(1970년) 증3. 현장사진		

사례 1 영내 도로는 사실상의 사도에 해당되지 않는다(2011.2.15. 토지정책과-726)(유권해석)

질의요지
2018 토지수용 업무편람 발췌

국방대학교 부지가 도시개발사업에 편입된 경우 공부상 전, 답, 임야의 토지를 일단의 학교용지로 보아 일괄 평가 가능한지 및 국방대학교 부지 내 영내 도로로 사용하고 있는 토지를 학교용지로 평가 가능한지 여부

회신내용

「공익사업을 위한 토지 등의 취득 및 보상에 관한 법률(이하 "토지보상법"이라 함)」 제70조제2항에 의하면, 토지에 대한 보상액은 가격시점에 있어서의 현실적인 이용상황과 일반적인 이용방법에 의한 객관적 상황을 고려하여 산정하도록 규정되어 있고, 토지보상법 시행규칙 제24조에 의하면, 불법형질변경토지에 대하여는 토지가 형질변경될 당시의 이용상황을 상정하여 평가하도록 규정하고 있습니다.

따라서 공부상 지목과 현황이 불일치하는 귀 질의의 토지는 「국방·군사시설 사업에 관한 법률」, 「개발제한구역의 지정 및 관리에 관한 특별조치법」등 관련법령을 검토하고, 구체적 사실관계를 조사하여 형질변경 적법성 여부 등의 확인과 위 규정에 따라 평가하여야 할 것으로 보며, 국방대학교 부지내 도로로 사용하고 있는 토지는 「토지보상법 시행규칙」제26조제2항 각호에 해당하지 아니하므로 '사실상의 도로'로 평가하기는 어려울 것이나, 다만, 일단지로 보고 평가하는 경우에는 영내 도로부분이 가치를 달리한다고 판단될 경우 이를 구분하여 평가할 수는 있을 것이므로, 구체적인 평가방법의 적용은 사업시행자가 도로의 성격 등 사실관계를 파악하여 판단·결정할 사항으로 봅니다.

재결례

▌재결례 1 ▌ 사실상의 사도로 볼 수 없다고 판단한 재결례

[중토위 2013. 3. 22.]

재결요지

000이 편입토지의 일부를 도로로 평가함은 부당하니 이를 정상평가하여 달라는 주장에 대하여, 이 건 원재결은, 000의 토지(같은 동 △△△ 전 119㎡와 ▽▽▽ 대 87㎡, 이하에서 '이 건 토지'라 한다)는 인근 지역의 주요 통행로로 이용되고 있는 도로부분으로서 이는 법 시행규칙 제26조제2항제1호에 의한 '사실상의 사도'에 해당한다고 판단하였다.

관계자료(부동산매매계약서, 건축허가서 및 설계도면, 현황사진 등)에 의하면, 000은 경기 □□시 △△동 ▽▽▽번지 일대에 근린생활시설의 건축을 위하여 인근의 토지(△△동 ▽▽▽ 전 1,193㎡)를 매입하였고 매입토지를 포함한 일부 토지('이 건 토지')를 건물의 '진출입로'로 개설할 목적으로 설계하여 2009. 9. 21. 건축허가를 받았으나 부지조성단계에서 당해 공익사업에 편입되어 건축이 중지된 것으로 확인된다.

만약, 이 건 공익사업으로 인한 건축중단없이 건축이 완공되었다면 '이 건 토지'는 건축물부지의 가치증진에 기여하게 되므로 명백하게 '사실상의 사도'에 해당한다고 할 것이다. 그러나 이 건은 건축이 완공에 이르지 못한 채 이 건 공익사업시행을 원인으로 중지되었으므로 '이 건 토지'는 '사실상의 사도'에 해당한다고 볼 수 없고 '전'을 기준으로 평가함이 타당하므로 소유자의 주장을 받아들여 각각 '전'과 '대'로 평가·보상하기로 한다.

▌재결례 2 ▌ 사실상의 사도로 볼 수 없다고 판단한 재결례

[중토위 2013. 5. 23.]

재결요지

000의 ◇◇동 80 대 ▽▽㎡, △△△의 ◇◇동 ××× 대 54㎡, □□□의 △△동 ×× 장 48㎡, ▽▽▽의 △△동 427 전 131㎡는 신청인들의 토지뿐만 아니라 인근토지에도 진출입할 수 있는 별도의 도로가 있어 타인의 통행을 제한할 수 있다고 판단되고, 000의 ◇◇동 ××× 대 34㎡, ◇◇◇의 □□동 ××-×× 잡 51㎡, 000 외 5명의 ◇◇동 ××-× 전 16㎡, ▽▽▽의 □□동 ×× 대 49㎡는 인접토지의 획지면적, 소유관계, 이용상황 등 제반 사정에 비추어 마을 공도의 기능이 있다고 판단되므로 정상평가하여 보상하기로 한다

▌재결례 3 ▌ 사실상의 사도로 보아야 한다고 판단한 재결례

[중토위 2013. 4. 19.]

재결요지

000, □□□가 사실상 사도로 평가한 것은 부당하므로 공부상 지목인 "대"로 보상하여 달라는 주장에 대하여, 법 시행규칙 제26조제1항제2호의 규정에 의하면 사실상의 사도부지는 인근토지에 대한 평가액의 3분의1 이내로 평가하도록 규정되어 있고, 법 시행규칙 제26조제2항에 따르면 사실상의 사도는 「사도법」에 의한 도로외의 도로로서 도로개설당시의 토지소유자

가 자기 토지의 편익을 위하여 스스로 설치한 도로, 토지소유자가 그 의사에 의하여 타인의 통행을 제한할 수 없는 도로 등으로 되어 있다.

관계자료(현장사진, 현황도면, 토지거래내역, 인접 대지의 건축물 건축연혁 등)를 검토한 결과, 000, □□□의 토지(부산 ▽▽동 대 73㎡, 이하 '이 건 토지'라 한다)는 지적도상 원활하게 통행할 수 있는 '도로'가 없는 '맹지'의 형상이고 동 토지와 인접한 토지(같은 동 263-1번지, 260-10번지, 260-9번지, 260-18번지, 260-17번지 등) 또한 통행로 없는 '맹지'의 형상들인 바, '이 건 토지'를 포함한 인접 토지들은 각각의 토지 일부를 할애하여 각각의 토지에 진출입이 가능하도록 '도로'로 이용하고 있는 것으로 보여진다.

한편, 인접한 대지들의 건축물이 건축된 연혁을 살펴보면, 대부분이 1950년대~1960년대에 건축된 것으로서 동 건축물들이 건축당시부터 원활하게 이용될 수 있기 위하여는 동 현황도로가 적어도 1950년대부터 개설되어 이용되었을 것이라고 봄이 상당하다고 판단된다.

000, □□□는 이 건 토지를 2012. 1. 30. 매입한 것으로 확인되는 바, 이는 소유자가 매입할 당시 토지현황의 일부가 '도로'로 이용되고 있었음을 인지하고 있었다고 보아야 하고 이러한 사정이 반영되어 토지거래가 이루어 졌다고 보아야 할 것이다.

000, □□□는 '이 건 토지'에 대하여 일반인의 통행을 제한할 수 있으니 이를 '사실상의 사도'로 평가하여서는 안된다고 주장하나 위와 같은 경위를 살펴 볼 때 '이 건 토지'는 도로개설당시의 토지소유자가 자기 토지의 편익 및 주위의 통행을 함께 고려하여 설치한 '도로'로 보여지는 점과 '이 건 토지'를 포함하여 통행로가 없는 이 일대 대지들의 유일한 통행로로 이용하기 위하여 토지소유자들의 필요에 의하여 각각의 토지의 일부를 '도로'로 공여한 것으로 볼 수 있는 사정들을 고려해 볼 때, '이 건 토지'는 토지소유자가 '도로'가 아닌 '대지'로 원상회복할 수 있는 토지라고 보기 어려우므로 법 시행규칙 제26조에 따른 '사실상의 사도'에 해당한다고 판단된다. 따라서 소유자의 주장은 받아들일 수 없다.

재결례 4 ㅣ 사실상의 사도로 볼 수 없다고 판단한 재결례

[중토위 2013. 3. 22.]

재결요지

사도를 정상평가하여 달라는 주장에 대하여「공익사업을 위한 토지 등의 취득 및 보상에 관한 법률(이하 "법"이라 한다) 시행규칙」제26조제1항제3호에 따르면「사도법」에 의한 사도의 부지 또는 사실상의 사도의 부지외의 도로의 부지는 법 시행규칙 제22조의 규정에서 정하는 방법으로 평가하도록 되어 있다.

관계 자료(현황사진, 농지전용허가공문, 사업시행자 의견 등)를 검토한 결과, 신청인의 이 건 토지(경기 00시00읍00리555-29번지 464㎡ 외 5필지 전체 657㎡)는 1997. 1. 7. 경기도 00군수가 인근주민들에게 건축을 위한 농지전용허가 시에 소유자의 동의 등 아무 권원 없이 일방적으로 현황도로(마을공도)로 인정하였을 뿐만 아니라 신청인의 토지 중 00리 555-29번지 464㎡는 2001. 1. 9. 판결에 의해 출입 및 통행금지되었으며 신청인이 설치한 휀스에 의하여 타인의 통행이 제한되고 있음이 확인되므로 정상평가하여 보상하기로 한다

판 례

▌판례 1 ▌ '자기 토지의 편익을 위하여 스스로 개설한 도로'의 판단기준

[대법원 2013. 06. 13. 선고 2011두7007]

판결요지

공익사업을 위한 토지 등의 취득 및 보상에 관한 법률 시행규칙 제26조 제2항 제1호에서 규정한 '도로개설 당시의 토지소유자가 자기 토지의 편익을 위하여 스스로 설치한 도로'에 해당한다고 하려면, 토지 소유자가 자기 소유 토지 중 일부에 도로를 설치한 결과 도로 부지로 제공된 부분으로 인하여 나머지 부분 토지의 편익이 증진되는 등으로 그 부분의 가치가 상승됨으로써 도로부지로 제공된 부분의 가치를 낮게 평가하여 보상하더라도 전체적으로 정당보상의 원칙에 어긋나지 않는다고 볼 만한 객관적인 사유가 있다고 인정되어야 하고, 이는 도로개설 경위와 목적, 주위환경, 인접토지의 획지 면적, 소유관계 및 이용상태 등 제반 사정을 종합적으로 고려하여 판단할 것이다.

▌판례 2 ▌ '도로개설 당시의 토지소유자가 자기 토지의 편익을 위하여 스스로 설치한 도로' 및 '토지소유자가 그 의사에 의하여 타인의 통행을 제한할 수 없는 도로'로 보기 위한 요건

[대법원 2007. 04. 12. 선고 2006두18492]

판결요지

구 공익사업을 위한 토지 등의 취득 및 보상에 관한 법률 시행규칙(2005. 2. 5. 건설교통부령 제424호로 개정되기 전의 것) 제26조 제1항 제2호, 제2항 제1호, 제2호는 사도법에 의한 사도 외의 도로(국토의 계획 및 이용에 관한 법률에 의한 도시관리계획에 의하여 도로로 결정된 후부터 도로로 사용되고 있는 것을 제외한다)로서 '도로개설 당시의 토지소유자가 자기 토지의 편익을 위하여 스스로 설치한 도로'와 '토지소유자가 그 의사에 의하여 타인의 통행을 제한할 수 없는 도로'는 '사실상의 사도'로서 인근토지에 대한 평가액의 1/3 이내로 평가하도록 규정하고 있는데, 여기서 '도로개설당시의 토지소유자가 자기 토지의 편익을 위하여 스스로 설치한 도로'인지 여부는 인접토지의 획지면적, 소유관계, 이용상태 등이나 개설경위, 목적, 주위환경 등에 의하여 객관적으로 판단하여야 하고, '토지소유자가 그 의사에 의하여 타인의 통행을 제한할 수 없는 도로'에는 법률상 소유권을 행사하여 통행을 제한할 수 없는 경우뿐만 아니라 사실상 통행을 제한하는 것이 곤란하다고 보이는 경우도 해당한다고 할 것이나, 적어도 도로로의 이용상황이 고착화되어 당해 토지의 표준적 이용상황으로 원상회복하는 것이 용이하지 않은 상태에 이르러야 할 것이어서 단순히 당해 토지가 불특정 다수인의 통행에 장기간 제공되어 왔고 이를 소유자가 용인하여 왔다는 사정만으로는 사실상의 도로에 해당한다고 할 수 없다.

▌판례 3 ▌ '타인의 통행을 제한할 수 없는 도로'의 판단기준

[대법원 2013. 06. 13. 선고 2011두7007]

판결요지

공익사업을 위한 토지 등의 취득 및 보상에 관한 법률 시행규칙 제26조 제2항 제2호가 규정한 '토지소유자가 그 의사에 의하여 타인의 통행을 제한할 수 없는 도로'는 사유지가 종전부터 자연발생적으로 또는 도로예정지로 편입되어 있는 등으로 일반 공중의 교통에 공용되고 있고 그 이용상황이 고착되어 있어, 도로부지로 이용되지 아니하였을 경우에 예상되는 표준적인 이용상태로 원상회복하는 것이 법률상 허용되지 아니하거나 사실상 현저히 곤란한 정도에 이른 경우를 의미한다고 할 것이다. 이때 어느 토지가 불특정 다수인의 통행에 장기간 제공되어 왔고 이를 소유자가 용인하여 왔다는 사정이 있다는 것만으로 언제나 도로로서의 이용상황이 고착되었다고 볼 것은 아니고, 이는 당해 토지가 도로로 이용되게 된 경위, 일반의 통행에 제공된 기간, 도로로 이용되고 있는 토지의 면적 등과 더불어 그 도로가 주위 토지로 통하는 유일한 통로인지 여부 등 주변 상황과 당해 토지의 도로로서의 역할과 기능 등을 종합하여 원래의 지목 등에 따른 표준적인 이용상태로 회복하는 것이 용이한지 여부 등을 가려서 판단해야 할 것이다.

▌판례 4 ▌ '토지소유자가 그 의사에 의하여 타인의 통행을 제한할 수 없는 도로'로 보기 위한 요건

[대법원 2011. 08. 25. 2011두7014]

판시사항

1. 도로로서 이용상황이 고착화되어 당해 토지의 표준적 이용상황으로 원상회복하는 것이 쉽지 않은 상태에 이르는 등 인근 토지에 비하여 낮은 가격으로 평가해도 될 만한 객관적인 사정이 인정되는 경우, 공익사업을 위한 토지 등의 취득 및 보상에 관한 법률 시행규칙 제26조에서 정한 '사실상의 사도'에 포함되는지 여부(적극)
2. 도시개발사업 관련 수용대상인 갑 소유 토지가 인근 주민의 통행로로 사용되었다는 이유로 재결감정을 하면서 이를 사실상의 사도로 보고 보상금액을 인근 토지의 1/3로 평가한 사안에서, 위 토지의 이용상태나 기간, 면적 및 형태 등에 비추어 보면 위 토지가 인근 주민들을 포함한 불특정 다수인의 통행에 장기간 제공되어 사실상 도로화되었고 도로로서 이용상황이 고착화되어 표준적 이용상황으로 원상회복하는 쉽지 않은 상태에 이르는 등 사실상 타인의 통행을 제한하는 것이 곤란하므로 인근 토지에 비해 낮은 가격으로 평가해도 될 만한 사정이 있다는 이유로, 이와 달리 본 원심판결에 법리오해의 위법이 있다고 한 사례

판결요지

'공익사업을 위한 토지 등의 취득 및 보상에 관한 법률'('법') 시행규칙 제26조 제1항 제2호, 제2항 제1호, 제2호는 사도법에 의한 사도 외의 도로('국토의 계획 및 이용에 관한 법률'에 의한 도시관리계획에 의하여 도로로 결정된 후부터 도로로 사용되고 있는 것을 제외한다)로서 '도로개설 당시의 토지소유자가 자기 토지의 편익을 위하여 스스로 설치한 도로'와 '토지소유자가 그 의사에 의하여 타인의 통행을 제한할 수 없는 도로'는 '사실상의 사도'로서 인근 토지에 대한 평가액의 1/3 이내로 평가하도록 규정하고 있다.

여기서 '토지소유자가 그 의사에 의하여 타인의 통행을 제한할 수 없는 도로'에는 법률상 소유권을 행사하여 통행을 제한할 수 없는 경우뿐만 아니라 사실상 통행을 제한하는 것이 곤란

하다고 보이는 경우도 해당한다 (대법원 2007. 4. 12. 선고 2006두18492 판결 등 참조). 따라서 단순히 당해 토지가 불특정다수인의 통행에 장기간 제공되어 왔고 이를 소유자가 용인하여 왔다는 사정만으로는 사실상의 도로에 해당한다고 할 수 없으나, 도로로의 이용상황이 고착화되어 당해 토지의 표준적 이용상황으로 원상회복하는 것이 용이하지 아니한 상태에 이르는 등 인근의 토지에 비하여 낮은 가격으로 평가하여도 될 만한 객관적인 사정이 인정되는 경우에는 사실상의 사도에 포함된다고 볼 것이다.

▮ 판례 5 ▮ 사실상 도로로 사용되고 있는 토지의 사용수익권 포기 여부의 판단기준

[대법원 1999. 4. 27. 선고 98다56232]

판결요지

어느 사유지가 종전부터 자연발생적으로, 또는 도로예정지로 편입되어 사실상 일반 공중의 교통에 공용되는 도로로 사용되고 있는 경우, 그 토지의 소유자가 스스로 그 토지를 도로로 제공하여 인근 주민이나 일반 공중에게 무상으로 통행할 수 있는 권리를 부여하였거나 그 토지에 대한 독점적이고 배타적인 사용수익권을 포기한 것으로 의사해석을 함에 있어서는 그가 당해 토지를 소유하게 된 경위나 보유 기간, 나머지 토지들을 분할하여 매도한 경위와 그 규모, 도로로 사용되는 당해 토지의 위치나 성상, 인근의 다른 토지들과의 관계, 주위 환경 등 여러 가지 사정과 아울러 분할·매도된 나머지 토지들의 효과적인 사용·수익을 위하여 당해 토지가 기여하고 있는 정도 등을 종합적으로 고찰하여 판단하여야 한다.

▮ 판례 6 ▮ 새마을도로는 배타적 사용·수익권을 포기한 것으로 본다.

[대법원 2006. 05. 12. 선고 2005다31736]

판결요지

1. 어느 사유지가 종전부터 자연발생적으로 또는 도로예정지로 편입되어 사실상 일반 공중의 교통에 공용되는 도로로 사용되고 있는 경우, 그 토지의 소유자가 스스로 그 토지를 도로로 제공하여 인근 주민이나 일반 공중에게 무상으로 통행할 수 있는 권리를 부여하였거나 그 토지에 대한 독점적이고 배타적인 사용수익권을 포기한 것으로 의사해석을 함에 있어서는, 그가 당해 토지를 소유하게 된 경위나 보유기간, 나머지 토지들을 분할하여 매도한 경위와 그 규모, 도로로 사용되는 당해 토지의 위치나 성상, 인근의 다른 토지들과의 관계, 주위 환경 등 여러 가지 사정과 아울러 분할·매도된 나머지 토지들의 효과적인 사용·수익을 위하여 당해 토지가 기여하고 있는 정도 등을 종합적으로 고찰하여 판단하여야 한다.
2. 새마을 농로 확장공사로 인하여 자신의 소유 토지 중 도로에 편입되는 부분을 도로로 점유함을 허용함에 있어 손실보상금이 지급되지 않았으나 이의를 제기하지 않았고 도로에 편입된 부분을 제외한 나머지 토지만을 처분한 점 등의 제반 사정에 비추어 보면, 토지소유자가 토지 중 도로로 제공한 부분에 대한 독점적이고 배타적인 사용수익권을 포기한 것으로 봄이 상당하다고 한 사례

(2) 공도부지

| 토지보상법 시행규칙 제26조 (도로 및 구거부지의 평가) |

① 도로부지에 대한 평가는 다음 각호에서 정하는 바에 의한다.
　　1. 「사도법」에 의한 사도의 부지는 인근토지에 대한 평가액의 5분의 1 이내
　　2. 사실상의 사도의 부지는 인근토지에 대한 평가액의 3분의 1 이내
　　3. 제1호 또는 제2호외의 도로의 부지는 제22조의 규정에서 정하는 방법

| 참조조문 |

공간정보관리법 제87조

(3) 예정공도부지

예정공도부지는 공도부지의 보상평가방법을 준용함

재결례

∥ 재결례 1 ∥ 토지소유자가 도시계획시설도로로 결정된 후부터 도로로 사용한 토지는 예정공도이므로 정상평가한다.

[중토위 2017. 3. 9.]

재결요지

000가 협의시 사실상의 사도로 평가된 토지는 예정공도이므로 정상평가하여 달라는 주장에 대하여, 법 시행규칙 제26조의 규정에 의하면 "사실상의 사도"라 함은 「사도법」에 의한 사도 외의 도로(「국토의 계획 및 이용에 관한 법률」에 의한 도시·군관리계획에 의하여 도로로 결정된 후부터 도로로 사용되고 있는 것을 제외한다)로서 도로개설당시의 토지소유자가 자기 토지의 편익을 위하여 스스로 설치한 도로, 토지소유자가 그 의사에 의하여 타인의 통행을 제한할 수 없는 도로, 「건축법」 제45조에 따라 건축허가권자가 그 위치를 지정·공고한 도로, 도로개설당시의 토지소유자가 대지 또는 공장용지 등을 조성하기 위하여 설치한 도로는 인근토지에 대한 평가액의 3분의 1 이내로 평가하도록 되어 있다.

관계자료(현장사진, 지적도, 항공사진, 소유자 의견서, 사업시행자 의견서 등)을 검토한 결과, 000의 경기 고양시 덕양구 00동 404-3 도 264㎡ 중 35㎡는 전으로 사용하던 토지가 2006년 도시계획시설도로로 결정된 후부터 도로로 사용되고 있는 예정공도로 확인되므로 정상평가하여 보상하기로 하고 나머지 229㎡는 도시계획시설도로로 결정되기 이전부터 도로로 사용하고 있던 토지로서 토지소유자가 그 의사에 의하여 타인의 통행을 제한할 수 없는 사실상의 사도로 확인되므로 신청인의 주장은 받아들일 수 없다.

┃ **재결례 2** ┃ 자기 토지의 편익을 위하여 스스로 설치한 도로라고 하더라도 예정공도에 해당되면 사실상의 사도로 볼 수 없다.

[중토위 2013. 5. 23]

재결요지

대상토지의 이용상황이 "도로"가 아닌 "나대지"이며, 대상토지를 「사실상의 사도(私道)」로 평가한 것은 부당하므로 종전 이용상황인 "대"로 정상평가하여 보상금을 현실에 맞게 인상하여 달라는 주장에 대하여 살펴본다.

일반적으로, 「사실상의 사도(私道)」는 「사도법」에 의한 사도(私道)와 같이 도로 개설 당시 토지소유자가 자기의 토지의 편익을 위하여 스스로 설치한 도로인 면에서는 동일하나, 「사도법」상 사도개설허가 없이 토지형질변경허가 등으로 개설한 도로로서 도로의 개설경위, 동일인의 인접토지에 대한 개설 도로의 기여 여부 등을 종합적으로 감안하여 개별적으로 판단하여야 한다.

먼저, 대상토지는 구지번인 △△동 대10,267.8㎡, 같은 동 임 496㎡, ▽▽동 대 1,851.9㎡ 3필지 총 12,615.7㎡(이하 "구지번 등"이라 한다)에서 일부(7,561.6㎡)는 재건축아파트 부지로 편입되고, 나머지가 도시관리계획상 도시계획도로에 편입되어 분할되면서 신규 지번이 부여된 바, 도시관리계획의 편입, 분할 및 지목변경 경위 등 사실관계를 관계자료(소유자 및 사업시행자의 의견서, 고시문, 현황사진 등)에 의거 검토한 결과, ㅇㅇ아파트 재건축정비사업(이하 "재건축사업"이라 한다)을 위하여 설립된 ㅇㅇ아파트 재건축조합(이하 "조합"이라 한다)에서 2000. 12. 23. 구지번 등의 토지매각을 소유자인 □□공사에 요청함에 따라 쌍방간에 협의를 진행하던 중 2001. 2. 8. 서울특별시가 조합과 □□공사에게 도시관리계획(둔촌로 도로확장계획)을 통보하면서 이 계획에 맞는 재건축사업 추진을 하도록 요청함에 따라 조합과 □□공사는 도시관리계획에 포함된 대상토지는 제외하고, 재건축사업에 편입되는 일부 면적 7,561.6㎡에 대하여만 2002. 12. 24. 토지매매계약을 체결하여 조합에 매각하였으며, 조합도 전체 주택용지 면적에서 도시관리계획에 포함된 대상토지를 제외하고 조합에서 재건축사업 부지로 매수한 면적(7,561.6㎡)만을 주택용지에 포함하여 2003. 12. 30. 재건축사업 시행인가를 받았음이 확인된다.

이어, 대상토지는 2006. 4. 27. 서울특별시 고시 제2006-147호의 도시관리계획에 따라 도시계획시설(도로)로 편입이 결정되었고, 조합은 당초 재건축사업 시행인가시 도시관리계획(도시계획도로)에 편입된다는 이유로 재건축 주택용지에서 제외되었던 대상토지를 주택용지에 포함하지 않고 토지이용계획 상 도시계획시설(도로)에 포함하여 2008. 9. 25. 강동구청으로부터 재건축사업의 준공인가를 받았고, 강동구청은 2009. 1. 7. 강동구 공고 제2009-22호에 의하여 □□공사 소유의 잔여토지인 대상토지까지 종전 지적공부(구지번 등)를 폐쇄하고 신규지번인 ▽▽동 414-22 5,054.1㎡를 부여하면서 지목을 "대"에서 "도로"로 변경 조치하였다.

또한 현장확인 결과, 대상토지는 기존 도로(대로 3류, 둔촌로 25m~30m) 및 재건축사업으로 건축된 ▽▽아파트 사이에 위치하고 있으며 가장자리 일부 면적이 주민 통행로 등으로 사용되고 있으며, 중앙 대부분의 면적(5,054.1㎡ 중 2,828.8㎡)이 나대지로서 강동구청에서 도로변 미관을 위하여 계절적으로 메밀 등을 일시적으로 식재하며 사실상 강동구청의 도시관리계획

영역에 포함하여 관리하고 있음이 확인된다.

대상 토지가 재건축조합의 아파트 부지에 편익을 주는 「사실상의 사도(私道)」가 되기 위하여는 조합이 □□공사의 대상토지를 매입하여 조합소유로 한 후, 스스로 도로를 개설함으로써 조합의 도로부지의 효용이 조합의 아파트 부지의 효용을 증진하는 이용상황이어야 한다. 그러나 앞에서 살펴본 바와 같이, 조합은 □□공사로부터 대상토지를 매입하려고 협의하다가 재건축사업 준공시까지 □□공사 소유의 대상토지를 매입한 사실이 없고, 현재까지도 대상토지는 원래 대로 □□공사의 소유토지로 남아 있는 상태이며, □□공사 스스로 도로를 개설하여 조합의 재건축 아파트를 위한 도로로 제공한 사실도 전혀 발견되지 아니한다.

따라서, □□공사가 대상토지의 소유권을 행사하여 대상토지 중 주민들의 통행로와 정문 차도로 이용되는 부분을 폐쇄하는 경우에도 기존 도로의 보도를 이용하는 등 다소 우회하게 되는 불편은 있을 수 있으나 주민들의 통행에는 문제가 없는 것으로 판단된다.

설사, 조합이 □□공사로부터 대상토지를 매입하여 소유권을 취득하고 재건축아파트 지구단위(정비)계획에 따라 재건축 아파트 부지의 편익을 증진시키기 위한 도로로 스스로 개설하여 사용함으로써 「사실상의 사도(私道)」에 해당되는 경우라도, 본건의 경우 법 시행규칙 제26조제2항 본문 단서조항에서 「국토의 계획 및 이용에 관한 법」에 의한 도시·군관리계획에 의하여 도로로 결정된 후부터 도로로 사용되고 있는 것을 제외하도록 규정되어 있어 「사실상의 사도(私道)」에서 제외되어야 하며, 법 시행규칙 제23조제1항 단서조항 및 제2항에 비추어보아도 사실상의 사도 등 도로로 볼 수 없다고 판단된다.

결론적으로, 대상토지는 당초 ○○아파트 부지와 접한 상태에서 □□공사가 아파트 모델하우스 부지와 나대지로 이용하던 중, 일부 토지가 재건축사업 부지로 편입되어 남은 나대지로서 서울특별시의 도시관리계획에 의하여 도시계획도로로 편입되었을 뿐, 조합이 □□공사의 대상토지를 매입하여 조합소유로 한 후 스스로 도로를 개설함으로써 조합의 도로부지의 효용이 조합의 아파트 부지의 효용을 증진하는 이용상황도 아니고, 법 시행규칙 제26조제2항 본문 단서조항에서 「국토의 계획 및 이용에 관한 법률」에 의한 도시·군관리계획에 의하여 도로로 결정된 후부터 도로로 사용되고 있는 것을 제외하도록 규정되어 있는 점 등을 종합적으로 고려할 때 「사실상의 사도(私道)」에 해당하지 아니한다고 판단되므로, 대상토지를 「사실상의 사도(私道)」로 평가한 것은 부당하다는 신청인의 주장을 받아들이기로 하다.

판 례

∥ 판례 1 ∥ 토지소유자가 도시계획도로 입안내용에 따라 스스로 도로로 제공한 토지는 예정공도가 아니라 사실상의 사도에 해당된다.

[대법원 1997. 08. 29. 선고 96누2569]

판시사항

1. 수용대상 토지의 손실보상액 평가 기준
2. 구 공공용지취득및손실보상에관한특례법시행규칙 제6조의2 제1항 소정의 '사실상의 사도'의 판단 기준

3. 토지소유자가 도시계획(도로)입안의 내용에 따라 스스로 토지를 도로로 제공하였고 도시계획(도로) 결정고시는 그 후에 있는 경우, 도시계획입안의 내용은 그 토지 지가 하락의 원인과 관계가 없어서 토지에 대한 손실보상금산정에 참작할 사유가 아니라고 한 사례

판결요지

1. 수용대상 토지에 대한 손실보상액을 평가함에 있어서는 수용재결 당시의 이용상황, 주위환경 등을 기준으로 하여야 하는 것이고, 여기서의 수용대상 토지의 현실이용상황은 법령의 규정이나 토지소유자의 주관적 의도 등에 의하여 의제될 것이 아니라 오로지 관계 증거에 의하여 확정되어야 한다.
2. 구 공공용지취득및손실보상에관한특례법시행규칙(1995. 1. 7. 건설교통부령 제3호로 개정되기 전의 것) 제6조의2 제1항 소정의 '사실상의 사도'라 함은 토지소유자가 자기 토지의 이익증진을 위하여 스스로 개설한 도로로서 도시계획으로 결정된 도로가 아닌 것을 말하되, 이 때 자기 토지의 편익을 위하여 토지 소유자가 스스로 설치하였는지 여부는 인접토지의 획지면적, 소유관계, 이용상태 등이나 개설경위, 목적, 주위환경 등에 의하여 객관적으로 판단하여야 하므로, 도시계획(도로)의 결정이 없는 상태에서 불특정 다수인의 통행에 장기간 제공되어 자연발생적으로 사실상 도로화된 경우에도 '사실상의 사도'에 해당하고, 도시계획으로 결정된 도로라 하더라도 그 이전에 사실상의 사도가 설치된 후에 도시계획결정이 이루어진 경우 등에도 거기에 해당하며, 다만 토지의 일부가 일정기간 불특정 다수인의 통행에 공여되거나 사실상의 도로로 사용되고 있으나 토지소유자가 소유권을 행사하여 그 통행 또는 사용을 금지시킬 수 있는 상태에 있는 토지는 사실상의 사도에 해당되지 아니한다.
3. 토지수용으로 인한 손실보상액을 산정함에 있어서는 당해 공공사업의 시행을 직접 목적으로 하는 계획의 승인·고시로 인한 가격변동은 이를 고려함이 없이 수용재결 당시의 가격을 기준으로 하여 적정가격을 산정하여야 하며, 도시계획결정은 도시계획고시일에 그 효력을 발생하는 것이므로, 당해 토지소유자가 도시계획(도로)입안의 내용에 따라 스스로 토지를 도로로 제공하였고 도시계획(도로) 결정고시는 그 후에 있는 경우, 도시계획입안의 내용은 그 토지 지가 하락의 원인과 관계가 없어서 토지에 대한 손실보상금산정에 참작할 사유가 아니라고 한 사례

사. 구거 및 도수로부지

| **토지보상법 시행규칙 제26조 (도로 및 구거부지의 평가)** |

③ 구거부지에 대하여는 인근토지에 대한 평가액의 3분의 1 이내로 평가한다. 다만, 용수를 위한 도수로부지(개설당시의 토지소유자가 자기 토지의 편익을 위하여 스스로 설치한 도수로부지를 제외한다)에 대하여는 제22조의 규정에 의하여 평가한다.
④ 제1항 및 제3항에서 "인근토지"라 함은 당해 도로부지 또는 구거부지가 도로 또는 구거로 이용되지 아니하였을 경우에 예상되는 표준적인 이용상황과 유사한 토지로서 당해 토지와 위치상 가까운 토지를 말한다.

| 판 례 |

┃ 판례 1 ┃ 인근 토지의 1/3 이내로 감액하여 보상평가하는 구거의 의미

[대법원 1983. 12. 13. 선고 83다카1747]

판시사항

공공용지의 취득 및 손실보상에 관한 특례법시행규칙 제6조의2 제2항 제1호 소정의 사실상의 사도 또는 구거의 의미

판결요지

공공용지의 취득 및 손실보상에 관한 특례법시행규칙 제6조의2 제2항 제1호 소정의 사실상의 사도 또는 구거라 함은 토지소유자가 자기토지의 이익증진을 위하여 스스로 개설한 도로 또는 구거를 의미하고 소유 토지의 일부가 일정기간 불특정다수인의 통행에 공여되거나 사실상 구거등으로 사용되고 있으나 토지소유권자가 소유권을 행사하여 그 통행 또는 사용을 금지시킬 수 있는 상태에 있는 토지는 사실상의 사도 또는 구거에 해당되지 않는다.

┃ 판례 2 ┃ 도수로에서 '인공적인 수로' 의 의미

[서울고등법원 2014.9.19. 선고 2013누308435)]

판결요지

공익사업법 시행규칙 제26조제3항 및 측량·수로조사 및 지적에 관한 법률 시행령 제58조제18호 등 관련 법규의 문언과 입법취지를 종합하면, 도수로는 "용수(또는 배수)를 위하여 일정한 형태를 갖춘 인공적인 수로·둑 및 그 부속시설"을, 도수로부지는 "용수를 취수시설로부터 끌어오기 위해 설치하는 일정한 형태를 갖춘 인공적인 수로의 부지"를 각 의미하는데, 여기서 '인공적인 수로'란 협의의 구거, 즉 "자연의 유수가 있거나 있을 것으로 예상되는 소규모 수로"와 대비되는 개념으로서 인공적으로 설치된 수로를 뜻하고, 이러한 '인공적 수로'는 자연발생적이 아닌 인위적 방법에 따르기만 하면 단순히 흙쌓기와 땅파기 공사 등을 통하여도 설치될 수 있으며, 땅을 판 후 반드시 그 위에 어떠한 시설물을 설치하여야만 '인공적 수로'가 되는 것은 아니다. … 이 사건 각 토지는 그 위에 콘크리트 구조물 등 인공적인 시설이 설치되어 있지 않다고 하더라도 도수로 부지에 해당한다.

┃ 판례 3 ┃ 구거부지와 도수로부지의 구분기준

[대법원 2001. 04. 24. 선고 99두5085]

판결요지

1. 공공용지의취득및손실보상에관한특례법시행규칙 제6조의2 제2항, 제12조 제2항, 제6조 제1항, 제2항은 구거부지에 대하여는 인근토지에 대한 평가금액의 1/3 이내로 평가하도록 하면서 관행용수를 위한 도수로부지에 대하여는 일반토지의 평가방법에 의하여 평가하도록 규정하고 있는바, 이와 같이 구거부지와 도수로부지의 평가방법을 달리하는 이유는 그 가치에 차이가 있다고 보기 때문이므로, 일반토지의 평가방법에 의한 가격으로 평가하도록

되어 있는 도수로부지를 그보다 낮은 가격으로 평가하는 구거부지로 보기 위하여는 그 도수로의 개설경위, 목적, 주위환경, 소유관계, 이용상태 등의 제반 사정에 비추어 구거부지로 평가하여도 될만한 객관적인 사유가 있어야 한다.

2. 관행용수를 위한 도수로부지에 그 소유자의 의사에 의하지 아니한 채 생활오폐수가 흐르고 있다는 사정은 원래 일반토지의 평가방법에 의한 가격으로 평가하도록 되어 있는 도수로부지를 그보다 낮은 가격으로 평가하는 구거부지로 보아도 될만한 객관적인 사유가 될 수 없다.

아. 하천

| 하천편입토지보상법 제3조 (보상청구권의 소멸시효) |

제2조에 따른 보상청구권의 소멸시효는 2013년 12월 31일에 만료된다.

| 하천편입토지보상법 제7조 (공익사업 구간에 위치한 토지 등에 대한 보상의 특례) |

① 다음 각 호에 해당하는 사업시행자는 자기의 부담으로 제2조에 따른 대상토지를 보상하고 「공익사업을 위한 토지 등의 취득 및 보상에 관한 법률」 제4조에 따른 하천공사 등 공익사업을 시행할 수 있다.
  1. 국가 및 지방자치단체
  2. 「공공기관의 운영에 관한 법률」에 따른 공공기관
  3. 「지방공기업법」에 따른 지방공기업
② 제1항의 경우 제5조·제6조·제8조 및 제9조를 적용하며, 이 경우 "시·도지사"는 "사업시행자"로 본다.

자. 「하천편입토지 보상 등에 관한 특별조치법」 (법률 제9543호, 2009. 3. 25., 제정)

| 하천편입토지 보상 등에 관한 특별조치법 제2조 (적용대상) |

다음 각 호의 어느 하나에 해당하는 경우 중 「하천구역편입토지 보상에 관한 특별조치법」 제3조에 따른 소멸시효의 만료로 보상청구권이 소멸되어 보상을 받지 못한 때에는 특별시장·광역시장 또는 도지사(이하 "시·도지사"라 한다)가 그 손실을 보상하여야 한다.
  1. 법률 제2292호 하천법개정법률의 시행일 전에 토지가 같은 법 제2조제1항제2호가목에 해당되어 하천구역으로 된 경우
  2. 법률 제2292호 하천법개정법률의 시행일부터 법률 제3782호 하천법중개정법률의 시행일 전에 토지가 법률 제3782호 하천법중개정법률 제2조제1항제2호가목에 해당되어 하천구역으로 된 경우
  3. 법률 제2292호 하천법개정법률의 시행으로 제방으로부터 하천 측에 있던 토지가 국유로 된 경우
  4. 법률 제892호 하천법의 시행일부터 법률 제2292호 하천법개정법률의 시행일 전에 제방으로부터 하천 측에 있던 토지 또는 제방부지가 국유로 된 경우

| 하천편입토지 보상 등에 관한 특별조치법 제3조 (보상청구권의 소멸시효) |

제2조에 따른 보상청구권의 소멸시효는 2013년 12월 31일에 만료된다.

(1) 관련 판례

(가) 준용·2급지방하천 관련

판 례

| 판례 1 | 부당이득금

(대법원 1991. 8. 13. 선고, 90다17712 판결)

[판시사항]

준용하천구역으로 편입된 사유토지에 대한 부당이득반환청구의 가부(소극)

[판결이유]

원심판결 이유에 의하면 원심은 원고의 소유인 이 사건 3필지의 토지가 일제 때부터 축조되어 있던 경안천 제방의 안쪽에 소재하고 있었는데 1965.3.1. 경기도지사가 경안천을 준용하천으로 고시하고, 1971.1. 19. 법률 제2292호로 개정된 하천법이 공포, 시행됨으로써 위 토지는 모두 동법 제2조 제1항 제2호 다목에 해당하는 하천구역으로 적법하게 편입되었으며, 1972.9.의 대홍수로 경안천이 범람한 후 같은 해 10.경부터 피고가 경안천의 제방을 개·보수하였으나 위 토지들은 여전히 하천구역안에 남아 있는 사실을 인정하였는바 원심판결이 적시한 증거들을 기록과 대조하여 살펴보면 원심의 증거판단과 사실인정을 수긍할 수 있고 거기에 채증상의 위법 또는 이로 인한 사실오인의 위법이 없다. 논지는 받아들일 수 없는 것이다.

| 판례 2 | 토지수용이의재결처분취소

(대법원 1997. 6. 13. 선고 96누11679 판결)

[판시사항]

유수지에 대하여 준용하천의 지정이 있는 경우, 하천법 제74조 소정의 손실보상 여부 (소극)

[판결이유]

원심판결 이유에 의하면, 원심은 그 채용한 증거들에 의하여, 원고 소유의 이 사건 토지는 원래 유수지(流水地)였는데, 경상남도지사가 1982. 11. 29. 경상남도 고시 271호로 준용 하천인 산호천의 기점을 마산시 회성동, 종점을 마산시 산호동 삼호천으로 연장·공고함으로써 산호천의 종적 구간에 편입된 사실을 인정한 다음, 이 사건 토지는 준용하천 중 하천법 제2조 제1항 제2호 (가)목에 해당되는 토지라 할 것인데, 하천법시행령 제9조 제3항이 준용하천에는 하천법 제74조 제2항을 준용하지 않도록 명시적으로 규정하고 있고, 또 준용하천에 1984. 12. 31.자 하천법 부칙 제2조 제1항을 준용한다는 다른 규정도 없을 뿐만 아니라, 이 사건 토지는 원래부터 유수지여서 준용하천의 지정으로 소유자인 원고가 새삼 어떤 손해를 입게 되었다고 볼 수도 없으므로 하천법 제74조 소정의 손실 보상 대상이 아니라 하여 원고의 손실보상 재결신청을 기각한 이 사건 재결이 정당하다고 판단하였는바, 기록과 관계 법령에 의하면 원심의 위와 같은 사실인정과 판단은 정당하고, 거기에 상고이유로서 지적하는 바와 같은 심리미진, 채증법칙 위배로 인한 사실오인이나 하천구역 및 하천법 부칙에 관한 법리오해의 위법이 있다고 할 수 없다. 논지는 이유 없다.

▮ 판례 3 ▮ 손실보상금재결처분취소

대법원 2001. 3. 15. 선고 98두15597 전원합의체 판결

【판시사항】

구 하천법상 개인 소유의 토지가 준용하천의 부지로 편입된 경우, 당연히 국유로 되어 종래의 소유자가 그 소유권을 상실하게 되는지 여부(소극)

【판결요지】

구 하천법(1999. 2. 8. 법률 제5893호로 전문 개정되기 전의 것) 제10조는 같은 법의 규정을 대통령령이 정하는 바에 의하여 준용하천에 준용한다고 규정하고 있고, 같은 법시행령(1999. 8. 9. 대통령령 제16535호로 전문 개정되기 전의 것) 제9조제3항은 준용하천에 준용되는 같은 법의 규정들을 열거하면서 하천의 국유화에 관한 같은 법 제3조를 제외하고 있으므로, 개인 소유의 토지가 준용하천의 부지로 편입되었다고 하더라도 당연히 국유로 되어 종래의 소유자가 그 소유권을 상실하게 되는 것이 아님은 명백하다.

▮ 판례 4 ▮ 손실보상재결처분취소

대법원 2001. 3. 23. 선고 99두5238 판결

【판시사항】

[2] 구 하천법 제10조와 같은법시행령 제3항의 규정에 의한 준용하천의 경우, 제외지(제외지)로 편입된 토지에 대한 손실보상의 기준(=제외지 편입 당시의 현황에 따른 지료 상당액)

【판결요지】

[2] 구 하천법(1999. 2. 8. 법률 제5893호로 전문 개정되기 전의 것) 제10조와 같은법 시행령 (1999. 8. 9. 대통령령 제16535호로 개정되기 전의 것) 제9조 제3항의 규정에 의한 준용하천의 경우에 제외지(제외지)와 같은 하천구역에 편입된 토지의 소유자가 그로 인하여 받게 되는 그 사용수익권에 관한 제한내용과 헌법상 정당보상의 원칙 등에 비추어 볼 때, 준용하천의 제외지로 편입됨에 따른 같은 법 제74조 제1항의 손실보상은 원칙적으로 공용제한에 의하여 토지 소유자로서 사용수익이 제한되는 데 따른 손실보상으로서 제외지 편입 당시의 현황에 따른 지료 상당액을 기준으로 함이 상당하고, 달리 이를 같은 법 제25조에서 정한 점용허가 등이 허용되지 아니하는 데 따른 손실보상이라거나, 혹은 같은 법 제33조의 점용료가 그 기준이 되어야 한다고 보아야 할 근거가 없는 한편, 같은법시행령 제9조 제3항이 1994. 10. 11. 대통령령 제14400호로 개정되면서 토지 소유자에게는 준용하천구역 내에서의 토지점용허가 등의 경우에 점용료 징수에 관한 같은 법 제33조의 규정을 배제하는 규정을 두었으나, 이러한 규정에 기한 점용료의 징수 면제를 들어 준용하천의 제외지로 편입됨에 따른 손실보상 자체가 배제된다고 볼 수도 없다.

【이 유】

상고이유를 본다.

2. 법 제10조와 영 제9조 제3항의 규정에 의한 준용하천의 경우에 제외지(堤外地)와 같은 하천구역에 편입된 토지의 소유자가 그로 인하여 받게 되는 그 사용수익권에 관한 제한내용과 헌법상 정당보상의 원칙 등에 비추어 볼 때, 준용하천의 제외지로 편입됨에 따른 법 제74조 제1항의 손실보상은 원칙적으로 공용제한에 의하여 토지 소유자로서 사용수익이 제한되는 데 따른 손실보상으로서 제외지 편입 당시의 현황에 따른 지료 상당액을 기준으로 함이 상당하고, 달리 이를 법 제25조에서 정한 점용허가 등이 허용되지 아니하는 데 따른 손실보상이라거나, 혹은 법 제33조의 점용료가 그 기준이 되어야 한다고 보아야 할 근거가 없는 한편, 영 제9조 제3항이 1994. 10. 11. 대통령령 제14400호로 개정되면서 토지 소유자에게는 준용하천구역 내에서의 토지점용허가 등의 경우에 점용료 징수에 관한 법 제33조의 규정을 배제하는 규정을 두었으나, 이러한 규정에 기한 점용료의 징수 면제를 들어 준용하천의 제외지로 편입됨에 따른 손실보상 자체가 배제된다고 볼 수도 없다.

차. 하천법 부칙(1984.12.31.) 제2조제1항의 적용 범위 및 쟁송방법

판 례

┃ 판례 1 ┃ 재결신청기각처분취소등

대법원 2003. 4. 25. 선고 2001두1369 판결

【판시사항】

[2] 구 하천법 제10조와 같은법시행령 제9조 제3항의 규정에 의한 준용하천의 경우, 제외지(堤外地)로 편입된 토지에 대한 손실보상의 기준(=제외지 편입 당시의 현황에 따른 지료 상당액)

[3] 준용하천의 제외지로 편입된 토지 소유자가 직접 하천관리청을 상대로 민사소송으로 손실보상을 청구할 수 있는지 여부(소극)

[4] 구 하천법 제74조에 의한 준용하천의 손실보상청구에 대하여 같은 법 부칙 제2조 제2항의 소멸시효의 규정이 적용되는지 여부(소극)

【판결요지】

[2] 구 하천법(1999. 2. 8. 법률 제5893호로 전문 개정되기 전의 것) 제10조와 같은법 시행령(1999. 8. 9. 대통령령 제16535호로 전문 개정되기 전의 것) 제9조 제3항의 규정에 의한 준용하천의 제외지(堤外地)와 같은 하천구역에 편입된 토지의 소유자가 그로 인하여 받게 되는 그 사용수익권에 관한 제한내용과 헌법상 정당보상의 원칙 등에 비추어 볼 때, 준용하천의 제외지로 편입됨에 따른 같은 법 제74조 제1항의 손실보상은 원칙적으로 공용제한에 의하여 토지 소유자로서 사용수익이 제한되는 데 따른 손실보상으로서 제외지 편입 당시의 현황에 따른 지료 상당액을 기준으로 함이 상당하다.

[3] 토지가 준용하천의 제외지와 같은 하천구역에 편입된 경우, 토지 소유자는 구 하천법 (1999. 2. 8. 법률 제5893호로 전문 개정되기 전의 것) 제74조가 정하는 바에 따라 하천관리청과 협의를 하고 그 협의가 성립되지 아니하거나 협의를 할 수 없을 때에는 관할 토지수용위원회에 재결을 신청하고 그 재결에 불복일 때에는 바로 관할 토지수용위원회를 상대로 재결 자체에 대한 행정소송을 제기하여 그 결과에 따라 손실보상을 받을 수 있을 뿐이고, 같은 법 부칙 제2조 제1항을 준용하여 직접 하천관리청을 상대로 민사소송으로 손실보상을 청구할 수는 없다.

[4] 준용하천의 하천구역에 편입된 토지의 소유자가 구 하천법(1989. 12. 30. 법률 제4161호로 개정되기 전의 것) 부칙 제2조 제1항에 의하여 민사소송으로 손실보상을 청구할 수 없는 이상, 같은 법 부칙 제2조 제2항의 소멸시효 규정(위 규정은 1989. 12. 30. 법률 제4161호로 개정되면서 소멸시효 기간의 만료시점이 1990. 12. 30.로 변경되었고, 1999. 12. 28. 법률 제6065호로 제정된 '법률제3782호하천법중개정법률부칙제2조의규정에의한손실보상청구권의소멸시효가만료된하천구역편입토지보상에관한특별조치법' 제3조에 의하여 2002. 12. 31.까지로 변경되었다)도 그 적용이 없다고 보아야 한다.

┃ 판례 1 ┃ 보상금

대법원 1995. 4. 25. 선고 94재다260 전원합의체 판결

【판시사항】

하천법 부칙(1984.12.31.) 제2조제1항이 법률 제2292호 하천법 시행 전에 관리청의 고시에 의하여 하천구역으로 된 토지에도 적용되는지 여부

【판결요지】

하천법의 연혁과 부칙(1984. 12. 31.) 제2조제1항의 규정에 비추어 보면, 위 부칙 제2조제1항은 1971. 1. 19. 법률 제2292호 하천법이 같은 법 제2조제1항제2호(가)목에 해당하는 경우에는 법률의 규정에 의하여 당연히 국유로 되어 사권이 상실되도록 규정하면서도 그에 대하여는 아무런 보상규정을 두고 있지 않은 데 대한 반성적 고려에서, 위 법률 제2292호 하천법이 시행된 이후 법률 제3782호 하천법중개정법률 시행전까지 하천법 제2조제1항제2호(가)목의 규정에 의하여 하천구역으로 된 토지에 대하여는 관리청이 보상을 할 것을 규정한 취지로 보아야 할 것이고, 따라서 법률 제2292호 하천법이 시행되기 전에 관리청의 고시에 의하여 하천구역으로 된 토지에 대하여는 위 하천법의 규정에 의하여 하천구역으로 된 것이 아닐 뿐만 아니라, 그에 대하여는 별도의 손실보상규정도 존재하고 있었으므로 위 부칙 제2조제1항이 적용되지 않는다고 해석함이 상당하다.

【판결내용】

위 개정법률 부칙 제2조의 적용범위

원래 1961. 12. 30. 법률 제892호로 공포된 하천법 제12조는 하천구역으로 되기 위하여는 관리청이 하천의 구역으로 결정, 고시하여야 하는 것으로 규정하고 있었고, 동법 제62조는 제12조의 규정에 의한 처분으로 인하여 손실을 받은 자가 있을 때에는 국고에서 그 손실을 보상

하여야 하고, 보상금에 관하여 불복이 있는 자는 토지수용위원회에 재결을 신청할 수 있도록 규정하고 있었다.

그런데 1971. 1. 19. 법률 제2292호로 공포되어 그로부터 6월이 경과한 날로부터 시행된 하천법 제2조제1항제2호는 동호가목(하천의 유수가 계속하여 흐르고 있는 토지 및 지형과 당해 토지에 있어서의 초목생무의 상황 기타의 상황이 하천의 유수가 미치는 부분으로서 매년 1회 이상 상당한 유속으로 흐른 흔적을 나타낸 토지로서 홍수 기타 이상의 천연현상에 의하여 일시적으로 그 상황을 나타낸 토지를 제외한 구역)과 나목의 구역 및 다목 중 제외지(堤外地)는 당연히 하천구역으로 되어 동법 제3조에 의하여 국유로 되도록 규정하는 한편, 동법 제74조는 동법 제2조제1항제2호다목의 규정에 의한 하천구역의 지정이 있을 때에만 손실을 보상하는 것으로 규정하고 법률의 규정에 의하여 당연히 하천구역으로 되는 경우에 관하여는 아무런 보상규정을 두지 않았다.

그러다가 1984. 12. 31. 공포된 위 개정법률 부칙 제2조제1항이 "이 법 시행전에 토지가 제2조제1항제2호가목에 해당되어 하천구역으로 되었거나, 1971년 1월 19일 공포된 법률 제2292호의 시행으로 제외지안에 있던 토지가 국유로 된 경우에는 관리청이 그 손실을 보상하여야 한다"고 규정하여 비로소 위와 같이 보상에서 제외되었던 토지에 대한 보상의 근거규정을 만들었다.

위와 같은 하천법의 연혁과, 위 개정법률 부칙 제2조제1항이 "이 법 시행전에 토지가 제2조제1항제2호가목에 해당되어" 하천구역으로 된 경우에 손실을 보상하도록 규정하고 있는 점(여기서 "이 법 시행 전"이라고 함은 위 부칙 제2조제2항의 규정을 참조하면 위 개정법률의 시행 전을 의미한다고 해석된다)에 비추어 보면 위 부칙 제2조제1항은 위 1971. 1. 19.의 법률 제2292호 하천법이 동법 제2조제1항제2호가목에 해당하는 경우에는 법률의 규정에 의하여 당연히 국유로 되어 사권이 상실되도록 규정하면서도 그에 대하여는 아무런 보상규정을 두고 있지 않은 데 대한 반성적 고려에서, 위 법률 제2292호의 하천법이 시행된 이후 위 개정법률 시행전까지 하천법 제2조제1항제2호가목의 규정에 의하여 하천구역으로 된 토지에 대하여는 관리청이 보상을 할 것을 규정한 취지로 보아야 할 것이고, 따라서 위 법률 제2292호의 하천법이 시행되기 전에 관리청의 고시에 의하여 하천구역으로 된 토지에 대하여는 위 하천법의 규정에 의하여 하천구역으로 된 것이 아닐 뿐만 아니라, 그에 대하여는 별도의 손실 보상규정도 존재하고 있었으므로(위 법률 제2292호의 하천법 부칙 제2항은 "이 법 시행당시 종전의 규정에 의하여 행한 처분 기타 절차는 이 법의 규정에 의하여 행한 것으로 본다"고 규정하고 있다) 위 개정법률 부칙 제2조제1항이 적용되지 않는다고 해석함이 상당하다.

카. 하천법 부칙(1989.12.30.) 제2조제1항 및 '법률 제3782호 하천법 중 개정법률 부칙 제2조의 규정에 의한 보상청구권의 소멸시효가 만료된 하천구역 편입토지 보상에 관한 특별조치법' 제2조 제1항에서 정하고 있는 손실보상청구권의 법적 성질과 그 쟁송 절차

판 례

┃ 판례 1 ┃ 보상청구권확인

대법원 2006. 5. 18. 선고 2004다6207 전원합의체 판결)

【판시사항】

[1] 하천법 부칙(1989. 12. 30.) 제2조 제1항 및 '법률 제3782호 하천법 중 개정법률 부칙 제2조의 규정에 의한 보상청구권의 소멸시효가 만료된 하천구역 편입토지 보상에 관한 특별조치법' 제2조 제1항에서 정하고 있는 손실보상청구권의 법적 성질과 그 쟁송 절차(=행정소송)

[2] 하천법 부칙(1989. 12. 30.) 제2조 제1항 및 '법률 제3782호 하천법 중 개정법률 부칙 제2조의 규정에 의한 보상청구권의 소멸시효가 만료된 하천구역 편입토지 보상에 관한 특별조치법' 제2조 제1항의 규정에 의한 손실보상금의 지급을 구하거나 손실 보상청구권의 확인을 구하는 소송의 형태(=행정소송법 제3조 제2호의 당사자소송)

【판결요지】

[1] 법률 제3782호 하천법 중 개정법률(이하 '개정 하천법'이라 한다)은 그 부칙 제2조 제1항에서 개정 하천법의 시행일인 1984. 12. 31. 전에 유수지에 해당되어 하천구역으로 된 토지 및 구 하천법(1971. 1. 19. 법률 제2292호로 전문 개정된 것)의 시행으로 국유로 된 제외지 안의 토지에 대하여는 관리청이 그 손실을 보상하도록 규정하였고, '법률 제3782호 하천법 중 개정법률 부칙 제2조의 규정에 의한 보상청구권의 소멸시효가 만료된 하천구역 편입토지 보상에 관한 특별조치법' 제2조는 구 하천법(1989. 12. 30. 법률 제4161호로 개정되기 전의 것) 부칙 제2조 제1항에 해당하는 토지로서 개정 하천법 부칙 제2조 제2항에서 규정하고 있는 소멸시효의 만료로 보상청구권이 소멸되어 보상을 받지 못한 토지에 대하여는 시·도지사가 그 손실을 보상하도록 규정하고 있는바, 위 각 규정들에 의한 손실보상청구권은 모두 종전의 하천법 규정 자체에 의하여 하천구역으로 편입되어 국유로 되었으나 그에 대한 보상규정이 없었거나 보상청구권이 시효로 소멸되어 보상을 받지 못한 토지들에 대하여, 국가가 반성적 고려와 국민의 권리구제 차원에서 그 손실을 보상하기 위하여 규정한 것으로서, 그 법적 성질은 하천법 본칙(本則)이 원래부터 규정하고 있던 하천구역에의 편입에 의한 손실보상청구권과 하등 다를 바가 없는 것이어서 공법상의 권리임이 분명하므로 그에 관한 쟁송도 행정소송절차에 의하여야 한다.

[2] 하천법 부칙(1989. 12. 30.) 제2조와 '법률 제3782호 하천법 중 개법법률 부칙 제2조의 규정에 의한 보상청구권의 소멸시효가 만료된 하천구역 편입토지 보상에 관한 특별조치법' 제2조, 제6조의 각 규정들을 종합하면, 위 규정들에 의한 손실보상청구권은 1984. 12. 31.

전에 토지가 하천구역으로 된 경우에는 당연히 발생되는 것이지, 관리청의 보상금지급결정에 의하여 비로소 발생하는 것은 아니므로, 위 규정들에 의한 손실보상금의 지급을 구하거나 손실보상청구권의 확인을 구하는 소송은 행정소송법 제3조 제2호 소정의 당사자소송에 의하여야 한다.

개정 하천법은 그 부칙 제2조 제1항에서 개정하천법의 시행일인 1984. 12. 31. 전에 유수지에 해당되어 하천구역으로 된 토지 및 구 하천법의 시행으로 국유로 된 제외지 안의 토지에 대하여는 관리청이 그 손실을 보상하도록 규정하였고, 특별조치법 제2조는 개정 하천법 부칙 제2조 제1항에 해당하는 토지로서 개정 하천법 부칙 제2조 제2항에서 규정하고 있는 소멸시효의 만료로 보상청구권이 소멸되어 보상을 받지 못한 토지에 대하여 시·도지사가 그 손실을 보상하도록 규정하고 있는바, 위 각 규정들에 의한 손실 보상청구권은 모두 종전의 하천법 규정 자체에 의하여 하천구역으로 편입되어 국유로 되었으나 그에 대한 보상규정이 없었거나 보상청구권이 시효로 소멸되어 보상을 받지 못한 토지들에 대하여, 국가가 반성적 고려와 국민의 권리구제차원에서 그 손실을 보상하기 위하여 규정한 것으로서, 그 법적 성질은 하천법 본칙(本則)이 원래부터 규정하고 있던 하천구역에의편입에 의한 손실보상청구권과 하등 다를 바가 없는 것이어서 공법상의 권리임이 분명하므로 그에 관한 쟁송도 행정소송절차에 의하여야 할 것이다. 따라서 개정하천법 부칙 제2조나 특별조치법 제2조에 의한 손실보상청구권의 법적 성질을 사법상의 권리로 보거나 그에 대한 쟁송은 행정소송이 아닌 민사소송절차에 의하여야 한다고 하는 것은 법리상으로나 논리상으로 정당하다고 할 수 없다.

따라서 개정 하천법 부칙 제2조나 특별조치법 제2조에 의한 손실보상청구는 민사소송이 아닌 행정소송 절차에 의하여야 할 것인바, 이와는 달리 위 규정들에 의한 손실보상청구가 행정소송이 아닌 민사소송의 대상이라고 한 대법원 1990. 12. 21. 선고 90누5689 판결, 대법원 1991. 4. 26. 선고 90다8978 판결, 대법원 1996. 1. 26. 선고 94누12050 판결, 대법원 2002. 11. 8. 선고 2002다46065 판결, 대법원 2003. 5. 13. 선고 2003다2697 판결 등을 비롯한 같은 취지의 판결들은 이 판결의 견해에 배치되는 범위 내에서 이를 모두 변경하기로 한다.

한편, 개정 하천법 부칙 제2조와 특별조치법 제2조, 제6조의 각 규정들을 종합하면, 위 규정들에 의한 손실보상청구권은 1984. 12. 31. 전에 토지가 하천구역으로 된 경우에는 당연히 발생되는 것이지, 관리청의 보상지급결정에 의하여 비로소 발생하는 것은 아니므로, 위 규정들에 의한 손실보상금의 지급을 구하거나 손실보상청구권의 확인을 구하는 소송은 행정소송법 제3조 제2호 소정의 당사자소송에 의하여야 할 것이다.

타. 구 하천법 제74조제3항 소정의 관할토지수용위원회의 재결에 대해 직접 행정소송 제기 가부

―――――――――――――――――― 판 례 ――――――――――――――――――

┃ 판례 1 ┃ 토지수용재결처분취소

대법원 1983. 11. 8. 선고 81누380 판결

【판시사항】

하천법 제74조제3항 소정의 관할토지수용위원회의 재결에 대해 직접 행정소송제기 가부

【판결요지】

하천법 제74조제3항에서 규정한 관할토지수용위원회의 재결에 대하여는 토지수용법 제73조 이하에서 규정하는 이의신청절차를 거칠 필요없이 바로 행정소송을 제기할 수 있다.

【판결내용】

하천법 제74조제3항에서 규정한 관할 토지수용위원회의 재결에 대하여는 토지수용법 제73조 이하에서 규정하는 이의신청절차를 거칠 필요없이 바로 행정소송을 제기할 수 있다고 함이 당원의 판례인바(당원 1975. 6. 10.선고 75 누95판결 ; 1982. 9. 14. 선고 82누149판결 ; 1982. 12. 28. 선고 81누379판결 참조) 원심판결에 의하면 원심은 원고들이 1978. 2.경 피고 중앙토지수용위원회에 자신들이 피고보조참가인의 하천공사로 인하여 손실을 받게 되어 그 손실의 보상에 관하여 서울특별시장과 협의를 하였으나 협의가 성립되지 아니하였다는 이유로 하천법 제74조제3항에 따라 손실보상에 관한 재결을 신청하였던 바, 피고가 1979. 11. 1.자로 원고들의 위 신청을 기각하는 재결(원재결이라고 한다)을 한 사실과 원고들이 토지수용법 제73조에 의하여 피고에게 위 원재결에 대하여 이의신청을 하였던바 피고가 1980. 3. 28.자로 원재결을 취소하고 원고들의 위 신청을 각하하는 재결(이의재결이라고 한다)을 한 사실 등을 인정하고 원고들이 위 이의재결에 대하여 제기한 이 사건 행정소송을 적법하다고 보아 본안에 관하여 판단하고 있다.

그러나 위 당원의 판례취지에 비추어 원고들은 원재결에 대하여 바로 행정소송을 제기할 수 있고 이의재결을 거칠 필요가 없는 것이므로 이 사건 행정소송제기의 적법여부에 관한 심리판단을 위하여 원심판결을 파기하고, 사건을 원심법원에 환송하기로 하여 관여법관의 일치된 의견으로 주문과 같이 판결한다.

파. 하천법 제2조제1항제2호 (다)목 소정의 제외지에 해당하기 위한 요건

―――――――――――――――――― 판 례 ――――――――――――――――――

┃ 판례 1 ┃ 손실보상금재결처분취소

대법원 1993. 5. 25. 선고 92누16584 판결)

【판시사항】

하천법 제2조제1항제2호 (다)목 소정의 제외지에 해당하기 위한 요건

【판결요지】

토지가 현행 하천법 시행 이전에 준용하천의 종적 구역인 하천구역에 편입되었다 하더라도 현행 하천법에 따라 준용하천의 횡적 구역인 하천구역이 되기 위하여는 같은 법 제2조제1항 제2호 각목 소정의 하천구역 중 어느 하나에 해당되어야 하고 그중 같은 호 (다)목 소정의 제외지에 해당하려면 제방이 하천관리청이나 그 허가 또는 위탁을 받은 자가 설치한 것이거나 하천관리청 이외의 자가 설치한 제방인 경우에는 하천관리청이 하천부속물로 관리하기 위하여 설치자의 동의를 얻은 것이어야 한다.

하. 하천구역의 결정방법 및 그 해당 여부에 대한 심리방법

판 례

| 판례 1 | 부당이득금반환

대법원 1997. 4. 11. 선고 95다18017 판결

【판시사항】

신·구 하천법에 있어서의 하천구역의 결정방법 및 그 해당 여부에 대한 심리방법

【판결요지】

하천의 횡적 구역인 하천구역의 결정방법에 관하여 구 하천법(1971. 1. 19. 법률 제2292호로 개정되기 전의 것)이 결정고시제도를, 개정 하천법이 법정제도를 각각 채택하고 있었기 때문에 구 하천법 시행 당시에는 준용하천의 관리청이 그 명칭과 구간을 지정·공고하더라도 이로써는 하천의 종적 구역인 구간만 결정될 뿐이고, 하천의 횡적 구역인 하천구역은 같은 법 제12조에 따라 관리청이 이를 따로 결정·고시함으로써 비로소 정해졌으나, 개정 하천법 시행 이후부터는 같은 법이 스스로 제2조제1항제2호 (가)목 내지 (다)목에서 하천구간 내의 일정한 구역을 하천구역으로 정하고 있어 위 규정에 해당하는 구역은 L위 (다)목중 하천관리청의 지정행위를 요하는 경우 이외에는 당연히 하천구역으로 된다. 따라서 계쟁 토지가 하천구역에 해당하는지 여부에 관하여는 구 하천법 제12조에 의하여 관리청이 토지를 하천구역으로 결정·고시한 사실이 있는지 여부에 관하여 심리한 후, 만일 그러한 사실이 없다면 나아가 위 토지가 개정 하천법 제2조제1항제2호 소정의 하천구역에 해당하는지 여부에 관하여 심리한 다음에 비로소 그 토지가 준용하천구역에 편입되었는지를 판단하여야 한다.

거. 하천법 제74조제3항 소정의 관할토지수용위원회의 재결에 대한 행정소송의 제기와 전심절차의 이행여부

판 례

┃ 판례 1 ┃ 손실보상재결처분취소

대법원 1983. 9. 27. 선고 82누425 판결

【판시사항】

[1] 하천법 제47조제3항 소정의 재결신청권자
[2] 동일 토지에 대해 도시계획법에 의한 수용 및 보상재결이 적법히 완료된 후, 재차 하천법 제74조에 의한 보상재결신청의 적부
[3] 하천법 제74조제3항 소정의 관할토지수용위원회
[4] 하천법 제74조제3항 소정의 관할토지수용위원회의 재결에 대한 행정소송의 제기와 전심절차의 이행여부

【판결요지】

[1] 하천법 제74조제3항 소정의 관할토지수용위원회에 재결을 신청할 수 있는 자는 토지수용법 제25조의 규정과 달리, 하천법 제74조제1항 소정의 처분이나 공사를 한 하천관리청 뿐만 아니라 손실을 받은 자도 재결을 신청할 권한이 있다고 보아야 할 것이다.
[2] 동일 토지에 대한 하천관리청의 처분 또는 공사로 인한 손실이 바로 도시계획법에 의한 처분 또는 공사로 인한 손실과 동일한 것이고, 도시계획법에 의한 수용 및 보상재결이 적법하게 완료된 경우라면, 같은 토지에 대하여 다시 하천법 제74조에 의하여 보상재결을 신청한다는 것은 부적법하다.
[3] 하천법 제74조제3항 소정의 관할토지수용위원회에 관한 종류와 관할에 관하여서는 토지수용법이 규정하는 바에 의해서 결정할 것이다.
[4] 하천법 제74조제3항에서 규정한 관할토지수용위원회의 재결에 대하여는 토지수용법 제73조 이하에서 규정하는 이의신청 절차를 거침없이 바로 행정소송을 제기할 수 있다.

재결례

┃ 재결례 1 ┃ 손실보상재결신청에 대한 기각 재결 사례

[중토위 2020. 2. 13.]

재결요지

○○○ 외 4명이 이 사건 토지가 하천으로 편입됨에 따른 토지의 손실 또는 사용수익제한으로 인한 손실보상 주장에 대하여 대법원은 "사유 토지가 준용하천의 하천구역 편입에 따른 사용료 상당의 손실보상이 인정되기 위해서는, 편입 당시 「하천법」상 '하천 국유화' 규정이 적용되지 않아 편입된 사유 토지에 대해 그 소유권이 소멸되지 않아야 하며, 사유 토지가 준용하천의 하천구역에 편입됨으로써 사용수익이 제한되어 손실이 발생하여야 한다."(대법원

2001. 3.23. 선구 99두5238 판결 참조)라고 판시하고 있으며, "사유 토지가 준용하천의 하천구역으로 편입되었다 하더라도 편입 이전부터 유수지여서 준용하천 지정으로 새삼 어떤 손해를 입게 되었다고 볼 수 없는 경우 하천법 제74조 소정의 손실보상 대상이 아니다."(대법원 1997. 6. 13. 선고, 96누11679 판결 참조)라고 판시하고 있다.

관계자료(사업시행자 의견서, 항공사진, 대법원 판례 등)를 검토한 결과, 탄천은 서울특별시 고시 제952호(1966. 4.13.)로 지방하천으로 지정되었고, 이 사건 토지에 대한 항공사진을 확인한 결과 1966년 이전부터 유수지로서 준용하천구역 결정 고시됨으로 인하여 새삼 어떠한 손해를 입게 되었다고 볼 수 없다고 판단되어 이 사건 토지의 보상 및 사용·수익 제한으로 인한 손실을 보상하여 달라는 신청인의 주장은 받아들일 수 없다.

▮ 재결례 2 ▮ 손실보상재결신청에 대한 인용 재결 사례

[중토위 2020. 5. 7.]

재결요지

○○○ 외 5명이 이 사건 토지가 하천으로 편입됨에 따른 토지의 손실보상 주장에 대하여 이 사건 토지는 1979. 11. 22. 건설부고시 제426호로 하천예정지로 고시되었고, 1987. 2. 12. 하천부속물인 충주다목적댐에 의하여 저류될 수 있는 물의 최고 수위선인 표고 145m 이내인 댐구역 내 토지에 해당하여 건설부고시 제44호에 의하여 하천구역으로 확정고시 되었다.

당시 시행되었던 구「하천법」제3조는 하천은 이를 국유로 한다고 정하고 있고, 구「하천법」제2조제1항제2호에 의하면 하천구역은 하천의 물이 계속하여 흐르고 있는 토지 및 지형과 당해 토지에 있어서의 초목생장의 상황 기타의 상황이 하천의 물의 흐름이 미치는 부분으로서 매년 1회 이상 물이 흐른 형적을 나타내고 있는 토지의 구역, 하천부속물의 부지인 토지의 구역, 제방이 있는 곳에 있어서는 그 제외지 또는 이와 유사한 토지의 구역 중 가목에 게기하는 구역과 일체로 하여 관리할 필요가 있는 토지로서 관리청이 지정하는 토지의 구역이고, 구「하천법」시행령 제6조의2제3호에 의하면 하천부속물에 의하여 저류될 수 있는 물의 최고 수위선까지의 토지의 구역은 관리청이 지정하는 하천구역의 지정대상이다.

또한, 구「하천법」제9조의2에서는 관리청은 하천의 신설 기타 하천공사로 인하여 새로이 하천구역으로 편입될 토지가 있을 때에는 하천예정지로 지정할 수 있고, 하천예정지로 지정한 토지에 대한 하천공사가 준공된 때에는 하천구역을 확정하여 고시하여야 한다고 정하고 있다. 구「하천법」제74조제1항에 따르면 제2조제1항제2호 다목의 규정에 의한 하천구역의 지정, 제9조의2에 의한 하천예정지의 지정 또는 제43조의 규정에 의한 처분이나 제한으로 인하여 손실을 받은 자가 있을 때 또는 관리청이 시행하는 하천공사로 인하여 손실을 받은 자가 있을 때에는 건설부장관이 행한 처분이나 공사로 인한 것은 국고에서, 도지사가 행한 처분이나 공사로 인한 것은 당해 도에서 조속히 그 손실을 보상하여야 한다고 정하고 있다.

부칙(법률 제3782호, 1984. 12. 31.) 제2조제1항 및 제2항에서는 이 법 시행 전에 토지가 제2조제1항제2호 가목에 해당되어 하천구역으로 되었거나, 1961년 12월 30일 공포된 법률 제892호 하천법 또는 1971년 1월 19일 공포된 법률 제2292호 하천법개정법률의 시행으로 제외지안에 있던 토지가 국유로 된 경우에는 관리청이 그 손실을 보상하여야 한다. 제1항의 규정에 의한 보상청구권의 소멸시효는 이 법 시행일로부터 기산하여 예산회계법 제71조 및 지방재정법 제53조의 규정에 의한다고 정하고 있다.

한편, 대법원은 "하천법의 연혁과 부칙(1984.12.31.) 제2조제1항의 규정에 비추어 보면, 위 부칙 제2조제1항은 1971.1.19. 법률 제2292호 하천법이 같은 법 제2조 제1항 제2호 (가)목에 해당하는 경우에는 법률의 규정에 의하여 당연히 국유로 되어 사권이 상실되도록 규정하면서도 그에 대하여는 아무런 보상규정을 두고 있지 않은 데 대한 반성적 고려에서, 위 법률 제2292호 하천법이 시행된 이후 법률 제3782호 하천법 중개정법률 시행 전까지 하천법 제2조 제1항 제2호(가)목의 규정에 의하여 하천구역으로 된 토지에 대하여는 관리청이 보상을 할 것을 규정한 취지로 보아야 할 것이고, 따라서 법률 제2292호 하천법이 시행되기 전에 관리청의 고시에 의하여 하천구역으로 된 토지에 대하여는 위 하천법의 규정에 의하여 하천구역으로 된 것이 아닐 뿐만 아니라, 그에 대하여는 별도의 손실보상규정도 존재하고 있었으므로 위 부칙 제2조 제1항이 적용되지 않는다고 해석함이 상당하다."(대법원 1995. 4. 25., 선고, 94재다260, 전원합의체판결) 라고 판시하고 있다.

관계 규정 및 대법원 판례 등을 살펴보면,

이 사건 토지는 구「하천법」제2조제1항제2호 다목의 규정에 의하여 하천구역으로 편입되었고 위 1987. 2. 12.자 하천구역 확정고시 되었으므로 종전 소유자들에 대한 손실보상 여부나 등기 여부와 무관하게 그 때 그 소유권은 국가에 귀속되었고, 구 하천법(1984. 12. 31. 법률 제3782호로 개정되기 전의 것) 제3조에 의하면, 하천구역에 편입된 토지는 국가의 소유가 되고, 국가는 토지 소유자에 대하여 손실보상의무가 있으므로(대법원 2016. 8. 24., 선고, 2014두46966, 판결참조) 하천구역 편입 당시 토지 소유자였던 유00 이 구 「하천법」제74조제1항에 의한 손실보상청구권을 가지게 되며, 이00 외 5명은 유00의 상속인으로 이를 승계할 수 있다. 아울러 부칙(법률 제3782호, 1984. 12. 31.) 제2조제1항은 적용대상이 아니다.

따라서, 우리 위원회는 하천구역 편입에 따른 손실보상액을 산정하기 위하여 「공익사업을 위한 토지 등의 취득 및 보상에 관한 법률」 제58조제1항제2호 및 법 시행규칙 제16조제6항에 따라 감정평가업자 2인으로 하여금 평가하게 하고 그 평가한 금액을 산술평균하여 보상금을 산정한 결과, 손실보상금으로 금239,845,650원(보상금 내역은 별지 목록 기재와 같이 함)을 보상함이 적정한 것으로 판단되므로 위와 같이 보상하기로 한다.

너. 소유권 외의 권리의 목적이 되고 있는 토지

| 토지보상법 시행규칙 제29조 (소유권외의 권리의 목적이 되고 있는 토지의 평가) |

취득하는 토지에 설정된 소유권외의 권리의 목적이 되고 있는 토지에 대하여는 당해 권리가 없는 것으로 하여 제22조 내지 제27조의 규정에 의하여 평가한 금액에서 제28조의 규정에 의하여 평가한 소유권외의 권리의 가액을 뺀 금액으로 평가한다.

더. 기타 토지

사례 1 대지권의 목적인 토지의 취득방법(법원행정처 2004.11.29 부동3402-606)(유권해석)

회신내용 　　　　　　　　　　　　　　　　　　　　　　　2018 토지수용 업무편람 발췌

1동의 건물이 소재하는 토지(법정대지)를 수필지로 분할하여 그 중 1동의 건물이 소재하는 토지가 아닌것으로 분할된 토지(간주규약대지)를 사업시행자가 공익사업을위한토지등의취득및보상에관한법률에 의하여 협의취득을 한 경우에는, 먼저 위 간주규약대지에 관하여 간주규약이 폐지되거나 새로 분리처분가능 규약이 제정되고 그에 따른 건물 표시변경(대지권말소)등기가 경료되어 위 간주규약대지에 대한 대지권등기가 말소된 연후에 사업시행자 명의로의 소유권이전등기를 할 수 있으며, 위 법률에 의한 사업시행자가 관공서인 경우에는 구분소유자를 대위하여 건물표시변경(대지권말소)등기를 촉탁할 수 있다.

사례 2 대지권의 목적인 대지에 관하여 수용이 이루어진 경우는 대지권은 대지권이 아닌것으로 된다(법원행정처 질의회답 1999. 3. 5. 등기 3402-219)(유권해석)

회신내용 　　　　　　　　　　　　　　　　　　　　　　　2018 토지수용 업무편람 발췌

토지의 소유권이 대지권의 목적이 된 경우에 대지권인 취지의 등기를 한 때에는 그 토지의 등기용지에는 소유권이전등기를 할 수 없다. 그런데 대지에 관하여 수용이 이루어진 경우에는 실체법상 대지만에 관하여 소유권이전등기 없이도 소유권이 변동되고 대지권은 대지권이 아닌 것으로 된다.

사례 3 대지권의 목적인 토지의 일부분에 대하여 수용에 의한 소유권이전등기를 하는 방법 제정(1999. 3. 5. 등기선례 제6-254호)(유권해석)

회신내용 　　　　　　　　　　　　　　　　　　　　　　　2018 토지수용 업무편람 발췌

토지의 소유권이 대지권의 목적이 된 경우에 대지권인 취지의 등기를 한 때에는 그 토지의 등기용지에는 소유권이전 등기를 할 수 없다. 그런데 대지에 관하여 수용이 이루어진 경우에는 실체법상 대지만에 관하여 소유권이전등기 없이도 소유권이 변동되고 대지권은 대지권이 아닌 것으로 된다. 따라서 대지권의 목적이 된 토지의 일부를 분할하여 1동의 건물이 소재하는 토지가 아닌 그 분할된 부분을 수용하고 수용으로 인한 소유권이전등기를 신청하기 위하여는, 우선 대지권이 대지권이 아닌 권리가 됨으로 인한 건물의 표시변경등기(대지권말소)를 신청하여야 하며, 수용에 의하여 소유권을 취득한 자는 소유권의 등기명의인을 대위하여 이러한 표시변경등기를 신청할 수 있다. 이 경우 그 분할된 토지에 관한 간주규약을 폐지하거나 분리처분가능규약을 작성할 필요는 없다.

판 례

┃ 판례 1 ┃ 전유부분과 대지사용권의 일체성에 반하는 대지의 처분행위는 그 효력이 없다.

[대법원 2013. 7. 25. 선고 2012다18038]

판결요지

집합건물법은 제20조에서 구분소유자의 대지사용권은 그가 가지는 전유부분의 처분에 따르고, 구분소유자는 규약으로써 달리 정하지 않는 한 그가 가지는 전유부분과 분리하여 대지사용권을 처분할 수 없으며, 그 분리처분금지는 그 취지를 등기하지 아니하면 선의로 물권을 취득한 제3자에게 대항하지 못한다고 규정하고 있는데, 위 규정의 취지는 집합건물의 전유부분과 대지사용권이 분리되는 것을 최대한 억제하여 대지사용권이 없는 구분소유권의 발생을 방지함으로써 집합건물에 관한 법률관계의 안정과 합리적 규율을 도모하려는 데 있으므로(대법원 2006. 3. 10. 선고 2004다742 판결 참조), 전유부분과 대지사용권의 일체성에 반하는 대지의 처분행위는 그 효력이 없다(대법원2000. 11. 16. 선고 98다45652, 45669 전원합의체 판결 등 참조).

재결례

┃ 재결례 1 ┃ 등록사항정정대상 토지(지적불부합토지)에 대한 수용재결신청을 인용한 사례

[중토위 2019. 4. 11.]

재결요지

관계자료(등록사항정정측량 성과도, 토지대장, 현황사진, 사업시행자의견 등)를 검토한 결과, 최00(1/2)· 최xx(1/2)의 편입 토지인 00리 52,625㎡(공부상면적)/49,576㎡(실제면적) 중 8,066㎡, 같은 리 163-17 제방 8,013㎡(공부상면적)/8,125㎡(실제면적) 중 1,452㎡, 313㎡ 및 최xx의 편입 토지인 같은 리 163-8 유지 11,342㎡(공부상면적)/11,431㎡(실제면적) 중 2,445㎡, 같은 리 163-23 유지 6,037㎡(공부상면적)/6,135(실제면적) 중 233㎡는 공부상 면적과 실제면적이 일치하지 않는 등록사항정정대상 토지로 확인되나, 00시장이 발급한 (면적)등록사항정정측량 성과도(등록사항정정측량 결과도) 상에 편입 전 토지의 면적, 위치와 경계가 표시되어 있고, 토지소유자들로부터 기공승낙을 받은 후 철도노반공사를 완료한 현황사진을 바탕으로 한 ㈜ 000토지정보의 철도계획선 면적 산출 현황도 상의 면적이 사업인정고시된 면적과 일치하는 점 등으로 볼 때 편입토지의 면적, 위치와 경계가 특정되었다고 보여지므로 사업시행자가 신청한 면적을 보상하기로 하고 소유자의 주장은 받아들일 수 없다.

┃ 재결례 2 ┃ 등록사항정정대상토지에 대한 사용재결 재결례

[중토위 2020. 6. 11.]

재결요지

000의 편입 토지인 ① 00리 산00 임야 37,364㎡(공부상 면적)/39,633㎡(실제면적) 중 394㎡(철탑), 1,717㎡(선하지, 상공 23m-86m), ② 같은 리 산00-2 임야 51,937㎡(공부상 면적)/51,514㎡(실제면적) 중 2,818㎡(선하지, 상공 25m-89m), ③ 같은 리 산00-3 임야 5,038㎡(공부상 면

적)/4,905㎡(실제면적) 중 411㎡ (선하지, 상공 45m-86m)는 면적 및 경계가 일치하지 않는 등록사항정정대상 토지로 확인되나, ○○구청장이 발급한 등록사항정정(경계)결과도(2020. 5. 22.)를 살펴보면 철탑 및 선하지 사업위치가 등록사항 정정(경계)부분이 아닌 점, 한국국토정보공사 면적 산출 현황도 상의 면적이 사업인정고시된 면적과 일치하고 분할측량성과도 상에 그 사업의 위치와 경계가 구체적으로 특정되어 있는 점, 같은 토지에 대해 사업인정도 행정쟁송에 의하여 취소된 바 없는 점 등으로 볼 때 위 관련 규정 및 판례 등의 취지에 따라 사용재결 신청이 위법하다고 볼 수 없으므로 등록사항정정대상 토지에 대한 재결신청은 위법하다는 소유자의 주장은 받아들일 수 없다.

(1) 지적불부합토지

판 례

| 판례 1 | 지적불부합으로 인하여 위치와 경계가 특정되지 아니한 토지의 일부분을 임의로 지분을 정하여 수용한 재결은 위법하다.

[서울고법 2007. 12. 27. 선고 2007누12769]

판결요지

임야도상 위 분할 전의 토지만 표시되어 있을 뿐 거기로부터 분할된 이 사건 토지가 표시되어 있지 아니하고, 또한 위 분할 전의 토지가 같은 동 429-1, 430-1, 430-2 및 430-3 등의 토지와 사이에 지적불부합 관계에 있다면, 위 토지들의 위치와 상호간의 경계를 전혀 확인할 방법이 없이, 수용되는 토지 부분이 물리적으로 특정이 가능하다고 하더라도, 과연 어느 토지가 얼마만큼 수용의 목적물이 되는지는 알길이 없으므로, 먼저 적법한 절차를 거쳐서 위치와 경계가 확정되지 아니하는 이상 이를 수용할 수 없다고 할 것이다(사업시행자가 여러 정황을 토대로 하여 이 사건 토지의 위치와 경계를 상세도면 및 용지도에 특정하여 이를 근거로 수용대상 토지와 그 지분을 선정한 것으로 보이나, 그 신빙성을 확인할 방법이 없을 뿐만 아니라 그 절차에 지적정정에 갈음하는 효력을 부인할 수는 없다고 할 것이므로 위와 같은 도면을 근거로 하여 수용의 목적물을 특정할 수 없다).

따라서, 위치와 경계가 특정되지 아니한 토지의 일부분을 임의로 지분을 정하여 수용한 이 사건 재결은 위법하다고 하지 않을 수 없다.

(2) 대지면적이 기재되지 않은 적법한 건축물의 부지

| 참조조문 |

국토계획법 제77조

| 재결례 |

| 재결례 | 대지면적 산정 재결례

[중토위 2015. 11. 19.]

재결요지

「000이 전을 대지로 보상하여 달라는 00동 000번지 상에는 1978. 9. 2. 사용승인을 받은 91.27㎡의 적법 건축물이 존재하지만 건축물대장에는 대지면적이 기입되어 있지 아니한 것으로 확인된다. 따라서, 이 건 토지의 용도지역인 자연녹지지역의 건폐율(20%)을 적용하면 적법 건축물의 대지면적은 총456.35㎡이므로 협의 당시 대지 면적으로 인정한 91.27㎡에 365.08㎡를 추가하여 대지로 보상하기로 한다.」

(3) 개간비

| 토지보상법 시행규칙 제27조 (개간비의 평가 등) |

① 국유지 또는 공유지를 관계법령에 의하여 적법하게 개간(매립 및 간척을 포함한다. 이하 같다)한 자가 개간당시부터 보상당시까지 계속하여 적법하게 당해 토지를 점유하고 있는 경우(개간한 자가 사망한 경우에는 그 상속인이 개간한 자가 사망한 때부터 계속하여 적법하게 당해 토지를 점유하고 있는 경우를 포함한다) 개간에 소요된 비용(이하 "개간비"라 한다)은 이를 평가하여 보상하여야 한다. 이 경우 보상액은 개간후의 토지가격에서 개간전의 토지가격을 뺀 금액을 초과하지 못한다. <개정 2007. 4. 12.>
② 제1항의 규정에 의한 개간비를 평가함에 있어서는 개간전과 개간후의 토지의 지세·지질·비옥도·이용상황 및 개간의 난이도 등을 종합적으로 고려하여야 한다.
③ 제1항의 규정에 의하여 개간비를 보상하는 경우 취득하는 토지의 보상액은 개간후의 토지가격에서 개간비를 뺀 금액으로 한다.

사례 1 개간지의 점용허가기간이 경과한 후 허가 없이 점유한 경우에는 개간비 보상대상이 아니다(2012. 06. 27. 토지정책과-3187)(유권해석)

질의요지

2018 토지수용 업무편람 발췌

국유지를 적법하게 개간한 자가 해당 토지에 대한 점용허가 기간이 경과한 후에도 허가 없이 계속 점유하고 있던 중 해당 토지가 공익사업에 편입되는 경우 개간비 보상이 가능한지?

회신내용

「공익사업을 위한 토지 등의 취득 및 보상에 관한 법률 시행규칙」제27조제1항에 따르면 국유지 또는 공유지를 관계법령에 의하여 적법하게 개간(매립 및 간척을 포함)한 자가 개간당시부터 보상당시까지 계속하여 적법하게 당해 토지를 점유하고 있는 경우(개간한 자가 사망한 경우에는 그 상속인이 개간한 자가 사망한 때부터 계속하여 적법하게 당해 토지를 점유하고 있는 경우를 포함) 개간에 소요된 비용(이하 "개간비"라 함)은 이를 평가하여 보상하여야 하도록 규정하고 있습니다. 따라서 위 규정에 따라 국유지를 적법하게 개간한 경우에도 이후 보상당시까지 계속하여 적법하게 당해 토지를 점유하고 있지 않은 경우에는 개간비 보상대상에 해당하지 않는다고 보며, 개별적인 사례에 대하여는 사업시행자가 관련법령 및 사실관계 등을 검토하여 판단할 사항으로 봅니다.

❖ 수용 - 개간비, 농업손실, 누락, 잔여지가치하락(불수용)

00지사가 시행하는 도로사업에 편입되는 토지 및 물건에 대한 수용재결신청에 대하여, 000의 개간비를 보상하여 달라는 주장에 대하여는, 법 시행규칙 제27조제1항에 따르면 국유지 또는 공유지를 관계법령에 의하여 적법하게 개간(매립 및 간척을 포함한다)한 자가 개간당시부터 보상당시까지 계속하여 적법하게 당해 토지를 점유하고 있는 경우 개간에 소요된 비용은 평가하여 보상하여야 한다고 규정하고 있는 바, 관계 자료(사업시행자 의견서 등)를 검토한 결과, 이 건 토지는 개간허가를 받아 개간한 사실이 없는 것으로 판단되므로 이유없고, 000의 농업손실(비듬나물)에 대하여 보상하여 달라는 주장에 대하여는, 농업에 대한 손실보상은 법 시행규칙 제48조제1항에 따르면 공익사업시행지구에 편입되는 농지에 대하여는 그 면적에 통계작성기관이 매년 조사·발표하는 농가경제조사통계에 의하여 산출한 도별 연간 농가평균 단위경작면적당 농작물조수입의 2년분을 곱하여 산정한 금액을 보상하도록 되어 있는 바, 관계 자료(현장사진, 사업시행자 의견서 등)를 검토한 결과, 000은 사업인정일(2008. 1. 14.)이전부터 00시 00구 00동 000에서 드름나무를 재배하고 있었던 사실이 확인되므로 평가·보상하기로 하며, 000(리프트 16개, 모터 2개, 전기설치비, 콘테이너박스 내의 생필품), 000(정화조, 헛간), 000(보일러실, 바닥난방, 감나무 외 10주, 현관 및 주방)의 누락물건을 보상하여 달라는 주장에 대하여는, 관계 자료(사업시행자 의견서, 감정평가서 등)를 검토한 결과, 000의 리프트 16개 및 전기설비는 비닐하우스에, 모터는 관정에, 콘테이너박스 내의 생필품은 기타비품에 포함하여 평가한 사실이 확인되고, 또한 000의 정화조는 화장실(창고)에, 헛간은 가축판넬에 000의 보일러실 및 바닥난방은 콘테이너에 포함하여 평가한 사실이 확인되므로 이유없고, 000의 감나무 외 10주, 현관 및 주방의 면적 10㎡는 누락된 것으로 확인되므로 보상하기로 하고, 허은순의 잔여 비닐하우스를 수용하여 달라는 주장에 대하여는, 관계 자료(사업시행자 의견서, 현황사진 등)를 검토한 결과, 이 건 비닐하우스 8동의 총 잔여면적은 1,344㎡(전체 2,640㎡, 편입 1,296㎡)이고, 각 비닐하우스 1동당 잔여면적은 168㎡로 면적·형상 등으로 보아 종래의 목적(비듬나물 재배)대로 사용이 가능한 것으로 판단되므로 이유없으며, 000의 잔여지를 수용하여 달라는 주장에 대하여는, 법 제74조제1항에 따르면 동일한 토지소유자에 속하는 일단의 토지의 일부가 수용됨으로 인하여 잔여지를 종래의 목적에 사용하는 것이 현저히 곤란한 때에는 토지소유자는 일단의 토지의 전부를 매수청구할 수 있도록 되어 있는 바, 관계 자료(현황도면, 현황사진, 사업시행자 의견서 등)를 검토한 결과, 이 건 잔여지인 00시 00구 00동 000 대 42㎡(전체 194㎡, 편입 152㎡), 같은 동 000 창 80㎡(전체 325㎡, 편입 245㎡)는 면적이 협소하고 부정형으로 종래의 목적대로 사용하는 것이 현저히 곤란하다고 판단되고 사업시행자도 동의하므로 수용하기로 하고, 같은 동 000 잡 234㎡(전체 264㎡, 편입 30㎡)는 편입 비율이 11.4%에 불과하며, 또한 이 건 토지 위의 건물(창고)은 전혀 편입되지 않고 그대로 보존됨에 따라 종래의 목적대로 사용이 가능할 것으로 판단되므로 수용은 불가하며, ㅇㅇㅇ의 이주대책을 수립하여 달라는 주장에 대하여는, 법 제78조에 따르면 사업시행자는 공익사업의 시행으로 인하여 주거용 건축물을 제공함에 따라 생활의 근거를 상실하게 되는 자를 위하여 이주대책을 수립·실시하거나 이주정착금을 지급하도록 규정되어 있는 바, 이주대책대상자 선정은 관계 법령에 따라 사업시행자가 이주대책대상자 등의 적격여부를 확인하여 조치할 사항으로 법 제50조제1항에 따른 재결사항이 아니므로 우리 위원회에서는 이를 다루지 아니하기로 하고, ㅇㅇㅇ는 건축물(계사)을 용도대로 사용할 수 없으므로 이에 대한 손실보상과 가금류 사육 및 관리를 위한 설비에 대하여 보상하여 달라는 주장에 대하여는, 관계 자료(현황 사진, 감정평가서, 사업시행자 의견서 등)를 검토한 결과, 이 건 토지중 2㎡만 편입되고 대부분의 토지가 남아있으며, 계사 및 가금류 사육설비 등은 사업지구 밖에 위치하고 있으므로 동 사업으로 인하여 잔여 건축물(계사)의 가격이 감소하거나 그 밖의 손실이 있다고 볼 수 없으므로 이유없으며, ㅇㅇㅇ의 잔여지의 가치하락을 보상하여 달라는 주장에 대하여는, 법 제73조에 따르면 동일한 토지소유자에 속하는 일단의 토지가 취득 또는 사용됨으로 인하여 잔여지의 가격이 감소하거나 그 밖의 손실이 있는 때 또는 잔여지에 통로·도랑·담장 등의 신설 그 밖의 공사가 필요할 때에는 그 손실이나 공사의 비용을 보상하도록 규정되어 있는 바, 관계 자료(지적도, 감정평가서, 사업시행자 의견서 등)를 검토한 결과, 이 건 잔여지 ㅇㅇ시 ㅇㅇ구 ㅇㅇ동 ㅇㅇㅇ 목 1,163㎡(전체 1,165㎡, 편입 2㎡)는 동 사업으로 인하여 종래의 목적대로 사용하는데 가치하락이 있다고 볼 수 없으므로 이유없고, 한국농촌공사의 구거부지에 대하여 용수를 위한 도수로부지로 보상하여 달라는 주장에 대하여는, 법 시행규칙 제26조제3항에 따라 용수를 위한 도수로부지에 대하여는 법 제22조의 규정에 의하여 평가하도록 되어 있는 바, 관계 자료(감정평가서, 사업시행자 의견서 등)를 검토한 결과, 이 건 토지는 대부분 인공적인 시멘콘크리트 시설 및 부속시설로 되어있으며, 용수·배수를 목적으로하는 도수로부지로 판단되므로 도수로부지로 평가·보상하기로 하고, 보상금은 ㅇㅇ 및 ㅇㅇ감정평가법인이 평가한 금액을 산술평균하여 산정한 결과 손실보상금으로 금10,036,522,670원(개별보상내역은 별지 제1, 2목록 기재와 같이 함)을 보상함이 적정한 것으로 판단되므로 위와 같이 보상하고 이를 수용하기로 의결하다.

수용의 개시일은 ㅇㅇㅇㅇ년 ㅇ월 ㅇㅇ일로 하다

❖ 수용 - 개간비 (불수용)
ㅇㅇ공사가 시행하는 택지개발사업에 편입되는 토지 등에 대한 수용재결신청에 대하여, ㅇㅇㅇ의 ㅇㅇ동 ㅇㅇㅇ번지(시유지, 하천부지)의 개간비를 보상하여 달라는 주장에 대하여는, 법 시행규칙 제27조에 따르면, 국유지 또는 공유지를 관계법령에 의하여 적법하게 개간한 자가 개간당시부터 보상당시까지 계속하여 적법하게 당해 토지를 점유하고 있는 경우 개간에 소요된 비용은 이를 평가하여 보상하여야 한다고 되어 있는 바, 관계 자료(사업시행자의견서, 소유자의견서)를 검토한 결과, ㅇㅇ동 ㅇㅇㅇ번지 천 309㎡는 국유지로서 1974.11.20.부터 ㅇㅇㅇ이 점유하여 경작하다가 ㅇㅇㅇ에게 승계하여 경작하였고, 이후 1997.8.28. ㅇㅇㅇ가 경작권을 양도받아 경작하여 온 것으로서, 이는 '개간한 자가 개간당시부터 보상당시까지 계속하여 적법하게 당해 토지를 점유하고 있는 경우'에 해당하지 않으므로 개간비를 보상하여 달라는 주장은 이유없으며, 보상금에 대하여는, ㅇㅇ, ㅇㅇ감정평가법인이 평가한 금액을 산술평균하여 보상금을 산정한 결과, 손실보상금으로 금866,646,850원(개별보상내역은 별지 제1, 2목록 기재와 같이 함)을 정하고 이를 수용하기로 의결하다.

수용의 개시일은 ㅇㅇㅇㅇ년 ㅇ월 ㅇㅇ일로 하다.

러. 도시개발법상 보상재결

| 도시개발법 제38조 (장애물 등의 이전과 제거) |

① 시행자는 제35조제1항에 따라 환지 예정지를 지정하거나 제37조제1항에 따라 종전의 토지에 관한 사용 또는 수익을 정지시키는 경우나 대통령령으로 정하는 시설의 변경·폐지에 관한 공사를 시행하는 경우 필요하면 도시개발구역에 있는 건축물과 그 밖의 공작물이나 물건(이하 "건축물등"이라 한다) 및 죽목(竹木), 토석, 울타리 등의 장애물(이하 "장애물등"이라 한다)을 이전하거나 제거 할 수 있다. 이 경우 시행자(행정청이 아닌 시행자만 해당한다)는 미리 관할 특별자치도지사·시장·군수 또는 구청장의 허가를 받아야 한다.

| 도시개발법 제64조 (타인 토지의 출입) |

① 제11조제1항 각 호의 어느 하나에 해당하는 자는 도시개발구역의 지정, 도시개발사업에 관한 조사·측량 또는 사업의 시행을 위하여 필요하면 타인이 점유하는 토지에 출입하거나 타인의 토지를 재료를 쌓아두는 장소 또는 임시도로로 일시 사용할 수 있으며, 특히 필요하면 장애물등을 변경하거나 제거할 수 있다.

| 도시개발법 제65조 (손실보상) |

① 제38조제1항(「국토의 계획 및 이용에 관한 법률」제56조제1항을 위반한 건축물에 대하여는 그러하지 아니하다)이나 제64조제1항에 따른 행위로 손실을 입은 자가 있으면 시행자가 그 손실을 보상하여야 한다.
② 제1항에 따른 손실보상에 관하여는 그 손실을 보상할 자와 손실을 입은 자가 협의하여야 한다.
③ 손실을 보상할 자나 손실을 입은 자는 제2항에 따른 협의가 성립되지 아니하거나 협의를 할 수 없으면 관할 토지수용위원회에 재결을 신청할 수 있다.
④ 제3항에 따른 관할 토지수용위원회의 재결에 관하여는 「공익사업을 위한 토지 등의 취득 및 보상에 관한 법률」제83조부터 제87조까지의 규정을 준용한다.
⑤ 제1항에 따른 보상의 기준에 관하여는 「공익사업을 위한 토지 등의 취득 및 보상에 관한 법률」제14조, 제18조, 제61조, 제63조부터 제65조까지, 제67조, 제68조, 제71조 부터 제73조까지, 제75조, 제75조의2, 제76조, 제77조 및 제78조제5항·제6항·제9항을 준용한다.

머. 도시정비법상 보상재결

| 도시정비법 제61조 (임시거주시설・임시상가의 설치 등) |

① 사업시행자는 주거환경개선사업 및 재개발사업의 시행으로 철거되는 주택의 소유자 또는 세입자에게 해당 정비구역 안과 밖에 위치한 임대주택 등의 시설에 임시로 거주하게 하거나 주택자금의 융자를 알선하는 등 임시거주에 상응하는 조치를 하여야 한다.
② 사업시행자는 제1항에 따라 임시거주시설(이하 "임시거주시설"이라 한다)의 설치 등을 위하여 필요한 때에는 국가·지방자치단체, 그 밖의 공공단체 또는 개인의 시설이나 토지를 일시 사용할 수 있다.
③ 국가 또는 지방자치단체는 사업시행자로부터 임시거주시설에 필요한 건축물이나 토지의 사용신청을 받은 때에는 대통령령으로 정하는 사유가 없으면 이를 거절하지 못한다. 이 경우 사용료 또는

대부료는 면제한다.
④ 사업시행자는 정비사업의 공사를 완료한 때에는 완료한 날부터 30일 이내에 임시 거주시설을 철거하고, 사용한 건축물이나 토지를 원상회복하여야 한다.
⑤ 재개발사업의 사업시행자는 사업시행으로 이주하는 상가세입자가 사용할 수 있도록 정비구역 또는 정비구역 인근에 임시상가를 설치할 수 있다.

| 도시정비법 제62조 (임시거주시설 임시상가의 설치 등에 따른 손실보상) |

① 사업시행자는 제61조에 따라 공공단체(지방자치단체는 제외한다) 또는 개인의 시설이나 토지를 일시 사용함으로써 손실을 입은 자가 있는 경우에는 손실을 보상하여야 하며, 손실을 보상하는 경우에는 손실을 입은 자와 협의하여야 한다.
② 사업시행자 또는 손실을 입은 자는 제1항에 따른 손실보상에 관한 협의가 성립되지 아니하거나 협의할 수 없는 경우에는 「공익사업을 위한 토지 등의 취득 및 보상에 관한 법률」 제49조에 따라 설치되는 관할 토지수용위원회에 재결을 신청할 수 있다.
③ 제1항 또는 제2항에 따른 손실보상은 이 법에 규정된 사항을 제외하고는 「공익사업을 위한 토지 등의 취득 및 보상에 관한 법률」을 준용한다.

| 도시정비법 제63조 (토지 등의 수용 또는 사용) |

사업시행자는 정비구역에서 정비사업(재건축사업의 경우에는 제26조제1항제1호 및 제27조제1항제1호에 해당하는 사업으로 한정한다)을 시행하기 위하여 「공익사업을 위한 토지 등의 취득 및 보상에 관한 법률」 제3조에 따른 토지·물건 또는 그 밖의 권리를 취득하거나 사용할 수 있다.

3. 사용하는 토지의 보상

가. 일반적 기준

| 토지보상법 제71조 (사용하는 토지의 보상 등) |

① 협의 또는 재결에 의하여 사용하는 토지에 대하여는 그 토지와 인근 유사토지의 지료(地料), 임대료, 사용방법, 사용기간 및 그 토지의 가격 등을 고려하여 평가한 적정가격으로 보상하여야 한다.
② 사용하는 토지와 그 지하 및 지상의 공간 사용에 대한 구체적인 보상액 산정 및 평가방법은 투자비용, 예상수익 및 거래가격 등을 고려하여 국토교통부령으로 정한다. <개정 2013. 3. 23.>

| 토지보상법 시행규칙 제30조 (토지의 사용에 대한 평가) |

토지의 사용료는 임대사례비교법으로 평가한다. 다만, 적정한 임대사례가 없거나 대상토지의 특성으로 보아 임대사례비교법으로 평가하는 것이 적정하지 아니한 경우에는 적산법으로 평가할 수 있다.

나. 지하·지상공간의 일부사용

| 토지보상법 시행규칙 제31조 (토지의 지하·지상공간의 사용에 대한 평가) |

① 토지의 지하 또는 지상공간을 사실상 영구적으로 사용하는 경우 당해 공간에 대한 사용료는 제22조의 규정에 의하여 산정한 당해 토지의 가격에 당해 공간을 사용함으로 인하여 토지의 이용이

저해되는 정도에 따른 적정한 비율(이하 이 조에서 "입체이용저해율"이라 한다)을 곱하여 산정한 금액으로 평가한다.

② 토지의 지하 또는 지상공간을 일정한 기간동안 사용하는 경우 당해 공간에 대한 사용료는 제30조의 규정에 의하여 산정한 당해 토지의 사용료에 입체이용저해율을 곱하여 산정한 금액으로 평가한다.

| 전기사업법 제90조의2 (토지의 지상 등의 사용에 대한 손실보상) |

① 전기사업자는 제89조제1항에 따른 다른 자의 토지의 지상 또는 지하 공간에 송전선로를 설치함으로 인하여 손실이 발생한 때에는 손실을 입은 자에게 정당한 보상을 하여야 한다.
② 제1항에 따른 보상금액의 산정기준이 되는 토지 면적은 다음 각 호의 구분에 따른다.
　1. 지상 공간의 사용: 송전선로의 양측 가장 바깥선으로부터 수평으로 3미터를 더한 범위에서 수직으로 대응하는 토지의 면적. 이 경우 건축물 등의 보호가 필요한 경우에는 기술기준에 따른 전선과 건축물 간의 전압별 이격거리까지 확장할 수 있다.
　2. 지하 공간의 사용: 송전선로 시설물의 설치 또는 보호를 위하여 사용되는 토지의 지하 부분에서 수직으로 대응하는 토지의 면적
③ 제1항 및 제2항에 따른 손실보상의 구체적인 산정기준 및 방법에 관한 사항은 대통령령으로 정한다.

| 전기사업법 시행령 제50조 (손실보상의 산정기준) |

법 제90조의2제3항에 따른 손실보상의 구체적인 산정기준은 별표 5와 같다.

[별표 5] 손실보상의 산정기준(제50조 관련) <신설 2011.9.30>

손실보상의 산정기준(제50조 관련)

구분	사용기간	보상금액 산정기준
지상 공간의 사용	송전선로가 존속하는 기간까지 사용	보상금액= 토지의 단위면적당 적정가격 × 지상 공간의 사용면적 × (입체이용저해율 + 추가보정률)
	한시적 사용	보상금액= 토지의 단위면적당 사용료 평가가액 × 지상 공간의 사용면적 × (입체이용저해율 + 추가보정률)
지하 공간의 사용	송전선로가 존속하는 기간까지 사용	보상금액= 토지의 단위면적당 적정가격 × 지하 공간의 사용면적 × 입체이용저해율

비고
1. "입체이용저해율"이란 송전선로를 설치함으로써 토지의 이용이 저해되는 정도에 따른 적정한 비율을 말한다.
2. "추가보정률"이란 송전선로를 설치함으로써 해당 토지의 경제적 가치가 감소되는 정도를 나타내는 비율을 말한다.
3. "지상 공간의 사용면적"이란 법 제90조의2제2항제1호에 따른 면적을 말하며, "지하 공간의 사용면적"이란 법 제90조의2제2항제2호에 따른 면적을 말한다.
4. "한시적 사용"이란 법 제90조의2제1항에 따라 전기사업자가 설치하는 송전선로에 대하여 「전원개발촉진법」 제5조에 따른 전원개발사업 실시계획 승인의 고시일부터 3년 이내에 철거가 계획된 경우를 말한다(법 제89조의2에 따른 구분지상권의 설정 또는 이전의 경우에 대해서는 적용하지 아니한다).

5. 토지의 가격(단위면적당 적정가격 및 단위면적당 사용료 평가가액을 말한다), 입체이용저해율 및 추가보정률 등 손실보상의 산정 방법에 관하여는 「공익사업을 위한 토지 등의 취득 및 보상에 관한 법률」 제67조 및 제68조에 따라 평가한다.

● 철도건설을 위한 지하부분 토지사용 보상기준 ●

[시행 2017. 3. 7.] [국토교통부고시 제2017-161호, 2017. 3. 7., 일부개정]

제1조 (목적) 이 기준은 「철도건설법」 제12조의2 및 같은 법 시행령 제14조의2제2항 및 별표에서 위임된 철도건설을 위한 지하부분 사용에 대한 보상범위, 입체이용저해율 산정 방법 등 구체적인 보상기준을 정함을 목적으로 한다.

제2조 (정의) 이 기준에서 사용하는 용어의 뜻은 다음과 같다.
1. "토피"란 철도 지하시설물(이하 "지하시설물"이라 한다) 최상단에서 지표까지의 수직거리를 말한다.
2. "최소여유폭"이란 천공 등 기타 행위로부터 지하시설물의 손상을 방지하기 위하여 필요한 지하시설물과 수평방향으로 최소한의 여유폭을 말한다.
3. "보호층"이란 굴착 등 기타 행위로부터 지하시설물을 보호하기 위하여 필요한 구조물 상·하의 범위를 말한다.
4. "한계심도"란 토지소유자의 통상적 이용행위가 예상되지 않으며 지하시설물설치로 인하여 일반적인 토지이용에 지장이 없는 것으로 판단되는 깊이를 말한다.

제3조 (보상대상 지역의 분류) 보상대상 지역을 현황여건, 개발잠재력 등 객관적인 상황을 고려하여 다음 각 호와 같이 분류한다.
1. "고층시가지"란 「국토의 계획 및 이용에 관한 법률 시행령」 제30조에 따른 중심상업지역과 일반상업지역 등의 지역 중 16층 이상 건물이 최유효 이용으로 예상되는 지역을 말한다.
2. "중층시가지"란 「국토의 계획 및 이용에 관한 법률 시행령」 제30조에 따른 일반상업지역, 근린상업지역, 준주거지역 등의 지역 중 1~15층 건물이 최유효 이용으로 예상되는 지역을 말한다.
3. "저층시가지"란 「국토의 계획 및 이용에 관한 법률 시행령」 제30조에 따른 일반상업지역, 근린상업지역, 주거지역 등의 지역 중 4~10층 건물이 최유효 이용으로 예상되는 지역으로 상가로서 성숙도가 낮은 주택·공장·상가 등이 혼재된 지역을 말한다.
4. "주택지"란 「국토의 계획 및 이용에 관한 법률 시행령」 제30조에 따른 주거지역,

공업지역, 녹지지역 등의 지역 중 3층 이하 건물이 최유효 이용으로 예상되는 지역을 말하며 가까운 장래에 택지화가 예상되는 지역을 포함한다.
5. "농지·임지"란 「국토의 계획 및 이용에 관한 법률 시행령」 제30조에 따른 녹지지역 등의 지역 중 농지·임지가 최유효 이용인 지역으로 사회, 경제 및 행정적 측면에서 가까운 장래에 택지화가 어려운 지역을 말한다.

제4조 (한계심도) 한계심도는 고층시가지는 40m, 중층시가지는 35m, 저층시가지 및 주택지는 30m, 농지·임지는 20m로 한다.

제5조 (보상대상 범위) ① 지하부분 사용에 대한 보상(이하 "지하보상"이라 한다) 대상범위는 지하시설물의 점유면적 및 유지관리 등과 관련된 최소한의 범위로 정하되 평면적 범위와 입체적 범위는 다음 각 호와 같다.
1. "평면적 범위"는 지하시설물 폭에 최소여유폭(양측 0.5m)을 합한 폭과 시설물 연장에 수직으로 대응하는 면적으로 한다.
2. "입체적 범위"는 제1호의 평면적 범위로부터 지하시설물 상·하단 높이에 보호층을 포함한 범위까지로 정하되 보호층은 터널구조물인 경우 각 6m, 개착구조물인 경우 각 0.5m로 한다.
② 병렬터널 등과 같이 지하시설물과 지하시설물 사이의 토지가 종래 목적대로 사용함이 현저히 곤란하다고 인정될 때에는 토지소유자나 이해관계자의 청구에 의하여 「공익사업을 위한 토지 등의 취득 및 보상에 관한 법률 시행령」 제44조에서 정한 보상협의회의 협의를 거쳐 일정범위를 보상대상에 포함할 수 있다.

제6조 (최유효 건물층수의 결정) 최유효 건물층수는 다음 각 호의 사항을 고려하여 결정한다.
1. 인근 토지의 이용상황, 토지가격 수준, 성숙도, 잠재력 등을 고려한 경제적인 층수
2. 토지가 갖는 입지조건, 형태, 지질 등을 고려한 건축가능한 층수
3. 「건축법」이나 「국토의 계획 및 이용에 관한 법률」 등 관계 법령에서 규제하고 있는 범위 내의 층수

제7조 (건축가능 층수) ① 건축가능 층수는 구조물의 형식과 시공방법, 지반상태, 토피 등을 고려하여 별표 1에 따라 결정한다.
② 제1항에 의한 건축가능 층수는 보상기준을 설정하기 위하여 대표단면을 기준으로 산정한 것으로, 건축 등 행위시에는 해당 토지의 지반여건, 건축 등 시설물의 특성 및 공법 등에 맞도록 시행하여야 한다.

제8조 (입체이용저해율의 산정) ① 토지의 입체이용저해율은 건물의 이용저해율과 지하부분의 이용저해율 및 그 밖의 이용저해율을 합한 값으로 한다.

② 건물의 이용저해율은 다음 방식에 따라 산정한다.
   1. 건물의 이용저해율 = α × (가) / (나)
   2. "α"는 건물의 이용에 의한 이용률로서 별표 2에서 산출
   3. "가"는 저해층수의 층별 효용비율의 합계로서 별표 3에서 산출
   4. "나"는 최유효 건물층수의 층별 효용비율의 합계로서 별표 3에서 산출
   5. 저해층수는 최유효 건물층수에서 건축가능 층수를 뺀 것
③ 지하부분의 이용저해율은 별표 2의 지하부분의 이용에 의한 이용률(β)에 별표 4의 심도별지하이용효율(P)을 곱하여 산출한다.
④ 그 밖의 이용저해율은 지상 및 지하부분 양쪽의 이용을 저해하는 경우에는 별표2의 γ로 하고, 지상 또는 지하 어느 한쪽의 이용을 저해하는 경우에는 γ에 지상 또는 지하의 배분비율을 곱하여 산출한다.
⑤ 해당 토지의 지상에 최유효 이용 상태이거나 이와 유사한 이용상태의 기존 건물이 있는 경우는 다음과 같이 입체이용저해율을 산정한다.
   1. 입체이용저해율 = (최유효 상태의 나지로 본 건물 및 지하부분의 이용저해율)×노후율+그 밖의 이용저해율

   2. 노후율 = $\dfrac{\text{해당 건물의 유효 경과연수}}{\text{해당 건물의 경제적 내용연수}}$

   3. 해당 건물의 경제적 내용연수는 별표 5를 기준으로 산정하고 유효 경과연수는 실제경과연수·이용 및 관리 상태·그 밖에 수리 및 보수 정도 등을 고려하여 산정한다.
⑥ 한계심도보다 깊은 위치에 지하시설물을 설치하는 경우에는 다음 보상 비율을 기준으로 산정한다. 단, 토지 여건상 지하의 광천수를 이용하는 특별한 사유가 인정되는 경우에는 별도 보상비를 산정할 수 있다.

구분	한계심도 초과		
	20미터 이내	20 ~ 40미터	40미터 초과
보상비율	1.0 ~ 0.5%	0.5 ~ 0.2%	0.2%이하

제9조 (준용) 이 기준에서 정하지 아니한 것은 「공익사업을 위한 토지 등의 취득 및 보상에 관한 법률」에 따른다.

제10조 (재검토기한) 국토교통부장관은 「훈령·예규 등의 발령 및 관리에 관한 규정」(대통령훈령 제334호)에 따라 이 고시에 대하여 2017년 3월 6일 기준으로 매3년이 되는 시점(매 3년째의 3월 5일까지를 말한다)마다 그 타당성을 검토하여 개선 등의 조치를 하여야 한다.<개정 17·3·7>

부 칙 <제2014-104호, 2014. 3. 7.>

이 고시는 고시한 날부터 시행한다.

부　칙 <제2017-161호, 2017. 3. 7.>

이 고시는 고시한 날부터 시행한다.

4. 잔여지 등의 보상

가. 잔여지 보상

| 토지보상법 제73조 (잔여지의 손실과 공사비 보상) |

① 사업시행자는 동일한 소유자에게 속하는 일단의 토지의 일부가 취득되거나 사용됨으로 인하여 잔여지의 가격이 감소하거나 그 밖의 손실이 있을 때 또는 잔여지에 통로·도랑·담장 등의 신설이나 그 밖의 공사가 필요할 때에는 국토교통부령으로 정하는 바에 따라 그 손실이나 공사의 비용을 보상하여야 한다. 다만, 잔여지의 가격 감소분과 잔여지에 대한 공사의 비용을 합한 금액이 잔여지의 가격보다 큰 경우에는 사업시행자는 그 잔여지를 매수할 수 있다. <개정 2013. 3. 23.>
② 제1항 본문에 따른 손실 또는 비용의 보상은 관계 법률에 따라 사업이 완료된 날 또는 제24조의2에 따른 사업완료의 고시가 있는 날(이하 "사업완료일"이라 한다)부터 1년이 지난 후에는 청구할 수 없다. <개정 2021. 8. 10.>
③ 사업인정고시가 된 후 제1항 단서에 따라 사업시행자가 잔여지를 매수하는 경우 그 잔여지에 대하여는 제20조에 따른 사업인정 및 제22조에 따른 사업인정고시가 된 것으로 본다.
④ 제1항에 따른 손실 또는 비용의 보상이나 토지의 취득에 관하여는 제9조제6항 및 제7항을 준용한다.
⑤ 제1항 단서에 따라 매수하는 잔여지 및 잔여지에 있는 물건에 대한 구체적인 보상액 산정 및 평가방법 등에 대하여는 제70조, 제75조, 제76조, 제77조, 제78조제4항, 같은 조 제6항 및 제7항을 준용한다. <개정 2022. 2. 3.>

사례 1 　잔여지 가치하락 및 공사비 보상의 기준시점은 잔여지 보상에 대한 협의성립 당시 또는 재결 당시이다(2015. 08. 31. 토지정책과-6306)(유권해석)

질의요지　　　　　　　　　　　　　　　　　　　　　2018 토지수용 업무편람 발췌

공익사업을 위한 토지 등의 취득 및 보상에 관한 법률」(이하 "토지보상법"이라 함) 제73조에서 잔여지 가치하락 및 공사비 보상에 대한 가격시점은?

회신내용

잔여지 손실 등에 보상은 협의에 의한 경우에는 협의 성립 당시의 가격을 기준으로 보상하고, 재결에 의한 경우에는 재결 당시의 가격을 기준으로 보상하여야 할 것으로 봅니다.

사례 2   공사완료일이란 사업인정고시에서 정한 해당 사업의 완료일을 의미한다(2014. 05. 20. 토지정책과-3294)(유권해석)

질의요지

2018 토지수용 업무편람 발췌

「사회기반시설에 관한 민간투자법」에 따라 3단계로 시행 중인 민간투자사업(도로)에 대한 토지소유자가 잔여지를 매수를 청구할 수 있는 기준이 되는 「공익사업을 위한 토지 등의 취득 및 보상에 관한 법률」(이하 "토지보상법"이라 함) 제74조제1항의 공사완료일이 단계별 공사완료일(준공)인지 아니면 전체 사업(1, 2, 3단계)에 대한 최종 사업완료일인지 여부

회신내용

토지보상법 제74조제1항의 '그 사업의 공사완료일'이란 사업인정고시에서 정한 해당 사업이 완료된 날을 의미하며, 사업인정 고시에서 각 공구별로 사업기간을 분리하여 고시하고, 각 공구별로 사업을 완료할 수 있는 등 해당사업이 각 공구별로 구분하여 시행하는 경우로 볼 수 있다면 공구별(단계별) 사업완료일이 공사완료일이 될 수 있을 것으로 보며, 개별적인 사례는 사업시행자가 「사회기반시설에 관한 민간투자법」 등 관계 법령과 해당 사업의 고시문 등을 검토하여 판단할 사항이라고 봅니다.

사례 3   사업인정에서 정한 사업기간 이전에 실제 공사가 완료된 경우에는 그 날을 '공사완료일'로 볼 수 있다(2010. 05. 03. 토지정책과-2460)(유권해석)

질의요지

2018 토지수용 업무편람 발췌

「공익사업을 위한 토지 등의 취득 및 보상에 관한 법률(이하 "토지보상법")」제74조 제1항에서 잔여지 수용 청구기간을 공사완료일까지로 규정하고 있는데 "공사 완료일"이란 사업인정고시의 사업기간 만료일을 의미하는지 혹은 실제 준공일을 의미하는지?

회신내용

사업인정고시에서 정한 사업 기간만료일 이전에 실제 공사가 완료된 경우 그 사업은 완료된 것으로 보아야 한다고 보나, 실제 준공일을 공사 완료일로 볼 수 있는지 여부 등은 개별법령에 의한 고시(실시 계획 등)에서 정한 사업기간과 실제 준공일과의 의미와 절차 및 내용 등을 검토하여 판단할 사항이라고 봅니다.

판 례

┃ 판례 1 ┃ 잔여지의 가치하락에 대한 보상은 일단의 토지 전체를 기준으로 한다.

[대법원 1999. 05. 14. 선고 97누4623]

판시사항

1. 토지수용법 제47조에 의한 잔여지 손실보상의 요건
2. 수필지의 일단의 토지 중 일부가 수용됨으로써 발생한 토지수용법 제47조 소정의 잔여지의 가격감소로 인한 손실의 산정 기준(=일단의 토지 전체)

판결요지

1. 토지수용법 제47조는 잔여지 보상에 관하여 규정하면서 동일한 소유자에 속한 일단의 토지의 일부수용이라는 요건 외에 잔여지 가격의 감소만을 들고 있으므로, 일단의 토지를 일부 수용함으로써 잔여지의 가격이 감소되었다고 인정되는 한, 같은 법 제48조가 정하고 있는 잔여지 수용청구에서와는 달리 잔여지를 종래의 목적에 사용하는 것이 현저히 곤란한 사정이 인정되지 않는 경우에도 그에 대한 손실보상을 부정할 근거가 없다.
2. 토지수용법 제47조 소정의 잔여지 보상은 동일한 소유자에 속한 일단의 토지 중 일부가 수용됨으로써 잔여지에 발생한 가격감소로 인한 손실을 보상대상으로 하고 있고, 이 때 일단의 토지라 함은 반드시 1필지의 토지만을 가리키는 것이 아니라 일반적인 이용 방법에 의한 객관적인 상황이 동일한 한 수필지의 토지까지 포함하는 것이라고 할 것이므로, 일단의 토지가 수필지인 경우에도 달리 특별한 사정이 없는 한 그 가격감소는 일단의 토지 전체를 기준으로 산정하여야 할 것이다

┃ 판례 2 ┃ 잔여지의 가치가 감소하였다는 점은 토지소유자가 증명하여야 한다.

[서울고등법원 2016.12.26. 선고 2015누72452]

판결내용

공익사업의 시행에 따라 잔여지에 생기는 손실은 토지의 수용 그 자체에 의하여 직접 발생하는 수용손실과 토지의 수용 그 자체는 아니지만 수용된 토지에 그 목적인 공익사업이 이루어짐으로써 비로소 생기는 사업손실로 구분할 수 있고, 양자는 상호 밀접한 불가분의 관계에 있다. … 해당 공익사업의 시행으로 설치되는 시설이 잔여지에 대한 장래의 이용가능성이나 거래의 용이성에 영향을 미쳐 사용가치 및 교환가치가 하락하는 손실을 입게 되었는지 여부는 일단의 토지의 지목이나 현실적인 이용상황, 행정적 규제 및 개발 가능성, 일단의 토지에서 당해 시설이 차지하는 면적비율 및 당해 시설의 위치, 당해 시설의 형태, 구조, 기능 등이 인근 토지에 미치는 영향, 그에 따른 가치하락을 확인할 수 있는 객관적이고 합리적인 자료에 기초하여 판단하여야 하고, 일정한 시설이 설치되는 경우에는 그 일대 토지의 사용가치 및 교환가치의 하락이 발생할 수도 있다는 주관적인 사정만으로 이를 인정할 수 없다. 그리고 일정한 시설의 설치로 잔여지의 가격이 감소하였다는 점에 대한 증명책임은 잔여지 손실보상을 청구하는 원고 측이 부담한다.

※ 이 판결은 대법원 2017.5.16. 선고 2017두33718 판결에 의해 「상고심절차에 관한 특례법」에 따른 심

리불속행으로 상고기각되어 확정되었다.

▎판례 3 ▎ 잔여지 손실에는 사업손실도 포함된다.

[대법원 2011. 02. 24. 선고 2010두23149]

판시사항

구 '공익사업을 위한 토지 등의 취득 및 보상에 관한 법률' 제73조에 따라 토지 일부의 취득 또는 사용으로 잔여지 손실에 대하여 보상하는 경우, 보상하여야 하는 손실의 범위

판결요지

구 공익사업을 위한 토지 등의 취득 및 보상에 관한 법률(2007. 10. 17. 법률 제8665호로 개정되기 전의 것, 이하 '공익사업법'이라 한다) 제73조에 의하면, 동일한 토지소유자에 속하는 일단의 토지의 일부가 취득 또는 사용됨으로 인하여 잔여지의 가격이 감소하거나 그 밖의 손실이 있는 때 등에는 토지소유자는 그로 인한 잔여지 손실보상청구를 할 수 있고, 이 경우 보상하여야 할 손실에는 토지 일부의 취득 또는 사용으로 인하여 그 획지조건이나 접근조건 등의 가격형성요인이 변동됨에 따라 발생하는 손실뿐만 아니라 그 취득 또는 사용 목적 사업의 시행으로 설치되는 시설의 형태·구조·사용 등에 기인하여 발생하는 손실과 수용재결 당시의 현실적 이용상황의 변경 외 장래의 이용가능성이나 거래의 용이성 등에 의한 사용가치 및 교환가치상의 하락 모두가 포함된다(대법원 1998. 9. 8. 선고 97누10680 판결, 대법원 2000. 12. 22. 선고 99두10315 판결 참조).

▎판례 4 ▎ 접도구역의 지정으로 인한 가치의 하락은 잔여지 손실보상의 대상에 해당하지 않는다.

[대법원 2017. 7. 11. 선고 2017두40860]

판결요지

공익사업을 위한 토지 등의 취득 및 보상에 관한 법률(이하 '토지보상법'이라고 한다) 제73조 제1항 본문은 "사업시행자는 동일한 소유자에게 속하는 일단의 토지의 일부가 취득되거나 사용됨으로 인하여 잔여지의 가격이 감소하거나 그 밖의 손실이 있을 때 또는 잔여지에 통로·도랑·담장 등의 신설이나 그 밖의 공사가 필요할 때에는 국토교통부령으로 정하는 바에 따라 그 손실이나 공사의 비용을 보상하여야 한다."라고 규정하고 있다.
여기서 특정한 공익사업의 사업시행자가 보상하여야 하는 손실은, 동일한 소유자에게 속하는 일단의 토지 중 일부를 사업시행자가 그 공익사업을 위하여 취득하거나 사용함으로 인하여 잔여지에 발생하는 것임을 전제로 한다. 따라서 이러한 잔여지에 대하여 현실적 이용상황 변경 또는 사용가치 및 교환가치의 하락 등이 발생하였더라도, 그 손실이 토지의 일부가 공익사업에 취득되거나 사용됨으로 인하여 발생하는 것이 아니라면 특별한 사정이 없는 한 토지보상법 제73조 제1항 본문에 따른 잔여지 손실보상 대상에 해당한다고 볼 수 없다.
토지의 일부가 접도구역으로 지정·고시됨으로써 일정한 형질변경이나 건축행위가 금지되어 장래의 이용가능성이나 거래의 용이성 등에 비추어 사용가치 및 교환가치가 하락하는 손실은, 고속도로를 건설하는 이 사건 공익사업에 원고들 소유의 일단의 토지 중 일부가 취득되거나 사용됨으로 인하여 발생한 것이 아니라, 그와 별도로 국토교통부장관이 이 사건 잔여지 일부를 접도구역으로 지정·고시한 조치에 기인한 것이므로, 원칙적으로 토지보상법 제73조 제1항에 따른 잔여지 손실보상의 대상에 해당하지 아니한다.

┃ **판례 5** ┃ 선하지에 대해서도 잔여지 가치하락 보상이 인정된다.

[대법원 2000. 12. 22. 선고 99두10315]

판시사항

1. 전원개발에관한특례법에 의하여 토지 일부를 전선로 지지 철탑의 부지로 수용함과 아울러 전기사업법에 기하여 그 잔여지의 지상 공간에 전선을 가설한 경우, 그 전선로의 지상공간 설치로 인한 잔여지 가격의 감소 손실이 토지수용법 제47조 소정의 잔여지 보상의 대상에 해당하는지 여부(적극) 및 그 전선로의 지상공간 설치로 인한 잔여지 가격의 감소 손실에 관하여 전기사업법 제58조 제2항 소정의 재정 절차를 필요적·전속적으로 거쳐야 하는지 여부(소극)
2. 전선로의 설치를 위한 타인 토지의 일부 수용과 그 잔여지 상의 전선가설을 위한 공간 사용에 있어 그 잔여지의 가격 감소에 따른 손실보상금의 산정 방법

판결요지

1. 토지수용법 제47조에서 동일한 토지소유자에 속하는 일단의 토지의 일부를 수용 또는 사용함으로 인하여 잔여지의 가격이 감소된 때에 그 손실을 보상하도록 규정하고 있는 것은 그 잔여지의 가격 감소가 토지 일부의 수용 또는 사용으로 인하여 그 획지조건이나 접근조건 등의 가격형성요인이 변동됨에 따라 발생하는 경우뿐만 아니라 그 수용 또는 사용 목적 사업의 시행으로 설치되는 시설의 형태·구조·사용 등에 기인하여 발생하는 경우도 포함하므로, 전원개발에관한특례법상의 전원개발사업자가 위 특례법 제6조의2의 규정에 따라 타인 소유의 토지 일부를 전선로 지지 철탑의 부지로 수용함과 아울러 전기사업법 제57조 제1항의 규정에 기하여 그 잔여지의 지상 공간에 전선을 가설함으로써 그 잔여지의 가격이 감소하는 데 따른 손실도 위와 같은 토지수용법 제47조 소정의 잔여지 보상의 대상에 해당하므로, 그에 관하여는 토지수용법상의 수용 또는 사용재결과 이의재결 등의 절차가 적용된다.
2. 토지수용법 제45조 내지 제47조와 제57조의2, 공공용지의취득및손실보상에관한특례법 제4조와 위 특례법시행규칙 제8조 제2항 및 제26조 제2항 등의 관련 규정에 의하면, 전선로의 설치를 위한 타인 토지의 일부 수용과 그 잔여지 상의 전선가설을 위한 공간 사용에 있어 수용 대상 토지의 가격 및 잔여지 지상 공간의 사용료와 함께 손실보상의 대상이 되는 잔여지의 가격 감소에 따른 손실보상금은 위 특례법시행규칙 제26조 제2항의 규정에 따라 수용 목적 사업의 용지로 편입되는 토지의 가격으로 환산한 잔여지의 가격에서 가격이 하락된 잔여지의 평가액을 차감하여 산정하여야 하고, 이 때 가격이 하락된 잔여지의 평가액을 산정함에 있어서는 당해 수용 또는 사용과 그 목적 사업으로 인한 가격하락만을 반영하여야 한다.

┃ **판례 6** ┃ 공익사업으로 잔여 영업시설의 운영에 일정한 지장이 초래되는 경우에도 잔여시설에 시설을 새로 설치하거나 잔여 영업시설을 보수할 필요가 있는 경우에 포함된다.

[대법원 2018.11.29. 선고 2018두51911]

판결요지

사업시행자가 동일한 토지소유자에 속하는 일단의 토지 일부를 취득함으로 인하여 잔여지의

가격이 감소하거나 그 밖의 손실이 있을 때 등에는 잔여지를 종래의 목적으로 사용하는 것이 가능한 경우라도 잔여지 손실보상의 대상이 되며, 잔여지를 종래의 목적에 사용하는 것이 불가능하거나 현저히 곤란한 경우이어야만 잔여지 손실보상청구를 할 수 있는 것이 아니다. 마찬가지로 잔여 영업시설 손실보상의 요건인 "공익사업에 영업시설의 일부가 편입됨으로 인하여 잔여시설에 그 시설을 새로이 설치하거나 잔여시설을 보수하지 아니하고는 그 영업을 계속할 수 없는 경우"란 잔여 영업시설에 시설을 새로이 설치하거나 잔여 영업시설을 보수하지 아니하고는 그 영업이 전부 불가능하거나 곤란하게 되는 경우만을 의미하는 것이 아니라, 공익사업에 영업시설 일부가 편입됨으로써 잔여 영업시설의 운영에 일정한 지장이 초래되고, 이에 따라 종전처럼 정상적인 영업을 계속하기 위해서는 잔여 영업시설에 시설을 새로 설치하거나 잔여 영업시설을 보수할 필요가 있는 경우도 포함된다고 해석함이 타당하다.

나. 잔여지의 매수

| 토지보상법 제74조 (잔여지 등의 매수 및 수용 청구) |

① 동일한 소유자에게 속하는 일단의 토지의 일부가 협의에 의하여 매수되거나 수용됨으로 인하여 잔여지를 종래의 목적에 사용하는 것이 현저히 곤란할 때에는 해당 토지소유자는 사업시행자에게 잔여지를 매수하여 줄 것을 청구할 수 있으며, 사업인정 이후에는 관할 토지수용위원회에 수용을 청구할 수 있다. 이 경우 수용의 청구는 매수에 관한 협의가 성립되지 아니한 경우에만 할 수 있으며, 사업완료일까지 하여야 한다. <개정 2021. 8. 10.>
② 제1항에 따라 매수 또는 수용의 청구가 있는 잔여지 및 잔여지에 있는 물건에 관하여 권리를 가진 자는 사업시행자나 관할 토지수용위원회에 그 권리의 존속을 청구할 수 있다.
③ 제1항에 따른 토지의 취득에 관하여는 제73조제3항을 준용한다.
④ 잔여지 및 잔여지에 있는 물건에 대한 구체적인 보상액 산정 및 평가방법 등에 대하여는 제70조, 제75조, 제76조, 제77조, 제78조제4항, 같은 조 제6항 및 제7항을 준용한다. <개정 2022. 2. 3.> [전문개정 2011. 8. 4.]

| 토지보상법 시행규칙 제32조 (잔여지의 손실 등에 대한 평가) |

③ 동일한 토지소유자에 속하는 일단의 토지의 일부가 취득됨으로 인하여 종래의 목적에 사용하는 것이 현저히 곤란하게 된 잔여지에 대하여는 그 일단의 토지의 전체가격에서 공익사업시행지구에 편입되는 토지의 가격을 뺀 금액으로 평가한다.

● 잔여지 확대보상 판단 참고기준 ●

「토지보상법」 제74조제1항의 규정에 따른 종래의 목적에 사용하는 것이 현저히 곤란한 토지의 판단은 그 토지의 위치·형상이이용상황과 편입토지 면적과의 비교 및 용도지역 등을 고려하여 판단하되, 다음 각항의 토지는 잔여지로 본다. 다만, 특수한 사정이 있는 경우에는 사안별로 토지수용위원회에서 심의·결정할 수 있음

(1) 대지
　다음 각항을 종합적으로 참작하여 잔여지 확대수용을 결정
　① 건축법시행령 제80조에서 정하는 대지의 분할제한 면적 이하의 토지
　　가. 주거지역 : 60㎡
　　나. 상업지역 : 150㎡
　　다. 공업지역 : 150㎡
　　라. 녹지지역 : 200㎡
　　마. 제1호부터 제4호까지에 해당하지 아니하는 지역 : 60㎡
　② 대지의 분할제한 면적 이상인 토지라도 토지형상의 부정형 등의 사유로 건축물을 건축할 수 없거나 건축물의 건축이 현저히 곤란한 경우 : 잔여지의 형상이 사각형은 폭 5m 이하인 경우, 삼각형은 한 변의 폭이 11m 이하인 경우 등을 부정형으로 보되, 그 이외의 형상은 잔여지에 내접하는 사각형 또는 삼각형을 도출하여 판단
　③ 해당 공익사업의 시행으로 인하여 진·출입이 차단되어 대지로서 기능이 상실된 것으로 인정되는 토지
　④ 잔여지의 면적 비중이 공익사업 편입 전 전체토지의 면적 대비 25% 이하인 경우

(2) 잡종지
　다음 각항을 종합적으로 참작하여 잔여지 확대수용을 결정
　① 잔여면적, 위치, 형태, 용도지역, 이용상황 등을 고려하여 종래의 용도대로 이용함이 사실상 어렵다고 인정되는 토지로 하되, 대지기준을 준용 또는 참작한다.
　② 잔여지의 면적 비중이 공익사업 편입 전 전체토지의 면적 대비 25% 이하인 경우

(3) 전·답·과수원
　다음 각항을 종합적으로 참작하여 잔여지 확대수용을 결정
　② 농지로서 잔여면적이 330㎡ 이하인 토지
　② 농지로서 농기계의 진입과 회전이 곤란할 정도로 폭이 좁고 길게 남거나 부정형 등의 사유로 인하여 영농이 현저히 곤란한 경우
　　잔여지의 형상이 사각형은 폭 5m 이하인 경우, 삼각형은 한변의 폭이 11m 이하인 경우 등을 부정형으로 보되, 그 이외의 형상은 잔여지에 내접하는 사각형 또는 삼각형을 도출하여 판단
　③ 해당 공익사업 시행으로 인하여 진·출입 또는 용·배수가 차단되어 영농이 현저히

곤란하다고 인정되는 토지
④ 잔여지의 면적 비중이 공익사업 편입전 전체토지의 면적 대비 25% 이하인 경우

(4) 임야

다음 각항을 종합적으로 참작하여 잔여지 확대수용을 결정
① 잔여면적이 330㎡ 이하인 토지
② 잔여 토지가 급경사 또는 하천으로 둘러쌓여 고립되는 등 토지로의 진·출입이 불가능하여 토지로서의 이용가치가 상실되었다고 인정되는 토지
③ 잔여지의 면적 비중이 공익사업 편입전 전체토지의 면적 대비 25% 이하인 경우

(5) 기타의 토지

다음 각항을 종합적으로 참작하여 잔여지 확대수용을 결정
① 잔여면적이 330㎡ 이하인 토지
② 기타 용도의 잔여지인 경우 잔여지의 면적, 위치, 형태, 용도지역 등 제반사항을 종합적으로 고려하여 종래 목적대로 사용함이 현저히 곤란하다고 인정되는 토지
③ 잔여지의 면적 비중이 공익사업 편입전 전체토지의 면적 대비 25% 이하인 경우

사례 1 공유토지인 잔여지의 매수대상 여부는 잔여지 전체를 기준으로 판단한다(2005.08.24. 토지정책팀-5323)(유권해석)

질의요지 2018 토지수용 업무편람 발췌

원당토지구획정리사업과 관련하여 지구경계도로에 접한 법면부 보상시 전체면적이 1,152㎡, 편입면적이 353㎡, 잔여면적이 799㎡이나 당해 토지소유자가 25인의 공동소유로서 공유지분별로는 토지를 종래의 목적에 사용하는 것이 현저히 곤란하다고 주장하면서 잔여지 매수청구를 하는 경우 잔여지 매수가 가능한지 여부

회신내용

공익사업을위한토지등의취득및보상에관한법률 제74조의 규정에 의하면, 동일한 토지소유자에 속하는 일단의 토지의 일부가 협의에 의하여 매수되거나 수용됨으로 인하여 잔여지를 종래의 목적에 사용하는 것이 현저히 곤란한 때에는 일단의 토지의 전부를 매수하여 줄 것을 청구할 수 있는바, 귀 질의와 같이 편입되고 남은 잔여지가 종래의 목적에 사용하는 것이 현저히 곤란한 사유가 공동소유인 토지를 공유지분별로 분할하여 사용하는 경우를 전제로 한 것이라면 위 규정에 의한 잔여지매수 청구사유에 해당되지 아니한다고 봅니다.

재결례

▎재결례 1 ▎ 종래의 목적으로 사용하는 것이 현저히 곤란하다고 볼 수 없다고 판단한 사례

[중토위 2017. 10. 19.]

재결요지

000·000이 잔여지를 수용하여 주거나 잔여지의 가치하락을 보상하여 달라는 주장에 대하여 법 제73조에 따르면 사업시행자는 동일한 소유자에게 속하는 일단의 토지의 일부가 취득되거나 사용됨으로 인하여 잔여지의 가격이 감소하거나 그 밖의 손실이 있을 때 또는 잔여지에 통로·도랑·담장 등의 신설이나 그 밖의 공사가 필요할 때에는 국토교통부령으로 정하는 바에 따라 그 손실이나 공사의 비용을 보상하여야 하고, 잔여지의 가격 감소분과 잔여지에 대한 공사의 비용을 합한 금액이 잔여지의 가격보다 큰 경우에는 사업시행자는 그 잔여지를 매수할 수 있으며, 이에 따른 손실 또는 비용의 보상이나 토지의 취득에 관하여는 사업시행자와 손실을 입은 자가 협의하여 결정하되, 협의가 성립되지 아니하면 사업시행자나 손실을 입은 자는 법 제51조에 따른 관할 토지수용위원회에 재결을 신청할 수 있다고 되어 있다.

또한, 법 제74조에 따르면 동일한 토지소유자에 속하는 일단의 토지의 일부가 협의에 의하여 매수되거나 수용됨으로 인하여 잔여지를 종래의 목적에 사용하는 것이 현저히 곤란한 때에는 당해 토지소유자는 공사완료일 전까지 사업시행자에게 잔여지를 매수하여 줄 것을 청구할 수 있으며, 사업인정 이후에는 관할 토지수용위원회에 수용을 청구할 수 있다고 되어 있고, 법 시행령 제39조제1항에 의하면 대지로서 면적이 너무 작거나 부정형(不定形) 등의 사유로 건축물을 건축할 수 없거나 건축물의 건축이 현저히 곤란한 경우, 농지로서 농기계의 진입과 회전이 곤란할 정도로 폭이 좁고 길게 남거나 부정형 등의 사유로 영농이 현저히 곤란한 경우, 공익사업의 시행으로 교통이 두절되어 사용이나 경작이 불가능하게 된 경우, 이와 유사한 정도로 잔여지를 종래의 목적대로 사용하는 것이 현저히 곤란하다고 인정되는 경우에는 해당 토지소유자는 사업시행자 또는 관할 토지수용위원회에 잔여지를 매수하거나 수용하여 줄 것을 청구할 수 있다고 규정하고 있다.

관계자료(사업시행자 의견서, 현황 도면 및 현황 사진)를 검토한 결과

000·000의 잔여지 대구 0구 00동610-2 묘 166㎡(전체 196㎡, 편입 30㎡, 자연녹지)는 편입 비율(15.3%)이 높지 않고, 토지의 형상이 사각형(폭 11~15m)으로 부정형이 아닌 점, 종래의 방법으로 진출입이 가능한 점, 공부상 지목은 '묘'이나 현재 이용상황은 '임'으로 종래의 목적대로 사용하는 것이 현저히 곤란하다고 볼 수 없으므로 소유자의 주장은 받아들일 수 없다.

▎재결례 2 ▎ '종래의 목적에 사용하는 것이 현저히 곤란하게 된 때' 의 판단

[중토위 2017. 8. 10.]

재결요지

법 제74조 제1항에 따르면 동일한 소유자에게 속하는 일단의 토지의 일부가 협의에 의하여 매수되거나 수용됨으로 인하여 잔여지를 종래의 목적에 사용하는 것이 현저히 곤란할 때에는 해당 토지소유자는 사업시행자에게 잔여지를 매수하여 줄 것을 청구할 수 있으며, 사업인정

이후에는 관할 토지수용위원회에 수용을 청구할 수 있고, 이 경우 수용의 청구는 매수에 관한 협의가 성립되지 아니한 경우에만 할 수 있다고 규정하고 있다. 법 시행령 제39조에 따르면 잔여지가 ① 대지로서의 면적이 너무 작거나 부정형등의 사유로 건축물을 건축할 수 없거나 건축물의 건축이 현저히 곤란한 경우, ② 농지로서 농기계의 진입과 회전이 곤란할 정도로 폭이 좁고 길게 남거나 부정형 등의 사유로 영농이 현저히 곤란한 경우, ③ 공익사업의 시행으로 교통이 두절되어 사용이나 경작이 불가능하게 된 경우, ④ 위와 유사한 정도로 잔여지를 종래의 목적으로 사용하는 것이 현저히 곤란하다고 인정되는 경우 등 위 4개의 경우 중 어느 하나에 해당하는 경우에는 해당 토지소유자는 사업시행자 또는 관할 토지수용위원회에 잔여지를 매수하거나 수용하여 줄 것을 청구할 수 있고, 잔여지가 이 중 어느 하나에 해당하는지를 판단할 때에는 잔여지의 위치·형상·이용상황 및 용도지역, 공익사업 편입토지의 면적 및 잔여지의 면적을 종합적으로 고려하여야 한다고 되어 있다.

관계 자료(사업시행자 의견서, 현황도면, 현황사진 등)를 검토한 결과,

000의잔여지 경북 00군 00면 00리 산15-17 임야 3,817㎡(자연녹지지역), 같은 리 산15-34 임야 394㎡(자연녹지지역), 같은 리 산15-35 임야 2,602㎡(자연녹지지역), 같은 리 산15-36 임야 7,349㎡(자연녹지지역)는 총 39,274㎡ 중에서 25,112㎡가 편입(같은 리 산15-33)되고 남은 토지로서 같은 리 산15-34는 사업시행자가 면적이 작아 매수하겠다고 하므로 금회 이를 반영하여 수용하기로 하고, 같은 리 산15-17, 같은 리 산15-35, 같은 리 산15-36은 각각 면적이 크나 이건 공익사업으로 인하여 진출입로가 단절되어 맹지가 된다는 점, 사업시행자가 대체 진출입로 설치비용이 잔여지 매수 비용보다 많이 소요되어 대체 진출입로 설치가 곤란하다고 하는 점 등으로 볼 때 종래의 목적대로 사용하는 것이 현저히 곤란하다고 판단되므로 금회 이를 반영하여 수용하기로 한다.

▌재결례 3▌ '종래의 목적에 사용하는 것이 현저히 곤란하게 된 때'의 판단

[중토위 2017. 8. 10.]

재결요지

000이 잔여지를 수용하여 달라는 주장에 대하여

법 제74조 제1항에 의하면 동일한 소유자에게 속하는 일단의 토지의 일부가 협의에 의하여 매수되거나 수용됨으로 인하여 잔여지를 종래의 목적에 사용하는 것이 현저히 곤란할 때에는 해당 토지소유자는 사업시행자에게 잔여지를 매수하여 줄 것을 청구할 수 있고, 같은 법 시행령 제39조에 따르면 잔여지가 ① 대지로서의 면적이 너무 작거나 부정형 등의 사유로 건축물을 건축할 수 없거나 건축물의 건축이 현저히 곤란한 경우, ② 농지로서 농기계의 진입과 회전이 곤란할 정도로 폭이 좁고 길게 남거나 부정형 등의 사유로 영농이 현저히 곤란한 경우, ③ 공익사업의 시행으로 교통이 두절되어 사용이나 경작이 불가능하게 된 경우, ④ 위와 유사한 정도로 잔여지를 종래의 목적으로 사용하는 것이 현저히 곤란하다고 인정되는 경우 등 위 4개의 경우 중 어느 하나에 해당하는 경우에는 해당토지소유자는 사업시행자 또는 관할 토지수용위원회에 잔여지를 매수하거나 수용하여 줄 것을 청구할 수 있고, 잔여지가 이 중 어느 하나에 해당하는지를 판단할 때에는 잔여지의 위치·형상·이용상황 및 용도지역,

공익사업 편입토지의 면적 및 잔여지의 면적을 종합적으로 고려하여야 한다고 규정하고 있다.

관계 자료(현황도면, 현황사진, 사업시행자 의견 등)를 검토한 결과,

잔여지 수용을 청구하고 있는 경북 00시 0구 00면 00리 470 답 463㎡(전체 1,831㎡, 편입 849㎡, 미청구519㎡ 생산관리)는 이건 공익사업으로 인하여 3필지로 분할되고 잔여지는 양분되어 맹지가 됨에 따라 신설도로 개설시 진출입을 위해서는 신설도로를 횡단하여야 하며 기존농로를 이용한 진출입도 어려워 농기계의 진입과 회전이 곤란하므로 기계화 영농이 어려우며, 농지로써 효용성이 떨어지는 등 종래의 목적으로 사용하는 것이 현저히 곤란하다고 판단되므로 이 건 잔여지를 수용하기로 한다.

▎재결례 4▎ 잔여지 면적이 큼에도 접도구역 지정으로 인하여 종래의 목적으로 사용하는 것이 현저히 곤란하다고 보아 잔여지 매수청구를 인용한 사례

[중토위 2017. 7. 13.]

재결요지

청구인이 잔여지만으로는 공장(00식품 : 콩나물, 숙주나물)을 운영하기 위한 건축물 건축이 불가하고 접도구역(145㎡)마저 설정되어 있어 종래의 목적대로 사용하는 것이 현저히 곤란하므로 수용하여 달라는 의견에 대하여,

법 제74조 제1항에 따르면 동일한 소유자에게 속하는 일단의 토지의 일부가 협의에 의하여 매수되거나 수용됨으로 인하여 잔여지를 종래의 목적에 사용하는 것이 현저히 곤란할 때에는 해당 토지소유자는 사업시행자에게 잔여지를 매수하여 줄 것을 청구할 수 있고, 법 시행령 제39조에 따르면 잔여지가 ① 대지로서 면적이 너무 작거나 부정형 등의 사유로 건축물을 건축할 수 없거나 건축물의 건축이 현저히 곤란한 경우, ② 농지로서 농기계의 진입과 회전이 곤란할 정도로 폭이 좁고 길게 남거나 부정형 등의 사유로 영농이 현저히 곤란한 경우, ③ 공익사업의 시행으로 교통이 두절되어 사용이나 경작이 불가능하게 된 경우, ④ 위와 유사한 정도로 잔여지를 종래의 목적으로 사용하는 것이 현저히 곤란하다고 인정되는 경우 등 위 4개의 경우 중 어느 하나에 해당하는 경우에는 해당 토지소유자는 사업시행자 또는 관할 토지수용위원회에 잔여지를 매수하거나 수용하여 줄 것을 청구할 수 있고, 잔여지가 이 중 어느 하나에 해당하는지를 판단할 때에는 잔여지의 위치·형상·이용상황 및 용도지역, 공익사업 편입토지의 면적 및 잔여지의 면적을 종합적으로 고려하여야 한다고 되어 있다.

관계자료(사업시행자 의견, 잔여지 현황도면 등)를 검토한 결과,

청구인이 잔여지 수용청구를 하고 있는 경기 00시 00면 00리 304 공장용지 394㎡(계획관리)는 총 1,026㎡ 중 632㎡가 편입(같은 동 304-2)되고 남은 토지로서 면적이 작지 아니하고 기존도로를 대체하여 설치하는 도로를 통해 진출입이 가능하나, 접도구역(145㎡)을 제외하고 부지형상을 고려할 때 실제 가능한 건축면적은 약 88㎡에 불과한 점으로 볼 때 동 건축면적만으로는 공장(콩나물, 숙주나물 재배) 운영을 위한 최소한의 시설물을 배치할 수 있는 공간을 확보하는 것이 어려워 종래의 목적대로 사용하는 것이 현저히 곤란하다고 판단되므로 금회 이를 수용하기로 한다.

▌재결례 5 ▐ '종래의 목적에 사용하는 것이 현저히 곤란하게 된 때'의 판단

[중토위 2017. 6. 8.]

재결요지

000가 잔여지를 수용하여 달라는 의견에 대하여,

법 제74조 제1항에 따르면 동일한 소유자에게 속하는 일단의 토지의 일부가 협의에 의하여 매수되거나 수용됨으로 인하여 잔여지를 종래의 목적에 사용하는 것이 현저히 곤란할 때에는 해당 토지소유자는 사업시행자에게 잔여지를 매수하여 줄 것을 청구할 수 있으며, 사업인정 이후에는 관할 토지수용위원회에 수용을 청구할 수 있고, 이 경우 수용의 청구는 매수에 관한 협의가 성립되지 아니한 경우에만 할 수 있다고 규정하고 있다. 그리고 법 시행령 제39조에 따르면 잔여지가 ① 대지로서 면적이 너무 작거나 부정형 등의 사유로 건축물을 건축할 수 없거나 건축물의 건축이 현저히 곤란한 경우, ② 농지로서 농기계의 진입과 회전이 곤란할 정도로 폭이 좁고 길게 남거나 부정형 등의 사유로 영농이 현저히 곤란한 경우, ③ 공익사업의 시행으로 교통이 두절되어 사용이나 경작이 불가능하게 된 경우, ④ 위와 유사한 정도로 잔여지를 종래의 목적으로 사용하는 것이 현저히 곤란하다고 인정되는 경우 등 4개의 경우 중 어느 하나에 해당하는 경우에는 해당 토지소유자는 사업시행자 또는 관할 토지수용위원회에 잔여지를 매수하거나 수용하여 줄 것을 청구할 수 있고, 잔여지가 이 중 어느 하나에 해당하는지를 판단할 때에는 잔여지의 위치·형상·이용상황 및 용도지역, 공익사업 편입 토지의 면적 및 잔여지의 면적을 종합적으로 고려하여야 한다고 되어 있다.

관계자료(사업시행자 의견, 잔여지 현황도면 등)를 검토한 결과, 000의 잔여지 경북 00군 00읍 00리 493-2 답 1,158㎡(농림지역)와 같은 리 493-7 답 20㎡(농림지역)는 총 1,640㎡ 중에서 462㎡가 편입(같은 리493-8, 같은 리 493-9)되고 남은 토지로서 같은 리 493-2에 대하여 사업시행자는 면적이 크고 기존 도로를 대체하는 철도시설의 유지보수용 도로를 통하여 진출입이 가능하다고 하나 이 건 도로의 출입을 위해서는 사업시행자의 허가 등을 받아야 하는 등 진출입에 제한을 두고 있으므로 이 건 공익사업의 시행으로 교통이 두절된 경우에 해당하므로 잔여지를 종래의 목적대로 사용하는 것이 현저히 곤란하다고 판단되므로 금회 재결에서 수용하기로 하고, 또한 같은 리 493-7에 대하여는 사업시행자가 면적이 협소하여 농경지로 사용하는 것이 현저히 곤란하여 매수하겠다고 하므로 금회 재결에서 수용하기로 한다.

▌재결례 6 ▐ '종래의 목적에 사용하는 것이 현저히 곤란하게 된 때'의 판단

[중토위 2017. 5. 25.]

재결요지

000가 잔여지로 건축 신축이 불가능하므로 잔여지를 수용하여 달라는 주장에 대하여,

법 제74조제1항에 의하면 동일한 소유자에게 속하는 일단의 토지의 일부가 협의에 의하여 매수되거나 수용됨으로 인하여 잔여지를 종래의 목적에 사용하는 것이 현저히 곤란할 때에는 해당 토지소유자는 사업시행자에게 잔여지를 매수하여 줄 것을 청구할 수 있으며, 사업인정 이후에는 관할 토지수용위원회에 수용을 청구할 수 있고, 이 경우 수용의 청구는 매수에 관한 협의가 성립되지 아니한 경우에만 할 수 있다고 규정하고 있다. 그리고 같은 법 시행령

제39조에 따르면 잔여지가 ① 대지로서의 면적이 너무 작거나 부정형 등의 사유로 건축물을 건축할 수 없거나 건축물의 건축이 현저히 곤란한 경우, ② 농지로서 농기계의 진입과 회전이 곤란할 정도로 폭이 좁고 길게 남거나 부정형 등의 사유로 영농이 현저히 곤란한 경우, ③ 공익사업의 시행으로 교통이 두절되어 사용이나 경작이 불가능하게 된 경우, ④ 위와 유사한 정도로 잔여지를 종래의 목적으로 사용하는 것이 현저히 곤란하다고 인정되는 경우 등 4개의 경우 중 어느 하나에 해당하는 경우에는 해당 토지소유자는 사업시행자 또는 관할 토지수용위원회에 잔여지를 매수하거나 수용하여 줄 것을 청구할 수 있고, 잔여지가 이 중 어느 하나에 해당하는지를 판단할 때에는 잔여지의 위치·형상·이용상황 및 용도지역, 공익사업 편입토지의 면적 및 잔여지의 면적을 종합적으로 고려하여야 한다고 되어 있다.

000가잔여지 수용을 요구하고 있는 충남 00군 00면 00리 12-5 임 787㎡(보전관리지역)는 전체 1,322㎡ 중에서 535㎡가 편입되고 남은 토지이다. 이의신청인은 건축허가를 득한 토지로 잔여지로 건축 신축이 불가하다고 주장하나 토지의 모양은 부정형이나 면적이 크고 진·출입이 가능하여 잔여 면적으로 건물신축이 가능하여 종래의 목적대로 사용하는 것이 현저히 곤란하다고 볼 수 없으므로 이의신청인의 주장은 받아들일 수 없다.

▎재결례 7 ▎ '종래의 목적에 사용하는 것이 현저히 곤란하게 된 때'의 판단

[중토위 2017. 5. 25.]

재결요지

000이 잔여지를 수용해 달라는 주장에 대하여

법 제74조제1항에 따르면 동일한 소유자에 속하는 일단의 토지의 일부가 협의에 의하여 매수되거나 수용됨으로 인하여 잔여지를 종래의 목적에 사용하는 것이 현저히 곤란한 때에는 해당 토지소유자는 사업시행자에게 잔여지를 매수하여 줄 것을 청구할 수 있으며, 사업인정 이후에는 관할 토지수용위원회에 수용을 청구할 수 있고, 이 경우 수용의 청구는 매수에 관한 협의가 성립되지 아니한 경우에 한하되 그 사업의 공사완료일까지 하여야 한다고 되어 있고, 법 시행령 제39조제1항에 의하면 대지로서 면적이 너무 작거나 부정형(不定形) 등의 사유로 건축물을 건축할 수 없거나 건축물의 건축이 현저히 곤란한 경우, 농지로서 농기계의 진입과 회전이 곤란할 정도로 폭이 좁고 길게 남거나 부정형 등의 사유로 영농이 현저히 곤란한 경우, 공익사업의 시행으로 교통이 두절되어 사용이나 경작이 불가능하게 된 경우, 이와 유사한 정도로 잔여지를 종래의 목적대로 사용하는 것이 현저히 곤란하다고 인정되는 경우에는 해당 토지소유자는 사업시행자 또는 관할 토지수용위원회에 잔여지를 매수하거나 수용하여 줄 것을 청구할 수 있다고 규정하고 있다.

관계 자료(사업시행자 의견서, 현황사진, 현황도면 등)를 검토한 결과,

000 소유의 토지인 부산 0구 00동 500-54 대 6㎡(000 소유지분 45/483)는 000이 지분을 소유한 편입토지(00동500-34 대 154㎡)와 일단지를 이루어 주택부지로 사용되고 있는 점, 잔여면적이 작은 점 등을 고려할 때 종래의 목적대로 사용하는 것이 현저히 곤란하다고 판단되므로 잔여지를 확대 수용하기로 하고,

또한, 000의 소유의 다른 토지인 부산 0구 00동 498-2 전 10㎡은 인접한 000 소유의 주택부지

(00동 499-2 대 122㎡)의 진입로로 사용되고 있고, 위 2필지가 개별로 매매될 경우 진입로 사용문제로 인한 분쟁의 소지가 있어 일체로 거래될 가능성이 높은 점을 고려할 때 위 2필지를 일단의 토지로 볼 수 있는 점, 주택부지가 이 건 사업에 편입되어 이 건 토지의 주요 목적(주택 진입로)이 상실되는 점, 면적이 작은 점 등을 고려할 때 종래의 목적대로 사용하는 것이 현저히 곤란하다고 판단되므로 잔여지를 확대 수용하기로 한다.

재결례 8 '종래의 목적에 사용하는 것이 현저히 곤란하게 된 때'의 판단

[중토위 2017. 3. 23.]

재결요지

잔여지를 수용하여 달라는 주장에 대하여 살펴본다.

관계자료(사업시행자 의견서 등)를 검토한 결과, 이의신청인의 잔여지 경북 영덕군 병곡면 원황리 342-4답745.9㎡(전체 2,418㎡, 편입 1,672.1㎡, 농림지역)는 폭이 좁고 긴 형태이나 이 건 사업으로 인해 진출입로가 차단된 바 없고, 잔여면적이 비교적 크고, 일부 면적은 농기계의 회전이 어려우나 전체적으로 기계영농에 지장이 없는 점을 감안할 때 종래의 목적인 농지로 사용하는 것이 현저히 곤란하다고 볼 수가 없으므로 이의신청인의 주장은 기각하기로 의결한다.

재결례 9 '종래의 목적에 사용하는 것이 현저히 곤란하게 된 때'의 판단

[중토위 2017. 1. 5.]

재결요지

000이 잔여지를 수용하여 달라는 주장에 대하여

법 시행령 제39조제1항에 따르면 대지로서 면적이 너무 작거나 부정형(不定形) 등의 사유로 건축물을 건축할 수 없거나 건축물의 건축이 현저히 곤란한 경우, 농지로서 농기계의 진입과 회전이 곤란할 정도로 폭이 좁고 길게 남거나 부정형 등의 사유로 영농이 현저히 곤란한 경우, 공익사업의 시행으로 교통이 두절되어 사용이나 경작이 불가능하게 된 경우, 이와 유사한 정도로 잔여지를 종래의 목적대로 사용하는 것이 현저히 곤란하다고 인정되는 경우에는 해당 토지소유자는 사업시행자 또는 관할 토지수용위원회에 잔여지를 매수하거나 수용하여 줄 것을 청구할 수 있다고 규정하고 있다.

관계 자료(사업시행자 의견서, 소유자 의견서, 현황사진, 지적도 등)를 검토한 결과, 신청인의 잔여지 인천 00구 00동 459-110 답 87㎡ 및 같은 동 459-102 답 285㎡(전체 : 3,224㎡, 편입 : 2,852㎡, 자연녹지)는 편입비율(88.4%)이 높고 잔여면적이 작으며 한변의 폭이 4m이하로서 농기계의 진입과 회전이 곤란하여 종래의 목적인 답으로 사용하는 것이 현저히 곤란하다고 판단되므로 수용하기로 한다.

재결례 10 '종래의 목적에 사용하는 것이 현저히 곤란하게 된 때'의 판단

[중토위 2017. 1. 5.]

재결요지

000가 잔여지 및 잔여건축물을 수용하여 달라는 의견에 대하여,

법 제74조 제1항에 따르면 동일한 소유자에게 속하는 일단의 토지의 일부가 협의에 의하여 매수되거나 수용됨으로 인하여 잔여지를 종래의 목적에 사용하는 것이 현저히 곤란할 때에는 해당 토지소유자는 사업시행자에게 잔여지를 매수하여 줄 것을 청구할 수 있으며, 사업인정 이후에는 관할 토지수용위원회에 수용을 청구할 수 있고, 이 경우 수용의 청구는 매수에 관한 협의가 성립되지 아니한 경우에만 할 수 있다고 규정하고 있다. 그리고 법 시행령 제39조에 따르면 잔여지가 ① 대지로서 면적이 너무 작거나 부정형 등의 사유로 건축물을 건축할 수 없거나 건축물의 건축이 현저히 곤란한 경우, ② 농지로서 농기계의 진입과 회전이 곤란할 정도로 폭이 좁고 길게 남거나 부정형 등의 사유로 영농이 현저히 곤란한 경우, ③ 공익사업의 시행으로 교통이 두절되어 사용이나 경작이 불가능하게 된 경우, ④ 위와 유사한 정도로 잔여지를 종래의 목적으로 사용하는 것이 현저히 곤란하다고 인정되는 경우 등 4개의 경우 중 어느 하나에 해당하는 경우에는 해당 토지소유자는 사업시행자 또는 관할 토지수용위원회에 잔여지를 매수하거나 수용하여 줄 것을 청구할 수 있고, 잔여지가 이 중 어느 하나에 해당하는지를 판단할 때에는 잔여지의 위치·형상·이용상황 및 용도지역, 공익사업 편입 토지의 면적 및 잔여지의 면적을 종합적으로 고려하여야 한다고 되어 있고, 법 제75조의2 제1항에 따르면 사업시행자는 동일한 소유자에게 속하는 일단의 건축물의 일부가 취득되거나 사용됨으로 인하여 잔여 건축물의 가격이 감소하거나 그 밖의 손실이 있을 때에는 국토교통부령으로 정하는 바에 따라 그 손실을 보상하여야 하고, 제2항에 따르면 동일한 소유자에게 속하는 일단의 건축물의 일부가 협의에 의하여 매수되거나 수용됨으로 인하여 잔여 건축물을 종래의 목적대로 사용하는 것이 현저히 곤란할 때에는 그 건축물소유자는 사업시행자에게 잔여 건축물을 매수하여 줄 것을 청구할 수 있으며, 사업인정 이후에는 관할 토지수용위원회에 수용을 청구할 수 있다. 이 경우 수용청구는 매수에 관한 협의가 성립되지 아니한 경우에만 하되, 그 사업의 공사완료일까지 하여야 한다고 되어 있다.

관계자료(사업시행자 의견, 잔여지 현황도면 등)를 검토한 결과,

소유자가 잔여지 수용을 청구하고 있는 전북 00시 00동 503-21 잡종지 2,235㎡(농림지역)는 총 2,412㎡ 중 177㎡가 편입(같은 동 503-29)되고 남은 토지이고 같은 동 503-22 잡종지 61㎡(농림지역)는 총 584㎡ 중 523㎡가 편입(같은 동 503-30)되고 남은 토지로서 연접되어 있고 기존도로(시도3호선)를 통해 진출입이 가능한 점 등으로 볼 때 종래의 목적대로 사용하는 것이 현저히 곤란하다고 볼 수 없으므로 소유자의 주장을 받아들일 수 없고, 소유자가 수용하여 달라는 건축물(공장)은 부대시설(사무실 및 기숙사 등)만 편입되고 공장의 주된 건축물은 사업지구 밖에 있고 편입된 부분이 없으므로 종래의 목적대로 사용하는 것이 현저히 곤란하다고 볼 수 없으므로 소유자의 주장을 받아들일 수 없다.

▌재결례 11 ▌ 주유소 진출입로가 사업구역에 편입되어 차량진입이 어려운 경우에는 종래의 목적대로 사용하는 것이 현저히 곤란한 경우에 포함된다.

[중토위 2018. 3. 8.]

재결요지

김○○의 잔여지인 00리 674-1 주유소용지 908㎡(계획관리)는 총 997㎡ 중에서 89㎡가 편입 (같은 리 674-4)되고 남은 토지이고, 이00의 잔여지인 00리 674-3 창고용지 302㎡(계획관리)는 총 385㎡ 중에서 83㎡가 편입(같은 리 674-5)되고 남은 토지로서 도로점용(연결)허가를 받아 국도를 통해 청구인들의 토지인 주유소 및 창고로 진출입을 하다가 이 건 공익사업에 도로점용(연결)허가 부분 및 청구인들의 일부 토지가 편입되었는바, 도로점용(연결)허가 기관인 진주국토관리사무소는 이 건 공익사업시행 완료 후에는 「도로와 다른 시설의 연결에 관한 규칙」 제6조제3호에서 규정하는 교차로 연결 금지구간 산정기준에서 정한 금지구간 이내의 구간에 해당하므로 도로점용(연결)허가가 곤란하다고 회신한 점, 영업 허가기관인 통영시에서는 진출입을 위한 도로점용(연결)허가가 주유소 등록 취소 사유에는 해당하지 않으나, 국도에서 주유소로 진출입이 이루어지지 않을 경우 차량의 이동공간을 확보하기 어려워 안전사고 등 안전 확보에 심각한 문제가 발생될 우려가 있다고 회신한 점 등을 종합하여 볼 때 잔여지(주유소용지 및 창고용지)는 입체교차로를 진입하는 감속차로 부분에 위치하여 도로점용(연결)허가가 금지되는 구간에 해당됨에 따라 차량 진출입이 어렵게 됨에 따라 종래의 목적대로 사용하는 것이 현저히 곤란하다고 판단되므로 금회 이를 수용하기로 한다.

▎재결례 12 ▎ 평지부분이 사업구역에 편입되어 경사지만 남은 잔여지는 종래의 목적대로 사용하는 것이 현저히 곤란한 경우에 포함된다.

[중토위 2018. 3. 22.]

재결요지

이의신청인의 잔여지 00리 435-6 대 774㎡[전체 2,290㎡, 편입 1,516㎡, 편입비율 66%, 계획(보전)관리지역]는 잔여면적은 크지만, 경사지 부분만 잔여지로 남게 되고, 편입지 경계선을 따라 옹벽이 설치되어 사실상 진출입로가 단절 되는 등 종래의 목적으로 사용하기가 현저히 곤란하다고 판단되므로 금회 재결에서 수용하기로 한다.

▎재결례 13 ▎ 주택의 대문, 담장, 마당이 사업구역에 편입되어 교통사고 등의 위험이 높다는 사정만으로 잔여지를 수용할 수 없다.

[중토위 2018. 7. 6.]

재결요지

청구인들이 사고위험 등을 이유로 잔여지 수용을 주장하는 ○○리 287 대 246㎡(전체 281㎡, 편입 35㎡, 계획관리지역)는 잔여면적이 크고 편입비율(12.4%)이 낮으며 진출입은 기존 도로를 이용하여 가능한 점 등으로 볼 때 종래의 목적대로 사용하는 것이 현저히 곤란하다고 볼 수 없으며, 잔여지에 위치한 건축물(주택)도 신설도로와 약 3m정도 떨어진 사업지구밖에 위치하고 있으며 하천사업 이후에도 주거환경에 큰 변동이 없는 점 등을 고려할 때 주택으로 사용하는 것이 현저히 곤란하다고 볼 수 없으므로 청구인의 주장은 받아들일 수 없다.

▌ 재결례 14 ▌ 원래 도로로 이용되었던 토지의 일부가 사업구역에 편입된 후에도 도로로 사용되고 있다면 종래의 목적대로 사용하는 것이 현저히 곤란하다고 볼 수 없다.

[중토위 2018. 10. 12.]

재결요지

환경부의 잔여지 00리 522-1 전 35㎡(전체 166㎡, 편입 131㎡, 계획관리지역), 같은 리 579-8 전 51㎡(전체 191㎡, 편입 140㎡, 계획관리지역), 같은 리 539-2 전 378㎡(전체 677㎡, 편입 299㎡, 계획관리지역)는 토지의 형상이 삼각형 모양의 부정형이나 2008년 이전부터 아스팔트 포장된 도로(국도)로 이용되고 있으며 이 건 공익사업 이후에도 이용상황에 변동이 없어 종래의 목적대로 사용하는 것이 현저히 곤란하다고 볼 수 없으므로 신청인의 주장은 받아들일 수 없다.

판 례

▌ 판례 1 ▌ '종래의 목적에 사용하는 것이 현저히 곤란하게 된 때' 의 의미

[대법원 2005. 01. 28. 선고 2002두4679]

판시사항

구 토지수용법 제48조 제1항에서 정한 '종래의 목적'과 '사용하는 것이 현저히 곤란한 때'의 의미

판결요지

구 「토지수용법」(1999.2.8. 법률 제5909호로 개정되기 전의 것) 제48조제1항은 동일한 토지소유자에게 속하는 일단의 토지의 일부가 협의매수 되거나 수용됨으로 인하여 잔여지를 종래의 목적에 사용하는 것이 현저히 곤란한 때에는 당해 토지소유자는 기업자에게 일단의 토지의 전부를 매수청구하거나 관할 토지수용위원회에 일단의 토지의 전부의 수용을 청구할 수 있다고 규정하고 있는 바, 여기에서 '종래의 목적'이라 함은 수용재결 당시에 당해 잔여지가 현실적으로 사용되고 있는 구체적인 용도를 의미하고, '사용하는 것이 현저히 곤란한 때'라고 함은 물리적으로 사용하는 것이 곤란하게 된 경우는 물론 사회적, 경제적으로 사용하는 것이 곤란하게 된 경우, 즉 절대적으로 이용 불가능한 경우만이 아니라 이용은 가능하나 많은 비용이 소요되는 경우를 포함한다고 할 것이다(토지수용으로 인한 잔여지가 종래의 목적에 사용하는 것이 현저히 곤란하게 되었다고 보아 잔여지 수용청구를 인용한 사례).

▌ 판례 2 ▌ 잔여지가 공유인 경우 각 공유자가 소유지분에 대하여 개별로 잔여지 수용청구를 할 수 있다.

[대법원 2001. 06. 01. 선고 2001다16333]

질의요지

토지수용법상 잔여지가 공유인 경우, 각 공유자가 그 소유지분에 대하여 각별로 잔여지 수용청구를 할 수 있는지 여부(적극) 및 잔여지수용청구권의 행사방법(=행정소송)

회신내용

토지수용법상 잔여지가 공유인 경우에도 각 공유자는 그 소유지분에 대하여 각별로 잔여지 수용청구를 할 수 있으나, 잔여지에 대한 수용청구를 하려면 우선 기업자에게 잔여지 매수에 관한 협의를 요청하여 협의가 성립되지 아니한 경우에 구 토지수용법(1999. 2. 8. 법률 제5909호로 개정되기 전의 것) 제36조의 규정에 의한 열람기간 내에 관할 토지수용위원회에 잔여지를 포함한 일단의 토지 전부의 수용을 청구할 수 있고, 그 수용재결 및 이의재결에 불복이 있으면 재결청과 기업자를 공동피고로 하여 그 이의재결의 취소 및 보상금의 증액을 구하는 행정소송을 제기하여야 하며 곧바로 기업자를 상대로 하여 민사소송으로 잔여지에 대한 보상금의 지급을 구할 수는 없다.

다. 공사비 보상

| 토지보상법 제79조 (그 밖의 토지에 관한 비용보상 등) |

① 사업시행자는 공익사업의 시행으로 인하여 취득하거나 사용하는 토지(잔여지를 포함한다) 외의 토지에 통로·도랑·담장 등의 신설이나 그 밖의 공사가 필요할 때에는 그 비용의 전부 또는 일부를 보상하여야 한다. 다만, 그 토지에 대한 공사의 비용이 그 토지의 가격보다 큰 경우에는 사업시행자는 그 토지를 매수할 수 있다.
② 공익사업이 시행되는 지역 밖에 있는 토지등이 공익사업의 시행으로 인하여 본래의 기능을 다할 수 없게 되는 경우에는 국토교통부령으로 정하는 바에 따라 그 손실을 보상하여야 한다.
③ 사업시행자는 제2항에 따른 보상이 필요하다고 인정하는 경우에는 제15조에 따라 보상계획을 공고할 때에 보상을 청구할 수 있다는 내용을 포함하여 공고하거나 대통령령으로 정하는 바에 따라 제2항에 따른 보상에 관한 계획을 공고하여야 한다.
④ 제1항부터 제3항까지에서 규정한 사항 외에 공익사업의 시행으로 인하여 발생하는 손실의 보상 등에 대하여는 국토교통부령으로 정하는 기준에 따른다. <개정 2013. 3. 23.>
⑤ 제1항 본문 및 제2항에 따른 비용 또는 손실의 보상에 관하여는 제73조제2항을 준용한다.
⑥ 제1항 단서에 따른 토지의 취득에 관하여는 제73조제3항을 준용한다.
⑦ 제1항 단서에 따라 취득하는 토지에 대한 구체적인 보상액 산정 및 평가 방법 등에 대하여는 제70조, 제75조, 제76조, 제77조, 제78조제4항, 같은 조 제6항 및 제7항을 준용한다. <개정 2022. 2. 3.>

| 토지보상법 제80조 (손실보상의 협의·재결) |

① 제79조제1항 및 제2항에 따른 비용 또는 손실이나 토지의 취득에 대한 보상은 사업시행자와 손실을 입은 자가 협의하여 결정한다.
② 제1항에 따른 협의가 성립되지 아니하였을 때에는 사업시행자나 손실을 입은 자는 대통령령으로 정하는 바에 따라 관할 토지수용위원회에 재결을 신청할 수 있다.

5. 물건의 보상

가. 일반적 기준

건축물·입목·공작물과 그 밖에 토지에 정착한 물건(이하 '건축물 등'이라 함)이 지장물인 경우는 이전비로 보상한다.

> **토지보상법 제75조 (건축물등 물건에 대한 보상)**
>
> ① 건축물·입목·공작물과 그 밖에 토지에 정착한 물건(이하 "건축물등"이라 한다)에 대하여는 이전에 필요한 비용(이하 "이전비"라 한다)으로 보상하여야 한다. 다만, 다음 각 호의 어느 하나에 해당하는 경우에는 해당 물건의 가격으로 보상하여야 한다.
>   1. 건축물등을 이전하기 어렵거나 그 이전으로 인하여 건축물등을 종래의 목적대로 사용할 수 없게 된 경우
>   2. 건축물등의 이전비가 그 물건의 가격을 넘는 경우
>   3. 사업시행자가 공익사업에 직접 사용할 목적으로 취득하는 경우
> ② 농작물에 대한 손실은 그 종류와 성장의 정도 등을 종합적으로 고려하여 보상하여야 한다.
> ③ 토지에 속한 흙·돌·모래 또는 자갈(흙·돌·모래 또는 자갈이 해당 토지와 별도로 취득 또는 사용의 대상이 되는 경우만 해당한다)에 대하여는 거래가격 등을 고려하여 평가한 적정가격으로 보상하여야 한다.
> ④ 분묘에 대하여는 이장(移葬)에 드는 비용 등을 산정하여 보상하여야 한다.
> ⑤ 사업시행자는 사업예정지에 있는 건축물등이 제1항제1호 또는 제2호에 해당하는 경우에는 관할 토지수용위원회에 그 물건의 수용 재결을 신청할 수 있다.
> ⑥ 제1항부터 제4항까지의 규정에 따른 물건 및 그 밖의 물건에 대한 보상액의 구체적인 산정 및 평가방법과 보상기준은 국토교통부령으로 정한다.

사례 1 관계법령이 변경되어 현행 허가기준에 맞춘 시설설치비용은 이전비에 포함되나 시설개선비는 제외된다(2010. 10. 01. 토지정책과-4757)(유권해석)

질의요지 2018 토지수용 업무편람 발췌

석유 일반판매소를 운영 중 공익사업으로 인하여 이전하는 경우, 위험물안전관리법 강화로 현재 사용중인 옥내 석유탱크는 신규허가가 불가하여 지하탱크 등 별도 구조물을 설치해야 할 때에는 폐업보상 가능 여부 및 폐업이 아닌 휴업보상시 현행 허가기준에 맞는 시설설치비용의 보상 가능 여부

회신내용

관계법령이 변경되어 추가적인 시설 등(시설의 개선에 필요한 비용 제외)을 설치하여야만 허가 등이 가능한 경우에는 영업시설 이전비에 추가적인 시설 설치비를 포함할 수 있다고 보며, 개별적인 사례가 이에 해당하는지 여부는 사업시행자가 위 규정 및 사실관계 등을 종합적으로 검토하여 판단하시기 바랍니다.

(1) 이전 가능성의 판단

사례 1   계약서상에 이전불가능 조항이 있다고 하여 이를 기준으로 이전가능 여부를 판단할 수 없다(2012. 05. 18. 공공지원팀-1007)(질의회신)

질의요지   2018 토지수용 업무편람 발췌

수국묘종이 계약서상 이전·매매·증식을 일체 금하도록 하고 있는 경우에도 불구하고 보상평가시 이전비의 산정이 가능한지 여부

회신내용

수국묘종이 토지보상법 제75조 제1항의 적용대상인지, 이전이 불가하여 제2항의 적용대상인지는 해당 수국묘종의 특성 등을 고려하여 판단·결정할 사항이라 보며, 제2항을 적용하는 경우에는 토지보상법 시행규칙 제41조(농작물의 평가)에 따라 감정평가하여야 할 것으로 판단됩니다. 더불어, 사인 간의 계약서상 내용(로열티 등의 문제로 이전·매매·증식을 일체 금하도록 하는 조항)은 이전가능 여부를 판단할 때 고려의 대상이 아님을 알려드립니다.

재결례

┃재결례 1┃ 지장물을 이전할 토지와 장소가 없다는 사유로 물건의 가액으로 보상할 수 없다.

[중토위 2017. 10. 19.]

재결요지

○○○가 농사를 위해 준비한 건조기, 냉동고, 분무기 등 이전할 토지와 장소가 없는 관계로 이전비가 아닌 취득비로 보상하여 달라는 의견에 대하여 건축물등 물건에 대한 보상은 법 제75조제1항에 따라 건축물·입목·공작물과 그 밖에 토지에 정착한 물건(이하 "건축물등"이라 한다)의 이전에 필요한 비용으로 보상하되 이전하기 어렵거나 그 이전으로 인하여 건축물등을 종래의 목적대로 사용할 수 없게 된 경우, 건축물등의 이전비가 물건의 가격을 넘는 경우 등의 경우에는 해당 물건의 가격으로 보상하도록 되어 있다.

관계 자료(사업시행자 의견서, 감정평가서 등)를 검토한 결과, 위 규정에 따라 이전비로 평가한 것은 타당하다고 판단되므로 소유자의 주장을 받아들일 수 없다.

판 례

┃ 판례 1 ┃ 이전 가능성은 기술적인 관점이 아니라 경제적인 관점에서 판단하여야 한다.

[대법원 1991. 01. 29. 선고 90누3775]

판결요지

감정평가기관이 평가기준을 이식비로 밝히고 있더라도 이식이 가능한 경우에 한하여 이식비를 그 보상액으로 결정하여야 하는 것이고, 과수목이 이전 가능한 것인 지의 여부는 기술적인 문제가 아니라 경제적으로 판단하여야 할 문제인 것이므로 원심에서는 이 사건 포도나무가 위와 같은 기준에 비추어 이식이 가능한 것인지 여부가 먼저 심리 조사되어야 한다.

(2) 지장물인 건축물 등을 가액으로 보상한 경우 소유권 취득 여부

사례 1 건축물등의 이전비를 물건의 가액으로 보상한 경우 소유권이 사업시행자에게 귀속되는지 여부(2014. 02. 18. 토지정책과-1085)(유권해석)

질의요지 2018 토지수용 업무편람 발췌

건축물등의 이전비를 물건가격으로 보상한 경우 소유권이 사업시행자에게 귀속되는지 여부

회신내용

공익사업을 위한 토지 등의 취득 및 보상에 관한 법률」 제75조제1항에 따르면 건축물·입목·공작물과 그 밖에 토지에 정착한 물건(이하 "건축물등"이라 한다)에 대하여는 이전에 필요한 비용(이하 "이전비"라 한다)으로 보상하여야 하고, 다만, 건축물등을 이전하기 어렵거나 그 이전으로 인하여 건축물등을 종래의 목적대로 사용할 수 없게 된 경우, 건축물등의 이전비가 그 물건의 가격을 넘는 경우, 사업시행자가 공익사업에 직접 사용할 목적으로 취득하는 경우에는 해당 물건의 가격으로 보상하여야 하며, 같은 법 같은 조 제5항에 따르면 사업시행자는 사업예정지에 있는 건축물등을 이전하기 어렵거나 그 이전으로 인하여 건축물등을 종래의 목적대로 사용할 수 없게 된 경우, 건축물등의 이전비가 그 물건의 가격을 넘는 경우에는 관할 토지수용위원회에 그 물건의 수용 재결을 신청할 수 있습니다.

따라서 사업시행자가 공익사업에 직접 사용할 목적으로 취득하는 경우 또는 같은 법 제75조제5항에 따라 수용재결을 신청하여 토지수용위원회가 수용재결을 한 경우라면 사업시행자가 건축물등의 소유권을 취득한 것으로 볼 수 있을 것이나, 구체적인 사항은 사실관계 및 관계규정 등을 검토하여 판단하여야 할 것으로 보입니다.

사례 2 지장물을 이전재결한 경우에는 물건의 가액으로 보상하였다고 해도 사업시행자가 임의로 처분할 수 없다(2011. 01. 05. 토지정책과-49)(유권해석)

질의요지 2018 토지수용 업무편람 발췌

지장물(사과나무)의 보상액을 이전비가 아닌 취득비로 평가하여 수용재결 신청하였으나, 지방토지수용위원회로부터 "토지는 수용하고 지장물은 이전케 하며 금액은 000원으로 한다"고 주문하여 재결한 경우, 사업시행자가 지장물을 임의처분 가능한지 또는 별도 수용재결을 받아야 하는지 여부

회신내용

「공익사업을 위한 토지 등의 취득 및 보상에 관한 법률」제75조제5항에 의하면, 사업시행자는 사업예정지 안에 있는 건축물등의 이전이 어렵거나 그 이전으로 인하여 건축물등을 종래의 목적대로 사용할 수 없게 된 경우, 건축물등의 이전비가 그 물건의 가격을 넘는 경우에는 관할 토지수용위원회에 그 물건의 수용의 재결을 신청할 수 있도록 규정하고 있으며, 동법 제45조제1항에 의하면, 사업시행자는 수용의 개시일에 토지나 물건의 소유권을 취득하며, 그 토지나 물건에 관한 다른 권리는 이와 동시에 소멸한다고 규정하고 있습니다. 그러나 "지장물을 이전케 한다"는 재결을 받은 경우에는 이전을 촉구할 수 있지만, 이를 이행하지 아니한 경우 대집행 대상으로 임의처분은 곤란하다고 보며, 임의처분을 위해서는 동법 제75조제5항에 따른 수용 재결이 있어야 할 것으로 봅니다.

판 례

▎판례 1 ▎ 이전비가 가액을 초과하여 가액으로 보상한 경우 사업시행자는 지장물의 소유권을 취득하는 것은 아니나, 지장물 소유자도 사업시행자의 지장물 제거를 수인하여야 한다.

[대법원 2012. 04. 13. 선고 2010다94960]

판결요지

구 공익사업을 위한 토지 등의 취득 및 보상에 관한 법률(2007. 10. 17. 법률 제8665호로 개정되기 전의 것, 이하 '법'이라 한다) 제75조 제1항 제1호, 제2호, 제3호, 제5항, 공익사업을 위한 토지 등의 취득 및 보상에 관한 시행규칙(이하 '시행규칙'이라 한다) 제33조 제4항, 제36조 제1항 등 관계 법령의 내용을 법에 따른 지장물에 대한 수용보상의 취지와 정당한 보상 또는 적정가격 보상의 원칙에 비추어 보면, 사업시행자가 사업시행에 방해가 되는 지장물에 관하여 법 제75조 제1항 단서 제2호에 따라 이전에 소요되는 실제 비용에 못 미치는 물건의 가격으로 보상한 경우, 사업시행자가 물건을 취득하는 제3호와 달리 수용 절차를 거치지 아니한 이상 사업시행자가 보상만으로 물건의 소유권까지 취득한다고 보기는 어렵겠으나, 다른 한편으로 사업시행자는 지장물의 소유자가 시행규칙 제33조 제4항 단서에 따라 스스로의 비용으로 철거하겠다고 하는 등 특별한 사정이 없는 한 지장물의 소유자에 대하여 철거 및 토지의 인도를 요구할 수 없고 자신의 비용으로 직접 이를 제거할 수 있을 뿐이며, 이러한 경우 지장물의 소

유자로서도 사업시행에 방해가 되지 않는 상당한 기한 내에 시행규칙 제33조 제4항 단서에 따라 스스로 지장물 또는 그 구성부분을 이전해 가지 않은 이상 사업시행자의 지장물 제거와 그 과정에서 발생하는 물건의 가치 상실을 수인(수인)하여야 할 지위에 있다고 보아야 한다.

(3) 보상대상

사례 1 관계법령에서 보상을 제한하고 있거나 공익사업과 관계없이 철거 등의 절차가 진행 중인 경우가 아니라면, 사업인정고시일 이전부터 무단으로 국공유지를 점유하여 설치한 지장물도 보상대상이다(2015. 05. 13. 토지정책과-3878)(유권해석)

질의요지 2018 토지수용 업무편람 발췌

사업인정 이전부터 대부허가 등을 받지 않고 무단으로 국유지 또는 공유지를 점유하여 설치한 지장물(입목, 구조물)이 보상대상인지 여부

회신내용

토지보상법 제75조제1항에서 건축물등을 보상할 때 반드시 허가를 받은 건축물등만을 대상으로 하고 있지는 아니하므로 건축물등에 대하여는 원칙적으로 보상하여야 한다고 봅니다. 다만, 토지보상법 제25조 제3항에 해당하는 경우 등 관계법령에서 보상하지 않도록 규정하고 있는 경우와 공익사업과 관계없이 해당 건축물 등이 관계법령을 위반하여 철거 및 원상회복 명령이 있는 경우 등에는 공익사업으로 인한 손실이 있다고 보기 어려우므로 보상대상이 아니라고 봅니다. 구체적인 사례에 대해서는 사업시행자가 관계법령 및 사실관계를 확인하여 판단할 사항으로 봅니다

사례 2 사업설명회 개최 이후 사업인정고시일 이전에 설치된 무허가 지장물도 보상대상이다 (2014. 06. 27. 토지정책과-4116)(유권해석)

질의요지 2018 토지수용 업무편람 발췌

하천구역에서 사업설명회를 개최(2012.10월)한 이후 사업인정고시일(2013.3.29.)전에 공익사업시행지구의 하천점용허가 없이 사유지에 설치(식재)된 소나무, 비닐하우스, 양어장 등 지장물이 보상대상인지 여부

회신내용

건축물등이 무허가인지 여부에 따라 보상여부에 차등을 두고 있지 아니하므로 건축물등 자체에 대한 보상시에는 이전비 또는 물건의 가격으로 보상하여야 한다고 보며(참조 해석례 법제처 10-0399, 2010.12.3.), 공익사업과 관계없이 해당 건축물등이 관계법령을 위반하여 철거 및 원상회복 명령이 있는 경우에는 공익사업으로 인한 손실이라고 보기 어려우므로 보상대상이 아니라고 봅니다.

사례 3 관계법령에서 보상에 관하여 제한을 둔 경우 또는 공익사업과 관련 없이 이전·철거 등의 조치가 진행되고 있는 경우 등은 보상대상이 아니다(2015. 07. 27. 토지정책과-5451)(유권해석)

질의요지 2018 토지수용 업무편람 발췌

사업인정고시 전부터 육상양식장을 운영하기 위하여 공유수면 점·사용 허가를 받았으나 그 허가기간이 만료된 후에도 계속하여 사용하고 있는 취수관로를 「공익사업을 위한 토지 등의 취득 및 보상에 관한 법률」 제75조에 따라 보상이 가능한 지 여부

회신내용

관계법령에서 보상에 관하여 제한을 둔 경우 또는 공익사업과 관련 없이 관계법령에 위반되어 이전·철거 등의 조치가 진행되고 있는 경우 등은 해당 공익사업의 시행으로 인한 손실이 발생한다고 볼 수 없으므로 보상대상에 해당되지 아니한다고 보며, 개별적인 사례에 있어 보상 여부 등은 사업시행자가 위 규정과 「공유수면 관리 및 매립에 관한 법률」 제21조 등 관계법령 및 사실관계 등을 종합적으로 검토하여 판단·결정할 사항으로 봅니다.

사례 4 사업인정고시일 이후에 통상적인 방법에 따라 영농하기 위해 설치한 비닐하우스는 보상대상이다(2010. 03. 04. 토지정책과-1258)(유권해석)

질의요지 2018 토지수용 업무편람 발췌

인삼 수확 후 다른 작물을 재배하기 위하여 사업인정고시이후 비닐하우스를 설치한 경우 비닐하우스의 보상대상 여부

회신내용

소유농지를 통상적인 방법에 따라 영농을 하기 위해 비닐하우스를 설치한 경우 「공익사업을 위한 토지 등의 취득 및 보상에 관한 법률」 제75조제1항 규정에 의하여 보상이 가능할 것이나, 개별적인 사례에 대하여는 사업시행자가 사실관계 등을 검토하여 판단하시기 바랍니다.

사례 5   실효된 종전 사업인정고시 이후 허가를 받지 않고 설치된 지장물도 보상대상이다 (2014. 04. 16. 토지정책과-2544)(유권해석)

질의요지   2018 토지수용 업무편람 발췌

소하천정비사업의 사업인정이 실효되었을 경우 실효된 종전 소하천정비시행계획 공고 이후 허가를 받지 않고 설치된 지장물에 대한 보상 여부 및 행정대집행 가능 여부

회신내용

소하천정비사업의 사업인정이 실효되었다면 사업인정은 그 때부터 장래를 향하여 효력이 소멸하게 되므로 사업인정이 실효된 때부터 토지보상법 제25조에 따른 토지등의 보전의무를 부담하지 않게 되고, 허가를 받지 않고 설치된 지장물의 손실보상 여부 등은 새로운 사업인정이 있게 되면 새로운 사업인정고시일을 기준으로 판단하여야 할 것으로 보며, 개별적인 사례에 대하여는 관계 법령과 사실관계를 조사하여 사업시행자가 판단할 사항입니다.

사례 6   하천점용허가 없이 설치된 지장물 및 원상회복 명령을 하였으나 철거되지 않은 지장물도 원칙적으로 보상대상이다(2011. 10. 27. 법제처 11-0519)(법령해석)

질의요지   2018 토지수용 업무편람 발췌

「공익사업을 위한 토지 등의 취득 및 보상에 관한 법률」 제22조에 따른 공익사업(하천관리청이 시행하는 하천공사) 인정 고시 이전에 「하천법」에 따른 국가하천구역내 국유지에 점용허가를 받지 않고 설치된 지장물(건축물을 제외함. 이하 같음)에 대하여,
2. 사업인정 고시 전 「하천법」 제69조에 따라 하천관리청이 지장물의 이전·제거 및 원상회복 명령을 하였으나 철거 등이 되지 않고 있다가, 이후 해당 지장물이 공익사업 시행으로 철거되는 경우, 「공익사업을 위한 토지 등의 취득 및 보상에 관한 법률」 또는 「하천법」에 따른 손실보상 대상에 해당하는지?

회신내용

2. 사업인정 고시 전 「하천법」 제69조에 따라 하천관리청이 지장물의 이전·제거 및 원상회복 명령을 하였으나 철거 등이 되지 않고 있다가, 이후 해당 지장물이 공익사업 시행으로 철거되는 경우, 원칙적으로는 손실보상 대상에 해당한다고 할 것이나, 예외적으로 위법의 정도 등을 고려할 때 손실보상을 하는 것이 사회적으로 용인될 수 없다고 인정되는 경우에는 손실보상 대상이 되지 않는다고 할 것입니다.

사례 7 점용허가 취소 등의 경우 원상복구 의무 및 보상제한의 부관이 붙은 경우 보상 여부
(2010.10.15. 법제처 11-0597)(법령해석)

질의요지　　　　　　　　　　　　　　　　　　　　　　2018 토지수용 업무편람 발췌

「하천법」에 따른 국가하천구역내 국유지에 하천점용허가를 받을 때 "점용허가 취소 등의 경우 원상복구 의무 및 장래 시행될 수 있는 불특정 공익사업을 전제로 보상을 일반적으로 제한"하는 부관을 붙였고, 이후 하천점용허가가 취소되었음에도 불구하고 계속하여 이미 설치된 지장물(건축물을 제외함)을 이용하여 영농활동을 하였으며, 이후 해당 지장물이 「공익사업을 위한 토지 등의 취득 및 보상에 관한 법률」 제22조에 따른 공익사업(하천관리청이 시행하는 하천공사)으로 인하여 철거되는 경우, 해당 지장물이 「공익사업을 위한 토지 등의 취득 및 보상에 관한 법률」에 따른 손실보상 대상에 해당하는지?

회신내용

「하천법」에 따른 국가하천구역내 국유지에 하천점용허가를 받을 때 "점용허가 취소 등의 경우 원상복구 의무 및 장래 시행될 수 있는 불특정 공익사업을 전제로 보상을 일반적으로 제한"하는 부관을 붙였고, 이후 하천점용허가가 취소되었음에도 불구하고 계속하여 이미 설치된 지장물(건축물을 제외함)을 이용하여 영농활동을 하였으며, 이후 해당 지장물이 「공익사업을 위한 토지 등의 취득 및 보상에 관한 법률」 제22조에 따른 공익사업(하천관리청이 시행하는 하천공사)으로 인하여 철거되는 경우, 해당 지장물은 원칙적으로 「공익사업을 위한 토지 등의 취득 및 보상에 관한 법률」에 따른 손실보상 대상에 해당한다고 할 것이나, 예외적으로 위법의 정도 등을 고려할 때 손실보상을 하는 것이 사회적으로 용인될 수 없다고 인정되는 경우에는 손실보상 대상이 되지 않는다고 할 것입니다.

판　례

| 판례 1 | 무허가건축물이라 하더라도 사업인정고시일 이전에 건축되었다면 보상대상이 된다.

[대법원 2000. 03. 10. 선고 99두10896]

판결요지

도시계획법에 의한 토지 및 지장물의 수용에 관하여 준용되는 토지수용법 제49조 제1항, 제57조의2, 공공용지의취득및손실보상에관한특례법 제4조 제2항 제3호, 같은법시행령 제2조의10 제4항, 제5항, 제8항, 같은법 시행규칙 제10조 제1항, 제2항, 제4항에 의하면, 지장물인 건물의 경우 그 이전비를 보상함이 원칙이나, 이전으로 인하여 종래의 목적대로 이용 또는 사용할 수 없거나 이전이 현저히 곤란한 경우 또는 이전비용이 취득가격을 초과할 때에는 이를 취득가격으로 평가하여야 하는데, 그와 같은 건물의 평가는 그 구조, 이용상태, 면적, 내구연한, 유용성, 이전가능성 및 그 난이도 기타 가격형성상의 제 요인을 종합적으로 고려하여 특별히

거래사례비교법으로 평가하도록 규정한 경우를 제외하고는 원칙적으로 원가법으로 평가하여야 한다고만 규정함으로써 지장물인 건물을 보상대상으로 함에 있어 건축허가의 유무에 따른 구분을 두고 있지 않을 뿐만 아니라, 오히려 같은법시행규칙 제5조의9는 주거용 건물에 관한 보상특례를 규정하면서 그 단서에 주거용인 무허가건물은 그 규정의 특례를 적용하지 아니한 채 같은법 시행규칙 제10조에 따른 평가액을 보상액으로 한다고 규정하고, 같은법시행규칙 제10조 제5항은 지장물인 건물이 주거용인 경우에 가족수에 따른 주거비를 추가로 지급하되 무허가건물의 경우에는 그러하지 아니하다고 규정함으로써 무허가건물도 보상의 대상에 포함됨을 전제로 하고 있는바, 이와 같은 관계 법령을 종합하여 보면, 지장물인 건물은 그 건물이 적법한 건축허가를 받아 건축된 것인지 여부에 관계없이 토지수용법상의 사업인정의 고시 이전에 건축된 건물이기만 하면 손실보상의 대상이 됨이 명백하다.

▌판례 2 ▌ 사업인정고시일 전에 설치된 지장물이라도 보상만을 목적으로 한 경우에는 보상대상이 아니다.

[대법원 2013. 02. 15. 선고 2012두22096]

판결요지

구 공익사업을 위한 토지 등의 취득 및 보상에 관한 법률(2011. 8. 4. 법률 제11017호로 개정되기 전의 것, 이하 '구 공익사업법'이라 한다) 제61조는 "공익사업에 필요한 토지 등의 취득 또는 사용으로 인하여 토지소유자 또는 관계인이 입은 손실은 사업시행자가 이를 보상하여야 한다."고 규정하고 있고, 제25조 제2항은 "사업인정고시가 있은 후에는 고시된 토지에 건축물의 건축·대수선, 공작물의 설치 또는 물건의 부가·증치를 하고자 하는 자는 특별자치도지사, 시장·군수 또는 구청장의 허가를 받아야 한다. 이 경우 특별자치도지사, 시장·군수 또는 구청장은 미리 사업시행자의 의견을 들어야 한다.", 같은 조 제3항은 "제2항의 규정에 위반하여 건축물의 건축·대수선, 공작물의 설치 또는 물건의 부가·증치를 한 토지소유자 또는 관계인은 당해 건축물·공작물 또는 물건을 원상으로 회복하여야 하며 이에 관한 손실의 보상을 청구할 수 없다."고 규정하고 있으며, 제2조 제5호는 "관계인이라 함은 사업시행자가 취득 또는 사용할 토지에 관하여 지상권·지역권·전세권·저당권·사용대차 또는 임대차에 의한 권리 기타 토지에 관한 소유권 외의 권리를 가진 자 또는 그 토지에 있는 물건에 관하여 소유권 그 밖의 권리를 가진 자를 말한다.

다만, 제22조의 규정에 의한 사업인정의 고시가 있은 후에 권리를 취득한 자는 기존의 권리를 승계한 자를 제외하고는 관계인에 포함되지 아니한다."고 규정하고 있다.

구 공익사업법상 손실보상 및 사업인정고시 후 토지 등의 보전에 관한 위 각 규정의 내용에 비추어 보면, 사업인정고시 전에 공익사업시행지구 내 토지에 설치한 공작물 등 지장물은 원칙적으로 손실보상의 대상이 된다고 보아야 한다. 그러나 손실보상은 공공필요에 의한 행정작용에 의하여 사인에게 발생한 특별한 희생에 대한 전보라는 점을 고려할 때, 구 공익사업법 제15조 제1항에 따른 사업시행자의 보상계획공고 등으로 공익사업의 시행과 보상 대상 토지의 범위 등이 객관적으로 확정된 후 해당 토지에 지장물을 설치하는 경우에 그 공익사업의 내용, 해당 토지의 성질, 규모 및 보상계획공고 등 이전의 이용실태, 설치되는 지장물의 종류, 용도, 규모 및 그 설치시기 등에 비추어 그 지장물이 해당 토지의 통상의 이용과 관계없거나 이용 범위를 벗어나는 것으로 손실보상만을 목적으로 설치되었음이 명백하다면, 그 지장물은 예외적으로 손실보상의 대상에 해당하지 아니한다고 보아야 한다.

┃ 판례 3 ┃ 가설건축물을 보상 없이 원상회복시키는 것은 위헌이 아니다.

[헌법재판소 1999.09.16 선고 98헌바82]

결정요지

도시계획시설사업의 집행계획이 공고된 토지에 대하여 건축물을 건축하고자 하는 자는 장차 도시계획사업이 시행될 때에는 건축한 건축물을 철거하는 등 원상회복의무가 있다는 점을 이미 알고 있으므로 건축물의 한시적 이용 및 원상회복에 따른 경제성 기타 이해득실을 형량하여 건축여부를 결정할 수 있다. 이러한 사실을 알면서도 도시계획시설 또는 시설예정지로 결정된 토지에 허가를 받아 건축물을 건축하였다면, 스스로 원상회복의무의 부담을 감수한 것이므로 도시계획사업을 시행함에 있어 무상으로 당해 건축물의 원상회복을 명하는 것이 과도한 침해라거나 특별한 희생이라고 볼 수 없으므로 과잉입법금지의 원칙의 위반 또는 재산권을 침해하는 위법이 있다고 할 수 없다.

┃ 판례 4 ┃ 보상대상에서 제외되는 위법건축물

[대법원 2001.04.13 선고 2000두6411]

판결요지

토지수용법상의 사업인정 고시 이전에 건축되고 공공사업용지 내의 토지에 정착한 지장물인 건물은 통상 적법한 건축허가를 받았는지 여부에 관계없이 손실보상의 대상이 되나, 주거용 건물이 아닌 위법 건축물의 경우에는 관계법령의 입법 취지와 그 법령에 위반된 행위에 대한 비난가능성과 위법성의 정도, 합법화될 가능성, 사회통념상 거래 객체가 되는지 여부 등을 종합하여 구체적·개별적으로 판단한 결과 그 위법의 정도가 관계법령의 규정이나 사회통념상 용인할 수 없을 정도로 크고 객관적으로도 합법화될 가능성이 거의 없어 거래의 객체도 되지 아니하는 경우에는 예외적으로 수용보상 대상이 되지 아니한다.

┃ 판례 5 ┃ 지장물은 토지사용권 유무를 보상대상요건으로 하지 않는다.

[대법원 2004. 10. 15. 선고 2003다14355]

판결요지

구 공공용지의취득및손실보상에관한특례법시행규칙(2002. 12. 31. 건설교통부령 제344호로 폐지) 제13조 및 제14조는 수익수 또는 관상수는 수종·수령·수량이나 식수된 면적, 그 관리상태, 수익성 또는 이식가능성 및 이식가능성이 있는 경우 그 이식의 난이도 기타 가격형성에 관련되는 제요인을 종합적으로 고려하여 평가하고, 묘목은 상품화 가능 여부, 묘종 이식에 따른 고손율, 성장 정도, 관리 상태 등을 종합적으로 고려하여 평가한다고만 규정함으로써 지장물인 수익수 또는 관상수나 묘목 등을 보상대상으로 함에 있어 토지사용권의 유무에 따른 구분을 두고 있지 아니하므로, 다목적 댐 건설사업에 관한 실시계획의 승인 및 고시가 있기 전에 토지를 임차하여 수목을 식재하였다가 그 후 토지의 임대차계약이 해지되어 토지 소유자에게 토지를 인도할 의무를 부담하게 되었다고 하더라도, 그러한 사정만으로 위 수목이 지장물보상의 대상에서 제외된다고 볼 수는 없다.

(4) 건축물 등의 보상평가방법

사례 1 영업시설 이전비가 물건의 가액을 넘는 경우에는 물건의 가액으로 보상하여야 하고 매각손실액으로 보상할 수 없다(2012. 12. 07. 공공지원팀-2293)(질의회신)

질의요지 2018 토지수용 업무편람 발췌

영업보상 평가시 영업시설(기계기구) 이전비의 평가방법과 관련하여 영업시설(기계기구)의 이전비가 영업시설(기계기구)의 가격을 초과하는 경우의 평가방법은?

회신내용

토지보상법 시행규칙 제47조제1항에서 영업시설은 건축물·공작물 등 지장물로서 감정평가한 것을 제외한 동력시설, 기계·기구, 집기·비품, 그 밖의 진열시설 등으로서, 영업시설의 이전비는 그 시설의 해체·운반·재설치 및 시험가동 등에 드는 일체의 비용으로 하되, 이전비가 그 물건의 가격을 넘는 경우에는 그 물건의 가격으로 보상하여야 할 것이며, 토지보상법 시행규칙 제46조(영업의 폐지에 대한 손실의 평가)의 규정을 준용하여 매각 손실액으로 평가할 수는 없을 것입니다.

판 례

| 판례 1 | 토지보상법 시행규칙 제18조의 적용 범위

[대법원 1991. 10. 22. 선고 90누6323]

판결요지

공공용지의취득및손실보상에관한특례법시행규칙 제3조 제1항의 규정내용에 의하면 원칙적으로 위 규정에 따라 주된 방식으로 평가한 가격을 부수된 방식으로 평가한 가격과 비교하여 보상가액평가의 합리성을 기하도록 하라는 취지이므로 대상물건의 성격이나 조건에 따라서 위와 같은 두 가지 방식에 의한 비교가 부적당한 경우에는 어느 하나의 방식만에 의하여 보상가액을 평가할 수밖에 없다.

나. 건축물

| 토지보상법 시행규칙 제33조 (건축물의 평가) |

① 건축물(담장 및 우물 등의 부대시설을 포함한다. 이하 같다)에 대하여는 그 구조·이용상태·면적·내구연한·유용성 및 이전가능성 그 밖에 가격형성에 관련되는 제요인을 종합적으로 고려하여 평가한다.

② 건축물의 가격은 원가법으로 평가한다. 다만, 주거용 건축물에 있어서는 거래사례비교법에 의하여 평가한 금액(공익사업의 시행에 따라 이주대책을 수립·실시하거나 주택입주권 등을 당해 건축물의 소유자에게 주는 경우 또는 개발제한구역안에서 이전이 허용되는 경우에 있어서의 당해 사유로 인한 가격상승분은 제외하고 평가한 금액을 말한다)이 원가법에 의하여 평가한 금액보다 큰 경우와「집합건물의 소유 및 관리에 관한 법률」에 의한 구분소유권의 대상이 되는 건물의 가격은 거래사례비교법으로 평가한다. <개정 2005. 2. 5.>

③ 건축물의 사용료는 임대사례비교법으로 평가한다. 다만, 임대사례비교법으로 평가하는 것이 적정하지 아니한 경우에는 적산법으로 평가할 수 있다.

④ 물건의 가격으로 보상한 건축물의 철거비용은 사업시행자가 부담한다. 다만, 건축물의 소유자가 당해 건축물의 구성부분을 사용 또는 처분할 목적으로 철거하는 경우에는 건축물의 소유자가 부담한다.

사례 1

시유지상에 소재한 주거용 건축물도 거래사례비교법으로 보상평가할 수 있다(2010. 12. 21. 기획팀-3065)(질의회신)

질의요지

2018 토지수용 업무편람 발췌

시유지내 소재하는 주거용 건축물에 대하여 칠곡군 소유시 대부계약을 체결하고 대부료를 받아왔으나, 1982년 시유지의 소유권이 대구시로 이전된 후 대부계약체결 없이 무상으로 당해 부지를 점유하여 사용해 오고 있는 경우 시유지내 소재하는 건축물대장에 등재된 주거용 건축물을「공익사업을 위한 토지 등의 취득 및 보상에 관한 법률 시행규칙」제33조제2항 단서 규정에 의한 거래사례비교법으로 평가할 수 있는지 여부

회신내용

「공익사업을 위한 토지 등의 취득 및 보상에 관한 법률 시행규칙」(이하 "토지보상법 시행규칙"이라 함)제33조(건축물의 평가)제2항에 따르면 건축물의 가격은 원가법으로 평가하되, 주거용 건축물에 있어서는 거래사례비교법에 의하여 평가한 금액이 원가법에 의하여 평가한 금액보다 큰 경우에는 거래사례비교법으로 평가하도록 규정하고 있을 뿐, 건축물이 국·공유지에 위치하는 경우 별도의 평가기준을 정하고 있지 않은 바, 제33조제2항의 적용이 가능할 것으로 보이나,「국유재산법」등 관계법령에서 보상에 관하여 제한을 둔 경우 또는 공익사업과 관련 없이 관계법령에 위반되어 이전·철거 등의 조치가 진행되는 등의 경우에는 당해 공익사업의 시행으로 인한 손실이 발생한다고 볼 수 없으므로 보상대상이 아니라고 보며, 개별적인 사례에 있어 건축물의 보상대상 여부는 사업시행자가 관계법령 및 사실관계 등을 조사·검토하여 판단·결정할 사항으로 봅니다.

사례 2 무허가 주거용 건축물도 거래사례비교법으로 보상평가 할 수 있다(2010. 12. 21. 기획팀-3065)(질의회신)

질의요지

2018 토지수용 업무편람 발췌

시유지내 소재하는 주거용 건축물에 대하여 칠곡군 소유시 대부계약을 체결하고 대부료를 받아왔으나, 1982년 시유지의 소유권이 대구시로 이전된 후 대부계약체결 없이 무상으로 당해 부지를 점유하여 사용해 오고 있는 경우

시유지내 소재하는 1989. 1. 24. 이전 무허가 주거용 건축물을 「공익사업을 위한 토지 등의 취득 및 보상에 관한 법률 시행규칙」제33조제2항 단서 규정에 의한 거래사례비교법으로 평가할 수 있는지 여부

회신내용

「토지보상법 시행규칙」부칙(국토해양부령 제344호, 2002.12.31)제5조(무허가건축물등에 관한 경과조치)에서는 '1989년 1월 24일 당시의 무허가건축물등에 대하여는 제24조·제54조제1항 단서·제54조제2항 단서·제5조제1항 단서 및 제58조제2항 단서의 규정에 불구하고 이 규칙에서 정한 보상을 함에 있어 이를 적법한 건축물로 본다'고 규정하고 있고, 같은 법 시행규칙 부칙(국토해양부령 제556호, 2007.4.12) 제3조(무허가건축물등에 관한 경과조치)에서는 '1989년 1월 24일 당시의 무허가건축물등에 대하여는 제45조제1호, 제46조제5항, 제47조제6항, 제52조 및 제54조제2항 단서의 개정규정에 불구하고 이 규칙에서 정한 보상을 함에 있어 이를 적법한 건축물로 본다'고 규정하고 있으나, 「토지보상법」제75조(건축물등 물건에 대한 보상) 및 같은 법 시행규칙 제33조(건축물의 평가), 제36조(공작물 등의 평가)에서는 건축물이나 공작물 자체에 대한 보상시에는 해당 건축물의 적법 여부를 보상요건으로 하고 있지 아니한 바, 공익사업의 사업인정 고시 이전에 건축되고 공공사업용지의 토지에 정착한 지장물인 건물은 통상 적법한 건축허가를 받았는지 여부에 관계없이 손실보상의 대상이 된다고 보아야 할 것입니다(대법원 2001. 4. 13. 선고, 2000두6411 판결례, 대법원 2000. 3. 10. 선고 99두10896 판결례 등 참조).

또한, "「토지보상법 시행규칙」제33조 등에서는 건축물에 대한 평가방법을 정하면서 해당 건축물의 토지에 대한 사용권한의 유무에 대하여 규정하고 있지 아니하고, 해당 건축물이 소재한 토지의 소유권자에 따라 보상 여부에 차등이 있는지 등을 규정하고 있지 아니한 바, 공익사업을 이유로 하여 건축물 이전 등의 행위가 이루어지거나 예정되는 경우에는 해당 건축물이 건축법령에 따른 무허가인지 또는 해당 건축물이 소재한 토지의 소유권자가 누구인지 여부와 관계없이 보상 여부를 판단하여야 하고, 건축물이 소재한 토지의 소유권자에 따라 보상을 달리하도록 규정하고 있지는 아니하므로, 건축물이 소재한 토지의 소유권자가 국가나 지방자치단체인지 또는 사인인지에 따라 보상여부를 달리한다고 할 수는 없다"는 법제처 법령해석(법제처10-0399)을 참고하여 판단·결정하시기 바랍니다.

다. 잔여 건축물

| 토지보상법 제75조의2 (잔여 건축물의 손실에 대한 보상 등) |

① 사업시행자는 동일한 소유자에게 속하는 일단의 건축물의 일부가 취득되거나 사용됨으로 인하여 잔여 건축물의 가격이 감소하거나 그 밖의 손실이 있을 때에는 국토교통부령으로 정하는 바에 따라 그 손실을 보상하여야 한다. 다만, 잔여 건축물의 가격 감소분과 보수비(건축물의 나머지 부분을 종래의 목적대로 사용할 수 있도록 그 유용성을 동일하게 유지하는 데에 일반적으로 필요하다고 볼 수 있는 공사에 사용되는 비용을 말한다. 다만, 「건축법」 등 관계 법령에 따라 요구되는 시설 개선에 필요한 비용은 포함하지 아니한다)를 합한 금액이 잔여 건축물의 가격보다 큰 경우에는 사업시행자는 그 잔여 건축물을 매수할 수 있다. <개정 2013. 3. 23.>
② 동일한 소유자에게 속하는 일단의 건축물의 일부가 협의에 의하여 매수되거나 수용됨으로 인하여 잔여 건축물을 종래의 목적에 사용하는 것이 현저히 곤란할 때에는 그 건축물소유자는 사업시행자에게 잔여 건축물을 매수하여 줄 것을 청구할 수 있으며, 사업인정 이후에는 관할 토지수용위원회에 수용을 청구할 수 있다. 이 경우 수용 청구는 매수에 관한 협의가 성립되지 아니한 경우에만 하되, 사업완료일까지 하여야 한다. <개정 2021. 8. 10.>
③ 제1항에 따른 보상 및 잔여 건축물의 취득에 관하여는 제9조제6항 및 제7항을 준용한다.
④ 제1항 본문에 따른 보상에 관하여는 제73조제2항을 준용하고, 제1항 단서 및 제2항에 따른 잔여 건축물의 취득에 관하여는 제73조제3항을 준용한다.
⑤ 제1항 단서 및 제2항에 따라 취득하는 잔여 건축물에 대한 구체적인 보상액 산정 및 평가방법 등에 대하여는 제70조, 제75조, 제76조, 제77조, 제78조제4항, 같은 조 제6항 및 제7항을 준용한다. <개정 2022. 2. 3.>

| 토지보상법 시행규칙 제35조 (잔여 건축물에 대한 평가) |

① 동일한 건축물소유자에 속하는 일단의 건축물의 일부가 취득 또는 사용됨으로 인하여 잔여 건축물의 가격이 감소된 경우의 잔여 건축물의 손실은 공익사업시행지구에 편입되기 전의 잔여 건축물의 가격(해당 건축물이 공익사업시행지구에 편입됨으로 인하여 잔여 건축물의 가격이 변동된 경우에는 변동되기 전의 가격을 말한다)에서 공익사업시행지구에 편입된 후의 잔여 건축물의 가격을 뺀 금액으로 평가한다.
② 동일한 건축물소유자에 속하는 일단의 건축물의 일부가 취득 또는 사용됨으로 인하여 잔여 건축물에 보수가 필요한 경우의 보수비는 건축물의 잔여부분을 종래의 목적대로 사용할 수 있도록 그 유용성을 동일하게 유지하는데 통상 필요하다고 볼 수 있는 공사에 사용되는 비용(「건축법」 등 관계법령에 의하여 요구되는 시설의 개선에 필요한 비용은 포함하지 아니한다)으로 평가한다.

사례 1   잔여건축물은 소유자의 청구 없이 수용할 수 없다(2012. 01. 16. 토지정책과-246) (유권해석)

질의요지

2018 토지수용 업무편람 발췌

공익사업에 편입되는 부분만 분할하여 세목고시를 하고 그 토지위에 정착한 건축물은 전체를 고시한 경우, 공익사업에 편입되지 않는 잔여토지위에 위치한 잔여건축물을 건축물소유자 청구에 의하지 않고 수용할 수 있는지?

회신내용

「공익사업을 위한 토지 등의 취득 및 보상에 관한 법률」제75조의2 제2항을 보면, 동일한 소유자에게 속하는 일단의 건축물의 일부가 협의에 의하여 매수되거나 수용됨으로 인하여 잔여 건축물을 종래의 목적에 사용하는 것이 현저히 곤란할 때에는 그 건축물소유자는 사업시행자에게 잔여 건축물을 매수하여 줄 것을 청구할 수 있으며, 사업인정 이후에는 관할 토지수용위원회에 수용을 청구할 수 있고, 이 경우 수용 청구는 매수에 관한 협의가 성립되지 아니한 경우에만 하되, 그 사업의 공사완료일까지 하여야 한다고 되어 있습니다.

아울러, 공용수용은 공익사업을 위하여 타인의 특정한 재산권을 법률의 힘에 의하여 강제적으로 취득하는 것이므로 수용할 목적물의 범위는 원칙적으로 사업을 위하여 필요한 최소한도에 그쳐야하므로 그 한도를 넘는 부분은 수용대상이 아니라고(대법원 1994.1.11. 선고, 93누8108, 판결) 판시하고 있습니다. 따라서, 공익사업에 편입되지 않는 잔여토지에 정착한 잔여건축물은 건축물 소유자의 청구에 의한 경우 매수가 가능할 것으로 보고, 매수에 관하여 협의가 성립되지 아니한 경우 토지수용위원회 수용청구가 가능할 것으로 보며, 개별적인 사례는 사업시행자가 사실관계 등을 조사하여 판단할 사항으로 봅니다.

판 례

▍판례 1 ▍ 건축물의 잔여 부분을 보수하여 종래의 목적대로 사용할 수 있고 사용이 현저히 곤란하지 아니한 경우에 한하여 보수비로 보상할 수 있다.

[대법원 2000. 10. 27. 선고 2000두5104]

판결요지

공공용지의취득및손실보상에관한특례법시행규칙 제23조의7의 규정은 "건물의 일부가 공공사업지구에 편입되어 그 건물의 잔여 부분을 종래의 목적대로 사용할 수 없거나 사용이 현저히 곤란한 경우에는 그 잔여 부분에 대하여는 제10조 제1항의 규정에 의하여 평가하여 보상한다. 다만, 그 건물의 잔여 부분을 보수하여 사용할 수 있는 경우에는 보수비로 평가하여 보상한다."고 규정하고 있고, 같은 시행규칙 제10조 제1항은 "건물은 그 구조·이용상태·면적·내구연한·유용성·이전가능성 및 난이도 기타 가격형성상의 제요인을 종합적으로 고려하여 평가한다."고 규정하고 있는바, 위 제23조의7 단서에서 규정한 '그 건물의 잔여 부분을 보수하여 사용할 수 있는 경우'라 함은 그 본문 규정과 관련하여 볼 때 그 건물의 잔여 부분을 보수하여 종래의 목적대로 사용할 수 있고 사용이 현저히 곤란하지 아니한 경우라고 할 것이고, 위 규정에 의한 보상의 대상이 되는 보수비는, 공공용지의취득및손실보상에관한특례법시행령 제2조의10 제4항에서 건물 등의 보상에 있어 원칙적인 평가기준으로 정하고 있는 이전료는 대상물건의 유용성의 동일성을 유지하며 당해 공공사업용지 이외의 지역으로 이전하는데 소요되는 비용이라는 점(같은법시행규칙 제2조 제3호), 건물의 일부가 공공사업지구에 편입되어 그 건물의 잔여 부분을 종래의 목적대로 이용 또는 사용할 수 없거나, 이전이 현저히 곤란할 경우에는 그 잔여 부분에 대하여 앞서 본 같은법시행규칙 제10조 제1항에 의한 보상을 하도록 규정하고 있는 점, 한편 같은법시행규칙 제26조 제3항에 동일한 토지소유자의 소유에 속하는 일단의 토지의 일부가 공공사업용지에 편입됨으로 인하여 잔여지에 도로, 구거, 담장, 울 등 시설이나 공사가 필요하게 된 경우의 손실액의 평가는 그 시설이나 공사에 필요한 시설비나 공사비로 한다고 규정하고 있고, 토지수용법 제47조가 동일한 토지소유자에 속하는 일단의 토지의 일부를 수용 또는 사용함으로 인하여 잔여지에 통로, 구거, 장책 등의 신설 기타의 공사가 필요한 때에는 그 손실이나 공사의 비용을 보상하여야 한다고 규정하고 있는 점에 비추어 보면, 그 건물의 잔여 부분을 종래의 목적대로 사용 기능을 유지함으로써 그 유용성의 동일성을 유지하는데 통상 필요하다고 볼 수 있는 공사를 하는데 소요되는 비용을 말한다고 할 것이다.

▎판례 2 ▎ 건축물의 잔여부분에 대한 보수비는 잔여부분에 대한 보상이 아니라 편입부분의 보상에 해당된다.

[대법원 2002. 07. 09. 선고 2001두10684]

판결요지

공공용지의취득및손실보상에관한특례법시행규칙 제23조의7 단서의 규정에 의하여 인정되는, 건물의 일부가 공공사업지구에 편입된 경우의 그 건물 잔여 부분에 대한 보수비의 보상은 성질상 그 건물 잔여 부분에 대한 보상이 아니라 건물의 일부분이 공공사업지구에 편입된 데에 따른 보상에 지나지 아니하는 것이다.

❖ 수용 - 일부편입건물 확대보상 요구(불수용)
○○○이 시행하는 도시계획시설사업에 편입되는 물건(건물 등 2건)에 대한 수용재결신청에 대하여, □□□의 잔여건물을 확대보상하여 달라는 주장에 대하여는, 법 제75조의2제2항에 따르면 동일한 건축물소유자에 속하는 일단의 건축물의 일부가 협의에 의하여 매수되거나 수용됨으로 인하여 잔여 건축물을 종래의 목적에 사용하는 것이 현저히 곤란할 때에는 그 건축물의 소유자는 사업시행자에게 잔여 건축물을 매수하여 줄 것을 청구할 수 있는 바, 관계 자료(사업시행자의견, 건축물대장, 현황사진 등)을 검토한 결과, □□□의 주택은 전체 65.66㎡ 중 1㎡(방2칸 일부)만 편입되고 64.66㎡(방3칸, 방2칸 일부, 거실, 화장실, 창고)가 남게 되는 점 등을 고려할 때 이 건 신청인의 잔여건물은 주택으로 이용하는 것이 가능하다고 판단되므로 확대

보상 주장은 이유없고, 보상금에 대하여는 ●●감정평가법인, ◎◎감정평가법인이 평가한 금액을 산술평균하여 보상금을 산정한 결과 손실보상금으로 금0,000,000원(개별보상내역은 별지 목록 기재와 같이 함)을 보상함이 적정한 것으로 판단되므로 위와 같이 보상하기로 의결하다.

❖ 이의 - 잔여건물 확대보상, 영업보상시 휴업기간(복수용)

　　00시장이 시행하는 도시계획시설사업에 대한 이의신청에 대하여 00회사의 잔여건물을 확대보상하여 달라는 주장에 대하여는, 「공익사업을 위한 토지 등의 취득 및 보상에 관한 법률」(이하 "법"이라 한다) 시행규칙 제35조제1항에 따르면 건축물의 일부가 공익사업시행지구에 편입되어 그 건축물의 잔여부분을 종래의 목적대로 사용할 수 없거나 종래의 목적대로 사용하는 것이 현저히 곤란한 경우에는 그 잔여부분에 대하여 보상하도록 되어 있는 바, 관계자료(지장물평면도, 사업시행자의견, 감정평가서 등)을 검토한 결과, 00(주)의 잔여건물 000 251㎡(전체 346㎡, 편입 95㎡)은 편입비율이 적어 종래의 목적대로 이용이 가능할 것으로 판단되므로 이유없고, 누락물건(바닥포장, 철재기둥 폴사인)을 보상하여 달라는 주장에 대하여는, 관계자료(사업시행자의견, 감정평가서 등)을 검토한 결과, 바닥포장 및 철재기둥 폴사인은 영업보상에 포함하여 평가된 것이 확인되므로 이유없으며, 영업보상 평가시 휴업기간을 5개월 이상으로 인정하여 달라는 주장에 대하여는, 법 시행규칙 제47조제2항에 따르면 영업의 휴업으로 인한 손실평가시 그 휴업기간은 3월 이내로 하되 당해 공익사업을 위한 영업의 금지 또는 제한으로 인하여 3월 이상의 기간동안 영업을 할 수 없는 경우 또는 영업시설의 규모가 크거나 이전에 고도의 정밀성을 요구하는 등 당해 영업의 고유한 특수성으로 인하여 3월 이내에 다른 장소로 이전하는 것이 어렵다고 객관적으로 인정되는 경우에는 실제 휴업기간을 인정하도록 하고 있는 바, 관계 자료(사업시행자 의견, 감정평가서 등)을 검토한 결과, 이 건 신청인의 영업장(00주유소)은 영업내용 및 시설규모 등을 고려할 때 3월의 영업(휴업)보상이 타당하다고 판단되므로 이유없고, 잔여지(건축물포함) 가치하락을 보상하여 달라는 주장에 대하여는, 법 제73조에 따르면 사업시행자는 동일한 토지소유자에 속하는 일단의 토지의 일부가 취득 또는 사용됨으로 인하여 잔여지의 가격이 감소한 경우에는 그 손실을 보상하도록 규정되어 있는 바, 관계 자료(감정평가서, 사업시행자 의견 등)을 검토한 결과, 이 건의 잔여지인 00구 00동 000 대 201㎡(전체 372㎡, 편입 171㎡)은 면적·형상 등을 고려할 때 가치하락이 있다고 볼 수 없고, 잔여건물 같은동 000 251㎡(전체 346㎡, 편입 95㎡)은 보수하여 사용하는 경우 가치하락이 없는 것으로 확인되므로 이유없으며, 00, 00감정평가법인이 평가한 금액을 산술평균하여 보상금을 산정한 결과 2008. 9. 25. 중앙토지수용위원회의 수용재결에서 정한 손실보상금 중 제1목록 기재 토지 및 별지 제2목록 기재 물건에 대한 손실보상금 금2,418,499,350원을 금2,439,029,350원(개별보상내역은 별지 제1, 2목록 기재와 같이함)으로 변경하기로 의결하다.

라. 주거용 건축물의 보상 특례

| 토지보상법 시행규칙 제58조 (주거용 건축물등의 보상에 대한 특례) |

① 주거용 건축물로서 제33조에 따라 평가한 금액이 6백만원 미만인 경우 그 보상액은 6백만원으로 한다. 다만, 무허가건축물등에 대하여는 그러하지 아니하다.

② 공익사업의 시행으로 인하여 주거용 건축물에 대한 보상을 받은 자가 그 후 당해 공익사업시행지구밖의 지역에서 매입하거나 건축하여 소유하고 있는 주거용 건축물이 그 보상일부터 20년 이내

에 다른 공익사업시행지구에 편입되는 경우 그 주거용 건축물 및 그 대지(보상을 받기 이전부터 소유하고 있던 대지 또는 다른 사람 소유의 대지위에 건축한 경우에는 주거용 건축물에 한한다)에 대하여는 당해 평가액의 30퍼센트를 가산하여 보상한다. 다만, 무허가건축물등을 매입 또는 건축한 경우와 다른 공익사업의 사업인정고시일등 또는 다른 공익사업을 위한 관계법령에 의한 고시 등이 있은 날 이후에 매입 또는 건축한 경우에는 그러하지 아니하다.
③ 제2항의 규정에 의한 가산금이 1천만원을 초과하는 경우에는 1천만원으로 한다.

사례 1 해당 주거용 건축물에 거주하지 않은 소유자는 재편입 가산금의 보상대상자가 아니다 (2001.09.06 토관 58342-1391)(유권해석)

회신내용 2018 토지수용 업무편람 발췌

주거용 건물에 한하여 가산금을 둔 것은 당해 건물에서 거주하고 있는 소유자에 대한 특례로 볼 수 있으므로 당해 건물에서 거주하지 아니한 자는 대상에 해당되지 아니한다.

사례 2 재편입 가산금은 보상대상자가 동일하여야 한다(2005.12.15 토지정책팀-1631)(유권해석)

회신내용 2018 토지수용 업무편람 발췌

당초 보상받은 자가 사망하였으면 주거용 건축물의 가산보상의 대상은 되지 않는다.

마. 공작물 등

| 토지보상법 제75조 (건축물등 물건에 대한 보상) |

① 건축물·입목·공작물과 그 밖에 토지에 정착한 물건(이하 "건축물등"이라 한다)에 대하여는 이전에 필요한 비용(이하 "이전비"라 한다)으로 보상하여야 한다. 다만, 다음 각 호의 어느 하나에 해당하는 경우에는 해당 물건의 가격으로 보상하여야 한다.
  1. 건축물등을 이전하기 어렵거나 그 이전으로 인하여 건축물등을 종래의 목적대로 사용할 수 없게 된 경우
  2. 건축물등의 이전비가 그 물건의 가격을 넘는 경우
  3. 사업시행자가 공익사업에 직접 사용할 목적으로 취득하는 경우

| 토지보상법 시행규칙 제36조 (공작물 등의 평가) |

① 제33조 내지 제35조의 규정은 공작물 그 밖의 시설(이하 "공작물등"이라 한다)의 평가에 관하여 이를 준용한다.
② 다음 각호의 1에 해당하는 공작물등은 이를 별도의 가치가 있는 것으로 평가하여서는 아니된다.

1. 공작물등의 용도가 폐지되었거나 기능이 상실되어 경제적 가치가 없는 경우
2. 공작물등의 가치가 보상이 되는 다른 토지등의 가치에 충분히 반영되어 토지등의 가격이 증가한 경우
3. 사업시행자가 공익사업에 편입되는 공작물등에 대한 대체시설을 하는 경우

사례 1 관리되지 않는 뽕나무 및 자작나무는 보상대상이 아니다(2015. 04. 27. 토지정책과 -2968)(유권해석)

질의요지 2018 토지수용 업무편람 발췌

임야 비탈에 관리되지 않는 뽕나무 및 자작나무가 보상대상인지 여부

회신내용

공익사업을 위한 토지 등의 취득 및 보상에 관한 법률」(이하 "토지보상법")에 따른 손실보상은 공익사업의 시행 등 적법한 공권력의 행사에 의한 재산상의 특별한 희생에 대하여 사유재산권의 보장과 전체적인 공평부담의 견지에서 행하여지는 조절적인 재산권 보상이라 할 수 있습니다(대법원 2004.04.27. 2002두8909 등 참조). 위 사례에서 뽕나무 및 자작나무가 관리되지 않아 경제적 가치가 없는 것이라면 보상 대상으로 보기에는 어렵다고 할 수 있으며, 구체적인 사례에 대하여는 사업시행자가 사실관계 등을 파악하여 판단할 사항입니다.

바. 수목

| 토지보상법 제75조 (건축물등 물건에 대한 보상) |

① 건축물·입목·공작물과 그 밖에 토지에 정착한 물건(이하 "건축물등"이라 한다)에 대하여는 이전에 필요한 비용(이하 "이전비"라 한다)으로 보상하여야 한다. 다만, 다음 각 호의 어느 하나에 해당하는 경우에는 해당 물건의 가격으로 보상하여야 한다.
1. 건축물등을 이전하기 어렵거나 그 이전으로 인하여 건축물등을 종래의 목적대로 사용할 수 없게 된 경우
2. 건축물등의 이전비가 그 물건의 가격을 넘는 경우
3. 사업시행자가 공익사업에 직접 사용할 목적으로 취득하는 경우

| 토지보상법 시행규칙 제40조 (수목의 수량 산정방법) |

① 제37조 내지 제39조의 규정에 의한 수목의 수량은 평가의 대상이 되는 수목을 그루별로 조사하여 산정한다. 다만, 그루별로 조사할 수 없는 특별한 사유가 있는 경우에는 단위면적을 기준으로 하는 표본추출방식에 의한다.
② 수목의 손실에 대한 보상액은 정상식(경제적으로 식재목적에 부합되고 정상적인 생육이 가능한 수목의 식재상태를 말한다)을 기준으로 한 평가액을 초과하지 못한다.

판 례

| 판례 1 | 대량 수목의 이식비는 규모의 경제원리에 따라 감액이 가능하다.

[대법원 2015. 10. 29. 선고 2015두2444]

판결요지

수목의 이식비용을 산정할 때에, 그 산정기준이 수목 1주당 가액을 기준으로 한 것이라면 대량의 수목이 이식되는 경우에는 특별한 사정이 없는 한 규모의 경제 원리가 작용하여 그 이식비용이 감액될 가능성이 있다고 봄이 경험칙에 부합한다.

| 판례 2 | 이식비가 취득비를 초과하는지 여부의 판단기준

[대법원 2002.06.14 선고 2000두3450]

판결요지

토지수용으로 인한 보상액에 관하여 지장물인 과수는 이식이 가능한 경우 원칙적으로 이식에 필요한 비용과 이식함으로써 예상되는 고손율 및 감수율을 감안하여 정한 고손액 및 감수액(결실하지 아니하는 미성목의 경우를 제외한다)의 합계액으로, 이식이 가능하더라도 이식비가 취득비를 초과하는 경우 및 이식이 불가능한 과수로서 거래사례가 있는 때에는 비준가격과 벌채비용의 합계액에서 수거된 용재목대 또는 연료목대를 뺀 금액으로 하도록 규정하는바, 여기에서 이식비가 취득비를 초과하는지의 여부는 각 과수별로 이식비와 취득비를 상호비교하여 결정하여야 하는 것이지, 수용대상이 된 당해 토지 전체의 과수에 대한 총 이식비와 총 취득비를 상호비교하여 결정할 것이 아니다.

(1) 과수 등

> **| 토지보상법 시행규칙 제37조 (과수 등의 평가) |**
>
> ① 과수 그 밖에 수익이 나는 나무(이하 이 조에서 "수익수"라 한다) 또는 관상수(묘목을 제외한다. 이하 이 조에서 같다)에 대하여는 수종·규격·수령·수량·식수면적·관리상태·수익성·이식가능성 및 이식의 난이도 그 밖에 가격형성에 관련되는 제요인을 종합적으로 고려하여 평가한다.
> ② 지장물인 과수에 대하여는 다음 각 호의 구분에 따라 평가한다. 이 경우 이식가능성·이식적기·고손율(枯損率) 및 감수율(減收率)에 관하여는 별표 2의 기준을 참작해야 한다. <개정 2021. 8. 27.>
>   1. 이식이 가능한 과수
>   가. 결실기에 있는 과수
>   (1) 계절적으로 이식적기인 경우 : 이전비와 이식함으로써 예상되는 고손율·감수율을 고려하여 정한 고손액 및 감수액의 합계액
>   (2) 계절적으로 이식적기가 아닌 경우 : 이전비와 (1)의 고손액의 2배 이내의 금액 및 감수액의 합계액
>   나. 결실기에 이르지 아니한 과수
>   (1) 계절적으로 이식적기인 경우 : 이전비와 가목(1)의 고손액의 합계액

(2) 계절적으로 이식적기가 아닌 경우 : 이전비와 가목(1)의 고손액의 2배 이내의 금액의 합계액

2. 이식이 불가능한 과수

가. 거래사례가 있는 경우 : 거래사례비교법에 의하여 평가한 금액

나. 거래사례가 없는 경우

(1) 결실기에 있는 과수 : 식재상황·수세(樹勢)·잔존수확가능연수 및 수익성 등을 고려하여 평가한 금액

(2) 결실기에 이르지 아니한 과수 : 가격시점까지 소요된 비용을 현재의 가격으로 평가한 금액(이하 "현가액"이라 한다)

③ 법 제75조제1항 단서의 규정에 의하여 물건의 가격으로 보상하는 과수에 대하여는 제2항제2호 가목 및 나목의 예에 따라 평가한다.

④ 제2항 및 제3항의 규정은 과수외의 수익수 및 관상수에 대한 평가에 관하여 이를 준용하되, 관상수의 경우에는 감수액을 고려하지 아니한다. 이 경우 고손율은 당해 수익수 및 관상수 총수의 10퍼센트 이하의 범위안에서 정하되, 이식적기가 아닌 경우에는 20퍼센트까지로 할 수 있다.

⑤ 이식이 불가능한 수익수 또는 관상수의 벌채비용은 사업시행자가 부담한다. 다만, 수목의 소유자가 당해 수목을 처분할 목적으로 벌채하는 경우에는 수목의 소유자가 부담한다.

❖ 수용 - 수목의 규격반영 (봉수용)

00공사가 시행하는 도시개발사업에 편입되는 00군 00면 00리 000 답 1,134㎡ 1필지에 대한 수용재결신청에 대하여, 000의 수목의 규격을 반영하여 달라는 주장에 대하여는 법 시행규칙 제37조제1항은 과수 그 밖에 수익이 나는 나무 또는 관상수에 대하여는 수종·규격·수령·수량·식수면적·관리상태·수익성·이식가능성 및 이식의 난이도 그 밖에 가격형성에 관련되는 제요인을 종합적으로 고려하여 평가한다고 규정되어 있는 바, 관계자료(감정평가서, 현장사진, 사업시행자 의견서 등)에 따르면 소유자들의 조경수목은 수종과 규격, 수령, 이식가능성 등 가격형성에 관련된 제요인을 종합적으로 고려하여 취득비의 범위 내에서 이전비로 평가하였음이 확인되므로 이유없고, 보상액에 대하여는 00 및 00감정평가법인이 평가한 금액을 산술평균하여 보상금을 산정한 결과, 손실보상금으로 금277,770,600원(개별보상내역은 별지 제1, 2목록 기재와 같이 함)을 정하고 이를 수용재결하기로 의결하다.

수용의 개시일은 0000년 0월 00일로 하다.

❖ 수용 - 누락, 잔여지, 공법상제한없이 평가, 영농및영업, 구거부지 (봉수용)

00지사가 시행하는 도로사업에 편입되는 토지 및 물건에 대한 수용재결신청에 대하여, 000(농업용 전력 1식), 000(소나무 450주), 000(제한기 1식 등 20건, 창고내의 주방과 주거시설 약 25평)의 누락물건을 보상하여 달라는 주장에 대하여는, 관계 자료(사업시행자 의견서, 감정평가서 등)을 검토한 결과, 000의 농업용 전력 1식은 관정에 포함하여 평가하였고, 000의 소나무 450주, 000의 제한기 1식 등 20건은 누락된 것으로 확인되므로 보상하기로 하며, 창고내의 주방과 주거시설은 기초조사 당시 없었던 물건으로 확인되므로 이유없고, 000의 이중비닐하우스로 평가·보상하여 달라는 주장에 대하여는, 관계 자료(사업시행자 의견서, 감정평가서 등)을 검토한 결과, 00시 00구 00동 000의 비닐하우스(4동)는 이중비닐하우스로 확인되므로 보상하기로 하며, 000의 수목에 대하여 조경전문기관에 의뢰하여 평가·보상하여 달라는 주장에 대하여

는, 법 시행규칙 제37조제1항에 따르면 과수 그 밖에 수익이 나는 나무 또는 관상수에 대하여는 수종·규격·수령·수량·식수면적·관리상태·수익성·이식가능성 및 이식의 난이도 그 밖에 가격형성에 관련되는 제요인을 종합적으로 고려하여 평가하도록 되어 있는 바, 관계자료(사업시행자 의견서, 감정평가서 등)에 의하면 이 건 수목은 수종, 수령, 수량, 관리상태, 고손율 및 감수율 등 제요인을 종합적으로 고려하여 평가한 것으로 확인되므로 이유없고, ○○○의 잔여지를 수용하여 달라는 주장에 대하여는, 법 제74조제1항에 따르면 동일한 토지소유자에 속하는 일단의 토지의 일부가 수용됨으로 인하여 잔여지를 종래의 목적에 사용하는 것이 현저히 곤란할 때에는 토지소유자는 일단의 토지의 전부를 매수 청구할 수 있도록 되어 있는 바, 관계 자료(현황도면, 현황사진, 사업시행자 의견서 등)을 검토한 결과, ○○○의 잔여지인 ○○시 ○○구 ○○동 모번지 ○○○(전체 2,988㎡, 편입 2,084㎡)의 잔여지인 같은 동 ○○○ 답 634㎡ 및 같은 동 ○○○ 답 270㎡ 중 같은 동 ○○○ 답 634㎡와 같은 동 모번지 ○○○(전체 1,643㎡, 편입 1,158㎡)의 잔여지인 같은 동 ○○○ 답 142㎡ 및 같은 동 ○○○ 답 343㎡ 중 같은 동 ○○○ 답 142㎡는 연접하여 일단의 토지로 사용하고 있고, 면적이 넓어 종래의 목적대로 사용이 가능한 것으로 판단되고, 또한, 같은 동 ○○○ 답 270㎡와 같은 동 ○○○ 답 343㎡도 연접하여 일단의 토지로 사용하고 있고, 면적이 넓어 종래의 목적대로 사용이 가능한 것으로 판단되므로 이유없으며, ○○○의 잔여지인 같은 구 ○○동 ○○○ 구 144㎡(전체 496㎡, 편입 352㎡)는 공부상 지목 및 현실이용상황이 구거로서 종래의 목적대로 사용이 가능한 것으로 판단되므로 이유없고, ○○○의 잔여지인 같은 구 ○○동 ○○○ 답 516㎡(전체 850㎡, 편입 334㎡)는 면적·형상 등으로 보아 종래의 목적대로 사용이 가능한 것으로 판단되고, 같은 동 ○○○ 답 131㎡(전체 136㎡, 편입 5㎡)는 잔여지 비율(96.3%)이 높고 면적·형상 등으로 보아 종래의 목적대로 사용이 가능한 것으로 판단되므로 이유없으며, ○○○의 잔여지인 같은 동 ○○○ 전 54㎡(전체 262㎡, 편입 208㎡), ○○○의 잔여지인 같은 구 ○○동 ○○○ 전 287㎡(전체 2,975㎡, 편입 2,688㎡)는 면적·형상 등으로 보아 종래의 목적대로 사용이 곤란한 것으로 판단되므로 수용하기로 하고, ○○○의 사업지구밖의 토지를 수용하여 달라는 주장에 대하여는, 법 시행규칙 제59조에 따르면 공익사업시행지구밖의 대지(조성된 대지를 말한다)·건축물·분묘 또는 농지(계획적으로 조성된 유실수단지 및 죽림단지를 포함한다)가 공익사업의 시행으로 인하여 산지나 하천 등에 둘러싸여 교통이 두절되거나 경작이 불가능하게 된 경우에는 그 소유자의 청구에 의하여 이를 공익사업시행지구에 편입되는 것으로 보아 보상하여야 한다고 규정되어 있는 바, 관계 자료(도면, 사업시행자의 의견서 등)을 검토한 결과, 이 건 토지는 동 사업의 시행으로 교통이 두절되거나 경작이 불가능하게 된 경우에 해당되지 않는 것으로 판단되므로 이유없으며, ○○○의 공법상 제한(개발제한구역)이 없는 상태로 평가·보상하여 달라는 주장에 대하여는, 법 시행규칙 제23조제1항에 따르면 공법상 제한을 받는 토지에 대하여는 제한받는 상태대로 평가한다. 다만, 그 공법상 제한이 당해 공익사업의 시행을 직접 목적으로 하여 가하여진 경우에는 제한이 없는 상태를 상정하여 평가하도록 되어 있는 바, 관계 자료(사업시행자 의견서, 감정평가서 등)을 검토한 결과, 이 건 토지는 개발제한구역으로 지정되어 있는 토지로서 당해 공익사업의 시행으로 인하여 개발제한구역으로 변경된 것이 아니어서, 공법상 제한을 받는 상태를 기준으로 평가한 사실이 확인되므로 이유없고, ○○○의 잔여지의 가치하락을 보상하여 달라는 주장에 대하여는, 법 제73조에 따르면 동일한 토지소유자에 속하는 일단의 토지가 취득 또는 사용됨으로 인하여 잔여지의 가격이 감소하거나 그 밖의 손실이 있는 때 또는 잔여지에 통로·도랑·담장 등의 신설 그 밖의 공사가 필요한 때에는 그 손실이나 공사의 비용을 보상하도록 규정되어 있는 바, 관계 자료(지적도, 감정평가서, 사업시행자 의견서 등)을 검토한 결과, 이 건 잔여지인 ○○시 ○○구 ○○동 ○○○ 전 2,541㎡(전체 2,760㎡, 편입 219 ㎡), 같은 동 ○○○ 전 803㎡(전체 3,021㎡, 편입 2,218㎡)는 동 사업으로 인하여 종래의 목적대로 사용하는데 가치하락이 있다고 볼 수 없으므로 이유없으며, ○○○의 창고용 부지는 수용에서 제외하여 달라는 주장에 대하여는, 이 건 토지는 동 사업을 위하여 필요한 것으로 판단되고, 또한 현재 토지수용단계에서는 사업인정이 중대하고 명백하게 잘못되어 그것이 당연무효라고 인정되지 않은 한 이 건 토지를 수용대상에서 제외시켜 달라고 할 수 없다 할 것인 바(대법원 1994.11.11.선고 93누19375판결 및 대법원 1996.4.26.선고 95누13241판결 참조), 이 건 토지에 대한 사업인정이 잘못되어 당연무효라고 볼 수 있는 사유가 없으므로 이유없고, ○○○의 이주대책을 수립하여 달라는 주장에 대하여는, 법 제78조에 따르면 사업시행자는 공익사업의 시행으로 인하여 주거용 건축물을 제공함에 따라 생활의 근거를 상실하게 되는 자를 위하여 이주대책을 수립·실시하거나 이주정착금을 지급하도록 규정하고 있는 바, 이주대책대상자 선정은 관계 법령에 따라 사업시행자가 이주대책대상자 등의 적격여부를 확인하여 조치할 사항으로 법 제50조제1항에 따른 재결사항이 아니므로 우리 위원회에서는 이를 다루지 아니하기로 하며, 이재흥의 이사비용을 보상하여 달라는 주장에 대하여는, 법 제55조제2항에 따르면 이사비 보상대상자는 공익사업시행지구에 편입되는 주거용 건축물의 거주자로 규정하고 있는 바, 관계 자료(사업시행자 의견서 등)를 검토한 결과, 동 주거용 컨테이너에서는 소유자인 ○○○이 아닌 외국인 고용인이 실제 거주하고 있는 것으로 확인되므로 이유없고, ○○○의 진출입로를 개설하여 달라는 주장에 대하여는, 관계 자료(사업시행자 의견서, 진·출입로 설치도 등)를 검토한 결과, 사업시행자가 동 사업 과정에서 설계에 반영하여 진·출입로를 개설할 계획임이 확인되므로 사업시행자로 하여금 조치하도록 하되, 당사자간에 협의가 이루어지지 않는 경우에는 추후 법 제73조제4항의 규정에 따른 재결을 신청하는 때에 이를 다루기로 하며, ○○○의 잔여 비닐하우스를 수용하여 달라는 주장에 대하여는, 관계 자료(사업시행자 의견서, 현황 사진 등)를 검토한 결과, ○○○의 총6동의 비닐하우스 중 ○○시 ○○구 ○○동 ○○○ 2동은 모두 편입되고, 잔여 비닐하우스인 같은 동 ○○○의 2동(전체 1,080㎡, 편입 810㎡, 잔여 270㎡)과 같은 동 ○○○의 2동(전체 1,080㎡, 편입 390㎡, 잔여 690㎡) 모두 연동으로 맞물려 있어 일부 편입시 이용이 불가능하므로 수용하기로 하고, ○○○의 총7동의 잔여 비닐하우스인 같은 동 ○○○의 4동(전체 2,200㎡, 편입 1,511㎡, 잔여 689㎡)과 같은 동 ○○○-0의 3동(전체 845.3㎡, 편입 474.3㎡, 잔여 371㎡)은 모두 크기가 불규칙하게 남게 되어 종래의 목적대로 사용이 불가능할 것으로 판단되므로 수용하기로 하며, ○○○의 창고와 시설물 등을 수용하여 달라는 주장에 대하여는, 관계 자료(지적도, 사업시행자 의견서 등)를 검토한 결과, 이 건 창고와 시설물 등은 ○○시 ○○구 ○○동 ○○○에 설치된 시설물로 동 사업지구 밖에 위치해 있으며, 동 사업으로 인하여 종래의 목적대로 사용이 불가능하게 된 경우에 해당되지 않는 것으로 판단되므로 이유없고, ○○○의 수목(가시오가피) 평가시 면적단위가 아닌 그루(주) 단위로 평가·보상하여 달라는 주장에 대하여는, 관계 자료(감정평가서, 사업시행자 의견서 등)를 검토한 결과, 이 건 수목에 대하여는 그루(주) 단위별로 평가한 사실이 확인되므로 이유없으며, ○○○의 성토 비용을 보상하여 달라는 주장에 대하여는, 관계 자료(사업시행자의 의견서, 감정평가사의 의견서 등)에 의하면, 편입토지 평가시 성토된 상태를 고려하여 평가한 사실이 확인되므로 이유없고, ○○○의 영농보상 및 영업보상을 하여 달라는 주장에 대하여는, 법 시행규칙 제45조에 따르면 사업인정고시일등 전부터 적법한 장소에서 인적·물적시설을 갖추고 계속적으로 행하는 영업으로서 영업을 행함에 있어서 관계 법령에 의한 허가·면허·신고 등을 필요로 하는 경우에는 허가등을 받아 그 내용대로 행하고 있는 영업을 영업손실의 보상대상인 영업으로 되어 있고, 법 시행규칙 제48조제1항에 따르면 공익사업시행지구에 편입되는 농지에 대하여는 그 면적에 통계작성기관이 매년 조사·발표하는 농가경제조사통계에 의하여 산출한 도별 연간 농가평균 단위경작면적당 농작물조수입의 2년분을 곱하여 산정한 금액을 보상하도록 되어 있는 바, 관계 자료(현장 사진, 사업시행자 의견서 등)을 검토한 결과, 비닐하우스에서 지역을 이용하여 재배하고 있는 이 건 가시오가피에 대하여는 실제 영업행위사실을 확인할 수 없었을 뿐 아니라 계속적·반복적으로 영업행위를 하였다는 객관적인 증빙자료(영업실적 등)을 확인할 수 없으므로 영업손실에 대한 보상은 불가하고, 농업 손실에 대한 보상 대상에 해당되므로 이를 보상하기로 하며, ○○공사의 구거부지에 대하여 용수를 위한 도수로부지로 보상하여 달라는 주장에 대하여는, 법 시행규칙 제26조제3항에 따라 용수를 위한 도수로부지에 대하여는 법 제22조의 규정에 의하여 평가하도록 되어 있는 바, 관계 자료(감정평가서, 사업시행자 의견서 등)을 검토한 결과, 이 건 토지는 대부분 인공적인 시멘콘크리트 시설 및 부속시설로 되어있으며, 용수·배수를 목적으로하는 도수로부지로 판단되므로 도수로부지로 평가하기로 하고, 이기량의 표준지적용이 잘못되었다는 주장에 대하여는, 표준지 선정은 「부동산가격공시 및 감정평가에 관한 법률」 제9조에 따라 감정평가업자가 당해 토지와 유사한 이용가치를 지닌다고 인정되는 표준지의 공시지가를 기준으로 하여 평가하는 바, 감정평가서를 검토한 결과, 인근지역내 표준지중 용도지역, 지목, 이용상황 및 주위환경이 동일·유사하고 지리적으로 근접한 적정한 비교표준지를 선정한 것으로 판단되고, 표준지 선정과 개별요인 및 기타요인의 적용 등이 잘못되었다는 구체적 사실이 확인되지 않으므로 이유없고, 보상금은 ○○ 및 ○○감정평가법인이 평가한 금액을 산술평균하여 산정한 결과 손실보상금으로 금 9,609,365,830원(개별보상내역은 별지 제1, 2목록 기재와 같이 함)을을 보상함이 적정한 것으로 판단되므로 위와 같이 보상하고 이를 수용하기로 의결하다.

수용의 개시일은 ○○○○년 ○월 ○○일로 하다.

(2) 묘목

| 토지보상법 시행규칙 제38조 (묘목의 평가) |

① 묘목에 대하여는 상품화 가능여부, 이식에 따른 고손율, 성장정도 및 관리상태 등을 종합적으로 고려하여 평가한다.
② 상품화할 수 있는 묘목은 손실이 없는 것으로 본다. 다만 매각손실액(일시에 매각함으로 인하여 가격이 하락함에 따른 손실을 말한다. 이하 같다)이 있는 경우에는 그 손실을 평가하여 보상하여야 하며, 이 경우 보상액은 제3항의 규정에 따라 평가한 금액을 초과하지 못한다.
③ 시기적으로 상품화가 곤란하거나 상품화를 할 수 있는 시기에 이르지 않은 묘목에 대하여는 이전비와 고손율을 고려한 고손액의 합계액으로 평가한다. 이 경우 이전비는 임시로 옮겨 심는데 필요한 비용으로 평가하며, 고손율은 1퍼센트 이하의 범위안에서 정하되 주위의 환경 또는 계절적 사정 등 특별한 사유가 있는 경우에는 2퍼센트까지로 할 수 있다. <개정 2021. 8. 27.>
④ 파종 또는 발아중에 있는 묘목에 대하여는 가격시점까지 소요된 비용의 현가액으로 평가한다.
⑤ 법 제75조제1항 단서의 규정에 의하여 물건의 가격으로 보상하는 묘목에 대하여는 거래사례가 있는 경우에는 거래사례비교법에 의하여 평가하고, 거래사례가 없는 경우에는 가격시점까지 소요된 비용의 현가액으로 평가한다.

사례 1 가식비는 정상적인 이식과정의 일부가 제외된 비용을 의미한다(2012. 10. 09. 공공지원팀-1903)(질의회신)

질의요지 2018 토지수용 업무편람 발췌

토지보상법 시행규칙 제38조제3항에 따르면 묘목의 이전비 평가는 임시로 옮겨 심는데 필요한 비용인 이전비(이하 "가식비"라 한다)로 평가하도록 되어 있는데, 묘목이 아닌 수목 이전비 산정방식과 가식비 산정방식의 차이점은?

회신내용

수목의 이전비는 이식비와 수목의 이식에 따른 고사(枯死)로 인해 발생하는 손실액인 고손액의 합계액으로 구성되고, 「이식」이란 수목을 인위적인 방법으로 굴취·운반·상하차·식재하는 것으로서 전 과정에 걸쳐 활착 및 생육에 필요한 조치를 취하는 행위를 말하고, 「식재」란 어떤 장소에 반입·운반된 수목을 기준에 맞추어 심는 행위를 말하며, 그 과정에서 필요한 식재구덩이 파기, 나무 앉히기, 되메우기, 지주대 설치, 비료주기, 물주기, 가지다듬기, 약제 살포, 기타 활착 및 생육에 필요한 손질, 뒷정리 등 모든 조치를 포함합니다. 「가식(임시식재)」이란 식재하기 전에 일정기간 동안 지정된 장소에 임시로 식재하는 행위로서 수종, 규격 등에 따라 차이가 있을 수 있으나 식재의 여러 조치 중 일부가 제외됩니다. 따라서 수목 이전비 산정방식과 가식비 산정방식의 차이점은 가식비는 정상적인 식재과정의 여러 조치 중 일부가 제외되는 경우라고 볼 수 있습니다.

(3) 입목 등

| 토지보상법 시행규칙 제39조 (입목 등의 평가) |

① 입목(죽목을 포함한다. 이하 이 조에서 같다)에 대하여는 벌기령(「산림자원의 조성 및 관리에 관한 법률 시행규칙」 별표 3에 따른 기준벌기령을 말한다. 이하 이 조에서 같다)·수종·주수·면적 및 수익성 그 밖에 가격형성에 관련되는 제요인을 종합적으로 고려하여 평가한다. <개정 2005. 2. 5., 2007. 4. 12.>

② 지장물인 조림된 용재림(用材林: 재목을 이용할 목적으로 가꾸는 나무숲을 말한다) 중 벌기령에 달한 용재림은 손실이 없는 것으로 본다. 다만, 용재림을 일시에 벌채하게 되어 벌채 및 반출에 통상 소요되는 비용이 증가하거나 목재의 가격이 하락하는 경우에는 그 손실을 평가하여 보상해야 한다. <개정 2021. 8. 27.>

③ 지장물인 조림된 용재림중 벌기령에 달하지 아니한 용재림에 대하여는 다음 각호에 구분에 따라 평가한다.
  1. 당해 용재림의 목재가 인근시장에서 거래되는 경우 : 거래가격에서 벌채비용과 운반비를 뺀 금액. 이 경우 벌기령에 달하지 아니한 상태에서의 매각에 따른 손실액이 있는 경우에는 이를 포함한다.
  2. 당해 용재림의 목재가 인근시장에서 거래되지 않는 경우 : 가격시점까지 소요된 비용의 현가

액. 이 경우 보상액은 당해 용재림의 예상총수입의 현가액에서 장래 투하비용의 현가액을 뺀 금액을 초과하지 못한다.
④ 제2항 및 제3항에서 "조림된 용재림"이라 함은 「산림자원의 조성 및 관리에 관한 법률」 제13조에 따른 산림경영계획인가를 받아 시업하였거나 산림의 생산요소를 기업적으로 경영·관리하는 산림으로서 「입목에 관한 법률」 제8조에 따라 등록된 입목의 집단 또는 이에 준하는 산림을 말한다. <개정 2005. 2. 5., 2007. 4. 12.>
⑤ 제2항 및 제3항의 규정을 적용함에 있어서 벌기령의 10분의 9 이상을 경과하였거나 그 입목의 성장 및 관리상태가 양호하여 벌기령에 달한 입목과 유사한 입목의 경우에는 벌기령에 달한 것으로 본다.
⑥ 제3항의 규정에 의한 입목의 벌채비용은 사업시행자가 부담한다.
⑦ 제2항·제3항 및 제6항의 규정은 자연림으로서 수종·수령·면적·주수·입목도·관리상태·성장정도 및 수익성 등이 조림된 용재림과 유사한 자연림의 평가에 관하여 이를 준용한다.
⑧ 제3항 및 제6항의 규정은 사업시행자가 취득하는 입목의 평가에 관하여 이를 준용한다.

| 사례 1 | 관리되지 않는 뽕나무 및 자작나무는 보상대상이 아니다(2015. 04. 27. 토지정책과 -2968)(유권해석) |

질의요지
2018 토지수용 업무편람 발췌

임야 비탈에 관리되지 않는 뽕나무 및 자작나무가 보상대상인지 여부

회신내용

공익사업을 위한 토지 등의 취득 및 보상에 관한 법률」(이하 "토지보상법")에 따른 손실보상은 공익사업의 시행 등 적법한 공권력의 행사에 의한 재산상의 특별한 희생에 대하여 사유재산권의 보장과 전체적인 공평부담의 견지에서 행하여지는 조절적인 재산권 보상이라 할 수 있습니다(대법원 2004.04.27. 2002두8909 등 참조). 위 사례에서 뽕나무 및 자작나무가 관리되지 않아 경제적 가치가 없는 것이라면 보상 대상으로 보기에는 어렵다고 할 수 있으며, 구체적인 사례에 대하여는 사업시행자가 사실관계 등을 파악하여 판단할 사항입니다

재결례

┃재결례┃ 법령에 따라 굴취 후 이동행위가 금지되는 수목의 경우는 가액으로 보상한다.

[중토위 2017. 5. 25.]

재결요지

당해 사업구역은 소나무류 반출금지구역으로 지정되어 이전할 수 없으므로 수목에 대하여 취득비로 보상하여 달라는 주장에 대하여 법 제75조제1항에 따르면, 건축물·입목·공작물과 그 밖에 토지에 정착한 물건(이하 "건축물등"이라 한다)에 대하여는 이전에 필요한 비용(이하

"이전비"라 한다)으로 보상하여야 한다. 다만, 다음 각 호의 어느 하나에 해당하는 경우에는 해당 물건의 가격으로 보상하여야 한다고 정하고 각호로 1. 건축물등을 이전하기 어렵거나 그 이전으로 인하여 건축물등을 종래의 목적대로 사용할 수 없게 된 경우, 2. 건축물등의 이전비가 그 물건의 가격을 넘는 경우, 3. 사업시행자가 공익사업에 직접 사용할 목적으로 취득하는 경우를 들고 있다.

한편, 「소나무재선충병 방제특별법」제9조제1항 및 제10조제1항에 따르면, 시장·군수·구청장은 재선충병의 방제 및 확산방지를 위하여 발생지역과 발생지역으로부터 5킬로미터 이내의 범위로 대통령령으로 정하는 일정거리 이내인 지역에 대하여는 「지방자치법」 제4조의2제4항에 따른 행정동·리 단위로 소나무류반출금지구역(이하 "반출금지구역"이라 한다)으로 지정하도록 되어 있고, 반출금지구역에서는 1. 감염 목등인 입목의 이동, 2. 훈증처리 후 6월이 경과되지 아니한 훈증처리목의 훼손 및 이동, 3. 감염목등인 원목의 이동, 4. 산지전용허가지 등에서 생산되는 소나무류의 사업장 외 이동, 5. 굴취(掘取)된 소나무류의 이동 행위를 금지한다고 되어 있다.

관계자료(소나무류반출금지지정 공문<00시 농업산림과-12612, 2015. 4. 17.>)를 검토한 결과, 이 건 수목은 「소나무재선충병 방제특별법」제9조제1항에 따른 반출금지구역에 해당되어 굴취 후 이동행위가 금지되는 대상에 해당하는 것으로 확인된다.

살피건대, 법령에 따라 굴취후 이동행위가 금지되는 수목의 경우, 법 제75조제1항에 따른 이전하기 어려운 경우에 해당하는 것으로 봄이 타당하다.

따라서, 이 건 수목에 대하여는 '취득비'로 평가하여 보상하기로 하다.

판 례

▌판례 1 ▌ 집달관의 공시문을 붙인 팻말의 설치가 입목에 대한 명인방법으로서 유효하다고 본 사례

[대법원 1989.10.13. 선고 89다카9064]

판결요지

명인방법의 실시는 법률행위가 아니며 목적물인 입목이 특정인의 소유라는 사실을 공시하는 팻말의 설치로 다른 사람이 그것을 식별할 수 있으면 명인방법으로서는 충분한 것이니, 갑이 제3자를 상대로 입목소유권확인판결을 받아 확정된 후 법원으로부터 집행문을 부여받아 집달관에게 의뢰하여 그 집행으로 집달관이 임야의 입구부근에 그 지상입목들이 갑의 소유에 속한다는 공시문을 붙인 팻말을 세웠다면, 비록 확인 판결이 강제집행의 대상이 될 수 없어서 위 확인판결에 대한 집행문의 부여나 집달관의 집행행위가 적법시 될 수 없더라도 집달관의 위 조치만으로써 명인방법이 실시되었다고 할 것이니 그 이후 임야의 소유권을 취득한 자는 갑의 임목소유권을 다툴 수 없다.

사. 농작물

▌ 토지보상법 시행규칙 제41조 (농작물의 평가) ▌

① 농작물을 수확하기 전에 토지를 사용하는 경우의 농작물의 손실은 농작물의 종류 및 성숙도 등을 종합적으로 고려하여 다음 각호의 구분에 따라 평가한다.
  1. 파종중 또는 발아기에 있거나 묘포에 있는 농작물 : 가격시점까지 소요된 비용의 현가액
  2. 제1호의 농작물외의 농작물 : 예상총수입의 현가액에서 장래 투하비용의 현가액을 뺀 금액. 이 경우 보상당시에 상품화가 가능한 풋고추·들깻잎 또는 호박 등의 농작물이 있는 경우에는 그 금액을 뺀다.
② 제1항제2호에서 "예상총수입"이라 함은 당해 농작물의 최근 3년간(풍흉작이 현저한 연도를 제외한다)의 평균총수입을 말한다.

사례 1 수확기 이전에 토지를 사용하는 경우는 농업손실보상과 별도로 농작물보상을 하여야 한다(2008. 07. 04. 토지정책과-1827)(유권해석)

질의요지   2018 토지수용 업무편람 발췌

판매용으로 재배중인 농작물(잔디)에 대하여 영농손실보상과 별도로 지장물 이전보상을 하여야 하는지

회신내용

「공익사업을 위한 토지 등의 취득 및 보상에 관한 법률(이하 '토지보상법'이라함)」제75조제2항의 규정에 의하면 농작물에 대한 손실은 그 종류와 성장정도 등을 종합적으로 참작하여 보상하여야 한다고 규정하고 있고, 같은 법 시행규칙 제41조제1항의 규정에 의하면 농작물을 수확하기 전에 토지를 사용하는 경우의 농작물의 손실은 농작물의 종류 및 성숙도 등을 종합적으로 고려하여 평가하도록 되어 있으므로 귀 질의상 농작물(잔디)을 수확하기 전에 토지를 사용하는 경우에는 위 규정에 따라 그 손실을 보상하여야 한다고 보며, 개별적인 사례가 이에 해당하는지 여부는 사업시행자가 관계법령과 사실관계등 확인·조사하여 판단하시기 바랍니다.

아. 토지에 속한 흙·돌·모래 또는 자갈 등

| 토지보상법 제75조 (건축물등 물건에 대한 보상) |

③ 토지에 속한 흙·돌·모래 또는 자갈(흙·돌·모래 또는 자갈이 해당 토지와 별도로 취득 또는 사용의 대상이 되는 경우만 해당한다)에 대하여는 거래가격 등을 고려하여 평가한 적정가격으로 보상하여야 한다.

재결례

| 재결례 | '흙·돌·모래 또는 자갈이 당해 토지와 별도로 취득 또는 사용의 대상이 되는 경우' 가 아니라고 한 사례

[중토위 2017. 3. 23.]

재결요지

편입토지에서 발생한 토량에 대한 보상을 하여 달라는 주장에 대하여

법 제75조제3항은 토지에 속한 흙·돌·모래 또는 자갈(흙·돌·모래 또는 자갈이 해당 토지와 별도로 취득 또는 사용의 대상이 되는 경우만 해당한다)에 대하여는 거래가격 등을 고려하여 평가한 적정가격으로 보상하여야 한다고 규정하고 있다.

대법원은 수용대상 토지에 속한 토석 또는 사력은 적어도 토지의 형질변경 또는 채석·채취를 적법하게 할 수 있는 행정적 조치가 있거나 그것이 가능하고, 구체적으로 토지의 가격에 영향을 미치고 있음이 객관적으로 인정되어 경제적 가치가 있다고 평가되는 등 특별한 사정이 있는 경우에 한하여 토지보상금을 산정함에 있어서 참작할 수 있다고 보아야 한다(2003. 4. 8. 선고 2002두4518 판결 참조)라고 판시하고 있다.

따라서, 이건 사업의 경우 사업시행자는 이의신청인의 토지가 필요하여 수용을 통하여 취득하려는 것으로 토지와 별개로 토지에 속한 토량을 수용목적물로 하는 것이 아니며, 아울러 이의신청인이 수용되는 토지에 속한 토량에 대한 채취허가를 득하고 토사채취납품실적 등에 의하여 객관적으로 경제적 가치를 입증하는 경우로도 볼 수 없어 토지와 함께 일체로 보상하는 것은 적정하므로 이의신청인의 주장은 받아들일 수 없다.

판 례

| 판례 1 | '흙·돌·모래 또는 자갈이 당해 토지와 별도로 취득 또는 사용의 대상이 되는 경우' 의 의미

[대법원 2014. 4. 24. 선고 2012두16534]

판결요지

구 공익사업을 위한 토지 등의 취득 및 보상에 관한 법률(2011. 8. 4. 법률 제11017호로 개정되기 전의 것) 제75조 제3항은 "토지에 속한 흙·돌·모래 또는 자갈(흙·돌·모래 또는 자갈이 당해 토지와 별도로 취득 또는 사용의 대상이 되는 경우에 한한다)에 대하여는 거래가격 등을 참작하여 평가한 적정가격으로 보상하여야 한다."라고 규정하고 있다. 위 규정에서 '흙·돌·모래 또는 자갈이 당해 토지와 별도로 취득 또는 사용의 대상이 되는 경우'란 흙·돌·모래 또는 자갈이 속한 수용대상 토지에 관하여 토지의 형질변경 또는 채석·채취를 적법하게 할 수 있는 행정적 조치가 있거나 그것이 가능하고 구체적으로 토지의 가격에 영향을 미치고 있음이 객관적으로 인정되어 토지와는 별도의 경제적 가치가 있다고 평가되는 경우 등을 의미한다.

| 판례 2 | 양질의 점토가 함유된 토지라는 사정은 개별요인으로 참작하여야 한다.

[대법원 1985. 08. 20. 선고 83누581]

판결요지

양질의 점토가 다량 함유되어 있는 토지를 매수하여 적벽돌 공장을 신축하자 하는 자로부터 동 토지를 수용한 경우, 위 토지에 함유된 점토가 토지와 독립하여 별개의 보상원인이 되는 것은 아니라 하더라도 위와 같은 점토의 존재와 토지소유자들의 이용계획 등에 비추어 수용재결당시 위 토지의 가격이 인근 일반토지의 가격에 비하여 상승되어 있었을 것이라는 점을 추측하기 어렵지 아니하므로 위 수용에 대한 이의재결을 함에 있어 이러한 사정들을 참작한 토지의 수용재결당시의 시가를 평가함이 없이 단순히 지목이 같은 인근의 일반 토지가격을 비교한 유추가격을 토대로 손실보상액을 결정하였음은 위법하다.

자. 분묘

| 토지보상법 시행규칙 제42조 (분묘에 대한 보상액의 산정) |

① 「장사 등에 관한 법률」 제2조제16호에 따른 연고자(이하 이 조에서 "연고자"라 한다)가 있는 분묘에 대한 보상액은 다음 각 호의 합계액으로 산정한다. 다만, 사업시행자가 직접 산정하기 어려운 경우에는 감정평가법인등에게 평가를 의뢰할 수 있다. <개정 2005. 2. 5., 2007. 4. 12., 2008. 4. 18., 2012. 1. 2., 2021. 8. 27., 2022. 1. 21.>
  1. 분묘이전비 : 4분판 1매·마포 24미터 및 전지 5권의 기격, 제례비, 임금 5인분(합장인 경우에는 사체 1구당 각각의 비용의 50퍼센트를 가산한다) 및 운구차량비
  2. 석물이전비 : 상석 및 비석 등의 이전실비(좌향이 표시되어 있거나 그 밖의 사유로 이전사용이 불가능한 경우에는 제작·운반비를 말한다)
  3. 잡비 : 제1호 및 제2호에 의하여 산정한 금액의 30퍼센트에 해당하는 금액
  4. 이전보조비 : 100만원
② 제1항제1호의 규정에 의한 운구차량비는 「여객자동차 운수사업법 시행령」 제3조제2호 나목의 특수여객자동차운송사업에 적용되는 운임·요금중 당해 지역에 적용되는 운임·요금을 기준으로 산정한다. <개정 2005. 2. 5.>
③ 연고자가 없는 분묘에 대한 보상액은 제1항제1호 내지 제3호의 규정에 의하여 산정한 금액의 50퍼센트 이하의 범위안에서 산정한다.

판 례

| 판례 1 | 분묘기지권의 성질

[대법원 2007. 6. 28. 선고 2007다16885]

판결요지

타인의 토지에 합법적으로 분묘를 설치한 자는 관습상 그 토지 위에 지상권에 유사한 일종의 물권인 분묘기지권을 취득하나, 분묘기지권에는 그 효력이 미치는 범위 안에서 새로운 분묘를 설치하거나 원래의 분묘를 다른 곳으로 이장할 권능은 포함되지 않는다.

6. 권리의 보상

가. 광업권

| 토지보상법 제76조 (권리의 보상) |

① 광업권·어업권 및 물(용수시설을 포함한다) 등의 사용에 관한 권리에 대하여는 투자비용, 예상수익 및 거래가격 등을 고려하여 평가한 적정가격으로 보상하여야 한다.
② 제1항에 따른 보상액의 구체적인 산정 및 평가방법은 국토교통부령으로 정한다.

| 토지보상법 시행규칙 제43조 (광업권의 평가) |

① 광업권에 대한 손실의 평가는 「광업법 시행규칙」 제19조에 따른다.
② 조업중인 광산이 토지등의 사용으로 인하여 휴업하는 경우의 손실은 휴업기간에 해당하는 영업이익을 기준으로 평가한다. 이 경우 영업이익은 최근 3년간의 연평균 영업이익을 기준으로 한다.
③ 광물매장량의 부재(채광으로 채산이 맞지 아니하는 정도로 매장량이 소량이거나 이에 준하는 상태를 포함한다)로 인하여 휴업중인 광산은 손실이 없는 것으로 본다.

| 광업법 시행령 제30조 (손실의 산정기준 등) |

① 법 제34조제4항에 따른 통상 발생하는 손실은 다음 각 호의 구분에 따라 산정한다.
  1. 광업권자나 조광권자 조업 중이거나 정상적으로 생산 중에 휴업한 광산으로서 광물의 생산실적이 있는 경우: 법 제34조제4항제1호에 따라 산업통상자원부령으로 정하는 자가 광산의 장래 수익성을 고려하여 산정한 광산평가액에서 이전(移轉)이나 전용(轉用)이 가능한 시설의 잔존가치(殘存價値)를 뺀 금액에 이전비를 합산한 금액. 이 경우 평가된 지역 외의 지역에 해당 광산개발을 목적으로 취득한 토지·건물 등 부동산이 있는 경우에는 그 부동산에 대하여 「공익사업을 위한 토지 등의 취득 및 보상에 관한 법률」에서 정하는 보상기준을 준용하여 산정한 금액을 더한 금액으로 한다.
  2. 탐사권자가 탐사를 시작하였거나 탐사실적을 인정받은 경우와 채굴권자가 채굴계획 인가를 받은 후 광물의 생산실적이 없는 광산인 경우: 해당 광산개발에 투자된 비용과 현재시설의 평가액에서 이전이나 전용이 가능한 시설의 잔존가치를 뺀 금액에 이전비를 합산한 금액
  3. 탐사권자가 등록을 한 후 탐사를 시작하지 아니하였거나 채굴권자가 채굴계획 인가를 받지 아니한 경우: 등록에 든 비용
② 제1항제1호의 광산평가액과 같은 항 제2호의 현재시설의 평가액은 법 제34조제4항제1호에 따라 산업통상자원부령으로 정하는 자 둘 이상이 산정한 평가액을 산술평균한다.

| 참조조문 |

광업법 제3조 제2호
광업법 제3조 제3호
광업법 제10조
광업법 제3조 제3조의2
광업법 제12조 제1항
광업법 제40조
광업법 제41조 제1항
광업법 제3조 제3조의3

광업법 제41조 제3항
광업법 제42조 제1항 및 제4항
광업법 제12조 제2항 및 제3항

사례 1 일단의 광구 중 일부 필지에만 채광계획인가 또는 생산실적이 있는 경우에는 현재 생산실적을 기준으로 보상한다(토관 58342-965. 1998. 6. 19)(유권해석)

질의요지

2018 토지수용 업무편람 발췌

일단의 광구 중 실제 도로에 편입되는 1필지(3,974.7㎡)만 채광계획인가 및 생산실적이 있는 경우 전체광구가 채광계획인가 및 생산실적이 있는 것으로 보고 광구전체를 보상해야 하는지 또는 도로에 편입되는 면적을 기준으로 보상해야 하는 지 아니면 실제 채광계획인가 및 생산실적이 있는 면적만 보상해야 하는지 여부

회신내용

「광업법」에 의하여 광업권이 설정되어 있는 광구라 하더라도 채광에 따른 경제성이 없어 일부만 채광하는 경우라면 광업권이 설정된 광구전체에 대한 보상은 어려울 것으로 보이며, 현재 생산실적을 기준으로 이를 보상함이 바람직할 것이다.

재결례

▌재결례 1▐ 채굴제한구역의 광업권은 보상대상이 아니다.

[중토위 2017. 9. 7.]

재결요지

관계자료(소유자 및 사업시행자 의견서, 대법원 판례 등)를 살펴보면,
소유자는 1992. 1. 6.(광업지적 예산 제32호) 및 1992. 10. 2.(광업지적 예산 제42호) 광업권을 등록(면적 138ha, 광종명: 고령토)하였고 광업권이 설정된 부지 중 일부에 대하여 공익사업 시행으로 해당 토지에서의 고령토 채굴작업이 불가능하여 실질적으로 광구가 감소되는 결과가 초래되어 손실이 발생하므로 광업권을 평가하여 보상하여 줄 것을 주장하고 있으나, 이건 사업은 충청남도지사가 국가간선기능 확충을 목적으로 시행하는 도로사업(선장-염치간 국지도확포장공사)으로서 이 건 공익시설은 지표 지하 50m 내에서 설치되는 사업으로 확인된다. 따라서 소유자가 지표 지하 50m 이내의 장소에서 채굴을 하려면 광업법 제44조 제1항에 따라 소유자 또는 이해관계인의 승낙을 얻어야 하고, 그 결과 소유자는 위 광업법 제44조 제1항이 정한 범위에서 채굴제한을 받게 된다.
그러나 위 판례에서도 판시한 바와 같이 이러한 제한은 공공복리를 위하여 광업권에 당연히 따르는 최소한의 제한이고 부득이한 것으로서 광업권자가 당연히 광업권자가 수인해야 할 것으로 소유자에게 특별한 재산상의 희생을 강요한 것이라고 할 수 없기 때문에 소유자가 손실

을 입었다는 이유로 보상을 구할 수는 없다 할 것이다.

따라서 광업권이 설정된 이 건 편입토지는 단지 광업권 등록면적에만 포함되어 있을 뿐 이 건 공익사업구역 내에 광업채굴, 시설물 설치 등이 없어 이 건 공익사업으로 인한 손실이 발생하지 않았다는 점, 광업법 제34조 제1항에 따라 산업통상자원부장관이 광구감소 처분을 하고 그 결과 같은 법 제34조 제3항에 따라 손실보상의 대상이 된다는 것은 별론으로 하고,(이 건의 경우 위와 같은 광구감소 처분은 없었다.) 이건 사업으로 채굴제한을 받았다고 하여 손실보상을 구할 수는 없으므로 법 제76조에서 정하는 소유자의 광업권에 대한 손실보상신청은 주문과 같이 이를 기각하기로 하다.

▌재결례 2 ▌ 채굴제한구역의 광업권은 보상대상이 아니다.

[중토위 2017. 5. 25.]

재결요지

000이 지방토지수용위원회의 기각재결을 취소하고, 적정한 광업권 손실보상금을 산정하여 지급하여 달라는 주장에 대하여 살펴본다.

법 제76조제1항에 따르면 광업권·어업권 및 물(용수시설을 포함한다) 등의 사용에 관한 권리에 대하여는 투자비용, 예상 수익 및 거래가격 등을 고려하여 평가한 적정가격으로 보상하여야 한다고 되어 있고. 법 시행규칙 제43조제1항 내지 제3항에 따르면 광업권에 대한 손실의 평가는 「광업법 시행규칙」제19조에 따르도록 되어 있고, 조업중인 광산이 토지 등의 사용으로 인하여 휴업하는 경우의 손실은 휴업기간에 해당하는 영업이익을 기준으로 평가하되 이 경우 영업이익은 최근 3년간의 연평균 영업이익을 기준으로 한다고 되어 있으며, 광물매장량의 부재(채광으로 채산이 맞지 아니하는 정도로 매장량이 소량이거나 이에 준하는 상태를 포함한다)로 인하여 휴업중인 광산은 손실이 없는 것으로 본다고 되어 있다.

이의신청인 000(000광산)은 00도 00시 00구(제00000호) 및 00도 00시 00구, 00시 00면·00면(제00000호) 일대 521ha에 2001. 10. 22. 광업권을 등록하였고, 광업권이 설정된 부지 중 일부에 대한 공익사업 시행으로 해당 토지에서의 고령토 채굴작업이 불가능하여 실질적으로 광구가 감소되는 결과가 초래되어 손실이 발생하므로 광업권을 평가하여 보상하여 줄 것을 주장하고 있다.

광업법 제44조제1항에 따르면 광업권자는 다음 각 호의 어느 하나 1. 철도·궤도(軌道)·도로·수도·운하·항만·하천·호(湖)·소지(沼地)·관개(灌漑)시설·배수시설·묘우(廟宇)·교회·사찰의 경내지(境內地)·고적지(古蹟地)·건축물, 그 밖의 영조물의 지표 지하 50미터 이내의 장소 2. 묘지의 지표 지하 30미터 이내의 장소에서는 관할 관청의 허가나 소유자 또는 이해관계인의 승낙이 없으면 광물을 채굴할 수 없다고 되어있고,

광업법 제44조제1항이 정한 채굴제한은 도로, 철도 등 공공시설 및 건물의 관리운영상 지장 있는 사태의 발생을 미연에 방지하기 위하여 그 부근에서 광물을 채굴하는 경우에는 관할 관청의 허가나 소유자 또는 이해관계인의 승낙을 얻는 것이 필요함을 정한 것이고, 이러한 제한은 공공복지를 위하여 광업권에 당연히 따르는 최소한의 제한이고 부득이한 것으로서 당연히 수인하여야 하는 것이지 특별히 재산상의 희생을 강요하는 것이라고 할 수 없기 때문에

광업권자가 동법 규정에 의한 채굴제한으로 인하여 손실을 입었다고 하여 이를 이유로 보상을 구할 수 없다(대법원 2005.6.10. 선고 2005다10876 판결 참조). 그리고 이러한 법리는 채굴제한을 받는 광업권의 경제적 가치 유무나 규모 또는 공익사업에 의한 시설이나 건축물 등의 설치 시기와 관계없이 광업법 제44조제1항에 의한 채굴제한을 받는 광업권 일반에 모두 적용되고, 광업권의 설정 또는 채굴의 개시 이후에 시설이나 건축물 등이 설치된 경우에도 마찬가지라고 할 것이다.(대법원 2014.3.27. 선고 2010다108197 판결, 대법원 2014.12.11. 선고 2012다70760 판결 참조)라고 판시하고 있다.

관계자료(소유자 및 사업시행자 각 의견서 등)를 살펴보면, 이 건 사업은 항공대대 이전에 따른 부대 진입도로, 계류장, 활주로, 병영생활관, 간부숙소, 식당, 연병장, 헬기격납고 및 정비고, 관제탑 등 공적 목적에 공여된 유체물 또는 물적 설비를 설치하고 부대 경계를 옹벽으로 에워싸는 사업으로서 이러한 시설물 전체를 광업법 제44조제1항제1호에 따른 영조물로 보아야 할 것이고, 이 영조물은 지표지하 50m 내에서 설치되는 사업으로 확인된다. 따라서 이의신청인이 각 위 시설의 지표 지하 50m 이내의 장소에서 채굴을 하려면 광업법 제44조제1항에 따라 소유자 또는 이해관계인의 승낙을 얻어야 하고, 그 결과 신청인이 위 광업법 제44조제1항이 정한 범위에서 채굴제한을 받게 된다. 그러나 위 판례에서도 판시한 바와 같이, 이러한 제한은 공공복리를 위하여 광업권에 당연히 따르는 최소한의 제한이고 부득이한 것이고 당연히 수인해야 할 것으로 이의신청인에게 특별한 재산상의 희생을 강요한 것이라고 할 수 없기 때문에 이의신청인은 손실을 입었다는 이유로 보상을 구할 수 없다.

따라서 광업권이 설정된 이 건 사업구역에 관하여 광업법 제34조제1항에 따라 산업통상자원부장관이 광구감소 처분을 하고 그 결과 같은 법 제34조제3항에 따라 손실보상의 대상이 됨은 별론으로 하더라도, (이 건의 경우 위와 같은 광구감소 처분은 없었다) 이의신청인이 이 건 사업으로 채굴제한을 받았다고하여 손실보상을 구할 수 없으므로 이의신청인의 재결신청을 기각한 00지방토지수용위원회의 재결은 정당하고 이의신청인의 주장은 이유 없다.

판 례

▎판례 1 ▎ 특정시설물에 따른 채굴제한은 공공복리를 위하여 광업권에 당연히 따르는 최소한도의 제한으로써 특별한 재산상의 희생을 강요하는 것이라고는 할 수 없다.

[2014. 12. 11. 선고 2012다70760]

판결요지

구 광업법(2007. 4. 11. 법률 제8355호로 전부 개정되기 전의 것, 이하 같다) 제48조 제1항은 '광업권자가 철도·궤도·도로·수도·운하·항만·하천·호·소지·관개·배수·시설·묘우·교회·사찰의 경내지·고적지 기타 영조물의 지표지하 50m 이내의 장소나 묘지·건축물의 지표지하 30m 이내의 장소에서 는 각각 관할관청의 허가나 소유자 또는 이해관계인의 승낙 없이 광물을 채굴할 수 없다.'고 규정하고 있다. 위 규정은 광업의 수행과정에서 공공시설이나 종교시설 그 밖의 건축물이나 묘지 등의 관리운영에 지장을 초래하는 사태의 발생을 미연에 방지하기 위하여, 그 부근에서 광물을 채굴하는 경우에는 관할 관청의 허가나 소유자 또는 이해관계인의 승낙을 얻는 것이 필요함을 정한 것에 지나지 않고, 이러한 제한은 공공복리를 위하여 광업권에 당연히 따르는 최소한도의 제한이고 부득이한 것으로서 당연히 수인하여야 하는 것이지 특별한 재산상의 희생을 강요하는 것이라고는 할 수 없으므로, 광업권자가 위와 같은 채굴제한으로 인하여 손실을 입었다고 하여 이를 이유로 보상을 구할 수 없다(대법원 2005. 6. 10. 선고 2005다10876 판결 참조). 그리고 이러한 법리는 채굴제한을 받는 광업권의 경제적 가치 유무나 규모 또는 공익사업에 의한 시설이나 건축물 등의 설치 시기와 관계없이 구 광업법 제48조 제1항에 의한 채굴제한을 받는 광업권 일반에 모두 적용되고, 광업권의 설정 또는 채굴의 개시 이후에 시설이나 건축물 등이 설치된 경우에도 마찬가지라고 할 것이다(대법원2014. 3. 27. 선고 2010다108197 판결 참조).

나. 어업권

ㅣ 토지보상법 시행규칙 제44조 (어업권의 평가 등) ㅣ

① 공익사업의 시행으로 인하여 어업권이 제한·정지 또는 취소되거나 「수산업법」 제14조 또는 「내수면어업법」 제13조에 따른 어업면허의 유효기간의 연장이 허가되지 아니하는 경우 해당 어업권 및 어선·어구 또는 시설물에 대한 손실의 평가는 「수산업법 시행령」 별표 4에 따른다.
② 공익사업의 시행으로 인하여 어업권이 취소되거나 「수산업법」 제14조 또는 「내수면어업법」 제13조에 따른 어업면허의 유효기간의 연장이 허가되지 아니하는 경우로서 다른 어장에 시설을 이전하여 어업이 가능한 경우 해당 어업권에 대한 손실의 평가는 「수산업법 시행령」 별표 4 중 어업권이 정지된 경우의 손실액 산출방법 및 기준에 의한다.
③ 법 제15조제1항 본문의 규정에 의한 보상계획의 공고(동항 단서의 규정에 의하는 경우에는 토지소유자 및 관계인에 대한 보상계획의 통지를 말한다) 또는 법 제22조의 규정에 의한 사업인정의 고시가 있은 날(이하 "사업인정고시일등"이라 한다) 이후에 어업권의 면허를 받은 자에 대하여는 제1항 및 제2항의 규정을 적용하지 아니한다.
④ 제1항 내지 제3항의 규정은 허가어업 및 신고어업(「내수면어업법」 제11조제2항의 규정에 의한 신고어업을 제외한다)에 대한 손실의 평가에 관하여 이를 준용한다.
⑤ 제52조는 이 조의 어업에 대한 보상에 관하여 이를 준용한다.

ㅣ 토지보상법 시행규칙 제63조 (공익사업시행지구밖의 어업의 피해에 대한 보상) ㅣ

① 공익사업의 시행으로 인하여 해당 공익사업시행지구 인근에 있는 어업에 피해가 발생한 경우 사업시행자는 실제 피해액을 확인할 수 있는 때에 그 피해에 대하여 보상하여야 한다. 이 경우 실제 피해액은 감소된 어획량 및 「수산업법 시행령」 별표 4의 평년수익액 등을 참작하여 평가한다.
② 제1항에 따른 보상액은 「수산업법 시행령」 별표 4에 따른 어업권·허가어업 또는 신고어업이 취소되거나 어업면허의 유효기간이 연장되지 아니하는 경우의 보상액을 초과하지 못한다.
③ 사업인정고시일등 이후에 어업권의 면허를 받은 자 또는 어업의 허가를 받거나 신고를 한 자에 대하여는 제1항 및 제2항을 적용하지 아니한다

ㅣ 참조조문 ㅣ

수산업법 제8조
수산업법 제16조

수산업법 제41조
수산업법 제47조
수산업법 시행령 별표 4
내수면어업법 제6조
내수면어업법 제9조
내수면어업법 제11조
내수면어업법 제13조

재결례

| 재결례 | 「내수면어업법」에 따른 신고어업은 어업권의 보상평가방법이 준용되지 않는다.

[중토위 2017. 7. 13.]

재결요지

OOO이 휴업보상과 별도로 어업보상을 포함하여 달라는 의견에 대하여

법 시행규칙 제44조에 따르면 공익사업의 시행으로 인하여 어업권이 제한·정지 또는 취소되거나「수산업법」제14조 또는 「내수면어업법」제13조에 따른 어업면허의 유효기간의 연장이 허가되지 아니하는 경우 해당 어업권 및 어선·어구 또는 시설물에 대한 손실의 평가는 「수산업법 시행령」 별표 4에 따르고, 공익사업의 시행으로 인하여 어업권이 취소되거나 「수산업법」제14조 또는 「내수면어업법」제13조에 따른 어업면허의 유효기간의 연장이 허가되지 아니하는 경우로서 다른 어장에 시설을 이전하여 어업이 가능한 경우 해당 어업권에 대한 손실의 평가는 「수산업법 시행령」 별표 4 중 어업권이 정지된 경우의 손실액 산출방법 및 기준에 의하고, 법 제15조 제1항 본문의 규정에 의한 보상계획의 공고(동항 단서의 규정에 의하는 경우에는 토지소유자 및 관계인에 대한 보상계획의 통지를 말한다) 또는 법 제22조의 규정에 의한 사업인정의 고시가 있은 날(이하 "사업인정고시일등"이라 한다) 이후에 어업권의 면허를 받은 자에 대하여는 제1항 및 제2항의 규정을 적용하지 아니하며, 제1항 내지 제3항의 규정은 허가어업 및 신고어업(「내수면어업법」제11조 제2항의 규정에 의한 신고어업을 제외한다)에 대한 손실의 평가에 관하여 이를 준용한다고 되어 있다.

「내수면어업법」제11조에 제2항에 따르면 사유수면에서 제6조 제1항 각 호, 제9조 제1항 각 호 또는 제1항에 따른 어업을 하려는 자는 대통령령으로 정하는 바에 따라 특별자치시장·특별자치도지사·시장·군수·구청장에게 신고하여야 하고, 같은 법 시행령 제9조 제5호에 따르면 법 제11조 제1항에서 "대통령령으로 정하는 어업" 중 육상양식어업은 육상에서 일정한 시설을 설치하여 수산동식물을 양식하는 어업을 말한다고 되어 있다.

법 시행규칙 제47조 제1항에 따르면 공익사업의 시행으로 인하여 영업장소를 이전하여야 하는 경우의 영업손실은 휴업기간에 해당하는 영업이익에 시설의 이전비용 등을 고려하여 보상하도록 되어 있다.

관계 자료(사업시행자 의견서 등)를 검토한 결과, OOO의 양어장(어가수산)은 「내수면어업법」제11조 제1항의 "대통령령으로 정하는 어업" 중 육상양식어업으로 신고어업에 해당하고, 해당 신고어업은 법 시행규칙 제44조에 따른 어업손실보상에서 제외되는 신고어업에 해당하므

로 소유자의 주장을 받아들일 수 없다.

판 례

┃ 판례 1 ┃ 공익사업의 시행으로 인한 보상청구를 포기한다는 부관이 어업권등록원부에 기재된 경우는 보상대상에서 제외된다.

[대법원 1993.6.22 선고 93다17010]

판결요지

어업권자가 면허를 받을 때 및 기간연장허가를 받을 때 개발사업의 시행으로 인한 일체의 보상청구를 포기하겠다고 하여 그러한 취지의 부관이 어업권등록원부에 기재된 경우 부관의 효력은 그 후의 양수인에게도 미친다

┃ 판례 2 ┃ 허가어업 또는 신고어업의 경우 유효기간이 지나면 그 권리는 소멸한다.

[대법원 2011. 07. 28 선고 2011두5728]

판결요지

어업에 관한 허가 또는 신고의 경우에는 어업면허와 달리 유효기간연장제도가 마련되어 있지 아니하므로 그 유효기간이 경과하면 그 허가나 신고의 효력이 당연히 소멸하며, 재차 허가를 받거나 신고를 하더라도 허가나 신고의 기간만 갱신되어 종전의 어업허가나 신고의 효력 또는 성질이 계속된다고 볼 수 없고 새로운 허가 내지 신고로서의 효력이 발생한다고 할 것이다.

다. 토지에 관한 소유권 외의 권리

┃ 토지보상법 시행규칙 제28조 (토지에 관한 소유권외의 권리의 평가) ┃
① 취득하는 토지에 설정된 소유권외의 권리에 대하여는 당해 권리의 종류, 존속기간 및 기대이익 등을 종합적으로 고려하여 평가한다. 이 경우 점유는 권리로 보지 아니한다.
② 제1항의 규정에 의한 토지에 관한 소유권외의 권리에 대하여는 거래사례비교법에 의하여 평가함을 원칙으로 하되, 일반적으로 양도성이 없는 경우에는 당해 권리의 유무에 따른 토지의 가격차액 또는 권리설정계약을 기준으로 평가한다.

판 례

┃ 판례 1 ┃ 지상권 설정시 지료에 관한 약정이 없는 경우에는 지료의 지급을 청구할 수 없다.

[대법원 1999. 9. 3. 선고 99다24874]

판시사항

지상권 설정시 지료에 관한 약정이 없는 경우, 지료의 지급을 청구할 수 있는지 여부(소극)

판결요지

지상권에 있어서 지료의 지급은 그의 요소가 아니어서 지료에 관한 유상 약정이 없는 이상 지료의 지급을 구할 수 없는 것이며(대법원 1995. 2. 28. 선고 94다37912 판결, 1994. 12. 2. 선고 93다52297 판결 등 참조), 유상인 지료에 관하여 지료액 또는 그 지급시기 등의 약정은 이를 등기하여야만 그 뒤에 토지소유권 또는 지상권을 양수한 사람 등 제3자에게 대항할 수 있는 것이다(대법원 1996. 4. 26. 선고 95다52864 판결 참조).

그리고, 지료에 관하여 등기되지 않은 경우에는 무상의 지상권으로서 지료증액청구권도 발생할 수 없다할 것이다.

▌판례 2 ▌ 저당권과 함께 취득한 지상권의 효용

[대법원 2004. 3. 29. 자 2003마1753]

판시사항

토지에 관하여 저당권과 함께 지상권을 취득하는 경우, 당해 지상권의 효용 및 방해배제청구권의 내용

판결요지

토지에 관하여 저당권을 취득함과 아울러 그 저당권의 담보가치를 확보하기 위하여 지상권을 취득하는 경우, 특별한 사정이 없는 한 당해 지상권은 저당권이 실행될 때까지 제3자가 용익권을 취득하거나 목적 토지의 담보가치를 하락시키는 침해행위를 하는 것을 배제함으로써 저당 부동산의 담보가치를 확보하는 데에 그 목적이 있다고 할 것이므로, 그와 같은 경우 제3자가 비록 토지소유자로부터 신축중인 지상 건물에 관한 건축주 명의를 변경받았다 하더라도, 그 지상권자에게 대항할 수 있는 권원이 없는 한 지상권자로서는 제3자에 대하여 목적 토지 위에 건물을 축조하는 것을 중지하도록 요구할 수 있다.

▌판례 3 ▌ 분묘기지권의 효력이 미치는 범위

[대법원 2001. 8. 21. 선고 2001다28367]

판결요지

분묘기지권은 분묘를 수호하고 봉제사하는 목적을 달성하는 데 필요한 범위 내에서 타인의 토지를 사용할 수 있는 권리를 의미하는 것으로서, 이 분묘기지권에는 그 효력이 미치는 지역의 범위 내라고 할지라도 기존의 분묘 외에 새로운 분묘를 신설할 권능은 포함되지 아니하는 것이므로, 부부 중 일방이 먼저 사망하여 이미 그 분묘가 설치되고 그 분묘기지권이 미치는 범위 내에서 그 후에 사망한 다른 일방을 단분(단분)형태로 합장하여 분묘를 설치하는 것도 허용되지 않는다.

라. 건축물에 관한 소유권 외의 권리

▌ **토지보상법 시행규칙 제34조 (건축물에 관한 소유권외의 권리 등의 평가)** ▌

제28조 및 제29조의 규정은 법 제75조제1항 단서의 규정에 의하여 물건의 가격으로 보상하여야 하

는 건축물에 관한 소유권외의 권리의 평가 및 소유권외의 권리의 목적이 되고 있는 건축물의 평가에 관하여 각각 이를 준용한다. 이 경우 제29조중 "제22조 내지 제27조"는 "제33조제1항·제2항 및 제4항"으로 본다.

7. 영업 등의 보상

가. 영업

> **┃ 토지보상법 제77조 (영업의 손실 등에 대한 보상) ┃**
>
> ① 영업을 폐업하거나 휴업함에 따른 영업손실에 대하여는 영업이익과 시설의 이전비용 등을 고려하여 보상하여야 한다. <개정 2020. 6. 9.>
> ④ 제1항부터 제3항까지의 규정에 따른 보상액의 구체적인 산정 및 평가 방법과 보상기준, 제2항에 따른 실제 경작자 인정기준에 관한 사항은 국토교통부령으로 정한다.

> **┃ 토지보상법 시행규칙 제46조 (영업의 폐지에 대한 손실의 평가 등) ┃**
>
> ② 제1항에 따른 영업의 폐지는 다음 각 호의 어느 하나에 해당하는 경우로 한다.
>   1. 영업장소 또는 배후지(당해 영업의 고객이 소재하는 지역을 말한다. 이하 같다)의 특수성으로 인하여 당해 영업소가 소재하고 있는 시·군·구(자치구를 말한다. 이하 같다) 또는 인접하고 있는 시·군·구의 지역안의 다른 장소에 이전하여서는 당해 영업을 할 수 없는 경우
>   2. 당해 영업소가 소재하고 있는 시·군·구 또는 인접하고 있는 시·군·구의 지역안의 다른 장소에서는 당해 영업의 허가등을 받을 수 없는 경우
>   3. 도축장 등 악취 등이 심하여 인근주민에게 혐오감을 주는 영업시설로서 해당 영업소가 소재하고 있는 시·군·구 또는 인접하고 있는 시·군·구의 지역안의 다른 장소로 이전하는 것이 현저히 곤란하다고 특별자치도지사·시장·군수 또는 구청장(자치구의 구청장을 말한다)이 객관적인 사실에 근거하여 인정하는 경우

판 례

┃ 판례 1 ┃ 폐업보상 해당 여부를 판단하는 기준

[대법원 2000.11.10 선고 99두3645]

판결요지

영업손실에 관한 보상의 경우 영업의 폐지로 볼 것인지 아니면 영업의 휴업으로 볼 것인지를 구별하는 기준은 당해 영업을 그 영업소 소재지나 인접 시·군 또는 구 지역안의 다른 장소로 이전하는 것이 가능한지 여부에 달려있고, 이러한 이전가능성 여부는 법령상의 이전장애사유 유무와 당해 영업의 종류와 특성, 영업시설의 규모, 인접지역의 현황과 특성, 그 이전을 위하여 당사자가 들인 노력 등과 인근 주민들의 이전반대 등과 같은 사실상의 이전장애사유 유무 등을 종합하여 판단하여야 한다.

(1) 보상대상 영업

| 토지보상법 시행규칙 제45조 (영업손실의 보상대상인 영업) |

법 제77조제1항에 따라 영업손실을 보상하여야 하는 영업은 다음 각 호 모두에 해당하는 영업으로 한다.
1. 사업인정고시일등 전부터 적법한 장소(무허가건축물등, 불법형질변경토지, 그 밖에 다른 법령에서 물건을 쌓아놓는 행위가 금지되는 장소가 아닌 곳을 말한다)에서 인적·물적시설을 갖추고 계속적으로 행하고 있는 영업. 다만, 무허가건축물등에서 임차인이 영업하는 경우에는 그 임차인이 사업인정고시일등 1년 이전부터 「부가가치세법」 제8조에 따른 사업자등록을 하고 행하고 있는 영업을 말한다.
2. 영업을 행함에 있어서 관계법령에 의한 허가등을 필요로 하는 경우에는 사업인정고시일등 전에 허가등을 받아 그 내용대로 행하고 있는 영업

| 참조조문 |

국토계호기법 제64조 제3항
국토계획법 시행령 제51조 제1항 제6호 및 제53조 제6호
건축법 제20조 제1항

사례 1 '사업인정고시일 등'은 보상계획공고일과 사업인정고시일 중 빠른 날이다(2014. 10. 29. 법제처 14-0574)(법령해석)

질의요지

2018 토지수용 업무편람 발췌

공익사업 시행에 필요한 토지 등을 협의매수하기 위한 보상계획 공고가 있었으나 협의가 성립되지 않았고, 그 후에 토지 등을 수용하기 위한 사업인정 고시가 있었다면, 「공익사업을 위한 토지 등의 취득 및 보상에 관한 법률 시행규칙」 제45조에 따라 영업손실 보상의 기준이 되는 날이 보상계획 공고일인지 아니면 사업인정 고시일인지?

※ 질의배경
○ 광주광역시 소재의 무허가건축물에서 영업하던 민원인은 광주광역시의 2015광주하계U대회 주경기장 진입도로 개설공사에 해당 토지가 편입되어 영업을 계속할 수 없게 되자 영업손실 보상을 요구함.
○ 광주광역시와 국토교통부는 이 건의 경우에는 영업손실 보상 기준일이 보상계획 공고일이고, 무허가건축물의 임차인이 영업손실 보상을 받으려면 영업손실 보상 기준일의 1년 이전부터 사업자등록을 하고 행하는 영업이어야 하나 민원인은 이에 해당하지 않으므로 영업손실 보상 대상이 아니라고 판단하였고, 민원인은 이에 이견이 있어 법제처에 법령해석을 요청함.

회신내용

공익사업 시행에 필요한 토지 등을 협의매수하기 위한 보상계획 공고가 있었으나 협의가 성립되지 않았고, 그 후에 토지 등을 수용하기 위한 사업인정 고시가 있었다면, 「공익사업을 위한 토지 등의 취득 및 보상에 관한 법률 시행규칙」 제45조에 따라 영업손실 보상의 기준이 되는 날은 보상계획 공고일과 사업인정 고시일 중 앞선 날인 보상계획 공고일이라고 할 것입니다.

재결례

▌재결례 1 ▐ '적법한 장소'의 판단 관련 재결례

[중토위 2017. 8. 24]

재결요지

000, 000, 000, 000이 영업보상을 하여 달라는 주장에 대하여

법 시행규칙 제45조에 따르면, 영업손실을 보상하여야 하는 영업은 다음 각 호 모두에 해당하는 영업으로 한다고 정하고 있고, 각호로 1. 사업인정고시일등 전부터 적법한 장소(무허가건축물등, 불법형질변경토지, 그 밖에 다른 법령에서 물건을 쌓아놓는 행위가 금지되는 장소가 아닌 곳을 말한다)에서 인적·물적시설을 갖추고 계속적으로 행하고 있는 영업. 다만, 무허가건축물등에서 임차인이 영업하는 경우에는 그 임차인이 사업인정고시일등 1년 이전부터 「부가가치세법」 제8조에 따른 사업자등록을 하고 행하고 있는 영업을 말한다. 2. 영업을 행함에 있어서 관계법령에 의한 허가등을 필요로 하는 경우에는 사업인정고시일등 전에 허가등을 받아 그 내용대로 행하고 있는 영업으로 정하고 있다.

관계자료(영업실태조사서, 현장사진 등)를 검토한 결과,

000, 000이 영업보상하여 달라고 주장하는 영업장은 각각 종교시설로서 이는 위 관련규정에 따른 영업보상대상에 해당하지 아니하는 것으로 판단되고, 000가 주장하는 의류수선업은 주거용건축물에서 행한 것으로서 적법한 장소에서 행한 영업으로 볼 수 없으므로 영업보상대상이 아닌 것으로 판단되며, 000이 주장하는 계란판매업(상호 : 영양상회)은 사업인정고시일 전부터 적법한 장소에서 납품·소매 등을 영위해 온 것으로 확인되는 바, 위 관련규정에 따른 영업보상대상에 해당하므로 이를 보상하기로 하다.

▌재결례 2 ▐ 불법형질토지에서 행하는 영업은 영업보상 대상이 아니다.

[중토위 2017. 4. 27]

재결요지

000이 야구연습장의 사실상 폐업에 대한 영업보상을 해달라는 주장에 대하여

법 제77조제1항의 규정에 의하면 영업을 폐지하거나 휴업함에 따른 영업손실에 대하여는 영업이익과 시설의 이전비용 등을 고려하여 보상하여야 한다고 되어 있고, 법 시행규칙 제45조에 의하면 사업인정고시 일등 전부터 적법한 장소(무허가건축물등, 불법형질변경토지, 그 밖에 다른 법령에서 물건을 쌓아놓는 행위가 금지되는 장소가 아닌 곳을 말한다)에서 인적·물적시설을 갖추고 계속적으로 행하고 있는 영업.

다만, 무허가건축물 등에서 임차인이 영업하는 경우에는 그 임차인이 사업인정고시일등 1년 이전부터 「부가가치세법」 제8조에 따른 사업자등록을 하고 행하고 있는 영업을 말한다라고 규정되어 있고, 영업을 행함에 있어서 관계법령에 의한 허가 등을 필요로 하는 경우에는 사업인정고시일등 전에 허가 등을 받아 그 내용대로 행하고 있는 영업이라고 규정하고 있고, 「국토의 계획 및 이용에 관한 법률」(이하 '국토계획법'이라 한다.) 제56조 및 같은 법률 시행령 제51조에 의하면 토지의 형질변경(절토·성토·정지·포장 등의 방법으로 토지의 형상을

변경하는 행위)하려는 자는 관할관청의 허가를 받아야 한다고 규정하고 있다.
관계자료(사업시행자의견 등)를 검토한 결과, ooo은 지목이 대부분 '염전'인 경기 00시 00구 000동 642-238번지 외 3필지(이하 "이 건 토지"라고 한다)를 관할관청의 허가없이 형질변경하여 야구연습장으로 사용하고 있는 바, 불법형질변경토지에서 행하는 영업행위는 영업보상 대상으로 볼 수 없으므로 이의신청인의 주장은 받아들일 수 없다.

▎재결례 3 ▎ 개발제한구역 내 비닐하우스에서 소유자가 사업자등록을 하고 생화, 분화 소매업을 한 경우, 영업보상 대상이 아니라고 한 사례

[중토위 2017. 1. 19]

재결요지

ooo가 'oo농원'이라는 상호로 적법하게 사업자 등록을 마치고 생화, 분화 소매업을 하고 있으므로 영업보상을 하여 달라는 주장에 대하여, 법 시행규칙 제45조에 따르면 영업손실의 보상대상인 영업은 법 제77조제1항에 따라 영업손실을 보상하여야 하는 영업은 1. 사업인정고시일등 전부터 적법한 장소(무허가건축물등, 불법형질변경토지, 그 밖에 다른 법령에서 물건을 쌓아놓는 행위가 금지되는 장소가 아닌 곳을 말한다)에서 인적·물적시설을 갖추고 계속적으로 행하고 있는 영업. 다만, 무허가건축물등에서 임차인이 영업하는 경우에는 그 임차인이 사업인정고시일등 1년 이전부터 「부가가치세법」 제8조에 따른 사업자등록을 하고 행하고 있는 영업을 말한다.
2. 영업을 행함에 있어서 관계법령에 의한 허가등을 필요로 하는 경우에는 사업인정고시일등 전에 허가등을 받아 그 내용대로 행하고 있는 영업으로 규정하고 있다.
또한, 「개발제한구역의 지정 및 관리에 관한 특별조치법」 제12조제4항(개발제한구역에서의 행위제한) 및 같은 법 시행규칙 제12조(허가 또는 신고 없이 할 수 있는 경미한 행위) 별표4의 1. 사. 에 따르면 채소·연초(건조용을 포함한다)·버섯의 재배와 원예를 위한 것으로서 비닐하우스를 설치하는 행위, 별표 4의 1. 너. 에 따르면 농업용 비닐하우스 및 온실에서 생산되는 화훼 등을 판매하기 위하여 벽체(壁體)없이 33제곱미터 이하의 화분진열시설을 설치하는 행위는 허가 또는 신고 없이 할 수 있는 경미한 행위라고 되어 있다.
관계자료(사업시행자 의견 등)를 검토한 결과, 이의신청인은 개발제한구역내 경기도 00시 00동 584-3 본인 소유의 비닐하우스에서 사업자 등록을 갖추고 생화, 분화 소매업을 하고 있으나, 이 건 비닐하우스는 농업용이 아닌 판매전용 시설을 갖추고 있는 점, 비닐하우스는 벽체가 존재하고 33㎡를 초과하여 허가 또는 신고없이 할 수 있는 경미한 행위가 아닌 점, 비닐하우스의 소유자인 점 등을 볼 때 이 건 영업은 적법한 장소에서의 영업으로 볼 수 없으므로 이의신청인의 주장은 받아들이지 않기로 하다.

▎재결례 4 ▎ 무허가건축물 등에서 행하는 영업은 영업보상 대상이 아니다.

[중토위 2017. 1. 19]

재결요지

ooo이 영업보상을 하여 달라는 주장에 대하여

관계 자료(사업시행자 의견서, 이의신청서, 건축물대장 등)를 검토한 결과, 이의신청인은 자기 소유의 단독주택(다가구용)에서 「건축법」 제19조에 따른 적법한 용도변경 없이 중고이륜차매매업을 행한 것으로 확인 되는바, 이는 법 시행규칙 제24조의 무허가건축물등에서 행한 영업으로 법 시행규칙 제45조의 적법한 장소에서 행하고 있는 영업이라 볼 수 없으므로 영업보상을 하여 달라는 이의신청인의 주장은 받아들일 수 없다.

▎재결례 5 ▎ 사업자등록여부는 영업손실보상대상의 요건이 아니다.

[중토위 2013. 5.]

재결요지

공익사업시행에 따른 영업손실보상과 사업자등록증과의 관계에 있어서 영업손실보상 대상에 해당하는 영업은 위 법 시행규칙 제45조에서 정하고 있는 '적법한 장소에서 인적·물적시설을 갖추고 계속적으로 행하는 영업으로서 영업을 행함에 있어서 관계법령에 의한 허가·면허·신고 등을 필요로 하는 경우에는 사업인정고시일등 전에 허가등을 받아 그 내용대로 행하고 있는 영업'에 해당하면 되므로 납세업무를 목적으로 하고 있는 사업자등록여부가 영업손실보상대상의 요건이 되는 것은 아니다.

따라서 실제 사업지구내에서 영업한 것으로 확인됨에도 영업보상대상요건이 아닌 사업자등록증상에 기재된 사업장소재지가 실제 영업장소와 불일치한다는 이유만으로 영업손실보상대상이 아니라는 사업시행자의 판단은 잘못된 것이며 이는 영업손실보상대상에 해당하는 것으로 판단된다.

▎재결례 6 ▎ 주택에서 하는 과외교습도 영업보상 대상에 해당한다.

[중토위 2018. 5. 28.]

재결요지

공익사업지구에서 관계법령에 따라 적법하게 신고, 허가 등을 하고 영업을 하였다면 영업손실 보상의 대상이 되고(2018. 3. 23. 토지정책과-2005), 서울특별시서부교육청 교육장이 발급한 '개인과외교습자 신고필증'에 따르면, 교습장소가 신청인의 집(서울 은평구 증산동 183-15번지 2층)으로 신고되어 있는 점에 비추어 볼 때, 신청인은 적법한 장소에서 인적·물적시설을 갖추고 계속적으로 영업하고 있다고 할 것이므로 이 관련 규정에 따른 영업보상대상에 해당하는 것으로 판단된다.

▎재결례 7 ▎ 포장마차 보관소는 영업손실보상의 대상이다.

[중토위 2019. 8. 22.]

재결요지

관계 자료(현황사진, 소유자 의견서, 사업시행자 의견서 등)를 검토한 결과, 이의신청인은 포장마차 보관소를 운영하고 있는 자로서, 사업시행자는 포장마차 영업은 불법 영업행위로 영업보상의 대상이 아니라고 주장하고 있으나, 이의신청인은 포장마차 영업이 아닌 포장마차 보관소 운영에 대한 영업손실을 보상하여 줄 것을 주장하는 것으로 확인되고 포장마차 보관소는 관계 법령에 따른 별도의 규정이 없는 자유업으로서 사업인정고시일등 전부터 보관소를 운영한 것으로 확인되고 적법한 장소에서 인적·물적시설을 갖추고 계속적으로 행하고 있는 영업에 해당하므로 영업손실을 보상하기로 한다.

▮ 재결례 8 ▮ 굿, 점을 치는 무속영업은 영업손실 보상 대상이다.

[중토위 2019. 4. 25.]

재결요지

서00(장0암)은 2011. 12. 20. 사업자등록을 하고 사업인정고시일 전부터 근린생활시설에서 굿과 점치는 영업을 한 사실이 확인되어 금회 재결시 휴업손실을 보상(한다).

▮ 재결례 9 ▮ 태양광발전시설의 일부편입도 영업손실 보상 대상이다.

[중토위 2020. 12. 10.]

재결요지

○○○는 이 건 공익사업에 편입되는 태양광발전시설(전북 전주시 완주군 이서면 이문리 749-1번지 및 746번지 소재 <용량 318.99킬로와트>, 이하에서 "편입발전시설"이라 한다) 외에도 4개소(① 완주군 소양면 죽절리 22-1, 22-5번지 소재 <91.8킬로와트>, ② 완주군 이서면 이문리 515-3번지 소재 <99킬로와트>, ③ 김제시 용지면 장신리 142, 144-3번지 소재 <450.56킬로와트>, ④ 완주군 이서면 이문리 557번지 소재 <195.84킬로와트>)에 태양광발전시설을 보유하고 이를 운영하여 생산되는 전력을 판매하는 영업을 하고 있는 것으로 확인된다.

한편, 법 시행규칙 제47조제3항은 공익사업에 영업시설의 일부가 편입됨으로 인하여 잔여시설에 그 시설을 새로이 설치하거나 잔여시설을 보수하지 아니하고는 그 영업을 계속할 수 없는 경우의 영업손실 및 영업규모의 축소에 따른 영업손실은 다음 각 호에 해당하는 금액을 더한 금액으로 평가한다고 규정하고 있다.

판 례

▮ 판례 1 ▮ 영업보상의 대상은 사업인정고시일 등을 기준으로 판단한다.

[대법원 2012. 12. 27. 선고 2011두27827]

판결요지

1. 일반지방산업단지 조성사업의 사업인정고시일 당시 사업지구 내에서 영업시설을 갖추고 제재목과 합판 등의 제조·판매업을 영위해 오다가 사업인정고시일 이후 사업지구 내 다른 곳으로 영업장소를 이전하여 영업을 하던 갑이 영업보상 및 지장물 보상을 요구하면서 수용재결을 청구하였으나 관할 토지수용위원회가 갑의 영업장은 임대기간이 종료되어 이전한 것으로 공익사업의 시행으로 손실이 발생한 것이 아니라는 이유로 갑의 청구를 기각한 사안에서, 공익사업을 위한 토지 등의 취득 및 보상에 관한 법률 제75조 제1항, 제77조 제1항과 공익사업을 위한 토지 등의 취득 및 보상에 관한 법률 시행규칙 제45조 제1호 등 관련 법령에 따르면, 공익사업의 시행으로 인한 영업손실 및 지장물 보상의 대상 여부는

사업인정고시일을 기준으로 판단해야 하고, 사업인정고시일 당시 보상대상에 해당한다면 그 후 사업지구 내 다른 토지로 영업장소가 이전되었다고 하더라도 이전된 사유나 이전된 장소에서 별도의 허가 등을 받았는지를 따지지 않고 여전히 손실보상의 대상이 된다고 본 원심판단을 정당하다고 한 사례.

2. 사업인정고시일 이후 영업장소 등이 이전되어 수용재결 당시에는 해당 토지 위에 영업시설 등이 존재하지 않게 된 경우 사업인정고시일 이전부터 그 토지 상에서 영업을 해 왔고 그 당시 영업을 위한 시설이나 지장물이 존재하고 있었다는 점은 이를 주장하는 자가 증명하여야 한다.

▌ 판례 2 ▌ 인적·물적시설의 판단기준

[대법원 2012.3.15 선고 2010두26513]

판결요지

원고들이 1990년경부터 이 사건 장터에서 토지를 임차하여 앵글과 천막 구조의 가설물을 축조하고 매달 4일, 9일, 14일, 19일, 24일, 29일에 정기적으로 각 해당 점포를 운영하여 왔고, 영업종료 후 가설물과 냉장고 등 주방용품을 철거하거나 이동하지 아니한 채 그곳에 계속 고정하여 사용·관리하여 왔던 점, 원고들은 장날의 전날에는 음식을 준비하고 장날 당일에는 종일 장사를 하며 그 다음날에는 뒷정리를 하는 등 5일 중 3일 정도는 이 사건 영업에 전력을 다하였다고 보이는 점 등에 비추어 볼 때, 비록 원고들이 영업을 5일에 한 번씩 하였고 그 장소도 철거가 용이한 가설물이었다고 하더라도 원고들의 상행위의 지속성, 시설물 등의 고정성을 충분히 인정할 수 있으므로, 원고들은 이 사건 장소에서 인적·물적 시설을 갖추고 계속적으로 영리를 목적으로 영업을 하였다고 봄이 상당하다.

▌ 판례 3 ▌ 계속성의 판단기준

[대법원 2012. 12. 13. 선고 2010두12842]

판시사항

구 공익사업을 위한 토지 등의 취득 및 보상에 관한 법률 시행규칙 제45조 제1호에서 영업손실보상의 대상으로 정한 영업에 '매년 일정한 계절이나 일정한 기간 동안에만 인적·물적시설을 갖추어 영리를 목적으로 영업을 하는 경우'가 포함되는지 여부(적극)

판결요지

구 공익사업을 위한 토지 등의 취득 및 보상에 관한 법률 시행규칙(2007. 4. 12. 건설교통부령 제556호로 개정되기 전의 것) 제45조 제1호는 '사업인정고시일 등 전부터 일정한 장소에서 인적·물적시설을 갖추고 계속적으로 영리를 목적으로 행하고 있는 영업'을 영업손실보상의 대상으로 규정하고 있는데, 여기에는 매년 일정한 계절이나 일정한 기간 동안에만 인적·물적시설을 갖추어 영리를 목적으로 영업을 하는 경우도 포함된다고 보는 것이 타당하다.

| 판례 4 | 무허가건축물 등에서의 영업에 대한 보상제한의 예외 (영업손실보상거부처분취소)

[대법원 2010. 9. 9. 선고 2010두11641 판결]

판결요지

공익사업을 위한 토지 등의 취득 및 보상에 관한 법률 제67조 제1항은 공익사업의 시행으로 인한 손실보상액의 산정은 협의에 의한 경우에는 협의성립 당시의 가격을, 재결에 의한 경우에는 수용 또는 사용의 재결 당시의 가격을 기준으로 한다고 규정하므로, 위 법 제77조 제4항의 위임에 따라 영업손실의 보상대상인 영업을 정한 같은 법 시행규칙 제45조 제1호에서 말하는 '적법한 장소(무허가 건축물 등, 불법형질변경토지, 그 밖에 다른 법령에서 물건을 쌓아놓는 행위가 금지되는 장소가 아닌 곳을 말한다)에서 인적·물적시설을 갖추고 계속적으로 행하고 있는 영업'에 해당하는지 여부는 협의성립, 수용재결 또는 사용재결 당시를 기준으로 판단하여야 한다.

❖ 수용 - 영업보상(불수용)

○○○가 시행하는 택지개발사업에 편입되는 △△△동 000-0 도 10㎡ 외 22필지 총35,434㎡ (물건 : 간판 외 671건)에 대한 수용재결신청에 대하여 □□□, ▽▽▽의 영업보상을 하여 달라는 주장에 대하여는 영업보상은 「공익사업을 위한 토지 등의 취득 및 보상에 관한 법률」(이하 "법"이라 한다) 시행규칙 제45조의 규정에 의하여 사업인정고시일등 전부터 적법한 장소(무허가건축물등, 불법형질변경토지, 그 밖에 다른 법령에서 물건을 쌓아놓는 행위가 금지되는 장소가 아닌 곳을 말한다)에서 인적·물적시설을 갖추고 계속적으로 행하고 있는 영업과 영업을 행함에 있어서 관계 법령에 따라 허가 등을 필요로 하는 경우에는 사업인정고시일등 전에 허가 등을 받아 그 내용대로 행하고 있는 영업에 대해 보상하도록 되어 있는 바, 관계 자료(현지조사서, 사업시행자의 의견서 등)을 검토한 결과, □□□(중기도급 및 대여업)의 경우에는 업종의 특성상 당해 사무실에서 영업행위를 하는 것이 아니고 통상 사무실 이외의 장소에서 영업행위를 하는 업종으로서 영업보상의 대상이 아닌 것으로 판단되므로 이유없고, ▽▽▽(음식업)의 경우에는 현지조사 당시부터 영업한 사실이 확인되지 아니하므로 이유없으며, ◇◇◇, ●●●의 이 건 영업을 폐업보상하여 달라는 주장에 대하여는 폐업보상은 법 시행규칙 제46조의 규정에 의하여 영업장소 또는 배후지의 특수성으로 인하여 당해 영업장소가 소재하고 있거나 인접하고 있는 시·군·구의 지역안의 다른 장소에 이전하여서는 당해 영업을 할 수 없는 경우 또는 당해 영업장소가 소재하고 있거나 인접하고 있는 시·군·구의 지역안의 다른 장소에서는 당해 영업의 허가 등을 받을 수 없는 경우 등에는 이를 폐업으로 보아 보상하도록 규정하고 있는 바, 사업시행자의 의견서 등 관계 자료를 검토한 결과, 이 건 영업(◇◇◇ : 재생용금속가공원료생산업, ●●● : 의약품소매업)은 위 규정에 의한 폐업보상요건에 해당되지 아니하는 것으로 판단되므로 이유없으며, 보상금에 대하여는 ●● 및 ○○감정평가법인이 평가한 금액을 산술평균하여 보상금을 산정한 결과, 손실보상금으로 금0,000,000원(개별보상내역은 별지 제1, 2목록 기재와 같이 함)을 정하고 이를 수용하기로 의결한다.

(2) 영업의 폐지

| 토지보상법 시행규칙 제46조 (영업의 폐지에 대한 손실의 평가 등) |

① 공익사업의 시행으로 인하여 영업을 폐지하는 경우의 영업손실은 2년간의 영업이익(개인영업인 경우에는 소득을 말한다. 이하 같다)에 영업용 고정자산·원재료·제품 및 상품 등의 매각손실액을 더한 금액으로 평가한다.
② 제1항에 따른 영업의 폐지는 다음 각 호의 어느 하나에 해당하는 경우로 한다. <개정 2007. 4. 12., 2008. 4. 18.>
  1. 영업장소 또는 배후지(당해 영업의 고객이 소재하는 지역을 말한다. 이하 같다)의 특수성으로 인하여 당해 영업소가 소재하고 있는 시·군·구(자치구를 말한다. 이하 같다) 또는 인접하고 있는 시·군·구의 지역안의 다른 장소에 이전하여서는 당해 영업을 할 수 없는 경우
  2. 당해 영업소가 소재하고 있는 시·군·구 또는 인접하고 있는 시·군·구의 지역안의 다른 장소에서는 당해 영업의 허가등을 받을 수 없는 경우
  3. 도축장 등 악취 등이 심하여 인근주민에게 혐오감을 주는 영업시설로서 해당 영업소가 소재하고 있는 시·군·구 또는 인접하고 있는 시·군·구의 지역안의 다른 장소로 이전하는 것이 현저히 곤란하다고 특별자치도지사·시장·군수 또는 구청장(자치구의 구청장을 말한다)이 객관적인 사실에 근거하여 인정하는 경우
③ 제1항에 따른 영업이익은 해당 영업의 최근 3년간(특별한 사정으로 인하여 정상적인 영업이 이루어지지 않은 연도를 제외한다)의 평균 영업이익을 기준으로 하여 이를 평가하되, 공익사업의 계획 또는 시행이 공고 또는 고시됨으로 인하여 영업이익이 감소된 경우에는 해당 공고 또는 고시일전 3년간의 평균 영업이익을 기준으로 평가한다. 이 경우 개인영업으로서 최근 3년간의 평균 영업이익이 다음 산식에 의하여 산정한 연간 영업이익에 미달하는 경우에는 그 연간 영업이익을 최근 3년간의 평균 영업이익으로 본다. <개정 2005. 2. 5., 2008. 4. 18., 2021. 8. 27.>

연간 영업이익 = 「통계법」 제3조제3호에 따른 통계작성기관이 같은 법 제18조에 따른 승인을 받아 작성·공표한 제조부문 보통인부의 임금단가×25(일)× 12(월)

④ 제2항에 불구하고 사업시행자는 영업자가 영업의 폐지 후 2년 이내에 해당 영업소가 소재하고 있는 시·군·구 또는 인접하고 있는 시·군·구의 지역 안에서 동일한 영업을 하는 경우에는 영업의 폐지에 대한 보상금을 환수하고 제47조에 따른 영업의 휴업 등에 대한 손실을 보상하여야 한다. <신설 2007. 4. 12.>
⑤ 제45조제1호 단서에 따른 임차인의 영업에 대한 보상액 중 영업용 고정자산·원재료·제품 및 상품 등의 매각손실액을 제외한 금액은 제1항에 불구하고 1천만원을 초과하지 못한다. <신설 2007. 4. 12., 2008. 4. 18.> [제목개정 2007. 4. 12.]

재결례

| 재결례 1 | 폐업보상 요청을 기각한 사례

[중토위 2017. 1. 5.]

재결요지

00산업(주)이 폐업보상을 하여 달라는 주장에 대하여
법 시행규칙 제46조 제2항에 의하면 영업의 폐지는 영업장소 또는 배후지의 특수성으로 인하

여 당해 영업소가 소재하고 있는 시·군·구 또는 인접하고 있는 시·군·구의 지역안의 다른 장소에 이전하여서는 당해 영업을 할 수 없는 경우, 당해 영업소가 소재하고 있는 시·군·구 또는 인접하고 있는 시·군·구의 지역안의 다른 장소에서는 당해 영업의 허가 등을 받을 수 없는 경우, 도축장 등 악취 등이 심하여 인근주민에게 혐오감을 주는 영업시설로서 해당 영업소가 소재하고 있는 시·군·구 또는 인접하고 있는 시·군·구의 지역안의 다른 장소로 이전하는 것이 현저히 곤란하다고 특별자치도지사·시장·군수 또는 구청장이 객관적인 사실에 근거하여 인정하는 경우로 한다고 규정하고 있고, 대법원 판례는 "이 건 양돈장의 이전·신축에 특별한 법령상의 장애사유가 없는 점 등에 비추어 볼 때, 비록 이 사건 양돈장이 이전·신축될 경우 악취, 해충발생, 오염 등 환경공해를 우려한 주민들의 반대가 있을 가능성이 있다고 하더라도 그러한 가정적인 사정만으로 이 사건 양돈장을 인접지역으로 이전하는 것이 현저히 곤란하다고 단정하기는 어렵다고 할 것이다(대법원 2002. 10. 8. 선고 2002두5498 판결 참조)"라고 하고 있다.

관계자료(소유자 의견서, 건설폐기물 임시보관장 사전승인 질의에 대한 회신문, 사업시행자 의견서 등)를 검토한 결과, 신청인이 00구 및 00구로부터 건설폐기물 임시보관장 사전승인요청에 대하여 부적합 통보를 받은 사실이 확인되나 이는 물건의 적치가 금지되어 있는 개발제한구역내에 토지로 한정하여 사전승인을 신청한 것으로 확인되고, 00시로부터는 관련부서 협의완료 후 임시보관장 설치 승인이 가능하다는 회신을 받은 사실을 고려할 때 당해 영업소가 소재하고 있는 시·군·구 또는 인접하고 있는 시·군·구의 지역안의 다른 장소에 이전하여서는 당해 영업을 할 수 없는 경우에 해당하지 않는 것으로 판단되고, 00산업(주)가 건설폐기물처리업을 행하는 것이 현저히 곤란하다고 단정할 만한 객관적 사실에 근거한 입증자료가 없는 등 법 시행규칙 제46조 제2항에서 규정하고 있는 폐업보상의 요건에 해당되지 아니하므로 신청인의 주장은 받아들일 수 없다.

▎재결례 2 ▎ 부대시설 편입에 따른 폐업보상은 불가하다.

[중토위 2017. 1. 5.]

재결요지

000가 폐업보상을 하여 달라는 의견에 대하여,
법 시행규칙 제47조에 따르면 공익사업의 시행으로 인하여 영업장소를 이전하여야 하는 경우의 영업손실은 휴업기간에 해당하는 영업이익과 영업장소 이전 후 발생하는 영업이익감소액 등으로 평가한다고 되어 있다.
관계자료(사업시행자 의견, 잔여지 현황도면 등)를 검토한 결과, 소유자는 공장의 부대시설(사무실, 화장실, 샤워장, 식당)이 편입됨으로 인하여 공장의 정상적인 운영이 어려우므로 폐업보상을 하여 줄 것을 주장하고 있으나, 공장의 주된 건축물은 전체가 사업지구 밖에 소재하고 있는바 부대시설 편입만으로는 휴업이나 폐업 등이 발생하지 아니할 것으로 판단되므로 소유자의 주장을 받아들일 수 없다.

┃ 재결례 3 ┃ 영업시설의 일부가 편입되는 경우 폐업보상의 대상은 아니나 휴업보상의 대상은 될 수 있다.

[중토위 2013. 5. 23]

재결요지

법 시행규칙 제47조제3항은 공익사업에 영업시설의 일부가 편입됨으로 인하여 잔여시설에 그 시설을 새로이 설치하거나 잔여시설을 보수하지 아니하고는 그 영업을 계속할 수 없는 경우의 영업손실 및 영업규모의 축소에 따른 영업손실은 ① 해당시설의 설치 등에 소요되는 기간의 영업이익, ② 해당시설의 설치 등에 통상 소요되는 비용, ③ 영업규모의 축소에 따른 영업용 고정자산·원재료·제품 및 상품 등의 매각손실액을 더한 금액으로 평가하도록 정하고 있다.

이건 원재결은 신청인의 영업장(□□승마장 및 □□ATV체험장)중 주차장 일부가 편입되기는 하나, 주요 영업시설인 승마장 및 ATV체험 코스장은 편입되지 않으므로 영업보상대상이 아니고 또한 위 규정에 따른 폐업보상요건에도 해당되지 않음을 사유로 신청인의 주장을 기각하였다.

관계자료(편입현황도면, 현장사진 등) 검토 및 현지조사한 결과, 신청인의 주차장 대부분(77%)과 축사일부(48%)가 편입되는 것으로 확인된다. 주차장은 일반영업에 있어서도 주요 시설에 해당되나 특히 관광지의 동종 영업(레저업종)의 경우는 대중교통 등을 통한 접근이 어렵고 통상 자가용 차량 등을 이용한 접근만이 가능하다고 할 것이므로 주차장은 이 건 영업에 있어서 중요한 영업시설에 해당하는 것으로 판단된다.

따라서, 당해 사업시행에 따른 주차장시설의 재설치 및 축사의 보수를 하지 아니하고는 당해 영업을 계속 할 수 없을 것으로 판단되므로 원재결의 판단과 같이 이 건 영업의 경우 '폐업보상대상'에는 해당하지 않는다고 하더라도 주차장 및 축사의 재설치 및 보수에 소요되는 기간동안의 영업손실을 보상함이 타당한 것으로 판단되므로 신청인의 주장 취지를 일부 반영하여 금회 보상하기로 한다.

판 례

┃ 판례 1 ┃ 영업보상에 있어 인접하고 있는 시·군 또는 구의 의미

[대법원 1999.10.26 선고 97누3972]

판결요지

영업의 폐지로 보기 위하여는 당해 영업소가 소재하고 있거나 인접하고 있는 시·군 또는 구 지역 안의 다른 장소에의 이전가능성 여부를 따져 보아야 하고, 여기서 그 인접하고 있는 시·군 또는 구라 함은 다른 특별한 사정이 없는 이상 당해 영업소가 소재하고 있는 시·군 또는 구와 행정구역상으로 인접한 모든 시·군 또는 구를 말한다.

┃ 판례 2 ┃ 영업장소를 이전하는 것이 현저히 곤란하다고 시장 등이 객관적인 사실에 근거하여 인정하는 기준

[대법원 2002. 10. 8. 선고 2002두5498]

판결요지

양돈장의 규모, 양돈장이 위치한 지역 및 인접지역의 토지이용실태 및 특성, 양돈장의 이전·신축에 특별한 법령상의 장애사유가 없는 점 등에 비추어 볼 때, 비록 양돈장이 이전·신축될 경우 악취, 해충발생, 농경지 오염 등 환경공해를 우려한 주민들의 반대가 있을 가능성이 있다고 하더라도 그러한 가정적인 사정만으로 양돈장을 인접지역으로 이전하는 것이 현저히 곤란하다고 단정하기는 어렵다

❚ 판례 3 ❚ 영업을 하기 위하여 투자한 비용이나 그 영업을 통하여 얻을 것으로 기대되는 이익은 보상대상이 아니다.

[대법원 2006. 1. 27. 선고 2003두13106]

판결요지

'영업상의 손실'이란 수용의 대상이 된 토지·건물 등을 이용하여 영업을 하다가 그 토지·건물 등이 수용됨으로 인하여 영업을 할 수 없거나 제한을 받게 됨으로 인하여 생기는 직접적인 손실을 말하는 것이므로 위 규정은 영업을 하기 위하여 투자한 비용이나 그 영업을 통하여 얻을 것으로 기대되는 이익에 대한 손실보상의 근거규정이 될 수 없고, 그 외 구 토지수용법이나 구 '공공용지의 취득 및 손실보상에 관한 특례법'(2002. 2. 4. 법률 제6656호 공익사업을 위한 토지 등의 취득 및 보상에 관한 법률 부칙 제2조로 폐지), 그 시행령 및 시행규칙 등 관계 법령에도 영업을 하기 위하여 투자한 비용이나 그 영업을 통하여 얻을 것으로 기대되는 이익에 대한 손실보상의 근거규정이나 그 보상의 기준과 방법 등에 관한 규정이 없으므로, 이러한 손실은 그 보상의 대상이 된다고 할 수 없다.

❚ 판례 4 ❚ 영업이익은 최근 3년 이전기간의 영업실적만을 기초로 산정하여야 한다.

[대법원 2002.03.12 선고 2000다73612]

판결요지

폐지하는 영업의 영업이익은 당해 영업의 최근 3년간의 영업이익의 산술평균치를 기준으로 하여 산정하여야 하고, 그 3년의 기간 중 영업실적이 없거나 실적이 현저하게 감소된 시기가 있다고 하여 그 기간을 제외한 나머지 기간의 영업실적만을 기초로 하거나, 최근 3년 이전 기간의 영업실적을 기초로 하여 연평균 영업이익을 산정할 수는 없다.

❚ 판례 5 ❚ 영업이익의 산정방법

[대법원 2004. 10. 28. 선고 2002다3662,3679]

판결요지

폐지하는 영업의 손실액 산정의 기초가 되는 영업이익은 당해 영업의 최근 3년간의 영업이익의 산술평균치를 기준으로 하여 이를 산정하도록 하고 있는바, 여기에서의 영업이익의 산정은 실제의 영업이익을 반영할 수 있는 합리적인 방법에 의하면 된다.

┃ 판례 6 ┃ 영업용 고정자산의 매각손실액의 의미 및 산정 방법

[대법원 2004. 10. 28. 선고 2002다3662,3679]

판시사항

구 공공용지의취득및손실보상에관한특례법시행규칙 제24조 제1항에 규정된 '영업용 고정자산의 매각손실액'의 의미 및 산정 방법

판결요지

영업폐지에 대한 영업의 손실액은 영업이익에 영업용 고정자산 등의 매각손실액을 더한 금액으로 보상하도록 되어 있는바, 여기에서 영업용 고정자산의 매각손실액이라 함은 영업의 폐지로 인하여 필요 없게 된 영업용 고정자산을 매각함으로써 발생하는 손실을 말하는 것으로서, 토지에서 분리하여 매각하는 것이 가능한 경우에는 영업용 고정자산의 재조달가격에서 감가상각 상당액을 공제한 현재 시장에서의 가격에서 현실적으로 매각할 수 있는 가격을 뺀 나머지 금액이 되지만, 토지에서 분리하여 매각하는 것이 불가능하거나 현저히 곤란한 경우에는 재조달가격에서 감가상각 상당액을 공제한 현재 시장에서의 가격이 보상의 대상이 되는 매각손실액이 된다.

(3) 영업의 휴업

┃ 토지보상법 시행규칙 제47조 (영업의 휴업 등에 대한 손실의 평가) ┃

① 공익사업의 시행으로 인하여 영업장소를 이전하여야 하는 경우의 영업손실은 휴업기간에 해당하는 영업이익과 영업장소 이전 후 발생하는 영업이익감소액에 다음 각호의 비용을 합한 금액으로 평가한다. <개정 2014. 10. 22.>
  1. 휴업기간중의 영업용 자산에 대한 감가상각비·유지관리비와 휴업기간중에도 정상적으로 근무하여야 하는 최소인원에 대한 인건비 등 고정적 비용
  2. 영업시설·원재료·제품 및 상품의 이전에 소요되는 비용 및 그 이전에 따른 감손상당액
  3. 이전광고비 및 개업비 등 영업장소를 이전함으로 인하여 소요되는 부대비용
② 제1항의 규정에 의한 휴업기간은 4개월 이내로 한다. 다만, 다음 각 호의 어느 하나에 해당하는 경우에는 실제 휴업기간으로 하되, 그 휴업기간은 2년을 초과할 수 없다.
  1. 당해 공익사업을 위한 영업의 금지 또는 제한으로 인하여 4개월 이상의 기간동안 영업을 할 수 없는 경우
  2. 영업시설의 규모가 크거나 이전에 고도의 정밀성을 요구하는 등 당해 영업의 고유한 특수성으로 인하여 4개월 이내에 다른 장소로 이전하는 것이 어렵다고 객관적으로 인정되는 경우
③ 공익사업에 영업시설의 일부가 편입됨으로 인하여 잔여시설에 그 시설을 새로이 설치하거나 잔여시설을 보수하지 아니하고는 그 영업을 계속할 수 없는 경우의 영업손실 및 영업규모의 축소에 따른 영업손실은 다음 각 호에 해당하는 금액을 더한 금액으로 평가한다. 이 경우 보상액은 제1항에 따른 평가액을 초과하지 못한다. <개정 2007. 4. 12.>
  1. 해당 시설의 설치 등에 소요되는 기간의 영업이익
  2. 해당 시설의 설치 등에 통상 소요되는 비용
  3. 영업규모의 축소에 따른 영업용 고정자산·원재료·제품 및 상품 등의 매각손실액

④ 영업을 휴업하지 아니하고 임시영업소를 설치하여 영업을 계속하는 경우의 영업손실은 임시영업소의 설치비용으로 평가한다. 이 경우 보상액은 제1항의 규정에 의한 평가액을 초과하지 못한다.
⑤ 제46조제3항 전단은 이 조에 따른 영업이익의 평가에 관하여 이를 준용한다. 이 경우 개인영업으로서 휴업기간에 해당하는 영업이익이 「통계법」 제3조제3호에 따른 통계작성기관이 조사·발표하는 가계조사통계의 도시근로자가구 월평균 가계지출비를 기준으로 산정한 3인 가구의 휴업기간 동안의 가계지출비(휴업기간이 4개월을 초과하는 경우에는 4개월분의 가계지출비를 기준으로 한다)에 미달하는 경우에는 그 가계지출비를 휴업기간에 해당하는 영업이익으로 본다.
⑥ 제45조제1호 단서에 따른 임차인의 영업에 대한 보상액 중 제1항제2호의 비용을 제외한 금액은 제1항에 불구하고 1천만원을 초과하지 못한다.
⑦ 제1항 각 호 외의 부분에서 영업장소 이전 후 발생하는 영업이익 감소액은 제1항 각 호 외의 부분의 휴업기간에 해당하는 영업이익(제5항 후단에 따른 개인영업의 경우에는 가계지출비를 말한다)의 100분의 20으로 하되, 그 금액은 1천만원을 초과하지 못한다.

재결례

❚ 재결례 1 ❚ 양어장에 대한 휴업기간을 2년으로 하여 달라는 소유자의 주장을 기각한 사례

[중토위 2017. 8. 24.]

재결요지

000가 양어장에 대한 휴업기간을 2년으로 영업보상을 하여 달라는 주장에 대하여,
법 시행규칙 제47조에 따르면 영업장소를 이전하여야 하는 경우의 영업손실은 휴업기간에 해당하는 영업이익에 휴업기간중의 인건비 등 고정적 비용과 영업시설·원재료·제품의 이전에 소요되는 비용 및 영업장소를 이전함으로 인하여 소요되는 부대비용 등을 합한 금액으로 평가하도록 되어 있으며 휴업기간은 4개월 이내로 한다.
다만, 당해 공익사업을 위한 영업의 금지 또는 제한으로 인하여 4개월 이상의 기간동안 영업을 할 수 없는 경우, 영업시설의 규모가 크거나 이전에 고도의 정밀성을 요구하는 등 당해 영업의 고유한 특수성으로 인하여 4개월 이내에 다른 장소로 이전하는 것이 어렵다고 객관적으로 인정되는 경우에는 실제 휴업기간으로 하되, 그 휴업기간은 2년을 초과할 수 없다고 되어 있다.
또한, 대법원 판례는 "영업장소의 이전으로 인한 휴업기간은 피수용자 개개인의 구구한 현실적인 이전계획에 맞추어 이를 평가하는 경우 그 자의에 좌우되기 쉬워 평가의 공정성을 유지하기가 어려운 점에 비추어 보면, 통상 필요한 이전기간으로 누구든지 수긍할 수 있는 것으로 보여지는 3월의 기준을 정하여 통상의 경우에는 이 기준에서 정한 3월의 기간 내에서 휴업기간을 정하도록 하되, 3월 이상이 소요될 것으로 누구든지 수긍할 수 있는 특별한 경우임이 입증된 경우에는 그 입증된 기간을 휴업기간으로 정할 수 있도록 한 것은 그 합리성이 인정되므로 상위 법령의 근거 없이 국민의 재산권을 부당하게 제한하는 무효의 규정이라고 할 수 없다."(대법원 1994.11.08. 선고 93누7235 판결 참조)라고 판시하고 있다.
관계자료(대법원 판례, 감정평가서, 사업시행자 의견, 소유자의 양어장 이설공사비 산출서 등)를 검토한 결과,

이 건 양어장의 특성상 다른 장소로 이전하여 영업을 행하는 것이 현저히 곤란하다고 보기 어렵고, 영업시설의 규모가 크거나 이전에 고도의 정밀성을 요구하는 등 4개월 이내에 다른 장소로 이전하는 것이 어렵다고 객관적으로 인정되는 경우에 해당하지 않는 것으로 판단되므로 휴업기간을 2년으로 영업보상을 하여 달라는 소유자의 주장은 받아들일 수 없다.

판 례

▮ 판례 1 ▮ 휴업기간을 3개월(현행 4개월) 이내로 한다는 취지

[대법원 2005.09.15 2004두14649]

판결요지

영업장소의 이전으로 인한 휴업기간은 특별한 경우를 제외하고는 3월 이내로 한다고 되어 있는바, 이는 피수용자 개개인의 구구한 현실적인 이전계획에 맞추어 휴업기간을 평가하는 경우 그 자의에 좌우되기 쉬워 평가의 공정성을 유지하기가 어려운 점에 비추어 통상 필요한 이전기간으로 누구든지 수긍할 수 있는 것으로 보이는 3월의 기준을 정하여 통상의 경우에는 이 기준에서 정한 3월의 기간 내에서 휴업기간을 정하도록 하되, 3월 이상이 소요될 것으로 누구든지 수긍할 수 있는 특별한 경우임이 입증된 경우에는 그 입증된 기간을 휴업기간으로 정할 수 있도록 하는 취지라 할 것이다

▮ 판례 2 ▮ 토지수용이의재결처분취소

[대법원 2001. 3. 23. 선고 99두851 판결]

판결요지

[1] 토지수용법 제46조, 제51조, 제57조의2, 공공용지의취득및손실보상에관한특례법 제4조, 같은법시행규칙 제25조 제1항, 제2항의 각 규정에 의하면, 수용으로 인한 휴업기간 중의 인건비 손실보상은 휴업기간이 3개월을 초과하는지 여부를 불문하고 그 기간 전체에 걸쳐 지급되었거나 지급되어야 할 휴업수당이나 휴업수당상당금 등의 인건비를 모두 그 대상으로 하는 것이나, 그 중 휴업수당 또는 휴업수당상당금으로 인한 손실은 달리 그 평가 기준에 관한 자료가 없을 경우에는 당해 영업의 형태·규모·내용과 근로자의 수·업무의 내용·일정기간 동안의 근로자의 변동추이·휴업기간 등 모든 관련 사정을 고려하여 그 지급 대상·지급액(지급률)·지급기간 등을 산정한 후 이를 기초로 그 보상액을 합리적으로 평가할 수밖에 없고, 같은법시행규칙 제30조의3 제1호에서 사업시행자가 소정 요건을 갖춘 근로자에 대하여 지급하여야 할 휴직보상을 평균임금의 소정 비율에 의하여 산정하여야 하는 것으로 규정하고 있는 것은 위와 같은 피수용자에 대한 휴업기간 중의 인건비 손실보상과는 그 취지를 달리하는 것이어서, 위와 달리 볼 근거가 되지 아니한다.

[2] 수용으로 영업장소를 이전함으로써 입게 되는 영업손실 가운데 휴업기간 중의 고정적 비용지출에 의한 손실보상은 생산·영업활동을 전제로 한 비용을 제외하고 영업이전에 필요한 최소한의 관리업무 등에 의하여 통상 발생하리라고 예상되는 비용에 한정하여야 한다.

[3] 수용재결일 기준의 취득가격으로 보상받는 공장건물 등은 이전할 공장의 완공 후 상당한

기간에 걸쳐 시험조업을 한다거나 단계적으로 조업을 개시하는 등 휴업중에 감가가 현실적으로 발생한다고 볼 특별한 사정이 없는 한 이에 대한 감가상각액 상당은 휴업기간 중의 고정적 비용 지출로 인한 손실보상에서 제외되어야 한다.

▮ 판례 3 ▮ 재결처분취소및손실보상금

[대법원 2005. 11. 25. 선고 2003두11230 판결]

판결요지

구 공공용지의 취득 및 손실보상에 관한 특례법 시행규칙(2002. 12. 31. 건설교통부령 제344호 공익사업을 위한 토지 등의 취득 및 보상에 관한 법률 시행규칙 부칙 제2조로 폐지) 제25조 제3항은 "영업시설의 일부가 편입됨으로 인하여 잔여시설에 그 시설을 새로이 설치하거나 보수하지 아니하고는 당해 영업을 계속할 수 없는 경우에는 3월의 범위 내에서 그 시설의 설치 등에 소요되는 기간의 영업이익에 그 시설의 설치 등에 소요되는 통상비용을 더한 금액으로 평가한다."고 규정하고 있을 뿐 그 보수기간 중의 인건비 등 고정적 비용을 보상한다는 명문의 규정을 두고 있지는 아니하지만, 그와 같은 경우라도 고정적 비용에 대한 보상을 금하는 취지로 볼 것은 아니고, 휴업 및 보수기간 중에도 고정적 비용이 소요된다는 점에 있어서 영업장소를 이전하는 영업의 경우와 그렇지 않은 경우를 달리 볼 아무런 이유가 없으며, 영업장소의 이전을 불문하고 휴업 및 보수기간 중 소요되는 고정적 비용을 보상함이 적정보상의 원칙에도 부합하는 점에 비추어 보면, 영업장소를 이전하지 않는 영업의 경우에도 같은 법 시행규칙 제25조 제1항을 유추적용하여 영업장소를 이전하는 경우와 마찬가지로 그 보수기간 중의 인건비 등 고정적 비용을 보상함이 타당하다.

▮ 판례 4 ▮ 토지수용재결처분취소등

[대법원 1994. 11. 8. 선고 93누7235 판결]

판결요지

영업장소의 이전으로 인한 휴업기간은 피수용자 개개인의 구구한 현실적인 이전계획에 맞추어 이를 평가하는 경우 그 자의에 좌우되기 쉬워 평가의 공정성을 유지하기가 어려운 점에 비추어 보면, 통상 필요한 이전기간으로 누구든지 수긍할 수 있는 것으로 보여지는 3월의 기준을 정하여 통상의 경우에는 이 기준에서 정한 3월의 기간내에서 휴업기간을 정하도록 하되, 3월 이상이 소요될 것으로 누구든지 수긍할 수 있는 특별한 경우임이 입증된 경우에는 그 입증된 기간을 휴업기간으로 정할 수 있도록 한 구 공공용지의취득및손실보상에관한특례법시행규칙(1991.10.28. 건설부령 제493호로 개정되기 전의 것) 제25조 제2항의 규정은 그 합리성이 인정되고, 또한 이는 구 공공용지의취득및손실보상에관한특례법 제4조 제3항(1991.12.31. 법률 제4484호로 개정되기 전의 것)과 이를 이어받은 구 공공용지의취득및손실보상에관한특례법시행령(1992.5.22. 대통령령 제13649호로 개정되기 전의 것) 제2조 제4항, 제7항 등에 근거를 두고 규정된 것으로 보여지므로, 상위 법령의 근거 없이 국민의 재산권을 부당하게 제한하는 무효의 규정이라고 할 수 없다.

(4) 무허가영업 등의 보상 특례

| 토지보상법 시행규칙 제52조 (허가등을 받지 아니한 영업의 손실보상에 관한 특례) |

사업인정고시일등 전부터 허가등을 받아야 행할 수 있는 영업을 허가등이 없이 행하여 온 자가 공익사업의 시행으로 인하여 제45조제1호 본문에 따른 적법한 장소에서 영업을 계속할 수 없게 된 경우에는 제45조제2호에 불구하고 「통계법」 제3조제3호에 따른 통계작성기관이 조사·발표하는 가계조사통계의 도시근로자가구 월평균 가계지출비를 기준으로 산정한 3인 가구 3개월분 가계지출비에 해당하는 금액을 영업손실에 대한 보상금으로 지급하되, 제47조제1항제2호에 따른 영업시설·원재료·제품 및 상품의 이전에 소요되는 비용 및 그 이전에 따른 감손상당액(이하 이 조에서 "영업시설등의 이전비용"이라 한다)은 별도로 보상한다. 다만, 본인 또는 생계를 같이 하는 동일 세대안의 직계존속·비속 및 배우자가 해당 공익사업으로 다른 영업에 대한 보상을 받은 경우에는 영업시설등의 이전비용만을 보상하여야 한다.

나. 농업

| 토지보상법 제77조 (영업의 손실 등에 대한 보상) |

① 영업을 폐지하거나 휴업함에 따른 영업손실에 대하여는 영업이익과 시설의 이전비용 등을 고려하여 보상하여야 한다.
② 농업의 손실에 대하여는 농지의 단위면적당 소득 등을 고려하여 실제 경작자에게 보상하여야 한다. 다만, 농지소유자가 해당 지역에 거주하는 농민인 경우에는 농지소유자와 실제 경작자가 협의하는 바에 따라 보상할 수 있다.
③ 휴직하거나 실직하는 근로자의 임금손실에 대하여는 「근로기준법」에 따른 평균임금 등을 고려하여 보상하여야 한다.
④ 제1항부터 제3항까지의 규정에 따른 보상액의 구체적인 산정 및 평가 방법과 보상기준, 제2항에 따른 실제 경작자 인정기준에 관한 사항은 국토교통부령으로 정한다.

사례 1 농업손실보상은 기대이익 또는 일실손실에 대한 보전과 생활보상의 성격을 가진다 (2009. 09. 11. 토지정책과-4230)(유권해석)

질의요지 2018 토지수용 업무편람 발췌

4대강 살리기 사업의 하천준설토 중 골재로 재사용하는 물량 외에 제내지 농경지에 준설토를 처리할 경우, 대상농지에 대하여「공익사업을 위한 토지 등의 취득 및 보상에 관한 법률(이하 "토지보상법"이라 함)」제71조 및 같은 법 시행규칙 제30조에 의한 토지의 사용으로 평가하여 보상을 하여야 하는지? 토지보상법 제77조제2항 및 토지보상법시행규칙 제48조에 의한 농업손실보상을 하여야 하는지?

회신내용

토지보상법은 공익사업에 필요한 토지 등을 협의 또는 수용에 의하여 취득하거나 사용함에 따른 손실의 보상에 관한 사항을 규정하고 있습니다. 따라서 해당 공익사업의 시행을 위하여 일정기간 토지의 사용이 불가피한 경우에는 토지보상법 제71조에 따라 사용료를 평가하여 보상할 수 있을 것으로 보나, 개별적인 사례는 사업시행자가 해당 사업계획, 취득(사용)대상 토지조서 내역 등 구체적 사실관계를 검토·확인하여 판단하시기 바랍니다. 농업손실 보상은 공익사업지구에 편입되는 농지에 대한 상실된 기대이익 또는 일실 손실에 대한 보전과 생활보상의 성격을 갖고 있는 보상으로서, 공익사업지구에 편입되지 않는 농지는 토지보상법 제77조제2항 및 토지보상법시행규칙 제48조에 의한 농업손실 보상 대상으로 보기 어려울 것으로 판단됩니다.

판 례

판례 1 협의불성립 시 영농보상의 수령권자

[대법원 2000. 02. 25 선고 99다57812]

판결요지

영농보상은 공공사업시행지역 안에서 수용의 대상인 농지를 이용하여 경작을 하는 자가 그 농지의 수용으로 인하여 장래에 영농을 계속하지 못하게 되어 특별한 희생이 생기는 경우 이를 보상하는 것이고, 이와 같은 취지에서 특례법시행규칙 제29조제5항 단서가 비 자경농지의 소유자가 당해 지역에 거주하는 농민인 경우에는 소유자와 실제의 경작자가 협의하는 바에 따라 그 소유자 또는 경작자에게 보상하도록 규정하고 있는 것이므로, 위 규정에 해당하는 경우에는 실제의 경작자라도 당연히 영농보상의 수령권자가 되는 것이 아니라, 먼저 소유자와 경작자가 협의하는 바에 따라야 하고, 그 협의가 이루어지지 아니하는 경우에는 그 경작자가 당해 공공사업이 시행되지 아니하였더라면 장래에 당해 농지를 계속하여 경작할 것으로 인정되는 경우에 한하여 공공사업의 시행으로 인하여 특별한 희생이 생긴 것으로 보아 영농보상의 수령권자가 된다.

(1) 영농손실

(가) 영농손실액의 산정

토지보상법 시행규칙 제48조 (농업의 손실에 대한 보상)

① 공익사업시행지구에 편입되는 농지(「농지법」 제2조제1호가목 및 같은 법 시행령 제2조제3항제2호가목에 해당하는 토지를 말한다. 이하 이 조와 제65조에서 같다)에 대하여는 그 면적에 「통계법」 제3조제3호에 따른 통계작성기관이 매년 조사·발표하는 농가경제조사통계의 도별 농업총수입 중 농작물수입을 도별 표본농가현황 중 경지면적으로 나누어 산정한 도별 연간 농가평균 단위

경작면적당 농작물총수입(서울특별시・인천광역시는 경기도, 대전광역시는 충청남도, 광주광역시는 전라남도, 대구광역시는 경상북도, 부산광역시・울산광역시는 경상남도의 통계를 각각 적용한다)의 직전 3년간 평균의 2년분을 곱하여 산정한 금액을 영농손실액으로 보상한다. <개정 2005. 2. 5., 2007. 4. 12., 2008. 4. 18., 2013. 4. 25., 2015. 4. 28.>

② 국토교통부장관이 농림축산식품부장관과의 협의를 거쳐 관보에 고시하는 농작물실제소득인정기준(이하 "농작물실제소득인정기준"이라 한다)에서 정하는 바에 따라 실제소득을 입증하는 자가 경작하는 편입농지에 대해서는 제1항에도 불구하고 그 면적에 단위경작면적당 3년간 실제소득 평균의 2년분을 곱하여 산정한 금액을 영농손실액으로 보상한다. 다만, 다음 각 호의 어느 하나에 해당하는 경우에는 각 호의 구분에 따라 산정한 금액을 영농손실액으로 보상한다. <개정 2008. 3. 14., 2013. 3. 23., 2013. 4. 25., 2014. 10. 22., 2020. 12. 11.>

1. 단위경작면적당 실제소득이 「통계법」 제3조제3호에 따른 통계작성기관이 매년 조사・발표하는 농축산물소득자료집의 작목별 평균소득의 2배를 초과하는 경우: 해당 작목별 단위경작면적당 평균생산량의 2배(단위경작면적당 실제소득이 현저히 높다고 농작물실제소득인정기준에서 따로 배수를 정하고 있는 경우에는 그에 따른다)를 판매한 금액을 단위경작면적당 실제소득으로 보아 이에 2년분을 곱하여 산정한 금액
2. 농작물실제소득인정기준에서 직접 해당 농지의 지력(地力)을 이용하지 아니하고 재배 중인 작물을 이전하여 해당 영농을 계속하는 것이 가능하다고 인정하는 경우: 단위경작면적당 실제소득(제1호의 요건에 해당하는 경우에는 제1호에 따라 결정된 단위경작면적당 실제소득을 말한다)의 4개월분을 곱하여 산정한 금액

| 농작물실제소득인정기준 제2조 (용어의 정의) |

이 기준에서 사용하는 용어의 정의는 다음 각호와 같다. <개정 2013. 7. 5.>
1. "농작물 총수입"이라 함은 전체 편입농지중 영농손실액의 보상대상자가 실제소득을 입증하고자 하는 편입농지에서 실제로 재배한 농작물(다년생식물을 포함한다. 이하 같다)과 같은 종류의 농작물을 재배한 경작농지의 총수입으로서, 공익사업을위한토지등의취득및보상에관한법률(이하 "법"이라 한다) 제15조제1항 본문의 규정에 의한 보상계획의 공고(동항 단서의 규정에 의하는 경우에는 토지소유자 및 관계인에 대한 보상계획의 통지를 말한다) 또는 법 제22조의 규정에 의한 사업인정의 고시가 있은 날(이하 "사업인정고시일등"이라 한다) 이전 2년간의 연간평균총수입(당해 농작물의 경작자가 경작을 한 기간이 2년 미만인 경우에는 그 경작기간에 한하여 실제소득을 기준으로 산정한다)을 말한다.
2. "경작농지 전체면적"이라 함은 제1호의 규정에 의한 농작물 총수입의 산정대상이 되는 경작농지의 면적을 말한다.

| 농작물실제소득인정기준 제3조 (실제소득의 산정방법) |

연간 단위경작면적당 실제소득은 다음의 산식에 의하여 산정한다.
※ 연간 단위경작면적당 실제소득=농작물 총수입÷경작농지 전체면적×소득률

| 농작물실제소득인정기준 제4조 (농작물 총수입의 입증자료) |

농작물 총수입은 다음 각호의 입증자료에 의하여 산정하되, 위탁수수료 등 판매경비를 제외한 실제수입액을 기준으로 한다.
1. 농수산물유통및가격안정에관한법률(이하 이 조에서 "농안법"이라 한다) 제21조제1항의 규정에 의한 도매시장관리사무소・시장관리자, 동법 제22조의 규정에 의한 도매시장법인・시장도매인,

동법 제24조의 규정에 의한 공공출자법인 또는 동법 제48조의 규정에 의한 민영도매시장의 개설자·시장도매인이 발급한 표준정산서(농안법 제41조제2항의 규정에 의한 표준정산서를 말한다) 또는 거래실적을 증명하는 서류(출하자의 성명·주소, 출하일, 출하품목, 수량, 판매금액, 판매경비, 정산액 및 대금지급일 등을 기재한 계산서·거래계약서 또는 거래명세서 등으로서 당해 대표자가 거래사실과 같다는 것을 증명한 서류를 말한다. 이하 이 조에서 같다)

2. 농안법 제43조의 규정에 의한 농수산물공판장·동법 제51조의 규정에 의한 농수산물산지유통센터 또는 동법 제69조의 규정에 의한 종합유통센터가 발급한 거래실적을 증명하는 서류
3. 유통산업발전법시행령 별표 1의 규정에 의한 대규모점포중 대형마트, 전문점, 백화점이 발급한 거래실적을 증명하는 서류
4. 관광진흥법 제3조제1항제2호가목의 규정에 의한 호텔업을 영위하는 업체가 발급한 거래실적을 증명하는 서류
5. 식품위생법시행령 제21조제1호의 규정에 의한 식품제조·가공업을 영위하는 업체가 발급한 거래실적을 증명하는 서류
6. 관세법 제248조제1항의 규정에 의하여 세관장이 교부한 수출신고필증
7. 국가·지방자치단체·공공단체 또는 농안법 제43조의 규정에 의하여 농수산물공판장을 개설할 수 있는 생산자단체와 공익법인이 발급한 거래실적을 증명하는 서류
8. 농작물재해보험법 제5조제3항에 의한 보험사업자가 발행한 보험료 산정을 위한 서류
9. 세무서 등 관계기관에 신고·납부한 과세자료

| **농작물실제소득인정기준 제5조 (소득률의 적용기준)** |

① 제3조의 규정에 의한 소득률은 다음 각호의 우선순위에 의하여 적용한다.
   1. 농촌진흥청장이 매년 조사·발표하는 농축산물소득자료집(이하 "소득자료집"이라 한다)의 도별 작물별 소득률
   2. 제1호의 도별 작물별 소득률에 포함되어 있지 아니한 농작물에 대하여는 유사작목군의 평균소득률, 이 경우 유사작목군은 식량작물·노지채소·시설채소·노지과수·시설과수·특용약용작물·화훼·통계청조사작목 등으로 구분한다.
② 제1항 각호의 규정에 의한 소득자료집은 사업인정고시일등이 속한 연도에 발간된 소득자료집을 말한다. 다만, 사업인정고시일등이 속한 연도에 소득자료집이 발간되지 않은 경우에는 사업인정고시일등 전년도에 발간된 소득자료집을 말한다.

| **농작물실제소득인정기준 제6조 (실제소득금액 산정특례)** |

① 사업시행자는 제3조에 의하여 산정된 실제소득이 소득자료집의 작목별 평균소득(동일 작물이 없는 경우에는 유사작물군의 평균소득)의 2.0배를 초과할 경우에는 단위면적당 평균생산량의 2배를 판매한 금액으로 한다. 다만, 생산량을 확인할 수 없는 경우에는 평균소득의 2.0배로 한다.
② 별지 1에서 규정하는 단위면적당 평균생산량의 2배를 초과하는 작물과 재배방식에 해당하는 경우에는 제1항에도 불구하고 최대생산량 및 평균생산량을 적용하여 산정한다.
③ 직접 농지의 지력(地力)을 이용하지 아니하고 재배중인 작물을 이전하여 중단없이 계속 영농이 가능하여 단위면적당 실제소득의 3월분에 해당하는 농업손실보상을 하는 작물 및 재배방식은 별지 2와 같다.

사례 1 실제소득이 농가평균소득보다 적은 경우에는 농가평균소득으로 보상한다(2009. 09. 11. 토지정책과-4230)(유권해석)

질의요지 2018 토지수용 업무편람 발췌

실제소득(2년분)이 농가평균소득보다 적은 경우에 많은 금액(농가평균소득)으로 보상이 가능한지 여부

회신내용

「공익사업을 위한 토지 등의 취득 및 보상에 관한 법률시행규칙」제48조 제1항에 의한 영농손실액 보상산정은 경작하는 농지법상 농지에 대하여 도별 연간 농가평균 단위경작면적당 농작물 조수입의 2년분을 곱하여 산정한 금액으로 한다고 보며, 같은 규칙 부칙 제7조의 규정에 의한 경과규정취지를 감안하면 그 경작자가 더 많은 보상을 받기 위해 실제소득을 객관적으로 입증하는 경우에는 같은 조 제2항을 적용할 수 있다고 보므로, 제2항의 규정에 의한 실제소득이 제1항의 규정에 의한 농가평균 단위경작면적당 농작물 조수입의 2년분을 곱하여 산정한 금액보다도 적은 경우에는 제1항을 적용하여 보상하여야 한다고 봅니다.

사례 2 영업보상 대상인지 농업손실보상 대상인지 여부는 사업시행자가 결정한다(2013. 08. 29. 공공지원팀-2713)(질의회신)

질의요지 2018 토지수용 업무편람 발췌

벼 육묘장(철골조 비닐즙 660㎡ 중 141㎡ 편입)에 대해 사업시행자가 영농보상(실제소득인정기준율 적용)을 집행(가격시점 2011.08.03)하였으나, 사업시행자의 내부감사 결과 영농보상이 아닌 영업보상으로 보상액을 산정하여 지급하여야 한다는 지적이 있어 사업시행자가 영업보상 평가를 다시 의뢰함

회신내용

화훼재배·판매행위에 대해 토지보상법 시행규칙 제45조에 따른 영업손실보상대상으로 볼 것인지, 같은 법 시행규칙 제48조에 의한 영농손실보상대상으로 볼 것인지 여부는 토지보상법에서 정한 일정한 절차(물건조서 작성, 보상계획의 열람등, 조서내용에 의한 이의신청)에 의하여 사업시행자가 결정하여야 하며, 국토교통부는 영농손실액 보상과 영업보상이 중복될 수 없고, 영농손실액 보상 또는 영업보상 중 어느 것으로 보상하여야 하는지는 사업시행자가 보상의 요건 및 사실관계 등을 종합적으로 확인하여 판단·결정할 사항이라고 유권해석(토관 58342-1114호 2003.08.09 참조)한 바 있으니 이를 참고하시기 바랍니다.

사례 3 농지의 지력을 이용하지 않는 버섯재배사 부지의 영농보상 여부(2011. 3. 24. 법제처 11-0074)(법령해석)

질의요지

2018 토지수용 업무편람 발췌

「농지법」 제2조제1호나목에 해당하는 버섯재배사(농지의 지력을 이용하지 않고 균사를 배양한 단목을 지면에 고정시키거나 거치대에 매다는 방법을 사용하는 버섯재배사) 부지가 「공익사업을 위한 토지 등의 취득 및 보상에 관한 법률 시행규칙」 제48조에 따른 농업 손실보상의 대상이 되는지?

회신내용

「농지법」 제2조제1호나목에 해당하는 버섯재배사(농지의 지력을 이용하지 않고 균사를 배양한 단목을 지면에 고정시키거나 거치대에 매다는 방법을 사용하는 버섯재배사) 부지는 유사한 조건의 인근 대체지를 마련할 수 없는 등으로 장래에 영농을 계속하지 못하게 된다거나 생활근거를 상실하게 되는 것과 같은 특단의 사정이 있어 특별한 희생이 생긴다고 할 수 있는 경우를 제외하고는 「공익사업을 위한 토지 등의 취득 및 보상에 관한 법률 시행규칙」 제48조에 따른 농업 손실보상의 대상이 된다고 볼 수 없습니다.

판 례

▎판례 1 ▎ 농작물실제소득인정기준에서 규정한 서류 이외의 증명방법으로도 농작물 총수입을 인정할 수 있다.

[대법원 2012. 06. 14. 선고 2011두26794]

판결요지

관련 법령의 내용, 형식 및 취지 등과 헌법 제23조 제3항에 규정된 정당한 보상의 원칙에 비추어 보면, 공공필요에 의한 수용 등으로 인한 손실의 보상은 정당한 보상이어야 하고, 농업 손실에 대한 정당한 보상은 수용되는 농지의 특성과 영농상황 등 고유의 사정이 반영된 실제 소득을 기준으로 하는 것이 원칙이다.

따라서 이 사건 고시에서 농작물 총수입의 입증자료로 거래실적을 증명하는 서류 등을 규정한 것은 객관성과 합리성이 있는 증명방법을 예시한 데 지나지 아니하고, 거기에 열거된 서류 이외의 증명방법이라도 객관성과 합리성이 있다면 그에 의하여 농작물 총수입을 인정할 수 있다고 봄이 타당하다

▎판례 2 ▎ 화분에 난을 재배하는 경우는 농경지의 지력을 이용한 재배가 아니므로 농업손실보상 대상이 아니다.

[대법원 2004. 04. 27. 선고 2002두8909]

판결요지

구 토지수용법(2002. 2. 4. 법률 제6656호로 폐지되기 전의 것) 제45조 소정의 손실보상은 공익사업의 시행 등 적법한 공권력의 행사에 의한 재산상의 특별한 희생에 대하여 사유재산권의 보장과 전체적인 공평부담의 견지에서 행하여지는 조절적인 재산적 보상이라는 점과 공특법시행규칙 제29조 소정의 영농보상은 공공사업시행지구 안에서 수용의 대상인 농경지를 이용하여 경작을 하는 자가 그 농경지의 수용으로 인하여 장래에 영농을 계속하지 못하게 되어 특별한 희생이 생기는 경우 이를 보상하기 위한 것이라는 점(대법원 2000. 2. 25. 선고 99다57812 판결, 2001. 12. 28. 선고 2001다68396 판결 등 참조)에 비추어, 위와 같은 재산상의 특별한 희생이 생겼다고 할 수 없는 경우에는 손실보상 또한 있을 수 없고, 이는 공특법시행규칙 제29조 소정의 영농보상이라고 하여 달리 볼 것은 아니라고 할 것이다.

위와 같은 손실보상과 영농보상의 성격에 비추어 농경지의 지력을 이용한 재배가 아닌 화분 등 용기(이하 '화분'이라고 한다)에 식재하여 재배되는 난 등 화훼류의 경우와 같이 화분을 기후 등과 같은 자연적 환경이나 교통 등과 같은 사회적 환경 등이 유사한 인근의 대체지로 옮겨 생육에 별다른 지장을 초래함이 없이 계속 재배를 할 수 있는 경우에는, 유사한 조건의 인근대체지를 마련할 수 없는 등으로 장래에 영농을 계속하지 못하게 된다거나 생활근거를 상실하게 되는 것과 같은 특단의 사정이 없는 이상 이전에 수반되는 비용이외에는 달리 특별한 희생이 생긴다고 할 수 없으므로 영농보상의 대상이 된다고 할 수 없다고 할 것이다.

　　　　(나) 농지

| 토지보상법 시행규칙 제48조 (농업의 손실에 대한 보상) |

③ 다음 각호의 어느 하나에 해당하는 토지는 이를 제1항 및 제2항의 규정에 의한 농지로 보지 아니한다.
　1. 사업인정고시일등 이후부터 농지로 이용되고 있는 토지
　2. 토지이용계획·주위환경 등으로 보아 일시적으로 농지로 이용되고 있는 토지
　3. 타인소유의 토지를 불법으로 점유하여 경작하고 있는 토지
　4. 농민(「농지법」 제2조제3호의 규정에 의한 농업법인 또는 「농지법 시행령」 제3조제1호 및 동조제2호의 규정에 의한 농업인을 말한다. 이하 이 조에서 같다)이 아닌 자가 경작하고 있는 토지
　5. 토지의 취득에 대한 보상 이후에 사업시행자가 2년 이상 계속하여 경작하도록 허용하는 토지

| 농지법 제2조 (정의) |

이 법에서 사용하는 용어의 뜻은 다음과 같다.
　1. "농지"란 다음 각 목의 어느 하나에 해당하는 토지를 말한다.
　　　가. 전·답, 과수원, 그 밖에 법적 지목(地目)을 불문하고 실제로 농작물 경작지 또는 다년생 식물 재배지로 이용되는 토지. 다만, 「초지법」에 따라 조성된 초지 등 대통령령으로 정하는 토지는 제외한다.
　　　나. 가목의 토지의 개량시설과 가목의 토지에 설치하는 농축산물 생산시설로서 대통령령으로 정하는 시설의 부지

2. "농업인"이란 농업에 종사하는 개인으로서 대통령령으로 정하는 자를 말한다.
3. "농업법인"이란 「농어업경영체 육성 및 지원에 관한 법률」 제16조에 따라 설립된 영농조합법인과 같은 법 제19조에 따라 설립되고 업무집행권을 가진 자 중 3분의 1 이상이 농업인인 농업회사법인을 말한다.
   가. 삭제 <2009. 5. 27.>
   나. 삭제 <2009. 5. 27.>

| 농지법 시행령 제2조 (농지의 범위) |

① 「농지법」(이하 "법"이라 한다) 제2조제1호가목 본문에 따른 다년생식물 재배지는 다음 각 호의 어느 하나에 해당하는 식물의 재배지로 한다. <개정 2009. 11. 26.>
  1. 목초·종묘·인삼·약초·잔디 및 조림용 묘목
  2. 과수·뽕나무·유실수 그 밖의 생육기간이 2년 이상인 식물
  3. 조경 또는 관상용 수목과 그 묘목(조경목적으로 식재한 것을 제외한다)
② 법 제2조제1호가목 단서에서 "「초지법」에 따라 조성된 토지 등 대통령령으로 정하는 토지"란 다음 각 호의 토지를 말한다. <개정 2009. 12. 14., 2015. 6. 1., 2016. 1. 19.>
  1. 「공간정보의 구축 및 관리 등에 관한 법률」에 따른 지목이 전·답, 과수원이 아닌 토지(지목이 임야인 토지는 제외한다)로서 농작물 경작지 또는 제1항 각 호에 따른 다년생식물 재배지로 계속하여 이용되는 기간이 3년 미만인 토지
  2. 「공간정보의 구축 및 관리 등에 관한 법률」에 따른 지목이 임야인 토지로서 「산지관리법」에 따른 산지전용허가(다른 법률에 따라 산지전용허가가 의제되는 인가·허가·승인 등을 포함한다)를 거치지 아니하고 농작물의 경작 또는 다년생식물의 재배에 이용되는 토지
  3. 「초지법」에 따라 조성된 초지
③ 법 제2조제1호나목에서 "대통령령으로 정하는 시설"이란 다음 각 호의 구분에 따른 시설을 말한다.
  1. 법 제2조제1호가목의 토지의 개량시설로서 다음 각 목의 어느 하나에 해당하는 시설
     가. 유지(溜池), 양·배수시설, 수로, 농로, 제방
     나. 그 밖에 농지의 보전이나 이용에 필요한 시설로서 농림축산식품부령으로 정하는 시설
  2. 법 제2조제1호가목의 토지에 설치하는 농축산물 생산시설로서 농작물 경작지 또는 제1항 각 호의 다년생식물의 재배지에 설치한 다음 각 목의 어느 하나에 해당하는 시설
     가. 고정식온실·버섯재배사 및 비닐하우스와 농림축산식품부령으로 정하는 그 부속시설
     나. 축사·곤충사육사와 농림축산식품부령으로 정하는 그 부속시설
     다. 간이퇴비장
     라. 농막·간이저온저장고 및 간이액비저장조 중 농림축산식품부령으로 정하는 시설

| 농지법 시행령 제3조 (농업인의 범위) |

법 제2조제2호에서 "대통령령으로 정하는 자"란 다음 각 호의 어느 하나에 해당하는 자를 말한다.
  1. 1천제곱미터 이상의 농지에서 농작물 또는 다년생식물을 경작 또는 재배하거나 1년 중 90일 이상 농업에 종사하는 자
  2. 농지에 330제곱미터 이상의 고정식온실·버섯재배사·비닐하우스, 그 밖의 농림축산식품부령으로 정하는 농업생산에 필요한 시설을 설치하여 농작물 또는 다년생식물을 경작 또는 재배하는 자
  3. 대가축 2두, 중가축 10두, 소가축 100두, 가금 1천수 또는 꿀벌 10군 이상을 사육하거나 1년

중 120일 이상 축산업에 종사하는 자
4. 농업경영을 통한 농산물의 연간 판매액이 120만원 이상인 자

사례 1   농지법상 농지로 이용 중인 토지는 원칙적으로 농업손실보 상대상이나 지목이 '임야'인 토지를 농지로 이용하는 것이 사회적으로 용인될 수 없는 경우에는 농업 손실보상 대상에서 제외된다(2015. 06. 09. 토지정책과-4056)(유권해석)

질의요지   2018 토지수용 업무편람 발췌

개발제한구역 내 임야를 개간하여 영농행위를 하는 경우 농업손실보상대상에 해당하는지 여부

회신내용

「농지법」상 농지로 이용 중인 토지가 공익사업에 편입되는 경우 원칙적으로 농업손실보상에 해당하는 것으로 보나, 다만, 지목이 '임야'이나 농지로 이용 중인 토지의 경우 산지로서의 관리 필요성 등 전반적인 사정을 고려할 때 손실보상을 하는 것이 사회적으로 용인될 수 없다고 인정되는 경우에는 농업손실보상대상에 제외된다고 보며, 개별적인 사례에 대해서는 사업시행자가 관계 법률과 사실관계 등을 조사·검토하여 판단할 사항으로 봅니다.

사례 2   장기간 경작하고 있지 않은 농지는 농업손실보상 대상이 아니다(2008. 12. 11. 토지정책과-1338)(유권해석)

질의요지   2018 토지수용 업무편람 발췌

공부상 지목이 "전"인 토지를 불법형질변경하여 주차장이나 고물상 부지로 사용하는 경우, 농업손실보상 대상인지 여부

회신내용

토지보상법 제77조 제2항에서 영농보상을 실제 경작자에 보상하는 것을 원칙으로 하는 점과 영농보상은 농업의 손실을 전보하는 제도로서 보상인 점 및 토지보상법 시행규칙 제48조를 종합적으로 살펴볼 때, 농업을 경영하고 있는 농지가 아닌 휴경지 등 장기간 경작하고 있지 아니한 농지는 공익사업의 시행에 따라 농업에 어떠한 손실이 있다고 할 수 없기 때문에 영농손실 보상 대상이라고 보기 어렵다고 보며, 개별사례가 이에 해당하는지 여부는 사업시행자가 구체적 사실관계를 조사하여 확인·결정할 사항이라고 봅니다.

사례 3   공익사업과 관련 없이 임대차계약 만료된 경우에는 농업손실보상 대상이 아니다 (2014. 07. 17. 토지정책과-4585)(유권해석)

질의요지 2018 토지수용 업무편람 발췌

공익사업(저수지 수변공간조성사업/서산시)에 편입된 ○○공사 소유토지(유지)에 대하여 사업계획 고시일 전까지 적법하게 목적외 영농사용 임대차계약을 체결하고 영농을 하였던 경작자들이 2013.12.31. 임대차계약기간이 만료되고 사업시행을 위하여 다시 목적외 영농사용신청서에 의한 임대차계약을 체결하지 않을 경우 「공익사업을 위한 토지 등의 취득 및 보상에 관한 법률(이하 "토지보상법"이라 함) 시행규칙 제48조에 따른 영농손실보상대상에 해당되는지 여부

회신내용

공익사업을 위한 관계법령에서 보상에 관하여 제한을 둔 경우 또는 공익사업과 관계없이 임대차계약 기간이 만료된 경우에는 당해 공익사업으로 인하여 특별한 손실이 발생하였다고 볼 수 없으므로 영농보상대상에 해당되지 아니한다고 보나, 구체적인 사례에 대해서는 위 규정과 관계법령 및 사실관계를 조사하여 판단하여야 할 것으로 봅니다.

사례 4   잔여 계약기간이 2년 미만이라는 것은 농업손실보상에서 고려대상이 아니다(2014. 05. 13. 토지정책과-3108)(유권해석)

질의요지 2018 토지수용 업무편람 발췌

「공익사업을 위한 토지 등의 취득 및 보상에 관한 법률(이하 "토지보상법"이라 함) 시행규칙」제48조제3항 제5호의 해석상 농지임대차 계약이 1년만 남은 경우 실제 경작자에게 남은 계약기간 동안의 농업손실분에 대해서만 보상할 수 있는지 여부 등

회신내용

토지보상법 시행규칙 제48조제3항제5호는 공익사업시행지구에 편입되는 농지(「농지법」 제2조제1호가목 및 같은 법 시행령 제2조제3항제2호가목에 해당하는 토지를 말함)라 하더라도 "토지의 취득에 대한 보상 이후에 사업시행자가 2년 이상 계속하여 경작하도록 허용하는 토지"는 농지로 보지 아니하도록 하여 농업의 손실에 대한 보상 대상에서 제외하도록 하는 것으로 토지보상법 시행규칙 제48조제3항제5호를 해석할 때 사업시행자가 토지의 취득에 대한 보상을 하기 전의 농지 소유자와 실제 경작자 간에 계약기간은 고려 대상이 아닌 것으로 보며, 구체적인 사례에 대해서는 사업시행자가 관계법령 및 사실관계를 조사하여 판단하여야 할 사항입니다.

사례 5

사업시행자가 일방적으로 경작을 하도록 한 경우 및 토지취득 후 상당기간이 지나 경작을 허용한 경우에도 농업손실보상 대상인지 여부(2010. 06. 22. 토지정책과 -3311)(유권해석)

질의요지
2018 토지수용 업무편람 발췌

경작자의 동의여부에 불구하고 사업시행자의 사정에 의하여 일방적으로 경작을 하도록 한 경우 「공익사업을 위한 토지 등의 취득 및 보상에 관한 법률(이하 "토지보상법")」제48조제3항제5호에 의하여 농업손실보상을 하지 아니하여도 되는지 여부와 사업시행자가 토지취득 후 상당기간이 지나 경작을 허용한 경우에도 동 조항의 적용이 가능한지

회신내용

토지보상법 제48조제3항제5호에 의하면 토지의 취득에 대한 보상 이후에2년 이상 계속하여 경작하도록 허용하는 토지에 대하여는 농지로 보지 아니하도록 규정하여 농업의 손실에 대한 보상에서 제외하고 있습니다. 귀 질의와 같이 토지의 취득에 대한 보상을 하고 일정기간이 경과한 후 사업시행자의 사정에 의하여 일방적으로 경작하도록 하였으나, 전 소유자등이 경작을 하지 않은 경우에는 토지보상법 제48조제3항제5호에 따른 경작을 허용하는 토지로 보기 어려우나, 사업시행자와 경작자간에 합의(동의)에 의하여 2년 이상 계속하여 경작하도록 한 경우에는 농업의 손실 보상대상에서 제외된다고 보며, 개별적인 사례는 사업시행자가 사실관계 등을 검토하여 판단하시기 바랍니다.

(다) 보상금의 지급방법

| 토지보상법 시행규칙 제48조 (농업의 손실에 대한 보상) |

④ 자경농지가 아닌 농지에 대한 영농손실액은 다음 각 호의 구분에 따라 보상한다. <개정 2008. 4. 18., 2013. 4. 25.>
  1. 농지의 소유자가 해당 지역(영 제26조제1항 각 호의 어느 하나의 지역을 말한다. 이하 이 조에서 같다)에 거주하는 농민인 경우
     가. 농지의 소유자와 제7항에 따른 실제 경작자(이하 "실제 경작자"라 한다)간에 협의가 성립된 경우 : 협의내용에 따라 보상
     나. 농지의 소유자와 실제 경작자 간에 협의가 성립되지 아니하는 경우에는 다음의 구분에 따라 보상
        1) 제1항에 따라 영농손실액이 결정된 경우: 농지의 소유자와 실제 경작자에게 각각 영농손실액의 50퍼센트에 해당하는 금액을 보상
        2) 제2항에 따라 영농손실액이 결정된 경우: 농지의 소유자에게는 제1항의 기준에 따라 결정된 영농손실액의 50퍼센트에 해당하는 금액을 보상하고, 실제 경작자에게는 제2항에 따라 결정된 영농손실액 중 농지의 소유자에게 지급한 금액을 제외한 나머지에 해당하는 금액을 보상
  2. 농지의 소유자가 해당 지역에 거주하는 농민이 아닌 경우 : 실제 경작자에게 보상
⑤ 실제 경작자가 자의로 이농하는 등의 사유로 보상협의일 또는 수용재결일 당시에 경작을 하고 있지 않는 경우의 영농손실액은 제4항에도 불구하고 농지의 소유자가 해당 지역에 거주하는 농민인

경우에 한정하여 농지의 소유자에게 보상한다. <개정 2008. 4. 18., 2020. 12. 11.>

⑥ 당해 지역에서 경작하고 있는 농지의 3분의 2 이상에 해당하는 면적이 공익사업시행지구에 편입됨으로 인하여 농기구를 이용하여 해당 지역에서 영농을 계속할 수 없게 된 경우(과수 등 특정한 작목의 영농에만 사용되는 특정한 농기구의 경우에는 공익사업시행지구에 편입되는 면적에 관계없이 해당 지역에서 해당 영농을 계속할 수 없게 된 경우를 말한다) 해당 농기구에 대해서는 매각손실액을 평가하여 보상하여야 한다. 다만, 매각손실액의 평가가 현실적으로 곤란한 경우에는 원가법에 의하여 산정한 가격의 60퍼센트 이내에서 매각손실액을 정할 수 있다. <개정 2007. 4. 12., 2013. 4. 25.>

⑦ 법 제77조제2항에 따른 실제 경작자는 다음 각 호의 자료에 따라 사업인정고시일등 당시 타인소유의 농지를 임대차 등 적법한 원인으로 점유하고 자기소유의 농작물을 경작하는 것으로 인정된 자를 말한다. 이 경우 실제 경작자로 인정받으려는 자가 제5호의 자료만 제출한 경우 사업시행자는 해당 농지의 소유자에게 그 사실을 서면으로 통지할 수 있으며, 농지소유자가 통지받은 날부터 30일 이내에 이의를 제기하지 않는 경우에는 제2호의 자료가 제출된 것으로 본다. <신설 2008. 4. 18., 2009. 11. 13., 2015. 4. 28., 2020. 12. 11.>

1. 농지의 임대차계약서
2. 농지소유자가 확인하는 경작사실확인서
3. 「농업·농촌 공익기능 증진 직접지불제도 운영에 관한 법률」에 따른 직접지불금의 수령 확인자료
4. 「농어업경영체 육성 및 지원에 관한 법률」 제4조에 따른 농어업경영체 등록 확인서
5. 해당 공익사업시행지구의 이장·통장이 확인하는 경작사실확인서
6. 그 밖에 실제 경작자임을 증명하는 객관적 자료

판 례

판례 1 영농보상은 농경지의 수용으로 인하여 장래에 영농을 계속하지 못하게 되는 실제경작자의 특별한 희생을 보상하기 위한 것이다.

[대법원 2004.04.27 선고 2002두8909]

판결요지

구 토지수용법(2002.2.4. 법률 제6656호로 폐지되기 전의 것) 제45조 소정의 손실보상은 공익사업의 시행 등 적법한 공권력의 행사에 의한 재산상의 특별한 희생에 대하여 사유재산권의 보장과 전체적인 공평부담의 견지에서 행하여지는 조절적인 재산적 보상이라는 점과 공특법시행규칙 제29조 소정의 영농보상은 공공사업시행지구 안에서 수용의 대상인 농경지를 이용하여 경작을 하는 자가 그 농경지의 수용으로 인하여 장래에 영농을 계속하지 못하게 되어 특별한 희생이 생기는 경우 이를 보상하기 위한 것이라는 점에 비추어, 위와 같은 재산상의 특별한 희생이 생겼다고 할 수 없는 경우에는 손실보상 또한 있을 수 없고, 이는 공특법시행규칙 제29조 소정의 영농보상이라고 하여 달리 볼 것은 아니다.

판례 2 실제 경작자는 해당지역에 거주하여야 하는 것은 아니다.

[대법원 2002. 06. 14. 선고 2000두3450]

판결요지

공공사업시행지구에 농경지가 편입되고 그 농경지에서 실제로 작물을 재배하고 있는 이상 특별한 사정이 없는 한 구 공공용지의취득및손실보상에관한특례법시행규칙(1997. 10. 15. 건설교통부령 제121호로 개정 되기 전의 것) 제29조 제1항에 정한 영농손실액 지급대상이 되고, 반드시 당해 지역에 거주하는 농민이어야 지급대상자(실제의 경작자)가 되는 것은 아니다

(3) 농기구

사례 1 "농지의 3분의 2이상에 해당하는 면적"에는 임차하여 경작한 농지도 포함된다(2005. 11. 07. 토지정책팀-1079)(유권해석)

질의요지 2018 토지수용 업무편람 발췌

농기구 보상과 관련하여 '농지의3분의 2이상에 해당하는 면적이 공익사업시행지구에 편입됨으로 인하여 당해 지역에서 영농을 계속할 수 없게 된 경우'가 본인이 자신의 농지를 소유하고 경작하고 있는 경우이어야 하는지 아니면 타인의 농지를 임차하여 경작한 농지를 포함한 것인지 여부

회신내용

「공익사업을 위한 토지등의 취득 및 보상에 관한 법률 시행규칙」제48조제6항의 규정에 의하여 농지의 3분의 2 이상에 해당하는 면적이 공익사업시행지구에 편입됨으로 인하여 당해 지역에서 영농을 계속할 수 없게 된 경우 농기구에 대하여는 매각손실액을 평가하여 보상하도록 되어 있으므로, 귀 질의와 같이 농지의 3분의 2 이상에 해당하는 면적에는 자신이 소유하고 경작하는 농지 외에 임차하여 경작한 농지도 포함된다고 보나, 개별적인 사례에 대하여는 사업시행자가 사실관계를 조사하여 판단·결정할 사항이라고 봅니다.

사례 2 '농기구를 이용하여 해당 지역에서 영농을 계속 할 수 없게 된 경우'에는 농업폐지의 경우뿐만 아니라 종전의 농업형태를 계속하기 어려운 경우도 포함된다(2014. 07. 28. 토지정책과-4766)(유권해석)

질의요지 2018 토지수용 업무편람 발췌

「공익사업을 위한 토지 등의 취득 및 보상에 관한 법률 시행규칙」 제48조제6항에서 '농기구를 이용하여 해당 지역에서 영농을 계속할 수 없게 된 경우'의 의미

회신내용

'농기구를 이용하여 해당 지역에서 영농을 계속할 수 없게 된 경우'에는 농업 폐지의 경우 뿐 아니라 종전의 농업형태를 계속하기 어려운 경우를 포함한다고 보며, 구체적인 사례에 대하여는 사실관계 등을 조사하여 판단할 사항입니다.

다. 축산업

| 토지보상법 시행규칙 제49조 (축산업의 손실에 대한 평가) |

① 제45조부터 제47조(다음 각 호의 규정은 제외한다)까지의 규정은 축산업에 대한 손실의 평가에 관하여 이를 준용한다.
  1. 제46조제3항 후단
  2. 제47조제1항 각 호 외의 부분(영업장소 이전 후 발생하는 영업이익감소액의 경우만 해당한다) 및 제7항
  3. 제47조제5항 후단
② 제1항에 따른 손실보상의 대상이 되는 축산업은 다음 각 호의 어느 하나에 해당하는 경우로 한다.
  1. 「축산법」 제22조에 따라 허가를 받았거나 등록한 종축업·부화업·정액등처리업 또는 가축사육업
  2. 별표 3에 규정된 가축별 기준마리수 이상의 가축을 기르는 경우
  3. 별표 3에 규정된 가축별 기준마리수 미만의 가축을 기르는 경우로서 그 가축별 기준마리수에 대한 실제 사육마리수의 비율의 합계가 1 이상인 경우
③ 별표 3에 규정된 가축외에 이와 유사한 가축에 대하여는 제2항제2호 또는 제3호의 예에 따라 평가할 수 있다.
④ 제2항 및 제3항의 규정에 의한 손실보상의 대상이 되지 아니하는 가축에 대하여는 이전비로 평가하되, 이전으로 인하여 체중감소·산란율저하 및 유산 그 밖의 손실이 예상되는 경우에는 이를 포함하여 평가한다.

| 축산법 제2조 (정의) |

이 법에서 사용하는 용어의 뜻은 다음과 같다. <개정 2007. 8. 3., 2008. 2. 29., 2012. 2. 22., 2013. 3. 23., 2016. 12. 2., 2017. 3. 21., 2018. 12. 31., 2020. 3. 24.>
  1. "가축"이란 사육하는 소·말·면양·염소[유산양(乳山羊: 젖을 생산하기 위해 사육하는 염소)을 포함한다. 이하 같다]·돼지·사슴·닭·오리·거위·칠면조·메추리·타조·꿩, 그 밖에 대통령령으로 정하는 동물(動物) 등을 말한다.
  1의2. "토종가축"이란 제1호의 가축 중 한우, 토종닭 등 예로부터 우리나라 고유의 유전특성과 순수혈통을 유지하며 사육되어 외래종과 분명히 구분되는 특징을 지니는 것으로 농림축산식품부령으로 정하는 바에 따라 인정된 품종의 가축을 말한다.
  2. "종축"이란 가축개량 및 번식에 활용되는 가축으로서 농림축산식품부령으로 정하는 기준에 해당하는 가축을 말한다.
  3. "축산물"이란 가축에서 생산된 고기·젖·알·꿀과 이들의 가공품·원피[가공 전의 가죽을 말하며, 원모피(原毛皮)를 포함한다]·원모, 뼈·뿔·내장 등 가축의 부산물, 로얄제리·화분·봉독·프로폴리스·밀랍 및 수벌의 번데기를 말한다.
  4. "축산업"이란 종축업·부화업·정액등처리업 및 가축사육업을 말한다.
  5. "종축업"이란 종축을 사육하고, 그 종축에서 농림축산식품부령으로 정하는 번식용 가축 또는 씨알을 생산하여 판매(다른 사람에게 사육을 위탁하는 것을 포함한다)하는 업을 말한다.
  6. "부화업"이란 닭, 오리 또는 메추리의 알을 인공부화 시설로 부화시켜 판매(다른 사람에게 사육을 위탁하는 것을 포함한다)하는 업을 말한다.
  7. "정액등처리업"이란 종축에서 정액·난자 또는 수정란을 채취·처리하여 판매하는 업을 말한

다.
8. "가축사육업"이란 판매할 목적으로 가축을 사육하거나 젖·알·꿀을 생산하는 업을 말한다.

8의2. "축사"란 가축을 사육하기 위한 우사·돈사·계사 등의 시설과 그 부속시설로서 대통령령으로 정하는 것을 말한다.

9. "가축거래상인"이란 소·돼지·닭·오리·염소, 그 밖에 대통령령으로 정하는 가축을 구매하거나 그 가축의 거래를 위탁받아 제3자에게 알선·판매 또는 양도하는 행위(이하 "가축거래"라 한다)를 업(業)으로 하는 자로서 제34조의2에 따라 등록한 자를 말한다.

10. "국가축산클러스터"란 국가가 축산농가·축산업과 관련되어 있는 기업·연구소·대학 및 지원시설을 일정 지역에 집중시켜 상호연계를 통한 상승효과를 만들어 내기 위하여 형성한 집합체를 말한다.

10의2. "축산환경"이란 축산업으로 인해 사람과 가축에 영향을 미치는 환경이나 상태를 말한다.

| 축산법 제22조 (축산업의 허가 등) |

① 다음 각 호의 어느 하나에 해당하는 축산업을 경영하려는 자는 대통령령으로 정하는 바에 따라 해당 영업장을 관할하는 시장·군수 또는 구청장에게 허가를 받아야 한다. 허가받은 사항 중 가축의 종류 등 농림축산식품부령으로 정하는 중요한 사항을 변경할 때에도 또한 같다. <개정 2013. 3. 23., 2018. 12. 31.>

1. 종축업
2. 부화업
3. 정액등처리업
4. 가축 종류 및 사육시설 면적이 대통령령으로 정하는 기준에 해당하는 가축사육업

② 제1항의 허가를 받으려는 자는 다음 각 호의 요건을 갖추어야 한다. <개정 2018. 12. 31., 2021. 6. 15.>

1. 「가축분뇨의 관리 및 이용에 관한 법률」 제11조에 따라 배출시설의 허가 또는 신고가 필요한 경우 해당 허가를 받거나 신고를 하고, 같은 법 제12조에 따른 처리시설을 설치할 것
2. 대통령령으로 정하는 바에 따라 가축전염병 발생으로 인한 살처분·소각 및 매몰 등에 필요한 매몰지를 확보할 것. 다만, 토지임대계약, 소각 등 가축처리계획을 수립하여 제출하는 경우에는 그러하지 아니하다.
3. 대통령령으로 정하는 축사, 악취저감 장비·시설 등을 갖출 것
4. 가축사육규모가 대통령령으로 정하는 단위면적당 적정사육기준에 부합할 것
5. 닭 또는 오리에 관한 종축업·가축사육업의 경우 축사가 「가축전염병 예방법」 제2조제7호에 따른 가축전염병 특정매개체로 인해 고병원성 조류인플루엔자 발생 위험이 높은 지역으로서 대통령령으로 정하는 지역에 위치하지 아니할 것
6. 닭 또는 오리에 관한 종축업·가축사육업의 경우 축사가 기존에 닭 또는 오리에 관한 가축사육업의 허가를 받은 자의 축사로부터 500미터 이내의 지역에 위치하지 아니할 것
7. 그 밖에 축사가 축산업의 허가 제한이 필요한 지역으로서 대통령령으로 정하는 지역에 위치하지 아니할 것

③ 제1항제4호에 해당하지 아니하는 가축사육업을 경영하려는 자는 대통령령으로 정하는 바에 따라 해당 영업장을 관할하는 시장·군수 또는 구청장에게 등록하여야 한다. <개정 2018. 12. 31.>

④ 제3항의 등록을 하려는 자는 다음 각 호의 요건을 갖추어야 한다. <개정 2013. 3. 23., 2018. 12. 31., 2021. 6. 15.>

1. 「가축분뇨의 관리 및 이용에 관한 법률」제11조에 따라 배출시설의 허가 또는 신고가 필요한 경우 해당 허가를 받거나 신고를 하고, 같은 법 제12조에 따른 처리시설을 설치할 것
2. 대통령령으로 정하는 바에 따라 가축전염병 발생으로 인한 살처분·소각 및 매몰 등에 필요한 매몰지를 확보할 것. 다만, 토지임대계약, 소각 등 가축처리계획을 수립하여 제출하는 경우에는 그러하지 아니하다.
3. 대통령령으로 정하는 축사, 악취저감 장비·시설 등을 갖출 것
4. 가축사육규모가 대통령령으로 정하는 단위면적당 적정사육기준에 부합할 것
5. 닭, 오리, 그 밖에 대통령령으로 정하는 가축에 관한 가축사육업의 경우 축사가 기존에 닭 또는 오리에 관한 가축사육업의 허가를 받은 자의 축사로부터 500미터 이내의 지역에 위치하지 아니할 것

⑤ 제3항에도 불구하고 가축의 종류 및 사육시설 면적이 대통령령으로 정하는 기준에 해당하는 가축사육업을 경영하려는 자는 등록하지 아니할 수 있다. <개정 2018. 12. 31.>

⑥ 제1항에 따라 축산업의 허가를 받거나 제3항에 따라 가축사육업의 등록을 한 자가 다음 각 호의 어느 하나에 해당하면 그 사유가 발생한 날부터 30일 이내에 시장·군수 또는 구청장에게 신고하여야 한다. <신설 2018. 12. 31.>
1. 3개월 이상 휴업한 경우
2. 폐업(3년 이상 휴업한 경우를 포함한다)한 경우
3. 3개월 이상 휴업하였다가 다시 개업한 경우
4. 등록한 사항 중 가축의 종류 등 농림축산식품부령으로 정하는 중요한 사항을 변경한 경우(가축사육업을 등록한 자에게만 적용한다)

⑦ 국가나 지방자치단체는 제1항 및 제3항에 따라 축산업을 허가받거나 가축사육업을 등록하려는 자에 대하여 축사·장비 등을 갖추는 데 필요한 비용의 일부를 대통령령으로 정하는 바에 따라 지원할 수 있다. <신설 2018. 12. 31.>

⑧ 국가 또는 지방자치단체는 다음 각 호의 어느 하나에 해당하는 자가 대통령령으로 정하는 바에 따라 축사·장비 등과 사육방법 등을 개선하는 경우 이에 필요한 비용의 일부를 예산의 범위에서 지원할 수 있다. <신설 2018. 12. 31.>
1. 제1항에 따라 축산업의 허가를 받은 자
2. 제3항에 따라 가축사육업의 등록을 한 자 [전문개정 2012. 2. 22.]

| 축산법 시행령 제13조 (허가를 받아야 하는 가축사육업) |

법 제22조제1항제4호에서 "가축 종류 및 사육시설 면적이 대통령령으로 정하는 기준에 해당하는 가축사육업"이란 다음 각 호의 구분에 따른 가축사육업을 말한다.
1. 2015년 2월 22일 이전: 다음 각 목의 가축사육업
  가. 사육시설 면적이 600제곱미터를 초과하는 소 사육업
  나. 사육시설 면적이 1천제곱미터를 초과하는 돼지 사육업
  다. 사육시설 면적이 1천400제곱미터를 초과하는 닭 사육업
  라. 사육시설 면적이 1천300제곱미터를 초과하는 오리 사육업
2. 2015년 2월 23일부터 2016년 2월 22일까지: 다음 각 목의 가축사육업
  가. 사육시설 면적이 300제곱미터를 초과하는 소 사육업
  나. 사육시설 면적이 500제곱미터를 초과하는 돼지 사육업
  다. 사육시설 면적이 950제곱미터를 초과하는 닭 사육업

라. 사육시설 면적이 800제곱미터를 초과하는 오리 사육업
　3. 2016년 2월 23일 이후: 사육시설 면적이 50제곱미터를 초과하는 소·돼지·닭 또는 오리 사육업

| 축산법 시행령 제14조의3 (등록대상에서 제외되는 가축사육업) |

법 제22조제3항에 따라 등록하지 아니할 수 있는 가축사육업은 다음 각 호와 같다.
　1. 가축 사육시설의 면적이 10제곱미터 미만인 닭, 오리, 거위, 칠면조, 메추리, 타조 또는 꿩 사육업
　2. 말 등 농림축산식품부령으로 정하는 가축의 사육업

| 축산법 시행규칙 제27조의4 (등록대상에서 제외되는 가축사육업) |

영 제14조의3제2호에서 "말 등 농림축산식품부령으로 정하는 가축"이란 말, 노새, 당나귀, 토끼, 개, 꿀벌 및 그 밖에 제2조제4호에 따른 동물 중 농림축산식품부장관이 정하여 고시하는 가축을 말한다.

사례 1 　토지보상법 시행규칙 제45조 내지 제47조 규정에 해당하고 토지보상법 시행규칙 제49조제2항 각 호의 어느 하나에 해당하는 경우가 축산 보상 대상이 된다(2009. 11. 23. 토지정책과-5533)(유권해석)

질의요지
2018 토지수용 업무편람 발췌

1. 축산법 등 관계법령의 허가 등을 받지 아니하고 기준마리수 이상의 가축을 기르는 경우에 축산보상이 가능한지
2. 토지를 불법형질변경하고 무허가시설을 설치하여 기준마리수 이상의 가축을 기르는 경우에 축산보상이 가능한지

회신내용

「공익사업을 위한 토지 등의 취득 및 보상에 관한 법률(이하 "토지보상법"이라 한다)」시행규칙 제49조제1항에 의하면 제45조부터 제47조(제46조제3항 후단 및 제47조제5항 후단을 제외한다)까지의 규정은 축산업에 대한 손실의 평가에 관하여 이를 준용한다고 규정하고 있고, 토지보상법 시행규칙 제45조의 규정에 의하면 영업손실보상대상은 사업인정고시일 등 전부터 적법한 장소(무허가건축물등, 불법형질변경토지, 그 밖에 다른 법령에서 물건을 쌓아놓는 행위가 금지되는 장소가 아닌 곳을 말한다)에서 인적·물적시설을 갖추고 계속적으로 행하는 영업으로 규정하고 있습니다.(이하 단서 규정 생략)

따라서 토지보상법 시행규칙 제45조 내지 제47조 규정에 해당하고 토지보상법 시행규칙 제49조제2항 각 호의 어느 하나에 해당하는 경우가 축산 보상 대상이 된다고 보며, 개별적인 사례는 사업시행자가 「축산법」 등 관계법령의 검토 및 사실관계 등을 검토하여 판단하시기 바랍니다.

사례 2   축산업 보상은 '허가등을 받지 아니한 영업의 손실보상에 관한 특례'가 적용되지 않는다(2008. 04. 22. 토지정책과-587)(유권해석)

질의요지   2018 토지수용 업무편람 발췌

토지보상법시행규칙 제49조의 축산업 보상에 있어서 같은 규칙 제52조(허가 등을 받지 아니한 영업보상 특례)가 적용되는지 여부

회신내용

「공익사업을 위한 토지 등의 취득 및 보상에 관한 법률 시행규칙」제45조부터 제47조까지의 규정은 일반적인 영업보상에 대한 요건, 폐업·휴업보상에 대한 평가기준 등을 규정하고 있습니다. 축산업에 대한 보상은 같은 규칙 제49조에 별도로 규정하고 있고 같은 규칙 제45조부터 제47까지의 일반적인 보상기준을 준용하되, 폐·휴업의 최저보상 기준을 규정하고 있는 같은 규칙 제46조제3항 후단 및 제47조제5항 후단은 축산업 보상에서 적용을 배제하고 있습니다. 따라서 입법취지를 감안할 때 축산업에 대한 보상기준은 같은 규칙 제49조의 규정에 따라야 하며 같은 규칙 제52조는 영업보상에 대한 별도규정이 없는 일반영업 보상에 적용되는 규정으로 보는 것이 타당하다고 봅니다.

사례 3   가축의 이전비가 물건의 가액을 초과하면 물건의 가액으로 보상한다(2014. 10. 02. 감정평가기준팀-3434)(질의회신)

질의요지   2018 토지수용 업무편람 발췌

축산보상액 산정시 앵무새 이전에 따른 폐사 및 장기간 산란중단으로 인하여 이전비 및 이전에 따른 감손상당액이 앵무새 물건의 가격을 초과하는 경우 물건의 가격 및 매각손실액으로 산정할 수 있는지 여부를 판단하여 주시기 바랍니다.

회신내용

「토지보상법 시행규칙」제45조부터 제47조에서는 "영업시설·원재료·제품 및 상품의 이전에 소요되는 비용 및 그 이전에 따른 감손상당액"이 해당 물건의 가격보다 큰 경우에는 해당 물건의 가격으로 보상한다는 명문의 규정은 없지만, 「토지보상법」제75조의 규정은 지장물과 관련된 기본적인 보상원칙이므로, 「토지보상법 시행규칙」제45조 내지 제47조에도 적용된다고 볼 것입니다. 또한, 「감정평가실무기준」[840-6.5]에서도 "영업시설등의 이전에 드는 비용(이하 "이전비"라 한다)은 해체·운반·재설치 및 시험가동 등에 드는 일체의 비용으로 하되, 개량 또는 개선비용은 포함하지 아니한다.

이 경우 이전비가 그 물건의 취득가액을 초과하는 경우에는 그 취득가액을 이전비로 본다"고 규정하고 있으므로 동 기준에 의하여서도 "이전비 및 이전에 따른 감손상당액이 물건의 가격을 초과하는 경우"에는 해당 물건의 취득가액으로 보상액을 산정할 수 있을 것입니다. 상기의 제 규정을 종합하여 볼 때, 축산보상액 산정시 '앵무새 이전에 따른 폐사 및 장기간 산란중단'으로 인하여 '이전비 및 이전에 따른 감손상당액이 앵무새 물건의 가격을 초과하는 경우'라면 물건의 가격 및 매각손실액으로 산정할 수 있을 것으로 판단됩니다.

재결례

▮ 재결례 ▮ 축산업 폐업보상 요청을 기각한 사례

[중토위 2017. 1. 19.]

재결요지

000은 축산업 폐업보상을 하여 달라는 주장에 대하여

법 시행규칙 제46조 제2항에 의하면 영업의 폐지는 영업장소 또는 배후지의 특수성으로 인하여 당해 영업소가 소재하고 있는 시·군·구 또는 인접하고 있는 시·군·구의 지역안의 다른 장소에 이전하여서는 당해 영업을 할 수 없는 경우, 당해 영업소가 소재하고 있는 시·군·구 또는 인접하고 있는 시·군·구의 지역안의 다른 장소에서는 당해 영업의 허가등을 받을 수 없는 경우, 도축장 등 악취 등이 심하여 인근주민에게 혐오감을 주는 영업시설로서 해당 영업소가 소재하고 있는 시·군·구 또는 인접하고 있는 시·군·구의 지역안의 다른 장소로 이전하는 것이 현저히 곤란하다고 특별자치도지사·시장·군수 또는 구청장이 객관적인 사실에 근거하여 인정하는 경우로 한다고 규정하고 있고,

축산업 폐업보상과 관련하여 대법원은 「영업손실에 관한 보상의 경우 영업의 폐지로 볼 것인지 아니면 영업의 휴업으로 볼 것인지를 구별하는 기준은……(중략), 축산의 이전 신축에 대한 특별한 법령상의 장애사유가 없는 한 이전·신축될 경우 악취, 해충발생, 농경지 오염 등 환경공해를 우려한 주민들의 반대가 있을 가능성이 있다고 하더라도 그러한 가정적인 사정만으로 축산업을 인접지역으로 이전하는 것이 현저히 곤란하다고 단정하기는 어렵다고 할 것이다.」(대법원 2002. 10. 8. 선고 2002두5498 판결 참조)고 판시하고 있다.

관계자료(00시·00시 의견 회신문서 등)를 검토한 결과,

이의신청인이 축산업을 영위하고 있는 소재지의 인접 00시와 00시는 축산업이전이 가능하다고 회신하고 있고 인접 시·군으로 이전하여서는 당해 영업을 할 수 없다는 증빙도 제출되지 아니 하였는바, 법 시행규칙 제46조제2항에서 정하고 있는 폐업보상의 요건에 해당하지 않으므로 소유자의 주장은 받아들일 수 없다.

판 례

┃ 판례 1 ┃ 축산보상대상여부 판단기준

[대법원 2009. 12. 10. 선고 2007두10686]

판결요지

구 축산법 시행규칙(2004. 2. 14. 농림부령 제1460호로 개정되기 전의 것) 제24조 제1항 제2호는 '종계 1천 수 이상의 종계업을 영위하고자 하는 자는 그에 필요한 시설을 갖추어 시장·군수에게 신고하여야 한다'고 규정하고 있다. 그런데 원심판결 이유 및 원심이 적법하게 채택한 증거에 의하면, 원고는 종계 12,960수를 사육하여 종란을 생산하는 종계업을 영위하면서 관할 시장·군수에게 위와 같은 규정에 따른 종계업 신고를 하지 아니한 사실을 알 수 있으므로, 공특법 시행규칙 제25조의3 제1항 제2호에 따라 이 사건 종계업은 휴업보상의 대상이 되는 영업에서 제외된다. 그럼에도, 원심은 종계업 신고 여부는 휴업보상에 장애가 되지 아니한다며 종계업을 기초로 하여 휴업보상 기간을 산출하고 그에 따른 보상금액을 확정하였으니, 원심판결에는 미신고 영업의 보상에 관한 법리를 오해하여 판결에 영향을 미친 위법이 있다.

라. 휴직 또는 실직보상

┃ 토지보상법 제77조 (영업의 손실 등에 대한 보상) ┃

③ 휴식하거나 실식하는 근로자의 임금손실에 대하여는 「근로기준법」에 따른 평균임금 등을 고려하여 보상하여야 한다.

┃ 토지보상법 시행규칙 제51조 (휴직 또는 실직보상) ┃

사업인정고시일등 당시 공익사업시행지구안의 사업장에서 3월 이상 근무한 근로자(「소득세법」에 의한 소득세가 원천징수된 자에 한한다)에 대하여는 다음 각호의 구분에 따라 보상하여야 한다.

1. 근로장소의 이전으로 인하여 일정기간 휴직을 하게 된 경우 : 휴직일수(휴직일수가 120일을 넘는 경우에는 120일로 본다)에 「근로기준법」에 의한 평균임금의 70퍼센트에 해당하는 금액을 곱한 금액. 다만, 평균임금의 70퍼센트에 해당하는 금액이 「근로기준법」에 의한 통상임금을 초과하는 경우에는 통상임금을 기준으로 한다.
2. 근로장소의 폐지 등으로 인하여 직업을 상실하게 된 경우 : 「근로기준법」에 의한 평균임금의 120일분에 해당하는 금액

┃ 근로기준법 제2조 (정의) ┃

① 이 법에서 사용하는 용어의 뜻은 다음과 같다. <개정 2018. 3. 20.>
  6. "평균임금"이란 이를 산정하여야 할 사유가 발생한 날 이전 3개월 동안에 그 근로자에게 지급된 임금의 총액을 그 기간의 총일수로 나눈 금액을 말한다. 근로자가 취업한 후 3개월 미만인 경우도 이에 준한다.
② 제1항제6호에 따라 산출된 금액이 그 근로자의 통상임금보다 적으면 그 통상임금액을 평균임금으로 한다.

┃ 근로기준법 시행령 제6조 (통상임금) ┃

① 법과 이 영에서 "통상임금"이란 근로자에게 정기적이고 일률적으로 소정(所定)근로 또는 총 근로에 대하여 지급하기로 정한 시간급 금액, 일급 금액, 주급 금액, 월급 금액 또는 도급 금액을 말한다.

사례 1 사업장이 영업보상대상이 아니어도 휴직 또는 실직보상이 가능하다(2010.3.15. 토지정책과-1460)(유권해석)

질의요지   2018 토지수용 업무편람 발췌

사업장이 영업보상대상이어야만 그 사업장의 근로자가 휴직 또는 실직보상 대상에 해당되는지 여부?

회신내용

당해 사업장의 근로장소가 이전 또는 폐지되고 당해 사업지구 안에 3월 이상 소득세가 원천징수된 근로자라면 휴직 또는 실직보상 대상이라고 보나, 개별적인 사례는 사업시행자가 사실관계 등을 조사하여 판단·결정할 사항이라고 봅니다.

사례 2 공익사업에 따른 휴직 등 보상은 소득세가 원천징수된 자에 한하여 보상한다(2018. 9. 12. 토지정책과-5846)(유권해석)

질의요지   2018 토지수용 업무편람 발췌

주차장 건립사업에 편입된 건축물의 사업장에서 5명이 근무하고 있으며, 1명은 근로소득 원천징수 영수증이 발급되지 않고, 4명은 급여 등을 받으며 부가가치세와 종합소득세를 납부하고 있는 경우 휴직 등 보상대상이 되는지와 보상에 따른 제출서류는

회신내용

「공익사업을 위한 토지등의 취득 및 보상에 관한 법률(이하 "토지보상법"이라한다)」 시행규칙 제51조의 규정에 의하면 사업인정고시일등 당시 공익사업시행지구안의 사업장에서 3월 이상 근무한 근로자(「소득세법」에 의한 소득세가 원천징수된 자에 한한다)에 대하여는 근로장소의 이전으로 인하여 일정기간 휴직을 하게 된 경우 또는 근로장소의 폐지 등으로 인하여 직업을 상실하게 된 경우 보상하여야 한다고 규정하고 있습니다.

따라서, 공익사업에 따른 휴직 등 보상은 위 규정에 따라 소득세가 원천징수된 자에 한하여 보상하여야 할 것으로 보며, 토지보상법령에서는 보상 시 필요한 서류에 대하여 따로이 규정하고 있지 않은 바, 이에 대하여는 민법 등 관계법령 및 필요여부 등을 검토하여 판단할 사항으로 봅니다.

| 재결례 |

┃ 재결례 ┃ 휴업보상을 받은 영업주의 자진폐업으로 피고용인들이 실직을 한 경우에 피고용인들은 휴직보상을 받을 수 없다.

[중토위 2018. 9. 20.]

재결요지

관계자료(수용재결서, 이의신청서, 사업시행자의견서 등)를 검토한 결과, 이 건 영업장은 2012. 12. 17. 수용재결되어 운영자에게 영업손실보상(휴업)금이 지급되었으나 다른 장소로 이전하지 않고 상당기간 영업행위를 지속하던 중 명도소송을 통해 강제집행된 후 자진 폐업신고(2014. 6. 25.)가 되었고, 이의신청인들은 위 기간동안(2012. 12. 27.~2014. 6. 25.) 이 건 영업장에서 휴직하지 않고 계속하여 근무한 것으로 확인된다.

따라서, 이의신청인들의 실직은 이 건 영업장의 운영자(ㅇㅇㅇㅇㅇ금고)가 스스로 폐업을 결정함으로써 발생하였다고 보이는 점, 이의신청인들의 실직이 이 건 영업장의 휴업보상 기간(4개월)을 훨씬 경과한 시점(수용재결일로부터 1년6월이상)에서 발생한 점, 이의신청인들이 이 건 영업장의 폐업일까지 휴직없이 계속하여 근무한 점, 이 건 영업장이 휴업보상 대상인 점 등을 고려할 때 이의신청인들의 실직이 이 건 사업과 상당한 인과관계가 있다고 보기 어려운 점 등을 고려하고, 달리 이의신청인들의 실직을 휴직보상 대상으로 볼만한 사정이 없으므로 이의신청인들의 주장은 받아들일 수 없다.

마. 사업폐지 등에 대한 보상

┃ 토지보상법 시행규칙 제57조 (사업폐지 등에 대한 보상) ┃

공익사업의 시행으로 인하여 건축물의 건축을 위한 건축허가 등 관계법령에 의한 절차를 진행중이던 사업 등이 폐지·변경 또는 중지되는 경우 그 사업 등에 소요된 법정수수료 그 밖의 비용 등의 손실에 대하여는 이를 보상하여야 한다.

| 재결례 |

┃ 재결례 ┃ 사업폐지 등으로 인한 손실보상은 재결대상이다.

[중토위 2017. 2. 23]

재결요지

사업폐지 등에 따른 골프장 조성에 투입된 손실을 보상하여 달라는 주장에 대하여 살펴본다. 법 시행규칙 제57조에 따르면 공익사업의 시행으로 인하여 건축물의 건축을 위한 건축허가 등 관계법령에 의한 절차를 진행중이던 사업 등이 폐지·변경 또는 중지되는 경우 그 사업에 소요된 법정수수료 그 밖의 비용 등의 손실에 대하여 보상하도록 되어 있다.

대법원은 '구 공익사업을 위한 토지 등의 취득 및 보상에 관한 법률(2007. 10. 17. 법률 제

8665호로 개정되기 전의 것, 이하 "구 공익사업법"이라 한다) 제79조 제2항, 법 시행규칙 제57조에 따른 사업폐지 등에 대한 보상청구권은 공익사업의 시행 등 적법한 공권력의 행사에 의한 재산상 특별한 희생에 대하여 전체적인 공평부담의 견지에서 공익사업의 주체가 손해를 보상하여 주는 손실보상의 일종으로 공법상 권리임이 분명하므로 그에 관한 쟁송은 민사소송이 아닌 행정소송절차에 의하여 한다. 또한 위 규정들과 구 공익사업법 제26조, 제28조, 제30조, 제34조, 제50조, 제61조, 제83조 내지 제85조의 규정 내용·체계 및 입법 취지 등을 종합하여 보면, 공익사업으로 인한 사업폐지 등으로 손실을 입게 된 자는 구 공익사업법 제34조, 제50조 등에 규정된 절차를 거친 다음 재결에 대하여 불복이 있는 때에 비로소 구 공익사업법 제83조 내지 제85조에 따라 권리구제를 받을 수 있다'고 판시하고 있다(대법원 2010다23210, 2012. 10. 11).

한편, 법 제84조제1항에 따르면 중앙토지수용위원회는 이의신청이 있는 경우 수용재결이 위법 또는 부당하다고 인정하는 때에는 그 재결의 전부 또는 일부를 취소하거나 보상액을 변경할 수 있다고 되어 있다.

위 판례 등의 취지를 고려할 때, 2014. 10. 8. 이의신청인이 사업시행자에게 재결신청청구한 사업폐지 등에 대한 보상청구권은 공법상 권리로서 행정소송에 의해서 권리구제를 받는 손실보상의 일종으로 재결의 대상이 됨에도 불구하고 2016. 2. 26. 중앙토지수용위원회에서 이의신청인의 사업폐지 등의 손실보상을 각하한 것은 부적법하므로 사업시행자의 수용재결신청을 각하한 수용재결을 취소하기로 한다.

8. 이주대책 등

가. 이주대책

| 토지보상법 제78조 (이주대책의 수립 등) |

① 사업시행자는 공익사업의 시행으로 인하여 주거용 건축물을 제공함에 따라 생활의 근거를 상실하게 되는 자(이하 "이주대책대상자"라 한다)를 위하여 대통령령으로 정하는 바에 따라 이주대책을 수립·실시하거나 이주정착금을 지급하여야 한다.
② 사업시행자는 제1항에 따라 이주대책을 수립하려면 미리 관할 지방자치단체의 장과 협의하여야 한다.
③ 국가나 지방자치단체는 이주대책의 실시에 따른 주택지의 조성 및 주택의 건설에 대하여는 「주택도시기금법」에 따른 주택도시기금을 우선적으로 지원하여야 한다.
④ 이주대책의 내용에는 이주정착지(이주대책의 실시로 건설하는 주택단지를 포함한다)에 대한 도로, 급수시설, 배수시설, 그 밖의 공공시설 등 통상적인 수준의 생활기본시설이 포함되어야 하며, 이에 필요한 비용은 사업시행자가 부담한다. 다만, 행정청이 아닌 사업시행자가 이주대책을 수립·실시하는 경우에 지방자치단체는 비용의 일부를 보조할 수 있다.
⑤ 제1항에 따라 이주대책의 실시에 따른 주택지 또는 주택을 공급받기로 결정된 권리는 소유권이전등기를 마칠 때까지 전매(매매, 증여, 그 밖에 권리의 변동을 수반하는 모든 행위를 포함하되, 상속은 제외한다)할 수 없으며, 이를 위반하거나 해당 공익사업과 관련하여 다음 각 호의 어느 하나에 해당하는 경우에 사업시행자는 이주대책의 실시가 아닌 이주정착금으로 지급하여야 한다. <신

설 2022. 2. 3.>
1. 제93조, 제96조 및 제97조제2호의 어느 하나에 해당하는 위반행위를 한 경우
2. 「공공주택 특별법」 제57조제1항 및 제58조제1항제1호의 어느 하나에 해당하는 위반행위를 한 경우
3. 「한국토지주택공사법」 제28조의 위반행위를 한 경우
⑥ 주거용 건물의 거주자에 대하여는 주거 이전에 필요한 비용과 가재도구 등 동산의 운반에 필요한 비용을 산정하여 보상하여야 한다. <개정 2022. 2. 3.>
⑦ 공익사업의 시행으로 인하여 영위하던 농업·어업을 계속할 수 없게 되어 다른 지역으로 이주하는 농민·어민이 받을 보상금이 없거나 그 총액이 국토교통부령으로 정하는 금액에 미치지 못하는 경우에는 그 금액 또는 그 차액을 보상하여야 한다. <개정 2013. 3. 23., 2022. 2. 3.>
⑧ 사업시행자는 해당 공익사업이 시행되는 지역에 거주하고 있는 「국민기초생활 보장법」 제2조제1호·제11호에 따른 수급권자 및 차상위계층이 취업을 희망하는 경우에는 그 공익사업과 관련된 업무에 우선적으로 고용할 수 있으며, 이들의 취업 알선을 위하여 노력하여야 한다. <개정 2022. 2. 3.>
⑨ 제4항에 따른 생활기본시설에 필요한 비용의 기준은 대통령령으로 정한다. <개정 2022. 2. 3.>
⑩ 제5항 및 제6항에 따른 보상에 대하여는 국토교통부령으로 정하는 기준에 따른다. <개정 2013. 3. 23., 2022. 2. 3.>

| 토지보상법 시행령 제41조의2 (생활기본시설의 범위 등) |

① 법 제78조제4항 본문에 따른 통상적인 수준의 생활기본시설은 다음 각 호의 시설로 한다.
1. 도로(가로등·교통신호기를 포함한다)
2. 상수도 및 하수처리시설
3. 전기시설
4. 통신시설
5. 가스시설
② 법 제78조제9항에 따라 사업시행자가 부담하는 생활기본시설에 필요한 비용(이하 이 조에서 "사업시행자가 부담하는 비용"이라 한다)은 다음 각 호의 구분에 따른 계산식에 따라 산정한다. <개정 2022. 5. 9.>
1. 택지를 공급하는 경우
    사업시행자가 부담하는 비용 = 해당 공익사업지구 안에 설치하는 제1항에 따른 생활기본시설의 설치비용 × (해당 이주대책대상자에게 유상으로 공급하는 택지면적 ÷ 해당 공익사업지구에서 유상으로 공급하는 용지의 총면적)
2. 주택을 공급하는 경우
    사업시행자가 부담하는 비용 = 해당 공익사업지구 안에 설치하는 제1항에 따른 생활기본시설의 설치비용 × (해당 이주대책대상자에게 유상으로 공급하는 주택의 대지면적 ÷ 해당 공익사업지구에서 유상으로 공급하는 용지의 총면적)
③ 제2항제1호 및 제2호에 따른 해당 공익사업지구 안에 설치하는 제1항에 따른 생활기본시설의 설치비용은 해당 생활기본시설을 설치하는 데 드는 공사비, 용지비 및 해당 생활기본시설의 설치와 관련하여 법령에 따라 부담하는 각종 부담금으로 한다. [전문개정 2013. 5. 28.] [시행일: 2022. 8. 4.] 제41조의2

| 토지보상법 시행령 제40조 (이주대책의 수립·실시) |

① 사업시행자가 법 제78조제1항에 따른 이주대책(이하 "이주대책"이라 한다)을 수립하려는 경우에는 미리 그 내용을 같은 항에 따른 이주대책대상자(이하 "이주대책대상자"라 한다)에게 통지하여야 한다.
② 이주대책은 국토교통부령으로 정하는 부득이한 사유가 있는 경우를 제외하고는 이주대책대상자 중 이주정착지에 이주를 희망하는 자의 가구 수가 10호(戶) 이상인 경우에 수립·실시한다. 다만, 사업시행자가 「택지개발촉진법」 또는 「주택법」 등 관계 법령에 따라 이주대책대상자에게 택지 또는 주택을 공급한 경우(사업시행자의 알선에 의하여 공급한 경우를 포함한다)에는 이주대책을 수립·실시한 것으로 본다.
③ 법 제4조제6호 및 제7호에 따른 사업(이하 이 조에서 "부수사업"이라 한다)의 사업시행자는 다음 각 호의 요건을 모두 갖춘 경우 부수사업의 원인이 되는 법 제4조제1호부터 제5호까지의 규정에 따른 사업(이하 이 조에서 "주된사업"이라 한다)의 이주대책에 부수사업의 이주대책을 포함하여 수립·실시하여 줄 것을 주된사업의 사업시행자에게 요청할 수 있다. 이 경우 부수사업 이주대책대상자의 이주대책을 위한 비용은 부수사업의 사업시행자가 부담한다.
  1. 부수사업의 사업시행자가 법 제78조제1항 및 이 조 제2항 본문에 따라 이주대책을 수립·실시하여야 하는 경우에 해당하지 아니할 것
  2. 주된사업의 이주대책 수립이 완료되지 아니하였을 것
④ 제3항 각 호 외의 부분 전단에 따라 이주대책의 수립·실시 요청을 받은 주된사업의 사업시행자는 법 제78조제1항 및 이 조 제2항 본문에 따라 이주대책을 수립·실시하여야 하는 경우에 해당하지 아니하는 등 부득이한 사유가 없으면 이에 협조하여야 한다.
⑤ 다음 각 호의 어느 하나에 해당하는 자는 이주대책대상자에서 제외한다.
  1. 허가를 받거나 신고를 하고 건축 또는 용도변경을 하여야 하는 건축물을 허가를 받지 아니하거나 신고를 하지 아니하고 건축 또는 용도변경을 한 건축물의 소유자
  2. 해당 건축물에 공익사업을 위한 관계 법령에 따른 고시 등이 있은 날부터 계약체결일 또는 수용재결일까지 계속하여 거주하고 있지 아니한 건축물의 소유자. 다만, 다음 각 목의 어느 하나에 해당하는 사유로 거주하고 있지 아니한 경우에는 그러하지 아니하다.
    가. 질병으로 인한 요양
    나. 징집으로 인한 입영
    다. 공무
    라. 취학
    마. 해당 공익사업지구 내 타인이 소유하고 있는 건축물에의 거주
    바. 그 밖에 가목부터 라목까지에 준하는 부득이한 사유
  3. 타인이 소유하고 있는 건축물에 거주하는 세입자. 다만, 해당 공익사업지구에 주거용 건축물을 소유한 자로서 타인이 소유하고 있는 건축물에 거주하는 세입자는 제외한다.
⑥ 제2항 본문에 따른 이주정착지 안의 택지 또는 주택을 취득하거나 같은 항 단서에 따른 택지 또는 주택을 취득하는 데 드는 비용은 이주대책대상자의 희망에 따라 그가 지급받을 보상금과 상계(相計)할 수 있다.

사례 1 이주정착지에 이주를 희망하는 자가 10호 이상인 경우에도 부득이한 사유가 있다면 이주대책을 수립하지 않을 수 있다(2018.8.8. 토지정책과-5092) (유권해석)

질의요지

1. 공익사업에 따른 이주대책 수립과 관련하여 이주대책대상자가 10호 이상인 경우에도 부득이한 사유가 있는 경우 이를 수립하지 않아도 되는지
2. 이주대책대상자가 10호 미만인 경우에도 이주대책을 수립·실시할 수 있는지

회신내용

1. 토지보상법에 따른 이주대책은 이주정착지에 이주를 희망하는 자가 10호 이상인 경우에도 상기 규정에 따라 부득이한 사유가 있다면 이주대책을 수립하지 않을 수 있을 것이며, 이 경우 이주정착금을 지급하면 될 것입니다.
2. 한편, 이주대책대상자가 10호 미만인 경우에는 반드시 수립·실시하여야 할 대상은 아니나, 개별적인 사례에 대하여는 사업시행자가 관계법령 및 사업추진 여건 등을 검토하여 결정하면 될 것으로 봅니다.

사례 2 이주대책 수립완료 시기는 이주대책대상자에게 통지한 때이다(2018. 8. 22. 토지정책과-5355)(유권해석)

질의요지

이주대책수립과 관련하여 "이주대책 수립이 완료"는 언제로 볼 수 있는지

회신내용

토지보상법 시행령 제40조제1항에서 사업시행자가 법 제78조제1항에 따른 이주대책(이하 "이주대책"이라 한다)을 수립하려는 경우에는 미리 그 내용을 같은 항에 따른 이주대책대상자(이하 "이주대책대상자"라 한다)에게 통지하도록 하고, 같은 조 제3항에서 부수사업의 사업시행자는 주된사업의 이주대책 수립이 완료되지 아니하였을 경우 주된사업의 이주대책에 부수사업의 이주대책을 포함하여 수립·실시하여 줄 것을 주된사업의 사업시행자에게 요청할 수 있다고 규정하고 있습니다.

토지보상법령에서는 이주대책과 관련하여 수립과 실시에 대하여 규정하고 있다고 보며, 주된사업의 사업시행자가 관련절차에 따라 이주대책을 수립한 후 이를 이주대책대상자에게 통지하였다면 수립이 완료된 것으로 보아야 할 것으로 보며, 기타 개별적인 사례에 대하여는 사업추진현황 및 이주대책 내용 등을 검토하여 판단할 사항으로 봅니다.

재결례

┃ 재결례 ┃ 관리사를 적법한 허가 등 없이 임의로 증축 또는 개축하여 주거용으로 사용하고 있는 경우 이주대책대상자가 아니다.

[중토위 2017. 7. 13.]

재결요지

OOO이 이주대책을 수립하여 달라는 주장에 대하여,

법 제78조제1항의 규정에 의하면 사업시행자는 공익사업의 시행으로 인하여 주거용 건축물을 제공함에 따라 생활의 근거를 상실하게 되는 자(이하 "이주대책대상자"라 한다)를 위하여 대통령령으로 정하는 바에 따라 이주대책을 수립·실시하거나 이주정착금을 지급하여야 한다고 규정되어 있고, 법 시행령 제40조제3항의 규정에 의하면 허가를 받거나 신고를 하고 건축 또는 용도변경을 하여야 하는 건축물을 허가를 받지 아니하거나 신고를 하지 아니하고 건축 또는 용도변경을 한 건축물의 소유자는 이주대책대상자에서 제외한다고 규정되어 있다.

관계 자료(사업시행자 의견서 등)를 검토한 결과, 이의신청인이 거주하고 는 건축물은 주거용 건축물인 주택 등이 아닌 관리사로서 해당 건축물을 적법한 허가 또는 신고 없이 임의로 증축 또는 개축하여 주거용으로 사용하고 있어 이주대책대상자가 아닌 것으로 확인되므로 이의신청인의 주장은 받아들일 수 없다.

판례

┃ 판례 1 ┃ 사업시행자는 이주대책의 수립에 대해 재량을 가진다.

[대법원 2013.12.26. 선고 2013두17701]

판결요지

공익사업법에서 이주대책 제도를 둔 취지, 각 규정의 문언 등을 종합하여 보면, 사업시행자는 공익사업법 시행규칙 제53조 제1항이 정한 사유가 있는 경우를 제외하고 이주대책 대상자 중 이주정착지에 이주를 희망하는 자가 10호 이상인 경우에 이주대책을 수립·실시하여야 하며, 이주대책기준을 정하여 이주대책 대상자 중에서 이주대책을 수립·실시하여야 할 자를 선정하여 그들에게 공급할 택지 또는 주택의 내용이나 수량을 정할 수 있고, 이를 정하는 데 있어 재량을 가지므로 이를 위해 사업시행자가 설정한 이주대책기준은 그것이 객관적으로 합리적이 아니라거나 타당하지 않다고 볼 만한 다른 특별한 사정이 없는 한 존중되어야 할 것이며, 이주대책 대상자 중에서 이주대책을 수립·실시하여야 할 자에 선정되지 아니하거나 이주대책 대상자 중 이주정착지가 아닌 다른 지역으로 이주하고자 하는 자에 대하여는 반드시 이주정착금을 지급하여야 할 것이다(대법원 2009. 3. 12. 선고 2008두12610 판결 등 참조).

판례 2 | 이주대책으로 관련 법령에 따라 주택 등을 특별공급한 경우에도 생활기본시설 비용은 사업시행자가 부담하여야 한다.

[대법원 2011.6.23 선고 2007다63089,63096]

판결요지

사업시행자가 구 공익사업법 시행령 제40조 제2항 단서에 따라 택지개발촉진법 또는 주택법 등 관계 법령에 의하여 이주대책대상자들에게 택지 또는 주택을 공급(이하 '특별공급'이라 한다)하는 것도 구 공익사업법 제78조 제1항의 위임에 근거하여 사업시행자가 선택할 수 있는 이주대책의 한 방법이므로, 특별공급의 경우에도 이주정착지를 제공하는 경우와 마찬가지로 사업시행자의 부담으로 같은 조 제4항이 정한 생활기본시설을 설치하여 이주대책대상자들에게 제공하여야 한다고 보아야 하고, 이주대책대상자들이 특별공급을 통해 취득하는 택지나 주택의 시가가 공급가액을 상회하여 그들에게 시세차익을 얻을 기회나 가능성이 주어진다고 하여 달리 볼 것은 아니다.

판례 3 | 세입자를 이주대책 대상자에서 제외했다고 하여 세입자의 재산권이나, 평등권을 침해 한 것은 아니다.

[헌법재판소 2006.2.23. 선고 2004헌마19]

결정요지

1. 이주대책은 헌법 제23조제3항에 규정된 정당한 보상에 포함되는 것이라기보다는 이에 부가하여 이주자들에게 종전의 생활 상태를 회복시키기 위한 생활보상의 일환으로서 국가의 정책적인 배려에 의하여 마련된 제도라고 볼 것이다. 따라서 이주대책의 실시 여부는 입법자의 입법 정책적 재량의 영역에 속하므로 「공익사업을 위한 토지 등의 취득 및 보상에 관한 법률 시행령」 제40조제3항제3호(이하 '이 사건 조항'이라 한다)가 이주대책의 대상자에서 세입자를 제외하고 있는 것이 세입자의 재산권을 침해하는 것이라 볼 수 없다.
2. 소유자와 세입자는 생활근거의 상실 정도에 있어서 차이가 있는 점, 세입자에 대해서 주거이전비와 이사비가 보상되고 있는 점을 고려할 때, 입법자가 이주대책 대상자에서 세입자를 제외하고 있는 이 사건 조항을 불합리한 차별로서 세입자의 평등권을 침해하는 것이라 볼 수는 없다.

판례 4 | 허가나 신고를 하지 않고 주거용을 용도변경한 건축물의 소유자는 이주대책대상자에 포함되지 않는다.

[대법원 2013.10.24. 선고 2011두26893]

판결요지

구 공익사업법에 의한 이주대책 제도 및 주거이전비 보상 제도는 공익사업의 시행으로 생활근거를 상실하게 되는 이를 위하여 종전의 생활상태를 원상으로 회복시키면서 동시에 인간다운 생활을 보장하여 주기 위한 이른바 생활보상의 일환으로 국가의 적극적이고 정책적인 배려에 의하여 마련된 제도로서 건물 및 그 부속물에 대한 손실보상 외에는 별도의 보상이 이루어지지 아니하는 주거용 건축물의 철거에 따른 생활보상적 측면이 있다는 점을 비롯하여 위 각 법규정의 문언, 내용 및 입법 취지 등을 종합하여 보면, 구 공익사업법 시행령 제40조 제3항 제2호에 따른 공익사업을 위한 관계 법령에 의한 고시 등이 있은 날 당시를 기준으로 공부상 주거용 용도가 아닌 건축물을 허가를 받거나 신고를 하는 등 적법한 절차에 의하지 아니하고 임의로 주거용으로 용도를 변경하여 사용하는 이는 구 공익사업법 시행령 제40조 제3항 제1호와 구 공익사업법 시행규칙 제24조, 제54조 제1항 단서에서 정하는 '허가를 받거나 신고를 하고 건축하여야 하는 건축물을 허가를 받지 아니하거나 신고를 하지 아니하고 건축한 건축물의 소유자'에 포함되는 것으로 해석함이 타당하다(대법원 2011. 6. 10. 선고 2010두26216 판결 등 참조).

판례 5 | 사용승인을 받지 않은 주거용 건축물이라 하여 이주대책 대상에서 제외한 것은 위법하다.

[대법원 2013.8.23 선고 2012두24900]

판결요지

공공사업의 시행에 따라 생활의 근거를 상실하게 되는 이주자들에 대하여는 가급적 이주대책의 혜택을 받을 수 있도록 하는 것이 공익사업을 위한 토지 등의 취득 및 보상에 관한 법률이 규정하고 있는 이주대책제도의 취지에 부합하는 점, 구 공익사업을 위한 토지 등의 취득 및 보상에 관한 법률 시행령(2011. 12. 28. 대통령령 제23425호로 개정되기 전의 것, 이하 '구 공익사업법 시행령'이라 한다) 제40조 제3항 제1호는 무허가건축물 또는 무신고건축물의 경우를 이주대책대상에서 제외하고 있을 뿐 사용승인을 받지 않은 건축물에 대하여는 아무런 규정을 두고 있지 않은 점, 건축법은 무허가건축물 또는 무신고건축물과 사용승인을 받지 않은 건축물을 요건과 효과 등에서 구별하고 있고, 허가와 사용승인은 법적 성질이 다른 점 등의 사정을 고려하여 볼 때, 건축허가를 받아 건축되었으나 사용승인을 받지 못한 건축물의 소유자는 그 건축물이 건축허가와 전혀 다르게 건축되어 실질적으로는 건축허가를 받은 것으로 볼 수 없는 경우가 아니라면 구 공익사업법 시행령 제40조 제3항 제1호에서 정한 무허가건축물의 소유자에 해당하지 않는다는 이유로 갑을 이주대책대상자에서 제외한 위 처분이 위법하다고 본 원심판단을 정당하다고 한 사례.

판례 6 | 사업시행자는 이주대책대상자의 범위를 확대할 수 있으나, 확대된 이주대책대상자에게 생활기본시설을 설치하여 줄 의무는 없다.

[대법원 2014.9.4. 선고 2012다109811]

판결요지

사업시행자가 위 법령에서 정한 이주대책대상자의 범위를 확대하는 기준을 수립하여 실시하는 것은 허용된다(대법원 2009. 9. 24. 선고 2009두9819 판결 참조).
다만 사업시행자가 공익사업법 제78조 제1항, 공익사업법 시행령 제40조 제3항이 정한 이주대책대상자의 범위를 넘어 미거주 소유자까지 이주대책대상자에 포함시킨다고 하더라도, 법령에서 정한 이주대책대상자가 아닌 미거주 소유자에게 제공하는 이주대책은 법령에 의한 의무로서가 아니라 시혜적인 것으로 볼 것이므로, 사업시행자가 이러한 미거주 소유자에 대하여도 공익사업법 제78조 제4항에 따라 생활기본시설을 설치하여 줄 의무를 부담한다고 볼 수는 없다.

▌판례 7▐ 사업시행자가 이주대책대상자에서 제외시키는 거부조치를 한 경우에는 항고소송으로 다툴 수 있음

[대법원 2014.2.27 선고 2013두10885]

판결요지

공익사업을 위한 토지 등의 취득 및 보상에 관한 법률상의 공익사업시행자가 하는 이주대책대상자 확인·결정은 구체적인 이주대책상의 수분양권을 부여하는 요건이 되는 행정작용으로서의 처분이지 이를 단순히 절차상의 필요에 따른 사실행위에 불과한 것으로 평가할 수는 없다. 따라서 수분양권의 취득을 희망하는 이주자가 소정의 절차에 따라 이주대책대상자 선정신청을 한 데 대하여 사업시행자가 이주대책대상자가 아니라고 하여 위 확인·결정 등의 처분을 하지 않고 이를 제외시키거나 거부조치한 경우에는, 이주자로서는 사업시행자를 상대로 항고소송에 의하여 제외처분이나 거부처분의 취소를 구할 수 있다. 나아가 이주대책의 종류가 달라 각 그 보장하는 내용에 차등이 있는 경우 이주자의 희망에도 불구하고 사업시행자가 요건 미달 등을 이유로 그중 더 이익이 되는 내용의 이주대책대상자로 선정하지 않았다면 이 또한 이주자의 권리의무에 직접적 변동을 초래하는 행위로서 항고소송의 대상이 된다.

▌판례 8▐ 사업시행자가 생활기본시설 설치비용을 이주대책대상자에게 전가한 경우는 부당이득으로 반환하여야 한다.

[대법원 2014.8.20. 선고 2014다6572]

판결요지

구 공익사업을 위한 토지 등의 취득 및 보상에 관한 법률(2007. 10. 17. 법률 제8665호로 개정되기 전의 것) 제78조에 따르면, 사업시행자는 공익사업의 시행으로 인하여 주거용 건축물을 제공함에 따라 생활의 근거를 상실하게 되는 자(이하 '이주대책대상자'라 한다)를 위하여 대통령령이 정하는 바에 따라 이주대책을 수립·실시하거나 이주정착금을 지급하여야 하는데(제1항), 이주대책의 내용에는 이주정착지에 대한 도로·급수시설·배수시설 그 밖의 공공시설 등 당해 지역조건에 따른 생활기본시설이 포함되어야 하고, 이에 필요한 비용은 사업시행자가 부담하여야 한다(제4항 본문). 따라서 사업시행자는 자신이 부담하여야 하는 생활기본시설 설치비용을 이주대책대상자에게 전가한 경우에 이를 부당이득으로 반환할 의무가 있다.

▌판례 9▐ 생활기본시설 설치비용에는 사업지구 밖에 설치하는 도로에 관한 부담금 등 비용은 포함되지 않는다.

[대법원 2014.3.13. 선고 2012다89382]

판결요지

공익사업법 제78조 제4항 본문에 따른 '통상적인 수준의 생활기본시설'이란 도로(가로등·교통신호기를 포함한다)(제1호), 상수도 및 하수처리시설(제2호), 전기시설(제3호), 통신시설(제4호), 가스시설(제5호)을 말하고, 같은 조 제2항 및 제3항에 따르면, 사업시행자가 부담하는 생활기본시설에 필요한 비용은 해당 공익사업지구 안에 설치하는 생활기본시설의 설치비용, 즉 해당 생활기본시설을 설치하는 데 소요되는 공사비, 용지비 및 해당 생활기본시설의 설치와 관련하여 법령에 의하여 부담하는 각종 부담금으로 한정하고 있다. 이러한 사정들에 비추어 보면, 특별한 사정이 없는 한 사업지구 밖에 설치하는 도로에 관한 부담금 등 비용은 생활기본시설 설치비용에 포함되지 않는다고 보아야 한다.

┃ **판례 10** ┃ **생활기본시설로서의 도로에는 주택단지 안의 도로를 당해 주택단지 밖에 있는 동종의 도로에 연결시키는 도로 모두가 포함된다.**

[대법원 2014.1.16. 선고 2012다37374,37381]

판결요지

구 주택법령의 내용과 아울러 간선시설인 도로의 역할 및 효용에다가 앞에서 본 이주대책대상자들에게 생활의 근거를 마련해 주려는 구 공익사업법 내지 위 전원합의체 판결의 취지를 보태어 보면, 이 사건과 같은 공익사업인 택지개발사업지구 내에서 주택건설사업이나 대지조성사업을 시행하는 사업주체가 이주 대책대상자에게 생활기본시설로서 제공하여야 하는 도로는 그 길이나 폭을 불문하고 구 주택법의 위 규정들에서 설치에 관하여 직접적으로 규율하고 있고 사업주체가 그 설치의무를 지는 구 주택법 제2조 제8호에서 정하고 있는 간선시설에 해당하는 도로, 즉 주택단지 안의 도로를 당해 주택단지 밖에 있는 동종의 도로에 연결시키는 도로를 모두 포함한다고 할 것이다

재건축초과이익환수에관한법률 제7조 (부과기준) 재건축부담금의 부과기준은 종료시점 부과대상 주택의 가격 총액(다만, 부과대상 주택 중 일반분양분의 종료시점 주택가액은 분양시점 분양가격의 총액으로 하며, 이하 "종료시점 주택가액"이라 한다)에서 다음 각 호의 모든 금액을 공제한 금액으로 한다.
1. 개시시점 부과대상 주택의 가격 총액(이하 "개시시점 주택가액"이라 한다)
2. 부과기간 동안의 개시시점 부과대상 주택의 정상주택가격상승분 총액
3. 제11조의 규정에 의한 개발비용 등

◇ 재건축부담금의 산정방식
  재건축부담금(초과이익) = {준공시점의 주택가격 - (추진위원회 승인시점 주택가격 + 개발비용 + 정상집값상승분)} x 부담률

◇ 개발비용등
  재건축초과이익환수에관한법률 제11조 (개발비용 등의 산정) ① 제7조제3호의 규정에 의한 개발비용은 해당 주택재건축사업의 시행과 관련하여 지출된 다음 각 호의 금액을 합하여 산출한다. <개정 2012.12.18>
    1. 공사비, 설계감리비, 부대비용 및 그 밖의 경비

   2. 관계법령의 규정 또는 인가 등의 조건에 의하여 납부의무자가 국가 또는 지방자치단체에 납부한 제세공과금
   3. 관계법령의 규정 또는 인가 등의 조건에 의하여 납부의무자가 공공시설 또는 토지 등을 국가 또는 지방자치단체에 제공하거나 기부한 경우에는 그 가액. 다만, 그 대가로 「국토의 계획 및 이용에 관한 법률」 및 「도시 및 주거환경정비법」에 따라 용적률 등이 완화된 경우에는 그러하지 아니하다.
   4. 삭제 <2012. 12. 18>
   5. 그 밖에 대통령령이 정하는 사항
② 제1항 각 호의 산정방법 등에 관하여 필요한 사항은 대통령령으로 정한다.

재건축초과이익환수에관한법률 시행령 제9조 (개발비용의 산정) ① 법 제11조제1항제5호에서 "대통령령이 정하는 사항"이란 다음 각 호의 사항을 말한다. <개정 2010. 3. 4.>
   1. 주택재건축조합(추진위원회를 포함한다)의 운영과 관련된 경비
   2. 「도시 및 주거환경정비법」 제30조의3에 따른 재건축소형주택 건설과 관련된 비용
② 법 제11조제1항 각 호의 금액에 대한 구체적인 구성항목은 별표와 같다.

◇ 이주비금융비용
이주비금융비용 = 이주비총액 x 시중은행금리/12월 x 이주기간

◇ 재개발사업의 세입자 주거이전비
도시및주거환경정비법 시행규칙 제9조의2 (손실보상 등) ② 제1항에 따라 영업손실을 보상하는 경우 「공익사업을 위한 토지 등의 취득 및 보상에 관한 법률 시행규칙」 제45조제1호의 사업인정고시일등은 영 제11조에 따른 공람공고일로 본다. <신설 2012. 8. 2.>

나. 이주정착금

| **토지보상법 시행령 제41조 (이주정착금의 지급)** |

사업시행자는 법 제78조제1항에 따라 다음 각 호의 어느 하나에 해당하는 경우에는 이주대책대상자에게 국토교통부령으로 정하는 바에 따라 이주정착금을 지급하여야 한다.
   1. 이주대책을 수립·실시하지 아니하는 경우
   2. 이주대책대상자가 이주정착지가 아닌 다른 지역으로 이주하려는 경우

| **토지보상법 시행규칙 제53조 (이주정착금 등)** |

① 영 제40조제2항에서 "국토교통부령이 정하는 부득이한 사유"라 함은 다음 각호의 1에 해당하는 경우를 말한다.
   1. 공익사업시행지구의 인근에 택지 조성에 적합한 토지가 없는 경우
   2. 이주대책에 필요한 비용이 당해 공익사업의 본래의 목적을 위한 소요비용을 초과하는 등 이주대책의 수립·실시로 인하여 당해 공익사업의 시행이 사실상 곤란하게 되는 경우
② 영 제41조의 규정에 의한 이주정착금은 보상대상인 주거용 건축물에 대한 평가액의 30퍼센트에 해당하는 금액으로 하되, 그 금액이 6백만원 미만인 경우에는 6백만원으로 하고, 1천2백만원을 초과하는 경우에는 1천2백만원으로 한다.

> **사례 1** 이주대책대상자가 이축허가를 받아 이전하는 경우에도 이주정착금을 지급하여야 한다
> (2015. 05. 14. 토지정책과-3428)(유권해석)

질의요지

2018 토지수용 업무편람 발췌

이주대책대상자로 선정된 자가 「개발제한구역의 지정 및 관리에 관한 특별법」 제12조제1항에 따라 이축허가를 받아 이전하는 경우 이주정착금을 지급하여야 하는지 여부

회신내용

토지보상법 시행령 제41조제2호는 사업시행자는 토지보상법 제78조제1항에 따라 이주대책대상자가 이주정착지가 아닌 다른 지역으로 이주하려는 경우에는 이주대책대상자에게 국토교통부령으로 정하는 바에 따라 이주정착금을 지급하도록 하고 있습니다.

따라서 공익사업의 시행에 따른 이주대책대상자가 이주정착지가 아닌 다른 지역으로 이주하는 경우라면 이주정착금을 지급하여야 한다고 보며, 개별적인 사례에 대하여는 사업시행자가 관계법령 및 사실관계를 조사·검토하여 판단할 사항입니다.

판 례

판례 1 │ 이주정착금 지급대상자도 이주대책대상자의 요건을 구비하여야 한다.

[대법원 2016.12.15. 선고 2016두49754]

판결요지

주택재개발정비사업구역 지정을 위한 공람공고 당시 사업구역에 위치한 자신 소유의 주거용 건축물에 거주하던 중 분양신청을 하고 그에 따른 이주의무를 이행하기 위해 정비구역 밖으로 이주한 후 乙 주택재개발정비사업조합과의 분양계약 체결을 거부함으로써 현금청산대상자가 된 甲이 乙 조합을 상대로 이주정착금의 지급을 청구한 사안에서, 甲은 조합원으로서 정비사업의 원활한 진행을 위하여 정비구역 밖으로 이주하였다가 자신의 선택으로 분양계약 체결신청을 철회하고 현금청산대상자가 된 것에 불과하므로, 도시 및 주거환경정비법 시행령 제44조의2 제1항에서 정한 '질병으로 인한 요양, 징집으로 인한 입영, 공무, 취학 그 밖에 이에 준하는 부득이한 사유로 인하여 거주하지 아니한 경우'에 해당한다고 보기 어려워 甲이 도시 및 주거환경정비법상 이주정착금 지급자로서의 요건을 갖추지 않았음에도, 이와 달리 본 원심판단에 법리를 오해한 잘못이 있다고 한 사례

다. 주거이전비

│ **토지보상법 시행규칙 제54조 (주거이전비의 보상)** │

① 공익사업시행지구에 편입되는 주거용 건축물의 소유자에 대하여는 해당 건축물에 대한 보상을 하는 때에 가구원수에 따라 2개월분의 주거이전비를 보상하여야 한다. 다만, 건축물의 소유자가 해

당 건축물 또는 공익사업시행지구 내 타인의 건축물에 실제 거주하고 있지 아니하거나 해당 건축물이 무허가건축물등인 경우에는 그러하지 아니하다.
② 공익사업의 시행으로 인하여 이주하게 되는 주거용 건축물의 세입자(법 제78조제1항에 따른 이주대책대상자인 세입자는 제외한다)로서 사업인정고시일등 당시 또는 공익사업을 위한 관계법령에 의한 고시 등이 있은 당시 해당 공익사업시행지구안에서 3개월 이상 거주한 자에 대하여는 가구원수에 따라 4개월분의 주거이전비를 보상하여야 한다. 다만, 무허가건축물등에 입주한 세입자로서 사업인정고시일등 당시 또는 공익사업을 위한 관계법령에 의한 고시 등이 있은 당시 그 공익사업지구 안에서 1년 이상 거주한 세입자에 대하여는 본문에 따라 주거이전비를 보상하여야 한다.
③ 제1항 및 제2항에 따른 주거이전비는 「통계법」 제3조제3호에 따른 통계작성기관이 조사·발표하는 가계조사통계의 도시근로자가구의 가구원수별 월평균 명목 가계지출비(이하 이 항에서 "월평균 가계지출비"라 한다)를 기준으로 산정한다. 이 경우 가구원수가 5인인 경우에는 5인 이상 기준의 월평균 가계지출비를 적용하며, 가구원수가 6인 이상인 경우에는 5인 이상 기준의 월평균 가계지출비에 5인을 초과하는 가구원수에 다음의 산식에 의하여 산정한 1인당 평균비용을 곱한 금액을 더한 금액으로 산정한다.
1인당 평균비용 = (5인 이상 기준의 도시근로자가구 월평균 가계지출비 − 2인 기준의 도시근로자가구 월평균 가계지출비) ÷ 3

사례 1 주거이전비도 재결사항이다(행정심판 재결 사건 04-15959)(유권해석)

질의요지 2018 토지수용 업무편람 발췌

청구인이 2004. 11. 24. 제기한 심판청구에 대하여 2005년도 제9회 국무총리행정심판위원회는 주문과 같이 의결한다.

주 문

피청구인이 2004. 11. 8. 청구인에 대하여 한 재결신청의 청구에 대한 거부처분은 이를 취소하고 청구인의 재결신청의 청구에 대하여 토지수용위원회에 재결을 신청하라.

이 유

관계법령 및 위 인정사실에 의하면, 청구인은, 피청구인이 1999. 12. 20.자로 고시한 택지개발예정지구에 택지개발계획이 승인·고시되기 전인 2000. 9. 16.자로 전입하여 청구인이 2002. 1. 8.자로 이 건 사업인정을 받기 전에 거주한 자임이 분명하므로 토지보상법상 관계인에 해당되는 점, 관계인의 재결신청이 있는 경우 사업시행자는 반드시 토지수용위원회에 재결을 신청하도록 토지보상법에 규정되어 있는 점, 청구인의 주거이전비보상에 대하여 피청구인과 협의가 성립되지 아니한 점, 토지보상법상에 청구인의 주거이전비보상에 대하여 재결신청의 청구 이외에는 이의신청절차가 없고, 재결절차를 거치지 않고서는 당사자소송에 의해서도 청구인의 위 권리를 구제받을 수 있는 길이 없어 보이는 점 등에 비추어 볼 때, 청구인은 토지보상법상 관계인에 해당되고 수용재결신청청구권이 있다고 할 것이므로, 피청구인의 이건 처분은 위법·부당하다.

사례 2   「통계에 의한 손실보상금 산정기준 적용지침」 알림(2011.09.25. 토지정책과-4593) (유권해석)

알림내용   2018 토지수용 업무편람 발췌

통계에 따라 보상금액을 산정·확정하여 협의통지를 한 경우 통지일로부터 1년(토지 등 감정평가로 산정하는 보상금은 1년 경과 시 재평가하고 있는 사례를 고려) 안에 산정기준(통계)이 낮게 변경되어 보상금액이 낮아진 경우에는 당초 협의통지금액으로 보상하도록 하는 내용의 「통계에 의한 손실보상금 산정기준
적용지침」을 붙임과 같이 마련하여 알려드리니, 이행에 철저를 기하여 주시기 바랍니다.

□ 적용대상
  ○ 사업시행자가 통계기관의 발표자료를 기준으로 산정하는 손실보상금
    영농손실보상(규칙 제48조①), 일정조건의 영업보상금(규칙 제46조③), 제47조⑤), 주거이전비(규칙 제54조③), 영업보상 특례보상(규칙 제52조), 이농·이어비(규칙 제56조) 등

□ 보상기준
  ① 산정기준(통계) 변경으로 가격이 하락한 경우
  ○ 사업시행자가 보상금을 확정하여 협의 통지한 경우 통지일부터 1년 안에 산정기준(통계)이 낮게 변경된 경우에는 당초 통지 금액으로 보상
  ② 산정기준(통계) 변경으로 가격이 상승한 경우
  ○ 사업시행자가 보상금을 확정하여 협의통지한 이후 산정기준(통계)이 높게 변경된 경우에는 변경된 기준을 적용하여 산정한 금액으로 보상
  ③ 적용대상 : 2011.10.1.부터 협의계약을 체결하는 분부터 적용

사례 3   공익사업에 따른 협의 또는 재결 당시를 기준으로 거주요건 등을 만족한다면 그에 따라 보상하여야 한다(2018.8.6. 토지정책과-5020) (유권해석)

질의요지

거주자 전입(2011.8), 지구지정공람공고(2015.8), 사업인정고시(2015.12), 거주자 주택 매도(2016.4) 후 계속거주, 보상협의를 진행(2016.12)하는 경우 주거이전비 보상은

회신내용

토지보상법 시행규칙 제54조제1항에서 공익사업시행지구에 편입되는 주거용 건축물의 소유자에 대하여는 해당 건축물에 대한 보상을 하는 때에 가구원수에 따라 2개월분의 주거이전비를 보상하여야 한다.
다만, 건축물의 소유자가 해당 건축물 또는 공익사업시행지구 내 타인의 건축물에 실제 거주하고 있지 아니하거나 해당 건축물이 무허가건축물등인 경우에는 그러하지 아니하도

록 하고 있으며, 토지보상법 시행규칙 제54조제2항에 따르면 공익사업의 시행으로 인하여 이주하게 되는 주거용 건축물의 세입자로서 사업인정고시일등 당시 또는 공익사업을 위한 관계법령에 의한 고시 등이 있은 당시 당해 공익사업시행지구안에서 3월 이상 거주한 자에 대하여는 가구원수에 따라 4개월분의 주거이전비를 보상하도록 하고 있습니다.

따라서 토지보상법에 따른 주거이전비는 동 규정에 따라 보상하여야 할 것으로, 공익사업에 따른 협의 또는 재결 당시를 기준으로 거주요건 등을 만족한다면 그에 따라 보상하여야 할 것으로 보며, 개별적인 사례에 대하여는 사업시행자가 관계법령 및 거주현황 등을 검토하여 판단할 사항으로 봅니다.

사례 4

부친의 소유의 집에 자녀가 거주할 경우, 해당 자녀가 주거용 건축물의 세입자로 볼 근거가 없다면 건축물 소유자의 가구원으로 보상이 가능하다(2018.7.30. 토지정책과-4857) (유권해석)

질의요지

부친 소유의 집에 자녀(세대주), 세대주의 배우자 등이 거주하고, 부모와 세대주의 형제는 거주여부가 불명확한 경우 주거이전비 보상 기준은

회신내용

주거이전비는 주거용 건축물에서 실제 거주하고 있는 자가 공익사업으로 인하여 이주하는 경우에 지급하여야 할 것으로 보며, 다만, 세입자로 볼만한 근거가 없다면 건축물 소유자의 가구원으로 보아 보상이 가능할 것으로 사료되며, 기타 개별적인 사례에 대하여는 관계법령, 권리관계 및 거주현황 등을 검토하여 판단할 사항으로 봅니다.

사례 5

질병으로 인한 요양 등의 경우 계속 거주하지 않았으나 예외적으로 대상자에 포함하는 것이고, 실제 거주하지 아니한 자는 주거이전비 보상대상에 해당하지 아니한다 (2018. 8. 20. 토지정책과-5288) (유권해석)

질의요지

① 토지보상법 시행령 제40조제5항과 관련하여 질병으로 인한 요양 등의 경우 계속하여 거주한 것으로 보는 것인지 아니면 계속 거주는 인정하지 않지만 이주대책대상자로 선정하는 것인지?
② 토지보상법 시행령 제40조의 예외사유 해당한다면 실제 거주한 것으로 보아 주거이전비를 보상하여야 하는지

> **회신내용**
>
> ① 「공익사업을 위한 토지 등의 취득 및 보상에 관한 법률」(이하 "토지보상법"이라 함) 시행령 제40조제3항에서 해당 건축물에 공익사업을 위한 관계 법령에 따른 고시 등이 있은 날(이하 "이주대책기준일"이라 함)부터 계약체결일 또는 수용재결일까지 계속하여 거주하고 있지 아니한 건축물의 소유자. 다만, 질병으로 인한 요양, 징집으로 인한 입영, 공무, 취학, 해당 공익사업지구 내 타인이 소유하고 있는 건축물에의 거주, 그 밖에 이에 준하는 부득이한 사유로 거주하고 있지 아니한 경우에는 그러하지 아니하다고 규정하고 있습니다.
>
> 이주대책대상자는 이주대책기준일 부터 공익사업지구 내에서 계속하여 거주하여야 하나, 질병 등 부득이 한 사유가 있는 경우 계속 거주하지 않았으나 예외적으로 대상자에 포함할 수 있도록 규정한 것이라고 봅니다.
>
> ② 토지보상법 시행규칙 제54조제1항에서 공익사업시행지구에 편입되는 주거용 건축물의 소유자에 대하여는 해당 건축물에 대한 보상을 하는 때에 가구원수에 따라 2개월분의 주거이전비를 보상하여야 한다.
>
> 다만, 건축물의 소유자가 해당 건축물 또는 공익사업시행지구 내 타인의 건축물에 실제 거주하고 있지 아니하거나 해당 건축물이 무허가건축물등인 경우에는 그러하지 아니한다고 규정하고 있습니다.
>
> 토지보상법령에서는 이주대책과 주거이전비 보상에 대한 요건을 별도로 규정하고 있는바, 실제 거주하고 있지 아니하다면 주거이전비 보상대상은 아니라고 봅니다.

재결례

| 재결례 1 | 주거용 건축물이 사업지구에 일부 편입된 경우라도 철거 및 보수공사로 장기간 주거지로 사용할 수 없는 경우에는 주거이전비 및 이사비 지급대상이 된다.

[중토위 2017. 2. 23.]

재결요지

000가 건물 부분편입으로 인해 철거공사 및 보수기간동안 사업지구외로 이주가 불가피하므로 주거이전비와 이사비를 지급해 달라는 주장에 대하여 법 제79조 제4항에 의하면, 제1항부터 제3항까지에서 규정한 사항 외에 공익사업의 시행으로 인하여 발생하는 손실 등에 대하여는 국토교통부령으로 정하는 기준에 따른다고 규정되어 있고, 법 시행규칙 제18조 제3항에 의하면, 이 규칙에서 정하지 아니한 대상물건에 대하여는 이 규칙의 취지와 감정평가의 일반이론에 의하여 객관적으로 판단·평가하여야 한다고 규정되어 있고, 법 시행규칙 제54조제1항에 의하면, 공익사업시행지구에 편입되는 주거용 건축물의 소유자에 대하여는 당해 건축물에 대한 보상을 하는 때에 가구원수에 따라 2월분의 주거이전비를 보상하여야 한다. 다만, 건축물의 소유자가 당해 건축물에 실제 거주하고 있지 아니하거나 당해 건축물이 무허가건축물등인 경우에는 그러하지 아니하다고 규정되어 있고, 법 시행규칙 제55조제2항에 의하면, 공익사업시행지구에 편입되는 주거용 건축물의 거주자가 해당 공익사업지구 밖으로 이사를 하는 경우에는 별표 4의 기준에 의하여 산정한 이사비(가재도구 등 동산의 운반에 필요한 비용을 말한다.)를 보상하여야 한다고 규정되어 있다.

관계서류(사업시행자의견서, 감정평가서 등)를 검토한 결과, 000 소유의 서울 00구 00동 486-251 대 159㎡ 상 건물(4층)은 이 건 공익사업에 일부 편입되는 주거용건축물인점, 이의신청인을 포함한 2명이 건물4층에 실제 거주를 하고 있는 점, 건물의 계단부분이 편입되어 건물일부 철거시 거주자가 공익사업지구밖으로 이주가 불가피한 점, 편입되는 계단은 원래 있던 위치에 재설치가 어려워 건물 반대편에 설치해야 하므로 전면 리모델링에 준하는 보수공사가 필요하여 장기간 주거지로 사용할 수 없는 점 등을 종합적으로 고려할 때 이의신청인에게 법 시행규칙 제54조제1항과 법 시행규칙 제55조제2항에 따른 주거이전비와 이사비에 상당하는 금액을 지급하는 것이 타당하므로 금회 재결시 이를 반영하여 보상하기로 한다.

▎재결례 2 ▎ 무허가건축물 등에 입주한 세입자의 주거이전비 보상 요건

[중토위 2017. 8. 10.]

재결요지

000은 주거이전비를 지급하여 달라는 주장에 대하여는

법 시행규칙 제54조제2항의 규정에 의하면 공익사업의 시행으로 인하여 이주하게 되는 주거용 건축물의 세입자(법 제78조제1항에 따른 이주대책대상자인 세입자는 제외한다)로서 사업인정고시일등 당시 또는 공익사업을 위한 관계법령에 의한 고시 등이 있은 당시 해당 공익사업시행지구안에서 3개월 이상 거주한 자에 대하여는 가구원수에 따라 4개월분의 주거이전비를 보상하여야 하다. 다만, 무허가건축물등에 입주 한 세입자로서 사업인정고시일등 당시 또는 공익사업을 위한 관계법령에 의한 고시 등이 있은 당시 그 공익사업지구 안에서 1년 이상 거주한 세입자에 대하여는 본문에 따라 주거이전비를 보상하여야 한다고 되어 있다.

또한, 「도시 및 주거환경정비법 시행규칙」 제9조의2제3항의 규정에 의하면 주거이전비의 보상은 법 제54조제2항 본문에도 불구하고 「도시 및 주거환경정비법 시행령」 제11조에 따른 공람공고일 현재 해당 정비구역에 거주하고 있는 세입자를 대상으로 한다고 되어 있다.

관계자료(현장사진, 건축물대장, 주민등록초본, 사업시행자 의견서 등)에 의하면, 000은 전북 익산 00로5길31 지상에 근린생활시설 2층을 허가없이 용도변경하여 주거용으로 사용하고 있는 무허가건축물의 세입자로서 2012. 12. 3. 전입하여 공람공고일 2013. 9. 9. 기준으로 공익사업지구 안에서 1년 이상 거주한 세입자에 해당되지 아니하므로 신청인의 주장을 기각하기로 의결한다.

▎재결례 3 ▎ 자기 소유 주택을 매도 후 세입자로 계속 거주해 온 경우에는 실비변상적 보상으로서 주거이전비를 지급함이 타당하다는 사례

[중토위 2019. 6. 13.]

재결요지

토지보상법상 주거이전비는 공익사업 시행으로 인하여 부득이하게 이주하게 된 주거용 건축물의 거주자에 대한 실비변상적 성격의 보상으로 보며, 세입자로서의 주거이전비 보상 대상을 한정하고 있는 법 시행규칙 제54조제2항 규정의 취지는 보상만을 목적으로 당해 사업지구에 이주, 전입하는 것을 방지함으로써 정당한 보상을 하기 위함으로 판단된다.

따라서 본 사안과 같이 자기 소유 주택을 매도 후 세입자로 계속 거주해 온 경우에는 실비변상적 보상으로서 주거이전비를 지급함이 타당하며, 법 시행규칙 제54조제2항 규정의 취지를 감안하여 볼 때 소유 주택거주기간까지 포함(2000. 8. 3.~2017. 9. 3.)하여 공람공고일(2008. 1. 21.) 기준 3개월 이상 거주한 자에 해당한다면 보상대상으로 봄이 타당하므로 가구원수에 따른 4개월분의 세입자 주거이전비를 보상하기로 한다.

▎재결례 4 ▎ 무허가건축물 등에 입주한 세입자의 주거이전비 보상 요건

[중토위 2017. 8. 10.]

재결요지

000은 주거이전비를 지급하여 달라는 주장에 대하여는 법 시행규칙 제54조제2항의 규정에 의하면 공익사업의 시행으로 인하여 이주하게 되는 주거용 건축물의 세입자(법 제78조제1항에 따른 이주대책대상자인 세입자는 제외한다)로서 사업인정고시일등 당시 또는 공익사업을 위한 관계법령에 의한 고시 등이 있은 당시 해당 공익사업시행지구안에서 3개월 이상 거주한 자에 대하여는 가구원수에 따라 4개월분의 주거이전비를 보상하여야 한다. 다만, 무허가건축물등에 입주한 세입자로서 사업인정고시일등 당시 또는 공익사업을 위한 관계법령에 의한 고시 등이 있은 당시 그 공익사업지구 안에서 1년 이상 거주한 세입자에 대하여는 본문에 따라 주거이전비를 보상하여야 한다고 되어 있다.

또한, 「도시 및 주거환경정비법 시행규칙」제9조의2제3항의 규정에 의하면 주거이전비의 보상은 법 제54조제2항 본문에도 불구하고 「도시 및 주거환경정비법 시행령」제11조에 따른 공람공고일 현재 해당 정비구역에 거주하고 있는 세입자를 대상으로 한다고 되어 있다.

관계자료(현장사진, 건축물대장, 주민등록초본, 사업시행자 의견서 등)에 의하면, 000은 전북 익산 00로5길 31 지상에 근린생활시설 2층을 허가없이 용도변경하여 주거용으로 사용하고 있는 무허가건축물의 세입자로서 2012. 12. 3. 전입하여 공람공고일 2013. 9. 9. 기준으로 공익사업지구 안에서 1년 이상 거주한 세입자에 해당되지 아니하므로 신청인의 주장을 기각하기로 의결한다.

판 례

▎판례 1 ▎ 세입자에 대한 주거이전비는 사회보장적인 차원의 성격도 있다.

[대법원 2012.9.27. 선고 2010두13890]

판결요지

주거이전비는 당해 공익사업시행지구 안에 거주하는 세입자들의 조기이주를 장려하여 사업추진을 원활하게 하려는 정책적인 목적과 주거이전으로 인하여 특별한 어려움을 겪게 될 세입

자들을 대상으로 하는 사회보장적인 차원에서 지급하는 성격의 것인 점(대법원 2006. 4. 27. 선고 2006두2435 판결, 대법원 2010. 9. 9. 선고 2009두16824 판결 등 참조), 정비계획에 관한 공람공고일 당시에는 주거이전비의 지급을 청구할 상대방인 사업시행자가 확정되어 있지 아니하고 사업시행 여부도 확실하지 아니한 상태인 점,

주택재개발정비사업을 시행하기 위해서는 정비사업조합의 설립인가와 사업시행계획에 대한 인가를 받아야 하고 사업시행자는 사업시행계획의 인가·고시가 있은 후에 비로소 정비사업을 위하여 필요한 경우에는 토지·물건 그 밖의 권리를 수용할 수 있게 되는 점 등을 종합하여 보면, 구 도시정비법상 주거용 건축물의 세입자에 대한 주거이전비의 보상은 정비계획에 관한 공람공고일 당시 당해 정비구역 안에서 3월 이상 거주한 자를 대상으로 하되, 그 보상의 방법 및 금액 등의 보상내용은 정비사업의 종류 및 내용, 사업시행자, 세입자의 주거대책, 비용부담에 관한 사항, 자금계획 등이 구체적으로 정해지는 사업시행계획에 대한 인가고시일(이하 '사업시행인가고시일'이라고 한다)에 확정된다고 할 것이다.

┃ 판례 2 ┃ 도시정비법상의 주거용건축물의 소유자에 대한 주거이전비는 정비계획에 관한 공람 공고일부터 거주한 소유자를 대상으로 한다.

[대법원 2016. 12. 15. 선고 2016두49754]

판결요지

도시정비법상 주거용 건축물의 소유자에 대한 주거이전비의 보상은 주거용 건축물에 대하여 정비계획에 관한 공람공고일부터 해당 건축물에 대한 보상을 하는 때까지 계속하여 소유 및 거주한 주거용 건축물의 소유자를 대상으로 한다.

┃ 판례 3 ┃ '관계 법령에 의한 고시 등' 에는 사업지역 지정 고시를 하기 전의 관계 법령에 의한 공람 공고일도 포함된다.

[부산지법 2008. 8. 22. 선고 2008나2279]

판결요지

「공익사업을 위한 토지 등의 취득 및 보상에 관한 법률 시행규칙」 제54조제2항은 세입자에 대한 주거이전비 보상대상을 "사업인정고시일 등 당시 또는 공익사업을 위한 관계 법령에 의한 고시 등이 있은 당시 당해 공익사업시행지구 안에서 3월 이상 거주한 자"로 규정하는바, 위 규정이 주거이전비 보상 기준일을 "고시가 있은 날"이 아니라 "고시 등이 있은 날"로 규정한 취지는, 토지수용절차에 같은 법을 준용하는 '관계 법령' 중에는 바로 사업인정고시를 할 뿐 고시 이전에 주민 등에 대한 공람공고를 예정하지 아니한 법률이 있는 반면, 사업인정고시 이전에 주민 등에 대한 공람공고를 예정한 법률도 있기 때문에, 그러한 경우를 모두 포섭하기 위한 것으로 보일 뿐만 아니라, 고시가 있기 전이라도 재개발사업의 시행이 사실상 확정되고 외부에 공표되어 누구나 사업 시행 사실을 알 수 있게 된 후 재개발사업지역 내로 이주한 자를 주거이전비 보상 대상자로 보호할 필요는 없는데다가, 재개발사업이 있을 것을 알고 보상금을 목적으로 재개발사업예정지역에 이주, 전입하는 것을 방지함으로써 정당한 보상을 하기 위함이라고 볼 것이므로, "고시 등이 있은 날"에는 재개발사업지역 지정 고시일뿐

만 아니라 고시를 하기 전에 관계 법령에 의해 공람공고 절차를 거친 경우에는 그 공람공고일도 포함된다고 보아야 할 것이어서, 고시 전에 관계 법령에 따른 공람공고 절차를 거친 때에는 그 공람 공고일을 보상기준일로 볼 수 있다. 또한, 위 규정의 "3월 이상 거주"라 함은 실제로 그곳에 거주하는 것을 말하는 것이지, 그곳에 주민등록이 되어 있는 것을 말하는 것이 아니므로, 주민등록상 등재 여부 및 다른 여러 가지 사정에 비추어 실제 거주 여부를 판단하여야 한다.

▎판례 4 ▎ 세입자에 대한 주거이전비는 계속 거주를 요건으로 하지 않는다.

[대법원 2012. 2. 23 선고 2011두23603]

판결요지

주거이전비는 당해 공익사업시행지구 안에 거주하는 세입자들의 조기이주를 장려하여 사업을 원활하게 추진하려는 정책적인 목적을 가지면서 동시에 주거이전으로 인하여 특별한 어려움을 겪게 될 세입자들을 대상으로 하는 사회보장적인 차원에서 지급하는 성격의 것인 점(대법원 2006. 4. 27. 선고 2006두2435 판결 등 참조) 등을 종합하면, 도시정비법상 주거용 건축물의 세입자가 주거이전비를 보상받기 위하여 반드시 정비사업의 시행에 따른 관리처분계획인가고시 및 그에 따른 주거이전비에 관한 보상계획의 공고일 내지 그 산정통보일까지 계속 거주하여야 할 필요는 없다고 할 것이다.

▎판례 5 ▎ '무허가건축물 등에 입주한 세입자' 의 의미

[대법원 2013. 5. 23. 선고 2012두11072]

판결이유

원고는 공부상 주거용 용도가 아닌 이 사건 건물을 임차한 후 임의로 주거용으로 용도를 변경하여 사용한 세입자로서 구법 시행규칙 제54조 제2항 단서가 정한 '무허가건축물 등에 입주한 세입자'에 해당한다고 볼 수 없으므로 공익사업법 소정의 주거이전비 보상 대상자에서 제외된다고 할 것이다.

❖ 이의 - 임대사업 보상, 주거이전비, 영업보상, 동일필지 구분보상(부분수용)

00공단이 시행하는 철도건설사업에 편입되는 토지의 2008. 5. 22. 중앙토지수용위원회의 수용재결에 대하여 000의 건물 편입범위가 최소화되도록 합리적으로 조정하여 계속 사용이 가능하도록 하여 달라는 주장에 대하여는, 관계 자료(사업시행자의견, 현황도면, 현황사진 등)를 검토한 결과, 이 건 건물은 복선전철화 설계상 전주(전동차전기공급용) 기초 설치장소에 존치하여 동 사업에 필요한 것으로 판단되고, 향후 기초 터파기 작업시 건물지반이 연약하여 직접적인 피해가 예상되므로 전체 보상하였고, 설계 변경 및 건물편입 범위 최소화에 대한 문제는 사업인정단계에서 다루어야 할 사항으로 사업인정이 중대하고 명백하게 잘못되어 그것이 당연 무효라고 인정되지 아니하는 한 이 건 토지를 수용대상에서 제외시켜 달라고 할 수 없다 할 것이므로 이유없고(대법원 1994. 11. 11. 선고 93누19375 판결 참조), 00(주)의 임대사업 손실에 대한 보상을 하여 달라는 주장에 대하여는, 부동산 임대소득은 부동산의 원물에 대한 과실(자산소득)이므로 당해 부동산에 대하여 정당한 보상을 한 경우에는 별도의 손실이 있다고 볼 수 없으므로 이유없으며, 00(주)의 잔여건축물에 대한 보수비 등을 보상하여 달라는 주장에 대하여는, 관계 자료(사업시행자 의견, 감정평가서 등)를 검토한 결과, 보수비를 포함하여 평가하였음이 확인되므로 이유없고, 000의 지하관정이 누락되었으니 보상하여 달라는 주장에 대하여는, 관계 자료(사업시행자 의견, 감정평가서 등)를 검토한 결과, 지하 관정은 누락되었음이 확인되므로 금번 이의재결시 평가하여 보상하기로 하며, 000의 주거이전비를 지급하여 달라는 주장에 대하여는, 「공익사업을 위한 토지 등의 취득 및 보상에 관한 법률」(이하 "법"이라 한다) 시행규칙 제54조제1항에 따르면 공익사업시행지구에 편입되는 주거용 건축물의 소유자에 대하여는 당해 건축물에 대한 보상을 하는 때에 가구원수에 따라 2월분의 주거이전비를 보상하되, 건축물의 소유자가 당해 건축물에 실제 거주하고 있지 아니하거나 당해 건축물이 무허가건축물등인 경우는 보상대상에 제외한다고 되어 있는 바, 관계 자료(사업시행자 의견, 지급관련서류 등)를 검토한 결과, 사업시행자가 실제 거주여부 사실관계 등을 확인하여 2008. 8. 13. 주거이전비를 지급한 사실이 확인되므로 이유없고, 000의 영업손실보상금이 저렴하니 인상하여 달라는 주장에 대하여는, 법 시행규칙 제47조제2항에 따르면 영업의 휴업으로 인한 손실평가시 그 휴업기간은 3월 이내로 하되 당해 공익사업을 위한 영업의 금지 또는 제한으로 인하여 3월 이상의 기간동안 영업을 할 수 없는 경우 또는 영업시설의 규모가 크거나 이전에 고도의 정밀성을 요구하는 등 당해 영업의 고유한 특수성으로 인하여 3월 이내에 다른 장소로 이전하는 것이 어렵다고 객관적으로 인정되는 경우에는 실제 휴업기간을 인정하도록 되어 있는 바, 관계 자료(사업시행자 의견, 감정평가서 등)를 검토한 결과, 000(표구제작판매), 000(목양산업)(플라스틱제조업)의 영업장은 영업내용 및 시설규모 등을 고려할 때 3월의 영업(휴업)보상이 타당하다고 판단되므로 이유없으며, 000의 잔여지를 수용하여 달라는 주장에 대하여는, 법 제74조제1항에 따르면 동일한 토지소유자에 속하는 일단의 토지의 일부가 수용됨으로 인하여 잔여지를 종래의 목적대로 사용하는 것이 현저히 곤란한 때에는 매수에 관한 협의가 성립되지 아니한 경우 수용재결이 있기 전까지 토지소유자는 일단의 토지 전부를 매수청구할 수 있도록 되어 있는 바, 관계 자료(현황도면, 현황사진, 사업시행자 의견, 이의신청서 등)를 검토한 결과, 00면 00리 000 대 44㎡(전체 169㎡, 편입 125㎡)는 원래면적에 비해 잔여면적 비율(26.03%)이 작고, 협소하여 종래의 목적대로 이용이 불가하다고 판단되고 사업시행자도 동의하므로 수용하기로 하고, 000의 영업손실 보상을 하여 달라는 주장에 대하여는, 법 시행규칙 제45조에 따르면 사업인정고시일 등 전부터 적법한 장소에서 인적·물적시설을 갖추고 계속적으로 행하는 영업으로서 영업을 행함에 있어서 관계 법령에 의한 허가·면허·신고 등을 필요로 하는 경우에는 허가 등을 받아 그 내용대로 행하고 있는 영업을 영업손실의 대상인 영업으로 보도록 되어 있는 바, 관계 자료(사업시행자 의견 등)를 검토한 결과, 000의 영업장(00닭집)은 일반음식점으로서 「식품위생법」제21조에 따른 영업신고를 하고 영업을 하여야 하나 이 요건을 갖추지 않았으므로 이유없으며, 000의 00리 000가 동일필지인에도 둘로 구분하여 평가·보상한 사유를 설명하여 달라는 주장에 대하여는, 관계 자료(사업시행자 의견, 감정평가서 등)를 검토한 결과, 이건 토지는 용도지역별로 토지가치가 상이하게 형성되는 점을 고려하여 용도지역별(000 대 100㎡ : 제1종주거지역, 000 대 25㎡ : 제2종주거지역)로 구분하여 평가하였음이 확인되므로 이유없고, 00·00감정평가법인이 평가한 금액을 산술 평균하여 재산정한 결과, 수용재결에서 정한 별지 제1목록 기재 토지 및 별지 제2목록 기재 물건에 대한 손실보상금 금1,922,001,250원을 금2,077,034,830원으로 변경하고, 별지 제3목록 기재 토지에 대한 이의신청을 기각하다.

라. 이사비 등

| 토지보상법 시행규칙 제55조 (동산의 이전비 보상 등) |

① 토지등의 취득 또는 사용에 따라 이전하여야 하는 동산(제2항에 따른 이사비의 보상대상인 동산을 제외한다)에 대하여는 이전에 소요되는 비용 및 그 이전에 따른 감손상당액을 보상하여야 한다.
② 공익사업시행지구에 편입되는 주거용 건축물의 거주자가 해당 공익사업시행지구 밖으로 이사를 하는 경우에는 별표 4의 기준에 의하여 산정한 이사비(가재도구 등 동산의 운반에 필요한 비용을 말한다. 이하 이 조에서 같다)를 보상하여야 한다. <개정 2012. 1. 2.>
③ 이사비의 보상을 받은 자가 당해 공익사업시행지구안의 지역으로 이사하는 경우에는 이사비를 보상하지 아니한다.

[별표 4] 이사비 기준(제55조제2항 관련) <개정 2016.1.6.>

이사비 기준(제55조제2항 관련)

주택연면적기준	이사비			비고
	노임	차량운임	포장비	
1. 33제곱미터 미만	3명분	1대분	(노임 + 차량운임) × 0.15	1. 노임은 「통계법」 제3조제3호에 따른 통계작성기관이 같은 법 제18조에 따른 승인을 받아 작성·공표한 공사부문 보통인부의 노임을 기준으로 한다. 2. 차량운임은 한국교통연구원이 발표하는 최대적재량이 5톤인 화물자동차의 1일 8시간 운임을 기준으로 한다. 3. 한 주택에서 여러 세대가 거주하는 경우 주택연면적기준은 세대별 점유면적에 따라 각 세대별로 계산·적용한다.
2. 33제곱미터 이상 49.5제곱미터 미만	4명분	2대분	(노임 + 차량운임) × 0.15	
3. 49.5제곱미터 이상 66제곱미터 미만	5명분	2.5대분	(노임 + 차량운임) × 0.15	
4. 66제곱미터 이상 99제곱미터 미만	6명분	3대분	(노임 + 차량운임) × 0.15	
5. 99제곱미터 이상	8명분	4대분	(노임 + 차량운임) × 0.15	

사례 1   영업과 주거를 다른 건축물에서 하는 경우 중복되지 않는 범위에서 주거이전비, 이사비, 영업보상, 동산이전비 등을 보상할 수 있다(2015. 07. 22 토지정책과-5270)(유권해석)

질의요지   2018 토지수용 업무편람 발췌

1989년 1월 24일 이전 무허가건물에서 영업과 주거를 동시에 영위하는 경우 주거이전비, 이사비, 영업보상, 동산이전비를 지급하여야 하는 지 여부(영업과 거주를 각기 다른 건물에서 하고 있음)

회신내용

영업용 건축물과 주거용 건축물이 별개로 존재하고 위 규정에서 정하고 있는 요건에 해당하는 경우에는 중복되지 않는 범위에서 주거이전비, 이사비, 동산이전비와 영업손실보상을 할 수 있다고 봅니다.

사례 2   인테리어는 건축물에 포함하여 보상평가함이 원칙이다(2013. 04. 18. 공공지원팀-1280)(질의회신)

질의요지   2018 토지수용 업무편람 발췌

현재 휴업 중인 제과점의 토지와 건물만 보상해주고 영업보상, 기물보상, 인테리어비는 보상대상에서 제외하고 있는 바, 누락분에 대한 보상 요청 민원에 대한 협회 의견 조회

회신내용

토지보상법 시행규칙 제55조(동산의 이전비 보상 등)제1항에서는 "토지등의 취득 또는 사용에 따라 이전하여야 하는 동산(제2항에 따른 이사비의 보상대상인 동산을 제외한다)에 대하여는 이전에 소요되는 비용 및 그 이전에 따른 감손상당액을 보상하여야 한다"고 규정하고 있는 바, 해당 공익사업의 시행으로 인하여 동산을 이전하여야 하는 경우에는 동산의 이전비를 보상받을 수 있을 것으로 보입니다.

인테리어의 경우 건물과 일체로 하여 건물의 효용을 유지·증대시키기 위한 것으로 건물로부터 분리하는데 과다한 비용이 들고 이를 분리하여 떼어낼 경우 그 경제적가치가 현저히 감소할 것이 분명하므로 건물에 포함하여 평가하여야 할 것입니다

> **판 례**

| 판례 1 | 재개발사업에 있어서도 주거용 건축물의 현금청산자에게는 주거이전비와 이사비를 지급하여야 한다.

[대법원 2013.1.16. 선고 2011두19185]

판결요지

도시정비법상 주택재개발사업에 있어서 주거용 건축물의 소유자인 현금청산대상자로서 현금청산에 관한 협의가 성립되어 사업시행자에게 주거용 건축물의 소유권을 이전하거나 현금청산에 관한 협의가 성립되지 아니하여 공익사업법에 의하여 주거용 건축물이 수용된 이에 대하여는 같은 법을 준용하여 주거이전비 및 이사비를 지급하여야 한다고 봄이 상당하다.

9. 환매

> **| 토지보상법 제91조 (환매권) |**
>
> ① 공익사업의 폐지·변경 또는 그 밖의 사유로 취득한 토지의 전부 또는 일부가 필요 없게 된 경우 토지의 협의취득일 또는 수용의 개시일(이하 이 조에서 "취득일"이라 한다) 당시의 토지소유자 또는 그 포괄승계인(이하 "환매권자"라 한다)은 다음 각 호의 구분에 따른 날부터 10년 이내에 그 토지에 대하여 받은 보상금에 상당하는 금액을 사업시행자에게 지급하고 그 토지를 환매할 수 있다. <개정 2021. 8. 10.>
>   1. 사업의 폐지·변경으로 취득한 토지의 전부 또는 일부가 필요 없게 된 경우: 관계 법률에 따라 사업이 폐지·변경된 날 또는 제24조에 따른 사업의 폐지·변경 고시가 있는 날
>   2. 그 밖의 사유로 취득한 토지의 전부 또는 일부가 필요 없게 된 경우: 사업완료일
> ② 취득일부터 5년 이내에 취득한 토지의 전부를 해당 사업에 이용하지 아니하였을 때에는 제1항을 준용한다. 이 경우 환매권은 취득일부터 6년 이내에 행사하여야 한다.
> ③ 제74조제1항에 따라 매수하거나 수용한 잔여지는 그 잔여지에 접한 일단의 토지가 필요 없게 된 경우가 아니면 환매할 수 없다.
> ④ 토지의 가격이 취득일 당시에 비하여 현저히 변동된 경우 사업시행자와 환매권자는 환매금액에 대하여 서로 협의하되, 협의가 성립되지 아니하면 그 금액의 증감을 법원에 청구할 수 있다.

사례 1
사업인정 전 협의로 취득한 토지도 「토지보상법」에 따른 환매대상이다(2018.7.24. 토지정책과-4738) (유권해석)

질의요지

환매와 관련하여 사업의 승인 및 고시 등에 기재된 필지에만 적용되는지, 토지보상법에 따라 사업 승인 전 협의 취득한 토지도 대상이 되는지

회신내용

토지보상법에 따른 환매는 상기 규정에 따라 사업인정 전·후 협의로 취득한 후 사업의 변경 등으로 필요 없게 된 경우라야 가능할 것으로 보며, 개별적인 사례에서 사업시행자가 관계법령 및 사업추진현황 등을 검토하여 판단할 사항으로 봅니다.

사례 2
공익사업에 따른 환매관련 '수용의 개시일'은 재결서에 기재된 수용 개시일을 의미한다(2018.1.26. 토지정책과-660) (유권해석)

질의요지

공익사업에 따른 환매관련 '수용의 개시일'은 보상받은 날을 의미하는지

회신내용

토지보상법 제50조제1항에서 토지수용위원회의 재결사항은 손실보상, 수용 또는 사용의 개시일과 기간 등으로 하고 있는바, 수용의 개시일은 관할 토지수용위원회에서 재결을 통해 특정한 날을 의미한다 할 것이며, 개별사례는 해당 재결서를 확인하면 될 것으로 봅니다.

판 례

｜판례 1｜ 취득한 토지가 필요 없게 되었는지 여부는 사업시행자의 주관적 의사가 아니라 객관적·합리적으로 판단하여야 한다.

[대법원 2016. 1. 28. 선고 2013다60401]

판시사항

구 공익사업을 위한 토지 등의 취득 및 보상에 관한 법률 제91조 제1항에서 정한 환매권의 행사 요건 및 판단 기준

판결요지

토지보상법상 환매권은 당해 사업의 폐지·변경 기타의 사유로 인하여 취득한 토지 등의 전부 또는 일부가 필요 없게 된 때에 행사할 수 있는바, 여기서 '당해 사업'이란 협의취득 또는 수용의 목적이 된 구체적인 특정 사업을 가리키는 것으로, 당해 사업의 '폐지·변경'이란 이러한 특정 사업을 아예 그만두거나 다른 사업으로 바꾸는 것을 의미하며, '취득한 토지가 필요 없게 되었을 때'라 함은 사업시행자가 토지보상법 소정의 절차에 따라 취득한 토지 등이 일정한 기간 내에 그 취득 목적 사업인 사업의 폐지·변경 등의 사유로 당해 사업에 이용할 필요가 없어진 경우를 의미하고, 취득한 토지가 필요 없게 되었는지의 여부는 당해 사업의 목적과 내용, 취득의 경위와 범위, 당해 토지와 사업의 관계, 용도 등 제반 사정에 비추어 객관적 사정에 따라 합리적으로 판단하여야 한다(대법원 1994. 5. 24. 선고 93다51218 판결, 대법원 2007. 1. 11. 선고 2006다5451 판결 등 참조).

판례 2 취득일로부터 5년 이내에 취득한 토지의 전부를 당해 사업에 이용하지 아니한 때 환매권을 인정한 취지

[대법원 2010.01.14 선고 2009다76270]

판결요지

공익사업법 제91조는 토지의 협의취득일로부터 10년 이내에 당해 사업의 폐지·변경 그 밖의 사유로 취득한 토지의 전부 또는 일부가 필요 없게 된 경우(제1항) 뿐만 아니라, 취득일로부터 5년 이내에 취득한 토지의 전부를 당해 사업에 이용하지 아니한 때(제2항)에도 취득일 당시의 토지소유자 등이 그 토지를 매수할 수 있는 환매권을 행사할 수 있도록 규정하고 있는바, 사업시행자가 공익사업에 필요하여 취득한 토지가 그 공익사업의 폐지·변경 등의 사유로 공익사업에 이용할 필요가 없게 된 것은 아니라고 하더라도, 사실상 그 전부를 공익사업에 이용하지도 아니할 토지를 미리 취득하여 두도록 허용하는 것은 공익사업법에 의하여 토지를 취득할 것을 인정한 원래의 취지에 어긋날 뿐 아니라 토지가 이용되지 아니한 채 방치되는 결과가 되어 사회경제적으로도 바람직한 일이 아니기 때문에, 취득한 토지가 공익사업에 이용할 필요가 없게 되었을 때와 마찬가지로 보아 환매권의 행사를 허용하려는 것이 공익사업법 제91조제2항의 입법취지라고 할 수 있다.

판례 3 소유권이전등기

[대법원 2001. 5. 29. 선고 2001다11567 판결]

판결요지

공공용지의취득및손실보상에관한특례법이 환매권을 인정하고 있는 입법 취지는 토지 등의 원소유자가 사업시행자로부터 토지 등의 대가로 정당한 손실보상을 받았다고 하더라도 원래 자신의 자발적인 의사에 따라서 그 토지 등의 소유권을 상실하는 것이 아니어서 그 토지 등을 더 이상 당해 공공사업에 이용할 필요가 없게 된 때에는 원소유자의 의사에 따라 그 토지 등의 소유권을 회복시켜 주는 것이 원소유자의 감정을 충족시키고 동시에 공평의 원칙에 부합한다는 데에 있는 것이며, 이러한 입법 취지에 비추어 볼 때 특례법상의 환매권은 제3자에게 양도할 수 없고, 따라서 환매권의 양수인은 사업시행자로부터 직접 환매의 목적물을 환매할 수 없으며, 다만 환매권자가 사업시행자로부터 환매한 토지를 양도받을 수 있을 뿐이라고 할 것이다.

> ❖ 토지소유자는 해당 토지의 전부 또는 일부가 필요 없게 된 때부터 1년 또는 그 취득일부터 10년 이내에 그 토지에 대하여 받은 보상금에 상당하는 금액을 사업시행자에게 지급하고 그 토지를 환매할 수 있다.

가. 공익사업의 변환

| 토지보상법 제91조 (환매권) |

⑥ 국가, 지방자치단체 또는 「공공기관의 운영에 관한 법률」 제4조에 따른 공공기관 중 대통령령으로 정하는 공공기관이 사업인정을 받아 공익사업에 필요한 토지를 협의취득하거나 수용한 후 해당 공익사업이 제4조제1호부터 제5호까지에 규정된 다른 공익사업(별표에 따른 사업이 제4조제1호부터 제5호까지에 규정된 공익사업에 해당하는 경우를 포함한다)으로 변경된 경우 제1항 및 제2항에 따른 환매권 행사기간은 관보에 해당 공익사업의 변경을 고시한 날부터 기산(起算)한다. 이 경우 국가, 지방자치단체 또는 「공공기관의 운영에 관한 법률」 제4조에 따른 공공기관 중 대통령령으로 정하는 공공기관은 공익사업이 변경된 사실을 대통령령으로 정하는 바에 따라 환매권자에게 통지하여야 한다.

| 토지보상법 시행령 제49조 (공익사업의 변경 통지) |

① 법 제91조제6항 전단 및 후단에서 "「공공기관의 운영에 관한 법률」 제4조에 따른 공공기관 중 대통령령으로 정하는 공공기관"이란 「공공기관의 운영에 관한 법률」 제5조제4항제1호의 공공기관을 말한다. <개정 2020. 11. 24.>
② 사업시행자는 법 제91조제6항에 따라 변경된 공익사업의 내용을 관보에 고시할 때에는 그 고시내용을 법 제91조제1항에 따른 환매권자(이하 이 조에서 "환매권자"라 한다)에게 통지하여야 한다. 다만, 환매권자를 알 수 없거나 그 주소·거소 또는 그 밖에 통지할 장소를 알 수 없을 때에는 제3항에 따른 공고로 통지를 갈음할 수 있다.
③ 제2항 단서에 따른 공고는 사업시행자가 공고할 서류를 해당 토지의 소재지를 관할하는 시장(행정시의 시장을 포함한다)·군수 또는 구청장(자치구가 아닌 구의 구청장을 포함한다)에게 송부하여 해당 시(행정시를 포함한다)·군 또는 구(자치구가 아닌 구를 포함한다)의 게시판에 14일 이상 게시하는 방법으로 한다.

사례 3   A사업에 편입되어 협의 매도한 토지가 B사업에 편입된 경우 소위 환매권 유보에 해당할 수 있다(2018.10.10. 토지정책과-6376) (유권해석)

질의요지

A사업에 편입되어 협의 매도한 토지가 B사업에 편입된 경우 환매권은

회신내용

토지보상법 제91조제6항에 따르면 국가, 지방자치단체 또는 「공공기관의 운영에 관한 법률」 제5조제3항제1호의 공공기관이 사업인정을 받아 공익사업에 필요한 토지를 협의 취득하거나 수용한 후 해당 공익사업이 제4조제1호부터 제5호까지에 규정된 다른 공익사업으로 변경된 경우(소위 "환매권 유보") 환매권 행사기간은 관보에 해당 공익사업의 변경을 고시한 날부터 기산(起算)하도록 하고 있습니다.

따라서 변경하는 사업이 토지보상법 제4조제1호부터 제5호에 해당하는 경우라면 환매권이 유보될 것으로 보며, 기타 개별적인 사례에 대하여는 사업시행자가 관계법령, 협의현황 및 사업내용 등을 검토하여 판단 할 사항으로 봅니다.

판 례

┃ 판례 1 ┃ 변경된 공익사업의 시행자가 국가 등에 해당되어야 공익사업의 변환이 인정되는 것은 아니다.

[대법원 2015.8.19. 선고 2014다201391]

판결요지

공익사업을 위한 토지 등의 취득 및 보상에 관한 법률(이하 '토지보상법'이라고 한다) 제91조 제6항 전문은 당초의 공익사업이 공익성의 정도가 높은 다른 공익사업으로 변경되고 그 다른 공익사업을 위하여 토지를 계속 이용할 필요가 있을 경우에는, 환매권의 행사를 인정한 다음 다시 협의취득이나 수용 등의 방법으로 그 토지를 취득하는 번거로운 절차를 되풀이하지 않게 하기 위하여 이른바 '공익사업의 변환'을 인정함으로써 환매권의 행사를 제한하려는 것이다. 토지보상법 제91조 제6항 전문 중 '해당 공익사업이 제4조 제1호부터 제5호까지에 규정된 다른 공익사업으로 변경된 경우' 부분에는 별도의 사업주체에 관한 규정이 없음에도 그 앞부분의 사업시행 주체에 관한 규정이 뒷부분에도 그대로 적용된다고 해석하는 것은 문리해석에 부합하지 않는다.

나. 환매금액

> **| 토지보상법 제91조 (환매권) |**
>
> ④ 토지의 가격이 취득일 당시에 비하여 현저히 변동된 경우 사업시행자와 환매권자는 환매금액에 대하여 서로 협의하되, 협의가 성립되지 아니하면 그 금액의 증감을 법원에 청구할 수 있다.
>
> **| 토지보상법 시행령 제48조 (환매금액의 협의요건) |**
>
> 법 제91조제4항에 따른 토지의 가격이 취득일 당시에 비하여 현저히 변동된 경우는 환매권 행사 당시의 토지가격이 지급한 보상금에 환매 당시까지의 해당 사업과 관계없는 인근 유사토지의 지가변동률을 곱한 금액보다 높은 경우로 한다.

판 례

| 판례 1 | '보상금에 상당하는 금액'의 의미

[대법원 1994. 05. 24. 선고 93누17225]

판시사항

공공용지의취득및손실보상에관한특례법 제9조 제1항 소정의 "보상금의 상당금액"의 의미

판결요지

같은 법 제9조 제1항 소정의 "보상금의 상당금액"이라 함은 같은 법에 따른 협의취득 당시 토지 등의 소유자가 사업시행자로부터 지급 받은 보상금을 의미하며 여기에 환매권 행사 당시까지의 법정이자를 가산한 금액을 말하는 것은 아니다.

| 판례 2 | 환매금액에 대해 개별 법률에서 달리 규정하고 있다고 하여 평등의 원칙에 위반되지 않는다.

[헌법재판소 2005.4.28. 선고 2002헌가25]

판결요지

공익사업의 시행으로 발생하는 개발이익은 그 비용의 부담자인 사업시행자를 통하여 궁극적으로는 공익에 귀속되어야 할 것이지 특정의 토지소유자에게 귀속될 성질의 것이 아니어서 환매권자에게 이를 보장해 줄 수는 없으며, 비록 수용되지 아니한 인근 토지소유자들이 간접적, 반사적으로 개발이익을 누리고 있다하더라도 이를 대비하여 평등의 원칙에 위배된다고 볼 수 없다. 또 이 사건 법률조항이 환매가격에 대하여 「징발재산정리에 관한 특별조치법」(국가가 매수한 당시의 가격에 증권의 발행연도부터 환매연도까지 연 5푼의 이자를 가산한 금액, 제20조제1항),「임대주택법」(토지의 매각 또는 공급가격에 환매시까지의 법정이자를 가산한 금액, 제8조제1항)과 달리 규정하고 있더라도, 이러한 법률들과는 입법목적 등을 달리하는 것이므로 평등의 원칙에 위반되지 않는다.

| 판례 3 | 지가가 현저히 변경된 경우의 환매금액

[대법원 2000. 11. 28. 선고 99두3416]

판시사항

공공용지의취득및손실보상에관한특례법상의 환매에 있어서 환매대상토지의 가격이 취득 당시에 비하여 현저히 변경된 경우, 환매가격의 결정 방법

판결요지

공공용지의취득및손실보상에관한특례법 및 같은법시행령에는 환매대상토지의 가격이 취득 당시에 비하여 현저히 변경된 경우 어떠한 방법으로 정당한 환매가격을 결정할 것인지에 관하여 명시적으로 정하고 있는 규정은 없으나, 같은 법 제9조 제1항, 제3항, 같은법 시행령 제7조 제1항, 제3항의 규정을 종합하여 보면, 환매권 행사 당시의 환매대상토지의 가격, 즉 환매권 행사 당시를 기준으로 한 감정평가금액이 협의취득 당시 사업시행자가 토지소유자에게 지급한 보상금에 환매 당시까지의 당해 사업과 관계 없는 인근 유사토지의 지가변동률을 곱한 금액보다 적거나 같을 때에는 사업시행자가 취득할 때 지급한 보상금의 상당금액이 그 환매가격이 되는 것이 그 규정에 비추어 명백하므로, 환매권 행사 당시의 환매대상토지의 가격이 현저히 상승하여 위 보상금에 인근 유사토지의 지가변동률을 곱한 금액을 초과할 때에도 마찬가지로 인근 유사토지의 지가상승분에 해당하는 부분은 환매가격에 포함되어서는 아니 되는 것인 만큼, 그 경우의 환매가격은 인근 유사토지의 지가변동률을 기준으로 하려면 위 보상금에다 환매대상토지의 환매 당시의 감정평가금액에서 위 보상금에 인근 유사토지의 지가변동률을 곱한 금액을 공제한 금액을 더한 금액, 즉 '보상금+{환매당시의 감정평가금액-(보상금×지가변동률)}'로, 지가상승률을 기준으로 하려면 환매대상토지의 환매 당시의 감정평가금액에서 위 보상금에 인근 유사토지의 지가상승률을 곱한 금액을 뺀 금액, 즉 '환매당시의 감정평가금액-(보상금×지가상승률)'로 산정하여야 한다.

판례 4 '인근 유사토지의 지가변동률'의 의미 및 지가변동률을 산정하기 위한 인근 유사토지의 선정 방법

[대법원 2016. 1. 28. 선고 2013다60401]

판결요지

구 공익사업을 위한 토지 등의 취득 및 보상에 관한 법률 시행령(2013. 5. 28. 대통령령 제24544호로 개정되기 전의 것)의 인근 유사토지의 지가변동률이라 함은 환매대상토지와 지리적으로 인접하고 그 공부상 지목과 토지의 이용상황 등이 유사한 인근 유사토지의 지가변동률을 가리키는 것이고, 지가변동률을 산정하기 위한 인근 유사토지는 협의취득 또는 수용 시부터 환매권 행사 당시 사이에 공부상 지목과 토지의 이용상황 등에 변화가 없고 또 계속하여 기준지가 및 공시지가가 고시되어 온 표준지 중에서 합리적인 지가변동률을 산출할 수 있을 정도의 토지를 선정하면 족하고 반드시 동일한 행정구역 내에 있을 것을 요하지 아니하며 또 반드시 다수의 토지를 선정하여야 하는 것은 아니다(대법원 2000. 11. 28. 선고 99두3416 판결 참조).

┃ 판례 5 ┃ 시·군·구 단위의 지목별 평균지가변동률을 '인근 유사토지의 지가변동률'로 볼 수 없다.
[대법원 2000. 11. 28. 선고 99두3416]

판결요지

공공용지의취득및손실보상에관한특례법시행령 제7조 제1항의 인근 유사토지의 지가변동률이라 함은 환매대상토지와 지리적으로 인접하고 그 공부상 지목과 토지의 이용상황 등이 유사한 인근 유사토지의 지가변동률을 가리키는 것이지 그 토지가 속해 있는 시·군·구 단위의 지목별 평균지가변동률을 인근 유사토지의 지가변동률이라 할 수 없는 것인바, 지가변동률을 산정하기 위한 인근 유사토지는 협의취득시부터 환매권 행사 당시 사이에 공부상 지목과 토지의 이용상황 등에 변화가 없고 또 계속하여 기준지가 및 공시지가가 고시되어 온 표준지 중에서 합리적인 지가변동률을 산출할 수 있을 정도의 토지를 선정하면 족하고 반드시 동일한 행정구역 내에 있을 것을 요하지 아니하며 또 반드시 다수의 토지를 선정하여야 하는 것은 아니다.

┃ 판례 6 ┃ 환매권의 존부 및 환매금액 증감에 관한 소송은 민사소송이다.
[대법원 2013.2.28. 선고 2010두22368]

판결요지

구 공익사업을 위한 토지 등의 취득 및 보상에 관한 법률(2010. 4. 5. 법률 제10239호로 일부 개정되기 전의 것, 이하 '구 공익사업법'이라 한다) 제91조에 규정된 환매권은 상대방에 대한 의사표시를 요하는 형성권의 일종으로서 재판상이든 재판 외이든 위 규정에 따른 기간 내에 행사하면 매매의 효력이 생기는 바(대법원 2008. 6. 26. 선고 2007다24893 판결 참조), 이러한 환매권의 존부에 관한 확인을 구하는 소송 및 구 공익사업법 제91조 제4항에 따라 환매금액의 증감을 구하는 소송 역시 민사소송에 해당한다.

10. 공익사업시행지구 밖의 토지 등의 보상

가. 일반적 기준

┃ **토지보상법 제79조 (그 밖의 토지에 관한 비용보상 등)** ┃

① 사업시행자는 공익사업의 시행으로 인하여 취득하거나 사용하는 토지(잔여지를 포함한다) 외의 토지에 통로·도랑·담장 등의 신설이나 그 밖의 공사가 필요할 때에는 그 비용의 전부 또는 일부를 보상하여야 한다. 다만, 그 토지에 대한 공사의 비용이 그 토지의 가격보다 큰 경우에는 사업시행자는 그 토지를 매수할 수 있다.
② 공익사업이 시행되는 지역 밖에 있는 토지등이 공익사업의 시행으로 인하여 본래의 기능을 다할 수 없게 되는 경우에는 국토교통부령으로 정하는 바에 따라 그 손실을 보상하여야 한다.
③ 사업시행자는 제2항에 따른 보상이 필요하다고 인정하는 경우에는 제15조에 따라 보상계획을 공고할 때에 보상을 청구할 수 있다는 내용을 포함하여 공고하거나 대통령령으로 정하는 바에 따라 제2항에 따른 보상에 관한 계획을 공고하여야 한다.
④ 제1항부터 제3항까지에서 규정한 사항 외에 공익사업의 시행으로 인하여 발생하는 손실의 보상

등에 대하여는 국토교통부령으로 정하는 기준에 따른다.
⑤ 제1항 본문 및 제2항에 따른 비용 또는 손실의 보상에 관하여는 제73조제2항을 준용한다.
⑥ 제1항 단서에 따른 토지의 취득에 관하여는 제73조제3항을 준용한다.
⑦ 제1항 단서에 따라 취득하는 토지에 대한 구체적인 보상액 산정 및 평가 방법 등에 대하여는 제70조, 제75조, 제76조, 제77조, 제78조제4항, 같은 조 제6항 및 제7항을 준용한다. <개정 2022. 2. 3.>

| 토지보상법 제73조 제2항 (잔여지의 손실과 공사비 보상) |

② 제1항 본문에 따른 손실 또는 비용의 보상은 관계 법률에 따라 사업이 완료된 날 또는 제24조의2에 따른 사업완료의 고시가 있는 날(이하 "사업완료일"이라 한다)부터 1년이 지난 후에는 청구할 수 없다. <개정 2021. 8. 10.>

| 토지보상법 제80조 (손실보상의 협의·재결) |

① 제79조제1항 및 제2항에 따른 비용 또는 손실이나 토지의 취득에 대한 보상은 사업시행자와 손실을 입은 자가 협의하여 결정한다.
② 제1항에 따른 협의가 성립되지 아니하였을 때에는 사업시행자나 손실을 입은 자는 대통령령으로 정하는 바에 따라 관할 토지수용위원회에 재결을 신청할 수 있다.

| 토지보상법 시행령 제41조의4 (그 밖의 토지에 관한 손실의 보상계획 공고) |

법 제79조제3항에 따라 같은 조 제2항에 따른 보상에 관한 계획을 공고할 때에는 전국을 보급지역으로 하는 일간신문에 공고하는 방법으로 한다.

| 토지보상법 시행령 제42조 (손실보상 또는 비용보상 재결의 신청 등) |

① 법 제80조제2항에 따라 재결을 신청하려는 자는 국토교통부령으로 정하는 손실보상재결신청서에 다음 각 호의 사항을 적어 관할 토지수용위원회에 제출하여야 한다.
  1. 재결의 신청인과 상대방의 성명 또는 명칭 및 주소
  2. 공익사업의 종류 및 명칭
  3. 손실 발생사실
  4. 손실보상액과 그 명세
  5. 협의의 내용
② 제1항의 신청에 따른 손실보상의 재결을 위한 심리에 관하여는 법 제32조제2항 및 제3항을 준용한다.

재결례

| 재결례 | 공익사업시행지구 밖의 보상에 관한 규정을 유추적용 할 수 있는 요건

[중토위 2013. 7.]

재결요지

대법원은 「공공사업의 시행 결과 그 공공사업의 시행이 사업지구 밖에 미치는 간접손실에 관하여 그 피해자와 사업시행자 사이에 협의가 이루어지지 아니하고 그 보상에 관한 명문의 근거 법령이 없는 경우라고 하더라도 공익사업의 시행으로 인하여 손실이 발생하리라는 것을

쉽게 예견할 수 있고 그 손실의 범위도 구체적으로 이를 특정할 수 있는 경우라면, 그 손실의 보상에 관하여 토지보상법 시행규칙의 관련 규정 등을 유추 적용할 수 있다」라고 판시(2002. 11. 26. 선고 2001다44352 판결 참조) 하고 있다.

관계자료(농장현황도면, 이건 사업 환경영향평가서, 현장사진, 연구용역보고서<소음·진동으로 인한 가축 피해평가 및 배상액 산정기준의 합리적 조정방안>, 사업시행자의견서 등)를 검토한 결과,

1) ○○○의 농장시설물은 사업지구경계로부터 가까운 지점은 8.5m 가장 멀리 있는 지점은 39m 이격되었다.
2) 포항시 ○○ ○○리 △△번지 소재 토끼사육장은 1동 전체가 자동컨베이어시스템으로 연계하여 운영되고 있다.
3) ○○○의 농장에 대한 소음영향예측 수치는 78.5dB로 예측되었으며, 6m 높이의 가설방음판넬을 설치해도 67.2dB로 예측된다.
4) 중앙환경분쟁조정위원회가 실시한 연구용역「소음·진동으로 인한 가축피해평가 및 배상액 산정기준의 합리적 조정방안」결과에 따르면 소음에 의한 가축별 피해발생 예측율은 토끼의 경우 소·돼지 등 일반 가축보다 피해발생율이 2배에 달하고 환경영향평가서 상의 예측 소음치로는 폐사율, 수태저하율 등이 35% ~ 40%에 해당하는 것으로 확인된다.

위와 같은 사실에 대하여 사업시행자는 농장의 일부시설만 편입되었을 뿐, 잔여 농장은 그 기능이 전부 상실되었다고 보기 어렵고, 향후 소음 등으로 인한 피해가 구체적으로 발생하면 그 피해액을 보상하겠다고 주장한다.

그러나 위 사실관계에 따르면, 이 건 토끼농장은 당해 공익사업의 시행으로 인하여 손실이 발생하리라는 것이 쉽게 예측되고 그 손실의 범위도 구체적으로 특정할 수 있고 예측되는 소음의 피해는 소유자가 수인할 수 있는 범위를 넘어서는 것으로 판단되며, 한편으로는 같은 리 493-1번지 소재 토끼사육장은 1동 전체가 자동컨베이어시스템으로 운영되고 있어 시설물 일부편입으로 잔여 시설물 전체가 그 기능을 상실하게 되는 점 등을 고려할 때, 일부가 편입된 이 건 토끼농장에 대하여 전체의 영업시설을 이전하게 함이 토지보상법 또는 위 대법원판례의 취지에 부합하는 것으로 판단된다.

따라서 ○○○의 전체농장을 이전하게 하고 그에 따르는 물건의 이전보상 및 축산보상을 하기로 한다.

판 례

▎판례 1 ▎ 간접보상에 관한 규정은 유추적용 할 수 있다.

[대법원 2002. 03. 12. 선고 2000다73612]

판결요지

공공사업시행지구 밖에서 관계 법령에 따라 신고를 하고 수산제조업을 하고 있는 사람에게 공공사업의 시행으로 인하여 그 배후지가 상실되어 영업을 할 수 없게 되었음을 이유로 손실보상을 하는 경우 그 보상액의 산정에 관하여는 공공용지의취득및손실보상에관한특례법시행

규칙의 간접보상에 관한 규정을 유추적용할 수 있다.

판례 2 ┃ 손해배상(기)

[대법원 2002. 11. 26. 선고 2001다44352 판결]

판결요지

[1] 공공사업의 시행 결과 그로 인하여 기업지 밖에 미치는 간접손실에 관하여 피해자와 사업시행자 사이에 협의가 이루어지지 아니하고 그 보상에 관한 명문의 근거 법령이 없는 경우라고 하더라도, 헌법 제23조 제3항은 "공공필요에 의한 재산권의 수용·사용 또는 제한 및 그에 대한 보상은 법률로써 하되, 정당한 보상을 지급하여야 한다."고 규정하고 있고, 이에 따라 국민의 재산권을 침해하는 행위 그 자체는 반드시 형식적 법률에 근거하여야 하며, 토지수용법 등의 개별 법률에서 공익사업에 필요한 재산권 침해의 근거와 아울러 그로 인한 손실보상 규정을 두고 있는 점, 공공용지의취득및손실보상에관한특례법 제3조 제1항은 "공공사업을 위한 토지 등의 취득 또는 사용으로 인하여 토지 등의 소유자가 입은 손실은 사업시행자가 이를 보상하여야 한다."고 규정하고, 같은법시행규칙 제23조의 2 내지 7에서 공공사업시행지구 밖에 있는 영업과 공작물 등에 대한 간접손실에 대하여도 일정한 조건하에서 이를 보상하도록 규정하고 있는 점 등에 비추어, 공공사업의 시행으로 인하여 그러한 손실이 발생하리라는 것을 쉽게 예견할 수 있고 그 손실의 범위도 구체적으로 이를 특정할 수 있는 경우라면, 그 손실의 보상에 관하여 공공용지의취득및손실보상에관한특례법시행규칙의 관련 규정 등을 유추적용할 수 있다고 해석함이 상당하다.

[2] 공공사업의 시행과 같이 적법한 공권력의 행사로 가하여진 재산상의 특별한 희생에 대하여 전체적인 공평부담의 견지에서 손실보상이 인정되는 것이므로, 공공사업의 시행으로 손해를 입었다고 주장하는 자가 보상을 받을 권리를 가졌는지의 여부는 해당 공공사업의 시행 당시를 기준으로 판단하여야 하고, 그와 같은 공공사업의 시행에 관한 실시계획 승인과 그에 따른 고시가 된 이상 그 이후에 영업을 위하여 이루어진 각종 허가나 신고는 위와 같은 공공사업의 시행에 따른 제한이 이미 확정되어 있는 상태에서 이루어진 것으로 그 이후의 공공사업 시행으로 그 허가나 신고권자가 특별한 손실을 입게 되었다고는 볼 수 없다.

[3] 관계 법령이 요구하는 허가나 신고없이 김양식장을 배후지로 하여 김종묘생산어업에 종사하던 자들의 간접손실에 대하여 그 손실의 예견가능성이 없고, 그 손실의 범위도 구체적으로 특정하기 어려워 공공용지의취득및손실보상에관한특례법시행규칙상의 손실보상에 관한 규정을 유추적용할 수 없다고 한 사례.

[4] 법인의 권리의무가 법률의 규정에 의하여 새로 설립된 법인에 승계되는 경우에는 특별한 사유가 없는 한 계속중인 소송에서 그 법인의 법률상 지위도 새로 설립된 법인에 승계된다.

[5] 한국전력공사가 존속회사로부터 신설회사가 분할되어 새로 설립되는 방식으로 발전회사들을 상법상 회사분할의 방식에 의하여 분할한 경우 존속회사인 한국전력공사에 관하여 진행중인 소송에서 신설된 분할회사인 발전회사에게로 소송의 당연승계가 이루어진다는 이유로 발전회사의 소송수계신청을 기각한 원심을 파기한 사례.

❖ 수용 - 소유자 동의없이 지적분할(불수용)

　○○시장이 시행하는 하천사업에 편입되는 토지에 대한 수용재결신청에 대하여 ○○산업은 토지소유자의 동의 없이 사업시행자가 무단으로 토지에 대한 지적분할 등을 한 사실이 위법하다는 주장에 대하여는, 「지적법」 제28조제1호에 따르면 공익사업에 편입되는 토지의 경우 토지소유자가 하여야 하는 지적분할 등의 신청을 사업시행자가 대위할 수 있도록 되어 있으므로 이유없고, 당사자간에 다투고 있는 보상금에 대하여는 ○○·○○감정평가법인이 평가한 금액을 산술평균하여 보상금을 산정한 결과 손실보상금으로 금328,764,030원(개별보상내역은 별지 목록 기재와 같이함)을 보상함이 적정한 것으로 판단되므로 위와 같이 보상하고 이를 수용하기로 의결하다.
　수용의 개시일은 ○○○○년 ○월 ○○일로 하다.

나. 공익사업시행지구 밖의 대지 등에 대한 보상

│ 토지보상법 시행규칙 제59조 (공익사업시행지구밖의 대지 등에 대한 보상) │

공익사업시행지구밖의 대지(조성된 대지를 말한다)·건축물·분묘 또는 농지(계획적으로 조성된 유실수단지 및 죽림단지를 포함한다)가 공익사업의 시행으로 인하여 산지나 하천 등에 둘러싸여 교통이 두절되거나 경작이 불가능하게 된 경우에는 그 소유자의 청구에 의하여 이를 공익사업시행지구에 편입되는 것으로 보아 보상하여야 한다. 다만, 그 보상비가 도로 또는 도선시설의 설치비용을 초과하는 경우에는 도로 또는 도선시설을 설치함으로써 보상에 갈음할 수 있다.

판 례

│ 판례 1 │ '경작이 불가능하게 되는 경우'의 의미

[대법원 2004. 10. 27. 선고 2002다21967]

판시사항

농경지가 공공사업의 시행으로 인하여 기존에 재배하던 농작물의 부지로는 부적당하게 되더라도 다른 농작물을 재배하는 데 별다른 지장이 없는 경우, 위 농경지가 구 공공용지의취득및손실보상에관한특례법 시행규칙 제23조의2에 정한 '경작이 불가능하게 된 경우'에 해당하는지 여부(소극)

판결요지

구 공공용지의취득및손실보상에관한특례법시행규칙(2002. 12. 31. 건설교통부령 제344호로 폐지) 제23조의2 소정의 '경작이 불가능하게 된 경우'라 함은 그 농경지가 공공사업의 시행으로 인하여 산지나 하천 등에 둘러싸이는 등으로 경작 자체가 불가능하게 되는 경우를 의미하는 것이지 공공사업의 시행으로 인하여 소음과 진동의 발생, 일조량의 감소 등으로 기존에 재배하고 있는 농작물의 비닐하우스 부지로는 부적당하다고 하더라도 다른 농작물을 재배하는 데에는 별다른 지장이 없어 보이는 경우까지를 포함하는 것은 아니다.

다. 공익사업시행지구 밖의 건축물에 대한 보상

> **토지보상법 시행규칙 제60조 (공익사업시행지구밖의 건축물에 대한 보상)**
>
> 소유농지의 대부분이 공익사업시행지구에 편입됨으로써 건축물(건축물의 대지 및 잔여농지를 포함한다. 이하 이 조에서 같다)만이 공익사업시행지구밖에 남게 되는 경우로서 그 건축물의 매매가 불가능하고 이주가 부득이한 경우에는 그 소유자의 청구에 의하여 이를 공익사업시행지구에 편입되는 것으로 보아 보상하여야 한다.

재결례

| 재결례 | 공익사업시행지구 밖의 건축물이 보상대상이 되기 위해서는 본래의 기능을 다할 수 없게 되어야 한다.

[중토위 2017. 3. 23.]

재결요지

000, 000가 잔여지를 수용하여 주거나 가격감소에 따른 손실을 보상하여 주고, 000가 잔여건물도 수용하여 달라는 주장에 대하여,

법 제74조제1항에 따르면 동일한 소유자에게 속하는 일단의 토지의 일부가 협의에 의하여 매수되거나 수용됨으로 인하여 잔여지를 종래의 목적에 사용하는 것이 현저히 곤란할 때에는 해당 토지소유자는 사업시행자에게 잔여지를 매수하여 줄 것을 청구할 수 있으며, 사업인정 이후에는 관할 토지수용위원회에 수용을 청구할 수 있고, 이 경우 수용의 청구는 매수에 관한 협의가 성립되지 아니한 경우에만 할 수 있다고 규정하고 있다. 그리고 같은 법 시행령 제39조에 따르면 잔여지가 ① 대지로서 면적이 너무 작거나 부정형 등의 사유로 건축물을 건축할 수 없거나 건축물의 건축이 현저히 곤란한 경우, ② 농지로서 농기계의 진입과 회전이 곤란할 정도로 폭이 좁고 길게 남거나 부정형 등의 사유로 영농이 현저히 곤란한 경우, ③ 공익사업의 시행으로 교통이 두절되어 사용이나 경작이 불가능하게 된 경우, ④ 위와 유사한 정도로 잔여지를 종래의 목적으로 사용하는 것이 현저히 곤란하다고 인정되는 경우 등 4개의 경우 중 어느 하나에 해당하는 경우에는 해당 토지소유자는 사업시행자 또는 관할 토지수용위원회에 잔여지를 매수하거나 수용하여 줄 것을 청구할 수 있고, 잔여지가 이 중 어느 하나에 해당하는지를 판단할 때에는 잔여지의 위치·형상·이용상황 및 용도지역, 공익사업 편입 토지의 면적 및 잔여지의 면적을 종합적으로 고려하여야 한다고 되어 있고, 법 시행규칙 제62조에 따르면 공익사업시행지구밖에 있는 공작물등이 공익사업의 시행으로 인하여 그 본래의 기능을 다할 수 없게 되는 경우에는 그 소유자의 청구에 의하여 이를 공익사업시행지구에 편입되는 것으로 보아 보상하여야 한다고 되어 있으며, 법 시행규칙 제32조제1항에 따르면 동일한 토지소유자에 속하는 일단의 토지의 일부가 취득됨으로 인하여 잔여지의 가격이 하락된 경우의 잔여지의 손실은 공익사업시행지구에 편입되기 전의 잔여지의 가격에서 공익사업시행지구에 편입된 후의 잔여지의 가격을 뺀 금액으로 평가하도록 되어 있다.

관계 자료(사업시행자 의견, 감정평가서 등)를 검토한 결과, 1) 000의 잔여지 경기 파주시 00

읍 00리 554-6 대 311㎡(전체 344㎡, 편입 33㎡, 편입비율 9.5%, 계획관리)는 편입비율이 낮은 점, 잔여면적이「건축법시행령」제80조에서 정하는 대지의 분할제한 면적(60㎡)을 초과하는 점, 진출입에 지장이 없는 점 등으로 볼 때 종래의 목적대로 사용하는 것이 현저히 곤란하다고 볼 수 없고, 이의신청인이 잔여건물을 수용하여 달라고 주장하는 건축물은 이 건 잔여지 상에 있는 공익사업시행지구 밖의 건축물로서 이 건 공익사업의 시행으로 인하여 그 본래의 기능을 다할 수 없게 되는 경우라고 인정되지 않으므로 이의신청인의 주장은 받아들일 수 없다.

라. 소수잔존자에 대한 보상

| 토지보상법 시행규칙 제61조 (소수잔존자에 대한 보상) |

공익사업의 시행으로 인하여 1개 마을의 주거용 건축물이 대부분 공익사업시행지구에 편입됨으로써 잔여 주거용 건축물 거주자의 생활환경이 현저히 불편하게 되어 이주가 부득이한 경우에는 당해 건축물 소유자의 청구에 의하여 그 소유자의 토지등을 공익사업시행지구에 편입되는 것으로 보아 보상하여야 한다

마. 공익사업시행지구 밖의 공작물 등에 대한 보상

| 토지보상법 시행규칙 제62조 (공익사업시행지구밖의 공작물등에 대한 보상) |

공익사업시행지구밖에 있는 공작물등이 공익사업의 시행으로 인하여 그 본래의 기능을 다할 수 없게 되는 경우에는 그 소유자의 청구에 의하여 이를 공익사업시행지구에 편입되는 것으로 보아 보상하여야 한다.

재결례

▎재결례 1▎ 축사는 사업구역에 포함되었으나 부대시설(퇴비사, 톱밥발효장, 분뇨처리시설)은 포함되지 않은 경우 부대시설도 보상대상이 된다.

[중토위 2018. 9. 20.]

재결요지

법 제75조의2 제1항에 따르면 사업시행자는 동일한 소유자에게 속하는 일단의 건축물의 일부가 취득되거나 사용됨으로 인하여 잔여 건축물의 가격이 감소하거나 그 밖의 손실이 있을 때에는 국토교통부령으로 정하는 바에 따라 그 손실을 보상하여야 하고, 제2항에 따르면 동일한 소유자에게 속하는 일단의 건축물의 일부가 협의에 의하여 매수되거나 수용됨으로 인하여 잔여 건축물을 종래의 목적대로 사용하는 것이 현저히 곤란할 때에는 그 건축물소유자는 사업시행자에게 잔여 건축물을 매수하여 줄 것을 청구할 수 있으며, 사업인정 이후에는 관할 토지수용위원회에 수용을 청구할 수 있다. 이 경우 수용청구는 매수에 관한 협의가 성립되지 아니한 경우에만 하되, 그 사업의 공사완료일까지 하여야 한다고 되어 있다. 법 시행규칙 제62조에 따르면 공익사업시행지구밖에 있는 공작물등이 공익사업의 시행으로 인하여 그 본래의 기능을 다할 수 없게 되는 경우에는 그 소유자의 청구에 의하여 이를 공익사업시행지구에 편입되는 것으로 보아 보상하여야 한다고 되어 있다.

관계 자료(사업시행자 의견서, 현황사진 등)를 검토한 결과, 이의신청인은 2005년 축산업 등록 후 돼지사육시설 5동 및 부대시설에서 축산업을 영위하여 오다가 2010년경 구제역 파동 및 개인사정 등으로 사육가축을 처분하고 실질적인 휴업상태에서 이 건 사업인정고시가 된 것으로 확인된다. 이의신청인의 축사관련 건축물 등 시설물은 이 건 사업에 편입된 경남 ○○군 ○○면 ○○리 364-14 목 2,164㎡와 편입된 토지와 연접하여 있는 같은 리 364-10 목 1,376㎡ 토지에 설치되어 있으며, 이 건 사업으로 일단의 건축물 또는 공작물 중에서 주된 시설인 축사(5개동) 및 사료공급기 2기 등이 편입되고, 부대시설인 톱밥발효시설장 및 퇴비사, 분뇨처리장이 편입토지와 연접한 사업지구 밖에 남게 되었다.

이의신청인이 이 건 사업인정고시일 이전부터 실제 축산업을 휴업 중이었다 하더라도 폐업신고 등을 하지 않아 언제든지 축산업을 재개할 수 있는 상태였고, 일단의 건축물 중 편입되지 않은 부대시설(퇴비사, 톱밥발효장, 분뇨처리시설)만으로는 종래의 목적인 축산업을 계속 영위하기는 불가능하다고 판단되므로 잔여건축물(공작물 포함)을 확대 보상함이 타당하다고 판단되어 금번 재결에 포함하여 보상하기로 한다.

┃ **재결례 2** ┃ 사업지구 밖에 위치하고 있는 영업시설(세차기 및 셀프세차장비)에 대하여 손실보상을 인정한 사례

[중토위 2019. 1. 24.]

재결요지

법 시행규칙 제62조에 의하면 공익사업시행지구 밖에 있는 공작물 등이 공익사업의 시행으로 인하여 그 본래의 기능을 다 할 수 없게 되는 경우에는 그 소유자의 청구에 의하여 이를 공익사업시행지구에 편입되는 것으로 보아 보상하도록 규정하고 있다.

관계 서류(이의신청서, 현황 도면 등)를 검토한 결과, 이 건 사업에 자동세차시설 출구에 위치한 토지가 편입되어 자동세차시설 출구에서 도시계획도로(소로1류 383호선, 폭10~12m)와의 여유공간이 약 2미터에 불과하여 최소한의 차량회전반경이 확보되지 않아 정상적인 자동세차시설의 운영이 불가한 것으로 판단되므로 금회 재결시 이를 반영하여 보상하기로 한다.

바. 공익사업시행지구 밖의 어업의 피해에 대한 보상

┃ **토지보상법 시행규칙 제63조 (공익사업시행지구밖의 어업의 피해에 대한 보상)** ┃

① 공익사업의 시행으로 인하여 해당 공익사업시행지구 인근에 있는 어업에 피해가 발생한 경우 사업시행자는 실제 피해액을 확인할 수 있는 때에 그 피해에 대하여 보상하여야 한다. 이 경우 실제 피해액은 감소된 어획량 및 「수산업법 시행령」 별표 4의 평년수익액 등을 참작하여 평가한다.
② 제1항에 따른 보상액은 「수산업법 시행령」 별표 4에 따른 어업권·허가어업 또는 신고어업이 취소되거나 어업면허의 유효기간이 연장되지 아니하는 경우의 보상액을 초과하지 못한다.
③ 사업인정고시일등 이후에 어업권의 면허를 받은 자 또는 어업의 허가를 받거나 신고를 한 자에 대하여는 제1항 및 제2항을 적용하지 아니한다.

사례 1   공익사업시행지구 밖의 인근 어업의 피해에 대한 보상규정의 적용(2009.11.13. 법제처 09-0328)(법령해석)

질의요지

2018 토지수용 업무편람 발췌

공익사업의 시행으로 건설된 발전기에서 배출되는 온배수로 인하여 해당 공익사업시행지구 인근에 있는 어업에 피해가 발생한 경우「공익사업을 위한 토지 등의 취득 및 보상에 관한 법률」제79조제2항 및 같은 법 시행규칙 제63조를 적용할 수 있는지?

회신내용

공익사업의 시행으로 건설된 발전기에서 배출되는 온배수로 인하여 해당 공익사업시행지구 인근에 있는 어업에 피해가 발생한 경우「공익사업을 위한 토지 등의 취득 및 보상에 관한 법률」제79조제2항 및 같은 법 시행규칙 제63조를 적용할 수 있습니다.

이 유

…공익사업법 시행규칙 제63조는 공익사업의 시행을 원인으로 하여 공익사업시행지구 인근의 어업에 내재하는 사회적 제약을 넘어서는 특별한 손해가 발생한 경우에 사유재산권의 보장과 전체적인 공평부담의 견지에서 사업시행자가 실제 피해액을 확인할 수 있는 때에 그 피해를 보상하도록 하는 취지이고, 같은 법 시행규칙 제63조제1항의 "공익사업의 시행으로 인하여 해당 공익사업시행지구 인근에 있는 어업에 피해가 발생한 경우"를 해석함에 있어서는 공익사업의 시행과 피해 발생의 연관성, 공익사업의 시행으로 인한 피해발생의 예견성, 피해의 특정성, 공익사업시행지구 밖의 인근 어업의 피해에 대한 보상규정의 취지 등을 종합적으로 고려하여야 할 것입니다.

…시행규칙 제63조의 규정취지를 살펴보면, 공익사업을 위한 공사에 착수하기 이전에 공익사업시행지구 밖의 어업피해가 공익사업의 시행과 전적으로 연관되고, 피해발생이 명확하게 예견되지만 공익사업시행 지구가 아닌 공익사업시행지구 밖의 어업 피해 보상이라는 특성상 피해 대상 어업권과 구체적인 피해액 등이 불명확하여 사업시행자가 실제 피해액을 확인이 가능한 때에 그 피해에 대하여 보상할 수 있도록 한 것으로 볼 수 있습니다. 만약 온배수 배출에 따른 인근 어업의 피해가 공익사업의 시행으로 건설된 발전기의 가동에 따른 온배수의 배출로 발생하였다는 이유로 같은 법 시행규칙 제63조를 적용할 수 없다고 한다면, 공익사업시행지구 밖의 어업피해가 공익사업의 시행과 전적으로 연관되고, 피해발생이 명확하게 예견되는 경우로서 공사착수 이전 단계에서는 피해 대상 어업권과 구체적인 피해액을 평가하기 어렵지만 추후 그 피해액을 확정할 수 있는 경우에도 정당한 보상이 이루어지지 않을 수 있는바, 이는 공익사업의 시행으로 인하여 발생한 공익사업시행지구 밖의 어업피해에 대하여도 실제 피해액을 확인할 수 있을 때에 보상하도록 한 같은 법 시행규칙 제63조의 입법취지에 반한다 할 것입니다.

…따라서, 공익사업의 시행으로 건설된 발전기에서 배출되는 온배수로 인하여 해당 공익사업시행지구 인근에 있는 어업에 피해가 발생한 경우 공익사업법 시행규칙 제63조를 적용할 수 있다 할 것입니다.

판 례

┃ 판례 1 ┃ 사업인정고시일등 이후에 어업의 허가 등을 받은 자는 그 이후의 공공사업 시행으로 특별한 손실을 입게 되었다고 볼 수 없다.

[대법원 2014.5.29. 선고 2013두12478]

판시사항

1. 구 수산업법 제81조의 규정에 의한 손실보상청구권이나 손실보상 관련 법령의 유추적용에 의한 손실보상청구권의 행사방법(=민사소송) 및 구 공익사업을 위한 토지 등의 취득 및 보상에 관한 법률의 관련 규정에 의하여 취득하는 어업피해에 관한 손실보상청구권의 행사방법(=행정소송)
2. 공공사업의 시행으로 손해를 입었다고 주장하는 자가 보상을 받을 권리를 가졌는지 판단하는 기준시기(=공공사업 시행 당시) 및 공공사업 시행에 관한 실시계획 승인과 그에 따른 고시 이후 영업허가나 신고가 이루어진 경우 공공사업 시행으로 허가나 신고권자가 특별한 손실을 입게 되었다고 볼 수 있는지 여부(소극)

판결요지

1. 구 수산업법(2007. 1. 3. 법률 제8226호로 개정되기 전의 것, 이하 같다) 제81조의 규정에 의한 손실보상청구권이나 손실보상 관련 법령의 유추적용에 의한 손실보상청구권은 사업시행자를 상대로 한 민사소송의 방법에 의하여 행사하여야 한다(대법원 2001. 6. 29. 선고 99다56468 판결 참조). 그렇지만 구 공익사업을 위한 토지 등의 취득 및 보상에 관한 법률(2008. 2. 29. 법률 제8852호로 개정되기 전의 것, 이하 '구 공익사업법'이라 한다)의 관련 규정에 의하여 취득하는 어업피해에 관한 손실보상청구권은 민사소송의 방법으로 행사할 수는 없고, 구 공익사업법 제34조, 제50조 등에 규정된 재결절차를 거친 다음 그 재결에 대하여 불복이 있는 때에 비로소 구 공익사업법 제83조 내지 제85조에 따라 권리구제를 받아야 하며, 이러한 재결절차를 거치지 않은 채 곧바로 사업시행자를 상대로 손실보상을 청구하는 것은 허용되지 않는다고 봄이 타당하다.
2. 손실보상은 공공사업의 시행과 같이 적법한 공권력의 행사로 가하여진 재산상의 특별한 희생에 대하여 전체적인 공평부담의 견지에서 인정되는 것이므로, 공공사업의 시행으로 손해를 입었다고 주장하는 자가 보상을 받을 권리를 가졌는지의 여부는 해당 공공사업의 시행 당시를 기준으로 판단하여야 하고, 그와 같은 공공사업의 시행에 관한 실시계획 승인과 그에 따른 고시가 된 이상 그 이후에 영업을 위하여 이루어진 각종 허가나 신고는 위와 같은 공공사업의 시행에 따른 제한이 이미 확정되어 있는 상태에서 이루어진 것이므로 그 이후의 공공사업 시행으로 그 허가나 신고권자가 특별한 손실을 입게 되었다고는 볼 수 없다(대법원 1991. 1. 29. 선고 90다6781 판결, 대법원2006. 11. 23. 선고 2004다65978 판결 등 참조).

사. 공익사업시행지구 밖의 영업손실에 대한 보상

> **┃ 토지보상법 시행규칙 제64조 (공익사업시행지구밖의 영업손실에 대한 보상) ┃**
>
> ① 공익사업시행지구밖에서 제45조에 따른 영업손실의 보상대상이 되는 영업을 하고 있는 자가 공익사업의 시행으로 인하여 다음 각 호의 어느 하나에 해당하는 경우에는 그 영업자의 청구에 의하여 당해 영업을 공익사업시행지구에 편입되는 것으로 보아 보상하여야 한다.
>   1. 배후지의 3분의 2 이상이 상실되어 그 장소에서 영업을 계속할 수 없는 경우
>   2. 진출입로의 단절, 그 밖의 부득이한 사유로 인하여 일정한 기간 동안 휴업하는 것이 불가피한 경우
> ② 제1항에 불구하고 사업시행자는 영업자가 보상을 받은 이후에 그 영업장소에서 영업이익을 보상받은 기간 이내에 동일한 영업을 하는 경우에는 실제 휴업기간에 대한 보상금을 제외한 영업손실에 대한 보상금을 환수하여야 한다.

판 례

┃ 판례 1 ┃ '배후지 상실'의 의미

[대법원 2013.6.14 선고 2010다9658]

판결요지

'배후지'란 '당해 영업의 고객이 소재하는 지역'을 의미한다고 풀이되고, 공공사업 시행지구 밖에서 영업을 영위하여 오던 사업자에게 공공사업의 시행 후에도 당해 영업의 고객이 소재하는 지역이 그대로 남아 있는 상태에서 그 고객이 공공사업의 시행으로 설치된 시설 등을 이용하고 사업자가 제공하는 시설이나 용역 등은 이용하지 않게 되었다는 사정은 여기서 말하는 '배후지의 상실'에 해당한다고 볼 수 없다.

아. 공익사업시행지구 밖의 농업의 손실에 대한 보상

> **┃ 토지보상법 시행규칙 제65조 (공익사업시행지구밖의 농업의 손실에 대한 보상) ┃**
>
> 경작하고 있는 농지의 3분의 2 이상에 해당하는 면적이 공익사업시행지구에 편입됨으로 인하여 당해 지역(영 제26조제1항 각호의 1의 지역을 말한다)에서 영농을 계속할 수 없게 된 농민에 대하여는 공익사업시행지구밖에서 그가 경작하고 있는 농지에 대하여도 제48조제1항 내지 제3항 및 제4항제2호의 규정에 의한 영농손실액을 보상하여야 한다.

❖ 경작하고 있는 농지의 3분의 2 이상에 해당하는 면적이 공익사업시행지구에 편입됨으로 인하여 당해 지역에서 영농을 계속할 수 없게 된 농민에 대하여는 공익사업시행지구 밖에서 그가 경작하고 있는 농지에 대하여도 영농손실액을 보상하여야 한다.

제6장 관련 서식 및 규정

[서식 1] 사업인정(의제)사업 의견청취 요청서 작성요령

사업인정(의제)사업 의견청취 요청서

(담당자 :   전화번호 :   )

접수번호	접수일	처리기간 30일

① 사업개요

사 업 명			
근거 법률			
사업 목적			
사업 내용		※ 사업구역 내 건축·설치되는 구체적 시설물 내역은 별지양식에 따라 작성	
총사업비		백만원	
전체사업면적		0㎡ (국·공유지 0000㎡, 사유지 0000㎡)	
사업예정지	위 치		
	수용부분(a)	0㎡	
	사용부분(b)	0㎡ (예 : 터널, 송전선로 등을 설치하는 사업)	
	기 취득면적(c)	0㎡	
	총면적(a+b+c)	0㎡	
	비 고		

② 사업시행자

성명(명칭)		국가	지자체	공공기관	민간
주 소					
자 본 금 (민간사업자)					

③ 소요경비와 재원

총사업비	총금액		백만원
자기자본	금 액		백만원
	조달방법		
타인자본	금 액		백만원
	조달방법		
기 타	금 액		백만원
	조달방법		

④ 주된 사업 현황 (시행하는 사업이 부대·연계·부수사업일 경우만 기재)

사업시행자	
사업명칭	
사업목적	
사업내용	
시행기간	
사업예정지(위치·면적)	
토지취득현황	
공사진행현황	
사업고시일	
기 타	

⑤ 기타 사항

항 목	내 용
무상귀속·기부채납 여부	
사전 타당성 심사를 거친 사실이 있는지 여부(예비타당성 심사 등)	
해당사업에 필요한 면허·인허가 취득 사항	조합설립인가시 동의율 기재(토지 등 소유자, 토지면적) 예) 토지 등 소유자 : 60명/75명(80%), 토지면적 : 15,000㎡ /25,000㎡(60%)
사업완료 후 처분, 분양, 임대계획이 있는지 여부	
사업예정지에 공법상 제한이 있는지 여부	
현재 또는 과거 민원제기, 소송 등 분쟁현황	
사업완료 후에도 사업의 관리주체가 사업시행자인지 여부	

공익사업을 위한 토지 등의 취득 및 보상에 관한 법률 제21조 제2항에 따라 위와 같이 사업에 대한 의견을 요청합니다.

2019. . .

신청인(인허가권자)   (인)

중앙토지수용위원회 귀중

별지 1	사업구역 내 설치될 시설물 목록
별지 2	첨부서류 목록

❖ 법적 근거

○ (사업인정) 국토교통부장관은 사업인정을 하려면 관계 중앙행정기관의장 및 특별시장·광역시장·도지사·특별자치도지사와 협의하여야 하며, 대통령령으로 정하는 바에 따라 미리 「토지보상법」 제49조에 따른 중앙토지수용위원회 및 사업인정에 이해관계가 있는 자의 의견을 들어야 함(토지보상법 제21조제1항)

○ (사업인정의제) 개별 법률에 따라 사업인정이 있는 것으로 의제되는 공익사업의 허가·인가·승인권자 등은 사업인정이 의제되는 지구지정·사업계획승인 등을 하려는 경우 중앙토지수용위원회 및 사업인정에 이해관계가 있는 자의 의견을 들어야 함(토지보상법 제21조제2항)

❖ 작성요령

(1) '사업개요' 작성 요령

① 사업명 : 사업인정(인허가)고시문에 기재될 공익사업명을 기재하되, 약칭이나 편의적으로 부르는 사업명을 기재해서는 아니됨

② 근거법률 : 시행하는 사업의 직접 근거가 되는 법률명과 해당 조항을 기재 (토지보상법 [별표]를 참조하여 기재)

③ 사업목적 : 해당 사업이 추구하는 공익적 목적 등을 상세히 기재(기재내용) 달성하려는 목적의 공익성, 수혜자의 범위, 사업목적을 달성하기 위하여 해당 사업의 시행이 필요한지 등

④ 사업내용 : 시설(종류와 수), 면적, 길이, 폭 등 사업의 내용을 한눈에 파악할 수 있도록 물리적 요소를 구체적으로 기재(별지양식 이용)
  - 도로의 경우 : 길이, 폭, 구간 등 기재
  - 건물의 경우 : 용도(문화시설), 건축물(동)의 수, 층수, 대지면적, 건폐율 등

⑤ 총사업비 : 금액(단위 : 백만원)으로 기재

⑥ 사업예정지
  - 위치 : 사업예정지의 토지 중 첫 번째 토지의 주소 표시 후 총필지와 총 면적을 기재(예: 세종특별자치시 한누리대로 100번지 100㎡ 등 총 20필지 3,000㎡)
  - 수용부분 : 소유권을 취득할 토지의 면적 기재(국공유지 포함)
    * 자기소유의 토지(기 취득면적에 해당)는 수용부분에 포함하지 아니함
  - 사용부분 : 용익권(지상권 등)을 목적으로 하는 토지면적 기재(국공유지 포함)
  - 기 취득면적 : 토지등기부에 사업시행자 명의로 소유권보존 또는 소유권이전등기가 되어 있는 토지 면적을 기재
  - 비고 : 그 밖에 토지소유권 취득과 관련된 참고사항 기재(예: 협의대금은 지급하였으나 미등기인 토지의 면적)

(2) '사업시행자' 작성 요령

① 성명(명칭) : 사용하는 성명·법인(단체)명을 기재하되, 줄여서 쓰지 아니함
  - 개인 : 주민등록등본에 기재된 이름

- 법인 : 법인등기부에 기재된 명칭
- 비법인 단체 등 : 정관, 회칙, 규약, 인허가·등록증 등에 기재된 명칭

② 사업시행자 유형란 : 해당란에 'O' 기재
- (예) 'LH'가 사업시행자일 경우, 아래와 같이 '공공기관'에 'O' 표기

성명(명칭)	한국주택토지공사	국가	지자체	공공기관	민간
				O	

③ 주소 : 개인의 경우 주민등록등본, 법인의 경우 법인등기부에 기재된 본점 소재지의 주소를 기재
④ 자본금* : 사업시행자가 '민간'일 경우에 기재함
  * 자본금 = 자산 - 부채

(3) '소요경비와 재원' 작성 요령

① 총사업비 : 해당사업에 투입될 총사업비를 금액으로 기재
  (총사업비 = 자기자본 + 타인자본 + 기타)
② 자기자본 : 해당사업에 투입될 경비 중 사업시행자가 보유한 자산(자금)으로 직접 투자하는 금액을 기재
③ 타인자본 : 원본·이자의 상환 등을 조건으로 사업시행자 외의 자가 투자·부담하는 금액(예: 사채발행, 담보대출 등 부채계정)을 기재
④ 기타 : 자기자본과 타인자본에 포함되지 않는 금액을 기재

(4) '주된 사업의 현황' 작성 요령

① 시행하는 사업이 부대, 연계, 부수사업 등 명칭에 관계없이 다른 사업의 목적에 기여하거나 다른 사업의 일부로 수행하거나 이와 연계되어 시행되는 경우, 그 다른 사업(주된 사업)을 말함
- 가령, 공동주택사업으로 신축되는 아파트 단지에서, 장래 입주민의 편의를 위하여 개설되는 도로에 대한 도시계획시설사업 인가의 경우,
- 주된 사업은 '공동주택사업'이고, 부수사업은 '도시계획시설(도로)사업'임
- 따라서 부수사업인 '도시계획시설(도로)사업'에 대한 의견청취를 요청할 경우 주된 사업인 '공동주택사업'의 현황을 기재함

② 주된 사업의 사업시행자, 사업명칭, 사업목적, 사업내용, 시행기간, 사업예정지의 위치·면적, 토지취득현황, 공사의 진행현황, 사업고시일 등 기재

(5) '기타사항' 작성 요령

① 무상귀속·기부채납 여부 : 사업완료 후 해당시설의 소유권이 행정청에 귀속·양도되는지 여부를 기재
② 사전 타당성 심사를 거친 사실이 있는지 여부 : 해당 사업에 대하여, 제3의 기관에서 시행의 타당성을 조사·검토한 사실이 있는 경우, 조사검토기관명과 결과요지를 간략히

기재함 (해당 보고서 혹은 조사서 등을 첨부)

③ 면허·인허가 취득사항 : 사업시행에 필요한 시설, 기술인력, 등 관련 면허, 특허, 인허가 취득사항이 있는 경우 기재함

④ 사업완료 후 처분·분양·임대계획이 있는지 : 사업완료 후 사업시행자 이외의 자에게 해당 시설의 처분 등 계획이 있는 경우 이를 기재함

⑤ 사업예정지에 공법상 제한 있는지 여부 : 개발제한구역, 군사보호구역, 문화재보호구역 등 다른 공법상 제한이 있는 경우 이를 기재함 (관계부서와 협의여부도 기재)

(6) 현재 또는 과거 민원제기, 소송 등 분쟁현황

사업시행에 관하여 집단민원, 행정심판, 민사·행정소송 등 관련 분쟁이 진행되었거나 진행되고 있는 경우, 경위·요구사항·쟁점 등을 기재한다.

(7) 관리주체의 변경

사업완료 후 해당 시설 또는 사업에 대한 관리주체가 사업시행자에서 다른 자로 변경되거나 변경이 예정되어 있는 경우, 이에 관한 사항을 기재한다.

❖ **유의사항**

○ 의견청취 공문을 중앙토지수용위원회에 발송 시 제목은 「사업인정(의제)사업 의견청취 요청(사업명)」으로 작성
  (예시) 사업인정(의제)사업 의견청취 요청(석계리 도시계획도로 개설공사)
○ 의견청취 기간은 공문서와 첨부서류 모두가 도착한 날의 다음날부터 기산함
  ※ 의견청취요청서 및 관련도면은 필히 전자공문 발송시 첨부요망

[별지 1] 사업구역 내 설치될 시설물 목록

사업구역 내 설치될 시설물 목록

연번	명칭	규모*	위치	종류(용도)**	비고
1	공동주택	면적 200,000㎡, 15층, 2,500세대 철근콘크리트	세종시 한누리대로 401	주거용	
2	국도12호선	연장1km, 폭 8m, 면적1만㎡	세종시 한누리대로 401	도로	
3	공원	면적 1,200㎡	세종시 한누리대로 400	어린이공원	
4					
5					
6					

* (예시) 건물 : 면적, 높이, 층수, 재질(석조, 목조 등) / 도로 : 면적, 길이, 넓이(폭) 선형(직선, 곡선 등)
** 건축법 시행령 별표를 참고하여 건축물의 종류를 기재하되, 해당하는 시설이 없는 경우 적당한 방법으로 기재함 (예) 1종근생(소매점), 박물관, 종교시설(교회) 등

[별지 2] 첨부서류 목록

첨부서류 목록

순번	첨부서류 목록	제출 여부	미제출 사유
1	사업인정(의제)사업 의견청취 요청서 (필수)	○	
2	사업계획서[1] (필수)	○	
3	사업예정지 및 사업계획을 표시한 도면 (필수)	○	
4	사업예정지 내 수용이 제한되는 토지[2] 등이 있을 때 그 토지에 관한 조서, 도면 및 관련 이해관계자의 의견서	X	해당없음
5	사업예정지 내 토지의 이용이 법령에 따라 제한된 경우 당해 법령의 시행에 관하여 권한 있는 행정기관의 의견서	○	
6	사업시행에 관하여 행정기관의 면허 또는 인가 및 그 밖의 처분을 필요로 할 때 그 처분사실을 증명하는 서류 또는 당해 행정기관의 장의 의견서	○	
7	토지소유자 또는 관계인의 협의 내용을 기재한 서류(협의를 한 경우에만)	○	
8	국유지, 공유지, 사유지의 각 면적과 비율을 기재한 조서 (필수)	○	
9	수용 또는 사용할 토지의 세목(토지 외 물건 또는 권리를 수용하거나 사용할 경우 해당 물건 또는 권리가 소재하고 있는 세목) (필수)	○	
10	제3자의 기관이 작성한 사업에 대한 사전(예비) 타당성 조사·심사 자료	X	해당없음
11	총사업비, 재원조달의 방법을 기재한 자금조달계획서 (필수)	○	

1) 통상 사업신청서 혹은 인허가신청서에 첨부되는 사업계획서를 말함. 단 ① 사업개요 및 법적근거, ② 사업의 착수·완공예정일, ③ 자금조달 및 재원조서, ④ 토지·물건세목, ⑤ 사업의 목적, 필요성, 기대효과 등이 기재되어야 함
2) 다른 목적이나 사업의 시행을 위해 사용되고 있거나 처분 등이 금지되어 있는 토지 등을 말함(토지보상법 제19조제2항)

[서식 2] 수용재결신청서 작성요령

재결신청서 (토지보상법 시행규칙 별지 제13호서식)

재결신청서

(앞쪽)

접수번호		접수일	
신청인 (사업시행자)	성명 또는 명칭		
	주소		
공익사업의 종류 및 명칭			
사업인정의 근거 및 고시일			
수용하거나 사용할 토지등			
수용할 토지에 있는 물건			
보상액 및 그 명세			
사용하려는 경우	사용의 방법		
	사용의 기간		
토지소유자	성명 또는 명칭		
	주　　소		
관계인	성명 또는 명칭		
	주　　소		
수용 또는 사용의 개시예정일			
재결신청의 청구	청구일		
	청구인의 성명 또는 명칭		
	청구인의 주소		

「공익사업을 위한 토지 등의 취득 및 보상에 관한 법률」 제28조제1항·제30조제2항 및 같은 법 시행령 제12조제1항에 따라 위와 같이 재결을 신청합니다.

년　　월　　일

신청인(사업시행자)　　　[인]

토지수용위원회 위원장　　　귀하

첨부 서류	1. 토지조서 또는 물건조서 각 1부 2. 협의경위서 1부 3. 사업계획서 1부 4. 사업예정지 및 사업계획을 표시한 도면 각 1부 5. 보상금을 채권으로 지급할 수 있는 경우에 해당함을 증명하는 서류와 채권으로 보상하는 보상금의 금액, 채권원금의 상환방법 및 상환기일, 채권의 이자율과 이자의 지급방법 및 지급기일을 적은 서류 각 1부(보상금을 채권으로 보상하는 경우에만 제출합니다)	수수료 「공익사업을 위한 토지 등의 취득 및 보상에 관한 법률 시행규칙」 별표 1에서 정하는 금액

210mm×297mm[백상지 80g/㎡]

(1) 법적 근거

○ 협의불성립 및 협의불능의 경우에는 사업시행자는 사업인정고시 후「토지보상법 시행령」제12조제1항의 사항을 기재한 수용재결신청서에 같은 조 제2항의 서류 및 도면을 첨부하여 관할 토지수용위원회에 제출하며 재결신청서의 양식은「토지보상법 시행규칙」제10조제1항에 따라 별지 제13호서식에 의함

(2) 작성요령[양식 참조]

① 신청인(사업시행자) 성명 또는 명칭 : 신청인인 사업시행자의 관직명 또는 법인등기부상의 법인명 및 대표자 성명 기재
  - 반드시 사업인정 고시 시 명기된 사업시행자명을 기재
② 신청인(사업시행자)의 주소 : 주소는 관공서 또는 법인등기부상의 본점 소재지의 주소를 기재
③ 공익사업의 종류 및 명칭 : 공익사업의 종류를 기재하고 공익사업의 명칭은 약칭이나 편의상 사업명을 기재하여서는 안되며 반드시 사업인정시의 사업명을 기재
④ 사업인정의 근거 및 고시일 : 사업인정의 근거가 되는 관계법령의 조문 및 조항을 기재하고, 토지보상법상 사업인정으로 의제되는 행정처분의 고시일을 기재(변경인가시 변경인가 고시일을 기재하고 고시문 사본을 첨부)
⑤ 수용 또는 사용할 토지 등의 표시 : 수용 또는 사용할 토지 중 첫 번째 토지의 주소 표시
  (예 : 경기도 과천시 중앙동 12번지 90㎡ 등 총 20필지 3,000㎡)
⑥ 수용할 토지에 있는 물건의 표시 : 수용할 토지상의 첫번째 물건명 기재
  (예 : 경기도 과천시 중앙동 13번지 단독주택 등 총 23건)
⑦ 보상액 및 그 내역 : 별첨(사업시행자 제시액 조서)으로 첨부
⑧ 사용하고자 하는 경우 사용의 방법 : 토지사용의 경우 사용의 방법 기재
  (예 : 지하사용, 공중사용, 긴급 시 사용)
⑨ 사용하고자 하는 경우 사용의 기간 : 토지사용의 경우 사용의 개시예정일 및 기간 기재
⑩ 토지소유자 성명 또는 명칭 : 사업시행자제시액조서상의 첫번째 토지소유자의 성명 또는 법인명칭 기재(예 : 홍길동 외 20명)
⑪ 토지소유자 주소 : 사업시행자제시액조서상의 첫번째 토지소유자 또는 법인의 주소 기재
⑫ 관계인 성명 또는 명칭 : 사업시행자제시액조서상의 첫번째 관계인의 성명 또는 법인명칭 기재(예 : 농업협동조합 외 10명)
⑬ 관계인 주소 : 사업시행자제시액조서상의 첫번째 관계인의 주소 기재
⑭ 수용 또는 사용의 개시예정일 : 사업시행자가 예정하고 있는 수용 또는 사용의 개시일을 기재
⑮ 재결신청의 청구란의 청구일 :「토지보상법」제30조에 따른 재결신청의 청구가 있은 경우 그 청구서 접수일자를 기재
⑯ 재결신청의 청구란의 청구인의 성명 또는 명칭 :「토지보상법」제30조에 따른 재결신청의 청구가 있은 경우 그 청구인의 성명 또는 법인명 기재

⑰ 재결신청의 청구란의 청구인의 주소 : 「토지보상법」제30조에 따른 재결신청의 청구가 있은 경우 그 청구인의 주소 기재
⑱ 연월일 : 수용재결신청서 문서시행일을 기재
⑲ 신청인(사업시행자) ㊞ : 사업시행자의 관인 또는 법인의 인감 날인
⑳ 수수료 : 「토지보상법 시행규칙」제9조제1항 및 별표1에 따른 수입인지(중토위에 신청 시) 또는 수입증지(지토위에 신청 시)를 첨부

(3) 유의사항

① 재결신청서의 작성내용은 사업인정 공보고시문과 일치되어야 하며, 재결신청문서에 「토지보상법」제26조에 따라 협의의 절차를 거쳤으나 협의불성립 및 협의불능인 사항인지 같은 조 제2항에 따라 토지조서 및 물건조서의 내용에 변동이 없어 협의절차를 거치지 아니한 것인지 또는 같은 법 제30조에 따라 재결신청의 청구로 인한 것인지를 구분하여 기재
② 「토지보상법」제30조에 따른 재결신청의 청구의 경우에도 토지소유자 및 관계인은 수용재결신청을 할 수 없고 사업시행자에게 서면으로 재결신청의 청구를 하면 사업시행자가 60일 이내에 재결신청서를 관할 토지수용위원회에 제출
③ 위 양식에 따른 재결신청서 외에 「재결신청서 검토 Check list」작성과 「중토위 재결정보시스템(LTIS)에 재결신청 대상(토지, 물건 내역 및 소유자, 보상금액)에 대한 전산자료」를 작성하여 송부하여야 함(아래 별지 1, 2)
④ 재결신청 '접수일'은 신청기간 준수 및 재결지연가산금 산정에 영향을 미치는 바, 사업시행자가 재결신청공문서(주토 전사시스템 활용)와 첨부서류(주로 우편으로 송달)를 각각 송부하였을 경우 둘 중 나중에 도착한 날을 재결신청 접수일로 함

- 「토지보상법 시행령」제12조는 재결신청 시 신청서와 첨부서류*를 제출하도록 규정하고 있고 이는 전자문서와 첨부서류가 서로 일체를 이루고 있음을 의미하므로 양자 모두 도달해야 제출이 완료된 것으로 볼 수 있음
    * 첨부서류(5건) : 토지·물건조서, 협위경위서, 사업계획서, 사업예정지 및 사업계획을 표시한 도면·예를 들어 수용재결신청을 전자문서로 시행한 후 첨부서류를 우편으로 별송할 경우, 먼저 온 전자문서의 접수를 보류하고 첨부서류의 우편송달일을 접수일로 함
- 신청서와 첨부서류(5건)가 모두 제출되면 접수하되, 기재오류나 그 외 서류의 미비 사항은 상당기간을 정해 보정을 명하고, 보정하지 아니하는 경우, 과태료 부과(토지보상법 제99조) 또는 각하재결
    ※ 붙임 [별지1] 재결신청서 검토서
    [별지2] 재결정보시스템(LTIS) 토지 및 물건 내역 입력 방법

[별지 1] 재결신청서 검토 양식

재결신청서 검토 양식

1 개 요

사 업 명	도로사업(00-00 도로확장공사)		
사 업 시 행 자	0000청장	소 재 지	경북 안동
신 청 대 상	토지 10필지(1,000㎡), 기타물건 100건(수목 등)		
신 청 금 액	금 35,000원		
소 유 자	1,000원	관 계 인	100명

2 신청요건 요약표

구 분		내 용
사업 인정	법 적 근 거	도로법 제00조 제00항
	사 업 인 정 고 시	00지방국토관리청고시 제2009-1호(2009.12.31.)
	세 목 고 시	00지방국토관리청고시 제2009-1호(2009.12.31.)
	지 형 도 면 고 시	00고시-제38호(2009.12.31.)
	사 업 기 간	2009. 1. 1. ~ 2015. 12. 31.
감정 평가	평 가 법 인	00, 00(소유자추천), 00(도지사추천) * 협의 평가 감정기관 전체 기록
	가 격 시 점	2010. 10. 1.
보상 계획	신 문	00000신문(2010. 8. 10.) (20인 이하 생략 가능)
	개 별 통 지	2010. 8. 11.
	열 람	000군 000호(2010.10.30.), 열람기간 2010.8.11.~2010.9.15.
협의	협 의 통 지 일	2010.8.15., 2010.8.25., 2010.9.5.
	공 시 송 달 일	2010.10.10.(제시기간 2010.9.15.~2010.9.30.)
	협 의 기 간	2010.8.15.~2010.9.20.

*지상권 등 소유권 이외의 권리가 있을 경우 일괄평가 동의서(별도 구분 평가했을 경우 생략)

3 담당자

소 속	00지방국토관리청 보상과 홍길동		
전 화	000-0000-0000	FAX	000-0000-0000
메 일	000000@0000.00		

4 신청요건 사업시행자 적정성 검토사항

구 분		내 용	적정여부
사업인정	사업인정고시	1. 사업인정고시가 법령에 일치되게 고시되었는가?	○
	세목고시	2. 세목고시된 내용(소재지, 지번, 면적 등)과 신청서 내용의 일치하는가?	○
	지형도면고시	3. 지형도면은 고시하였는가?(토지이용규제법 제8조)	○
	사업기간	4. 사업인정고시가 있는 날로부터 1년 이내(사업시행기간)에 신청되었는가?	○
신청내역 일치여부		5. 신청토지내역(토지조서/물건조서/협의경위서)과 사업시행자 제시액조서의 일치하는가?	○
감정평가		6. 협의평가 가격시점이 재결신청서 접수일 기준으로 1년 이내인가?	○
		7. 「공익사업을 위한 토지 등의 취득 및 보상에 관한 법률」 제68조에 따라 감정평가업자를 선정하였는가?	○
보상계획	신문공고	8. 보상계획을 전국을 보급지역으로 하는 일간신문에 공고하였는가?	○
	개별통지	9. 보상계획을 토지소유자 및 관계인에게 통지하였는가?	○
	열람공고	10. 보상계획을 14일(초일 불산입, 실질적으로 15일) 이상 열람할 수 있도록 하였는가?	○
협의	소유자 및 관계인	11. 소유자 및 관계인(특히 송달주소 반드시 확인)이 정확히 파악되었는가?	○
	협의문서통지	12. 협의요청문서를 통지하였는가?	○
	협의기간	13. 30일(초일 불산입, 실질적으로 31일) 이상 성실하게 협의하였는가?	○
	공시송달	14. 주소불명 등으로 협의를 할 수 없는 경우 15일 이상 공시송달하였는가?	○
수입인지		15. 법정수수료를 수입인지로 신청서에 첨부하였는가?	○
재결정보시스템입력 (사업시행자제시액조서)		16. 재결정보시스템에 사업시행자제시액조서를 입력 완료하고 출력한 조서가 사업시행자제시액조서와 일치하는가?	○

2018. 3. 10.

작성자 : 부산지방국토관리청 보상과 ○○○ 서명
확인자 : 부산지방국토관리청 보상과 ○○○ 서명

중앙토지수용위원회 귀중

○ 서류검토 시 참고사항
  1. 신청문서
  2. 재결신청서
  3. 사업계획서
  4. 수용재결신청 현황
  5. 사업인정관계서류 1set
  6. 소유자별 서류
     - 사업자제시액 조서(세목고시 일련번호 기재)
       • 소유자 성명, 주소는 재결신청전 1개월의 등기부등본에 따라 확인한 후 등기부상주소, 송달가능주소를 구분하여 작성하고, 이를 재결정보시스템에 입력한 다음 출력하여 제출할 것
     - 토지조서(물건조서)
     - 토지(물건)해당세목 부분
     - 협의경위서
  7. 채권보상 시 채권보상지급에 해당함을 증명하는 서류
  8. 사업예정지 및 사업계획을 표시한 도면
  9. 협의관계서류
     - 보상계획공고문(토지 소재 시군 열람공고, 일간신문 공고 포함)
     - 보상계획통지(통지확인을 위한 우편송달증명서<등기우편내역서 포함>)
     - 보상계획열람실시내역(14일이상)
     - 보상협의요청서통지(통지확인을 위한 우편송달증명서<등기우편내역서 포함>)
     ※ 위 통지 불능의 경우는 해당 건마다 공시송달실시 결과를 첨부
  10. 감정평가서
     - 협의 당시 참여한 감정평가업자 전체 리스트(소유자 및 시·도지사 추천 평가가 있었을 경우 명기)
     - 제출문(가격시점, 평가사 서명·날인된 부분, 재결 해당 토지 등에 대해서만 내역서 제출)

[별지 2] 재결정보시스템(LTIS) 토지 및 물건 내역 입력 방법

재결정보시스템(LTIS) 토지 및 물건 내역 입력 방법
(사업시행자 작성용)

1. 프로그램 다운로드 주소 : http://clt.realtyprice.or.kr/cust/

2. 아이디 발급
   ○ 아이디 발급신청서를 작성하여 FAX 또는 E-mail 신청
   ○ 중토위 담당자 : (전화) 044-201-5331
   　　　　　　　　(FAX) 044-201-5693~4
   　　　　　　　　(E-mail) jungtowi@korea.kr

3. 프로그램 설치 : 홈페이지 다운로드 설치 진행

4. 로그인 후 신규입력

[사업정보 입력 화면]

※ 유의사항 : 재결구분, 사업유형 등을 정확히 입력
　　이의재결인 경우 협의기관에 '수용재결기관'까지 입력

5. 조서입력(토지)

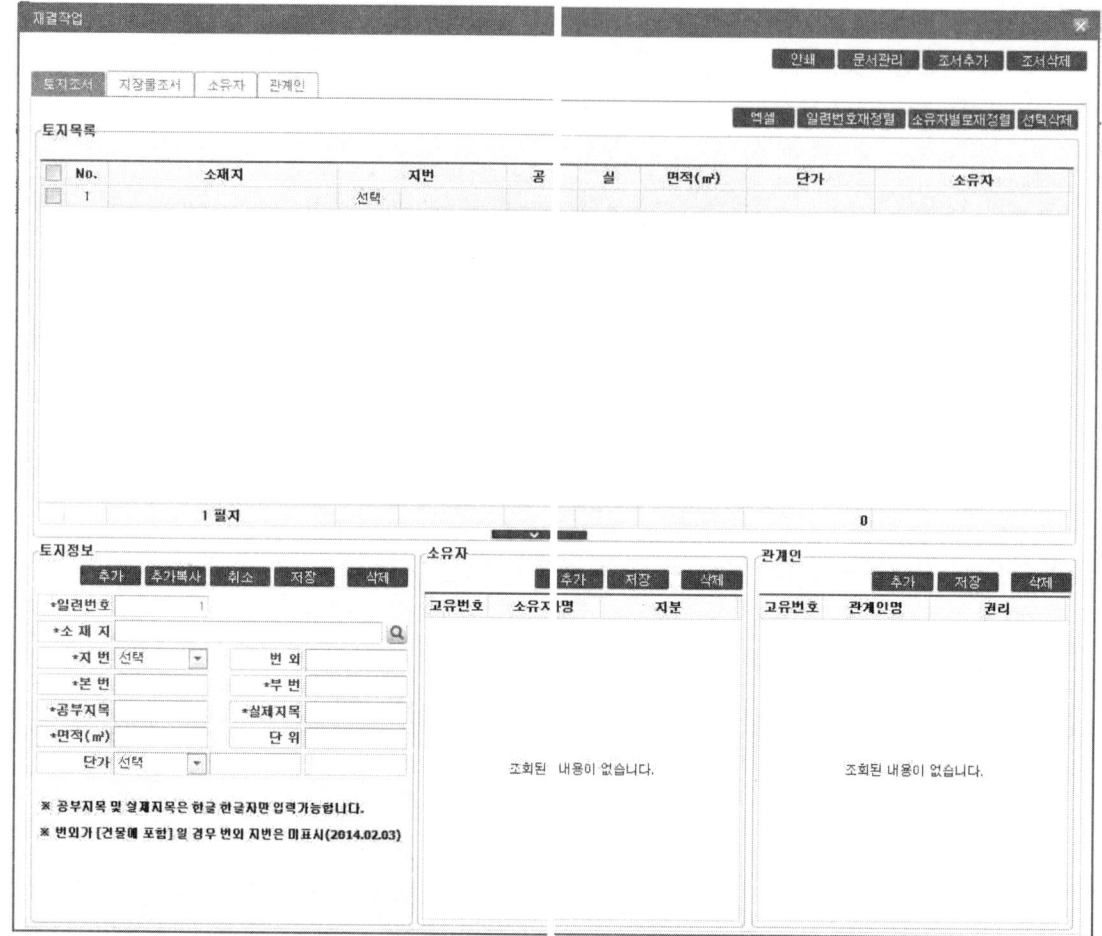

※ 유의사항
① 토지정보에 소재지, 지번, 지목, 단가 등을 정확히 입력 후 저장
② 소유자 및 관계인 정보를 정확히 입력(주소, 지분 등)
③ 문서관리에 재결에 필요한 정보를 파일별로 입력

6. 지장물 입력

○ 토지조서 작성과 유사
○ 가격 입력 시 '계산, 일괄, 일식' 등 선택 가능
○ 여러건의 물건이 일괄평가 된 경우, 목록은 모두 입력한 후 가장 위에 입력된 물건의 '구분'을 '일괄'로 선택 후 총 가격을 입력
  - '일괄'에 포함되는 물건은 모두 '↑'를 입력(이 물건의 가격은 위 일괄 평가에 포함되었음을 의미)

7. 중토위 전송

○ 물건 상세정보에서 '중토위 전송' 버튼을 클릭 후 저장
  - 중토위전송이 완료된 후 '진행상태'를 확인하면 접수현황을 알 수 있으며, 접수가 완료되면 입력된 휴대폰 번호로 '접수완료'문자가 전송됨

❖ 재결신청 등의 수수료

(1) 법적근거

○ 「토지보상법」제20조제2항·제28조제2항·제29조제2항 및 제30조제2항에 따라 사업인정의 신청·재결의 신청 및 협의성립의 확인신청 등을 하고자 하는 자는 다음의 수수료를 납부

<재결신청 등의 수수료(토지보상법 시행규칙 제9조제1항관련)>

납부의무자	수수료
2. 법 제28조제1항 및 법 제30조제2항의 규정에 의하여 재결을 신청하는 자 또는 법 제29조제1항의 규정에 의하여 협의성립의 확인을 신청하는 자	가. 보상예정액이 1천만원 이하인 경우 : 1만원 나. 보상예정액이 1천만원 초과 1억원 이하인 경우 : 2만원 다. 보상예정액이 1억원 초과 5억원 이하인 경우 : 3만원 라. 보상예정액이 5억원 초과 10억원 이하인 경우 : 4만원 마. 보상예정액이 10억원 초과 50억원 이하인 경우 : 6만원 바. 보상예정액이 50억원 초과 100억원 이하인 경우 : 8만원 사. 보상예정액이 100억원을 초과하는 경우 : 10만원
3. 다른 법령의 규정에 의하여 토지수용위원회에 재결을 신청 하는 자	제2호 가목 내지 사목의 규정을 준용한다. 이 경우 "보상예정액"은 "과밀부담금 등 재결신청의 목적이 되는 것의 금액"으로 본다

(2) 첨부요령

○ 보상예정액(사업시행자제시액조서상 총액)에 따라 중앙토지수용위원회에 신청할 때에는 해당 금액의 정부 수입인지를, 지방토지수용위원회에 신청할 때에는 수입증지를 재결신청서에 첨부

[서식 3] 토지조서 (토지보상법 시행규칙 별지 제4호서식 2016. 6. 14.)

토지조서

공익사업의 명칭		
사업인정의 근거 및 고시일		
사업시행자	성명(또는 명칭)	
	주소	
토지소유자	성명(또는 명칭)	
	주소	

토지의 명세

소재지	지번(원래 지번)	지목	현실적인 이용상황	전체 면적 (㎡)	편입 면적 (㎡)	용도지역 및 지구	관계인			비고
							성명 또는 명칭	주소	권리의 종류 및 내용	

그 밖에 보상금 산정에 필요한 사항

「공익사업을 위한 토지 등의 취득 및 보상에 관한 법률」 제14조제1항 및 같은 법 시행령 제7조제3항에 따라 위와 같이 토지조서를 작성합니다.

년 월 일

사업시행자 (인)
토지소유자 (서명 또는 인)
관 계 인 (서명 또는 인)

토지소유자(관계인 포함)가 서명(인)할 수 없는 경우 그 사유

작성방법

1. 이 서식은 토지소유자별로 작성합니다.
2. 해당 공익사업에 따라 토지가 분할되는 경우에는 분할 전의 지번은 "지번(원래 지번)"란에 ( )로 적습니다.
3. "관계인"란에는 토지에 관한 소유권 외의 권리를 가진 자를 적습니다.
4. 공부(公簿)상 면적과 실측(實測) 면적이 다른 경우 실측 면적을 "비고"란에 적습니다.
5. 도로부지인 경우에는 도로의 구분, 이용상황 및 위치 등 그 특성을 "비고"란에 다른 참고사항과 같이 적습니다.

210mm×297mm[백상지 80g/㎡]

(1) **법적근거**
   ○ 「토지보상법」제26조제1항에 따라 사업시행자는 사업인정 고시가 있은 후 같은 법시행 규칙 제5조의 양식에 따라 토지조서를 작성하여 이에 서명 또는 날인하고 토지소유자 및 관계인의 서명 또는 날인을 받아야 함.
   ○ 다만, 같은 법 같은 조 제2항에 따라 사업인정전에 작성한 토지조서의 내용에 변동이 없는 때에는 사업인정을 받은 후 다시 작성을 하지 아니할 수 있음

(2) **작성요령** [양식 참조]
   ① 공익사업의 명칭 : 사업인정의 고시문에 명시된 공익사업의 명칭 기재
   ② 사업인정의 근거 및 고시일 : 사업인정의 근거법령을 기재하고 고시일은 도시계획시설 사업의 경우 실시계획인가고시일을 기재하되 추가 변경고시된 경우에는 변경고시일도 같이 기재
   ③ 사업시행자 성명 또는 명칭, 주소 : 사업인정의 고시문에 명시된 사업시행자와 동일하게 기재
   ④ 토지소유자 성명 또는 명칭, 주소 :
      • 소유자가 법인일 때에는 법인명을 기재하고, 개인 소유자는 성명을 한글로 작성함에 따라 동명이인이 있을 경우 편의상 "홍길동1" "홍길동2" 순으로 구분
      • 주소는 위쪽에 공부상의 주소(등기부등본상)를 기재하고 공부상 주소가 다를 때에는 하단에 송달주소 기재
         * 예시 : (등) 경기도 과천시 중앙동12번지
                (송) 경기도 과천시 중앙동 34번지
   ⑤ 토지의 명세
      ㉠ 소재지 : 시·군·구·읍·면·동(리)의 법정지명을 기재
      ㉡ 지번(원래 지번) : 토지대장상의 지번을 기재하되 분할 전의 원래 지번을 ( )안에 기재
      ㉢ 지목 : 공부상(토지대장) 지목을 기재
      ㉣ 현실적인 이용상황 : 지목과 현실이용상황이 다를 경우 실제이용상황을 기재하되 면적을 구분하여 기재
      ㉤ 전체면적 : 해당 필지의 토지대장상 전체면적을 기재
         • 공부상 해당 필지의 전체면적과 실측면적이 다른 경우 실측면적을 "비고"란에 기재
      ㉥ 편입면적 : 수용 또는 사용할 편입면적을 기재
         • 관보(공보)에 고시된 필지별 세목고시면적과 재결신청면적을 대조하여 사업인정 면적을 초과한 부분은 수용재결이 불가하고, 공유지분소유일 경우에는 등기부상 지분을 그대로 기재하고 약분하여 기재하여서는 안됨
      ㉦ 용도지역 및 지구 : 「국토의 계획 및 이용에 관한 법률」상의 용도지역 및 지구를 기재하되 1필지가 2개 이상의 용도지역에 해당할 경우에는 반드시 각 용도지역별 면적을 구분하여 기재

◎ 관계인의 성명 또는 명칭·주소·권리의 종류 및 내용 : 공부상(등기부등본) 등재되어 있는 관계인의 성명 또는 법인의 명칭, 주소 및 권리종류와 그 내용을 기재

ⓧ 비고 : 공부상 면적과 실측면적이 다른 경우 실측면적을 기재

⑥ 그 밖에 보상금산정에 필요한 사항 : 감정평가 등에 참고할 사항 등을 기재
⑦ 년 월 일 : 토지조서 작성 시 일자를 기재
⑧ 사업시행자 ㊞ : 사업시행자의 관직명 또는 법인명을 기재하고 관인 또는 직인을 날인
⑨ 토지소유자 (서명 또는 인) : 성명은 위의 토지소유자의 성명과 일치시키고 소유자의 서명 또는 날인을 받는데 인감도장을 날인하면 분쟁의 소지를 줄일 수 있으며, 소유자가 다수일 경우에는 별지를 사용하여 주소와 성명을 기재·날인하고 반드시 간인하여야 함. 또한 사실상 소유자 등 이해관계인 전원을 기재함
⑩ 관계인 (서명 또는 인) : 성명은 위의 관계인 성명 또는 법인명과 일치시키고 ⑨와 같은 요령으로 작성
⑪ 토지소유자(관계인 포함)가 서명(인)할 수 없는 경우 그 사유 : 토지 소유자 및 관계인의 서명 또는 날인을 받지 못한 사유를 기재

(3) 유의사항

① 토지조서는 수용목적물의 범위와 상태, 수용에 참여할 수 있는 토지의 소유자 및 관계인을 기재하여 수용재결 시 권리와 목적물을 확정하는만큼 오류가 없이 작성하여야 함
② 토지소유자별로 작성하여야 하며, 공유지분의 토지에 대하여는 지분표시를 하여야 함. 토지의 수량이 많아 1장을 넘을 경우에는 토지조서와 동일한 양식을 별지로 사용하되 반드시 간인하여 일체를 표시
③ 수용 또는 사용면적은 사업인정시 관보(공보)고시된 토지세목의 면적을 초과할 수 없으므로 관보와 정확히 대조하여 작성
④ 잔여지가 있는 경우에는 해당 필지의 용지도를 복사후 적색표시
⑤ 미등기의 토지조서 작성방법
  ㉠ 미등기인 부동산에 대하여는 [토지소유자 성명 또는 명칭] 란에 "미등기"로 기재하고 [서명·날인을 거부하거나 서명·날인을 할 수 없는 사유] 난에는 "소유자불명으로 날인불능"으로 기재
  ㉡ 편철순서는 미등기 토지조서를 작성하여 소유자 성명은 "미등기"로 편철하되, 다수의 미등기가 있을 경우에는 "미등기 1" "미등기 2" 로 구분하여 기재
  ㉢ 토지대장상 토지소유자는 등재되어 있으나 '미등기'인 경우는 소유자성명은 "미등기"로 기재하고, 관계인 란에 '토지대장상 소유자 ㅇㅇㅇ'로 기재

[서식 4] 물건조서(토지보상법 시행규칙 별지 제5호 서식 개정 2016. 6. 14.)

물건조서

공익사업의 명칭		
사업인정의 근거 및 고시일		
사업시행자	성명(또는 명칭)	
	주소	
물건소유자	성명(또는 명칭)	
	주소	

물건의 명세

소재지	지번	물건의 종류	구조 및 규격	수량 (면적)	관계인			비고
					성명 또는 명칭	주소	권리의 종류 및 내용	

그 밖에 보상금 산정에 필요한 사항

「공익사업을 위한 토지 등의 취득 및 보상에 관한 법률」 제14조제1항 및 같은 법 시행령 제7조제4항에 따라 위와 같이 물건조서를 작성합니다.

년   월   일

사업시행자   (인)
물건소유자   (서명 또는 인)
관 계 인   (서명 또는 인)

토지소유자(관계인 포함)가 서명(인)할 수 없는 경우 그 사유

작성방법

1. 이 서식은 물건소유자별로 작성합니다.
2. 건물이 일부 편입되는 경우에는 "수량(면적)"란에 편입 면적을 적고, "비고"란에 연면적을 적습니다.
3. "관계인"란에는 물건에 관한 소유권 외의 권리를 가진 자를 적습니다.
4. 공부(公簿)상 면적과 실측(實測) 면적이 다른 경우에는 공부상 면적을 "비고"란에 적습니다.

210mm×297mm[백상지 80g/㎡]

(1) 법적근거
- ○ 「토지보상법」제26조제1항에 따라 사업시행자는 사업인정 고시가 있은 후 같은 법 시행규칙 제5조의 양식에 따라 물건조서를 작성하여 이에 서명 또는 날인하고 소유자 및 관계인의 서명 또는 날인을 받아야 함.
- ○ 다만, 같은 법 같은 조 제2항에 따라 사업인정전에 작성한 물건조서의 내용에 변동이 없는 때에는 사업인정을 받은 후 다시 작성을 하지 아니할 수 있음.
- ○ 물건이 건축물인 경우에는 건축물의 연면적과 편입면적을 기재하고 일부 편입의 경우 실측평면도에 편입부분을 표시하여 첨부

(2) 작성요령 [양식 참조]
① 공익사업의 명칭 : 토지조서 작성방법과 동일
② 사업인정의 근거 및 고시일 : 토지조서 작성방법과 동일
③ 사업시행자 성명 또는 명칭, 주소 : 토지조서 작성방법과 동일
④ 물건소유자 성명 또는 명칭, 주소 : 토지조서 작성방법과 동일
⑤ 물건의 명세
　㉠ 소재지 : 물건이 있는 토지의 시·군·구·읍·면·동(리)의 법정지명을 기재
　㉡ 지번 : 물건이 위치하는 토지의 지번 기재
　㉢ 물건의 종류 : 사물의 명칭은 표준어를 사용하여야 하고 이름을 정확하게 알지 못하는 경우 감정평가서에 기재된 물건명을 기재
　　* "미상" "미상나무"등 사물명칭이 확인되지 않은 것은 사용하지 말 것
　㉣ 구조 및 규격 : 건축물일 경우 그 구조를 기재하고 그 밖의 물건의 경우 규격 등을 기재
　㉤ 수량(면적) : 물건의 체적, 중량, 개수 등 적합한 단위와 결합하여 사용하고, 건축물은 그 편입면적을 기재
　　* (예시) 분묘 2기, 수목 45주 등
　㉥ 관계인 성명 또는 명칭·주소·권리의 종류 및 내용 : 건축물일 경우 건물등기부등본을 열람하여 관계인을 파악하여 기재
⑥ 그 밖에 보상금산정에 필요한 사항 : 토지조서와 동일
⑦ 년 월 일 : 물건조서 작성일자를 기재
⑧ 사업시행자 (인) : 토지조서와 동일
⑨ 물건소유자 (서명 또는 인) : 토지조서와 동일
⑩ 관계인 (서명 또는 인) : 성명은 위의 관계인 성명 또는 법인명과 일치시키고 ⑩과 같은 요령으로 작성
⑪ 토지소유자(관계인 포함)가 서명(인)할 수 없는 경우 그 사유 : 토지 조서 작성방법과 동일

(3) 유의사항

① 물건조서의 작성요령도 토지조서와 동일
② 물건의 종류가 많아 물건명세서를 별지에 작성할 시는 간인
③ 물건 중 건축물인 경우 허가건물인 경우에는 등기부등본 또는 건축물관리대장 등으로 소유자를 확인하면 되나, 무허가건물인 경우에는 무허가 건축물관리대장(과세대장) 또는 소유사실확인서에 의하여 그 소유자를 확인
④ 토지 및 물건조서의 작성시점은 사업인정고시일을 기준으로 조사·작성하여야 하고 조사당시를 기준으로 토지 및 물건조서를 작성하여서는 아니됨. 즉 「토지보상법」제25조에는 사업인정고시가 있은 후에는 토지의 형질변경 등이 금지되고 이를 위반한 경우에는 보상대상에서 제외

[서식 5] 협의경위서 (토지보상법 시행규칙 별지 제7호서식 개정 2016. 6. 14.)

협의경위서

1. 공익사업의 명칭:
2. 사업시행자의 성명 또는 명칭 및 주소:
3. 협의대상 토지 및 물건

소재지	지번	토지		물건		
		지목 (현실적인 이용현황)	면적 (m^2)	종류	구조	수량 (면적)

4. 토지소유자 및 관계인의 성명 또는 명칭 및 주소
    가. 소유자:
    나. 관계인:
5. 협의내용

협의 일시	협의장소 및 방법	토지소유자 및 관계인의 구체적인 주장내용	사업시행자의 의견	비고

6. 토지소유자 및 관계인이 서명 또는 날인을 거부하거나 서명날인을 할 수 없는 경우 그 사유

7. 그 밖에 협의와 관련된 사항

「공익사업을 위한 토지 등의 취득 및 보상에 관한 법률 시행령」 제8조제5항에 따라 위와 같이 협의경위서를 작성합니다.

년   월   일

사업시행자   (인)
토지소유자   (서명 또는 인)
관 계 인   (서명 또는 인)

작성방법

이 서식은 토지 및 물건의 소유자별로 작성합니다.

210mm×297mm[백상지 80g/m^2]

(1) 법적근거

○ 협의가 성립되지 아니하거나 협의를 할 수 없는 때에 「토지보상법」제28조에 따라 사업시행자가 재결을 신청할 때에는 같은 법 시행령 제12조제2항제2호의 협의경위서를 첨부하도록 되어 있으며, 협의경위서에는 같은 법 시행령 제8조제5항에 규정된 사항을 기재하여 토지소유자 및 관계인의 서명 또는 날인을 받아야 함

(2) 작성요령 [양식 참조]

① 공익사업의 명칭 : 사업인정의 고시문에 명시된 공익사업의 명칭 기재
② 사업시행자의 성명 또는 명칭 및 주소 : 사업인정의 고시문에 명시된 사업시행자와 동일하게 기재
③ 협의대상 토지 및 물건 : 손실보상 협의요청한 토지 및 물건을 누락없이 기재하여야 하므로 수량이 많을 경우 첨부서류로 작성하고 간인
④ 토지소유자 및 관계인의 성명 또는 명칭 및 주소 :
  • 먼저 주소를 기재하되 공부상(등기부등본상) 주소와 다를 때에는 하단에 송달주소 기재
  • 소유자가 법인일 때에는 법인명을 기재하고, 개인 소유자는 성명을 한글로 작성함에 따라 동명이인이 있을 경우 편의상 "홍길동 1" "홍길동 2"순으로 구분하여 기재
⑤ 협의내용
  • 협의 일시 : 협의일자 순서대로 기재
  • 협의장소 및 방법 : 협의한 장소를 기재하고, 협의방법으로는 개별방문·집단면담·전화협의·협의문서통지 등 선택 기재
    * 3회(최초협의, 촉구, 재촉구)이상 성실히 협의하여야 함 토지소유자 및 관계인의 구체적인 주장내용 : 보상금 저렴, 물건누락 등 소유자 또는 관계인이 요구하는 내용을 기재하되 주장내용이 많을 경우 별도작성하여 첨부
  • 사업시행자의 의견 : 소유자별로 주장내용에 대하여 간략하게 의견을 기재하되, 내용이 많을 경우 별도작성하여 첨부
    * (예시) ○ 소유자 주장 : 토지·물건 보상가격 저렴
    ○ 사업시행자 의견 : 이건 토지·물건은 「토지보상법」및 「부동산가격공시 및 감정평가에 관한 법률」에 따라 공인된 감정평가업자 2인이 현지조사에 의해 적법하게 평가한 적정가격임
⑥ 토지소유자 및 관계인이 서명 또는 날인을 거부하거나 서명·날인을 할 수 없는 경우 그 사유 : 협의경위서에 토지소유자 및 관계인의 서명 또는 날인을 받지 못한 사유를 간략하게 기재
⑦ 그 밖에 협의와 관련된 사항 : 협의와 관련한 특이사항 등 기재
⑧ 년 월 일 : 협의경위서 작성일자를 기재
⑨ 사업시행자 (인) : 사업시행자의 관직명 또는 법인명을 기재하고 관인 또는 직인을 날인
⑩ 토지소유자 (서명 또는 인) : 소유자의 서명 또는 날인을 받으며, 서명 또는 날인을 거부하는 등의 경우 그 사유를 6항에 기재
⑪ 관계인 (서명 또는 인) : ⑩과 같은 요령으로 작성

(3) 유의사항

① 협의경위서는 토지 등의 소유자가 수인의 공유라 하더라도 개인별로 작성
② 「토지보상법」제16조 및 같은 법시행령 제8조의 규정에 의한 토지소유자 및 관계인에게 보상협의요청서 통지는 반드시 통지결과가 확인되는 방법(등기우편 등)으로 실시하여야 함
- 협의절차 중 소유자등에게 통지하여야 하는 단계는 다음 서식에 따라 그 현황을 표로 작성하여 제출하고 통지결과증명서 첨부

<보상계획 (보상협의요청서) 통지 현황표>

소재지	보상 대상	소유자				관계인			
		성명	등기부상주소 (보상계획공고일 <협의통지일> 1개월전 기준)	통지 주소	통지 여부	성명	등기부상주소 (보상계획공고일 <협의통지일> 1개월전 기준)	통지 주소	통지 여부
	물건				···· 통지				
	토지, 물건				···· 공시송달				
	토지								

③ 소유자 등이 제출한 의견은 전부 협의경위서에 첨부하여 소유자의 의견이 토지수용위원회에 전달되도록 함
④ 소유자 및 관계인 개인별 협의를 원칙으로 하고 불가피하게 집단적으로 협의할 경우에는 그 사유 및 내용을 상세히 기록
⑤ 토지수용위원회에서는 협의경위서를 토대로 심의 및 재결하기 때문에 사실에 입각하여 구체적으로 작성하여야 하며, 기재된 내용이 사실과 다른 때에는 수용재결의 효력에까지 영향을 미치게 되므로 주의
⑥ 소유자의 주소 또는 거소가 불명하여 협의를 할 수 없을 경우에는 「토지보상법 시행령」제8조제1항 및 제2항의 규정에 의거 당해 시·군·구의 게시판에 14일간 게시함으로써 통지에 갈음할 수 있으므로 협의경위서 [5. 협의내용] 오른쪽에 "주소·거소 불명으로 협의불가"로 기재하고 게시한 사본을 첨부
⑦ 전화·방문·집단 협의와 같은 경우 성실한 협의를 하였다는 입증자료가 확보되지 아니하므로 보상협의관련 일지를 작성, 협의내용을 상세히 기록하여 성실한 협의의 입증자료로 확보

[서식 6] 사업계획서

[예시]

사 업 계 획 서

1. 사업의 개요 및 법적 근거
2. 사업의 착수·완공예정일
3. 소요경비와 재원조서
4. 사업에 필요한 토지와 물건의 세목
5. 사업의 필요성 및 그 효과

---

(1) 법적근거

○ 수용재결신청서에는 「토지보상법 시행령」제10조제2항제1호에 따라 사업계획서를 첨부하여야 하며, 사업계획서는 토지보상법령에 특정한 양식은 없으나, 같은 법시행규칙 제10조제2항 및 제8조제2항에 열거된 사항이 기재되어야 함

(2) 작성요령

① 사업의 개요 및 법적근거 : 사업의 목적과 개요 등을 간략하게 기재하고 법적근거는 관계법령의 조문내용을 상세하게 기재
② 사업의 착수·완공예정일 : 착수예정일과 완공예정일을 기재
③ 소요경비와 재원조서 : 예상 소요경비와 재원조달방법 및 그 금액 등을 간략하게 기재
④ 사업에 필요한 토지와 물건의 세목 : 토지와 물건의 세목을 간략하게 기재
⑤ 사업의 필요성 및 그 효과 : 사업의 필요성과 효과를 간략하게 기재

(3) 유의사항

○ 사업계획서에 대한 특정한 양식은 없으므로 예시된 양식을 사용하거나 또는 실시계획 승인 등 신청 시에 첨부하는 사업계획서를 사용

❖ 사업예정지 및 사업계획을 표시한 도면

(1) 법적근거

 ○ 재결신청서에는「토지보상법 시행령」제12조제2항에 의한 사업예정지 및 사업계획을 표시한 도면을 첨부하여야 하며, 도면은 같은 법 시행규칙 제8조제3항 및 제10조제2항에 따라 작성

(2) 작성요령

 ① 사업예정지를 표시하는 도면 : 축척 1/5,000 내지 1/25,000의 지형도에 사업예정지를 담홍색으로 착색
 ② 사업계획을 표시하는 도면 : 축척 1/100 내지 1/5,000의 지도에 설치하고자 하는 시설물의 위치를 명시하고 그 시설물에 대한 평면도를 첨부

❖ 채권보상지급에 해당함을 증명하는 서류

<예시 : 채권보상내역서>

연번	소재지	지번	지목 (현황)	편입면적 (㎡)	사업시행자 제시액	보상금지급방법		소유자	
						현금	채권	성명	주소

(1) 법적근거
- ○ 「토지보상법 시행령」제12조제3항에 따라 사업시행자는 「토지보상법」제63조제2항에 따라 보상금을 채권으로 지급하고자 하는 경우에는 채권에 의하여 보상금을 지급할 수 있는 경우에 해당함을 증명하는 서류를 재결신청서에 첨부
- ○ 채권발행조건 : 사업시행자가 국가·지방자치단체·정부투자기관 및 공공단체(15개 공사 및 공단)인 경우로서 아래 사항에 해당되는 경우 당해 사업시행자가 발행하는 채권으로 지급할 수 있음
  - 토지소유자 및 관계인이 원하는 경우
  - 사업인정을 받은 사업에 있어서 부재부동산소유자의 토지에 대한 보상금이 1억원을 초과하는 경우로서 그 초과하는 금액에 대하여 보상하는 경우

(2) 작성요령 [예시 참조]
- ○ 「토지보상법 시행령」제12조제3항에 따라 채권에 의하여 지급할 수 있는 경우에 해당함을 증명하는 서류와 아래 사항을 기재한 서류를 첨부하여야 한다고 규정되어 있으나, 이에 대한 서식은 별도로 정한 바가 없으므로 예시된 양식을 활용하여 상환방법 및 상환기일 등을 별도 첨부
  - ㉠ 채권으로 보상하는 보상금의 금액
  - ㉡ 채권원금의 상환방법 및 상환기일
  - ㉢ 채권의 이율과 이자의 지급방법 및 지급기일

(3) 채권보상해당 증명서류
- ○ 소유자 등이 원하는 경우 : 채권지급을 원하는 서면 등 신청서
- ○ 부재부동산소유자 : 주민등록 등·초본 등 첨부

❖ **사업인정관계 서류**

(1) 법적근거

　○ 「토지보상법」제20조에 따라 국토교통부장관이 사업인정을 한 때에는 같은 법 제22조에 따라 지체없이 그 뜻을 사업시행자·토지소유자·관계인 및 관계 시·도지사에게 통지하고 사업시행자의 성명 또는 명칭·사업의 종류·사업지역 및 수용 또는 사용할 토지의 세목을 관보(특별시·광역시 또는 도에서 발행하는 공보)에 고시하여야 함
　○ 토지를 수용 또는 사용하고자 할 때에는 국토교통부장관의 사업인정을 받은 공문사본과 수용 또는 사용할 토지의 세목이 고시된 관보(공보) 사본 등 사업인정 관계서류를 첨부

(2) 작성요령

　① 사업인정권자로부터 승인된 관련문서 사본을 첨부하여야 하나 서류간소화를 위하여 고시된 관보(공보)사본만 첨부
　② 관보(공보)고시문은 해당 사업지구명이 게재된 관보의 표지, 고시번호가 기재된 페이지, 토지세목조서 중 수용재결 신청대상 필지가 있는 페이지와 지장물이 소재한 토지의 관보세목을 복사하여 첨부
　③ 첨부한 관보사본의 사업인정부분, 소재지 및 세목등재부분을 밑줄이나 형광표시

(3) 유의사항

　① 관보고시분 중 재결신청하지 않는 부분은 제거하되 일련되지 않는 부분에 대하여는 간인하여 소재지의 동, 리가 연결되도록 함
　② 재결신청 면적이 관보고시된 면적의 범위에 포함되어야 하고 고시되지 아니한 부분에 대한 재결신청은 기각 또는 신청취소의 사유가 됨
　③ 변경고시 등 수차에 걸친 사업변경시에는 당초고시문과 정정고시문, 신규추가분 전부를 첨부하여 사업의 진행과정을 인지할 수 있도록 함(밑줄이나 형광펜으로 표시)
　④ 특히 변경고시한 편입면적은 합산한 면적이 아니라 변경후의 고시면적이 수용할 면적임
　　* (예시) 기정고시 30㎡ → 변경고시 70㎡일 경우 편입지적이 100㎡일지라도 수용가능면적은 70㎡에 국한됨
　⑤ 지장물 수용재결 신청의 경우 지장물이 소재한 토지의 관보세목고시 여부를 필히 확인하고 인식가능하게 관보사본에 표시후 첨부
　⑥ 세목고시를 기준으로 사업시행자제시액조서, 토지조서, 물건조서, 협의경위서를 일관성 있게 일치시켜야 함

❖ **사업시행자제시액조서**

(1) 법적근거

　○ 사업시행자는 「토지보상법 시행령」제12조제1항제7호의 보상액 및 그 내역을 작성하여 관할 토지수용위원회에 제출하여야 함
　○ 토지와 물건을 동시에 재결신청하는 경우에는 토지와 물건의 사업시행자제시액조서를 별개로 구분·작성

(2) 토지에 대한 사업시행자제시액조서 작성요령[양식1 참조]

　① 사업명은 관보(공보)에 고시된 사업명과 일치되게 기재
　② 소재지는 관보고시된 행정명을 기재
　③ 지번 역시 관보고시된 지번을 기재
　④ 지목은 공부상(토지대장을 기준) 지목과 실제지목(실제조사 후 현황측량 결과)으로 구분 기재하되 현황이 2개 이상일 경우에는 각각 면적을 기재하고 그 면적에 대한 평가금액을 산정
　　* "건부지"와 같이 지적법상 지목이 아닌 지목으로 기재불가
　⑤ 면적은 편입면적을 말하며 지적에 관계된 사항은 토지대장을 기준으로 결정하고 관보고시면적을 초과하여서는 안되며, 1필지의 "현황을 달리하는 경우"와 "용도지역을 달리하는 경우"에는 각각의 면적을 구분하여 기재하여야 함.
　　• 또한 능기부능본상 공유일 경우에는 반드시 지분으로 표시(예 : 100㎡×1/2×1/4 등)
　⑥ 사업시행자제시액의 단가는 평균금액을 편입면적으로 나누어 산출하고 금액은 필지별, 현황별, 용도지역을 달리하는 경우에는 각 용도지역별 가격을 산출한 금액을 기재
　⑦ 소유자의 주소에는 현주소, 주민등록상 주소, 토지대장 주소, 등기부등본상 주소 등이 있을 수 있으나 사업시행자제시액조서에 기재하는 주소는 등기부등본상의 주소를 기재하고 송달가능 주소가 있을 경우에는 하단에 송달주소를 병기하여 재결 등 통지시 소유자에게 고지 가능토록 하여야 함
　⑧ 관계인에는 등기부등본상의 관계인을 기재하되 동일인이 동일한 채권을 2가지 이상 소유하는 경우에는 1개 권리의 종류만 기재하고 종류를 달리하는 권리는 전부 기재

(3) 물건에 대한 사업시행자제시액조서 작성요령[양식2 참조]

　① 사업명은 관보(공보)에 고시된 사업명과 일치되게 기재
　② 소재지는 관보(공보)고시 순으로 정리
　③ 지번은 물건이 소재하는 번지로서 토지대장을 근거로 기재
　④ 물건의 종류는 취득 또는 이전보상 대상물건명을 기재하되 그 중요도에 따라 가옥부터 순차적으로 배열함이 바람직하며, 수목과 같은 물건이 2 이상의 지번에 나누어져 있는 경우에는 각 지번별로 그 수량을 산출하여 기재하며, 구조 및 규격은 물건의 재질, 크기, 용량, 중량, 사용목적, 수목의 경우 수령 등을 기재하되 사물의 현황파악이 손쉽도록 표시

⑤ 수량은 건물의 면적, 수목의 개수, 물건의 개수 등을 소숫점 두자리까지 아라비아 숫자로 표시하되, 단위는 길이의 경우 m, 면적은 m^2, 부피는 m^3, 수목은 주, 물건은 개, 대, 식, 조 등 상황에 적합한 단위를 사용하고 누락시키는 일이 없도록 함

⑥, ⑦, ⑧ 토지에 대한 사업시행자제시액조서와 동일

(4) 유의사항

① 작성란 오른쪽 위 또는 아래에 쪽수를 표기
② 토지와 물건의 필지수, 전체 면적, 사업시행자제시액계, 소유자수, 관계인수의 합계를 맨 끝에 기재
③ 소유자별로 토지와 물건을 구분하여 피보상자별 성명은 가나다 순으로 작성하고 소계란에 면적, 사업시행자제시액의 소계를 기재
④ 물건의 관계인을 누락하는 오류가 많은데 건물의 경우 반드시 건물등기부등본을 열람하여 관계인을 파악하여 기재

[양식 1] 사업시행자제시액조서(토지)

사업시행자제시액조서(토지)

(별지1기재) ① ○○○사업(○○○공사)

수용토지의 표시					⑥ 사업시행자 제시액	⑦소유자		⑧관계인	
②소재지	③지번	④지목		⑤면적 (㎡)	단가/금액	성명	등기부상 주소	성명/ 권리의종류	등기부상 주소
		공부	실제				실제 송달가능 주소		실제 송달가능 주소
						※ 소유자 및 관계인에 대하여는 재결신청 1개월전에 발급한 등기부등본에 의하여 소유자 변경 및 등기부상의 주소를 파악하여 송달가능주소와 함께 기재			
토지합계	필지					인		인	

[양식 2] 사업시행자제시액조서(지장물)

사업시행자제시액조서(지장물)

(별지2기재) ① ○○○사업(○○○공사)

②소재지	③지번	④물건의 종류 구조 및 규격	⑤수량 (면적)	⑥ 사업시행자 제시액 단가/금액	⑦소유자 성명	등기부상 주소 / 실제 송달가능 주소	⑧관계인 성명/ 권리의종류	등기부상 주소 / 실제 송달가능 주소
					※ 소유자 및 관계인에 대하여는 재결신청 1개월전에 발급한 등기부등본에 의하여 소유자 변경 및 등기부상의 주소를 파악하여 송달가능주소와 함께 기재			
물건합계	건				인		인	

❖ **감정평가서사본**

① 감정평가서는 「감정평가법」에 따라 감정평가업자 2인이 평가·작성한 감정평가서를 말함
② 감정평가서는 평가의견서, 감정평가 가격산출근거 및 그 결정에 관한 의견, 가격심의결과, 토지평가조서, 물건평가조서, 위치도등으로 구성되는데, 수용재결시의 감정평가서와 협의평가시의 가격산출근거 등을 비교할 수 있는 감정평가 가격산출근거와 그 결정에 관한 의견, 토지 및 물건평가조서는 반드시 첨부하여야 하나, 그 내용이 많을 경우(50쪽 이상) 협의완료된 토지나 물건에 대한 자료를 생략하고 수용재결신청된 토지 및 물건에 대한 가격산출근거 및 평가조서를 제출
③ 편철순서는 사업시행자제시액 순서에 따름
④ 유의할 점은 1필지의 토지가 이용상황을 달리하여 2개이상의 용도지역에 걸쳐있을 경우 그 평가가격 산출근거 표시
⑤ 수용재결신청대상 토지 및 물건에 밑줄이나 형광표시하여 협의평가 토지 및 물건과 구분

❖ **기타 심리에 필요한 자료**

○ 「토지보상법」제58조제1항제1호에 따른 토지수용위원회의 심리에 필요한 자료의 제출을 요구할 수 있음
  • 잔여지 및 잔여건물 매수청구가 있는 경우 도면 및 사진에 편입부분과 잔여부분을 구분·표시하여 제출

《재결신청 시 기타 유의사항》

1. 공익사업에 필요한 토지 등은 토지소유자 및 관계인과 성실한 협의를 거쳐 협의취득함이 원칙이나 협의가 성립되지 아니하거나 협의를 할 수 없는 때에는 재결을 신청하되,「토지보상법」제30조에 따라 재결신청의 청구가 아닌 한 일괄신청하는 것이 원칙임
2. 수용재결신청은 각 사업진행에 소요되는 기간을 고려하여 재결신청함으로써 수용재결절차가 완료되지 아니하여 사업시행에 지장을 초래하지 않도록 충분한 시간적 여유를 가지고 재결신청
3. 신청대상 건축물의 소유관계는 등기부상 소유자를 기준으로 물건의 소재지, 지번, 지목, 지적은 토지대장을 기준으로 작성
4. 신청서의 규격은 A4용지를 사용하고, 각 양식의 공란은 남겨두지 말고 "해당사항없음"을 기입
5. 계량수치에는 기본적으로 길이 m, 넓이 ㎡의 단위로 사용

《재결신청서의 편철방법》

1. 편철순서는 본 작성요령의 목차 배열순서를 기준으로 함
2. 「토지보상법 시행규칙」제10조제3항에 따라 재결신청서 및 첨부서류·도면 등을 제출 할 때에는 정본 1통과 공익사업시행지구에 포함된 시·군·구의 수의 합계에 해당하는 부수의 사본(공고 및 열람용)을 토지수용위원회에 제출하여야 하며, 부본 1부는 사업시행자가 보관
3. 목차, 간지, 표지는 사용하지 아니하고 견출지를 각 문건별로 최초 시작되는 장에 부착하여 구분
4. 직인날인은 재결신청서, 토지조서, 물건조서 및 협의경위서에 날인하며 소유자별 토지조서 등이 여러장에 걸칠 때에는 매장의 철목에 간인
5. 신청서의 기재문자는 임의로 수정할 수 없음. 만약 정정, 삽입 또는 삭제한때에는 그 자수를 난외에 기재하며 문자의 전후에 괄호를 부하고 이에 (정정, 삽입, 삭제한 곳) 날인
6. 신청서의 기재문자는 한글과 아라비아 숫자로 기재하되 국내 비거주자의 주소·성명은 해당 국어 및 영문자를 병행하여야 재결서 송달 가능

[서식 7] 협의성립확인서 작성요령 (토지보상법 시행규칙 별지 제14호서식 개정 2016. 6. 14.)

협의성립확인신청서

(앞쪽)

접수번호	접수일		
신청인 (사업시행자)	성명 또는 명칭		
	주소		

협의가 성립된 토지등의 명세

소재지	지번	지목 (물건의 종류 및 구조)	면적 (수량)	보상 액	지급 일	토지 또는 물건의 소유자		관계인		
						성명 또는 명칭	주소	성명 또는 명칭	주소	권리의 종류

토지 또는 물건을 사용하는 경우	사용 방법
	사용 기간
협의에 의하여 취득하거나 소멸되는 권리	취득하는 권리 및 취득시기
	소멸되는 권리 및 소멸시기

　　　년　　월　　일 사업인정의 고시가 있었던　　　　　　사업에 관하여 위와 같이 협의가 성립되었으므로 「공익사업을 위한 토지 등의 취득 및 보상에 관한 법률」 제29조제1항·제3항 및 같은 법 시행령 제13조제1항에 따라 위와 같이 협의성립의 확인을 신청합니다.

년　　월　　일

신청인(사업시행자)　　　　　인

토지수용위원회 위원장 귀하

첨부 서류	1. 토지소유자 및 관계인의 동의서 1부 2. 계약서 1부 3. 토지조서 및 물건조서 각 1부 4. 사업계획서 1부 5. 공증을 받은 서류 1부(「공익사업을 위한 토지 등의 취득 및 보상에 관한 법률」 제29조제3항에 따라 공증을 받은 경우에만 제출합니다)	수수료 「공익사업을 위한 토지 등의 취득 및 보상에 관한 법률 시행규칙」 별표 1에서 정하는 금액

210mm×297mm[백상지 80g/㎡]

(1) 법적근거 및 의의

- 「토지보상법」제29조 및 같은 법 시행령 제13조에 따라 사업인정을 받은 후 토지 등의 취득 등에 관하여 사업시행자와 토지소유자 및 관계인과의 사이에 성립된 협의에 대하여 토지수용위원회가 확인을 함으로써 수용 또는 사용의 재결이 있는 경우와 동일한 효과를 주는 제도로 협의성립 확인이 있으면 재결에 의하여 취득하는 것과 같은 동일한 효과를 갖게 됨

(2) 절차

- 사업인정고시 후 토지 등의 취득 등에 관해서 사업시행자와 토지소유자 및 관계인 사이에 협의가 성립한 경우에 사업시행자가 재결신청기간 이내에 당해 토지소유자 및 관계인의 동의를 얻어 관할 토지수용위원회에 협의성립 확인신청서를 제출
- 협의성립된 사항에 대하여는 「공증인법」에 의한 공증을 받아 신청하게 되면 확인절차가 대폭 간소화되므로 가급적 이 방법에 의한 신청이 간편함.
- 일반 재결절차에 따라 확인신청을 하는 경우에는 「토지보상법」제29조제2항에 따라 수용절차가 준용되므로 시·군·구의 게시판에 14일 이상 공고 및 열람절차를 거쳐야 하며, 열람기간 중 소유자나 관계인이 기 협의된 사항에 대하여 추후 심경의 변화 등으로 이의를 제기하게 되면 사실확인 등 그 절차가 번잡하게 됨

(3) 효과

- 협의성립확인이 있으면 「토지보상법」제29조제4항에 따라 이를 재결로 보며, 사업시행자, 토지소유자 및 관계인은 그 확인된 협의의 성립이나 내용을 다툴 수 없음
- 사업시행자가 협의당시에는 정당하게 토지를 취득하였으나 추후 협의취득된 토지가 소유권분쟁 등으로 법원에서 협의소유자가 무권한의 소유자로 판명되고 협의취득 자체가 무효로 되는 경우 사업시행자는 무권한의 당초 협의자로부터 기지급된 보상금을 환수하고 새로이 소유권을 취득한 자와 다시 보상협의를 하여야 하는데, 사업시행자가 협의매수한 토지에 대하여 협의성립확인을 받게 되면 그 협의자체의 효력은 다툴 수 없게 되므로 만약 추후 소유권의 분쟁이 있어 다른 소유자로 소유권이 변경되더라도 이는 분쟁당사자간의 민사상의 문제에 그치고 사업시행자에게는 아무런 영향을 미치지 아니함

○ 「토지수용법」제25조의2 규정의 협의성립확인 시 원시취득의 시점 등 (2002. 12. 5. 법원행정처 등기 3402-693)

1. 사업인정고시 후 협의가 성립된 경우에는 기업자는 토지소유자 및 관계인의 동의를 얻어 관할 토지수용위원회에 협의성립의 확인을 신청할 수 있는데 관할 토지수용위원회로부터 협의성립의 확인을 받게 되면 재결이 있은 것으로 간주되는바, 협의성립확인에 기한 원시취득의 시점은 수용의 시기이다.

2. 토지수용으로 인한 소유권이전의 등기신청 또는 촉탁이 있는 경우에 그 등기용지 중 소유권(소유권이전등기는 수용의 시기 이후의 등기에 한함) 또는 소유권 이외의 권리에 관한 등기가 있는 때에는 그 등기를 말소하여야 하는바, 제한물권의 등기가 있는 경우에는 소유권이전의 등기를 함과 동시에 등기관이 그 등기를 직권으로 말소하게 된다.
3. 「토지수용법」규정의 협의취득에 따른 보상금을 지급하고 공공용지협의취득을 원인으로 하여 기업자 명의로 소유권이전등기를 경료한 다음 그 후에 토지수용위원회의 협의성립확인을 받은 경우에는 그 소유권이전등기의 등기원인을 토지수용으로 하는 변경등기를 신청할 수 없다.

주) 토지수용법은 공익사업을위한토지등의취득및보상에관한법률(2002. 2. 4.)시행으로 수용의 시기가 아닌 수용의 개시일로 변경됨.

※ 「토지보상법」제29조에 따른 협의성립의 확인은 사업인정을 받은 후 협의가 성립된 경우에 한하여 적용되는 것이므로, 사업인정 이전에 협의성립된 사항에 대하여는 협의성립 확인신청을 할 수 없음

(4) 작성요령 [양식 참조]

○ 재결신청서 작성요령과 동일
○ 사용협의인 경우 [토지 또는 물건의 사용의 경우] 란에 「사용의 방법」 및 「사용의 기간」을 기재하고,
- 협의에 의하여 취득하거나 소멸되는 권리에 대하여는 「취득하는 권리 및 취득시기」 및 「소멸되는 권리 및 소멸시기」를 기재하면 되며, 구비서류는 양식에서 요구하는 서류 첨부

중앙토지수용위원회 운영규정

전문개정 1991. 3. 16.
개정 1994. 10. 1.
개정 1996. 6. 15.
개정 1998. 3. 1.
개정 2000. 10. 23.
개정 2003. 1. 22.
개정 2005. 5. 18.
개정 2008. 9. 25.
개정 2009. 11. 1.
개정 2010. 5. 31.
개정 2010. 8. 23.
개정 2012. 11. 16.
개정 2014. 2. 20.
개정 2016. 6. 23.
개정 2016. 9. 29.
개정 2017. 10. 1.
개정 2019. 2. 1.
개정 2019. 7. 1.

제1조 (목적) 이 규정은 「공익사업을 위한 토지 등의 취득 및 보상에 관한 법률시행령」 제24조제4항에 따라 중앙토지수용위원회의 운영·문서처리·심의방법 및 기준 등에 관하여 필요한 사항을 정함을 목적으로 한다. <개정 2003.1.22., 2005.5.18., 2008.9.25.>

제2조 (업무) ① 중앙토지수용위원회(이하 "위원회"라 한다)는 다음 각 호의 사항을 심리·의결한다. <개정 2008.9.25., 2017.10.1.>

  1. 「공익사업을 위한 토지 등의 취득 및 보상에 관한 법률」(이하 "법"이라 한다) 제51조제1항에 따른 관장사업과 다른 법률에서 위원회의 관할로 정한 사업에 필요한 토지 등의 수용 또는 사용에 대한 재결 <개정 2003.1.22., 2005.5.18., 2008.9.25., 2017.10.1.>

  2. 수용재결 또는 사용재결 등의 이의신청에 대한 재결 <개정 2008.9.25., 2017.10.1.>

  3. 다른 법률에서 위원회의 관할로 정한 손실보상신청에 대한 재결 <개정 2008.9.25., 2017.10.1.>

  4. 「개발이익 환수에 관한 법률」 제26조에 따른 행정심판청구에 대한 재결 <개정 2008.9.25., 2017.10.1.>

  5. 「개발제한구역의 지정 및 관리에 관한 특별조치법」 제27조에 따른 이의신청에 대한 재결 <신설 2000.10.23., 개정 2008.9.25., 2017.10.1.>

  6. 「수도권정비계획법」 제17조에 따른 행정심판청구에 대한 재결 <신설 1996.6.15., 개

정 2008.9.25., 2017.10.1.>
7. 법 제21조에 따른 사업인정·사업인정의제 협의에 대한 의견제시 <개정 2003.1.22., 2005.5.18., 2008.9.25., 2017.10.1.>
8. 그 밖의 다른 법률에서 위원회의 관장으로 정한 사항 <개정 2003.1.22., 2005.5.18., 2008.9.25.>

② 중앙토지수용위원회 사무국(이하 "사무국"이라 한다)은 다음 각 호의 사무를 관장한다. <개정 2008.9.25.>
1. 제2조제1항 각 호에서 규정된 사항에 대한 위원회의 심리·의결 및 재결을 위해 필요한 일반사무의 처리 <개정 2008.9.25.>
2. 재결신청서 등 접수, 시장·군수·구청장에게 공고 및 열람의뢰, 시행령 제15조제2항의 단서 조항에 따른 직접 공고·열람, 재결 및 행정심판·소송 등에 대한 의견조회, 감정평가의뢰 등 사무처리 <신설 2005.5.18., 개정 2014.2.20.>

제2조의2 (직무윤리 사전진단 등) ① 비상임 위원을 신규위촉하는 경우에는 별지 제1호서식의 직무윤리 사전진단서를 작성하여야 하며, 위원장은 진단결과에 따라 위원으로서의 직무 적합성 여부를 확인한 후에 위촉하여야 한다.
② 신규위촉된 위원은 위원회 업무와 관련된 공정한 직무 수행을 위하여 별지 제2호서식의 직무윤리 서약서를 작성하여야 한다. [본조 신설 2017.10.1.]

제3조 (회의의 소집) ① 위원회의 회의는 매월 2회 이상 소집함을 원칙으로 하고, 위원장 및 상임위원 1인과 위원장이 회의마다 지정하는 위원 7인으로 구성한다. <개정 2003.1.22.>
② 위원장이 제1항에 따라 회의를 소집하고자 하는 때에는 회의개최 5일전까지 회의참석 위원에게 회의의 일시 및 장소를 통지하고 심리안건을 배부하여야 한다. <개정 2003.1.22., 2008.9.25., 2010.5.31.>
③ 삭제 <2003.1.22.>

제4조 (의결정족수) 위원회의 회의는 제3조제1항에 따른 구성원 과반수의 출석과 출석위원 과반수의 찬성으로 의결한다.<개정 2003.1.22., 2008.9.25.>

제5조 (직무대행) ① 위원장이 위원회의 회의에 참석하지 못하는 때에는 다음 각 호의 순서에 따라 위원장의 직무를 대행하여 회의를 주재하고 재결한다. <개정 2008.9.25.>
1. 차관급 법관(2인 이상인 경우에는 상위 보직자)인 위원 <개정 2008.9.25.>
2. 상임위원<개정 2019. 2. 1.>
3. 교수(2인 이상인 경우에는 고령자)인 위원 <개정 2008.9.25. 2019. 2. 1.>
② 제1항의 직무 이외의 위원장 직무는 법 또는 이 규정에서 특별히 정한 경우를 제외하고는 상임위원이 대행한다.<개정 2003.1.22., 2010.5.31.>

제6조 (회의참석 범위) 위원회의 회의에는 다음 각 호의 자가 참석할 수 있다.
   1. 간사 및 서기
   2. 법 제58조에 따라 출석이 허용된 자 <개정 2003.1.22., 2008.9.25.>
   3. 그 밖에 위원회가 필요하다고 인정한 자 <개정 2008.9.25.>

제7조 (회의의 비공개) 위원회의 회의는 공개하지 아니한다.

제8조 (유회) ① 위원장은 회의개최 예정시각으로부터 30분이 경과하여도 제4조에 따른 성원이 되지 아니한 때에는 유회를 선포할 수 있다. <개정 2008.9.25.>
   ② 제1항에 따라 유회된 때에는 위원장은 10일 이내에 회의를 다시 소집하여야 한다. <개정 2008.9.25.>

제8조의2 (서면의결) ① 위원장은 심리안건의 내용이 경미하거나 시급을 요하는 안건으로서 필요하다고 인정하는 경우에는 서면으로 심리·의결하여 재결하게 할 수 있다. 다만, 심리에 참여한 위원 중 배부된 심리안건에 대하여 다른 의견을 제출한 위원이 있는 경우에는 해당 안건에 대한 의결을 보류하고 위원이 참석하는 다음 회차 위원회에 다시 상정하여 심리한다.
   ② 제1항의 서면 심리는 제3조제1항에 따른 구성원 과반수의 찬성으로 의결 한다. <개정 2010.5.31.> [본조 신설 2008.9.25.]

제8조의3 (교차심의) ① 중앙토지수용위원회의 이의재결 안건은 이를 수용재결 한 조에서 심의·의결하여서는 아니된다. 다만, 다음 각 호의 어느 하나에 해당되는 경우에는 그러하지 아니하다.
      가. 단순 보상금 증액 및 단순 누락지장물 보상요구 안건인 경우
      나. 신청기간 도과 등 각하 대상 안건인 경우
      다. 기타 긴급한 재결 등 위원회에서 필요성을 인정한 경우
   ② 1항에 해당할 경우에는 그 사유를 적시하여 위원회에 상정·심의한다. [본조신설 2016.6.23.]

제9조 (간사 및 서기) ① 위원장은 사무국장을 위원회의 간사로, 사무국 소속 공무원 중 4급 또는 5급 공무원을 서기로 임명한다. <개정 2010.5.31., 2017.10.1.>
   ② 위원회의 간사는 다음의 각 호의 사항을 관장한다. <개정 2008.9.25.>
      1. 위원회의 개최·회의진행 등 위원회의 운영과 관련된 업무
      2. 작성한 회의록의 다음 회차 위원회에 보고
   ③ 위원회의 서기는 다음 각 호의 사항을 관장한다.<개정 2008.9.25.>
      1. 위원회의 회의록 작성 · 관리
      2. 그 밖에 위원회의 일반서무 업무 <신설 2005.5.18., 개정 2008.9.25.>

제10조 (안건의 작성과 설명) 심의안건 및 참고자료 등의 작성과 설명은 간사가 한다. 다만 위원장이 필요하다고 인정하는 때에는 서기 그 밖의 관계자로 하여금 심의안건에 대한 보충설명을 하게 할 수 있다. <개정 2008.9.25.>

제11조 (현지조사) ① 위원회는 재결이 있기 전에 필요하다고 인정하는 때에는 위원, 간사, 전문자문단의 자문위원 또는 사무국 소속 공무원이 현지조사를 하게 할 수 있다.<개정 2008.9.25., 2010.5.31., 2017.10.1. 2019. 7. 1.>
② 제1항의 현지조사 결과는 위원회에 보고하여야 한다.

제12조 (회의록) ① 서기는 다음 각 호의 사항을 기재한 회의록을 작성하고 참석위원의 서명을 받아야 한다. 다만, 서면심리를 하는 경우에는 서면심리안건 및 심리결과로 갈음한다.<개정 2005.5.18., 단서 신설 2008.9.25.>
  1. 회의일시 및 장소
  2. 참석위원의 성명
  3. 심리사항 및 심리결과 <개정 2008.9.25.>
  4. 심문, 의견청취 등이 있는 경우에는 그 주요내용 <개정 2008.9.25.>
  5. 그 밖에 위원회에서 필요하다고 인정하는 사항 <개정 2008.9.25.>
② 삭제 <2005.5.18.>

제13조 (소위원회) ① 법 제33조제1항에 따른 소위원회는 상임위원과 위원회에서 선임된 위원 2인으로 구성한다. <개정 2003.1.22., 2008.9.25.>
② 소위원회는 화해의 권고와 위원회에서 의결로서 위임한 사항을 처리한다.

제13조의2 (평가자문회의 운영) ① 위원회의 수용재결 및 이의신청재결과 법 제21조에 따른 협의 및 각 개별법에 따른 위원회 소관 행정심판의 적정한 심리를 위하여 전문자문단을 둘 수 있다<신설 2009. 11. 1., 개정 2018. 8. 6., 2019. 7. 1.>
② 전문자문단은 아래 각호의 분과자문단으로 구성한다.
  1. 제1분과 자문단 : 토지 관련
  2. 제2분과 자문단 : 지장물 관련
  3. 제3분과 자문단 : 영업손실, 농업·축산손실 등
  4. 제4분과 자문단 : 수목, 생활보상, 어업·광업권 등 특수평가
  5. 제5분과 자문단 : 재개발 관련 <신설 2009. 11. 1. 개정 2010. 5. 31., 2012. 11. 16., 2017. 10. 1., 2018. 8. 6.>
③ 전문자문단의 자문위원(이하 "자문위원"이라 한다)은 상임위원이 학식과 경험이 풍부한 전문가로 구성·위촉한다<신설 2012. 11. 16., 개정 2018. 8. 6.., 2019. 7. 1.>
④ 자문위원의 임기는 2년으로 하고 연임할 수 있다.<신설 2009. 11. 1., 개정 2010. 5.

31., 2016. 6. 23., 2018. 8. 6.>

⑤ 자문위원은 사무국에서 요청하는 자문사항에 대하여 서면으로 검토하는 것을 원칙으로 하고, 필요한 경우 현지조사에 동행할 수 있다<신설 2009. 11. 1., 단서 신설 2018. 5. 17., 개정 2018. 8. 6.>

⑥ 자문위원은 위원회의 요청이 있을 경우 위원회에 출석하거나 소위원회에 출석하여 진술할 수 있다<신설 2009. 11. 1., 개정 2018. 8. 6.>

⑦ 자문사항의 검토, 위원회 및 소위원회 출석 등에 소요되는 경비 등은 예산의 범위 내에서 지급할 수 있다.<신설 2009. 11. 1., 개정 2018. 8. 6.>

제13조의3 (전문자문단 운영) ① 사무국장은 위원회의 적정한 심리를 위해 필요하다고 인정하는 경우 사무국장, 담당 서기관 및 사무국장이 회의마다 지정하는 9인 이내의 자문위원으로 구성된 자문회의를 소집할 수 있다<신설 2017. 10. 1. 개정 2018. 8. 6.>

② 자문회의는 사무국장이 주재한다. 단 사무국장이 출석 할 수 없는 경우 담당 서기관이 주재하고, 담당 서기관이 출석할 수 없는 경우 출석한 자문위원들 중에서 호선한다.<신설 2017. 10. 1. 개정 2018. 8. 6.>

③ 자문회의 심의대상은 다음 각 호의 1에 해당하는 경우로 한다. 다만 증감의 사유가 잔여지 확대수용, 토지·물건 추가 또는 제외, 토지이용상황변경 등의 경우에는 이를 제외할 수 있다.

1. 개인별 감정평가액 증액비율이 20% 이상이고, 3천만 원 이상 증액 평가된 경우
2. 개인별 감정평가액 증액비율이 10% 이상 20% 미만이고, 5천만 원 이상 증액 평가된 경우
3. 평가대상토지에 적용할 현실이용상황(지목 등)이 명확하지 아니한 경우
4. 표준지 선정의 적정성에 의문이 있는 경우
5. 개인별 감정평가액 감액비율이 10% 이상이고, 2천만 원 이상 감액 평가된 경우
6. 그 밖에 자문회의의 심의가 필요하다고 인정하는 경우<신설 2017. 10. 1. 개정 2018. 8. 6.>

④ 자문회의는 매월 1회 개최한다. 단 사무국장이 필요하다고 인정하는 경우에는 추가로 개최할 수 있다<신설 2017. 10. 1., 개정 2018. 8. 6.>

⑤ 사무국장은 회의소집일부터 5일 전까지 회의일시, 장소 및 심의안건을 제1항에 따라 지정된 자문위원에게 통지하여야 한다<신설 2017. 10. 1., 개정 2018. 8. 6.>

⑥ 사무국장은 자문회의의 심의를 위하여 필요하다고 인정하는 경우에 심의안건과 관련한 토지 및 지장물 등을 평가한 감정평가사 또는 사업시행자, 그 밖에 참고인 등을 출석하게 하거나 자료제출을 요구할 수 있다. 이 경우 출석 또는 자료제출을 요구받은 감정평가사 또는 사업시행자, 그 밖에 참고인 등은 출석 또는 자료제출을 하여야 한다<신설 2017. 10. 1., 개정 2018. 8. 6.>

⑦ 제6항에 따라 출석 등을 요구받은 감정평가사가 정당한 사유 없이 출석 등을 하지 아니한 경우 사무국장은 해당 감정평가사에게 사유서를 받거나 주의 또는 경고를 통지

할 수 있다. 다만, 해당 감정평가사가 질병 등 불가피한 사정으로 출석할 수 없는 경우에 그 사실을 미리 중앙토지수용위원회에 알리고, 해당 감정평가사를 대신하는 다른 감정평가사가 사무국장의 동의를 받아 출석하는 경우에는 그러하지 아니하다<신설 2018. 8. 6.>

⑧ 자문위원은 자신이 직접 평가하였거나 소속 평가법인의 다른 평가사가 평가한 안건은 심의할 수 없다.<신설 2018. 8. 6.>

⑨ 자문회의는 구성원 과반수 출석과 출석위원 과반수 찬성으로 의결한다. 단 가부동수일 경우 사무국장이 정한다.<신설 2018. 8. 6.>

⑩ 사무국은 다음 각 호의 사항을 기록하고 자문회의에 참석한 자문위원의 서명을 받는다.<신설 2018. 8. 6.>
  1. 회의일시 및 장소
  2. 참석 자문위원의 성명
  3. 자문사항 및 자문 결과
  4. 그 밖에 자문회의에서 의결한 사항

⑪ 사무국장이 필요하다고 인정하는 경우 자문회의의 심의결과를 위원회에 보고할 수 있다. <신설 2018. 8. 6.>

제14조 (문서처리) ① 위원회와 사무국의 문서처리는 별표 1 및 별표 2에 의한다. <개정 1996.6.15., 2003.1.22., 2005.1.18.>

② 재결서정본 및 등본의 송달 또는 발급 시 간사인의 간인은 "중토위"라는 인영을 천공 압날함으로써 간인에 갈음할 수 있다. <신설 1998.3.1., 개정 2008.9.25.>

③ 시행령 제15조제2항의 단서 조항에 따라 위원회가 직접 공고·열람을 시행하는 경우에는 다음 각 호에 따른다. <신설 2014.2.20.>
  1. 최초 공고·열람의뢰일로부터 시장·군수·구청장에게 1개월 간격으로 2회 이상 촉구하여야 한다.
  2. 제1호에 따라 2회 이상 촉구하였으나 시장·군수·구청장이 공고·열람을 시행하지 아니하는 경우에는 공익사업의 시급성, 필요성 등을 고려하여 위원회의 심의 및 의결을 거쳐 공고·열람을 실시할 수 있다.
  3. 제1호에도 불구하고 공익사업을 긴급히 시행할 필요가 있거나, 공공의 이익에 현저한 지장을 줄 우려가 있다고 인정될 때에는 제1호에 따른 촉구없이 위원회의 심의 및 의결을 거쳐 공고·열람을 실시할 수 있다.

제15조 (심리기준) 위원회의 재결액(수용신청에 대한 재결액 및 이의신청에 대한 재결액을 말한다. 이하 이 조에서 같다) 산정을 위한 심리기준은 위원회가 특별히 정하는 경우를 제외하고 다음 각 호에 따른다. <개정 2008.9.25.>
  1. 재결액 산정을 위한 감정평가는 사업시행자가 협의가격으로 제시한 금액(이의신청 재결인 경우에는 사업시행자가 협의가격으로 제시한 금액 및 수용재결액을 말한다)

의 결정과 관계없는 2개 감정평가업자에게 의뢰한다.<개정 2003.1.22., 2008.9.25.>
2. 수용목적물 또는 이의신청목적물에 대한 보상액은 제1호의 감정평가업자가 평가한 평가액의 산술평균치를 기준으로 정한다. 다만 평가액의 산술평균치가 사업시행자 제시액(이의신청재결인 경우에는 수용재결액을 말한다)보다 낮거나 현상이 멸실되는 등의 사유로 감정평가가 불가능한 경우에는 사업시행자 제시액(이의신청재결인 경우에는 수용재결액을 말한다)으로 정한다.<개정 2003.1.22., 2008.9.25.>
3. 수용목적물 또는 이의신청목적물에 대한 제1호의 2개 감정평가업자의 감정평가액 간에 현저한 차이(대상물건에 대한 평가액 차이가 110퍼센트를 초과하는 경우를 말하며, 대상물건이 지장물인 경우 평가액 차이의 비교는 소유자별로 지장물 전체 평가액의 합계액을 기준으로 한다)가 있는 경우에는 제1호의 감정평가업자 이외의 감정평가업자 2인에게 재감정평가를 의뢰하고 그 감정 평가액의 산술평균치를 기준으로 재결액을 정한다. <개정 2003.1.22., 2008.9.25., 2010.5.31.>
4. 소송계류 중에 있는 이의신청, 「하천법」 등에 따른 손실보상 재결신청 및 행정심판 청구는 당해 소송이 확정될 때까지 심리를 보류할 수 있다.
5. 「도시 및 주거환경정비법」 제38조에 따른 토지 등의 수용재결신청은 동법 제48조 제1항에 따른 관리처분계획의 인가가 있은 후에 심리한다. <개정 1994.10.1., 2003.1.22., 2008.9.25., 2017.10.1.>

제16조 (위원의 수당 및 여비) 위원회의 회의에 참석한 위원(서면심리의 경우에는 심리의견을 제출한 위원을 말한다)에 대하여는 예산의 범위 안에서 회의참석 수당·안건검토 수당 및 여비를 지급할 수 있다. [본조 신설 2008.9.25.]

제17조 (보칙) 이 규정에서 정한 것을 제외하고 위원회의 운영 등에 관하여 필요한 사항은 위원장이 정한다. [본조 신설 2008.9.25.]

부 칙

이 운영규정은 1991년 3월 16일로 부터 시행한다.

부 칙

이 운영규정은 2014년 2월 20일부터 시행한다.

부 칙

이 운영규정은 2016년 7월 1일부터 시행한다.

부 칙

이 운영규정은 2016년 10월 1일부터 시행한다.

부 칙

이 운영규정은 2017년 10월 1일부터 시행한다.

[별표 1] <개정 2017. 10. 1.>

구 분	건 명		위원장	전결권자		
				상임위원	간사	서기
위원회 운영	1. 위원 증원 등 위원회 운영 관련 주요 정책 결정		○			
	2. 위원회 회의 시 구성되는 비상임위원 지정		○			
	3. 위원회 운영규정 등 관련규정 정비			○		
	4. 위원회 회의일정 통지				○	
	5. 재결서 발송 (수용·이의·손실·행정심판 등)				○	
	6. 사업인정(의제) 의견통지				○	
	7. 상임위원의 출장, 연·병가, 조퇴, 외출		○			
	8. 위원회의 간사 및 서기 임명	간사		○		
		서기			○	

[별표 2] <개정 2017. 10. 1.>

구 분	건 명		사무국장	전결 (담당서기관, 사무관)
수용재결	1. 재결신청서 접수		○	
	2. 재결신청서류 보완			○
	3. 재결신청서류 공고의뢰 및 결과접수			○
	4. 의견조회 및 관련자료 제출 요구			○
	5. 감정평가 의뢰	지목변경, 잔여지, 손실보상 등 중요사항의 평가	○	
		그 외 평가		○
	6. 감정평가서 접수			○
	7. 기타 경미한 사항			○
이의신청 재결	1. 이의신청서 접수		○	
	2. 이의신청서 보완			○
	3. 의견조회 및 관련자료 제출 요구			○
	4. 감정평가 의뢰	지목변경, 잔여지, 손실보상 등 중요사항의 평가	○	
		그 외 평가		○
	5. 감정평가서 접수			○
행정소송	1. 소장접수		○	
	2. 소송대리인 선정 및 소송수행자 지정			○
	3. 준비서면, 상고이유서 제출		○	
	4. 판결문 접수		○	
	5. 상고제기 및 포기		○	
	6. 소송 진행사항 보고			○
	7. 소송수행 결과 보고		○	

구 분	건 명		사무국장	전결 (담당서기관, 사무관)
손실보상 재결	1. 재결신청서 접수		○	
	2. 의견조회 및 관련자료 제출 요구			○
행정심판	1. 행정심판청구서 접수		○	
	2. 의견조회 및 관련자료 제출 요구			○
사업인정 (의제)	1. 의견청취 신청서 접수		○	
	2. 신청서류 보완 및 관련자료 제출요구			○
	3. 신청서 반려			○
평가자문회 의 운영과 기타	1. 평가자문회의 회의일시 통지		○	
	2. 감정평가법인 선정, 추천의뢰		○	
	3. 감정평가 업무와 관련한 조치 등		○	
	4. 전문자문위원회의 평가자문회의 참석 조치		○	
일반문서	1. 일반문서 접수, 처리		○	
민원서류	1. 민원접수 및 처리	대통령실 이첩민원 및 다수인 민원	○	
		일반서면 및 전자민원 중 상당한 판단력이 요구되는 사항		○ (담당서기관)
		일반서면 및 전자민원 중 단순·반복적인 사항		○ (담당사무관)
	2. 이송, 보완			○
	3. 재결서등본 발급 등 각종 증명발급			○
복무	1. 사무국장의 출장, 연·병가, 조퇴, 외출		○	
	2. 사무국 직원의 출장, 연·병가, 조퇴, 외출		○	
	3. 사무국 직원 업무 분장		○	

[별지 제1호 서식] 위원위촉 사전진단서 <신설 2017. 10. 1.>

위원위촉 사전진단서

※ 관련 : 「행정기관소속 위원회의 설치운영에 관한 법률」제9조
　　　　「2016년도 정부조직관리지침」- 2. 행정기관위원회의 효율성·책임성 강화

직위 : 중앙토지수용위원회 위원
성명 : ○○○

연번	진단내용	체크사항	
1	위원회의 기능과 직접 관련된 업체를 경영하거나 근무하고 있다.	예 (　)	아니오 (　)
2	위원회의 심의·의결 대상사업 관련지역에 부동산 또는 주식을 보유하고 있다.	예 (　)	아니오 (　)
3	위원회의 직접적인 심의 대상이 되는 인가·허가·면허·특허 등의 당사자이다.	예 (　)	아니오 (　)
4	위원회 기능과 직접 관련된 공사·용역·계약 또는 연구·논문 등을 진행중이거나 진행할 예정이다.	예 (　)	아니오 (　)
5	위원회 직무와 관련된 사안으로 수사를 받고 있거나 재판소송 등을 진행 중이다.	예 (　)	아니오 (　)
6	위원회 직무의 공정한 수행에 지장을 줄 우려가 있는 타 위원회에서 현재 활동 중이다.	예 (　)	아니오 (　)
7	위원회 기능 관련 정보나 심의·의결 결과가 본인의 권리·의무 관계 변동, 재산상의 이익 등을 발생시킬 가능성이 크다	예 (　)	아니오 (　)
8	「공익사업을 위한 토지 등의 취득 및 보상에 관한 법률」제57조(위원의 제척·기피·회피)에 명시된 사항에 대하여 명확하게 인식하고 있으며, 이를 반드시 준수하겠다.	예 (　)	아니오 (　)

※ 1~7문항 중 '예'라고 답변하였음에도 불구하고 위원회 직무를 공정하게 수행할 수 있는 타당한 사유가 있을 경우 기재하여 주시기 바랍니다.

편저자약력

• 부동산 연구소
  감정평가사 안 재 길

저서
재개발·재건축 등기 및 법률관계

版權所有

2022년 8월 4일 시행에 따른
토지수용 및 보상금 절차의 이해
(법령·판례·질의회신·재결례)

2019年 2月 15日 初 版 發行
2022年 6月 8日 改定版 發行

編 著 : 안 재 길
發行處 : 법률정보센터

주소 서울특별시 성북구 아리랑로 4가길 14
전화 (02) 953-2112
등록 1993.7.26. NO.1-1554
www.lawbookcenter.com

* 本書의 無斷 複製를 禁합니다.

ISBN 978-89-6376-501-3   定價 : 30,000원